U0184484

中国建筑工业出版社学术著作出版基金项目

超高层建筑结构新技术

NEW TECHNOLOGY OF SUPER HIGH-RISE BUILDING STRUCTURES

肖从真　王翠坤　李建辉　编著

中国建筑工业出版社

图书在版编目（CIP）数据

超高层建筑结构新技术 = NEW TECHNOLOGY OF SUPER HIGH-RISE BUILDING STRUCTURES/肖从真，王翠坤，李建辉编著. —北京：中国建筑工业出版社，2021.5
ISBN 978-7-112-26074-4

Ⅰ. ①超… Ⅱ. ①肖… ②王… ③李… Ⅲ. ①超高层建筑-建筑结构-研究 Ⅳ. ①TU97

中国版本图书馆 CIP 数据核字（2021）第 068441 号

目前我国已成为世界超高层建筑发展的中心，但超高层建筑仍面临技术难度高、运营风险大的难题。本书以中国建筑科学研究院有限公司在高层建筑研究领域的研究成果为基础，以“十二五”国家科技支撑计划项目“重要大型建筑结构功能提升关键技术研究与示范”研究成果为依托，从前期开发与规划、地基基础、结构设计、抗风、抗震、综合化防灾、施工、健康监测等方面对超高层建筑设计关键技术和最新研究成果进行了系统阐述。

全书共分为 14 章，包括：绪论、超高层建筑前期开发与规划设计、超高层建筑结构体系选型及布置要点、超高层建筑结构指标控制及关键构件设计、超高层建筑结构抗风技术、超高层建筑结构抗震技术、超高层建筑消能减震技术、超高层建筑结构防火及综合化防灾技术、超高层建筑结构抗爆及防连续倒塌技术、超高层建筑结构地基基础技术、超高层建筑施工装备、超高层建筑绿色虚拟仿真建造技术、超高层建筑健康监测技术、超高层建筑幕墙技术，形成了超高层建筑规划、设计、建造、运营全过程关键技术体系。本书可供从事超高层建筑结构设计与科研人员学习和参考使用。

责任编辑：辛海丽
责任校对：党　蕾

超高层建筑结构新技术
NEW TECHNOLOGY OF SUPER HIGH-RISE BUILDING STRUCTURES
肖从真　王翠坤　李建辉　编著

*

中国建筑工业出版社出版、发行（北京海淀三里河路 9 号）
各地新华书店、建筑书店经销
霸州市顺浩图文科技发展有限公司制版
北京市密东印刷有限公司印刷

*

开本：787 毫米×1092 毫米　1/16　印张：32½　字数：808 千字
2021 年 5 月第一版　　2021 年 5 月第一次印刷
定价：**108.00** 元
ISBN 978-7-112-26074-4
（37254）

本书编委会

序　一

我国近代高层建筑发展始于20世纪50年代，到70年代，建成了广州白云宾馆、北京饭店新楼等代表性高层建筑；20世纪90年代开始，随着我国经济快速发展和城镇化持续推进，高层建筑进入了蓬勃发展阶段，并取得了让世界瞩目的巨大成就，已建成的上海中心大厦（632m）、深圳平安金融中心（599m）、广州东塔（530m）、天津周大福金融中心（530m）、北京中信大厦（中国尊）（528m），除了作为标志性建筑之外，也打造了一张张靓丽的“中国名片”。

本书是中国建筑科学研究院有限公司、华东建筑设计研究总院、天津大学、浙江大学、上海建工集团股份有限公司、绿地控股集团有限公司等国内超高层建筑领域的知名设计和施工企业、科研院所、高等院校以及业主单位等多年成果的积累，内容涵盖了超高层建筑前期开发与规划设计、结构体系选型及布置要点、结构指标控制及关键构件设计、结构抗风技术、结构抗震技术、消能减震技术、防火及综合化防灾技术、抗爆及防连续倒塌技术、地基基础技术、施工装备与绿色虚拟仿真建造技术、健康监测技术和幕墙技术，结合大量工程案例，系统阐述了超高层建筑结构新技术，是一本专业性很强的著作，是该领域多位知名专家研究成果和工程实践的结晶，可供从事超高层建筑结构设计与科研人员学习和参考使用。

随着结构材料性能提高、分析手段完善、设计方法进步和施工技术水平提升，新型的高性能材料、组合结构构件、结构体系不断涌现，这些新材料、新技术和新工艺对推动超高层建筑行业科技进步起到了重要作用，也向工程技术人员提出了全新的挑战，新的设计理论与方法、综合化防灾技术、监测预警平台与管控等还有待进一步深入、系统地研究。希望本书对促进我国高层建筑结构技术进步、助力我国建筑结构行业高质量发展发挥重要作用。

中国工程院院士　徐建

2021年4月

序　二

改革开放以来，我国高层建筑发展迅速，当前世界已建成的十大超高层建筑中有6座在我国。

中国建筑科学研究院有限公司在高层建筑结构方面的研究起步于20世纪70年代初，在高层建筑的结构体系、试验研究、计算分析、构造措施等方面做了大量开创性研究工作，例如：剪力墙结构设计理论与计算方法、框剪结构及筒体结构的设计方法、结构整体空间作用的计算理论等；开发了SATS、TBSA、SATWE等高层建筑结构的分析软件；自20世纪90年代起，进行了大量的高层、超高层建筑的模型振动台试验和弹塑性计算分析等研究工作。这些开创性的研究和开发工作，促进了我国高层建筑结构的发展。从1975年开始组织编制我国首部高层建筑结构方面的规范，并于1979年完成了《钢筋混凝土高层建筑结构设计与施工规定》JZ 102—79，1991年完成了《钢筋混凝土高层建筑结构设计与施工规程》JGJ 3—1991，2002年颁布了修订版《高层建筑混凝土结构技术规程》JGJ 3—2002，并于2010年修订完成了《高层建筑混凝土结构技术规程》JGJ 3—2010，每次修订都根据国内外最新的研究成果，结合工程实践的发展，补充了大量新的内容和规定。同时，从1975年开始组织召开“全国高层建筑结构学术交流会”，迄今已召开了26届，已发展为国内高层建筑结构领域颇具影响力的学术会议，成为国内相关的科研、设计、施工单位的重要交流平台。另外，组织专家学者编写高层建筑结构方面的学术著作和辅导材料，例如《高层建筑结构选型及结构构造措施建议》《高层建筑结构设计建议》《复杂高层建筑结构设计》等，对我国高层建筑的发展起到了积极推动作用。

本书以中国建筑科学研究院有限公司在高层建筑研究领域的研究成果为基础，以“十二五”国家科技支撑计划项目“重要大型建筑结构功能提升关键技术研究与示范”研究成果为依托，从前期开发与规划、地基基础、结构设计、抗风、抗震、综合化防灾、施工、健康监测等方面对超高层建筑规划、设计、建造、运营全过程中的关键技术和最新研究成果进行了阐述，并给出了大量工程案例以及详细解释，可供读者全面、系统地了解超高层建筑。希望本书进一步促进我国超高层建筑技术进步和健康发展。

中国建筑科学研究院有限公司董事长

2021年4月

前 言

从 20 世纪 90 年代开始，我国超高层建筑进入了快速发展的阶段，建筑越来越高，结构体型日趋复杂。最近十余年来发展更快，世界十大已建成的超高层建筑排名中有 6 座在我国，分别为上海中心大厦（632m，世界第 2）、深圳平安金融中心（599m、世界第 4）、广州东塔（530m、世界第 7）、天津周大福金融中心（530m、世界第 7）、北京中信大厦（中国尊）（528m、世界第 9）、台北 101 大楼（508m、世界第 10）。目前我国已成为世界超高层建筑发展的中心。

近年来，新技术、新材料和新工艺在超高层建筑领域得到快速和广泛应用，新型建筑和结构形式不断涌现，同时，因其体量巨大、功能复杂、人员密集等原因，给结构抗震、抗风设计与施工等带来了一系列全新挑战。但当前市场上关于超高层建筑规划、设计、建造、运营全过程关键技术和成果的专著极少，本书以“十二五”国家科技支撑计划项目“重要大型建筑结构功能提升关键技术研究与示范”研究成果为依托，从前期开发与规划、地基基础、结构设计、抗风、抗震、综合化防灾、施工、健康监测等方面对超高层建筑规划、设计、建造、运营全过程中的关键技术和最新研究成果进行了阐述，可供读者全面、系统地了解超高层建筑。另外，本书作为一本专业性很强的技术专著，在内容的编写上尽量用通俗易懂的语言，深入浅出地阐述了超高层建筑的关键技术，并给出了大量工程案例进行详细解释，便于读者理解和掌握。

本书共分为 14 章，第 1 章为绪论，介绍了我国超高层建筑发展规律、存在意义以及影响与争议，叙述了本书的主要内容；第 2 章为超高层建筑前期开发与规划设计，介绍了超高层项目开发流程、项目规划和设计注意要点；第 3 章为超高层建筑结构体系选型及布置要点，介绍超高层结构体系选型以及超高层建筑结构体系效率（经济性），给出超高层结构布置要点；第 4 章为超高层建筑结构指标控制及关键构件设计，阐述了超高层结构指标控制，介绍了超高层结构关键构件及节点设计方法；第 5 章为超高层建筑结构抗风技术，分析了超高层建筑风荷载的基本特点，阐述了超高层建筑的风荷载规范的相关内容及规定，给出了超高层建筑的风洞试验与流场数值仿真方法，介绍了风剖面对超高层建筑的影响；第 6 章为超高层建筑结构抗震技术，介绍了超高层建筑振动台试验方法，给出了超高层建筑动力弹塑性分析方法及技术；第 7 章为超高层建筑消能减震技术，介绍消能减震产品，建议超高层建筑消能减震方案，给出超高层建筑消能减震设计方法；第 8 章为超高层建筑结构防火及综合化防灾技术，给出建筑结构的耐火计算方法，介绍超高层建筑典型空间性能化防火设计方法；第 9 章为超高层建筑结构抗爆及防连续倒塌技术，介绍抗爆设计基本原则，阐述抗爆概念设计方法，建议防连续倒塌评估方法及措施，给出灾后结构性能评价方法；第 10 章为超高层建筑结构地基基础技术，介绍超高层建筑结构地基勘察要求，阐述超高层建筑地基基础设计方法，建议桩筏基础、基坑工程设计方法；第 11 章为超高层建筑施工装备，介绍了超高泵送混凝土设备、超高层施工模架设备和垂直运输机械设备；第12章为超高层建筑绿色虚拟仿真建造技术，介绍了基坑工程绿色虚拟仿真建造技术、大体积混凝土温度场仿真分析技术以及钢结构工程和模架装备虚拟仿真建造技术；第13章为超高层建筑健康监测技术，介绍了健康监测的内容，系统阐述了健康监测测点布置原则、数据采集、数据分析、性能评估和预警机制；第14章为超高层建筑幕墙技术，介绍超高层建筑幕墙选型及基本要求，建议超高层建筑幕墙面板脱落风险防范技术，阐述超高层建筑幕墙水密和气密设计、热工设计、防雷设计要点；全书统稿工作由肖从真、李建辉共同完成。本书的编写过程中，还得到了许多“十二五”国家科技支撑计划项目组技术骨干的大力协助，作者在此深表感谢！

鉴于作者水平有限，同时，由于时间有限，书中错误和疏漏之处难免，敬请各位专家和广大读者批评指正。

肖从真

2021年4月

目　　录

1　绪论 ………………………………………………………… 1

1.1　背景及意义 ………………………………………………… 1
1.2　超高层建筑发展规律 ……………………………………… 4
1.3　超高层建筑存在意义 ……………………………………… 4
1.3.1　充分利用土地，应对城市化 …………………………… 4
1.3.2　利益综合集聚，辐射周边区域 ………………………… 5
1.3.3　天际线认知度，提升城市影响力 ……………………… 5
1.3.4　建筑科技集大成，推动技术进步 ……………………… 5
1.4　超高层建筑的影响与争议 ………………………………… 6
1.4.1　建设成本高，运营费用高 ……………………………… 6
1.4.2　超高层建筑可能存在的安全隐患 ……………………… 6
1.4.3　超高层建筑对城市环境的影响 ………………………… 6
1.5　超高层建筑建设流程及特点 ……………………………… 6
1.5.1　前期策划工作是重中之重 ……………………………… 7
1.5.2　设计是美观、安全、经济综合协调的结果 …………… 7
1.5.3　建造与高效运维 ………………………………………… 7
1.6　本书主要内容及目标 ……………………………………… 8

2　超高层建筑前期开发与规划设计 ……………………………… 10

2.1　超高层项目开发流程及注意要点…………………………… 10
2.1.1　开发流程…………………………………………………… 10
2.1.2　环境影响评价……………………………………………… 10
2.2　超高层项目规划及注意要点………………………………… 12
2.2.1　功能业态…………………………………………………… 12
2.2.2　总图及交通组织…………………………………………… 15
2.2.3　地下室……………………………………………………… 17
2.3　超高层建筑设计及注意要点………………………………… 19
2.3.1　标准层……………………………………………………… 19
2.3.2　核心筒电梯系统…………………………………………… 21
2.3.3　首层大堂…………………………………………………… 22
2.3.4　立面造型…………………………………………………… 23
2.3.5　泛光照明…………………………………………………… 27

2.3.6 擦窗机…… 29

3 超高层建筑结构体系选型及布置要点 …… 31

3.1 超高层结构设计特点…… 31
3.1.1 水平荷载成为决定因素…… 31
3.1.2 侧向变形成为控制指标…… 31
3.1.3 竖向变形和非荷载效应不容忽视…… 31
3.1.4 长周期地震作用的影响明显…… 32
3.1.5 消能减震阻尼装置的设置…… 32
3.1.6 深基础及围护结构…… 32
3.1.7 考虑施工的可建性与造价…… 32
3.1.8 与建筑师的配合与协调…… 32
3.2 超高层建筑体型的影响…… 32
3.2.1 抗风设计…… 32
3.2.2 抗震设计…… 33
3.2.3 高宽比…… 34
3.2.4 基础埋深…… 35
3.3 超高层建筑结构体系…… 35
3.3.1 筒体结构…… 35
3.3.2 束筒结构…… 38
3.3.3 巨型结构…… 39
3.3.4 筒中筒结构…… 42
3.3.5 框架-核心筒 …… 45
3.3.6 连体结构…… 47
3.3.7 其他结构体系…… 51
3.4 超高层建筑结构体系经济性…… 54
3.4.1 引言…… 54
3.4.2 减小结构所受的水平荷载…… 54
3.4.3 提高结构的抗侧效率…… 55
3.4.4 结构体系布置原则…… 55

4 超高层建筑结构指标控制及关键构件设计 …… 57

4.1 超高层结构指标控制…… 57
4.1.1 软件选取…… 57
4.1.2 构件模拟与假定…… 58
4.1.3 计算参数选取…… 59
4.1.4 控制指标及分析结果判断…… 60
4.2 超高层结构关键构件及节点设计…… 61
4.2.1 核心筒（钢板组合剪力墙、连梁） …… 61

4.2.2　巨型柱 …… 76
4.2.3　伸臂桁架加强层 …… 91
4.2.4　巨型支撑 …… 104
4.2.5　环带桁架与次框架 …… 107
4.2.6　节点设计 …… 109

5　超高层建筑结构抗风技术 …… 119

5.1　概述 …… 119
5.1.1　超高层建筑结构的抗风安全性 …… 119
5.1.2　超高层建筑结构的抗风舒适性 …… 120
5.1.3　超高层建筑结构的抗风问题研究方法 …… 121
5.2　超高层建筑风荷载的基本特点及设计建议 …… 122
5.2.1　超高层建筑风压分布特点 …… 122
5.2.2　超高层建筑的风致响应与三维等效静风荷载 …… 124
5.2.3　超高层建筑群的干扰效应 …… 129
5.2.4　超高层建筑的抗风优化 …… 133
5.3　超高层建筑的风荷载规范 …… 135
5.3.1　荷载规范中风荷载计算公式 …… 135
5.3.2　顺风向风荷载计算方法 …… 136
5.3.3　横风向和扭转方向风荷载计算方法 …… 140
5.3.4　扭转风振等效风荷载计算 …… 143
5.3.5　顺风向、横风向与扭转风荷载的组合 …… 146
5.4　超高层建筑的风洞试验与流场数值仿真 …… 147
5.4.1　风洞试验的基本原理与分类 …… 147
5.4.2　高频动态天平测力试验 …… 150
5.4.3　刚性模型测压试验与风致响应计算 …… 153
5.4.4　气动弹性模型试验 …… 157
5.4.5　超高层建筑流场数值仿真 …… 161
5.5　超高层建筑抗风研究中的其他问题 …… 164
5.5.1　行人高度风环境评估 …… 164
5.5.2　烟囱效应 …… 171
5.5.3　风振控制技术 …… 174

6　超高层建筑结构抗震技术 …… 180

6.1　概述 …… 180
6.2　地震荷载 …… 181
6.3　超高层建筑振动台试验 …… 181
6.3.1　试验模型设计及加工 …… 181
6.3.2　试验方法 …… 185

6.3.3 典型高层建筑的模拟地震振动台试验 …… 188
6.4 超高层建筑动力弹塑性分析 …… 191
6.4.1 动力弹塑性分析的目标 …… 191
6.4.2 动力弹塑性分析模型的一般性要求 …… 192
6.4.3 结构构件的分析模型 …… 192
6.4.4 构件的非线性特性 …… 204
6.4.5 分析中的重力荷载效应 …… 204
6.4.6 地震波的选择与输入 …… 205
6.4.7 计算结果的评估 …… 206
6.5 工程案例 …… 206
6.5.1 上海中心大厦结构动力弹塑性分析 …… 206
6.5.2 中国尊结构动力弹塑性分析 …… 212

7 超高层建筑消能减震技术 …… 223

7.1 概述 …… 223
7.1.1 消能减震概念 …… 223
7.1.2 消能减震的原理 …… 223
7.1.3 消能减震的优越性 …… 224
7.2 超高层建筑消能减震方案 …… 225
7.2.1 框架结构消能减震方案 …… 225
7.2.2 剪力墙结构消能减震方案 …… 227
7.2.3 带伸臂桁架超高层结构消能减震方案 …… 227
7.2.4 工程案例 …… 228
7.3 消能减震产品 …… 234
7.3.1 位移相关型消能器 …… 234
7.3.2 速度相关型消能器 …… 237
7.3.3 消能器检测要求 …… 238
7.4 超高层建筑消能减震设计方法 …… 238
7.4.1 一般规定 …… 238
7.4.2 阻尼比计算 …… 239
7.4.3 性能化设计 …… 240

8 超高层建筑结构防火及综合化防灾技术 …… 243

8.1 高层建筑空间构成与火灾危险性分析 …… 243
8.1.1 密集空间的防火难点 …… 243
8.1.2 竖向贯通空间的防火难点 …… 245
8.1.3 超大水平空间的防火难点 …… 246
8.1.4 狭长空间的防火难点 …… 247
8.1.5 地下空间的防火难点 …… 248

8.2 建筑结构的耐火计算 …… 250
8.2.1 材料高温（后）性能 …… 250
8.2.2 建筑结构及构件的耐火性能计算 …… 255
8.2.3 提高钢-混凝土组合结构耐火性能的措施和施工要求 …… 269
8.2.4 工程应用 …… 269
8.3 密集空间的性能化防火设计 …… 281
8.3.1 可燃物密集空间的防火优化设计 …… 281
8.3.2 人员密集空间的防火优化设计 …… 282
8.4 竖向贯通空间的性能化防火设计 …… 284
8.4.1 中庭空间的防火优化设计 …… 284
8.4.2 交通核竖向贯通空间的防火优化设计 …… 294
8.4.3 设备竖井竖向贯通空间的防火优化设计 …… 298
8.5 超大水平开敞空间 …… 298
8.5.1 建筑高层的性能化防火策略 …… 298
8.5.2 避难层空间性能化防火策略 …… 303
8.6 狭长空间 …… 305
8.7 地下空间 …… 306
8.7.1 地下活动空间防火优化设计 …… 306
8.7.2 地下车库的性能化防火策略 …… 308
8.7.3 地下衔接空间的性能化防火设计 …… 309
8.8 超高层建筑性能化防火构造设计 …… 309
8.8.1 密集空间的防火构造 …… 309
8.8.2 竖向空间的防火构造 …… 310
8.8.3 水平超大空间的防火构造 …… 312
8.8.4 狭长空间的防火构造 …… 316
8.8.5 地下建筑空间的防火构造 …… 321
8.9 超高层建筑防火性能化设计实例 …… 321
8.9.1 项目概述 …… 321
8.9.2 火灾场景设定 …… 321
8.9.3 烟气流动模拟分析 …… 323
8.9.4 人员安全疏散分析 …… 324
8.9.5 防火设计调整方案 …… 327

9 超高层建筑结构抗爆及防连续倒塌技术 …… 328

9.1 概述 …… 328
9.2 建筑结构抗爆设计基本原则 …… 328
9.2.1 性能目标 …… 328
9.2.2 抗爆防护等级 …… 329
9.2.3 抗爆设防标准 …… 333

9.2.4 超高层建筑结构抗爆设防标准 …… 336
9.3 建筑结构抗爆概念设计 …… 336
9.3.1 建筑结构抗爆概念设计 …… 337
9.3.2 抗爆构造措施 …… 344
9.3.3 超高层建筑结构抗爆概念设计要点 …… 349
9.4 连续倒塌分析方法及防倒塌措施 …… 349
9.4.1 超高层建筑结构抗连续倒塌性能初步分析 …… 350
9.4.2 爆炸荷载下高层建筑结构连续倒塌分析高效方法 …… 351
9.4.3 防连续倒塌设计与技术措施 …… 353
9.4.4 某高层建筑结构连续倒塌分析与防倒塌措施建议 …… 354

10 超高层建筑结构地基基础技术 …… 358

10.1 综述 …… 358
10.2 超高层建筑结构地基勘察要求 …… 359
10.2.1 超高层建筑岩土工程勘察要求 …… 360
10.2.2 地下水 …… 360
10.2.3 岩土工程勘察 …… 361
10.2.4 岩土勘察评价 …… 363
10.3 超高层建筑地基基础设计 …… 363
10.3.1 抗震性能 …… 364
10.3.2 地基计算 …… 365
10.3.3 超高层建筑基础筏形基础设计 …… 371
10.3.4 工程实例：北京 LG 大厦 …… 380
10.4 桩筏基础 …… 383
10.4.1 超高层建筑桩基础的设计原则 …… 383
10.4.2 超高层建筑桩-筏基础设计关键问题研究 …… 388
10.4.3 桩基础的抗震性能与设计方法 …… 396

11 超高层建筑施工装备 …… 408

11.1 超高泵送混凝土施工装备 …… 408
11.1.1 超高泵送混凝土材料选型及性能设计 …… 408
11.1.2 混凝土泵送设备选型及泵管布设 …… 409
11.1.3 混凝土泵送施工工艺 …… 410
11.2 超高层施工模架装备 …… 413
11.2.1 模架装备概述 …… 413
11.2.2 钢平台模板体系设计方法 …… 414
11.2.3 钢平台模板体系自升工艺流程 …… 416
11.2.4 钢平台模板体系安全控制技术 …… 417
11.3 垂直运输机械设备 …… 418

11.3.1 塔式起重机…………………………………………………………………… 418
11.3.2 施工电梯…………………………………………………………………… 421
11.4 工程案例……………………………………………………………………… 423
11.4.1 工程概况…………………………………………………………………… 423
11.4.2 施工方案…………………………………………………………………… 424

12 超高层建筑绿色虚拟仿真建造技术 …………………………………………… 427

12.1 基坑工程绿色虚拟仿真建造技术…………………………………………… 427
12.2 混凝土工程虚拟仿真建造技术……………………………………………… 428
12.2.1 大体积混凝土温度场有限元仿真………………………………………… 428
12.2.2 不同施工方法对温度场及温度应力的影响……………………………… 429
12.3 钢结构工程虚拟仿真建造技术……………………………………………… 430
12.3.1 钢结构安装模拟…………………………………………………………… 430
12.3.2 幕墙安装模拟技术………………………………………………………… 432
12.4 模架装备虚拟仿真建造技术………………………………………………… 433
12.4.1 整体模型和力学性能模拟………………………………………………… 433
12.4.2 施工工况模拟……………………………………………………………… 433
12.4.3 自动化出图………………………………………………………………… 433
12.5 绿色虚拟仿真管理平台……………………………………………………… 434
12.6 工程案例……………………………………………………………………… 435
12.6.1 工程概况…………………………………………………………………… 435
12.6.2 信息化项目管理…………………………………………………………… 435
12.6.3 一体化深化设计…………………………………………………………… 436
12.6.4 信息化加工………………………………………………………………… 436
12.6.5 信息化施工………………………………………………………………… 437
12.6.6 信息化交付运维…………………………………………………………… 438

13 超高层建筑健康监测技术 ………………………………………………………… 440

13.1 概述…………………………………………………………………………… 440
13.2 监测内容……………………………………………………………………… 441
13.2.1 关键构件应力应变监测…………………………………………………… 441
13.2.2 关键部位位移监测………………………………………………………… 442
13.2.3 加速度监测………………………………………………………………… 442
13.2.4 倾斜监测…………………………………………………………………… 442
13.2.5 标高监测…………………………………………………………………… 442
13.2.6 沉降监测…………………………………………………………………… 442
13.2.7 温度监测…………………………………………………………………… 442
13.2.8 风速风压监测……………………………………………………………… 442
13.2.9 地震监测…………………………………………………………………… 443

13.3 传统监测技术…… 443
13.3.1 应力应变传感器…… 443
13.3.2 温度传感器…… 443
13.3.3 加速度传感模块…… 443
13.3.4 风速风压传感器…… 444
13.3.5 位移传感器…… 444
13.3.6 GPS 位移监测系统 …… 444
13.3.7 标高监测仪器…… 444
13.4 无线传感监测技术…… 445
13.4.1 无线传感器网络的特点…… 445
13.4.2 组网要求…… 445
13.5 监测测点布置原则…… 446
13.6 数据采集…… 447
13.6.1 数据采集与传输…… 447
13.6.2 数据信息管理…… 448
13.6.3 数据成活率保证…… 449
13.7 数据分析…… 449
13.7.1 数据分类…… 449
13.7.2 数据清理…… 450
13.7.3 数据集成…… 450
13.7.4 数据挖掘…… 451
13.8 性能评估…… 452
13.8.1 结构性能评估系统…… 452
13.8.2 结构健康指标…… 453
13.8.3 结构舒适度评估…… 453
13.9 预警机制…… 454
13.9.1 预警分析…… 454
13.9.2 预警机制建立…… 455
13.9.3 预警参数设置…… 455
13.9.4 环境荷载预警参数分析…… 456
13.9.5 结构响应预警参数分析…… 457
13.9.6 辅助决策功能…… 458
13.10 工程应用案例 …… 458
13.10.1 工程概况 …… 458
13.10.2 监测内容 …… 459
13.10.3 监测设备与技术 …… 459
13.10.4 数据分析与评估 …… 461

14　超高层建筑幕墙技术 ………………………………………………… 463
14.1　概述…………………………………………………………………… 463
14.2　超高层建筑幕墙设计时需考虑的技术特殊性………………………… 465
14.2.1　超高层建筑结构设计时对减轻自重的技术要求…………………… 465
14.2.2　超高层建筑结构地震作用的特殊性……………………………… 466
14.2.3　超高层建筑风荷载的特殊性……………………………………… 466
14.2.4　超高层建筑施工技术特点………………………………………… 466
14.2.5　钢化玻璃自爆在超高层建筑中的风险及成本……………………… 466
14.2.6　超高层建筑主体结构变形的特殊性……………………………… 467
14.2.7　超高层建筑遭受雷击的特殊性…………………………………… 467
14.3　幕墙系统和材料的选择和确定………………………………………… 467
14.3.1　面板材料…………………………………………………………… 467
14.3.2　幕墙系统…………………………………………………………… 468
14.3.3　其他幕墙材料……………………………………………………… 468
14.4　荷载作用及组合……………………………………………………… 469
14.4.1　风荷载……………………………………………………………… 469
14.4.2　地震作用…………………………………………………………… 469
14.4.3　温度作用…………………………………………………………… 469
14.4.4　主体结构位移对幕墙设计的影响………………………………… 470
14.4.5　荷载组合…………………………………………………………… 470
14.5　超高层建筑幕墙玻璃面板设计及选用………………………………… 471
14.5.1　玻璃面板选用形式………………………………………………… 471
14.5.2　玻璃面板自爆风险防范…………………………………………… 471
14.5.3　玻璃面板全生命周期设计选用建议……………………………… 471
14.5.4　曲面造型时的玻璃面板处理建议………………………………… 471
14.5.5　玻璃面板尺寸……………………………………………………… 472
14.5.6　SGP 夹胶玻璃的应用及设计方法 ………………………………… 472
14.6　超高层单元式玻璃幕墙支承结构设计要点…………………………… 473
14.6.1　支承结构截面形式………………………………………………… 473
14.6.2　支承结构承载力计算……………………………………………… 475
14.6.3　支承结构的挠度控制……………………………………………… 475
14.6.4　单元体幕墙的插接缝设计………………………………………… 476
14.6.5　单元式隐框玻璃幕墙……………………………………………… 477
14.6.6　硅酮结构胶厚度设计……………………………………………… 477
14.6.7　既有隐框幕墙结构胶检测及设计复核…………………………… 477
14.7　超高层建筑幕墙设计………………………………………………… 478
14.7.1　水密、气密性构造设计…………………………………………… 478
14.7.2　热工设计…………………………………………………………… 478

14.7.3 隔声…………………………………………………………………………………… 479
14.7.4 光学性能………………………………………………………………………………… 479
14.7.5 开启扇…………………………………………………………………………………… 479
14.7.6 防坠物…………………………………………………………………………………… 479
14.7.7 擦窗装置………………………………………………………………………………… 480
14.7.8 外立面灯光……………………………………………………………………………… 480
14.7.9 防火……………………………………………………………………………………… 480
14.7.10 防雷 ………………………………………………………………………………… 481
14.8 超高层建筑幕墙结构设计实例……………………………………………………………… 481
14.8.1 项目概况………………………………………………………………………………… 482
14.8.2 计算说明及简图………………………………………………………………………… 482
14.8.3 荷载计算………………………………………………………………………………… 483
14.8.4 玻璃面板设计计算……………………………………………………………………… 483
14.8.5 支承龙骨设计计算……………………………………………………………………… 485
参考文献 ………………………………………………………………………………………… 493

1 绪　论

1.1 背景及意义

高层建筑的发展有一个长期的过程，一千多年前就出现了高层建筑，我国历史上有如河南登封市的嵩岳寺塔、西安的大雁塔、山西的应县木塔等高层建筑。这些早期的高层塔楼建筑，由于受到当时经济技术条件的限制，都是用砖、石或木料等建造的，墙壁相当厚，支撑木柱都很粗大，因而使用面积相当狭窄，外形也比较合理。

19 世纪末到 20 世纪初，由于工业技术的进步，为近代高层建筑的发展创造了有利的条件，出现了钢框架和钢筋混凝土框架结构的高层建筑。在美国、欧洲等地出现了一批高层建筑。直到 20 世纪 50 年代，由于轻质、高强材料研究成功，抗风抗震结构体系得到了发展，高层建筑得到了迅速发展。

我国近代高层建筑是 1955 年以后才逐渐发展起来的，先后在二十几个大中城市修建了一批高层旅馆、办公楼、公寓、住宅，如广州白云宾馆、北京的前三门高层建筑群等。

从 20 世纪 90 年代开始，我国高层建筑进入了快速发展的阶段，建筑越来越高，结构体型日趋复杂。最近十余年来发展更快，世界已建成的十大超高层建筑排名详见表 1.1.1，其中有 6 座在我国，分别为上海中心大厦（632m，世界第 2）、深圳平安金融中心（599m、世界第 4）、广州东塔（530m、世界第 7）、天津周大福金融中心（530m、世界第 7）、北京中信大厦（中国尊）（528m、世界第 9）、台北 101 大楼（508m、世界第 10）。目前我国已成为世界超高层建筑发展的中心。

世界十大超高层建筑（已建成排名）来源：世界高层都市建筑学会（CTBUH）表 1.1.1

排名	国家	名称	图片
1	阿拉伯联合酋长国	**迪拜哈利法塔** 原名迪拜塔，又称迪拜大厦或比斯迪拜塔，是位于迪拜的一栋已经建成的超高层建筑，有 160 层，总高 828m，比台北 101 大楼足足高出 320m。迪拜塔由韩国三星公司负责营造，2004 年 9 月 21 日开始动工，2010 年 1 月 4 日竣工启用，同时正式更名为哈利法塔	

续表

排名	国家	名称	图片
2	中国	**上海中心大厦** 上海中心大厦塔顶建筑高度 632m，结构屋顶高度 580m，共 124 层，总建筑面积约 53 万 m^2。 塔楼的楼层呈圆形，上下中心对齐并逐渐收缩，它从建筑的底部一直扭转到顶部，每层扭转约 1°，总的扭转角度约为 120°	
3	沙特阿拉伯	**麦加皇家钟塔饭店** 麦加皇家钟塔饭店是一栋位于沙特阿拉伯麦加的复合型建筑，这栋建筑于 2012 年完工，高度达 601m。完工后坐拥许多头衔，包括世界最高的饭店、世界最高的钟塔、世界最大钟面，世界最大的楼板面积	
4	中国	**深圳平安金融中心** 深圳平安金融中心位于深圳市福田商业中心区地段，福华路与益田路交汇处西南角，由中国平安人寿保险公司投资，它由塔楼和裙楼组成，塔楼外墙以玻璃幕墙为主，裙房采用全石材。共 115 层，核心筒结构高度 592.5m，总高度为 599.1m。于 2017 年竣工	
5	韩国	**乐天世界大厦** 乐天世界大厦是一座位于韩国首尔市的摩天大楼，该大楼位于乐天世界附近，邻近地铁站为蚕室站，有首尔地铁 2 号线与首尔地铁 8 号线经过。该大厦又称第二乐天世界，共 123 层，总高度达 554.5m，于 2017 年竣工	

续表

排名	国家	名称	图片
6	美国	**纽约新世贸大厦** 纽约新世贸大厦于2014年建成。设计高度是1776ft(541.3m),象征着美国通过《独立宣言》的年份(1776年),屋顶高417m,与原世贸中心北塔屋顶等高;观景台及最高可使用楼层高415m,与原世贸中心南塔屋顶等高。1776ft的高度让新世贸大厦成为美国最高、世界第六高的建筑物	
7	中国	**广州东塔** 广州东塔由香港周大福集团直接投资,集超五星级酒店及餐饮、服务式公寓、甲级写字楼、地下商城等功能于一体。地上111层,共403984m^2,地下为5层,共104304m^2。总高度530m,于2014年10月28日举行了封顶仪式,于2016竣工	
8	中国	**天津周大福金融中心** 天津周大福金融中心位于天津经济技术开发区第一大街与新城西路交汇处,占地面积2.8万m^2,建筑面积约39万m^2,其中塔楼总高度530m,为地上97层,地下4层结构。 天津周大福金融中心是中国长江以北第一高楼、中国第4高楼及全球第7高楼,于2019年竣工	
9	中国	**北京中信大厦** 北京中信大厦(CITIC Tower),又名中国尊,是中国中信集团总部大楼,位于中央商务区(CBD)核心区Z15地块。占地面积11478m^2,总高528m,地上108层、地下7层,总建筑面积43.7万m^2,建筑外形仿照古代礼器"尊"进行设计,内部有全球首创超500m的JumpLift跃层电梯。于2018年竣工	

续表

排名	国家	名称	图片
10	中国	**台北 101 大楼** 被称为“台北新地标”的台北 101 大楼于 1998 年 1 月动工，主体工程于 2003 年 10 月完工，高 508m。有世界最大且最重的“风阻尼器”：一个悬挂在大楼内部楼顶的重达 660t 的铁球，为了在台风到来时保持平衡，还有两台世界最高速的电梯，从 1 楼到 89 楼，只要 39s 的时间	

1.2 超高层建筑发展规律

20 世纪 80 年代以前，世界最高建筑大多出现在北美地区，以钢结构体系为主，功能是单一的办公建筑。而在今天，这种概念几乎完全被推翻，超高层建造的主战场转移到了亚洲乃至中国；从最早的框架结构、剪力墙结构发展到框架-筒体-伸臂、框筒、筒中筒、束筒体系及巨型结构体系等各种新型结构体系百花齐放；材料也从钢结构发展为钢与混凝土混合结构，功能从单一的办公建筑朝住宅/公寓及酒店等多功能、综合性用途发展，甚至出现以超高层建筑群组成的“空中城市”。

实际上，超高层建筑在 20 世纪初的出现是伴随着建筑技术、建筑材料的发展，更是依赖于社会经济实力达到一定高度的产物。根据研究报告，超高层建筑的发展不仅与国民生产总值 GDP 相关，也与经济增长率相关，只有 GDP 积累到一定程度，大约在 1500 亿美元，且经济增长保持稳定上升势头，社会财富得到一定积累时才对超高层建筑有需求，超高层建筑才能快速发展，二者缺一不可。而反观今天亚洲尤其是中国的摩天楼竞赛，也正是从一个侧面体现了这一地区经济腾飞的时代大背景。

超高层建筑在世界范围，特别是在中国的高速发展，使原本“稀有”的超高层建筑，成为城市建设的重要形式之一。超高层建筑作为现代建筑业发展的一大主流，是经济社会发展的标志，它正在不断地改变我国城市的经济结构与城市景观。

1.3 超高层建筑存在意义

1.3.1 充分利用土地，应对城市化

改革开放以来，中国经济持续发展，人口迅速增长，大量人口从农村向一、二线城市涌入，城市土地尤其是中心区土地资源供应紧张。

超高层建筑力求向高处发展，在提供大量可使用面积的同时，占有的建设用地相对较少，充分利用了有限的土地资源。

超高层建筑一般位于城市中心高密度区，建设超高层综合体能大大提高土地集约化的利用水平，其富余出来的未被建筑覆盖的区域可用于种植绿化等其他改善人们生活的功能，最终取得降低城市密度的成效。

超高层建筑的发展提高了土地资源的利用效率，是应对中国城市化进程加速、城市人口膨胀、土地资源稀缺的重要建筑策略之一。

1.3.2 利益综合集聚，辐射周边区域

超高层建筑是定义城市布局的重要因素之一，统领着城市形态。很多例子表明，城市经济活跃区域往往以超高层建筑为中心，呈辐射形态发散。

超高层建筑因其自身特点，对交通、市政等设施的需求较高，即使建设于城市新区，也会配备便捷的公共交通网络，使周边区域同时获利。

此外，超高层建筑体量巨大，容纳人数通常在万人以上，对配套服务的需求量大，其潜在利益吸引资本投资，带动周边区域经济发展。

超高层建筑的综合集聚效应，会对周边区域甚至整个城市的经济带来巨大的辐射影响。

1.3.3 天际线认知度，提升城市影响力

超高层建筑的位置特殊、造型突出、视觉效果强烈，其在城市中鹤立鸡群的高度属性，创造了独具特色的天际线景观，无可争议地作为地标建筑，充当起城市名片的作用。这样的例子比比皆是，如纽约帝国大厦、台北101大楼、上海中心，都已成为当地的地标性建筑，大大提升了城市的国际形象。

可以看到，现在国内各大城市都乐于并鼓励建设超高层地标性建筑，争创具有城市品牌认知度的天际线，用以展示自身城市的经济、技术、综合实力及地域文化内涵。超高层建筑俨然已成为一个城市的经济文化展示窗口，提升了城市影响力。

1.3.4 建筑科技集大成，推动技术进步

从古至今，高大建筑一直是人们彰显发展成就的重要载体，而超高层建筑的发展不仅得益于土木建筑工程学科中各专业的发展，而且依赖于材料科学、计算机科学、机械工程、能源与动力工程、电子、通信、自动化等一系列相关学科的进步。

超高层建筑的发展同时也为这些基础学科的进步提供了原动力与展示平台。超高层建筑的建设离不开科学技术的发展，如结构形式的进化、电梯技术的提升等一次次成就了新一轮更高建筑的诞生。很多例子表明，新材料、新技术在超高层建筑中成功应用后，全面投入量产，进而广泛使用在其他建筑类型，甚至非建筑领域中，一定程度上推动了整个科技的发展与进步，形成一个良性循环。

综上所述，从积极的层面来看，当今国内的超高层建筑的建设是建立在当代科技成果发展、经济水平提升的时代背景下，是应对城市化发展、提升城市中心土地资源效率的重要措施。超高层建筑对于提升城市影响力，推动相关学科进步都起到了一定的效果，在政治、文化、科技等各个方面都有着积极的意义。超高层建筑具有广阔的发展前景。

1.4 超高层建筑的影响与争议

1.4.1 建设成本高，运营费用高

由于超高层建筑体型巨大，功能复杂，对于抗风、抗震、消防等方面有着极高要求，施工难度大，因此在设计、材料、建造甚至运营管理上需要严格把控。由于这些特殊性，超高层建筑的成本将大大提高。实践证明，建一栋200m高的大楼成本远比建4栋50m高的楼房的成本高。由于超高层建筑的地理位置特殊，建筑设施的保养、维修、更换成本也将会是一笔不小的开销，这就大大增加了建筑的运营费用。

1.4.2 超高层建筑可能存在的安全隐患

随着2001年纽约世贸中心被毁，人们不禁对于超高层建筑的安全性产生了怀疑。的确，在超高层建筑里工作生活的人们无论在地震还是火灾，甚至恐怖袭击时都很难逃生。

建筑装修中往往会使用大量的可燃性建筑材料，建筑内部还分布着大量的电线电缆，一旦发生火灾，火势蔓延将相当迅速。同时由于超高层建筑楼层过高，人员疏散、逃生、灭火工作将会相当困难。消防部门的高压水枪只能达到几十米，而云梯车最高也只能达到100m，高楼层中的人员也难以自救，因此万一事故发生往往会造成重大伤亡。另外，超高层建筑中普遍使用的钢结构体系耐火性能较差。钢材在700℃高温下就会丧失承受能力，导致楼梯坍塌，这也正是美国“9·11”事件造成巨大伤亡的重要原因。

超高层建筑设计已远远超过了现有规范的适用范围，现有的已建及在建的超高层建筑也没有经受过大地震及强风的考验，尚缺乏相关的地震及强风灾害的记录，其安全性能仍需进一步研究和验证。

1.4.3 超高层建筑对城市环境的影响

超高层建筑容积大、人口集中，将给附近城市交通、消费、治安等日常生活造成巨大压力，过多的超高层建筑集中在城市中心区，一方面会导致城市功能区规划不均衡，另一方面会对周边地面自然环境造成影响，诸如城市热岛效应加剧、导致光污染、影响候鸟迁徙、改变城市风环境造成低空旋风等。此外，在强风及地震作用下，超高层建筑顶部的持续摇晃会影响使用的舒适度，并使人产生心理恐慌。更有心理学家认为，人类在10层以上的建筑生活会产生孤寂感，影响心理健康。

另外，由于超高层建筑的盲目建设，许多历史名城的风貌古迹受到严重破坏，盲目学习国外的建筑风格、高楼与古建筑混合，也打破了以前和谐的布局，造成另一方面的损失。

1.5 超高层建筑建设流程及特点

超高层项目建设流程与其他类型项目并无不同，包括：前期可行性分析、立项、设计、施工、运维管理等。但超高层项目各个流程环节的关注点及重要性有其自身的特点及

需求。

1.5.1 前期策划工作是重中之重

设计前期工作对超高层项目而言至为关键。其内容包含超高层建筑的建设选址、对周边环境承载力的要求、对城市既有资源的整合、建筑的总体布局以及交通组织方式等。

比如，决定超高层建筑的建设选址的因素很多，除了城市天际线高度和城市品牌竞争等人为的因素外，单从客观的经济发展规律而言，城市发展水平和选址所在区域特征一定是超高层建设选址的首要因素。只有 GDP 达到相当水平且保持一定增速的城市，才有能力建造超高层建筑，只有具备高度人口集聚需求，超高层建筑才能高效率运行。

此外，超高层建筑体量巨大、功能复杂，与普通中小型项目对比，其对周边环境，包括交通情况、市政基础设施等，都提出了更高、更多的要求，这就需要在前期工作中判断已有条件是否满足建设超高层建筑的需求，或者该区域未来可否具备相应的市政、交通等环境承载力。比如，一栋以办公为主要业态的超高层建筑，其使用者往往是上万人，这么密集的人流对于公共交通的压力远远大于一般建筑，如果确定建设，那所在的城市核心区域原有的交通系统则必须做出相应的调整：增设公共交通线路、拓宽周边道路、地下空间综合利用、设置区域高空步行系统等。与此相应，城市基础设施等既有资源如水、电、风、煤、垃圾处理、消防配备也需要重新调配整合。

1.5.2 设计是美观、安全、经济综合协调的结果

超高层建筑综合体其复杂的功能混合、庞大的使用人数以及对于高度的突破，给超高层建筑的垂直交通设计、防灾设计、结构设计、机电设计带来挑战。

超高层的体型设计，一方面，从形象上不仅有美观要求，更需要具有标示性，超高层建筑对城市天际线有着统领作用，承担塑造城市形象的重任；另一方面，建筑高度的提升对于结构设计安全性和合理性以及机电配套系统的经济性提出了更高的要求。

超高层的核心筒承载了建筑竖向交通、结构支撑以及能源输送等一系列功能，核心筒的综合利用效率直接影响超高层建筑使用效率，是设计中的重中之重。

超高层建筑的总体布局关系到周边的交通网络、市政布置，直接影响城市空间、沿街界面、景观及环境微气候。

超高层建筑的使用效率、舒适性、安全性及可持续发展问题均需要被关注，并贯穿设计过程的始终。

1.5.3 建造与高效运维

我国的施工企业经过多年的工程实践，积累了超高层施工的丰富经验，完全可以保证超高层建筑高品质完成。

但超高层施工还需要更多采用 BIM、工业和装配技术，实现设计施工一体化，并进一步考虑对周边环境的影响，如交通组织、垃圾倾倒、扬尘处理、雨水污水、地基情况等内容。施工过程中同样需要注重节能减排，控制碳排放等措施，真正实现智慧建造、绿色建造。

超高层综合体功能复杂，涉及机电等系统繁杂，在项目交付及使用过程中需要仔细调

试跟踪，使设计充分体现运行效率。成熟、细致、动态的管理是超高层综合体项目运营维护的关键，也是实现超高层全生命周期经济性的关键。

1.6 本书主要内容及目标

本书针对当前超高层建筑结构设计面临的主要关键技术问题，从前期开发与规划设计、结构体系选型及布置要点、结构指标控制及关键构件设计、结构抗风技术、结构抗震技术、消能减震技术、防火及综合化防灾技术、抗爆及防连续倒塌技术、地基基础技术、施工装备、绿色虚拟仿真建造技术、健康监测以及幕墙技术 13 个方面对超高层建筑结构设计技术进行了全面阐述，以供超高层建筑结构设计者及相关技术人员使用。特别是针对超高层建筑结构的设计人员，尽可能给出易懂的内容和方法。因此，结合关键技术的阐述，给出了具体的算例进行详细说明。同时，本书给出了相关关键技术问题的最新研究成果，可供技术人员参考。

本书的主要内容包括：

（1）超高层建筑前期开发与规划设计

介绍超高层项目开发流程、项目规划和设计注意要点。

（2）超高层建筑结构体系选型及布置要点

介绍超高层结构体系选型以及超高层建筑结构体系效率（经济性），给出超高层结构布置要点。

（3）超高层建筑结构指标控制及关键构件设计

阐述超高层结构指标控制，介绍超高层结构关键构件及节点设计方法。

（4）超高层建筑结构抗风技术

介绍超高层建筑结构的抗风安全性，分析超高层建筑风荷载的基本特点，阐述超高层建筑的风荷载规范的相关内容及规定，给出超高层建筑的风洞试验与流场数值仿真方法。介绍风剖面对超高层建筑的影响，以及超高层建筑抗风研究中的其他问题。

（5）超高层建筑结构抗震技术

介绍超高层建筑振动台试验方法，给出超高层建筑动力弹塑性分析方法及技术。

（6）超高层建筑消能减震技术

介绍消能减震产品，建议超高层建筑消能减震方案，给出超高层建筑消能减震设计方法。

（7）超高层建筑结构防火及综合化防灾技术

给出建筑结构的耐火计算方法，介绍超高层建筑典型空间性能化防火设计方法。

（8）超高层建筑结构抗爆及防连续倒塌技术

介绍抗爆设计基本原则，阐述抗爆概念设计方法，建议防连续倒塌评估方法及措施，给出灾后结构性能评价方法。

（9）超高层建筑结构地基基础技术

介绍超高层建筑结构地基勘察要求，阐述超高层建筑地基基础设计方法，建议桩筏基础、基坑工程设计方法。

（10）超高层建筑施工装备

介绍超高泵送混凝土材料选型及性能设计、泵送设备选型及泵送布设、泵送施工工艺，系统介绍超高层施工模架设备，最后，介绍塔式起重机、施工电梯等垂直运输机械设备。

（11）超高层绿色虚拟仿真建造技术

介绍基坑工程绿色虚拟仿真建造技术、大体积混凝土温度场仿真分析及不同施工方法对温度场及温度应力的影响，阐述钢结构工程和模架装备虚拟仿真建造技术，最后简单介绍绿色虚拟仿真管理平台。

（12）超高层建筑健康监测技术

阐述超高层建筑健康监测的必要性，介绍健康监测的内容，分析传统监测技术和无线传感监测技术，系统阐述健康监测测点布置原则、数据采集、数据分析、性能评估和预警机制。

（13）超高层建筑幕墙技术

介绍超高层建筑幕墙选型及基本要求，建议超高层建筑幕墙面板脱落风险防范技术，阐述超高层建筑幕墙水密和气密设计、热工设计、防雷设计要点。

2

超高层建筑前期开发与规划设计

2.1 超高层项目开发流程及注意要点

2.1.1 开发流程

每一个超高层项目都是独一无二的产品，它们的开发流程不尽相同，但大致流程都要经过可行性研究、建筑设计、建筑施工、竣工验收、交付使用和使用后评估等阶段，如图2.1.1所示。

2.1.2 环境影响评价

超高层建筑作为一个时代、一个地区的科技和经济实力象征，因经济效益、社会效益巨大而受到人们青睐，特别是面对我国人口多、土地需求紧张的现状，超高层建筑的需求更大，但是超高层建筑带来的环境问题越来越多，已经不容忽视。

超高层建筑寿命周期一般都在50～100年，寿命周期内对周围的自然环境、城市环境的影响面广，持续时间长。对环境的破坏主要体现在以下方面：建造周期长，对城市污染严重，运营过程中需要消耗大量的能源；城市环境也会受到严重的影响，如光污染、电子辐射、风环境恶化、日照和视线的遮挡等；遇到地震和火灾等危险时破坏程度大、伤亡和损失严重；人员聚集造成城市管理复杂，超高层建筑的室内环境处于高空，长期生活在超高层建筑中，对人的身心健康造成影响等。

环境影响评价是指对建筑城市规划和建设项目实施后，根据建设项目现状，对建筑物潜在的环境影响进行分析、预测和评估。根据评价结果，结合建筑物实际情况，提出降低环境影响的建议和措施，对建筑物环境影响进行跟踪监测的方法与制度。环境管理的目的是为了防止废水、废气、废渣、粉尘、烟雾、恶臭、热污染、光污染、噪声等对人体健康、周围环境造成有害或者不良影响。

环境影响评价主要分为三个阶段，如图2.1.2所示。

在建筑环境影响评价方面，我国正在实施的政策法规与技术文件包括《中华人民共和国环境保护法》《绿色建筑评价标准》《绿色建筑技术导则》《中国生态住宅技术评估手册》《住宅性能评定技术标准》以及地方实施的相关政策标准。其中，《绿色建筑评价标准》目前使用较多，该标准是按照建筑全寿命周期制定的，从建筑最开始规划设计阶段到最终拆

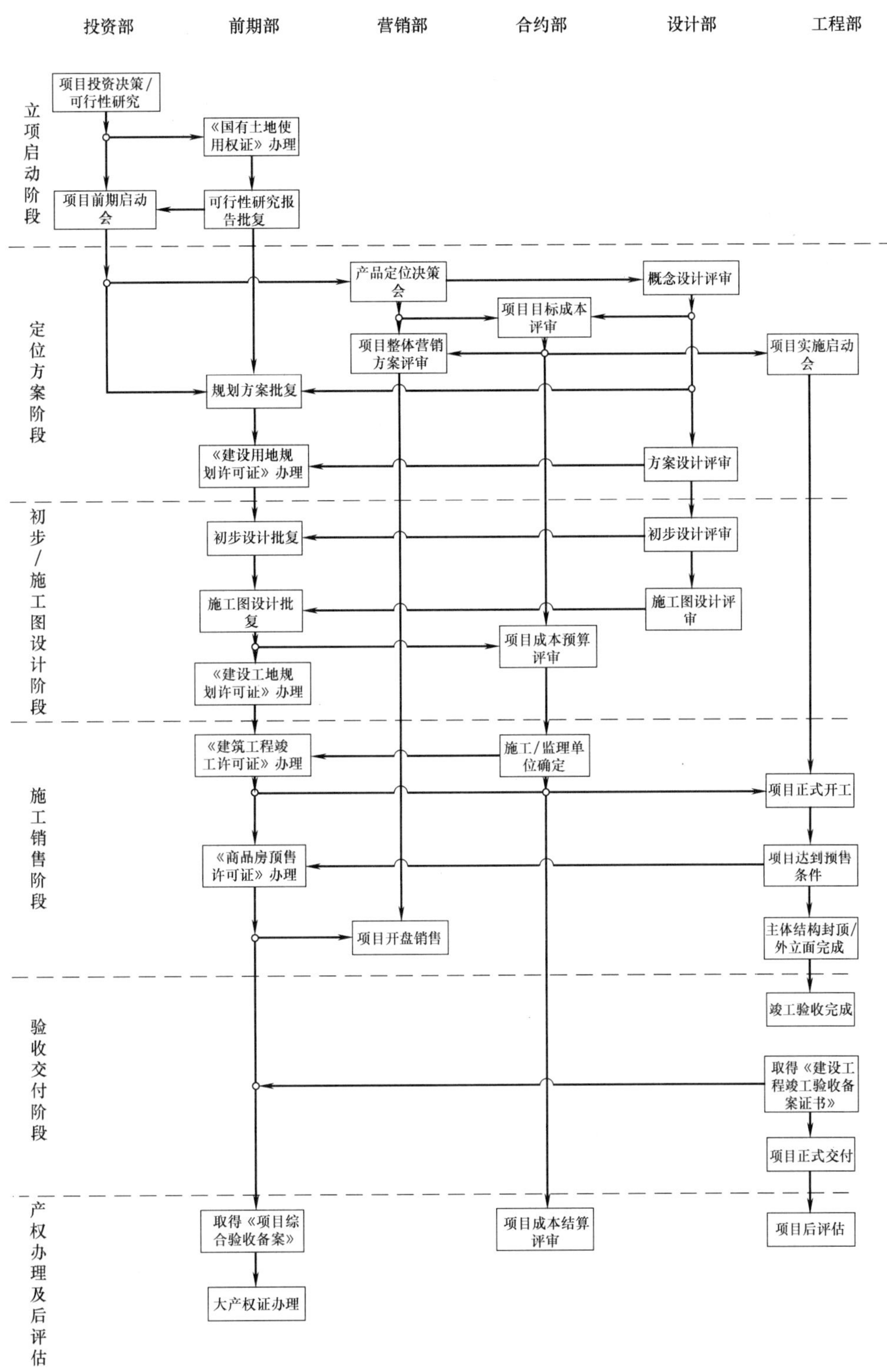

图 2.1.1 超高层项目开发流程

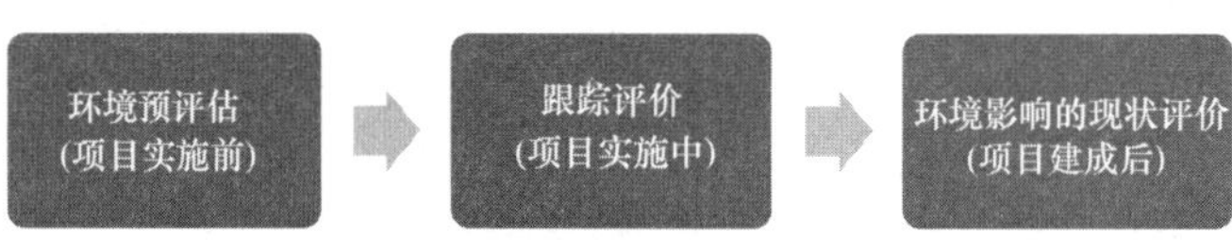

图 2.1.2　环境影响评价阶段

除，最大限度地减少对能源、资源的利用，保证在全寿命周期的各个阶段对环境间接或直接的影响达到最小。

超高层建筑的全寿命周期包括前期阶段（项目投资测算、可行性研究、勘察）、设计阶段、施工阶段、运营维护阶段、拆除阶段，环境影响与各个阶段都有间接和直接的关系，应重点关注的内容见图 2.1.3。

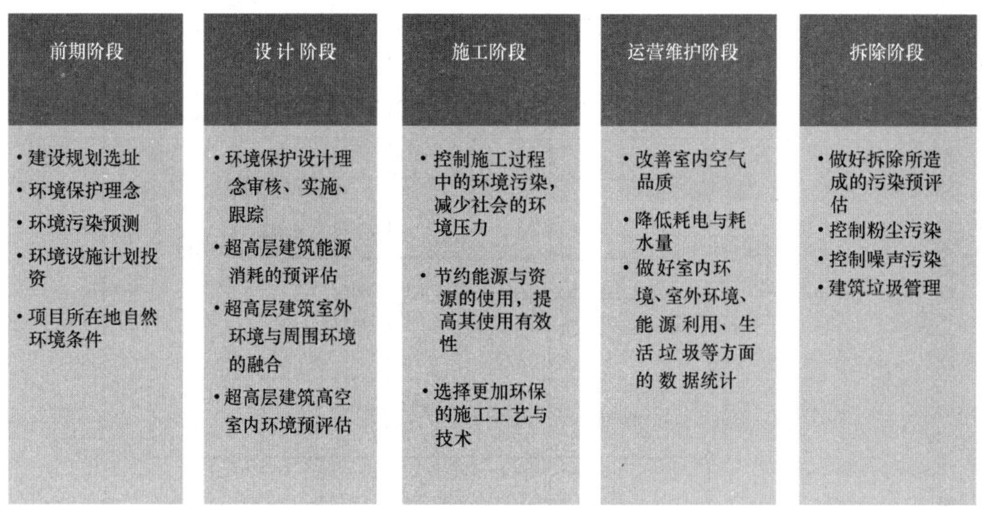

图 2.1.3　超高层建筑各阶段环保内容

2.2　超高层项目规划及注意要点

2.2.1　功能业态

1. 业态发展

2000 年之前，超高层发展主要集中在欧美的大都市，且早期以纯办公为主，如早期的纽约帝国大厦、纽约世贸中心、芝加哥西尔斯大厦和马来西亚双子塔等（图 2.2.1）。

2000 年之后出现了办公＋酒店复合业态模式，例如南京紫峰大厦、郑州千玺广场、上海环球金融中心等（图 2.2.2）。这种类型的出现使超高层业态更加复合，同时有效地解决了全部办公功能下核心筒高区过大的问题。

而随着超高层总量的逐渐增多，为了寻求差异化，又不断进行了多种组合模式的尝试，如办公＋酒店＋公寓，办公＋酒店＋住宅等。同时，衍生出一些非主力业态，如行政公馆、会所、观光层等。例如，迪拜哈利法塔、武汉绿地中心、成都绿地中心等，见

图 2.2.1 以办公为主的超高层建筑

图 2.2.2 办公+酒店超高层建筑

图 2.2.3。

图 2.2.3 多种组合模式的超高层建筑

2. 业态组合

超高层业态组合规划受制于经济、政治、投资和运营等因素，并非由单一技术决定。

业态组合主要涉及 4 种模式：①纯办公；②办公+酒店；③办公+公寓；④办公+酒店+公寓。以在超高层领域开发经验较为丰富的某地产企业为例，400m 以下超高层中纯办公占比 55%，办公+酒店占比 25%，两种方式合计占比高达 80%（图 2.2.4）。

400m 以上超高层业态组合，为了增加产品丰富度和差异化，会选择较多的业态组合，如观光层、企业会所、空中餐厅等。

3. 业态分析

超高层塔楼的业态类型分为主力业态与非主力业态。

主力业态以办公、酒店、公寓、住宅 4 类基本功能为主，其中办公、办公+酒店业态

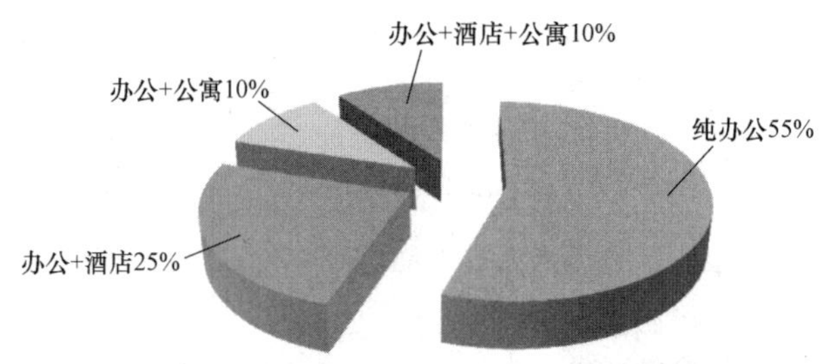

图 2.2.4　超高层建筑业态分析

已经得到市场运营的认可，作为两种成熟的开发模式广泛应用于各类超高层项目中。

超高层办公产品具有工作属性，是高端办公企业的聚集地，客群以金融类为主，延伸到证券、咨询、律所等行业，具有行业和价值认同。办公产品定位为甲级办公或国际甲级，档次特征明显，享有城市地标、尊贵感和成就感，对办公客户具有很强的吸引力，具有集聚效应（图 2.2.5）。

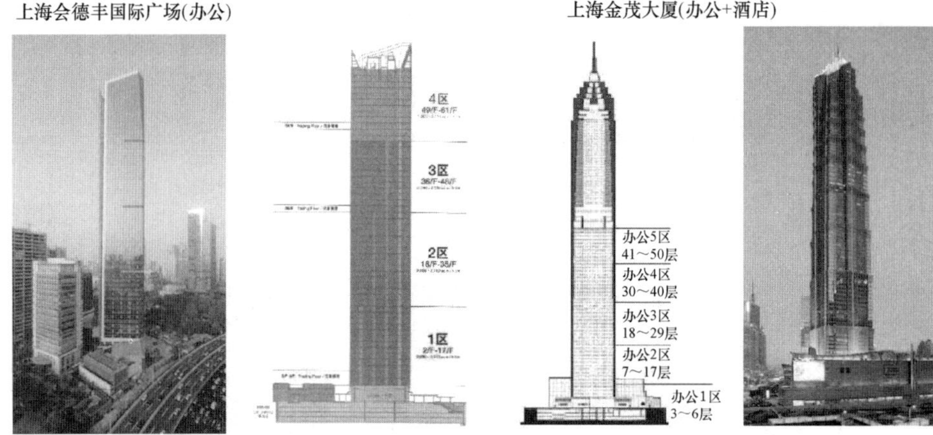

图 2.2.5　某超高层项目（纯办公）

超高层酒店为临时居住属性的综合体产品，高度上具有景观稀缺性，使用上兼具公众性与私享性。超高层酒店同办公组合（图 2.2.6）时一般位于高区，同公寓组合时可在公

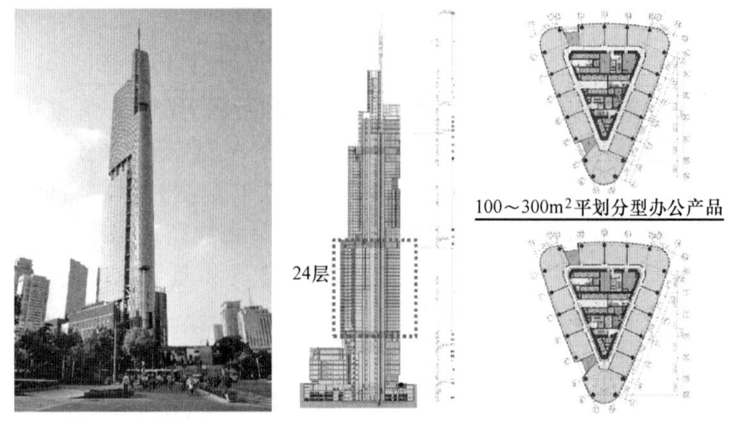

图 2.2.6　某超高层项目（办公＋酒店）

寓的上部或下部。同时，办公私密性、酒店公共性在业态功能上可互补。酒店配套服务功能，是对办公相关辅助需求的有效补充，例如会务、餐饮、健身等。超高层低区设置办公，高区设置酒店，符合垂直交通运量分布，降低高区运载力，提高效率。办公和酒店停车使用上可错峰，有效降低停车数量和提高场地效率，发挥业态组合价值。

超高层公寓（住宅）为居住属性产品，居住功能具有延伸性，兼具办公、商务、接待等，有很强的私属特性。产品类型可分为销售型和依托酒店的长租型。客群市场较小，部分一线城市或地段良好区域具有客户基础，主要定位为客户的第 N 居所或投资产品，具备一定的稀缺性。但超高层公寓（住宅）也面临得房率低、户型不通透（通风采光受限）、无煤气和阳台、物业费高、使用和投资成本高、交易税费高、转手难度大等缺点。

非主力业态如观光层、企业会所、空中餐厅等仍处于探索阶段，更多的是功能的差异化尝试，要求在精确市场调研的前提下谨慎配置。观光层主力客群为旅游人群，对城市旅游人口基数、城市景观有一定要求，具有一定的稀缺性，但应考虑后期的运营成本。企业会所属于非经营类业态，面积较小，投入产出逻辑不清；会所承担接待、办公的属性，占据超高层最高区。

2.2.2 总图及交通组织

1. 技术指标

超高层项目在前期总体规划中，受制于规划部门经验不足，常规城市规划管理指标不适用等情况，会出现超配或配置不足等现象，需要技术工作前置。通过分析对标，对城市能级、区域位置、周边环境等因素有针对性的分析，推导出合理的指标要求，并通过与相关部门有效沟通，确保项目品质的同时控制开发成本。

容积率与项目所处城市、区域能级、技术管理方式有关，例如上海可开发地块小，城市规划管理导则要求容积率低等；而部分二线城市、城市新区容积率指标都较高。过高的容积率会带来大量的人流、车流，导致停车效率下降、停车成本增加，应综合平衡。部分超高层项目容积率统计见图 2.2.7。

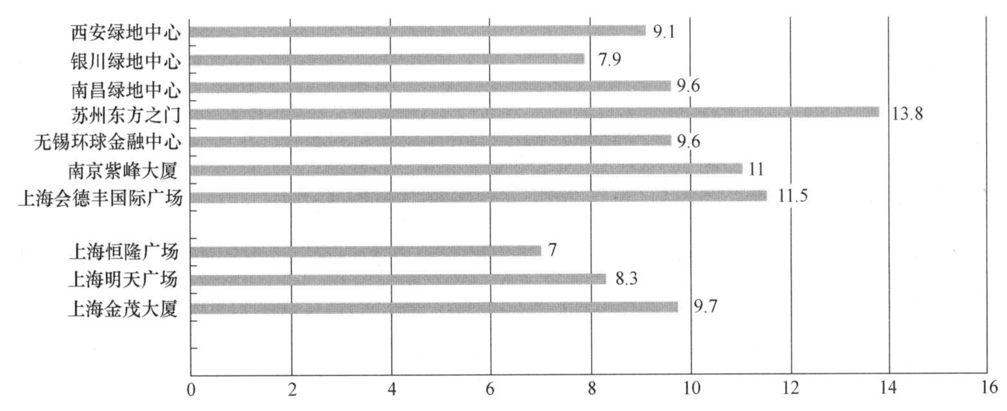

图 2.2.7 部分超高层项目容积率统计

项目用地面积大小受项目所处的城市、区域能级影响。一线城市核心区土地价值高、土地紧缺，用地面积控制较小（例如上海会德丰大厦、明天广场项目），个别大商业的综合体项目，地块稍大（例如上海恒隆广场）；二线城市、城市新区土地规划和资源都相对丰富，用地面积较大（图 2.2.8）。用地面积大小影响因素主要集中在 3 个方面：整个项目的车行交通便利性、场地内是否有广场来组织交通、地库使用效率。

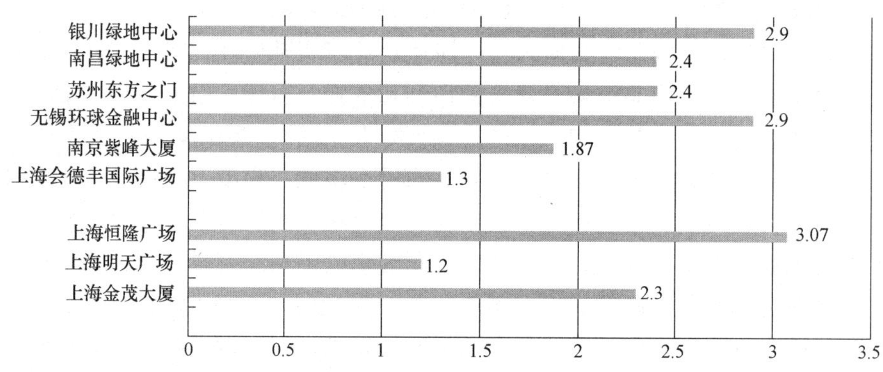

图 2.2.8 部分超高层项目用地面积统计（万 m^2）

停车配比指标应集合城市能级、上位规划、项目容积率、项目用地面积大小等因素综合考虑。城市周边道路承载能力，地铁、人流数量级，以及周边地块功能业态是否可以统筹错峰停车都需考虑。地块未来运营和发展的停车弹性需求、客户对超过地下 4 层车库的心理抗拒因素等，都对指标有所影响。部分超高层项目停车配比指标统计见图 2.2.9。

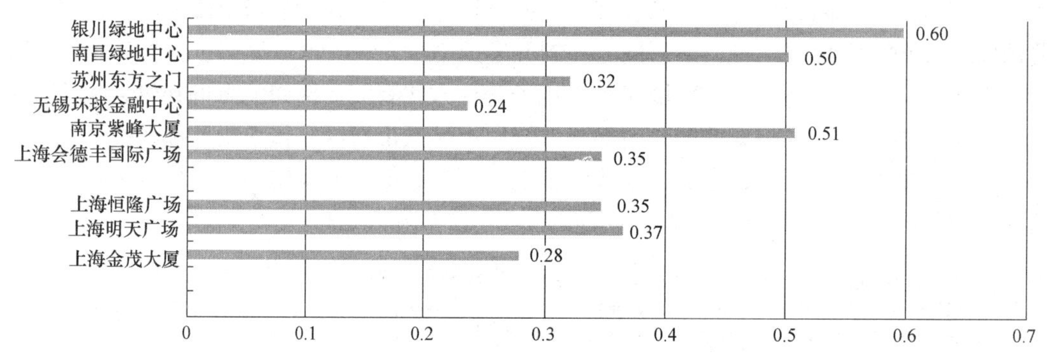

图 2.2.9 部分超高层项目停车配比指标统计

2. 总图规划

总图规划涉及整个地块的功能组合、道路承载、出入口关系、使用要求，以及对应的规划、技术规范等要求，需要业主结合未来的发展统筹考虑。通常可根据地块特征、周边道路等级和城市公共界面特点，将地块与道路的界面划分为展示性和功能性两种。展示性界面为综合体对外的主要展示界面，同时解决部分地面人流交通；功能性界面为主要服务综合体项目的交通组织，如人流、车流、货流。

超高层项目总图规划应用更强调借助道路、广场来组织目的地，而非业态功能设置，在设计中应避免。对于场地紧张的超高层综合体，应尽量避免消防扑救场地与绿化的重叠设置，以免对后期验收产生不利影响。某超高层项目总图见图 2.2.10。

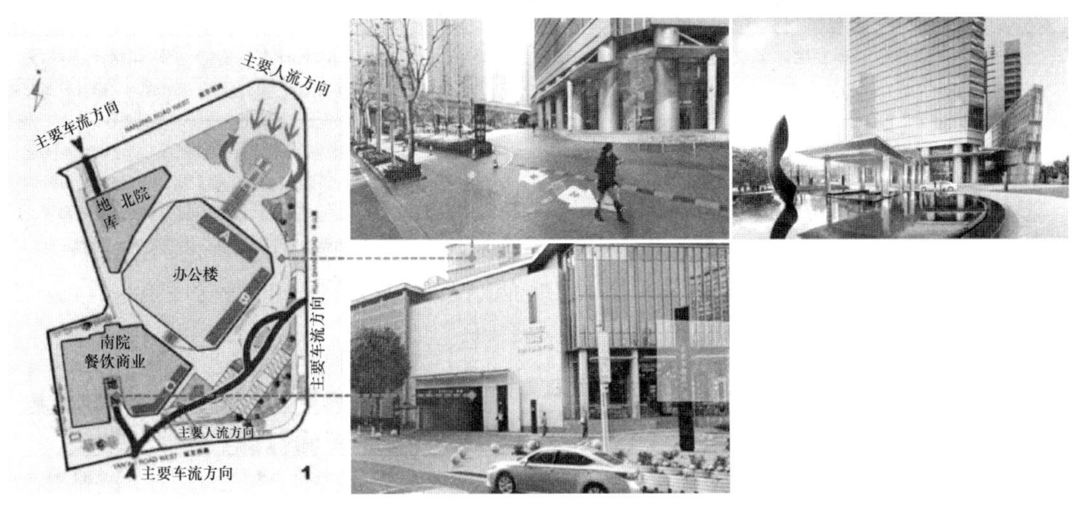

图 2.2.10 某超高层项目总图

3. 交通组织

交通组织的核心是如何让人快速地通过道路找到地块出入口，尽快停好车和落客，而内部分区可以更有弹性。交通组织关注的三个要点为地块开口、各功能业态出入口、地下车库出入口。

图 2.2.11 为上海静安嘉里中心功能业态出入口及地库出入口分析。

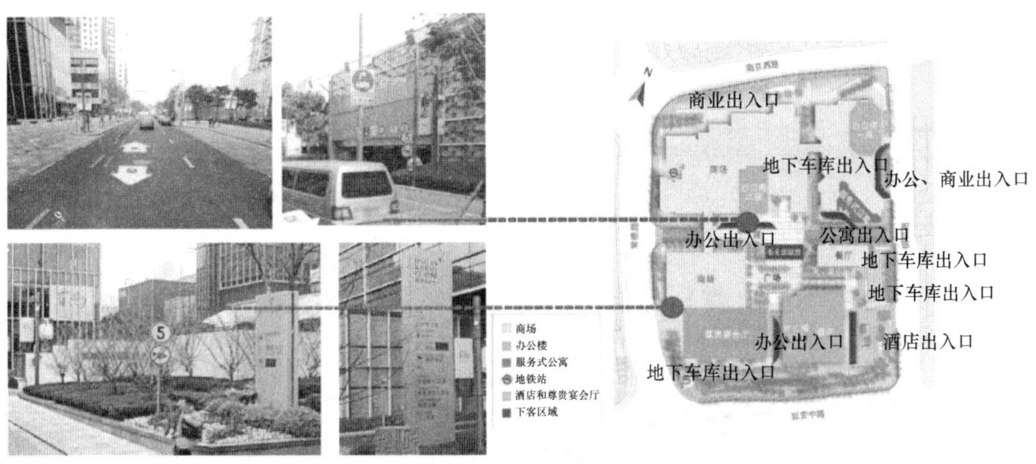

图 2.2.11 上海静安嘉里中心交通组织

2.2.3 地下室

1. 柱网布置

地下室柱网布置不受超高层本身柱网影响，以提高地库使用、停车效率、考虑结构经济性为主，通常借鉴综合体的处理手法，常用柱网有 9m×9m，8.5m×8.5m，8.4m×8.4m 等，部分超高层建筑地下室柱网尺寸见表 2.2.1。

典型超高层建筑地下室柱网　　表 2.2.1

项目名称	上海金茂大厦	上海环球金融中心	上海会德丰大厦	上海国金中心	郑州中央广场
地下室柱网	9m×9m	8.5m×8.5m	8.4m×8.4m	9m×9m	8.4m×8.4m

2. 地库埋深及效率

地下室层高和层数应结合埋深统筹考虑，合理划分，用足结构所需的地下空间，部分超高层建筑结构高度与地下层数、埋深的关系见表 2.2.2。影响地下埋深的因素来自以下方面：(1) 超高层塔楼的结构埋深要求，为地面高度的 1/20～1/18（包含底板）；(2) 使用习惯，一般不超过地下 4 层；(3) 造价成本平衡。

典型超高层建筑结构高度与地下层数、埋深的关系　　表 2.2.2

项目名称	上海金茂大厦	上海环球金融中心	上海会德丰大厦	北京绿地中心	郑州中央广场
结构高度(m)	368	489	250	260	282
地下层数	3	3	3	5	4
地下埋深(m)	15～19	18～20	18～20	19～22	17～19

3. 停车效率

通过对实际项目简化分析［地下总建筑面积（停车总数），未扣除地下商业、设备及其他辅助空间］，估算出地库停车效率约为 56～66m^2/辆较合理。

机械车位可节省面积，但对较高标准办公、大型商业 MALL 的客群，使用便捷性较差，除核心地段受制于地库面积，适度采用机械停车，对于场地比较狭小的场地，则建议采用人防层进行部分设置机械停车位，以缓解车位不足的压力，降低土建成本(图 2.2.12)。

图 2.2.12　机械停车位

4. 停车规划

超高层地下室应优化行车路线，增加总停车位，调配业态车位配比，增加专属停车区(办公、商业分区)，同时结合交通组织规划建立清晰的地下室交通标识体系(图 2.2.13)。

停车方式分为长向、短向布置，结合柱网可有效提高车位布局效率。长、短向停车布局与单、双向车行流线方式结合，可便于不同功能分区设置停车区，形成组团布局，缩短人行距离，提高道路通行能力。

停车收费管理模式采取集中收费可大量减少出入口缴费排队等候时间，提高出入口通行能力。同时，闸机位置设置应考虑驾驶者使用习惯和遮风避雨的要求。

图 2.2.13 超高层地下室行车路线

5. 地下后勤

酒店后勤区应独立设置，常规布局在地下一层或地下二层（结合地下层高设置），其相应餐厨、库房等应独立。

办公和商业有条件下后勤区可分开（或分层）设置，也可混合使用。后勤区应考虑物业办公、库房、小型存储等使用功能，允许在同层使用中办公与商业有流线交叉，与其他空间适度混合使用。

卸货区，办公商业可混合使用，但运输流线应独立；酒店应结合其后勤区独立设置；尽量控制卸货车道与客车车道混行的距离。

2.3 超高层建筑设计及注意要点

2.3.1 标准层

1. 概念设计

超高层建筑标准层以方形、矩形、三角形和圆形为主，并由此变化出一些异形平面，见图 2.3.1。超高层平面设计通常是由景观导向、平面功能、结构受力和建筑表现综合考虑而决策的。

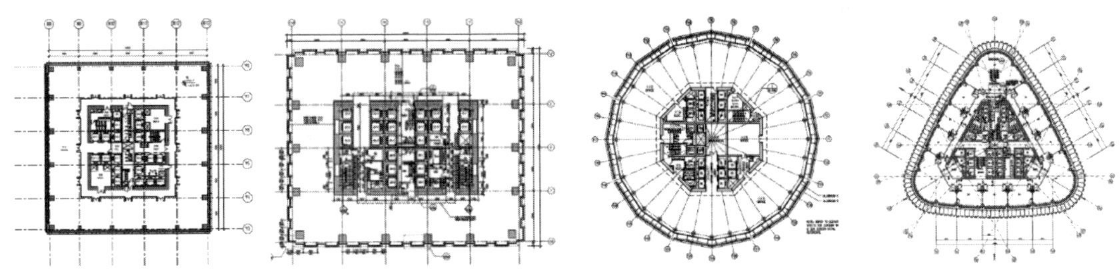

图 2.3.1 部分超高层项目标准层平面图

2. 办公标准层

办公标准层定位以国际甲级或甲级办公为主，主要以层高、套内净高、电梯厅净宽净高、走道净宽净高等指标区分。图 2.3.2 为某超高层项目办公标准层剖面图。

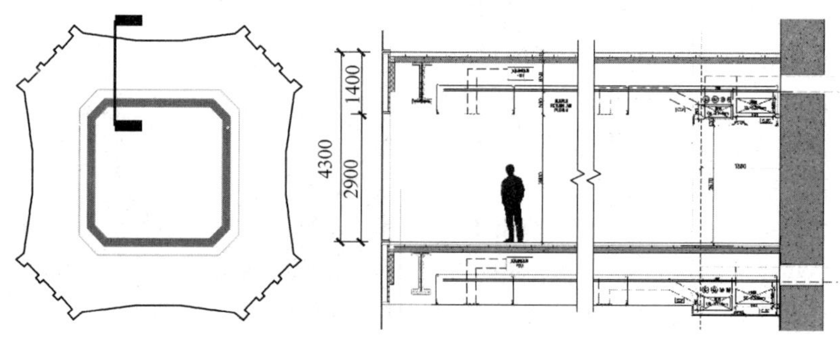

图 2.3.2 某超高层项目办公标准层剖面图

3. 酒店标准层

酒店标准层关注点主要为层高、套内净高、开间、进深、走道净宽净高等指标，可适当考虑塔楼竖向的收分或设置中庭，以适应平面进深的需求。图 2.3.3 为某超高层项目酒店标准层剖面图。

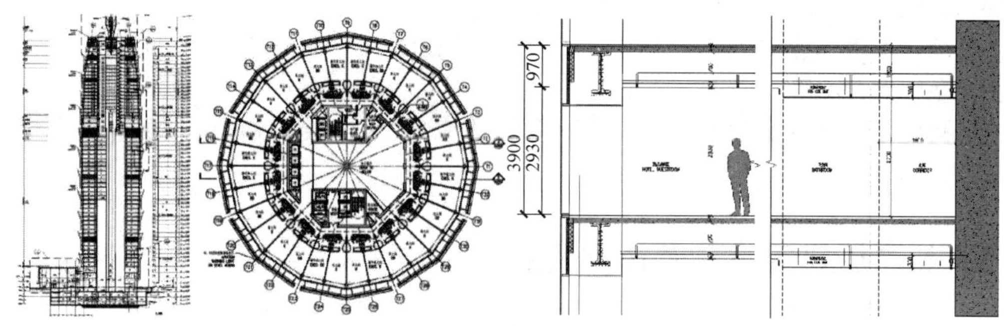

图 2.3.3 某超高层项目酒店标准层剖面图

4. 公寓标准层

图 2.3.4 为某超高层项目公寓标准层平面图。

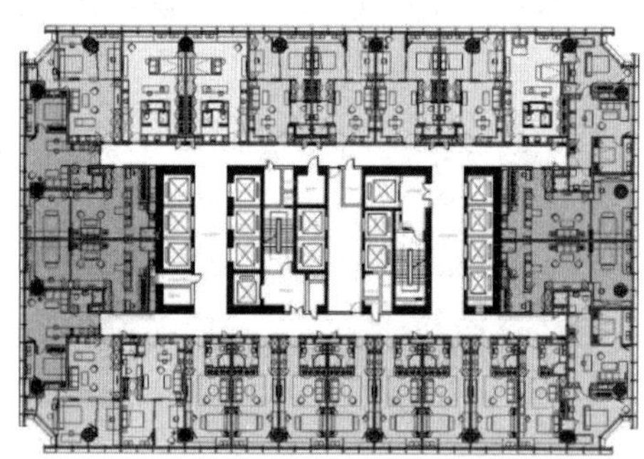
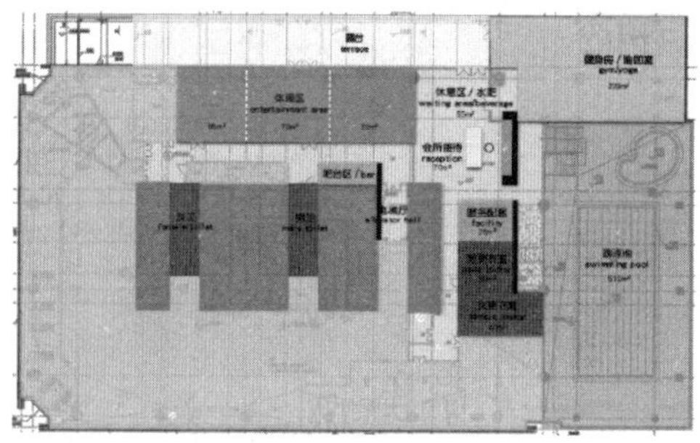

图 2.3.4 某超高层项目公寓标准层平面图

（1）公寓标准层优点（图 2.3.5）

（2）公寓标准层缺点（图 2.3.6）

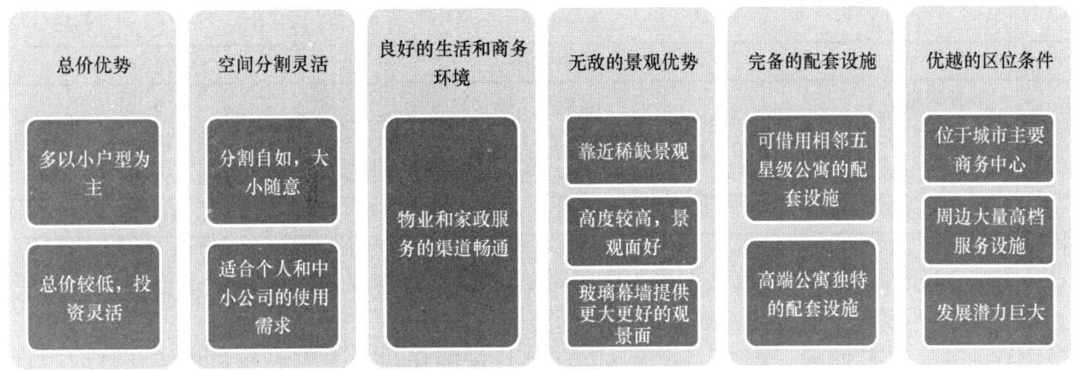

图 2.3.5 公寓标准层优点

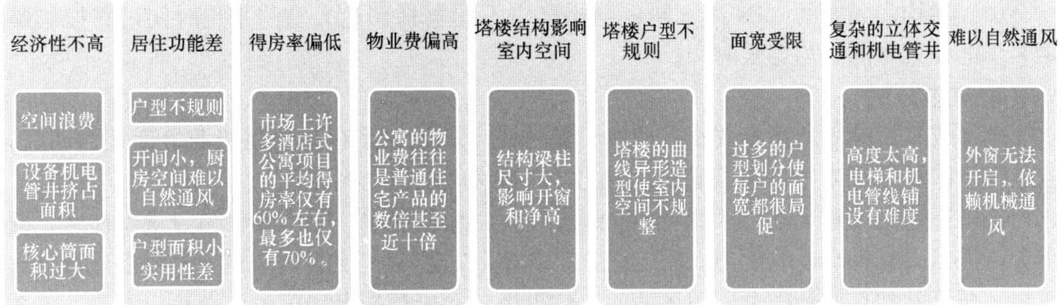

图 2.3.6 公寓标准层缺点

2.3.2 核心筒电梯系统

整体核心筒设计受多方因素影响，如业态定位、空调系统、结构体系、使用人数等。

1. 技术评价系统

电梯运行系统的确定一般有按建筑面积估算和常规计算两种方法。估算一般按照每台电梯服务的建筑面积确定电梯数量，单梯服务面积一般为5000m^2/台；常规计算一般采用《Guide D：Transportation systems in buildings》标准，得出较为科学和精确的结果。其中规定的人员密度取值：

《Guide D：Transportation systems in buildings》中人员密度取值 **表 2.3.1**

业态	办公	酒店	公寓
人员密度	小隔间：10～14m^2/人 大开间：8～12m^2/人	1.5～2.0 人/房间	1.0 人/卧室

建筑使用人数直接影响电梯台数和运行参数的计算，应有明确的标准和原则。

人员数量＝建筑使用面积（不包括核心筒面积）/人员密度

目前电梯顾问和厂家一般采用两种评价方法：模拟计算和公式计算，如表 2.3.2 所示。

电梯评价方法 **表 2.3.2**

评价方法	模拟计算	公式计算
评价指标	五分钟运载率（5HC） 平均等候时间（WT）	五分钟运载率（5HC） 平均间隔时间（INT）

续表

评价方法	模拟计算	公式计算
分析对象	电梯	乘客
数据采样	精确、灵活	粗糙、单一
分析过程	复杂、耗时	简单、快捷
分析结果	多样、动态、精确	单一、静止、模糊

（1）五分钟运载率（5HC）：代表电梯是否能够及时将等候的乘客运送到位。若低于标准，则较大概率于流量高峰期在电梯大堂出现人员滞留。

（2）平均等候时间（WT）：从乘客在厅站登记呼梯信号直至电梯到达厅站后梯门打开的平均时间。该参数对乘客的耐心和情绪有重大影响。

（3）平均间隔时间（INT）：同一电梯群中不同电梯到达大堂的平均时间，直接影响乘客于电梯大堂的平均等候时间。

2. 成本分析

电梯成本影响因素涉及数量、梯速、提升高度，尤其是在梯速跳档期表现尤为明显，数量变化涉及设备成本与井道成本，因此，需要综合衡量与考虑。

在进行超高层建筑办公区域竖向交通设计时，应避免单一靠增加电梯数量、梯速、载重等高成本方式提高运载能力，而应综合"效率""成本""使用"等多方面因素进行分析对比。在科学计算的基础上采用灵活的运行策略，充分挖掘电梯的运送潜能，满足办公人群在不同时段对竖向交通的不同需求。

3. 电梯分区及排布

超高层综合体在不同功能竖向叠加后，电梯必将以功能为基础进行分区来满足不同的功能需求。分区一般按每 10～15 层左右作为一区，低区层数可稍多，高区宜少些，电梯速度随分区所在部位的增高而加快。

分区电梯通常为 4～6 台，建筑包括酒店、公寓业态，可结合配套设置的位置综合考虑穿梭梯及空中大堂设置与否。

2.3.3 首层大堂

1. 大堂形式

业态对大堂平面形式有重要影响，各业态宜各自设置大堂，并与场地设计相适应，不同业态内外动线清晰、独立。大堂平面主要有以下几种形式，如图 2.3.7 所示。

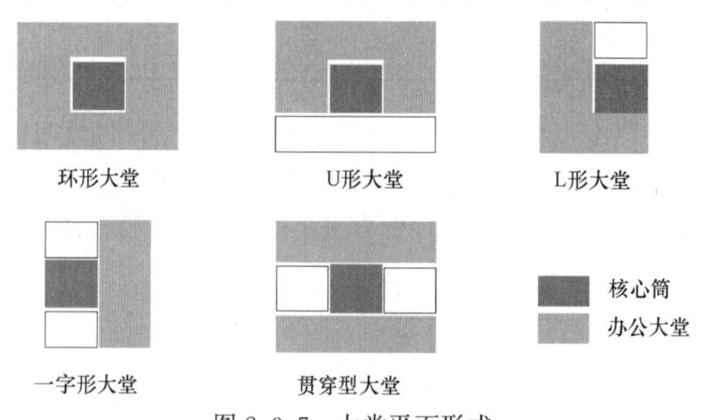

图 2.3.7 大堂平面形式

2. 空间尺度

大堂空间简洁大气，明亮通透，视线开阔，具有较高的品质感（图 2.3.8）。

图 2.3.8　超高层建筑大堂空间

3. 平面尺度

平面功能合理，流线顺畅，大堂进深一般 1 个柱跨，面宽 4 个柱跨以上（图 2.3.9）。

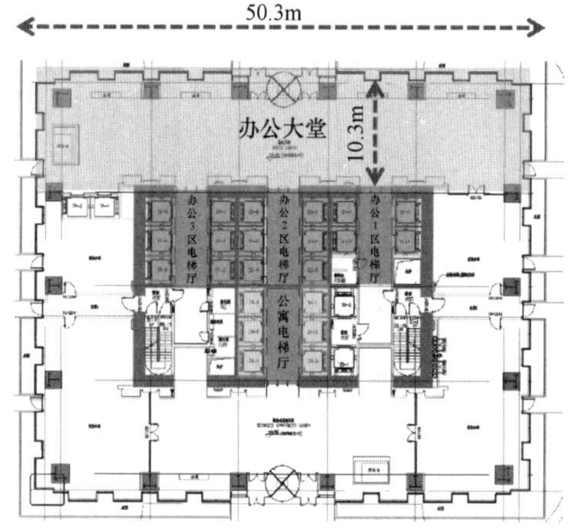

图 2.3.9　超高层建筑大堂平面布置

2.3.4　立面造型

1. 建筑形态

1）超高层建筑的形体处理手法丰富，在设计时应从功能性、标志性和经济性三方面综合考虑（图 2.3.10）

造型处理手法

• 形体收分、扭转　• 立面“加减”处理　• 纯粹几何形体

图 2.3.10　超高层建筑形态

（1）形体收分、扭转：收分处理可减少超高层上部使用空间的进深，有利于对进深要

求较高的业态，如酒店、公寓的平面设计（图 2.3.11）。

图 2.3.11　超高层建筑形体收分、扭转

（2）立面“加减”处理：可产生切角、削边、圆角、凹进、凸出等变化（图 2.3.12）。

图 2.3.12　超高层建筑立面“加减”

（3）纯粹几何形体：建筑形态简洁、流畅，平面效率较高，主体结构不受建筑造型影响（图 2.3.13）。

图 2.3.13　超高层建筑几何形体

2）表皮肌理是建筑形态的重要特征，通过单一、多种建筑元素的复制或有规则的变化可以赋予建筑独特的个性与气质，使建筑的价值得到提升（图 2.3.14）。

表皮肌理

- 遮阳构件复制拼接
- 幕墙单元复制拼接
- 不同幕墙材质拼接运用

图 2.3.14 超高层建筑表皮肌理

（1）遮阳构件复制拼接（图 2.3.15）

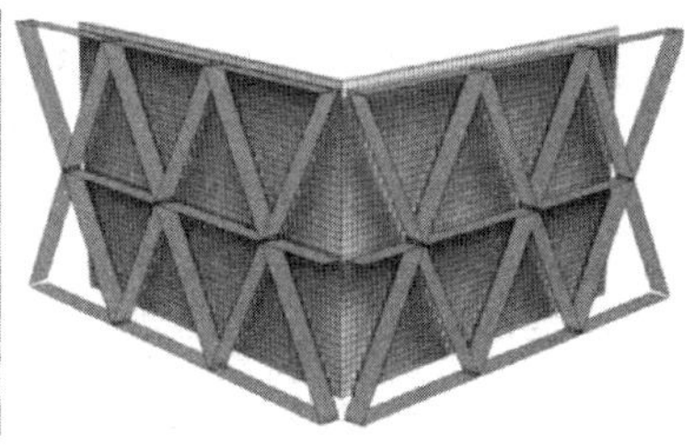

图 2.3.15 遮阳构件复制拼接

（2）幕墙单元复制拼接（图 2.3.16）

图 2.3.16 超高层建筑幕墙单元复制拼接

（3）不同幕墙材质拼接运用：通过不同材质的运用在建筑的表面形成较为鲜明的图案或线条，代替立体构件的拼接而产生的表面肌理，如石材幕墙、金属幕墙、组合幕墙等（图 2.3.17）。

图 2.3.17 超高层建筑不同幕墙材质

2. 幕墙分隔

图 2.3.18 为国内几个典型超高层建筑幕墙分隔信息。

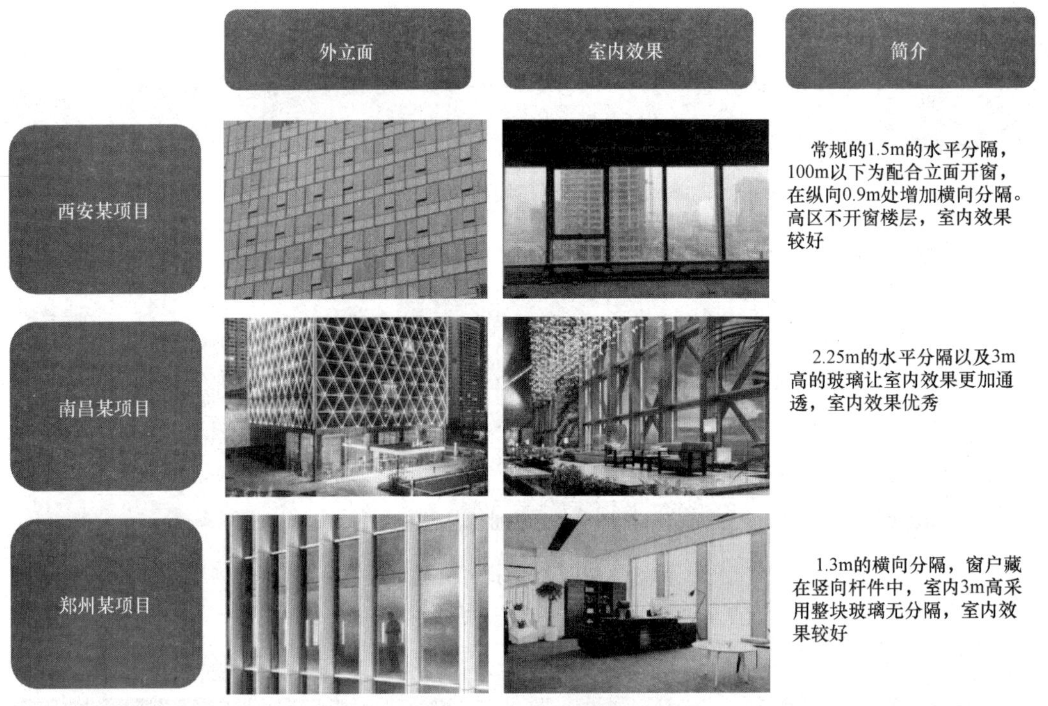

图 2.3.18 典型超高层建筑幕墙分隔

3. 幕墙开窗

幕墙开窗的形式多样，一般有上悬外开、下悬内开、内平开等。其中，上悬外开形式最常用，下悬内开目前使用得不多，内平开随着技术的发展，以及对外立面的重视，也越来越多地被采用（图 2.3.19）。

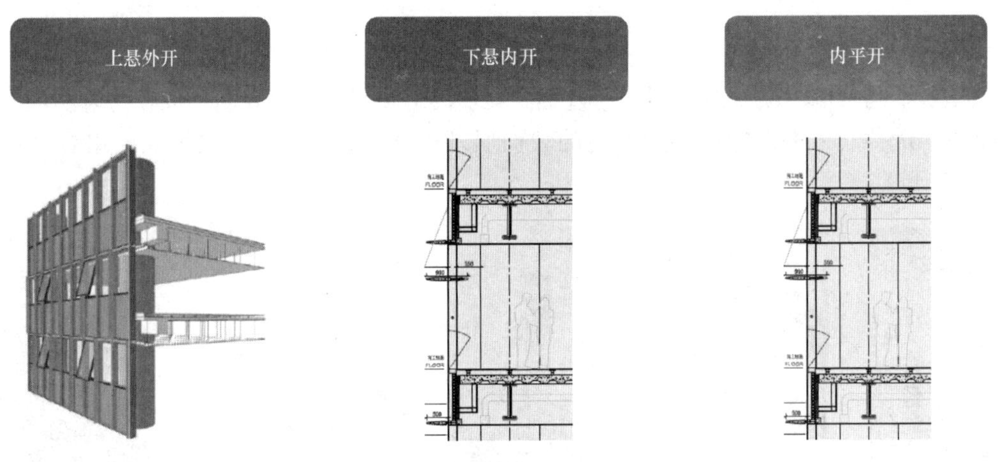

图 2.3.19 超高层建筑幕墙开窗

4. 顶层塔冠

超高层建筑的顶层塔冠设计直接影响整个建筑的设计，尤其针对 300m 以上的超高层建筑，好的塔冠设计对建筑的整体形象起着画龙点睛的作用，并能让其在高楼林立的建筑群中脱颖而出（图 2.3.20）。

图 2.3.20　超高层建筑顶层塔冠

5. 入口雨篷

作为超高层首层大堂的门面之一，入口雨篷需要精心设计。在能级较高的超高层项目中，主入口原则上设置至少覆盖两车道的雨篷（图 2.3.21）。

图 2.3.21　超高层入口雨篷

2.3.5　泛光照明

1. 泛光照明分类

泛光照明根据泛光效果通常可分为投光照明、点光源照明和投影照明三种形式。

1）投光照明

投光照明类型如图 2.3.22 所示。

图 2.3.22　投光照明类型

（1）外投照明：能显现建筑物的全貌，主要应用在建筑的局部面，如屋顶、柱子等建筑特色节点（图 2.3.23）。

（2）内透光照明：主要是通过对玻璃结构的透光性质，在玻璃内部空间打光照亮形成内透光照明效果，适用于建筑屋顶和立面的玻璃造型。内透光照明是一种间接照明的手法，其照明效果均匀、透亮、晶莹，给人视觉比较舒适、柔和、温馨（图 2.3.24）。

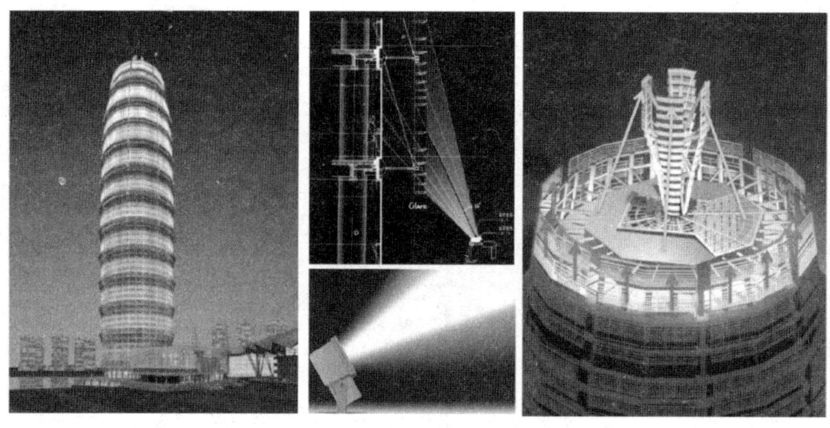

图 2.3.23　超高层建筑外投照明

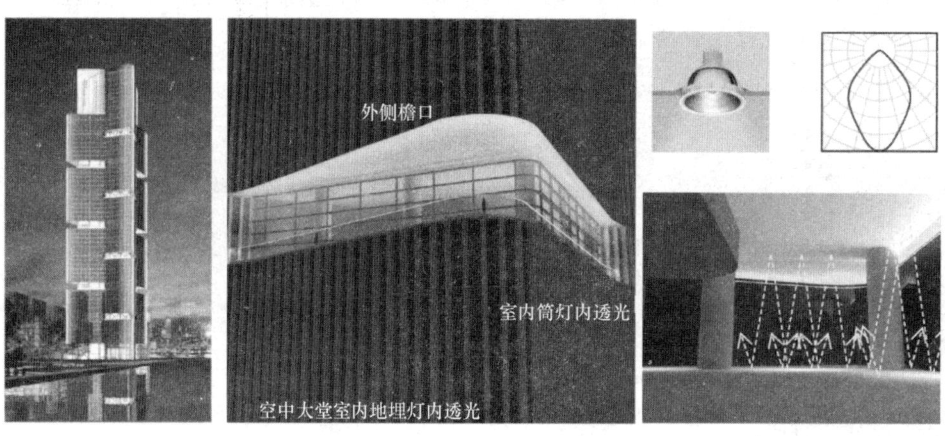

图 2.3.24　超高层建筑内透光照明

(3) 洗墙灯照明：使用线形洗墙灯照亮墙面，使墙面达到均匀亮度，强调建筑轮廓（图 2.3.25）。

图 2.3.25　超高层建筑洗墙灯照明

2) 点光源照明（图 2.3.26）

点光源照明

- 点光是指光照范围小而集中的光源，通过点状光分布排列组合成各种形状和图案，可以表现建筑立面结构的重复和循环特征，可突出建筑的韵律感。
- 点光照明可以排列组成一个面的照明，用点状LED光源组成星星点点的效果，不同的疏密度和变化效果与建筑幕墙协调成为一体；同时，能够实现多种动态控制变化效果

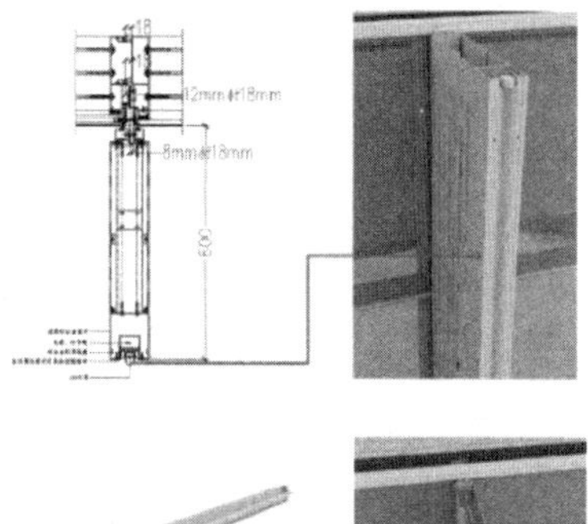
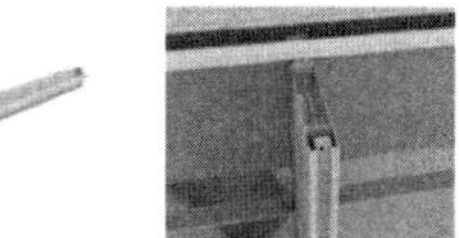

图 2.3.26　超高层建筑点光源照明

3）投影照明（图 2.3.27）

投影照明

- 一般用在超高层建筑的裙房，根据节日氛围或媒体宣传的需要，采用投影照明，可以投射图案及LOGO，形成夺目效果

图 2.3.27　超高层建筑投影照明

2.3.6　擦窗机

擦窗机的作用不仅仅是维护和保养建筑外墙的外观，还包括更换玻璃，维护外墙标牌、灯光设施以及室内大堂中庭等部位。

擦窗机的类型丰富，造价及使用效率相差较大，应在建筑设计初期就考虑其幕墙维护可操作性和经济性（图 2.3.28）。

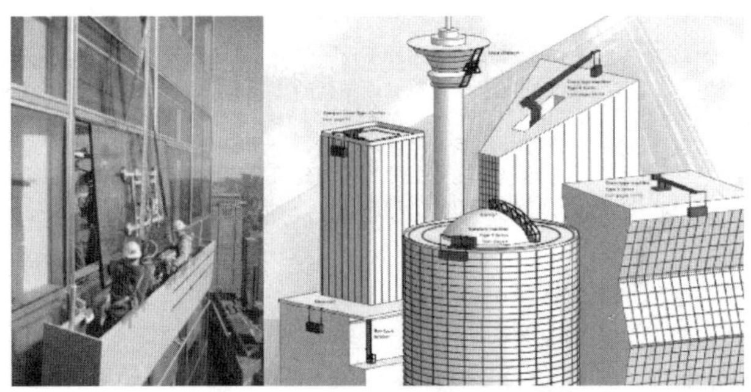

图 2.3.28　超高层建筑擦窗机

擦窗机主要有如图 2.3.29 所示的几种类型。

水平轨道式

- 屋面设置双平行水平轨道，沿女儿墙布置一圈，或局部直线段，或固定核心筒式
- 悬臂长度范围：3～50m
- 设备自重范围：3～150t
- 单设备造价范围：30万～1500万人民币

斜坡轨道式

- 斜坡导轨：齿轮齿条驱动方式
- 斜爬+转弯轨道，技术精度高，施工难度大
- 市场上多采用进口品牌技术
- 造价昂贵

移动插杆式

- 由移动插杆、自动力吊篮以及支座组成
- 吊篮可落于屋面或地面
- 插杆建议铝合金材质，轻便，利于人工搬运
- 可在不同工位面共用，玻璃更换难度大
- 维护效率较低，成本低廉

室内安装式

- 在机电层或避难层配置1台或多台轨道式维护设备
- 悬臂功能：单折转或多折转、伸缩等功能
- 运行空间尺寸高度及宽度要求较高
- 玻璃更换要求高：室内转运难度大

附墙安装式

- 轨道附墙安装，平行双轨
- 轨道技术要求高、安全系数高
- 悬臂长度：3～15m
- 要求附墙面平整、规则，有利于双轨平行设计并转弯

图 2.3.29　擦窗机主要类型

3

超高层建筑结构体系选型及布置要点

3.1　超高层结构设计特点

3.1.1　水平荷载成为决定因素

超高层建筑与中低层建筑相比，结构不仅要承受重力荷载，而且要负担较大的水平荷载（如风荷载、地震作用等）。随着房屋高度的增加，水平荷载往往成为设计的控制因素。高层建筑在地震作用下的变形与风荷载作用下有所不同，刚度太大会导致地震作用的增加，而刚度大小又会产生过大的变形，引起结构的倒塌，因此选择合适的刚度尤为重要，抗震设计规定的“小震不坏、中震可修、大震不倒”的原则，要求结构应具有足够的承载力、合适的刚度和良好的延性。

3.1.2　侧向变形成为控制指标

随着结构高度的增加，水平荷载作用下的结构侧向变形与建筑高度 H 的四次方成正比。过大的侧向变形会使结构因 $P\text{-}\Delta$ 效应而产生较大的附加弯矩，使结构产生整体失稳，也使非结构构件如隔墙、幕墙以及电梯轨道等发生过大变形而损坏或不能正常运行。

高层在横风向作用下发生振动，结构振动加速度 a 与结构顶部幅值 A 成正比。结构振动加速度的大小将影响结构的使用舒适度，从而影响结构的使用品质。

3.1.3　竖向变形和非荷载效应不容忽视

当超高层建筑达到一定高度（如 300m 及以上）时，竖向构件中由于结构自重产生的压缩变形不容忽视。另外，在混合结构体系中，钢筋混凝土筒体以及钢柱（或 SRC 柱、CFT 柱等）由于轴压应力不同产生较大的差异变形，从而在水平构件（如伸臂桁架、楼面大梁）中产生附加的内力。竖向构件的压缩变形及其差异对预制钢构件的长度、楼面标高控制以及防止内隔墙开裂等也会带来影响。

在超高层混凝土结构中，由于收缩和徐变作用引起的竖向变形积累相当可观，同时在水平构件中引起明显的附件内力，尤其在建筑的上部区域。收缩和徐变也会导致竖向荷载作用下的内力重分布，而且与施工的顺序和时间相关，需要详细的施工模拟分析才能准确评估。

对于局部或整体外露柱的建筑，在外柱与其相邻的内柱（或内筒）之间有较大的温差，对其相对变形的任何约束都会引起相连构件产生应力。

3.1.4 长周期地震作用的影响明显

超过 300m 的超高层建筑结构自振周期一般超过 6s。常规的地震反应谱在 6s 以内的地震影响系数比较可靠，超过 6s 的地震影响系数及用于超高层设计的实际地震记录均要专门研究。对长周期的结构采用基于振型分解的加速度反应谱法可能无法得到准确的地震反应，是否采用位移谱方法需要进一步研究。汶川地震对上海地区超高层建筑的较大影响（上海与汶川约有 1000km 以上距离）就是最好的例证。

3.1.5 消能减震阻尼装置的设置

高层建筑在风荷载作用下，不仅会产生侧向位移，而且在建筑的顶部会产生晃动，从而给使用者带来不安全感和不舒服感。

风荷载引起的结构顶部舒适度与结构总抗侧刚度和阻尼的平方根成反比，但通过增加结构的抗侧刚度和固有阻尼来控制建筑的变形及顶点加速度往往是不经济和不可行的。随着结构高度的增加，无论混凝土结构还是钢结构，超高层建筑结构固有阻尼均有减小的趋势，设置外加阻尼系统为增加建筑的舒适度提供了一种有效途径。其中应用最广泛的是被动的黏滞阻尼器和调谐质量阻尼器。

3.1.6 深基础及围护结构

超高层建筑由于结构整体稳定以及抗倾覆要求，基础埋深需满足结构高度的 1/20。在软土地区，较大的基础埋深以及巨大的上部荷载，需要考虑深基础及围护方式以及大直径超长桩的应用。合理的围护结构体系、超长桩的承载力机理以及基础与上部结构共同作用的沉降计算分析等，需要进一步研究。

3.1.7 考虑施工的可建性与造价

超高层建筑结构采用的新结构体系、构件形式以及材料选择等，都给施工带来挑战。施工速度和结构造价是结构工程师在超高层建筑方案设计阶段必须考虑的两大问题。考虑施工可建性既节省施工时间，又保证施工质量，可控制结构的合理造价。

3.1.8 与建筑师的配合与协调

由于超高层建筑的功能复杂性，所有设计专业（包括建筑、结构和设备）工程师应共同合作和协调，确定能满足建筑功能、安全耐久、便于使用的结构形式。对于特别高的建筑，结构形式往往屈从于结构平面布置和建筑造型的要求，这通常将引出结构难题，需要工程师综合解决。

3.2 超高层建筑体型的影响

3.2.1 抗风设计

选用合适的建筑平面和体型有利于减小结构所受的风荷载作用。

（1）对称平面

采用对称平面可减小风荷载作用下结构扭转效应。

（2）流线形平面

高层建筑的楼层平面采用流线形，可显著减小高楼的风荷载效应。流线形平面的风荷载体形系数要比带棱角平面的系数小得多。

（3）减小横风向荷载效应的常用措施

图 3.2.1 给出了减小横风向荷载效应的一些常用措施。

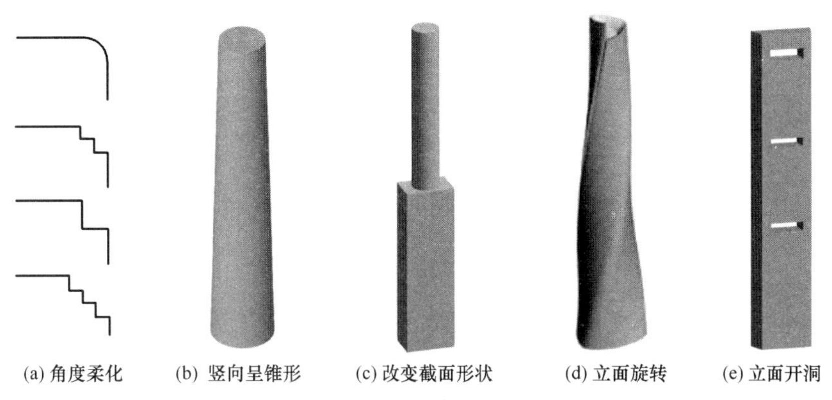

图 3.2.1　减小横风向荷载效应的措施

（4）优化建筑物的平面朝向

如果条件允许，通过调整建筑物平面朝向优化，使大楼空气相应的最不利风向远离当地主要的强风风向，从而达到减小风荷载大小的效果。

3.2.2　抗震设计

（1）抗震设计的超高层建筑平面宜简单、规则、对称，减小偏心；竖向体形宜规则、均匀，结构刚度下大上小；并且，要有多道设防的概念。

（2）位于地震区的高层建筑，其立面形状宜采用矩形、梯形或三角形等沿高度均匀变化的简单几何图形。避免采用楼层平面尺寸存在剧烈变化的阶梯形立面。

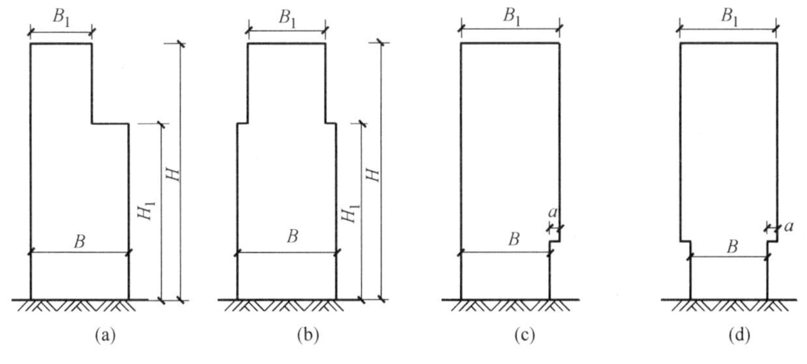

图 3.2.2　立面收进及悬挑示意图

上部楼层收进后的水平尺寸 B_1 不宜小于下部楼层水平尺寸 B 的 0.75 倍（图 3.2.2a、b）；当上部结构楼层相对于下部楼层外挑时，下部楼层的水平尺寸 B 不宜小于上部楼层

水平尺寸 B_1 的 0.9 倍（图 3.2.2c、d）。

(3) 建筑平面应尽可能采用图 3.2.3 所示的方形、圆形等双轴对称的简单平面形状。如采用其他形状，平面长度不宜过长，突出部分长度不宜过大，宜满足表 3.2.1 的要求。

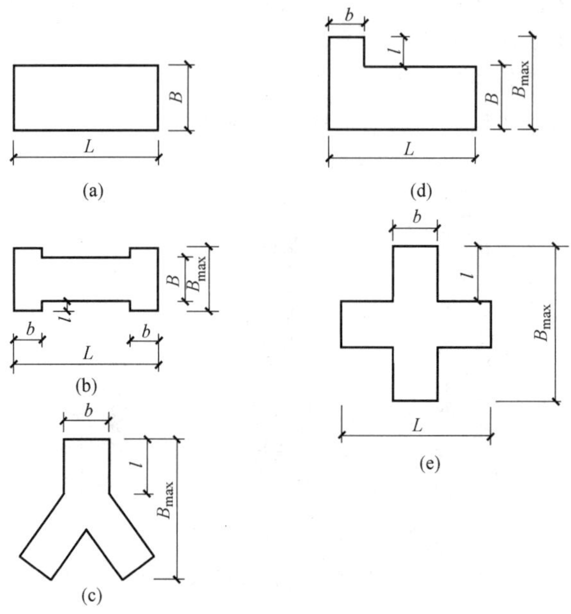

图 3.2.3　建筑平面

平面与突出部分尺寸比值限值　　**表 3.2.1**

设防烈度	L/B	l/B_{max}	l/b
6、7 度	≤6.0	≤0.35	≤2.0
8、9 度	≤5.0	≤0.30	≤1.5

(4) 结构的平面布置应减小扭转的影响，楼层的质量沿高度宜均匀分布，楼层质量不宜大于相邻下层的 1.5 倍。

(5) 超高层中楼层与其相邻上层的侧向刚度比不宜小于 0.9，楼层层高大于相邻上部楼层层高 1.5 倍时，该楼层侧向刚度小于相邻上部楼层侧向刚度的 1.1 倍，底层侧向刚度小于相邻上部楼层侧向刚度的 1.5 倍。

其中楼层侧向刚度定义为 $K_i=\dfrac{V_i}{\delta_i}$ 。式中，V_i 为 i 层剪力；$\delta_i=\dfrac{\Delta u_i}{h_i}$，即 i 层层间位移角；Δu_i 为 i 层层间位移；h_i 为 i 层层高。

3.2.3　高宽比

高层建筑的高宽比是对结构刚度、整体稳定、承载能力和经济性合理性的宏观控制。一般情况下，可按考虑方向的最小宽度来计算高宽比；但对突出建筑物平面很小的局部结构（如楼梯间、电梯间等），一般不应包括在计算宽度内。

超高层建筑高宽比宜满足表 3.2.2 的要求。此外，核心筒尺寸可取为标准层平面尺寸的 1/3～1/2，核心筒包围面积约占楼面面积的 20%～30%。对框架-核心筒结构，核心筒高宽比不宜大于 12；对筒中筒结构，核心筒高宽比不宜大于 15。当外框结构设置角筒或剪力墙时，核心筒高宽比要求可适当放松。

规范对于高宽比的要求　　表 3.2.2

结构体系	非抗震设计	抗震设防烈度		
		6 度、7 度	8 度	9 度
框架	5	4	3	2
板柱-剪力墙	6	5	4	—
框架-剪力墙、剪力墙	7	6	5	4
框架-核心筒	8	7	6	4
筒中筒	8	8	7	5

3.2.4 基础埋深

基础埋深是指基础底板或桩基承台底面的埋置深度，一般可从室外地面算起；若结构地下室周边由于设置采光井等原因而无可靠侧限时，应从具有一定侧限能力的地面算起。

基础的埋置深度必须满足地基承载力和结构稳定性的要求，以减少地基沉降量及不均匀沉降引起的房屋的整体倾斜；防止建筑在水平荷载作用下的倾覆与滑移。采用天然地基的高层建筑基础埋置深度可取房屋高度的 1/15。采用桩基础（不计桩长），可取房屋高度的 1/18。

3.3 超高层建筑结构体系

超高层建筑结构的受力特点决定了结构抗侧力体系选择合理与否成为结构是否经济的关键因素。对于传统的框架结构和框架-剪力墙（支撑）体系，当结构达到一定高度后，每增加一层所需的结构材料要比中低层建筑多得多。因此，超高层建筑结构体系主要采用抗侧更为高效的筒体结构及其衍生的结构形式，主要有筒体结构、束筒结构、筒中筒结构、框架-核心筒结构、巨型结构、连体结构和其他一些新型结构体系等。

3.3.1 筒体结构

1. 框筒结构

（1）受力特点

框筒结构是由布置在建筑周边的小柱距、高梁截面的密柱深梁组成（图 3.3.1）。层剪力主要由与水平力方向平行的腹板框架来承担，而层倾覆力矩则由腹板框架与垂直于水平力方向的翼缘框架共同承担。平行于侧向荷载的框架起着多孔筒体的“腹板”作用，而垂直于侧向荷载的框架则起着“翼缘”的作用。竖向重力部分由外框架承担，部分由内柱或内筒承担。

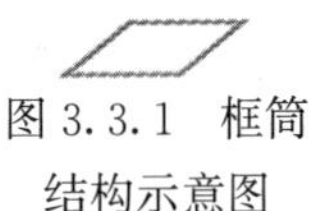

图 3.3.1　框筒结构示意图

（2）设计要点

为了提高框筒结构空间作用的发挥并减小剪力滞后效应，框筒结构的平面外形宜选用圆形、正多边形、椭圆形或矩形；而且框筒结构的平面尺寸一般不宜过大，对于垂直于水平荷载方向的框筒边长不宜超过 45m，采用矩形截面时长短边之比一般也不宜大于 1.5。此外，只有在结构高宽比较大的情况，框筒结构才能像箱形悬臂梁一样发挥整体弯曲的空间作用，因此框筒结构的高宽比宜大于 4；但同时作为超高层结构，为了确保其经济性，其高宽比也不宜过大，一般不宜大于 8。

对于框筒结构，柱距大小和梁截面高度是决定筒体空间作用的决定性因素。为此，框筒柱距一般不宜大于 3m 和层高，框筒柱的长边应沿筒边方向布置，必要时可以采用 T 形截面；当结构高度较大时，柱距可以适当放宽，一般也不宜大于 4.5m。同样，对于框筒结构尽可能加大裙梁高度是必要的，裙梁的高度一般可以取 1.0～1.5m，最小不应小于 0.6m；此外，裙梁的跨高比不应大于 3。

框筒结构的设计概念是从实体筒引申过来的，框筒结构就相当于开满洞口的实体筒。为了确保筒体的空间作用，结构的开洞率不宜过大，一般不宜大于 40%，不应大于 50%。

（3）工程实例

框筒结构体系最早是由美国的 Fazlur Khan 提出的，他最先设计的框筒结构——芝加哥的 43 层 Dewitt-Chestnut 公寓，于 1965 年竣工。纽约世界贸易中心双子塔（图 3.3.2）由两幢 110 层、高 417m 的钢框筒结构组成，平面尺寸为 63.5m×63.5m，标准层高 3.66m，柱距 1.02m，裙梁高 1.32m；每 32 层设置一道 7m 高的钢板圈梁，以减小剪力滞后效应。

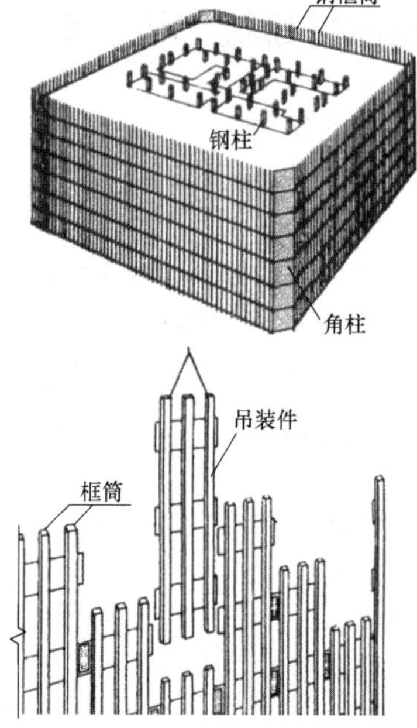

图 3.3.2　纽约世界贸易中心大厦

2. 支撑框筒结构

（1）受力特点

一些建筑为了给使用者提供无遮挡的开阔视野和明朗的外观，要求建筑周边采用较大的柱距和较矮的框架梁，即“稀柱浅梁”外框。但此种结构体系剪力滞后效应明显，不能形成筒体的空间作用，结构的抗侧效率很低。为此，通过在“稀柱浅梁”的各个立面上设置大型交叉支撑，各个平面的支撑斜杆在框筒转角处与角柱相交于一点，确保支撑传力路线的连续，从而使结构形成一个整体受力且空间作用良好的悬臂结构，此类结构体系被称为支撑框筒（图 3.3.3）。

（2）设计要点

支撑框筒体系由建筑外圈的支撑框筒与建筑内部的承重框架组成，根据受力特点建筑外圈的支撑框筒可分为“主构件”与“次构件”，主构件包括角柱、斜杆和主楼层框架梁；次构件包括中间柱和处于主楼层之间的各层框架梁。

设计时支撑平面内的斜撑与水平构件的合适角度宜控制在 40°～50°；并加强斜撑杆件与楼板的连接，以保证斜撑杆件的出平面外稳定。

对于主构件，要求其自身具有传递轴向力的足够刚度和连续性，次构件主要承担重力荷载，一般不参与抵抗水平荷载。

（3）工程实例

图 3.3.4 为 1970 年美国芝加哥建成的 John Hancock Center，100 层，332m，它是一幢集办公、公寓和酒店为一体的多功能建筑。因为考虑上部公寓的进深不能太大，因此整个建筑体形采用了下大上小的四棱台体。底层平面尺寸为 79.9m×46.9m，顶层平面尺寸为 48.6m×30.4m，底层最大柱距达到 13.2m，远大于框筒结构要求的 4.5m。

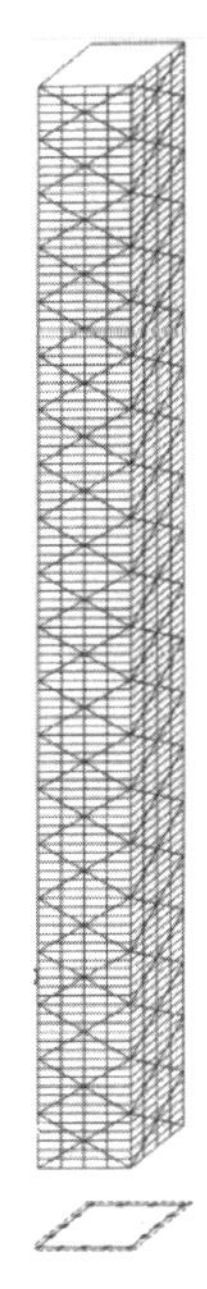

图 3.3.3 支撑框筒结构示意图

图 3.3.4 芝加哥 John Hancock Center

3. 斜交网格筒结构

（1）受力特点

斜交网格筒结构是一种没有一般意义上的“柱”，而以网状相交的斜杆作为同时承受

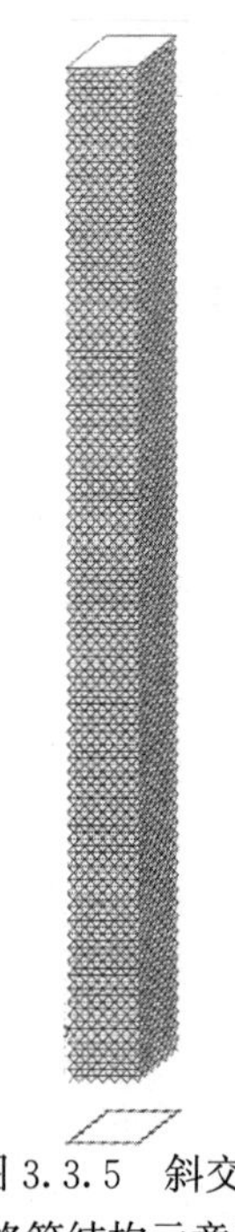
图 3.3.5 斜交网格筒结构示意图

垂直和水平荷载构件的结构体系。与一般框筒结构不同之处在于，交叉布置的斜柱替代了常规结构中的垂直柱系统，使其具备同时承受结构竖向和侧向荷载的高效机制（图 3.3.5）。

（2）设计要点

斜交网格筒的抗侧刚度受网格角度的影响较大，其网格角度为60°～70°，斜交网格筒的抗侧效率最高。

斜交网格筒平面形状愈趋近圆形，斜柱、环梁的内力分布愈均匀，因此筒体平面形状宜采用圆形或接近圆形的凸多边形，多边形平面的角部宜采用圆弧过渡。

考虑到交叉斜杆是斜交网格的主要受力构件，宜采用延性较好的钢结构或钢管混凝土，水平杆件为拉弯构件，宜采用钢结构构件。

节点层应设置封闭的水平杆件，并与网格节点采用刚性连接。

应加强交叉斜杆与楼板的连接，保证斜杆的出平面外稳定。

（3）工程实例

2004 年建成的瑞士再保险总部大楼，位于英国伦敦“金融城”圣玛丽斧街 30 号，共 40 层，180m 高，它是一幢办公建筑（图 3.3.6、图 3.3.7）。大楼采用圆形周边放射平面，外形像一颗子弹，为螺旋形，每层的直径随大厦的曲度而改变，直径由 50～56m（17 楼），之后续渐收窄。

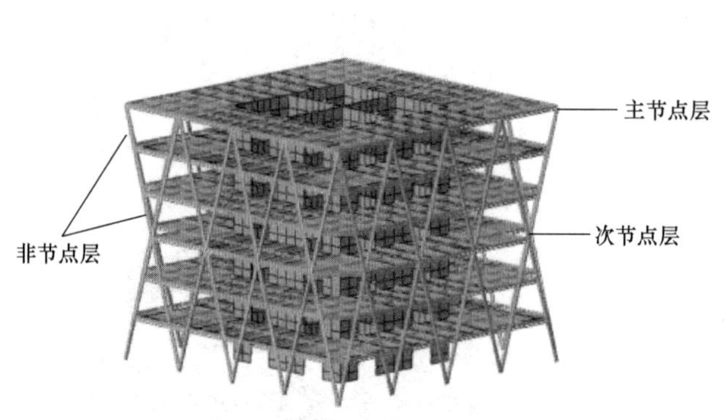

图 3.3.6 斜交网格结构单元

图 3.3.7 瑞士再保险总部大楼

3.3.2 束筒结构

（1）受力特点

两个或两个以上的框筒紧靠在一起成“束”状排列，称为束筒。与框筒相比，束筒的腹板框架数量要多，也就使得翼缘框架与腹板框架相交的角柱增多，这样就大大减小了筒体剪力滞后效应。

因此束筒结构与框筒结构相比，具有更大的刚度，且可以组成较复杂的建筑平面形状，特别是针对外框筒边长过大或平面狭长，采用束筒更为有效。

（2）工程实例

最著名的束筒结构为芝加哥 Willis 大厦（图 3.3.8），高 443m，共 110 层。底层平面尺寸为 68.6m×68.6m，50 层以下为 9 个框筒，51～66 层为 7 个框筒，67～91 层为 5 个框筒，91 层以上为 2 个框筒，并在 35 层、66 层和 90 层沿框架外周各设置一道环形桁架，以提高结构的整体性和抗侧刚度。通过采用束筒的形式，整个外框结构的抗侧效率从 61%提高到了 78%。

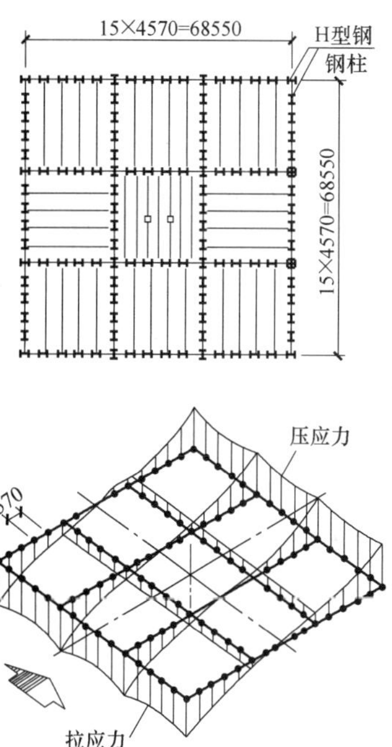

图 3.3.8 芝加哥 Willis 大厦

3.3.3 巨型结构

巨型结构，是把常规尺寸的框架或桁架结构按照相似原理成比例放大而成。与常规的框架与桁架的杆件截面相比，巨型结构的构件截面尺寸要大得多。一般巨型梁会采用桁架的形式，巨型柱与支撑可以是由钢构件组合成的立体桁架，也可以是由钢与混凝土组成的巨型组合构件（图 3.3.9）。

1. 巨型框架

（1）受力特点

巨型框架是由巨型框架柱（由多根柱通过水平杆及斜撑形成的筒体或钢筋混凝土实腹筒）及巨型框架梁（大多为空间水平桁架）形成巨型结构体系，巨型梁隔若干层设置一根，巨型梁之间设置次要结构，结构整体抗侧刚度由巨型梁柱提供。

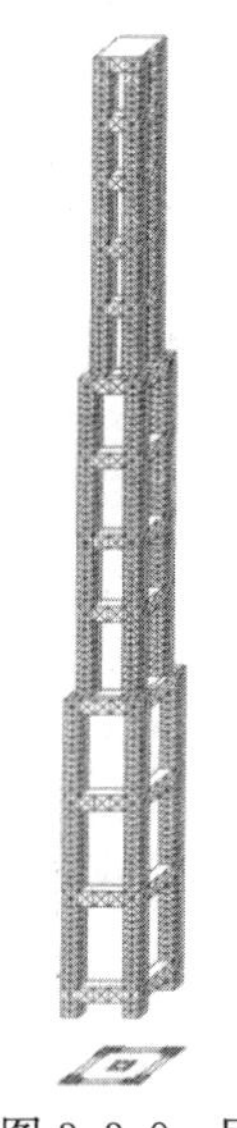
图 3.3.9 巨型结构示意图

该体系受力明确，使用功能灵活且强度及刚度均较大，并且能很好地解决竖向构件的差异变形，因而是超高层建筑中很有前途的一种新的结构体系。

（2）工程实例

该体系的典型工程有台北 101 大楼，其总建筑面积为 37.4 万 m^2。地上 101 层，地下 5 层，高 508m，底层平面尺寸为 45.5m×45.5m，是一办公为主的超高层建筑（图 3.3.10）。整个塔楼的结构体系采用井字形布置的巨型框架，它由每 8 层楼设置 1 或 2 层楼高的水平桁架、巨型外柱及内部的巨型格构柱组成的 11 层高巨型框架单元所组成。

巨型外柱采用矩形 CFT 柱，每边布置两根，从底部一直延伸至 90 层，底部截面最大尺寸为 2.4m×3m×80mm。结构外框在 26 层以下还另外布置了 1.2m×2.6m～1.2m×1.6m 及 1.4m×1.4m～1.6m×1.6m 两种 CFT 柱，27 层以上则配合建筑斜面造型而使用 H900mm×400mm～H1000mm×500m 的钢柱，并与 H 型钢梁组成次框架，用于传递局部荷载。

结构内部核心处的 CFT 柱间以钢梁和斜撑相连形成巨型的格构柱，斜撑主要采用中心支撑形式，部分斜撑因开门的要求设置为偏心支撑。设备层上下钢梁间设置斜撑形成的水平桁架将内外柱间连接成巨型框架以传递水平荷载与竖向荷载。图 3.3.10（b）给出了台北 101 大楼结构中 3 种巨型框架的立面，每种框架在 X、Y 方向各设置两榀，共计 12 榀。

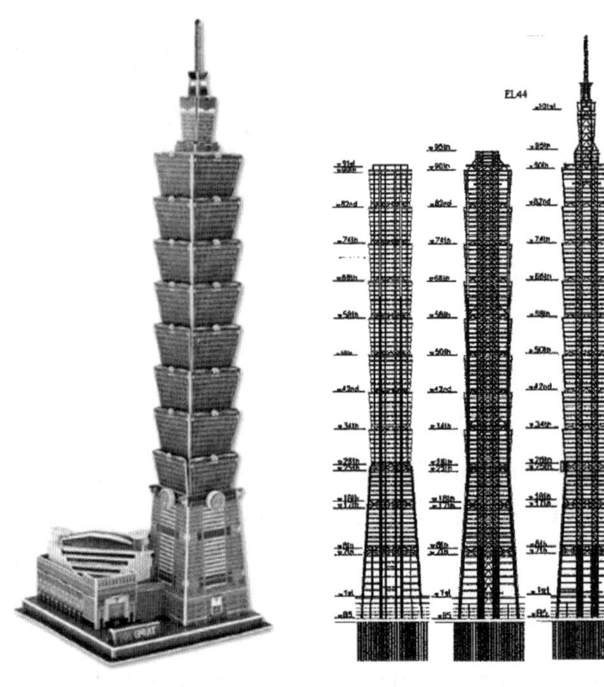
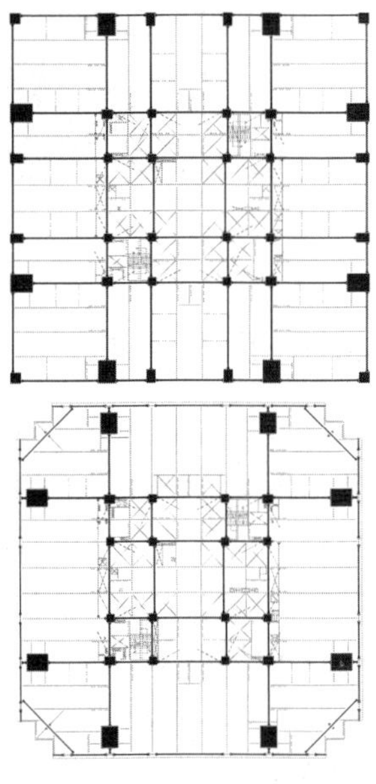
(a) 效果图　(b) 立面图　(c) 低、高区平面布置图

图 3.3.10 台北 101 大楼

2. 巨型桁架

（1）受力特点

与巨型框架相似，当整个建筑采用巨型柱、巨型梁以及巨型支撑组成的平面巨型桁架作为结构抗侧力体系时，称为巨型桁架结构。实际设计时，常将周边各个面内的巨型桁架的斜腹杆交汇在角柱，围成一个巨型桁架筒以提高结构的整体性和抗侧刚度。在巨型桁架结构中巨型桁架是主结构，往往要跨越多个楼层，承担着主要的水平荷载与竖向荷载；而在每个桁架单元内，也会设置一些次结构，用于传递桁架单元内楼层的竖向荷载。

与巨型框架相比，巨型桁架的层间竖向剪力主要通过桁架的斜腹杆的轴向力来传递，且巨柱均集中布置在结构平面的角部，最大限度地利用了结构材料，是一种非常高效且经济的抗侧力体系。

（2）设计要点

设计时支撑平面内的斜撑与水平构件的合适角度宜控制在 40°～50°；并加强斜撑杆件与楼板的连接，以保证斜撑杆件的出平面外稳定。

结构平面的角部可设置刚度较大的角柱，最大限度地利用结构材料；可结合设备层布置带状桁架，形成支撑筒的水平构件。

（3）工程实例

上海环球金融中心是典型的巨型桁架结构，建筑面积为 38 万 m^2，地上 101 层，地下 3 层，高 492m，底层平面尺寸为 57.6m×57.6m，它是一幢集办公、商贸、酒店和观光为一体的超高层建筑（图 3.3.11）。整个结构外框采用由巨型柱、巨型斜撑和水平环形桁架构成的巨型桁架结构。

(a) 效果图

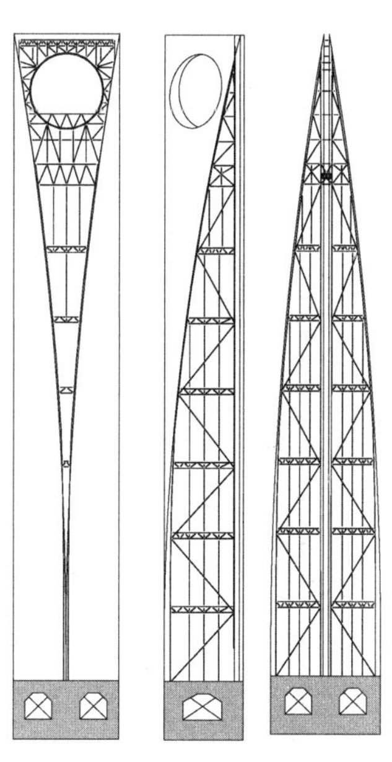

(b) 立面图

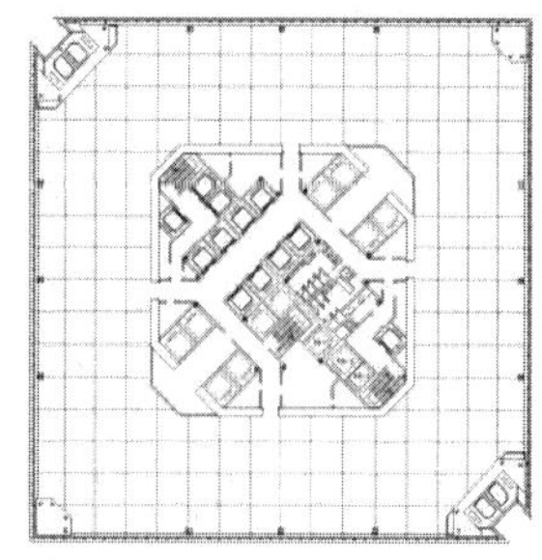

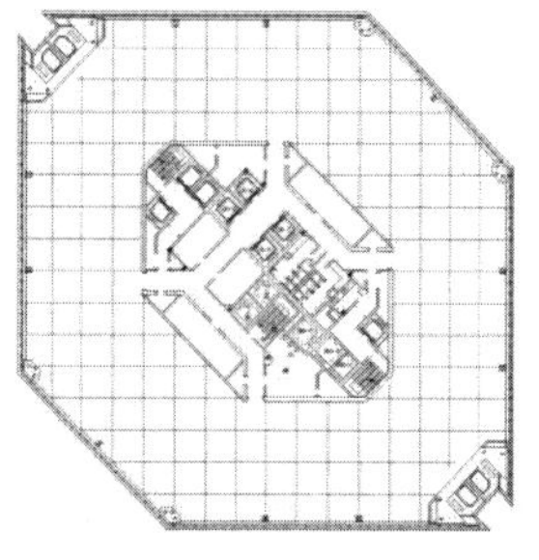

(c) 低、高区平面布置图

图 3.3.11 上海环球贸易中心

塔楼有 A 和 B 两种类型的巨型柱。A 型巨型柱位于塔楼的东北角和西南角，该两处柱子位置在各层维持不变。A 型巨型柱由两根边缘柱与连接两柱的墙体组成。B 型巨型柱位于建筑的东南角和西北角，该两处柱子位置随着楼层的增加而沿建筑立面变为倾斜柱。每一根 B 型巨型柱在 43 层处一分为二成为两根倾斜柱，并一直延伸至 91 层。

巨型斜撑为内灌混凝土的焊接箱形截面。截面由两块竖向翼缘板和两块水平连接腹板组成。巨型斜撑中内灌混凝土是为了增加巨型斜撑的刚度，而并非为了提高强度。填充的混凝土也增加了建筑物的阻尼。巨型斜撑除了用于抵御侧向荷载以外，还用于承受从周边柱子（或其他渠道）传来的部分重力荷载，底部最大支撑截面为 1600mm×480mm。

3.3.4 筒中筒结构

筒中筒结构是由外筒与内部核心筒结构组成。外筒可以采用密柱框筒、框架支撑筒和斜交网格筒等形式。采用钢筋混凝土结构时，内筒一般采用混凝土剪力墙组成的筒体；采用钢结构时，内筒一般采用钢框筒或钢支撑筒。

筒中筒结构是一种双重抗侧力体系，在水平荷载作用下，内外筒需要协同工作。筒中筒结构由于内筒的存在，其抗侧刚度要比相同的筒体结构强。因此同等条件下，它的外筒可以做得更通透，以满足建筑的设计要求（图 3.3.12）。

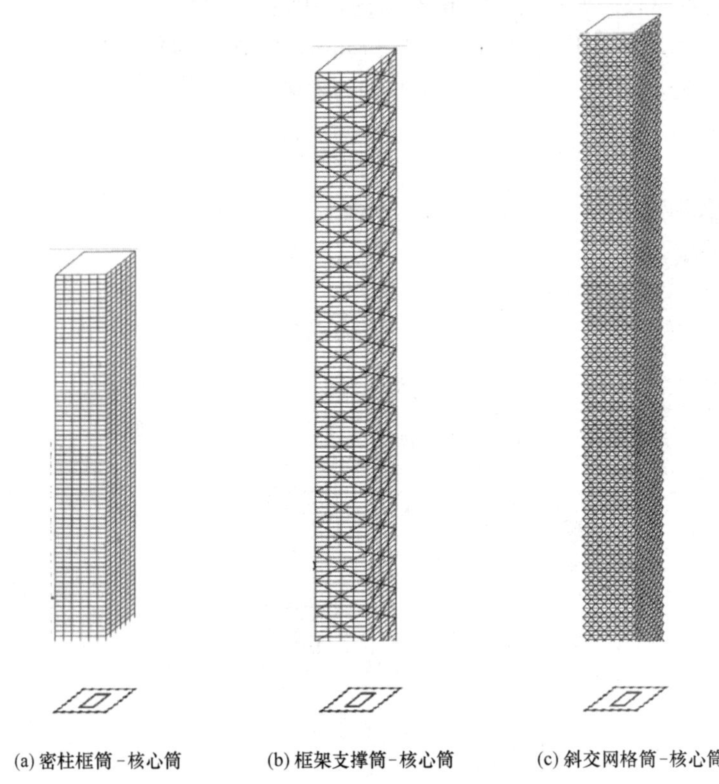

图 3.3.12 筒中筒结构示意图

1. 框筒-核心筒结构

框筒-核心筒结构是指外筒采用框筒结构的筒中筒结构。

典型的工程实例有北京国贸三期（图 3.3.13），建筑面积为 28 万 m^2，主塔楼建筑高度为 330m，共 74 层，底层平面尺寸为 52.2m×52.2m。内部型钢混凝土核心筒，外部型钢混凝土框筒，沿结构高度设置了两道两层高外伸臂桁架。

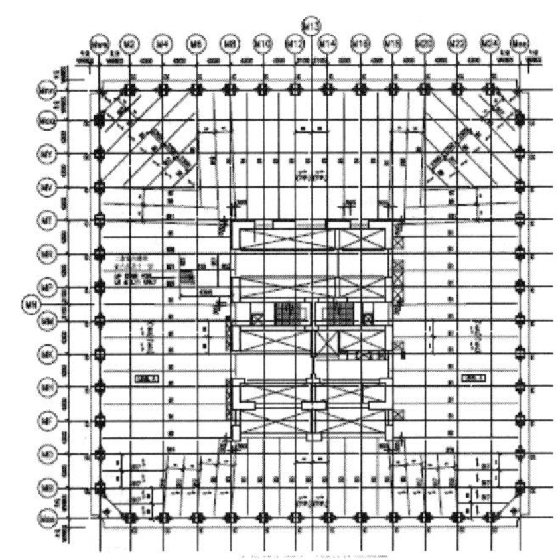

图 3.3.13　北京国贸三期

2. 框架支撑筒-核心筒结构

框架支撑筒-核心筒结构是指外筒采用框架支撑筒结构的筒中筒结构。

天津高银 117 大厦主塔楼是典型的框架支撑筒-核心筒结构，建筑面积为 37 万 m^2，主塔楼建筑高度为 597m，地下 3 层，地上 117 层，底层平面尺寸为 65m×65m，随高度增加最终收为 45m×45m（图 3.3.14）。内部型钢混凝土核心筒，外部采用巨型柱、环形桁架及巨型支撑组成的框架支撑筒。

整个巨型支撑框架在角部采用 4 根巨型钢管混凝土柱，底部最大面积为 $45m^2$。环形桁架结构利用建筑设备层，每 12～15 层设置一道，沿高度共设置 9 道。巨型支撑设置于塔楼的四个立面上，采用焊接箱形截面，底部一区采用人字撑，其他区则采用交叉支撑。每两道环形桁架之间设置次框架结构，用于支撑楼盖结构。

3. 斜交网格筒-核心筒结构

斜交网格筒-核心筒结构是指外筒采用斜交网格筒结构的筒中筒结构。

典型的工程实例有广州西塔，建筑面积为 39.5 万 m^2，主塔楼建筑高度为 425m，共 103 层，底层平面尺寸为 65.9m×65.9m（图 3.3.15）。内部型钢混凝土核心筒，外部采用钢管混凝土斜交网格筒。

整个塔楼高宽比达 6.5，平面为类三角形，外周边由六段曲率不同的圆弧构成；立面由首层至 31 层外凸，31 层至 103 层内收，剖面外轮廓也呈弧线。西塔外周边共 30 根钢

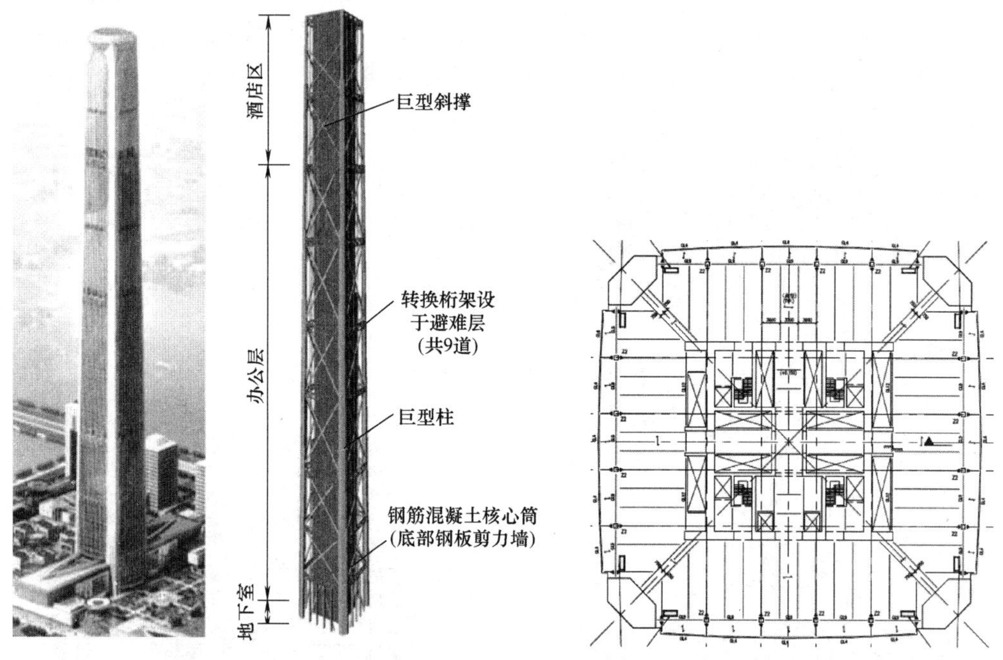

图 3.3.14　天津高银 117 大厦主塔楼

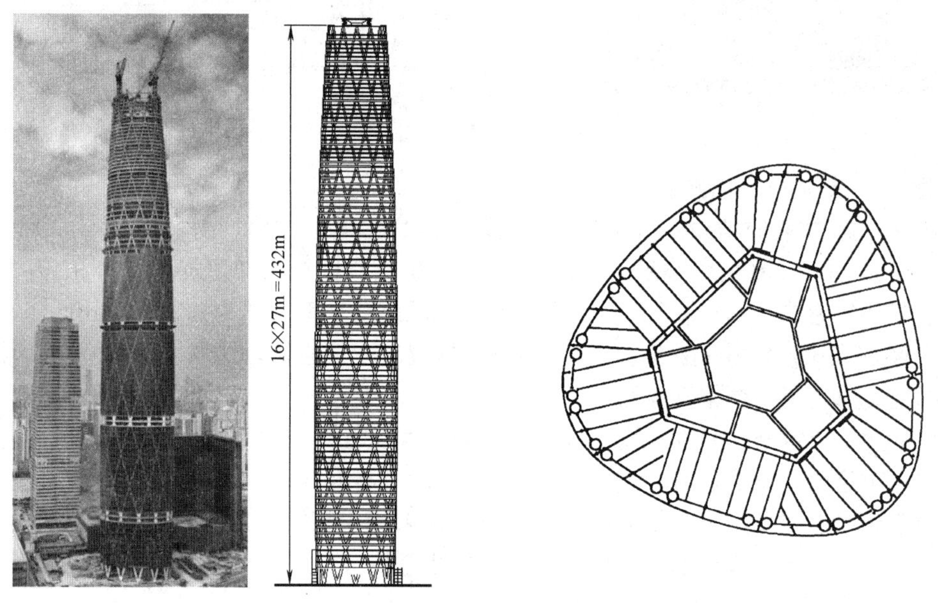

图 3.3.15　广州西塔

管混凝土斜柱于空间相贯，节点层间距离 27m；73 层以下每节点层间分 6 层，层高 4.5m；其余分 8 层，层高 3.375m。

广州西塔斜交网格外筒的组成包括：①竖向构件。以一定角度相交的斜柱，斜柱的竖向交角在 13.63°～34.09°变化；斜柱为钢管混凝土柱，钢管直径 1800mm，壁厚 35mm，每一个节点层直径缩小 50mm 或 100mm，至顶层钢管直径 700mm，壁厚 20mm。②水平构件。沿外周边布置、连接网格节点的环梁及沿外周边布置、支承于斜柱的楼面梁。

3.3.5 框架-核心筒

(1) 受力特点

框架-核心筒体系中的框架是平面框架，主要在平面内受力，没有筒体的空间作用(图 3.3.16)。在水平荷载作用下，主要是核心筒与水平力作用方向平行的腹板框架起到抗侧作用，其中核心筒由于其刚度与强度都比较大，成为抗侧力的主体。为了能使翼缘框架中柱也参与结构整体的抗倾覆，可以在翼缘框架柱与核心筒之间设置水平伸臂构件。采用外伸臂构件后，这种结构体系的建造高度已达 400m 以上，其建筑高度可以与筒中筒结构相接近。

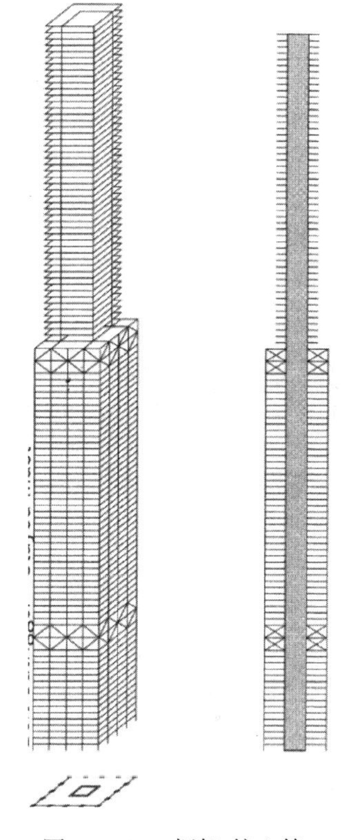

图 3.3.16 框架-核心筒结构示意图

(2) 设计要点

对于框架-核心筒体系，核心筒是最主要的抗侧力构件，因此应确保核心筒有足够的延性。可通过在核心筒角部设置型钢，采用钢板或型钢连梁，钢板混凝土剪力墙，交叉配筋剪力墙和双连梁等方式来实现。

为了提高结构的冗余度，可以将其设计成双重抗侧力体系。其中核心筒承担了绝大部分的剪力，是抗震（抗风）的第一道防线，外框作为抗震（抗风）第二道防线，此时外框架剪力应按规范要求调整。

由于外框与内部核心筒在竖向荷载作用下，存在一定的变形差；为了避免在梁中产生次弯矩，外框柱及核心筒之间的楼面梁一般采用铰接；同样，为了避免在伸臂桁架中产生不利的轴力与次弯矩，一般考虑外框与核心筒之间变形差稳定之后，再连接伸臂桁架。

1. 稀柱框架-核心筒

对于框架-核心筒体系，当外框采用普通大小的柱截面时，外框架柱间距可达 8～10m，此时该体系被称之为“稀柱框架-核心筒”。该体系在超高层建筑中应用较为广泛，比较典型的工程实例有：武汉中心、南京绿地紫峰大厦、苏州国际金融中心和苏州中南中心等。

武汉中心总建筑面积 34 万 m^2，地上 88 层，地下 4 层，高 438m，平面尺寸为 52.6m×52.6m，整个结构采用“稀柱框架-核心筒-伸臂桁架体系”(图 3.3.17)。

在 66 层以下区域为每侧边 4 个（柱距约 9.45m）共 16 根框架柱组成，在 66 层以上为每侧边 2 个（柱距约 28.35m）共 8 根框架柱组成。68～87 层沿每个侧边布置有 5 个次结构柱；它们通过外周框架梁以及 68 层和 87 层的环带桁架连成整体。次结构柱与框架梁、环带桁架共同形成了刚度较大的密柱刚架，将竖向荷载传递至 8 根框架柱，同时也提高了此区段的框架抗侧刚度，二道防线的作用得到了体现。

在建筑避难层或设备层布置了六道环带桁架，分别位于 18 层、31 层、47 层、63 层、

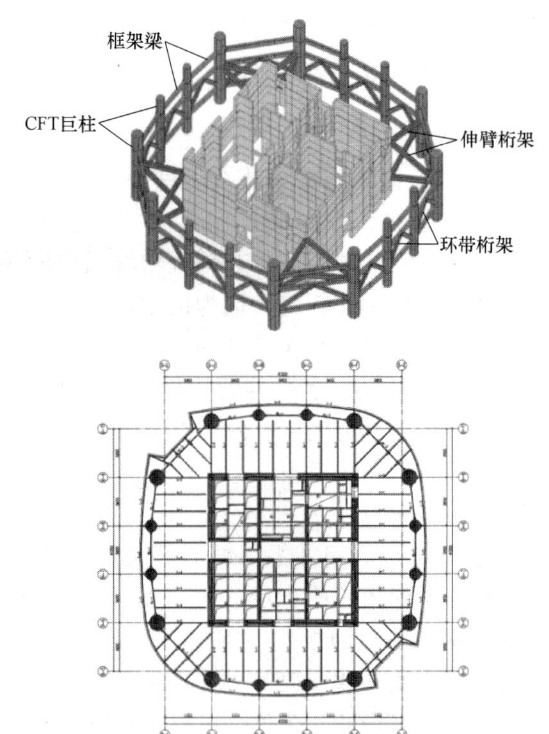

图 3.3.17 武汉中心

68 层、87 层。共布置有三道伸臂桁架，每道为两层高，分别位于 31～32 层、47～48 层、63～64 层。伸臂桁架能有效提高结构周边巨柱框架的抗倾覆弯矩，在结构进入弹塑性状态后伸臂桁架能屈服耗能，可作为抗震设防的另一道防线，能够提供较大的结构冗余度。

2. 巨型框架-核心筒

对于稀柱框架-核心筒体系，柱网从下到上基本是相同的，适用于从底层到顶层功能大体相同的建筑，而对于建筑上下各区功能要求不同时，这种结构体系往往不再适用，巨型框架-核心筒体系就是一种不错的选择。

巨型框架-核心筒体系是将外框设计成主、次框架结构。主框架是一种跨度很大的跨层框架，每隔 6～15 层设置一根巨型框架梁（桁架）。它与巨型柱一起形成巨型框架，用于提供外框的抗侧刚度。巨型框架之间楼层，设置柱网较小的次框架。次框架仅用于传递对应楼层的竖向荷载，并将其传递给巨型的框架梁，而这些楼层水平荷载则由楼盖直接传到巨型框架上。

由于巨型框架自身的抗侧刚度有限，所以经常要通过伸臂桁架与内部核心筒连接在一起来抵抗水平荷载的作用。由于该体系将竖向荷载尽可能多地传递至巨型柱上，可以避免其在水平荷载作用下受拉。

该体系在超高层建筑中应用较为广泛，比较典型的工程实例有：上海中心、深圳平安中心、香港国际金融中心二期、广州东塔和于家堡 03-08 等。

于家堡 03-08，建筑面积 21 万 m^2，地上 62 层，地下 4 层，高 297m，平面尺寸为 51m×51m，整个结构采用“巨型框架-核心筒-伸臂桁架体系”（图 3.3.18）。

每侧边设置 2 根巨型框架柱，共 8 根巨型框架柱组成。底层框架柱截面为 3.5m×2.2m，到结构顶部缩小为 1.5m×2.2m。在建筑避难层或设备层布置了 5 道环带桁架，分别位于 7 层、21～22 层、35～36 层、49～50 层、61 层，与 8 根巨型柱一起形成巨型柱框架。并设置了 3 道伸臂桁架，每道为两层高，分别位于 21～22 层、35～36 层、49～50 层。伸臂桁架能有效提高结构周边巨型柱框架的抗倾覆弯矩，在结构进入弹塑性状态后伸臂桁架能够屈服耗能，可作为抗震设防的另一道防线，提供较大的结构冗余度。

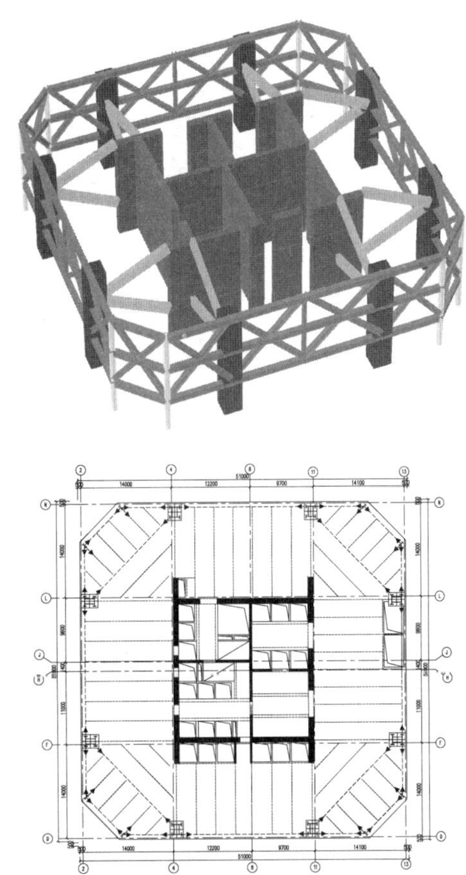

图 3.3.18　于家堡 03-08

3.3.6 连体结构

连体建筑是指两个或多个建筑由设置在一定高度处的连接体相连而成的建筑物。通过在不同建筑塔楼间设置连接体，一方面可以将不同建筑物连在一起，方便两者之间的联系，解决超高层建筑的防火疏散问题；同时，连体部分一般都具有良好的采光效果和广阔的视野，因而还可以作为观光走廊和休闲场所等。另一方面，连体结构给建筑师在立面和平面上充分的创造空间，独特的外形会带来强烈的视觉效果，目前已建成的高层连体建筑大多成为国家或地区的标志性建筑。正是这些特点，使得连体结构形式越来越受到青睐，近年来得到了广泛的关注和应用。

1）连体结构分类

超高层连体建筑按照建筑造型和结构特点具有多种分类方式，主要分类方法如下：

(1) 按照塔楼的数量

按照塔楼的数量，可以分为双塔连体、三塔连体和更多数量的塔楼连体。实际工程中最常见的是双塔连体，如吉隆坡彼得罗纳斯大厦和苏州东方之门（图 3.3.19）等。对于三塔连体建筑，在建和已经建成的则数量较少，如新加坡金沙酒店（图 3.3.20）、南京金鹰天地广场等。多塔连体建筑近年来也有一定的发展，如杭州市民中心（6 塔）（图 3.3.21）、北京当代 MOMA（9 塔，图 3.3.22）。

图 3.3.19 苏州东方之门

图 3.3.20 新加坡金沙酒店

图 3.3.21 杭州市民中心

图 3.3.22 北京当代 MOMA

(2) 按照塔楼的结构布置

按照塔楼的结构布置，可以分为对称连体结构和非对称连体结构。对称连体结构又可分为双轴对称和单轴对称，双轴对称结构仅会产生水平振动；对于单轴对称结构，当水平作用与对称轴垂直时，仅引起该方向的水平运动，而水平作用在另一方向时，则会引起结构的平扭耦联振动。非对称连体结构平扭耦联效应明显，受力最为复杂，如北京中央电视台总部大楼（主楼）（图 3.3.23）和南京金鹰天地广场（图 3.3.24）。

图 3.3.23 中央电视台总部大楼（主楼）

图 3.3.24 南京金鹰天地广场

（3）按照塔楼与连接体的连接方式

按照塔楼与连接体的连接方式可以分为强连接和弱连接。

连接体有足够的刚度将各主体结构连接在一起整体受力和变形时，可称之为强连接结构。两端刚接、铰接的连体结构都属于强连接结构，如苏州东方之门、北京中央电视台总部大楼（主楼）和南京金鹰天地广场等。

弱连接指连接体结构较弱，无法协调各主体结构使其共同工作，连接体对主体塔楼的结构动力特性几乎不产生影响。一端铰接、一端滑动和两端滑动均属于弱连接结构，连接体通过可动隔震支座与塔楼相连，如吉隆坡彼得罗纳斯大厦和北京当代MOMA。

相较一般超高层单塔与多塔结构，超高层连体结构体形复杂，连接体的存在使得各塔楼相互约束，相互影响，结构在竖向和水平荷载作用下的受力性能的影响因素众多，主要影响因素有以下几点：

（1）塔楼的数量、结构形式、对称性和间距；

（2）连接体的数量、刚度和位置；

（3）连接体与塔楼的连接方式；

（4）有大底盘时地盘层数、高度及楼面刚度。

2）受力特点和设计要点

由于影响因素多，超高层连体结构的力学性能比一般结构要复杂得多，其主要的受力特点和设计要点有：

（1）动力特性极其复杂；

（2）扭转效应显著；

（3）连接体受力复杂；

（4）风荷载的计算复杂；

（5）竖向地震响应明显；

（6）施工过程对结构性能影响较大；

(7) 竖向刚度突变。

3) 工程实例

金鹰天地广场位于南京市河西新商业中心南端，是集高端百货、五星级酒店、智能化办公、国际影院、文化教育、大中型餐饮、特色休闲区、娱乐、健身及高尚公寓为一体的城市高端大型综合体。占地面积约 5 万 m^2，总建筑面积约 90.1 万 m^2（图 3.3.25）。其中，地上建筑面积约 68 万 m^2，由 9～11 层裙楼及 3 栋超高层塔楼组成；地下 4 层，地下建筑面积约 22.1 万 m^2。塔楼 A 共计 76 层，总高约 368m；塔楼 B 共计 67 层，总高约 328m；塔楼 C 共计 60 层，总高约 300m。同时，B 塔在平面上与 A、C 两塔呈 19°夹角。3 栋塔楼在约 192m 高空通过 6 层高的空中平台连为整体。3 栋塔楼与裙房间设置防震缝，分为独立的结构单元。

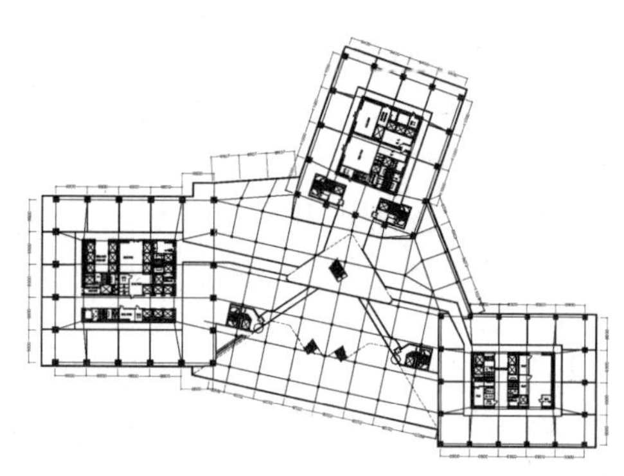

图 3.3.25　南京市金鹰天地广场效果图及典型平面图

本结构采用多重抗侧力结构体系：混凝土核心筒＋伸臂桁架＋型钢混凝土框架＋连接体桁架，以承担风和地震产生的水平作用。结合建筑设备层与避难层的布置，沿塔楼高度方向均匀布置环形桁架。于空中平台 6 层中除顶层以外的 5 层周边设置整层楼高的钢桁架，钢桁架贯穿至相连的 3 栋塔楼核心筒或与塔楼环形桁架相连，以承担空中平台的竖向荷载，并协调 3 栋塔楼在侧向荷载作用下的内力及变形。结构体系详见图 3.3.26。

连接体结构由连接体底层的转换桁架、周边 5 层楼高贯穿至相连 3 栋塔楼的钢桁架，以及转换桁架之上的钢框架结构组成，结构体系详见图 3.3.26。转换桁架双向正交布置，承托其上 5 层空中平台楼层的竖向荷载，并将其传至周边 3 栋塔楼，转换桁架均向塔楼方向延伸一跨至塔楼核心筒外墙；而 5 层楼高的周边钢桁架除了承担竖向荷载以外，还将协调 3 栋塔楼在侧向荷载作用下的内力及变形。

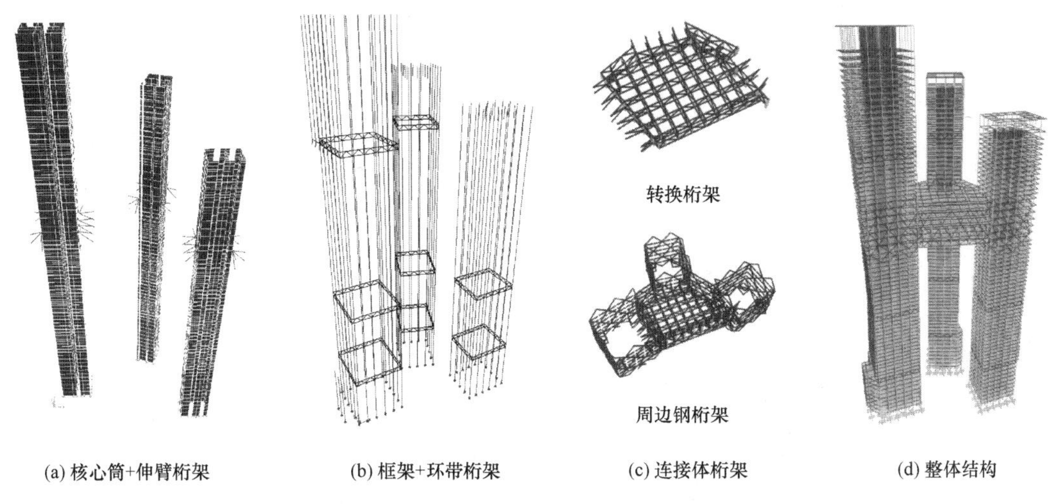

(a) 核心筒+伸臂桁架　(b) 框架+环带桁架　(c) 连接体桁架　(d) 整体结构

图 3.3.26　南京市金鹰天地广场结构体系

3.3.7 其他结构体系

1. 悬挂结构

悬挂体系是利用钢吊杆将大楼的各层楼盖，分段悬挂在主构架各层横梁上所组成的结构体系。

(1) 受力特点

层数较少的大跨度结构，一般是将各层楼盖通过吊杆悬挂在主构架的顶部钢桁架上。主构架一般是采用巨型钢框架，其立柱可以是类似竖放空腹桁架的立体刚接框架，也可以是小型支撑筒；其横梁通常均采用立体钢桁架。主构架每个区段内的吊杆，一般是吊挂该区段内的十几层楼盖，通常是采用高强度钢制作的钢杆，或者采用高强度钢丝束。

悬挂体系可以为楼面提供很大的无柱使用空间。对位于高烈度地震区的楼房，在悬挂结构与核心筒之间安装黏弹性阻尼器，形成悬吊隔震体系，还可显著减小结构地震作用反应。

(2) 工程实例

1979 年重建的香港汇丰银行属于典型的钢框架悬挂建筑结构。该建筑 43 层，高约 180m，主体由 8 根巨型钢格构柱及桁架转换层形成巨型框架悬挂结构，正面为桁架将两根大柱连成单跨外伸框架；建筑纵向，用十字交叉杆系将平面框架连接成 3 跨框架。其整体为巨型空间框架，悬挂部分通过竖向吊杆和斜拉杆传递到主体框架上，整体受力性能良好（图 3.3.27）。

在建筑的整个高度上，5 组 2 层高的桁架将钢柱连接起来，各组楼层就悬挂在桁架上。3 跨结构的高度不同，形成了一个错落的轮廓。大厦银行内部空间具有相当的灵活性，自 1985 年建筑投入使用以来，银行的所有人员已多次改变办公位置。1995 年，仅仅用了 6 个星期的时间，就在建筑内新增了一个证券厅。

2. 脊骨结构

脊骨结构是在巨型框架的基础上进一步发展，适合于一些建筑外形复杂、沿高度平面

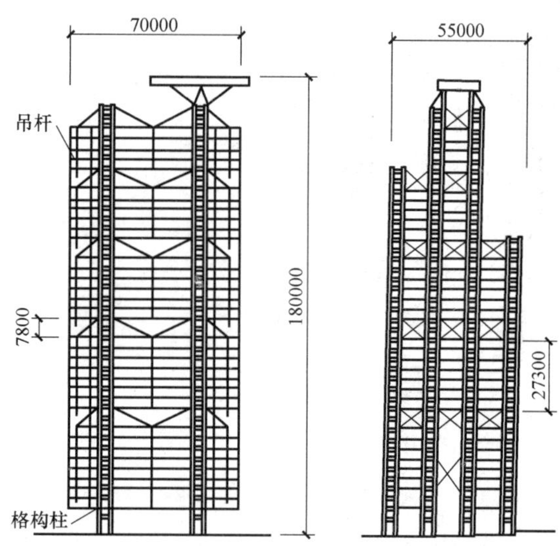

图 3.3.27　香港汇丰银行

变化较多的复杂建筑，取其形状规则部分（通常在建筑平面的内部），做成刚度和承载力都十分强大的结构骨架抵抗侧向力。

（1）受力特点

脊骨结构一般由巨型柱和柱之间的剪力膜组成，巨型柱可以做成箱形柱、组合柱、桁架柱等，剪力膜多为跨越若干层的斜支撑组成的桁架、空腹桁架、伸臂桁架等，或由几种形式结合，主要承受弯矩和剪力，巨型柱则主要承受倾覆力矩产生的轴力。脊骨结构应上下贯通，直通基础，是抗侧力的主要结构，大柱之间相距尽量远，以便抵抗较大的倾覆力矩和扭矩，应使楼板上的竖向荷载最大限度地传至巨型柱上，以抵抗倾覆力矩产生的抗力。

（2）工程实例

作为一种新型的结构体系，其已在美国费城的 Three Logan Square 中得到应用。Three Logan Square，55 层，225m，总建筑面积为 12 万 m^2，为一纯办公超高层建筑（图 3.3.28）。

3. Michell 桁架结构

（1）受力特点

对于一个高层结构，为了求其最优的结构形式，可以简化成求一平面内的悬臂连续构件在竖向力与水平力共同作用下满足一定约束条件的结构重量最小的问题。

（2）工程实例

由于 Michell 桁架结构是一种高效的抗侧力结构，被尝试应用于超高层建筑中，如上海中心 Foster 方案和昆明俊发东方广场等（图 3.3.29、图 3.3.30）。

昆明俊发东方广场，高 456m，地下 4 层，地上 75 层，建筑面积为 21.5 万 m^2。整个结构采用 Michell 桁架和混凝土核心筒结构。Michell 桁架主要用于承担水平荷载作用，

图 3.3.28　Three Logan Square

桁架角部两个钢管混凝土巨型柱，之间用一些像蜘蛛网一样的交叉斜撑连接在一起，它有着很好的结构鲁棒性。在结构底部，由于水平荷载较大，所以桁架斜撑密一些；相反，在结构上部，由于水平荷载要小，所以桁架斜撑就会布置得稀一些。为了承担竖向荷载，在 Michell 桁架面内每间隔 9m 布置钢管混凝土圆柱。

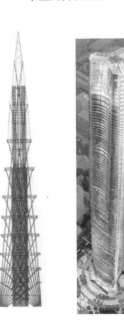

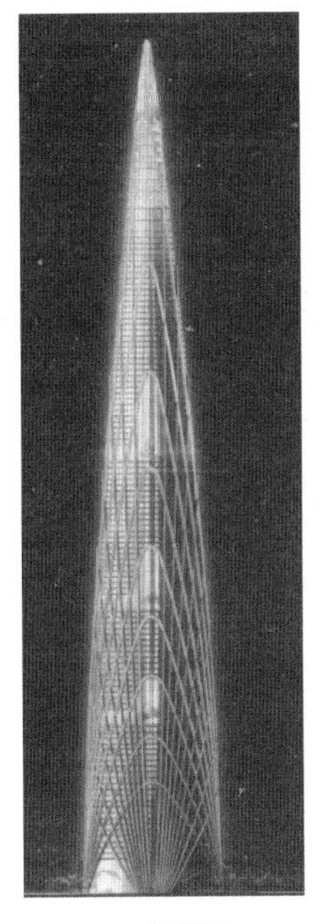

(a) 效果图

(b) 结构体系

图 3.3.29　上海中心 Foster 方案

(a) 效果图

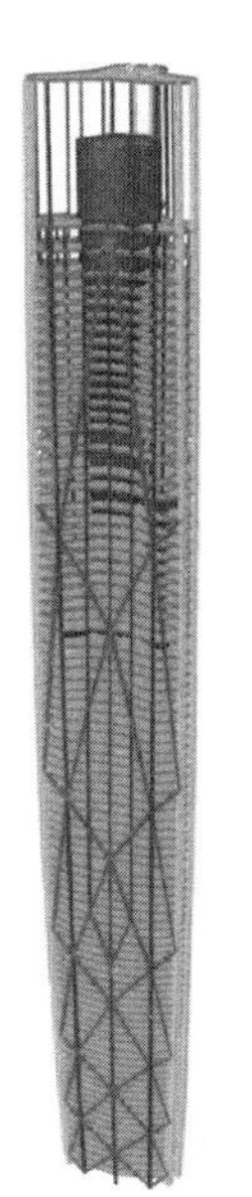

(b) 结构体系

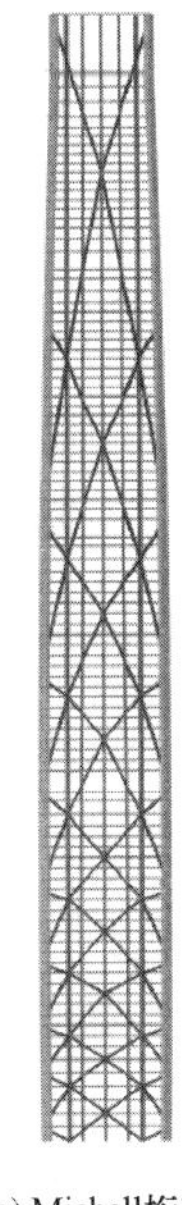

(c) Michell桁架

图 3.3.30　昆明俊发东方广场

3.4 超高层建筑结构体系经济性

3.4.1 引言

安全、适用、经济是结构设计的三要素。三要素之间既有层次关系，又相互平衡和制约。在满足前两个要素的前提下，结构造价可以用直接经济指标或间接经济指标来衡量。

直接经济指标一般采用结构造价百分比、单位面积结构综合造价或者单位面积材料用量（如钢材、钢筋和混凝土）。直接经济指标对任何类型的结构都是适用的。但超高层建筑具有施工周期长、投资回收慢、竖向构件面积大等特点，也可用间接经济指标（如竖向构件占楼层面积比、施工可建性、社会效应、楼层净高）来补充衡量。本书主要以直接经济指标来判断结构设计是否经济、合理。

建筑结构设计应根据使用过程中在结构上可能同时出现的荷载，按承载能力极限状态（$\gamma_0 S \leqslant R$）与正常使用极限状态（$S \leqslant C$）分别进行设计。其中，S 为荷载效应组合，R 与 C 分别为结构构件的抗力值及结构或构件达到正常使用要求的设计指标，如变形、裂缝和加速度等限值。

因此要提高超高层结构设计的经济性，可以从荷载效应、结构构件抗力和规定限值三方面入手。首先，在超高层建筑中，水平荷载是设计的控制荷载，减小结构所受的水平荷载是提高经济性最有效的措施之一；其次，提高结构体系的效率，充分发挥不同结构材料各自的优势，也是提高超高层结构设计经济性的不二法门；最后，选择合理、合适的规定限值也是影响结构设计经济性的一项重要性因素。

3.4.2 减小结构所受的水平荷载

从受力的角度来说，超高层结构类似于细长的悬臂构件。在其他条件相同的情况下，假定水平荷载沿倒三角形分布，结构底部的倾覆力矩与建筑高度的三次方成正比，结构顶部的水平位移则与建筑高度的四次方成正比。因此对超高层结构而言，水平荷载作用下结构的抗弯设计往往起控制作用。结构所受的水平荷载主要分为风荷载与地震作用两类。

1. 减小结构所受的风荷载

对于以风荷载为设计控制荷载的超高层建筑，为了减小风荷载的作用可以采用以下一些措施：

（1）采用合理的建筑体型来减小结构所受的风荷载。

（2）采用建筑平面角部切角或柔化，建筑平面沿高度退台、锥形化、改变形状和旋转来减小结构所受的横风向风荷载的作用；建筑立面上设置扰流部件和开洞来减小结构所受的横风向风荷载。

（3）采用减振技术来减小超高层建筑顶部的加速度响应，提高建筑物的舒适度。

2. 减小结构所受的地震作用

而对于以地震作用为设计控制荷载的超高层建筑，为了减小地震作用可以采用以下一些措施：

(1) 采用高比强度和比刚度的材料来减小结构自重与结构所受的地震作用。

(2) 优先采用消能、减震技术来减小结构输入的地震作用。

3.4.3 提高结构的抗侧效率

水平荷载作用下超高层建筑基底的倾覆力矩和结构顶部的位移随结构高度呈非线性增长，用于结构抗侧的材料用量也随着建筑高度的增加而呈非线性增加，所以选择合理的抗侧力结构体系也是提高结构经济性的重要途径之一。

在水平荷载作用下，结构产生的水平位移主要由两部分组成：结构整体弯曲变形、构件局部弯曲和剪切变形。Fazlur Khan 认为，高效的抗侧力结构体系的侧向变形应该仅由柱子的轴向缩短和拉伸（结构整体弯曲变形）引起，而抗弯框架中构件的弯曲变形和剪切变形只会降低结构的效率，增加额外的结构材料和造价。因此，可以将超高层结构的抗侧效率定义为柱子由于缩短和拉伸引起的侧向变形占结构总侧向变形的比例（图 3.4.1）。

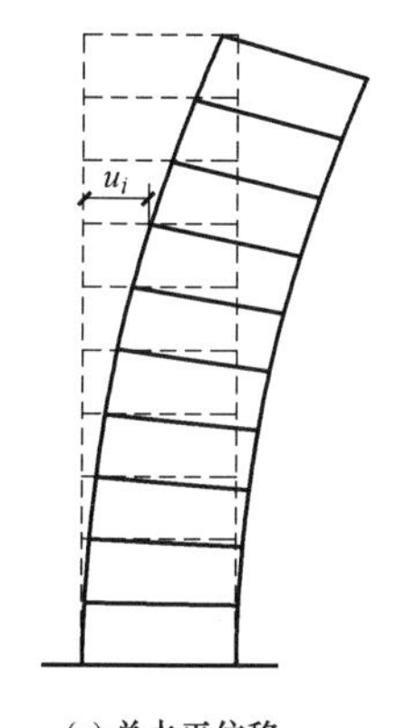

(a) 总水平位移

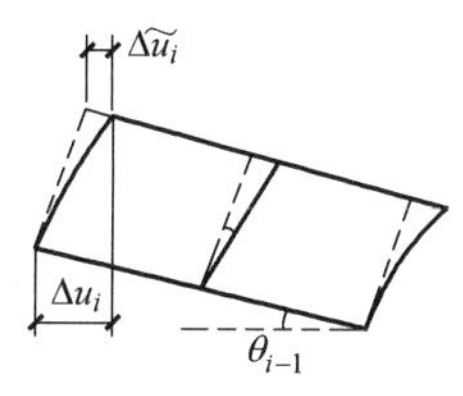

(b) 结构整体弯曲产生的水平位移

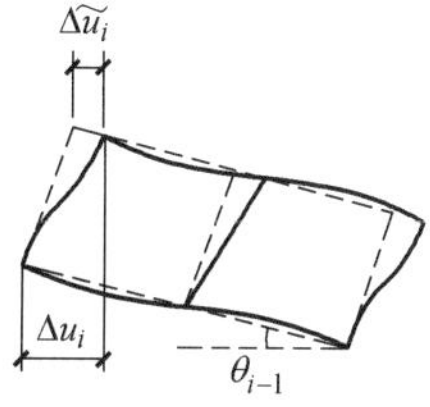

(c) 构件弯曲和剪切产生的水平位移

图 3.4.1 结构水平位移组成

对于超高层结构，影响结构抗侧效率的因素主要有结构的平面形状和布置、结构的立面形状和伸臂桁架的布置等因素。

3.4.4 结构体系布置原则

从提高结构的抗侧效率的角度来看，结构体系的布置原则如下：

(1) 根据对平面形状与平面布置的研究，为了使楼层平面获得最大的抗侧效率，应尽可能使楼层的平面形状三角形化，平面布置周边化与巨型化（图 3.4.2）。

(2) 根据对立面形状与立面布置的研究，为了使结构立面获得最大的抗侧效率，应尽可能使结构体形锥形化，立面布置支撑化（桁架化）（图 3.4.3）。

(3) 当翼缘框架柱剪力滞后效应严重时，为了提高结构体系的抗侧效率，可以在翼缘框架与核心筒之间设置伸臂（图 3.4.4）。

(4) 提高结构的抗侧效率的实质是使结构楼层平面抗弯刚度最大化和变形接近平截面假定。

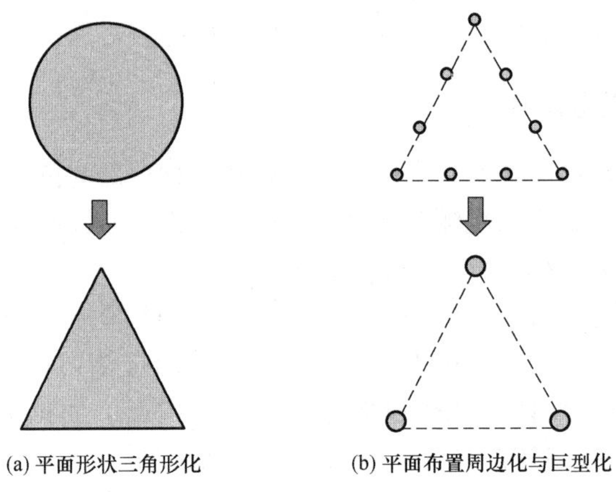

(a) 平面形状三角形化　(b) 平面布置周边化与巨型化

图 3.4.2　结构平面布置原则

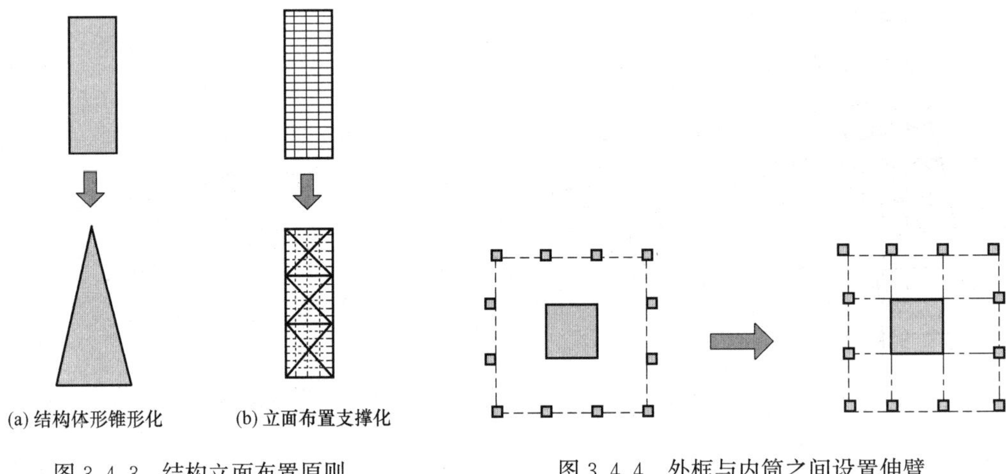

(a) 结构体形锥形化　(b) 立面布置支撑化

图 3.4.3　结构立面布置原则

图 3.4.4　外框与内筒之间设置伸臂

4

超高层建筑结构指标控制及关键构件设计

4.1 超高层结构指标控制

4.1.1 软件选取

超高层结构分析软件的选取需根据分析类型、结构特点、软件功能、前处理和后处理的便利性综合确定。

超高层结构分析根据分析对象，可以分为整体结构分析和局部节点分析；根据分析目的，可以分为弹性分析（如静力分析、反应谱分析、弹性时程分析、温度分析等）、弹塑性分析（如 Pushover 分析和弹塑性时程分析）和特殊专项分析（如屈曲分析、施工顺序加载分析、非荷载效应分析和楼面舒适度分析等）。

超高层结构常用的整体结构弹性分析和 Pushover 分析软件有 PKPM 系列、ETABS、MIDAS、SAP 2000 和盈建科等；常用的弹塑性时程分析软件有可以采用 ANSYS、ABAQUS、LS-DYNA 和 PERFORM 3D 等，进行节点有限元分析可采用 ANSYS 和 ABAQUS 等；对特殊专项分析，往往采用 SAP 2000、MIDAS 和 ANSYS 等有限元软件（表 4.1.1）。

通用有限元软件选择 **表 4.1.1**

分析类型	软件
弹性分析	PKPM 系列、ETABS(SAP 2000)、MIDAS、盈建科
弹塑性时程分析	ABAQUS、LS-DYNA、PERFORM 3D、ANSYS
节点有限元	ABAQUS、ANSYS
特殊分析(楼面振动、收缩徐变、温度应力、耗能减震)	SAP 2000、MIDAS 和 ANSYS

软件的前处理能力影响模拟的准确性和建模的便捷性。前处理包括界面、层编辑、单元类型、材料类型、荷载类型、约束类型和特殊属性修改等。

软件的后处理能力包括可提取的分析结果是否齐全，以及分析结果输出方式是否多样、简便。设计人员关注的结果，包括整体结构指标、构件内力和合力、节点和构件变形以及校核结果和过程等应可以从软件中获得，分析结果可以以多种形式输出，如图形显示、文字输出、表格输出和特殊结果输出等。

此外，随着结构复杂程度不断增加，结构分析要求也越来越高，软件的兼容性，如与CAD、Revit和其他分析软件的导入与导出是否容易实现，也成为选择分析软件的重要依据之一。

超高层结构分析需采用两种不同软件完成，并相互校核。

4.1.2 构件模拟与假定

超高层结构构件截面尺寸较大，截面形状复杂，且往往采用组合截面，结构分析模型中，对构件的模拟需依据假定合理和计算方便的原则。

巨型柱具有截面尺寸大（天津高银117大厦：$45m^2$，上海中心：$19.7m^2$，大连绿地：$19m^2$）、钢筋混凝土组合构件不对称、截面单边收进、多构件相连（伸臂、环形桁架、支撑、楼面梁）且相连构件不一定通过构件形心等特点。巨型柱模拟可采用杆单元、墙单元或实体单元，不同单元模拟的优缺点比较如表4.1.2所示，为减小计算量、简化后处理，应首选经合理简化后的杆单元。

巨型柱模拟单元比较 **表4.1.2**

模拟单元	杆	墙	实体
特点	简单，复合截面SD，简化（形心，材料需简化）	混凝土墙、钢骨用钢、形心、截面特性准确	混凝土、钢均以同一实体单元模拟
准确性	经合理简化后较准确	较准确	准确
适用性	整体模型，易用于设计	整体模型，后处理复杂	局部有限元，不适用整体模型

巨型柱截面尺寸较大，应坚持形心定位原则，确保结构抗侧刚度与实际布置相符。组合构件截面需考虑型钢对构件重量和刚度的贡献。此外，可采用刚臂来合理考虑巨型柱与水平构件重叠对刚度的影响以及不同构件连接点引起的偏心弯矩。

核心筒墙肢需根据壳单元尺寸进行适当地剖分。

连梁可采用梁单元和壳单元模拟，当连梁高度较大，采用梁单元无法反映连梁对墙肢的弯曲约束时，应采用壳单元模拟。采用壳单元模拟连梁，应对壳单元沿连梁长度和高度分别剖分。进行地震作用分析时，应对连梁刚度折减，小震下，连梁折减系数不小于0.50。

框架梁应考虑梁上楼板对刚度的贡献，应对抗弯刚度放大，放大系数取1.3～2.0。

楼板可采用膜单元、壳单元和刚性隔板模拟，应结合分析目的选用模拟单元，如表4.1.3所示。对楼板缺失较多的楼层和加强层，应采用弹性板以考虑楼板平面内的变形；对与桁架弦杆相连的楼板，承载力校核时应对楼板平面内刚度进行折减，以便能得到弦杆杆件的轴力。

不同板单元的特点和适用性 **表4.1.3**

板单元	单元特点	适用性
膜单元	考虑平面内刚度	竖向导荷、温度分析、地震作用分析
壳单元	考虑平面内、外刚度	竖向振动，组合梁计算
刚性隔板	平面内无限刚	扭转位移比计算

4.1.3 计算参数选取

超高层结构分析中需确定计算参数，包括阻尼比取值、地震作用参数、风荷载参数和分析方法等。

超高层结构分析中，阻尼比取值根据结构类型、荷载类型和不同分析工况确定，如表 4.1.4 所示。

超高层结构分析中阻尼比取值 **表 4.1.4**

结构类型	地震作用	风荷载(变形和承载力)	风荷载(舒适度)
钢筋混凝土结构	0.05	0.05	0.02
钢-混凝土混合结构	0.03～0.04	0.02～0.04	0.01～0.015
钢结构	0.02	0.02	0.01

地震作用参数包括加速度峰值 A_{max}、水平地震影响系数最大值 α_{max}、特征周期 T_g 和周期折减系数。地震作用参数需结合规范和安评取值综合确定。一般情况下，小震的地震作用应该取规范反应谱和安评反应谱分析结果的包络值，中震和大震可以采用规范的地震作用参数。目前，各个地方甚至同一地方不同项目做出的安评报告都存在一定的差异，因此安评报告中地震作用参数的选用原则也不相同，大致有三种情况：

（1）完全采用安评报告的地震参数；

（2）仅采用安评报告的小震加速度峰值，其余小震参数、中震和大震的所有参数均采用规范参数；

（3）三个水准的加速度峰值均取规范加速度峰值乘以小震下安评与规范加速度峰值的比值，其余参数均采用规范参数。安评报告的地震作用参数选用一般需在抗震超限审查会上提请专家确认。

时程分析所需的地震波不少于 2 组天然波和 1 组人工波。时程波持续时间一般不小于结构基本周期的 5 倍（即结构屋面对应于基本周期的位移反应不少于 5 次往复）。时程波分析得到的结构底部剪力的最小值和平均值必须满足规范要求。

对超过 6s 的反应谱曲线，除了专门研究之外，通常有两种取法：

（1）6s 后反应谱曲线拉平；

（2）6s 后反应谱曲线采用第二下降段的斜率延伸。

风荷载参数主要为基本风压、地面粗糙度、体型系数（规范算法）和风洞试验风荷载。计算结构变形采用 50 年一遇的风荷载，验算结构构件承载力采用 50 年一遇风荷载的 1.1 倍，验算结构顶部舒适度采用 10 年一遇的风荷载。结构分析的风荷载应综合比较规范风荷载和风洞试验风荷载选用。

结构分析相关参数包括动力分析方法、P-Δ 效应计算方法和地震作用分析等。动力分析法如特征向量法和里兹向量法，振型数量。P-Δ 效应计算方法有无迭代和基于荷载迭代两种，无迭代算法计算结果有较大误差，存在反力不平衡现象，如有条件，最好采用基于荷载迭代算法。质量和刚度分布明显不对称的结构，应计入双向水平地震作用下的扭转影响；平面不规则及存在明显斜交抗侧力的结构，当相交角度大于 15°时，应分别计算各抗侧力构件方向的水平地震作用，并应增加最不利方向地震作用下结构验算。

4.1.4 控制指标及分析结果判断

超高层结构分析结果的主要控制指标包括周期与振型、扭转周期比、扭转位移比、刚度比、剪重比、刚重比、层间位移角、外框承担地震剪力比例、顶部舒适度以及嵌固层判断等。

（1）周期与振型

超高层结构两个主方向的基本周期应接近，当结构高度 $H\geqslant200\mathrm{m}$ 时，基本周期 T_1 在 $0.3\sqrt{H}\sim0.4\sqrt{H}$ 之间。基本周期太长，结构偏柔，不利于变形、剪重比控制，稳定性难以满足要求。

（2）扭转周期比

超高层结构扭转周期比控制在 0.85 以下，确保结构有足够的抗扭刚度，不至于引起过大的扭转效应。

（3）扭转位移比

考虑偶然偏心，楼层的扭转位移比宜控制在 1.2 以下，不应超过 1.4，避免出现过大的扭转变形。

（4）刚度比

刚度比主要控制结构刚度沿竖向分布的均匀性，避免出现软弱层。对于框架-核心筒结构软弱层指当本楼层刚度小于上一楼层刚度的 90%，楼层层高大于相邻上部楼层层高 1.5 倍时，该楼层侧向刚度小于相邻上部楼层侧向刚度的 1.1 倍，底层侧向刚度小于相邻上部楼层侧向刚度的 1.5 倍。出现软弱层，结构地震作用应放大 1.25 倍。

（5）剪重比

楼层剪重比为各层的地震剪力与其以上各层总重力荷载代表值的比值，应满足规范最小地震剪力系数的要求。当结构底部计算的总地震剪力偏小需调整时，其以上各层的剪力、位移也均应适当调整。超高层结构基本周期较长，剪重比往往不容易满足要求，对基本周期大于 6s 的结构可比规定值低 20%以内，对基本周期 3.5～5s 的结构可比规定值低 15%以内。

（6）刚重比

高层建筑结构的稳定设计主要是控制在风荷载或水平荷载作用下，重力荷载产生的二阶效应（重力 P-Δ 效应）不致过大，以免引起结构的失稳倒塌。刚重比为结构的刚度和重力荷载之比，是控制结构稳定和影响重力 P-Δ 效应的主要参数。

剪力墙结构、框架-剪力墙结构、筒体结构的刚重比应符合下式要求。当 $1.4<K_\mathrm{D}<2.7$，需考虑 P-Δ 效应。

$$K_\mathrm{D}=\frac{EI}{H^2\sum_{i=1}^{n}G_i}\geqslant1.4$$

（7）层间位移角

钢筋混凝土结构和混合结构，小震或 50 年一遇风荷载标准值作用下最大层间位移角限值：1/500（$H>250\mathrm{m}$）和 1/800（$H<150\mathrm{m}$）。钢结构小震作用下最大层间位移角限值为 1/250，风荷载作用下最大层间位移角为 1/400。

(8) 外框承担地震剪力比例

外框承担地震剪力比例主要是确保多道防线的要求。超高层框架-核心筒结构，其混凝土内筒和外框之间的刚度宜有适当的比例，框架部分计算分配的楼层地震剪力，除底部个别楼层、加强层及其相邻上下层外，多数不低于基底剪力的 8%（最大宜达到 10%），最小不低于 5%。对框架承担地震剪力小于基底剪力 20%的楼层应调整地震剪力，将框架部分承担的地震剪力调整至区段底部总地震剪力的 20%和框架部分楼层地震剪力标准值中最大值的 1.5 倍两者的较小值。

(9) 舒适度

为确保使用者在高层建筑内的舒适度要求，需限制风振作用下的建筑物顶部加速度大小。十年一遇风荷载作用下办公楼（包括酒店）顶部的加速度限值为 $0.25m/s^2$，住宅、公寓的加速度限值为 $0.15m/s^2$。

(10) 嵌固层判断

地下室顶板作为上部结构嵌固时，地下一层结构楼层侧向刚度不应小于地上一层楼层侧向刚度的两倍。

(11) 弹性时程分析结果

弹性时程分析采用三组时程波时，时程波分析结果取包络值；采用七组时程波时，时程波分析结果可取平均值。超高层结构中，时程分析得到的高区剪力往往大于反应谱分析结果，应根据弹性时程分析结果对振型分解反应谱法的计算结果进行调整，并用于设计。

4.2 超高层结构关键构件及节点设计

4.2.1 核心筒（钢板组合剪力墙、连梁）

1. 核心筒剪力墙布置

1) 概述

由于建筑使用功能与采光等的要求，超高层建筑一般将公共建筑设施、服务用房与楼电梯井道集中布置在楼层平面的中央区域，核心筒剪力墙通常结合竖向交通井道与设备用房空间布置，从而形成剪力墙核心筒。

超高层建筑结构体系中，核心筒除可以承受很大的竖向荷载外，在抵抗风荷载和地震作用方面发挥至关重要的作用，承担了约 80%～90%的底部总剪力和 40%～50%的底部总倾覆力矩。由此可见，核心筒结构设计为超高层建筑结构设计的关键技术之一。

2) 核心筒剪力墙布置

核心筒的布置形式与建筑功能、平面形状、建筑体型等密切相关，涉及结构、建筑、设备等多个专业。一般需要综合考虑以下因素：①核心筒筒体效应的发挥；②建筑垂直传输系统（楼梯、电梯等）、公共卫生间等；③机电及辅助系统（机房、管井等）；④与伸臂桁架连接位置；⑤核心筒剪力墙竖向收进等。

典型的核心筒布置形式有：①“九宫格”布置形式（图 4.2.1a），如广州东塔、上海中心等项目；②“Y 形”布置形式（图 4.2.1b），如迪拜的哈利法塔、武汉绿地中心；③“目字形”布置形式（图 4.2.1c），如京基 100、天津津塔等项目；④“田字形”布置形式（图 4.2.1d），如乌鲁木齐绿地。

核心筒剪力墙厚度的确定主要考虑：①核心筒的抗侧刚度；②剪力墙墙肢的轴压比、剪压比、斜截面承载力、正截面承载力验算等；③与伸臂桁架连接构造等。

核心筒外墙（翼缘墙）与大跨度楼面梁、伸臂桁架等构件相连接，承受较大竖向荷载，受墙肢轴压影响且考虑到尽可能提高核心筒的抗侧刚度，一般将增加核心筒外墙厚度。内墙（腹板墙）分担竖向荷载相对小，相应减小内墙墙厚。此外当伸臂桁架与腹板墙连接时，考虑伸臂桁架传力和构造要求，加强层位置腹板墙也需要加厚。

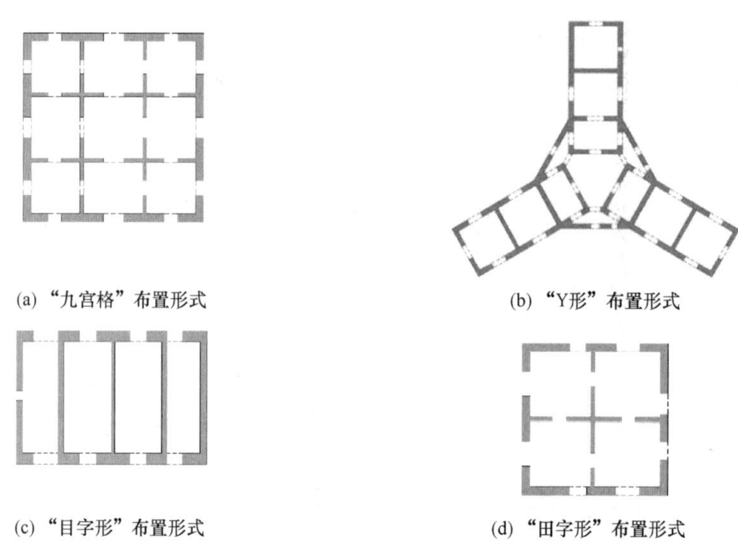

(a) “九宫格”布置形式　(b) “Y形”布置形式

(c) “目字形”布置形式　(d) “田字形”布置形式

图 4.2.1　核心筒剪力墙布置

2. 材料

1）高强混凝土

（1）高强混凝土特点

超高层建筑的重力荷载代表值可达数十万吨以上，核心筒需要承担巨大的轴力，核心筒剪力墙厚度增大，材料用量增大的同时，也占用了宝贵的建筑使用空间。随着混凝土材料科学的发展，高强混凝土被应用到剪力墙中。高强混凝土应用于超高层核心筒剪力墙主要优点有：①耐久性好、强度高、变形小；②可有效减小构件截面、增大建筑使用面积；③降低工程造价、缩短施工工期；④符合绿色建筑标准。

研究表明，随着混凝土强度等级提高，剪力墙的开裂荷载和极限荷载都随之增大，极限荷载上升趋势比开裂荷载上升趋势更明显，但其延性呈下降趋势。高强高性能混凝土亟待改善的性能和应用中的技术问题包括：①受压时呈高度脆性，延性较差，尽管达到抗压强度时的峰值应变值较大，但是峰值应变之后应力应变曲线的下降段非常陡，极限应变小；②抗拉强度、抗剪强度、粘结强度虽然都随抗压强度的增加而增加，但提高幅度较小；③由于高强混凝土在高温条件下容易发生爆裂情况，其防火性能与普通混凝土相比较差。上述高强混凝土中存在的问题，使其在工程应用遇到困难，尤其是高强混凝土的延性问题极大地限制了其在地震区高层建筑中的应用。

（2）相关规范规定及国内外应用概况

国家标准《建筑抗震设计规范》GB 50011—2010 中规定，当有抗震设防要求时，剪力墙混凝土强度等级不宜超过 C60。

广东省标准《高层建筑混凝土结构技术规程》DBJ 15-92-2013 取消了此规定，不限制剪力墙使用 C60 以上高强混凝土。

（3）改善高强混凝土延性的有效措施

针对高强混凝土脆性大、耐火性差等缺点，可采用以下措施来克服其不利因素：

① 采用钢-混凝土组合剪力墙；

② 提高重要部分的墙柱配箍率；

③ 设置端柱，提供端柱或边缘构件以及分布筋的配筋率、加强对竖向钢筋的约束；

④ 高强混凝土材料限于少部分墙、柱部分受压构件使用；

⑤ 控制核心筒、巨型柱轴压比；

⑥ 通过先进技术手段掺入防火材料，在不影响其他性能的前提下，提高混凝土的抗火性能，降低混凝土的脆性。

2）按照材料分类

核心筒剪力墙按照材料可分三类：钢筋混凝土剪力墙；钢-混凝土组合剪力墙；钢板剪力墙。

（1）钢筋混凝土剪力墙

钢筋混凝土剪力墙至今仍为最常用的剪力墙形式。20 世纪 60 年代开始，剪力墙结构开始得到应用，由于其抗侧移刚度大，能够有效减小侧移，具有较好的抗震性能。随着滑膜、大模板等新施工工艺的发展而逐渐成为现代高层建筑中广泛应用的一种结构形式。采用剪力墙结构的高层住宅占高层住宅总数的 90%左右。目前，世界上最高的建筑——位于迪拜的哈利法塔（828m），在 601m 标高以下主要采用了钢筋混凝土剪力墙结构。

（2）钢-混凝土组合剪力墙

钢-混凝土组合剪力墙同时具有钢构件与混凝土构件的优点，可有效增加构件的强度与延性，减小构件截面尺寸，防火性能好，近年来在超高层建筑中得到越来越多的应用。如何保证型钢与混凝土共同工作、避免结构构造与施工工艺过于复杂，是工程应用中需要妥善处理的问题。

常见的钢-混凝土组合剪力墙有：型钢混凝土剪力墙；钢板-混凝土组合剪力墙；内藏钢支撑-型钢混凝土剪力墙；钢管混凝土组合剪力墙（图 4.2.2）。

（3）钢板墙

钢板剪力墙是 20 世纪 70 年代发展起来的一种新型抗侧力结构，其主要作用是提供结构的侧向刚度、抗剪强度和抗震延性。钢板剪力墙由周边框架和内嵌钢板组成，具有自重轻、安装方便等特点。研究表明，钢板剪力墙可以充分发挥钢材延展性好、耗能能力强的特点，结构侧向刚度大，构件延性性能好，具有出色的抗震性能，是一种具有广阔发展前景的超高层建筑抗侧力构件。

钢板剪力墙可以按照是否设置加劲肋分为加劲钢板墙和非加劲钢板墙，非加劲钢板墙还包括墙板两侧与柱脱开、带竖缝、低屈服点、开洞等多种改进形式。近年来，钢板墙在国内超高层建筑中也有实际工程应用，如天津津塔项目。

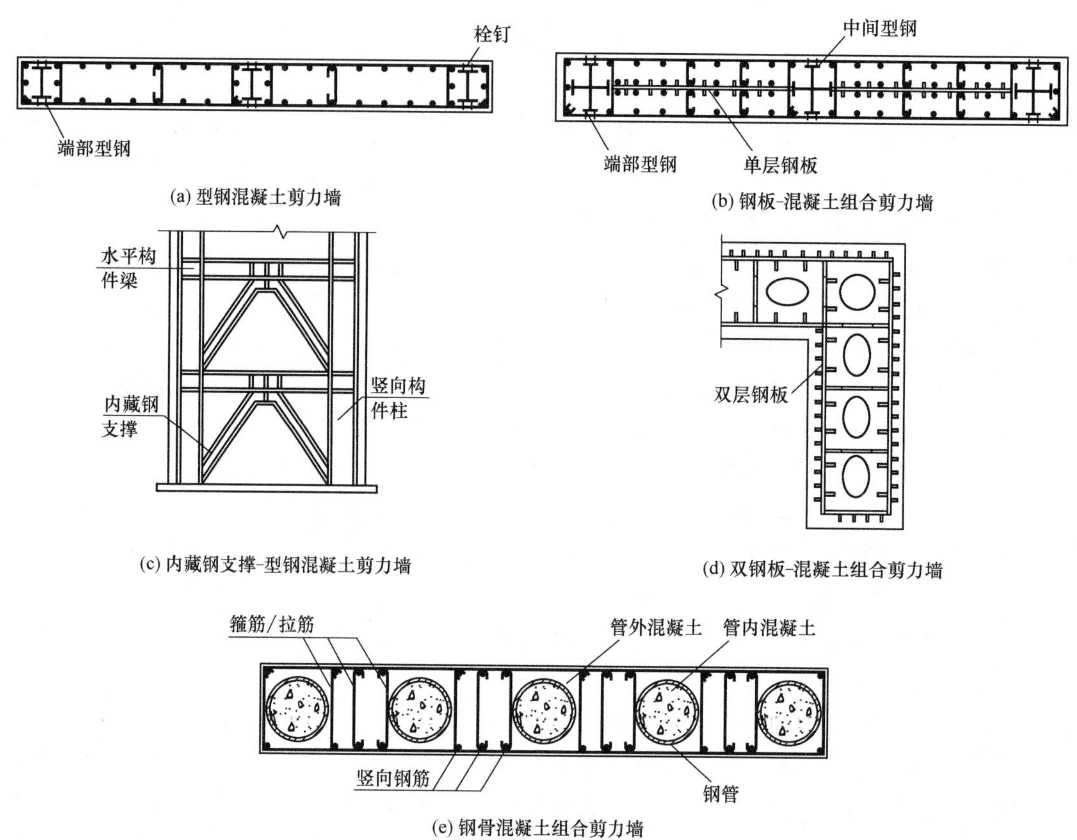

(a) 型钢混凝土剪力墙

(b) 钢板-混凝土组合剪力墙

(c) 内藏钢支撑-型钢混凝土剪力墙

(d) 双钢板-混凝土组合剪力墙

(e) 钢骨混凝土组合剪力墙

图 4.2.2　钢-混凝土组合剪力墙

3. 钢-混凝土组合剪力墙设计在超高层核心筒应用优势及存在的问题

1）钢-混凝土组合剪力墙设计在超高层核心筒应用优势

钢-混凝土组合剪力墙同时具有钢构件与混凝土构件的优点，可有效增加构件的强度与延性，减小构件截面尺寸，防火性能好，近年来在超高层建筑中得到越来越多的应用。

与钢筋混凝土剪力墙、钢板墙相比，钢-混凝土组合墙主要有以下优点：

（1）承载能力强，抗侧刚度大，可显著减小截面尺寸，增加使用空间，使得建筑设计更为灵活，建筑功能更为合理。

（2）充分发挥钢和混凝土两种材料的优势，其承载力超过了两种构件承载力的简单叠加。

（3）改善传统钢筋混凝土剪力墙延性和耗能能力较差的缺点，在钢-混凝土混合结构中更显示其应用优势。

（4）防火性能好。与纯钢板墙相比，型钢（钢板）混凝土组合剪力墙外侧包覆的混凝土墙板具有抗火、保温、隔声等作用；双钢板-混凝土组合墙由于内部混凝土的吸热作用，可以提高耐火极限。

（5）双钢板-混凝土组合剪力墙，钢板为内侧混凝土提供约束，提高混凝土的抗压能力，内侧混凝土为钢板提供侧向支撑，避免局部失稳。

（6）双钢板-混凝土组合剪力墙施工过程中，外侧钢板兼做模板，施工速度显著加快，同时通过螺栓的拉结，可约束混凝土浇筑过程中的侧向变形，降低施工成本。

2）钢-混凝土组合剪力墙工程应用存在的问题

随着钢板-混凝土组合剪力墙在超高层建筑的应用，实际工程中存在的一些问题需要进一步解决：

（1）钢-混凝土组合剪力墙构造复杂，施工难度大，施工工期长。

（2）由于混凝土强度等级高，水化热温升高，混凝土自身收缩大，养护困难，同时钢板-混凝土组合剪力墙中钢板及栓钉对混凝土产生明显约束，在施工过程中极易导致钢板-混凝土组合剪力墙的混凝土开裂。

钢-混凝土组合剪力墙在超高层核心筒应用过程中，如何保证型钢（钢板）与混凝土共同工作，简化钢筋的连接构造，避免施工的复杂性；如何避免钢板-混凝土组合剪力墙施工裂缝，保证混凝土浇筑质量，仍是工程应用中需要解决的问题。

4. 抗震性能设计

根据结构超限情况、震后损失、修复难易程度和大震不倒等确定抗震性能目标，即在预期水准（如中震、大震或某些重现期的地震）的地震作用下结构、部位或结构构件的承载力、变形、损坏程度及延性的要求。

在超高层建筑设计中，核心筒剪力墙通常采用的抗震性能指标为：①在小震时保持弹性；②在中震时底部加强区、水平加强层及加强层上下各一层主要剪力墙墙肢承载力中震弹性，其他区域中震不屈服；③在大震时满足截面剪压比控制条件，可以进入塑性，但底部加强区不屈服。表 4.2.1 为核心筒构件抗震性能设防目标。表 4.2.2 为不同水准地震作用下构件性能化设计目标的计算参数。

核心筒构件抗震性能设防目标 **表 4.2.1**

<table>
<tr><th colspan="3">抗震烈度(参考级别)</th><th>1=频遇地震(小震)</th><th>2=设防烈度地震(中震)</th><th>3=罕遇地震(大震)</th></tr>
<tr><td colspan="3">性能水平定性描述</td><td>不损坏</td><td>可修复损坏</td><td>无倒塌</td></tr>
<tr><td colspan="3">层间位移角限值</td><td>$h/500$</td><td>—</td><td>$h/100$</td></tr>
<tr><td rowspan="4">构件性能</td><td rowspan="3">核心筒墙肢[①]</td><td rowspan="2">压弯拉弯</td><td rowspan="2">规范设计要求,弹性</td><td>弹性底部加强区、水平加强层及加强层上下各一层</td><td>底部加强区、加强层形成塑性铰,轻微损坏,一般修理后可继续使用</td></tr>
<tr><td>不屈服其他楼层、次要墙体</td><td>其他层形成塑性铰,轻度损坏,修复后可继续使用</td></tr>
<tr><td>抗剪</td><td>规范设计要求,弹性</td><td>弹性</td><td>满足截面控制条件</td></tr>
<tr><td colspan="2">核心筒连梁[①]</td><td>规范设计要求,弹性</td><td>允许进入屈服,抗剪保持弹性</td><td>最早进入塑性</td></tr>
</table>

① 转换区构件满足大震不屈服。

不同水准地震作用下构件性能化设计目标的计算参数 **表 4.2.2**

调整项 \ 工况	非地震组合	小震弹性	中震不屈服	中震弹性	大震不屈服
结构重要性系数 γ_0	★	—	—	—	—
P-Δ 效应放大系数	★	★	★	★	★
楼层活荷载折减	★	—	—	—	—

续表

调整项 \ 工况		非地震组合	小震弹性	中震不屈服	中震弹性	大震不屈服
荷载分项系数		★	★	—	★	—
材料强度		设计值	设计值	标准值	设计值	标准值
承载力抗震调整系数		—	★	—	★	—
双向地震或偶然偏心		—	★	—	★	—
考虑风荷载组合		★	★	—	—	—
楼层剪力调整	重力二阶效应	★	★	★	★	★
	薄弱层调整	—	★	—	—	—
	剪重比调整	—	★	—	—	—
	弹性时程调整	—	★	—	—	—
	外框剪力调整	—	★	—	—	—
构件设计内力调整		—	★	—	—	—

5. 钢板-混凝土组合剪力墙截面设计

钢板-混凝土组合剪力墙一般用于核心筒的底部楼层、加强层及上下层位置，该位置剪力墙墙体承受的弯矩、剪力和轴力较大，其他楼层可采用钢筋混凝土剪力墙。

钢筋混凝土剪力墙截面设计及构造设计方法成熟，在此不作介绍。重点介绍钢板-混凝土剪力墙设计方法。

1）正截面承载力验算

目前规范还没有明确给出钢板-混凝土组合剪力墙正截面承载力计算公式。实际工程应用可采用两种方法：公式法和有限单元法。

（1）公式法

中国建筑科学研究院有限公司通过对 9 片不同形式的高轴压比高强混凝土组合剪力墙试件进行低周往复拟静力试验，研究钢筋混凝土剪力墙、两端暗柱设置型钢剪力墙和中部内藏钢板剪力墙等形式试件在压弯状态下的破坏机理、滞回特性、承载力特性以及变形能力等。借鉴《型钢混凝土组合结构技术规程》JGJ 138—2001 中型钢混凝土柱和型钢混凝土剪力墙承载力计算公式，沿用平截面假定，提出中部内藏钢板的钢筋混凝土剪力墙压弯承载力计算公式。该公式被引入《组合结构设计规范》JGJ 138—2016。

（2）有限单元法

计算原则参照《混凝土结构设计规范》GB 50010—2010 第 6.2 节及附录 F（任意截面构件正截面承载力计算）。

① 基本假定

钢板-混凝土组合剪力墙正截面承载力计算时的基本假定与钢筋混凝土剪力墙相同：a. 截面应变分布符合平截面假定；b. 不考虑混凝土的抗拉强度；c. 混凝土受压应力-应变关系按照《混凝土结构设计规范》GB 50010—2010 第 6.2.1 条；d. 钢筋及钢骨极限拉应变取为 0.01，钢骨与钢筋采用理想弹塑性应力-应变关系，钢筋、钢骨不发生局部屈曲。

② 有限单元法计算

a. 单元的划分

将截面划分为 i 个受压混凝土单元、m 个纵向钢筋单元和 n 个钢骨单元，并近似假定单元内的应变和应力为均匀分布，其应力合力点在单元重心处。如图 4.2.3 所示。

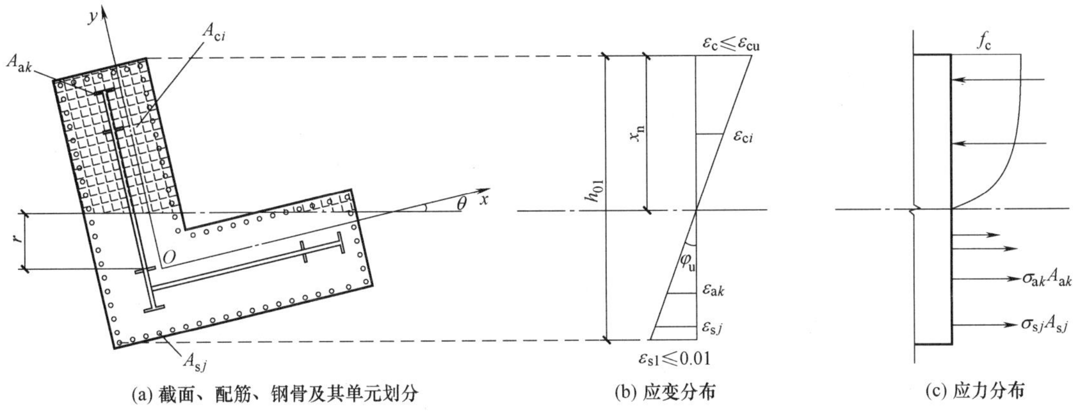

图 4.2.3　任意截面钢板-混凝土组合剪力墙正截面承载力计算

b. 单元应变及应力

假定 N 组截面应变分布，每一组截面应变同时满足两个条件：每一组的单元应变符合平截面假定；至少有一侧混凝土或钢筋达到极限应变。

根据假定的 N 组截面应变分布和应力与应变关系，可以得到每组应变对应的单元应力值。

c. 正截面承载力计算

各单元的应力求得后，积分求出截面的轴力及弯矩承载力，构件正截面承载力可按下列公式计算：

$$N \leqslant \sum_{i=1}^{l} \sigma_{ci} A_{ci} - \sum_{j=1}^{m} \sigma_{sj} A_{sj} - \sum_{k=1}^{n} \sigma_{ak} A_{ak} \tag{4.2.1}$$

$$M_x \leqslant \sum_{i=1}^{l} \sigma_{ci} A_{ci} x_{ci} - \sum_{j=1}^{m} \sigma_{sj} A_{sj} x_{sk} - \sum_{k=1}^{n} \sigma_{ak} A_{ak} x_{ak} \tag{4.2.2}$$

$$M_y \leqslant \sum_{i=1}^{l} \sigma_{ci} A_{ci} y_{ci} - \sum_{j=1}^{m} \sigma_{sj} A_{sj} y_{sk} - \sum_{k=1}^{n} \sigma_{ak} A_{ak} y_{ak} \tag{4.2.3}$$

式中，N 为轴向力设计值，当为压力时取正值，当为拉力时为负值；M_x、M_y 为考虑结构侧移、构件挠曲和附加偏心距引起的附加弯矩后，在截面 x 轴、y 轴方向的弯矩设计值；σ_{ci} 为第 i 个混凝土单元的应力；A_{ai} 为第 i 个混凝土单元的面积；x_{ci}、y_{ci} 为第 i 个混凝土单元重心到 y 轴、x 轴的距离；σ_{sj} 为第 j 个钢筋单元的应力；A_{sj} 为第 j 个钢筋单元的面积；x_{sj}、y_{sj} 为第 j 个钢筋单元重心到 y 轴、x 轴的距离；σ_{ak} 为第 k 个钢骨单元的应力；A_{ak} 为第 k 个钢骨单元的面积；x_{ak}、y_{ak} 为第 k 个钢骨单元重心到 y 轴、x 轴的距离。

③ 有限单元法优点

a. 可以避免用等效的矩形应力图代替曲线图形，即可避免公式 $x=\beta x_n$；

b. 可以避免钢筋和钢骨材料屈服点不同而引起的界限受压区高度不同；

c. 墙体按照单向压弯、拉弯进行承载力校核，也可按多肢组合墙进行双向压弯、拉弯承载力校核；

d. 可用于任意复杂截面钢-混凝土剪力墙正截面承载力计算。

④ 有限单元法软件实现

上述方法必须借助于软件或编程以实现单元的划分及承载力的积分运算，可利用 EX-

CEL（VBA）或 ANSYS 等软件实现，计算时需要解决以下问题：

a. 截面建模简单、高效、准确；

b. 单元的划分；

c. 单元数据的提取（如面积、任意坐标系下的单元形心坐标等）；

d. 承载力的积分计算。

2）复杂截面钢板-混凝土组合剪力墙正截面承载力验算

对于一些特殊截面形式的钢板-混凝土组合剪力墙墙肢，难以用公式法计算正截面承载力，可采用有限单元法。有限单元法适用于任意截面钢-混凝土组合剪力墙形式。

（1）计算步骤

① 从有限元线弹性模型计算结果的截面应力分布出发，积分求解复杂墙肢截面的内力。超高层分析软件通常采用 ETABS，其具有较大的分析功能，且方便的数据处理能力。如利用 ETABS 进行分析时，可利用截面切割功能，得到任一墙肢截面在不同工况组合下的内力（N，M_1，M_2）。

② 依据上述有限单元法，求解出复杂截面钢-混凝土剪力墙承载力骨架曲面（P-M_x-M_y 曲面）。

（2）工程实例

以大连绿地中心项目为例，利用 ANSYS 软件，采用有限单元法对核心筒剪力墙进行了承载力验算，如图 4.2.4 所示。从承载力验算结果可见，中震弹性下内力组合点均处于

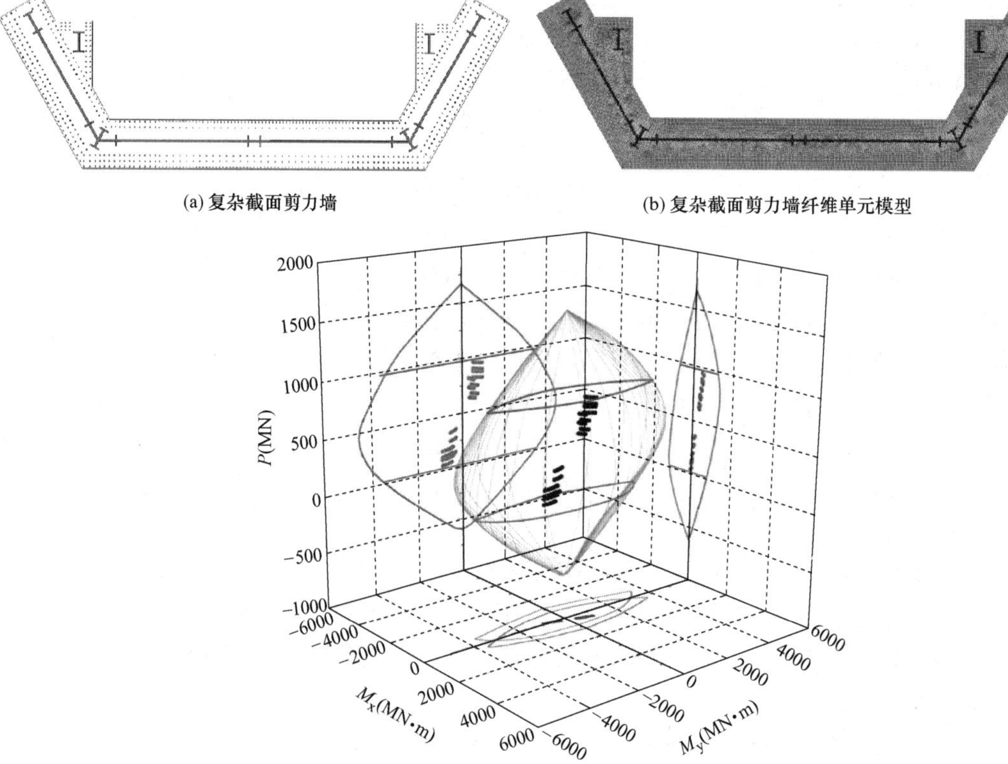

(a) 复杂截面剪力墙

(b) 复杂截面剪力墙纤维单元模型

(c) 正截面承载力验算

图 4.2.4 复杂截面剪力墙正截面承载力验算

承载力骨架曲面中，该U形截面钢板-混凝土组合剪力墙正截面承载力验算满足要求。

3）斜截面承载力验算

中国建筑科学研究院通过11片高宽比为1.5、轴压比为0.5的钢板-混凝土组合剪力墙抗震性能试验研究，对比了不同连接形式的钢板-混凝土组合墙受剪破坏形态、极限承载力及延性性能。基于承载力叠加原理提出的钢板-混凝土组合剪力墙受剪承载力设计计算公式与试验结果吻合较好。同时，还提出了钢板-混凝土组合剪力墙受剪截面控制条件的建议公式。钢板-混凝土组合剪力墙受剪承载力设计计算公式及钢板-混凝土组合剪力墙受剪截面控制条件被引入《高层建筑混凝土结构技术规程》JGJ 3—2010中。

4）墙肢拉应力控制

中震时出现小偏心受拉的混凝土构件应采用《高层建筑混凝土结构技术规程》JGJ 3—2010中规定的特一级构造，拉应力超过混凝土抗拉强度标准值时宜设置型钢承担拉力；中震作用下墙肢全截面由轴向力产生的平均拉应力不宜超过两倍混凝土抗拉强度标准值（可按弹性模量换算考虑型钢的作用，全截面含钢率超2.5%时可适当放松）。

6. 钢板-混凝土组合剪力墙构造

1）轴压比

对于超高层结构体系，考虑到沿高度方向的竖向刚度大，相连墙肢之间的共同作用。当单个墙肢的轴压比不满足表4.2.3的限值时，可以按照组合墙肢来控制轴压比。组合墙肢的轴压比不应大于表4.2.3的限值要求。

剪力墙墙肢轴压比限值 **表4.2.3**

抗震等级	特一级、一级(9度)	特一级、一级(6,7,8度)	二、三级
轴压比	0.4	0.5	0.6

注：墙肢轴压比为重力荷载代表值作用下墙肢承受的轴压力设计值与墙肢的全截面面积和混凝土轴心抗压强度设计值乘积之比值。

$$u_N = N/(f_c A_c + f_a A_a + f_{sp} A_{sp}) \tag{4.2.4}$$

式中，u_N为型钢混凝土剪力墙的轴压比；N为重力荷载代表值作用下墙肢的轴向压力设计值；f_c为混凝土轴心抗压强度设计值；A_c为剪力墙墙肢混凝土截面面积；f_a为剪力墙墙肢型钢的抗压强度设计值；A_a为剪力墙墙肢型钢的截面面积；f_{sp}为剪力墙墙肢钢板的抗压强度设计值；A_{sp}为剪力墙墙肢钢板的截面面积。

2）考虑水平筋的约束边缘构件配筋方法

剪力墙约束边缘构件的箍筋、拉筋构造方式主要两种：①利用水平分布筋代替约束边缘构件部分箍筋做法；②不利用水平分布筋代替约束边缘构件部分箍筋做法。

超高层建筑核心筒墙体一般较厚（多排钢筋），且墙肢较长。如不利用水平分布筋代替约束边缘构件部分箍筋做法，则在很长的约束边缘构件范围内，钢筋重叠、密集。

为避免约束边缘构件范围内钢筋密集，同时可节省钢筋，一般建议利用水平分布筋代替约束边缘构件箍筋、拉筋做法。计入的水平分布钢筋的体积配箍率不应大于0.3倍总体积配筋率。钢板-混凝土剪力墙考虑水平筋的约束边缘配筋方法见图4.2.5。墙身水平筋竖向间距为200mm。

3）墙身构造

(1) 钢板-混凝土组合剪力墙墙体中的钢板厚度不宜小于10mm，也不宜大于墙厚的

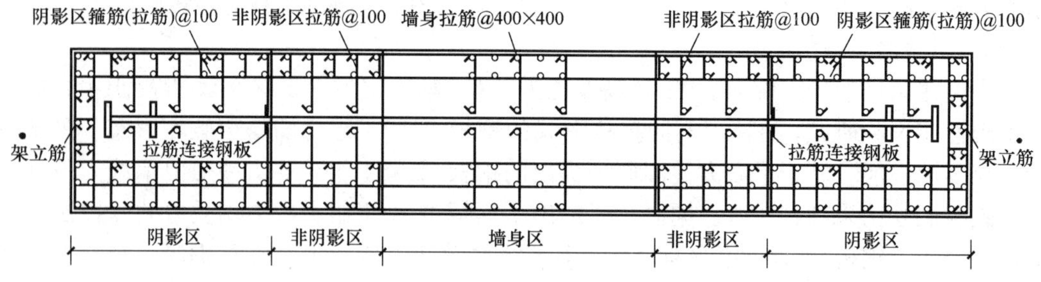

(a) 钢板-混凝土组合剪力墙配筋构造示意

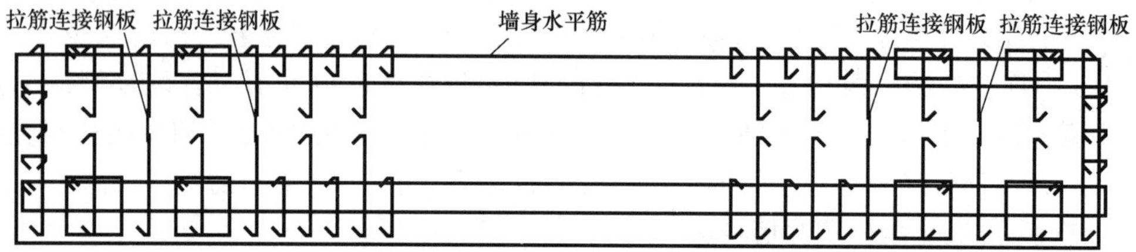

(b) 与墙身水平筋同层箍筋、拉筋做法(竖向间距@200)

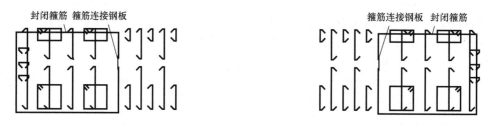

(c) 两层墙身水平筋之间箍筋、拉筋做法(竖向间距@200)

图 4.2.5　钢板-混凝土剪力墙配筋构造方法

1/15。组合剪力墙的墙身分布钢筋配筋不宜小于 0.4%，分布钢筋不宜大于 200mm，且应与钢板可靠连接。

（2）钢板与周围型钢构件宜采用焊接。试验表明，钢板与周围构件的连接越强，则承载力越大，四周焊接的钢板混凝土组合墙可显著提高剪力墙的受剪承载力，并具有与普通剪力墙基本相当或略高的延性系数。

（3）钢板与混凝土墙体之间连接件的构造要求可按照现行国家标准《钢结构设计标准》GB 50017 中的关于组合梁抗剪连接件构造要求执行，间距不宜大于 300mm。

（4）在钢板墙角部 1/5 且不小于 1000mm 范围内，钢筋混凝土墙体分布筋，抗剪栓钉间距宜适当加密，详见图 4.2.6。

（5）钢板-混凝土组合剪力墙除需要满足《高层建筑混凝土结构技术规程》JGJ 3—2010（以下简称《高规》）对混凝土剪力墙的规定外，还应满足《高规》关于核心筒剪力墙的要求：①抗震设计时，核心筒结构底部加强区部分约束边缘构件沿墙肢长度宜取墙肢截面高度的 1/4；②底部加强区部分以上墙体宜按照《高规》第 7.2.15 条的规定设置约束边缘构件。

（6）典型的钢板-混凝土剪力墙墙身构造如图 4.2.7 所示。为提高钢板分隔后的剪力墙整体性，剪力墙的拉筋通过焊在钢板上的连接器连接，接驳器连接间距为@800×800（梅花形布置），其他拉筋与架立筋拉结。在约束边缘构件范围内，拉筋每隔@600×600（梅花形布置）间距，与钢板用钢筋接驳器梅花形连接，其他拉筋仍与架立筋拉结。

（7）流淌孔，组合剪力墙钢板将混凝土墙分隔为两块，对混凝土的浇筑非常不利，一般可通过在钢板上布置一定数量的混凝土流淌孔。流淌孔的布置可结合施工单位工程经验，同时不得对钢板承载力有明显损失，如无特殊要求可参照图 4.2.8 进行布置。

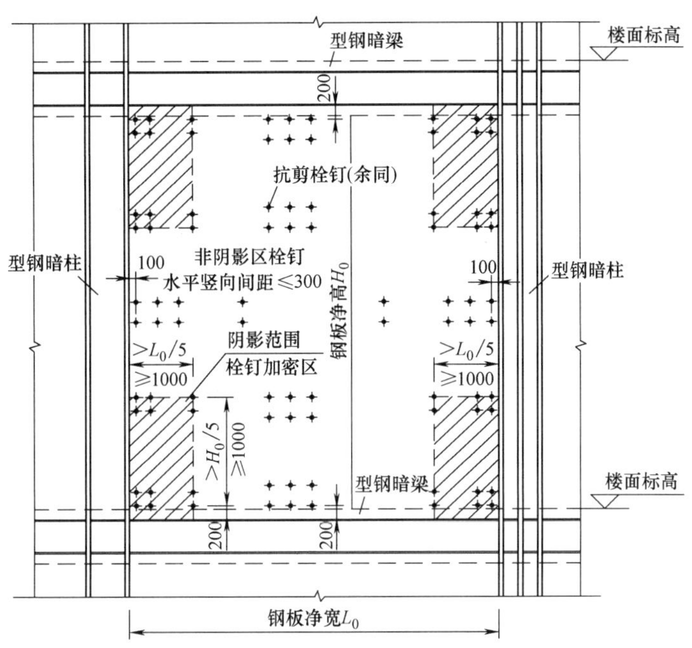

图 4.2.6 钢板墙栓钉构造

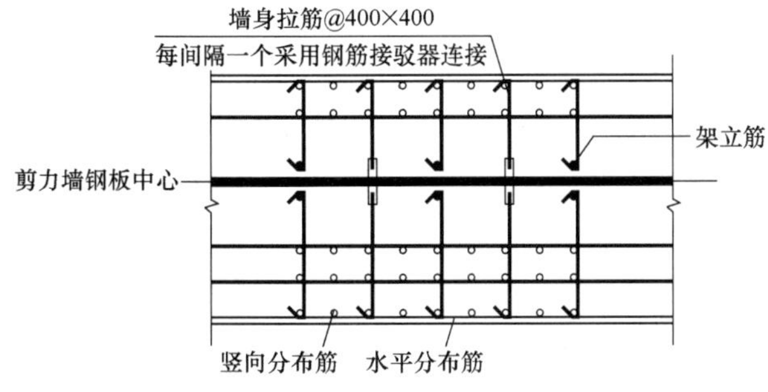

图 4.2.7 钢板-混凝土剪力墙墙身构造

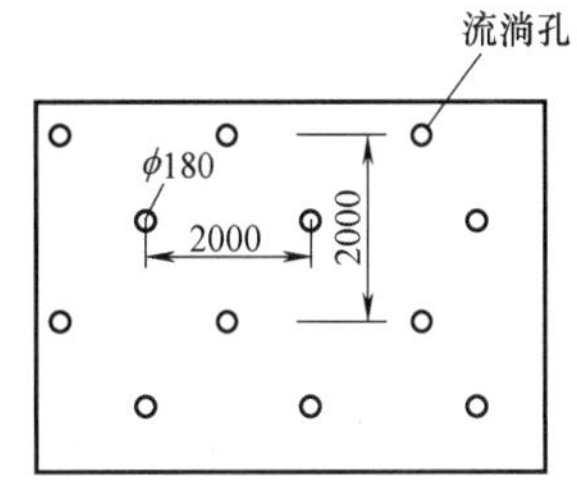

图 4.2.8 钢板墙流淌孔布置

4）减少钢板-混凝土组合剪力墙裂缝措施

钢板-混凝土组合剪力墙结构体系常伴随高强、大体积混凝土同时使用，在混凝土硬化和自收缩的同时，由于剪力墙钢板与混凝土变形不一致，剪力墙钢板对混凝土结构产生了很大的约束，导致钢板-混凝土组合剪力墙的混凝土大量开裂。钢板-混凝土组合结构中钢板及栓钉对混凝土产生明显约束，是导致钢板-混凝土组合剪力墙混凝土开裂的主要原因之一。

减少钢板-组合混凝土剪力墙裂缝措施：

（1）优化混凝土配合比，采用低收缩自密实混凝土；

（2）优化配筋构造，加密墙身最外层配筋；

（3）保温、加热、养护等施工措施；

（4）降低水化热温升；

（5）预热钢板，使剪力墙钢板达到设定温度并产生一定的预膨胀，然后再进行钢板-混凝土组合剪力墙中的混凝土浇筑施工。

7. 连梁设计

1）连梁受力特点

连梁是超高层核心筒重要组成部分之一，弹性阶段直接影响着核心筒的整体抗侧刚度。随着地震作用的增加，连梁作为结构的第一道抗震防线，其塑性变形能力的充分发挥，直接耗散地震输入能量，降低结构地震作用，减轻主体结构的损伤。

连梁因跨度小，承载的竖向荷载较小，其内力主要是连梁两端剪力墙差异变形引起。由于不考虑连梁的轴向变形，墙肢剪切变形并不引起切口处的竖向变形，因此切口处的竖向相对位移由墙肢的弯曲变形 δ_1、墙肢轴向变形 δ_2 连梁的弯曲、剪切变形 δ_3 组成，如图 4.2.9 所示。

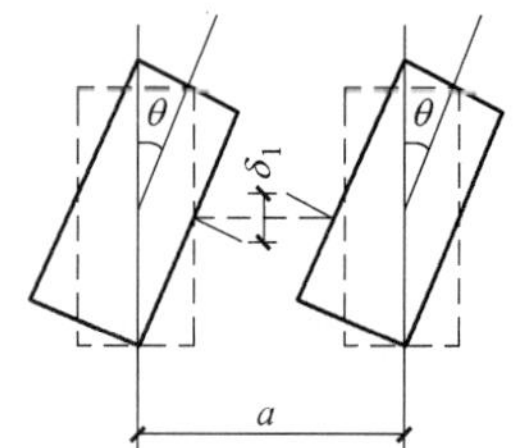

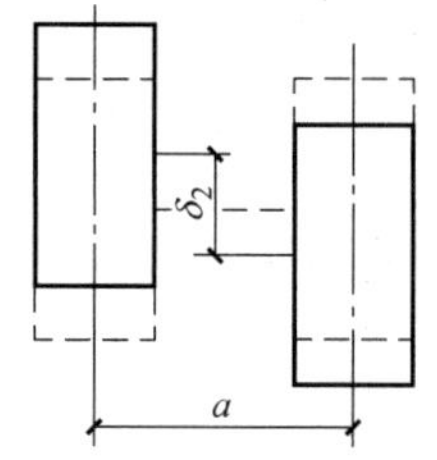

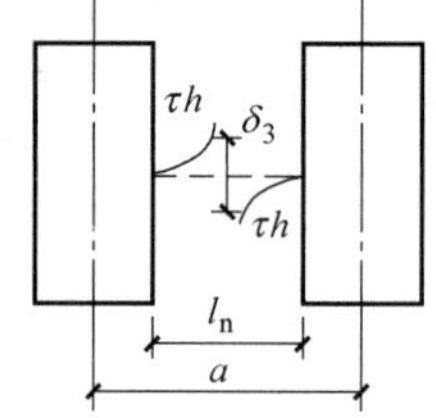

图 4.2.9　连梁跨中变形

切口处连梁保持连续，切口两侧相对位移为零，则有：

$$\delta_1+\delta_2+\delta_3=0 \tag{4.2.5}$$

对于超高层核心筒连梁而言，内力主要是由水平荷载（地震、风）作用下墙肢弯曲变形 δ_1 引起。由图 4.2.9 可看出：当连梁抗弯刚度大时，连梁内力（剪力、弯矩）增加；在层间位移角较大的楼层位置，墙肢弯曲变形 δ_1 增大，连梁内力增大。

2）抗剪截面超限的解决方法

剪力墙连梁对剪切变形十分敏感，其名义剪应力限制比较严，在很多情况下设计计算会出现“超限”情况。在地震作用下，连梁可能因承载力超限而破坏。连梁破坏有两种情况：一种是脆性破坏，即剪切破坏；另一种是延性破坏，即弯曲破坏。连梁发生剪切破坏就丧失了承载力，如果沿墙高的全部连梁都发生了剪切破坏，各墙肢就变成了单片悬臂墙，此时墙肢的侧向刚度降低，变形加大，弯矩增加，最终可能导致结构倒塌。

要使连梁能形成塑性铰而不发生脆性破坏，连梁首先应满足“强剪弱弯”的要求，避免连梁抗剪截面超限，从抗力与效应两个方面考虑，主要方法有：

（1）减小连梁刚度，如增加洞口宽度、降低连梁高度等。

（2）对连梁刚度进行折减。可考虑在不影响承受竖向荷载能力的前提下，允许其适当开裂（降低刚度）而把内力转移到墙体上。通常，设防烈度低时可少折减一些（6、7 度时可取 0.7），设防烈度高时可多折减一些（8、9 度时可取 0.5）。折减系数不宜小于 0.5，以保证连梁承受竖向荷载的能力。

（3）抗震设计剪力墙连梁的弯矩可塑性调幅；内力计算时已经按照《高规》第 5.2.1 条的规定降低了刚度的连梁，其弯矩值不宜再调幅，或限制再调幅范围。此时，应取弯矩调幅后相应的剪力设计值，校核其是否满足《高规》第 7.2.22 条的规定；剪力墙中其他连梁的墙肢的弯矩设计值宜视调幅连梁的数量而相应地适当增大或减少。

（4）增加连梁宽度，连梁刚度和内力也会增加，但连梁内力增加的比例小于连梁受剪承载力提高的比例，可使连梁的抗剪截面不超限。

（5）提高混凝土等级。因混凝土等级提高后，其弹性模量增加的比例远小于混凝土受剪承载力提高的比例，可使连梁的抗剪截面不超限。

（6）在钢筋混凝土连梁中设置钢板、窄翼缘钢骨梁。

（7）在跨高比较小的深连梁中间的位置设置水平缝，形成跨高比较大的双连梁。

3）双连梁

高连梁设置水平缝，使一根连梁成为大跨高比的两根或多根连梁，其破坏形态从剪切破坏变为弯曲破坏。震害经验表明：跨高比较大的双连梁抗震性能明显优于跨高比较小的深连梁。

（1）双连梁优点

与普通连梁相比，双连梁的优点主要表现在：

① 能很好地降低连梁的剪力、弯矩，有效解决连梁抗剪截面超限、连梁超筋等问题。

② 双连梁延性优于单连梁，震害经验表明：跨高比较大的双连梁抗震性能明显优于跨高比较小的深连梁。

③ 双连梁便于建筑设备、管线的布置，提高建筑净高。

（2）双连梁受力特点

① 双连梁受力简图

双连梁受力不同于普通连梁，双连梁上、下设置的连梁承担着附加轴力，轴力形成的内力偶对外力起平衡作用，如图 4.2.10 所示。

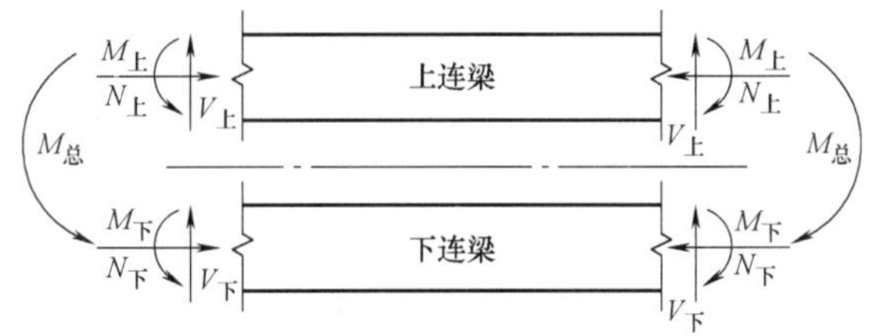

图 4.2.10　双连梁受力示意图

② 双连梁与单连梁受力性能对比

由于双连梁不同于两根独立工作的连梁，而是共同工作的连梁，故双连梁的跨高比定义为跨度/上下梁总高度。即相同跨高比的双连梁与单连梁总截面面积相同。

a. 双连梁与相同跨高比的单连梁相比，相同条件下采用双连梁的结构抗侧刚度降低；双连梁承担的总剪力、总弯矩减小，随着跨高比增加，双连梁总剪力、总弯矩降低更为明显；双连梁的轴力较单连梁大，形成的力偶作用改变了轴力。

b. 当跨高比大于 2 和 2.5 时，双连梁的总剪力和总弯矩小于单连梁弯矩和剪力的 80%和 64%，双连梁对于降低内力有明显的作用。

(3) 双连梁的计算分析方法

对于 ETABS、SAP2000 和 ABAQUS 等空间有限元程序而言，可以直接建立双连梁模型进行分析，采用杆单元或壳单元模拟连梁。当连梁高度较大时，建议采用壳单元，可以与相连接的墙体协调剖分单元，变形协调结果的精度优于杆单元。

常用结构设计软件，如 SATWE、YJK 等，不能直接按照分缝连梁计算，需要采用等效的处理方法计算模型。常用的等效方法有抗剪截面等效和抗弯刚度等效。由于抗剪刚度与抗弯刚度不是线性关系，因此两种等效方法不能同时满足。简单易行的双连梁等效方法与实际受力情况有一定差距，建议再经过进一步分析，方可在实际工程中应用。

(4) 双连梁增加建筑净高的方法

为增加走道、办公（或其他使用功能）的净高，可采用双连梁方法。在满足竖向荷载作用承载力、挠度、裂缝等要求下，尽可能减小第一根连梁（板底位置）的高度，一般可取 350～400mm。在满足门洞口高度条件下，可适当增加连梁的高度，以增加核心筒的整体刚度，减少核心筒的剪力滞后现象（图 4.2.11）。

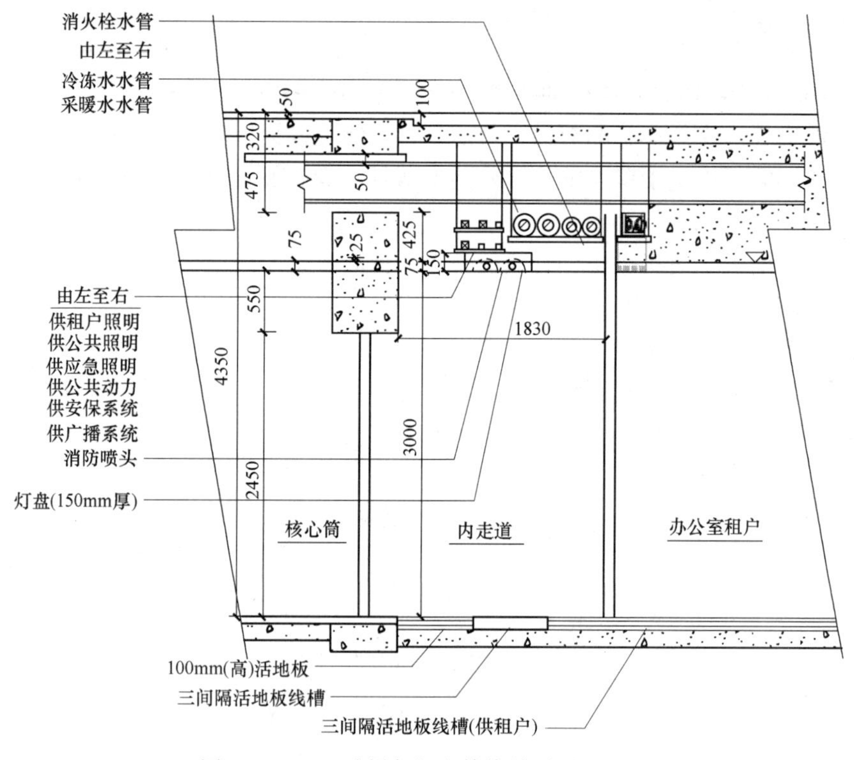

图 4.2.11　双连梁与机电管线关系图

4）可更换连梁

可更换连梁，一种在地震后易于修复或更换的连梁，连梁自身可以是钢筋混凝土连梁、钢连梁或组合连梁，其构造形式包括对连梁的部分截面进行削弱，或者在连梁上附加一个阻尼耗能部件（例如各种类型的阻尼器），或者连梁整体通过某种易于拆卸方式与墙体相连接，地震作用后连梁可以方便地进行更换。

从可更换连梁的受力特点来看，可更换连梁又可以分为剪切屈服型、弯曲屈服型和弯剪屈服型。剪切屈服型可更换连梁一般是削弱连梁的跨中截面或者在连梁的跨中安装某种耗能部件；弯曲屈服型可更换连梁一般是削弱连梁的端部或者在连梁的端部安装某种耗能构件；弯剪屈服型可更换连梁一般是在连梁剪力和弯矩都较大的截面处进行削弱或安装某种耗能构件。可更换连梁在构造上具有一些共性，即一般要用到高强度螺栓和钢材，使连梁的受损部分具有拆卸的性质。

（1）可更换连梁连接方式试验对比

对两种可更换连梁连接方式进行了试验对比：可更换钢连梁Ⅰ：端板连接，连梁转角 0.02rad 时（大震作用下连梁转角）更换，更换花费 0.7 工时；可更换钢连梁Ⅱ：连接板连接，连梁转角 0.02rad 时（大震作用下连梁转角）更换，更换花费 3.0 工时，如图 4.2.12、图 4.2.13 所示。

低周反复试验研究表明：①两种可更换连梁连接方式均具有较高的承载力和良好的延性，荷载-位移滞回曲线比较饱满，具有较好的耗能能力；②其中，端板连接方式具有更易修复、可更换的优点。

(a) 加载前

(b) 加载后

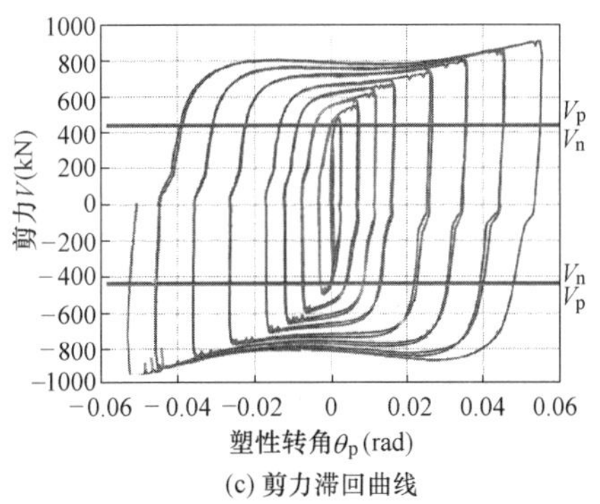

(c) 剪力滞回曲线

图 4.2.12 可更换钢连梁Ⅰ：端板连接

（2）可更换连梁设计

① 与可更换连梁（消能梁段）相连构件的内力设计值，应按下列要求调整：位于可更换连梁（消能梁段）同一跨的连梁（非消能梁段）内力设计值，应取可更换连梁（消能梁段）达到受剪承载力时连梁内力与增大系数的乘积；其增大系数，一级不应小于 1.3，

(a) 加载前

(b) 加载后

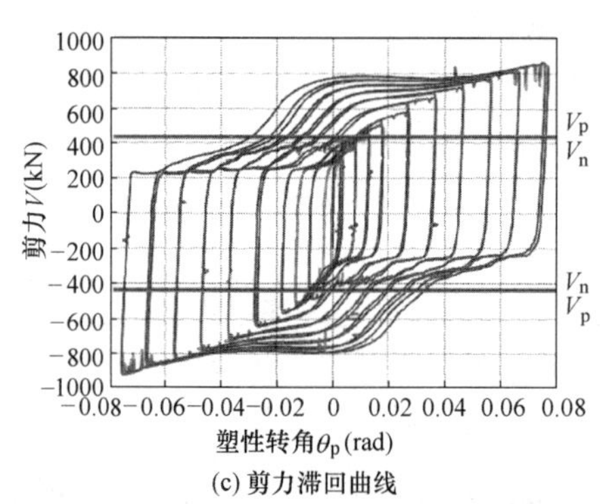

(c) 剪力滞回曲线

图 4.2.13 可更换钢连梁Ⅱ：连接板连接

二级不应小于 1.2，三级不应小于 1.1。

② 可更换连梁连接计算，需符合强连接弱构件的原则。需要对连接作二阶段设计。第一阶段，要求按构件承载力而不是设计内力进行连接计算，是考虑设计内力较小将导致连接件型号和数量偏少，或焊缝的有效截面尺寸偏小，给第二阶段连接（极限承载力）设计带来困难。另外，高强度螺栓滑移对钢结构连接的弹性设计是不允许的。

③ 可更换连梁本体的承载力验算及构造要求，应符合《建筑抗震设计规范》GB 50011—2010 第 8 章关于偏心支撑框架消能梁段的设计要求。

4.2.2 巨型柱

1. 概述

随着高层建筑朝着超高、超复杂的方向发展，应用于高层建筑的钢管混凝土及型钢混凝土柱底部轴力巨大；而且，随着巨型框架结构的应用，柱向高性能混凝土及巨型截面方向发展；同时，由于建筑造型以及施工、构造等方面的要求，考虑混凝土收缩徐变的影响，柱截面形式越来越复杂。对于巨型组合柱，理论研究还不完善，设计方法也不够成熟，因此需要进行专门的研究工作，为设计提供依据。

图 4.2.14 列出了部分超高层工程中出现的巨型组合截面。

中央电视台总部大楼（主楼）结构外筒柱采用了 SRC 柱，部分 SRC 柱构件的有效截面含钢率达到 28.6%（图 4.2.15），远大于《型钢混凝土组合结构技术规程》JGJ 138—2001 中的相关规定。

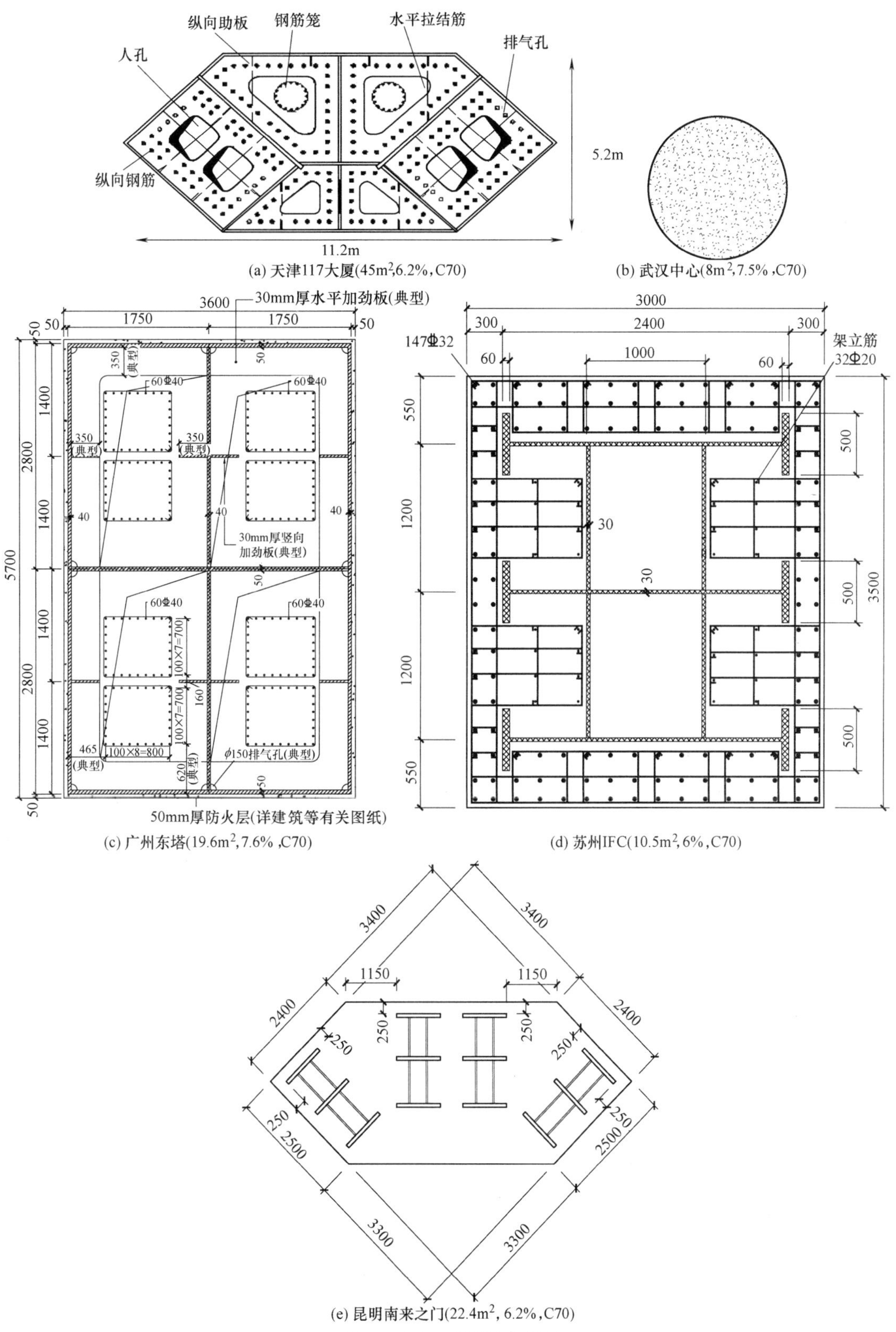

图 4.2.14　巨型组合截面

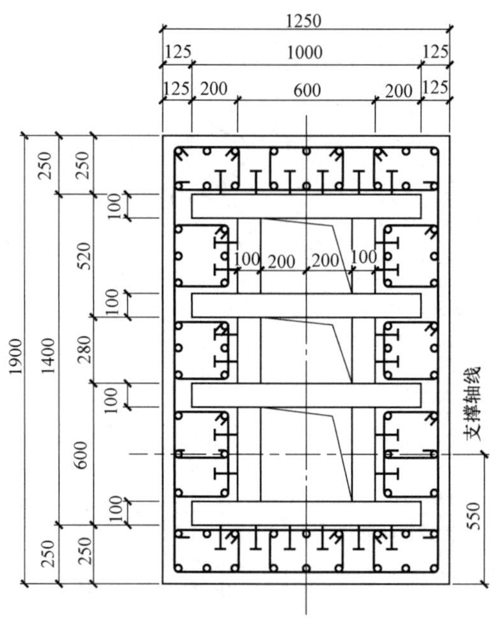

图 4.2.15 中央电视台总部大楼（主楼）（$2m^2$，30%，C60）

2. 组合截面承载力计算

1）轴压比

《组合结构设计规范》JGJ 138—2016 第 6.2.19 条明确了 SRC 柱轴压比的计算方法和限值，公式考虑了型钢的贡献。

$$n=\frac{N}{f_{c}A_{c}+f_{a}A_{a}} \tag{4.2.6}$$

轴压比限值 **表 4.2.4**

结构类型	箍筋形式	抗震等级			
		一 级	二 级	三 级	四级
框架结构	框架柱	0.65	0.75	0.85	0.9
框架-剪力墙结构	框架柱	0.70	0.80	0.90	0.95
框架-筒体结构	框架柱	0.70	0.80	0.90	—
	转换柱	0.60	0.70	0.80	—
筒中筒结构	框架柱	0.60	0.70	0.80	—
	转换柱	—	—	—	—
部分框支剪力墙结构	转换柱	—	—	—	—

《组合结构设计规范》JGJ 138—2016 规定剪跨比不大于 2 的框架柱，其轴压比限值应比表 4.2.4 中数值减小 0.05。

《钢骨混凝土结构技术规程》YB 9082—2006 第 6.3.12 条规定了 SRC 柱在重力荷载代表值作用下的轴压力系数的计算方法和限值，公式同样考虑了钢骨的作用。

$$n=\frac{N}{f_{c}A_{c}+f_{ssy}A_{ss}} \tag{4.2.7}$$

轴压比限值 **表 4.2.5**

结构类型	抗震等级			
	特一级	一级	二级	三级
框架结构	0.60	0.65	0.75	0.85
框架-剪力墙结构 框架-筒体结构	0.65	0.70	0.80	0.90
框支柱	0.55	0.60	0.70	0.80
地下结构中的框架柱	0.70	0.75	0.85	0.95

2）压弯承载力

（1）型钢混凝土

① 单向压弯

SRC 柱的压弯承载力可采用以平截面假定为基础的方法，各规范中对型钢混凝土构件的压弯承载力的计算有所区别：

A.《组合结构设计规范》JGJ 138—2016 基于普通钢筋混凝土结构的设计理论，认为型钢和混凝土完全协同工作，采用等效混凝土受压区高度和型钢腹板应力图的方法（图 4.2.16）。

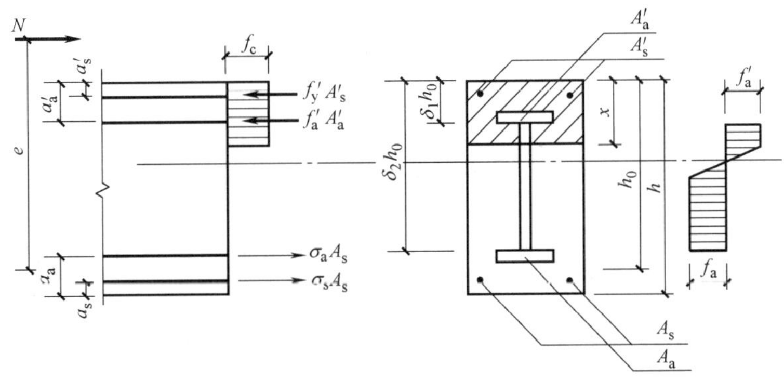

图 4.2.16 《组合结构设计规范》压弯承载力计算方法

非抗震设计

$$\begin{cases} N \leqslant f_c bx + f'_y A'_s + f'_a A'_{af} - \sigma_a A_s - \sigma_a A_{af} + N_{aw} \\ Ne \leqslant f_c bx(h_0 - x/2) + f'_y A'_s(h_0 - a'_s) + f'_a A'_{af}(h_0 - a'_a) + M_{aw} \end{cases} \tag{4.2.8}$$

抗震设计

$$\begin{cases} N \leqslant \dfrac{1}{\gamma_{RE}}[f_c bx + f'_y A'_s + f'_a A'_{af} - \sigma_a A_s - \sigma_a A_{af} + N_{aw}] \\ Ne \leqslant \dfrac{1}{\gamma_{RE}}[f_c bx(h_0 - x/2) + f'_y A'_s(h_0 - a'_s) + f'_a A'_{af}(h_0 - a'_a) + M_{aw}] \end{cases} \tag{4.2.9}$$

$$e = \eta e_i + \frac{h}{2} - a \tag{4.2.10}$$

$$e_i = e_0 + e_a \tag{4.2.11}$$

当 $\delta_1 h_0 < 1.25x$，$\delta_2 h_0 > 1.25x$ 时，

$$\begin{cases}N_{aw}=[2.5\xi-(\delta_1+\delta_2)]t_w h_0 f_a\\ M_{aw}\leqslant\left[\dfrac{1}{2}(\delta_1^2+\delta_2^2)-(\delta_1+\delta_2)+2.5\xi-(1.25\xi)^2\right]t_w h_0^2 f_a\end{cases}\tag{4.2.12}$$

当 $\delta_1 h_0<1.25x$，$\delta_2 h_0<1.25x$ 时，

$$\begin{cases}N_{aw}=(\delta_2-\delta_1)t_w h_0 f_a\\ M_{aw}\leqslant\left[\dfrac{1}{2}(\delta_1^2-\delta_2^2)+(\delta_2+\delta_1)\right]t_w h_0^2 f_a\end{cases}\tag{4.2.13}$$

式中，e 表示轴向力作用点至纵向受拉钢筋和型钢受拉翼缘的合力点之间的距离；e_0 表示轴向力对截面重心的偏心距；e_a 为考虑荷载位置不确定性、材料不均匀、施工偏差等引起的附加偏心距；η 为偏心受压构件考虑挠曲影响的轴向力偏心距增大系数。

B.《钢骨混凝土结构技术规程》YB 9082—2006 基于强度叠加理论，采用了一般叠加方法进行计算，忽略了混凝土和型钢之间的粘结作用。

$$\begin{cases}N\leqslant N_{cy}^{ss}+N_{cu}^{rc}\\ M\leqslant M_{cy}^{ss}+M_{cu}^{rc}\end{cases}\tag{4.2.14}$$

式中，N、M 分别为钢骨混凝土柱承受的轴力和弯矩设计值；N_{cy}^{ss}、M_{cy}^{ss} 分别为钢骨部分承担的轴力及相应的受弯承载力；N_{cy}^{rc}、M_{cy}^{rc} 分别为钢筋混凝土部分承担的轴力及相应的受弯承载力。

对于钢骨和钢筋混凝土各自承担的轴力和弯矩，规范利用假定钢骨 N-M 相关曲线形状的方法得到。

② 双向压弯

针对 SRC 柱的双向压弯承载力，现行规范中均基于 SRC 柱的单向压弯承载力进行双向扩展给出了简化的算法，一般较为保守。且规范算法只适用于双向对称截面，钢骨为 H 型钢或十字形。对于复杂截面，规范中的算法一般很难手算实现，需要借助有限元方法编程或专用软件完成。

《钢骨混凝土结构技术规程》YB 9082—2006 中第 6.3.6 条规定，双向压弯下 SRC 柱的承载力采用以下公式进行校核：

$$\frac{M_x}{M_{ux,N}}+\frac{M_y}{M_{uy,N}}\leqslant 1\tag{4.2.15}$$

式中，M_x、M_y 分别为 SRC 柱两方向的弯矩设计值；$M_{ux,N}$、$M_{uy,N}$ 分别为设计轴力为 N 时 SRC 柱 x、y 单方向的受弯承载力。

EC4 中也给出了相应规定。

上述简化方法均需计算得到任意截面单向压弯承载力，然后再进行双向扩展。

（2）钢管混凝土

① 矩形钢管混凝土

矩形钢管压弯、受剪承载力验算主要可依据《矩形钢管混凝土结构技术规程》CECS 159：2004 以及《组合结构设计规范》JGJ 138—2016 进行计算校核。两者压弯承载力计算方面大致相同，而在稳定承载力以及受剪承载力计算方面有一定的区别。

矩形钢管混凝土压弯承载力验算：

A.《矩形钢管混凝土结构技术规程》CECS 159：2004

矩形钢管混凝土的受压承载力：$N_u = fA_s + f_c A_c$

矩形钢管混凝土的受弯承载力：$M_{un} = [0.5A_{sn}(h-2t-d_n)+bt(t+d_n)]f$

$$d_n = \frac{A_s - 2bt}{(b-2t)\dfrac{f_c}{f}+4t} \tag{4.2.16}$$

式中，N_u 为轴心受压时截面受压承载力设计值；M_{un} 为只有弯矩作用时净截面的受弯承载力设计值；F 为钢材抗拉强度设计值；b、h 分别为矩形钢管截面平行、垂直于弯曲轴的边长；t 为钢管壁厚；d_n 为管内混凝土受压区高度。

a. 强度验算

轴心抗压强度验算：

$$N \leqslant \frac{1}{\gamma} N_{un} \tag{4.2.17}$$

压弯强度验算：

$$\frac{N}{N_{un}} + (1-\alpha_c)\frac{M_x}{M_{unx}} + (1-\alpha_c)\frac{M_y}{M_{uny}} \leqslant \frac{1}{\gamma} \tag{4.2.18}$$

式中，α_c 为混凝土工作承担系数：

$$\alpha_c = \frac{F_c A_c}{fA_s + f_c A_c} \tag{4.2.19}$$

b. 稳定验算

轴心受压稳定验算：

$$N \leqslant \frac{1}{\gamma} \varphi N_u \tag{4.2.20}$$

压弯稳定验算：

$$\frac{N}{\varphi_x N_u} + (1-\alpha_c)\frac{\beta_x M_x}{\left(1-0.8\dfrac{N}{N'_{Ex}}\right)M_{ux}} + \frac{\beta_y M_y}{1.4M_{uy}} \leqslant \frac{1}{\gamma} \tag{4.2.21}$$

$$\frac{N}{\varphi_y N_u} + (1-\alpha_c)\frac{\beta_y M_y}{\left(1-0.8\dfrac{N}{N'_{Ey}}\right)M_{uy}} + \frac{\beta_x M_x}{1.4M_{ux}} \leqslant \frac{1}{\gamma} \tag{4.2.22}$$

$$\frac{\beta_x M_x}{\left(1-0.8\dfrac{N}{N'_{Ex}}\right)M_{ux}} + \frac{\beta_y M_y}{1.4M_{uy}} \leqslant \frac{1}{\gamma} \tag{4.2.23}$$

$$\frac{\beta_y M_y}{\left(1-0.8\dfrac{N}{N'_{Ey}}\right)M_{uy}} + \frac{\beta_x M_x}{1.4M_{ux}} \leqslant \frac{1}{\gamma} \tag{4.2.24}$$

式中，φ_x、φ_y 分别为绕主轴 x、y 轴的轴心受压稳定系数；β_x、β_y 分别为在计算稳定的方向对 M_x、M_y 的弯矩等效系数。

根据试验资料，矩形钢管混凝土轴心受压构件的受力较接近于钢构件，因此采用与钢结构类似的计算公式。公式中的轴心受压稳定系数也近似地采用现行国家标准《钢结构设计标准》GB 50017 中的 b 曲线。构件的长细比则按考虑钢管和管内混凝土共同工作后的公式计算。

弯矩作用在一个主平面内的短形钢管混凝土压弯构件的强度，可以根据极限状态理论进行分析。短形钢管混凝土压弯构件在破坏时，假定钢管壁没有局部屈曲，钢管应力达到屈服点，受压区混凝土应力达到极限强度，受拉区混凝土退出工作（图 4.2.17）。由极限状态理论可以推导出钢管混凝土压弯构件的 N-M 相关公式。该式为二次函数，曲线呈抛物线形（图 4.2.18）。为便于设计，将其简化为两段折线形（图 4.2.18 中的虚线）。

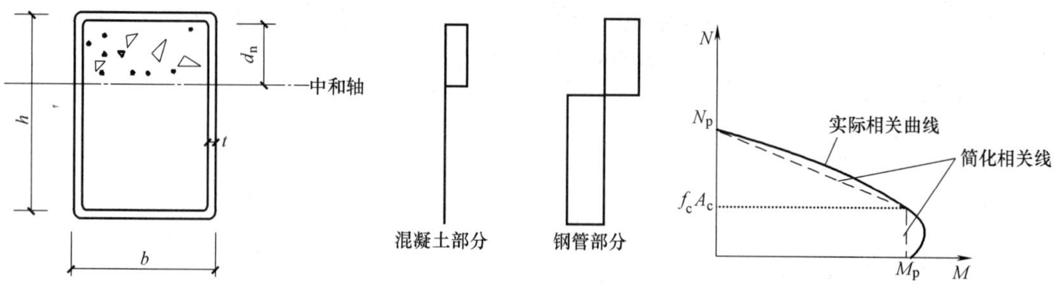

图 4.2.17　极限状态下的截面应力分布

图 4.2.18　N-M 相关曲线

弯矩作用在一个主平面内的矩形钢管混凝土压弯构件的稳定性分析，是在短形钢管混凝土压弯构件的强度分析的基础上，结合轴心受压构件的稳定性分析，比照现行国家标准《钢结构设计标准》GB 50017 的设计方法得出的。公式中的 β 是等效弯矩系数，取值与现行国家标准《钢结构设计标准》GB 50017 相同；公式分母中的 $\left(1-0.8\dfrac{N}{N'_{Ex}}\right)$ 是考虑在弹塑性阶段轴力 N 引起弯矩增大的影响。与试验结果对比后，表明这种方法简明，物理意义清楚，对于实际工程设计是适用的。

B.《组合结构设计规范》JGJ 138—2016

组合结构设计规范中对于压弯承载力计算主要有以下假定：

a. 截面应变保持平面；

b. 不考虑混凝土的抗拉强度；

c. 正截面受压区混凝土的应力图形简化为等效的矩形应力图。

d. 矩形钢管腹板的应力图形为拉、压梯形应力图形。计算简化为等效矩形应力图形。

其压弯承载力计算方式大致如下：

纵向受拉钢板屈服与受压区混凝土破坏同时发生时的相对界限受压区高度 ξ_b 应按下列公式计算：

$$\xi_b=\frac{\beta_1}{1+\dfrac{f_a}{E_a\varepsilon_{cu}}} \tag{4.2.25}$$

式中，ε_{cu} 为正截面的混凝土极限压应变，取 0.003；f_a 为矩形钢管抗拉强度设计值。

矩形钢管混凝土柱和受拉或受压较小边的钢板的纵向应力，可按下列公式计算：

$$\sigma_a=\frac{f_a}{\xi_b-\beta_1}\left(\frac{x}{h_c}-\beta_1\right) \tag{4.2.26}$$

矩形钢管混凝土轴心受压柱的受压承载力应符合下列规定：

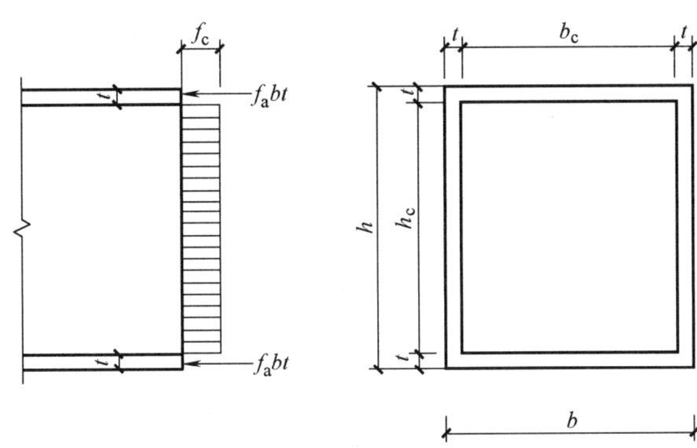

图 4.2.19 轴心受压柱受压承载力计算简图

非抗震设计

$$N\leqslant\alpha_1 f_c b_c h_c+2f_a bt+2f_a h_c t \tag{4.2.27}$$

抗震设计

$$N\leqslant\frac{1}{\gamma_{RE}}(\alpha_1 f_c b_c h_c+2f_a bt+2f_a h_c t) \tag{4.2.28}$$

式中，N 为构件轴向压力设计值；γ_{RE} 为承载力抗震调整系数；f_c、f_a 为矩形钢管壁板的抗拉压强度设计值、内填混凝土的抗压强度设计值；b、h 为矩形钢管的截面外边宽度、高度；b_c、h_c 为矩形钢管内填混凝土的截面宽度、高度；t 为矩形钢管的管壁厚度。

矩形钢管混凝土偏心受压框架柱和转换柱正截面受压承载力应符合下列规定：

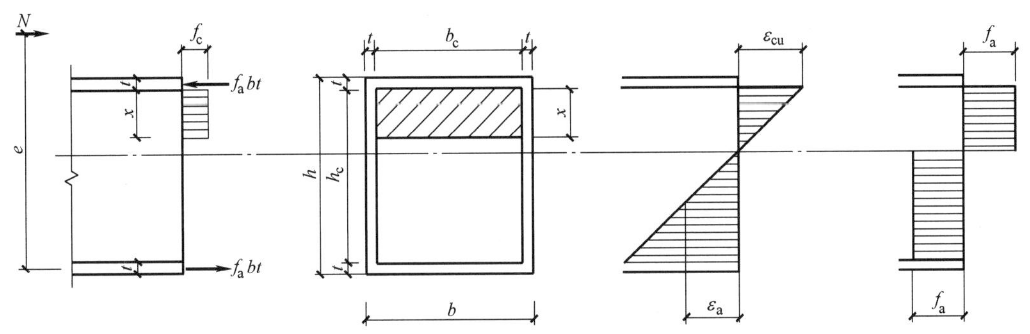

图 4.2.20 大偏心受压柱计算简图

a. 当 $x\leqslant\xi_b h_c$ 时，其正截面受压承载力应按下列公式计算：

非抗震设计

$$N\leqslant\alpha_1 f_c b_c x+2f_a\left(2\frac{x}{\beta_1}t-h_c\right) \tag{4.2.29}$$

$$Ne\leqslant\alpha_1 f_c b_c x(h_c+0.5t-0.5x)+f_a bt(h_c+t)+M_{aw} \tag{4.2.30}$$

抗震设计

$$N\leqslant\frac{1}{\gamma_{RE}}\left[\alpha_1 f_c b_c x+2f_a\left(2\frac{x}{\beta_1}t-h_c\right)\right] \tag{4.2.31}$$

$$Ne \leqslant \frac{1}{\gamma_{RE}}[\alpha_1 f_c b_c x(h_c+0.5t-0.5x)+f_a bt(h_c+t)+M_{aw}] \tag{4.2.32}$$

$$M_{aw}=f_a t\frac{x}{\beta_1}\left(2h_c+t-\frac{x}{\beta_1}\right)-f_a t\left(h_c-\frac{x}{\beta_1}\right)\left(h_c+t-\frac{x}{\beta_1}\right) \tag{4.2.33}$$

b. 当 $x>\xi_b h_c$ 时，其正截面受压承载力应按下列公式计算：

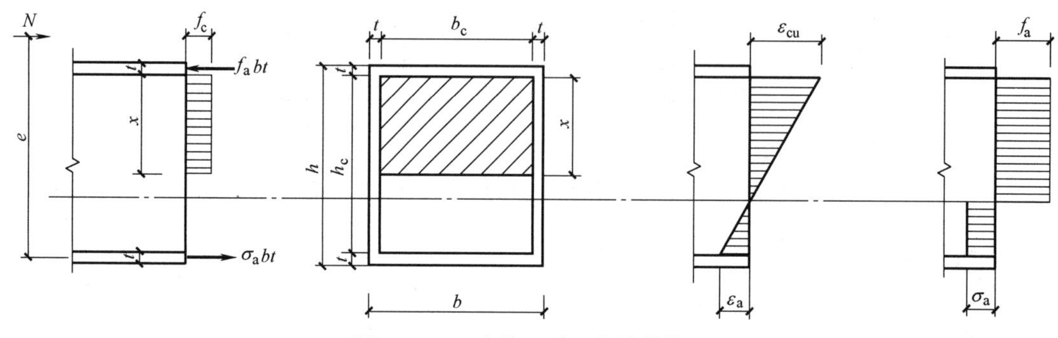

图 4.2.21　小偏心受压柱计算简图

非抗震设计

$$N \leqslant \alpha_1 f_c b_c x+f_a bt+2f_a t\frac{x}{\beta_1}-2\sigma_a t\left(h_c-\frac{x}{\beta_1}\right)-\sigma_a bt \tag{4.2.34}$$

$$Ne \leqslant \alpha_1 f_c b_c x(h_c+0.5t-0.5x)+f_a bt(h_c+t)+M_{aw} \tag{4.2.35}$$

抗震设计

$$N \leqslant \frac{1}{\gamma_{RE}}\left[\alpha_1 f_c b_c x+f_a bt+2f_a t\frac{x}{\beta_1}-2\sigma_a t(h_c-\frac{x}{\beta_1})-\sigma_a bt\right] \tag{4.2.36}$$

$$Ne \leqslant \frac{1}{\gamma_{RE}}[\alpha_1 f_c b_c x(h_c+0.5t-0.5x)+f_a bt(h_c+t)+M_{aw}] \tag{4.2.37}$$

$$M_{aw}=f_a t\frac{x}{\beta_1}(2h_c+t-\frac{x}{\beta_1})-\sigma_a t(h_c-\frac{x}{\beta_1})(h_c+t-\frac{x}{\beta_1}) \tag{4.2.38}$$

$$e_a=e_i+\frac{h}{2}$$

$$e_i=e_0+e$$

$$e_0=M/N \tag{4.2.39}$$

式中，e 为轴力作用点至矩形钢管远端钢板厚度中心的距离；e_0 为轴力对截面中心的偏心距，取 $e_0=M/N$；M 为柱端较大弯矩设计值；e_a 为考虑荷载作用位置的不定性、材料不均匀、施工偏差等引起的附加偏心距。

矩形钢管混凝土偏心受压柱正截面承载力计算时，应考虑轴向压力在偏心方向存在的附加偏心距，其值取 20mm 和偏心方向截面尺寸的 1/30 两者中的较大者。

② 圆钢管混凝土

圆钢管压弯、受剪承载力验算主要可依据《钢管混凝土结构技术规范》GB 50936—2014 以及《组合结构设计规范》JGJ 138—2016 进行计算校核。两者的压弯承载力、稳定承载力以及受剪承载力计算基本一致。

圆钢管混凝土压弯承载力验算：

钢管混凝土单肢柱的轴向受压承载力设计值应按下列公式计算：

$$N_u=\varphi_l\varphi_e N_0 \tag{4.2.40}$$

A. 当 $\theta_{sc}\leqslant[\theta_{sc}]$ 时：

$$N_0=0.9A_c f_c(1+\alpha\theta_{sc}) \tag{4.2.41}$$

B. 当 $\theta_{sc}>[\theta_{sc}]$ 时：

$$N_0=0.9A_c f_c(1+\sqrt{\theta_{sc}}+\theta_{sc}) \tag{4.2.42}$$

$$\theta_{sc}=\frac{A_a f}{A_c f_c} \tag{4.2.43}$$

且在任何情况下均应满足下列条件：

$$\varphi_l\varphi_e\leqslant\varphi_0 \tag{4.2.44}$$

式中，N_0 为钢管混凝土轴心受压短柱的承载力设计值；θ_{sc} 为钢管混凝土的套箍指标；N_0 为与混凝土强度等级有关的系数，按表 4.2.6 取值；$[\theta_{sc}]$ 为与混凝土强度等级有关的套箍指标界限值，$[\theta_{sc}]=1/(\alpha-1)^2$；$A_c$ 为钢管内的核心混凝土横截面面积；f_c 为核心混凝土的抗压强度设计值；A_s 为钢管的横截面面积；f 为钢管的抗拉、抗压强度设计值；φ_l 为考虑长细比影响的承载力折减系数；φ_e 为考虑偏心率影响的承载力折减系数；φ_0 为按轴心受压柱考虑的 φ_l 值。

系数 α、$[\theta_{sc}]$ **表 4.2.6**

混凝土等级	≤C50	C55～C80
α	2.00	1.8
$[\theta_{sc}]$	1.00	1.56

钢管混凝土柱考虑偏心率影响的承载力折减系数 φ_e，应按下列公式计算：

当 $e_0/r_c\leqslant1.55$ 时

$$\varphi_e=\frac{1}{1+1.85\dfrac{e_0}{r_c}} \tag{4.2.45}$$

$$e_0=\frac{M_2}{N} \tag{4.2.46}$$

当 $e_0/r_c>1.55$ 时

$$\varphi_e=\frac{1}{3.92-5.16\varphi_1+\varphi_1\dfrac{e_0}{0.3r_c}} \tag{4.2.47}$$

式中，e_0 为柱端轴向压力偏心距之较大者；r_c 为核心混凝土横截面的半径；M_2 为柱端弯矩设计值的较大者；N 为轴向压力设计值。

钢管混凝土柱考虑长细比影响的承载力折减系数 ϕ_1，应按下列公式计算：

当 $L_e/D>30$ 时

$$\varphi_l=1-0.115\sqrt{L_e/D-4} \tag{4.2.48}$$

当 $4<L_e/D\leqslant30$ 时

$$\varphi_l=1-0.0226(l_0/d-4) \tag{4.2.49}$$

当 $L_e/D \leqslant 4$ 时

$$\varphi_l = 1 \tag{4.2.50}$$

式中，D 为钢管的外直径；L_e 为柱的等效计算长度。

（3）有限元算法

《混凝土结构设计规范》GB 50010—2010 附录 E 给出了任意截面正截面承载力的计算方法。首先将截面划分成若干个单元，再根据指定的极限应变分布，积分求出截面的轴力及弯矩承载力，见图 4.2.22 与式（4.2.51）（式中未考虑预应力钢筋）。

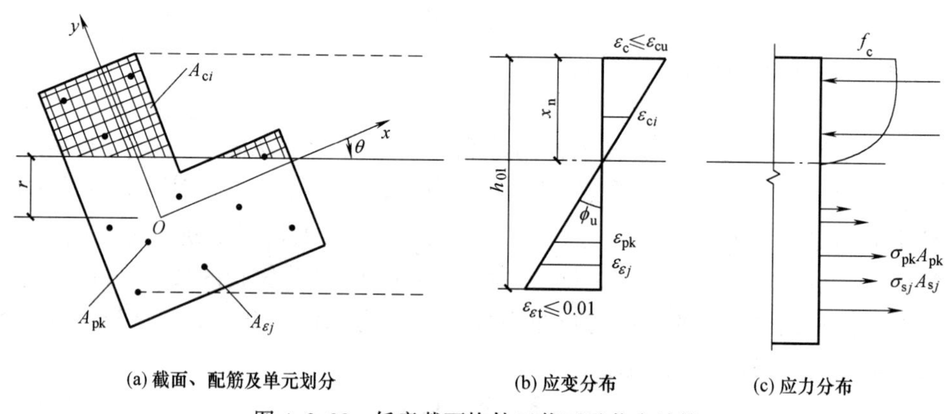

图 4.2.22　任意截面构件正截面承载力计算

计算时采用如下假定：应变分布符合平截面假定；钢筋、钢骨不发生局部屈曲；钢骨与钢筋采用理想弹塑性应力-应变关系。混凝土受压应力-应变关系按照《混凝土结构设计规范》GB 50010—2010 中 7.1.2 条的规定，不考虑混凝土的抗拉强度。

$$\begin{aligned} N &\leqslant \sum_{i=1}^{l}\sigma_{ci}A_{ci} - \sum_{j=1}^{m}\sigma_{sj}A_{sj} \\ M_x &\leqslant \sum_{i=1}^{l}\sigma_{ci}A_{ci}x_{ci} - \sum_{j=1}^{m}\sigma_{sj}A_{sj}x_{sj} \\ M_y &\leqslant \sum_{i=1}^{l}\sigma_{ci}A_{ci}y_{ci} - \sum_{j=1}^{m}\sigma_{sj}A_{sj}y_{sj} \end{aligned} \tag{4.2.51}$$

上述方法必须借助于软件或编程以实现单元的划分及承载力的积分运算，计算时需解决以下问题：

a. 截面建模的简单、高效、准确；

b. 单元的划分；

c. 单元数据的提取（如面积、任意坐标系下的单元形心坐标等）；

d. 承载力的积分计算。

3）受剪承载力

（1）型钢混凝土

《组合结构设计规范》JGJ 138—2016 对型钢框架柱及组合剪力墙受剪截面计算有不同的规定。

其中《组合结构设计规范》JGJ 138—2016 第 6.2.13 条规定，型钢混凝土框架柱的受剪截面应符合下列条件：

持久、短暂设计状况

$$V_c \leqslant 0.45 f_c b h_0 \tag{4.2.52}$$

$$\frac{f_a t_w h_w}{f_c b h_0} \geqslant 0.10 \tag{4.2.53}$$

地震设计状况

$$V_c \leqslant \frac{1}{\gamma_{RE}}(0.36 f_c b h_0) \tag{4.2.54}$$

$$\frac{f_a t_w h_w}{f_c b h_0} \geqslant 0.10 \tag{4.2.55}$$

《组合结构设计规范》JGJ 138— 2016 第 6.2.16 条规定，型钢混凝土偏心受压框架柱和转换柱，其斜截面受剪承载力应按下列公式计算：

持久、短暂设计状况：

$$V_c \leqslant \frac{1.75}{\lambda+1} f_t b h_0 + f_{yv} \frac{A_{sv}}{s} h_0 + \frac{0.58}{\lambda} f_a t_w h_w + 0.07N \tag{4.2.56}$$

地震设计状况：

$$V_c \leqslant \frac{1}{\gamma_{RE}} \left[\frac{1.05}{\lambda+1} f_t b h_0 + 0.8 f_{yv} \frac{A_{sv}}{s} h_0 + \frac{0.58}{\lambda} f_a t_w h_w + 0.056N\right] \tag{4.2.57}$$

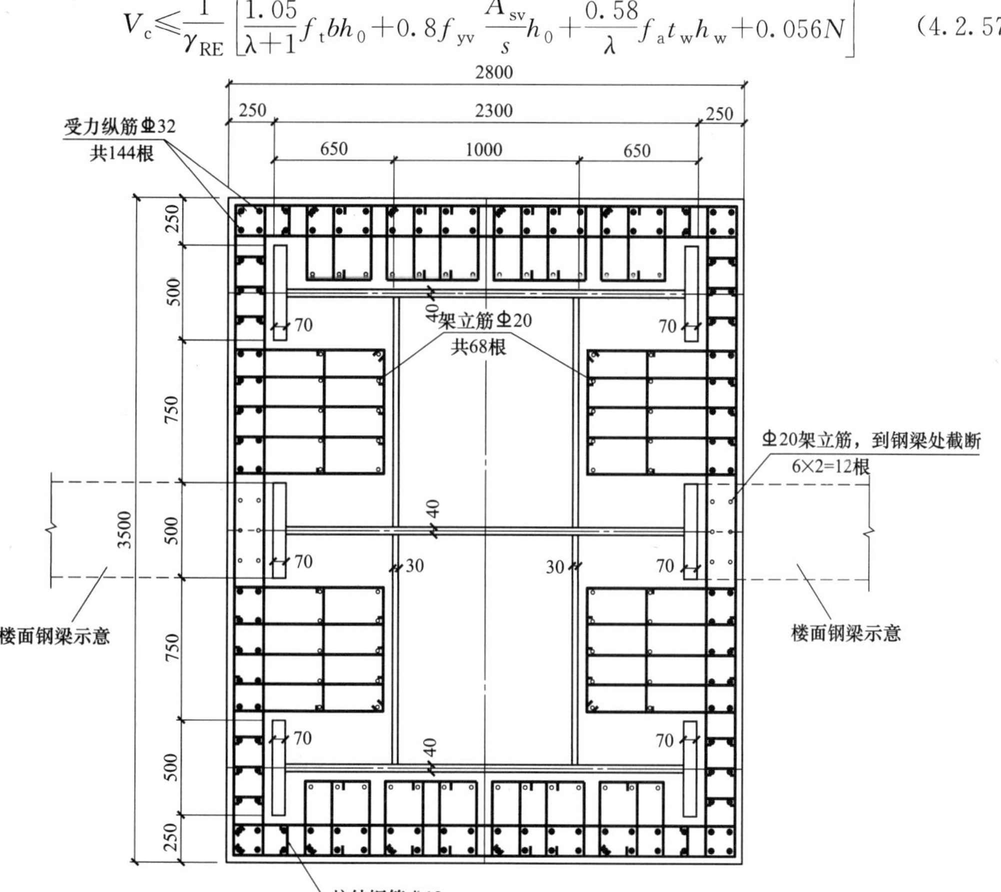

图 4.2.23 苏州国际金融中心巨型柱详图

式中，f_{yv} 为箍筋的抗拉强度设计值；A_{sv} 为配置在同一截面内箍筋各肢的全部截面面积；s 为沿构件长度方向上箍筋的间距；λ 为柱的计算剪跨比，其值取上、下端较大弯矩设计值 M 与对应的剪力设计值 V 和柱截面有效高度 h_0 的比值，即 $M/(Vh_0)$；当框架结构中框架柱的反弯点在柱层高范围内时，柱剪跨比也可采用 1/2 柱净高与柱截面有效高度 h_0 的比值；当 $\lambda<1$ 时，取 $\lambda=1$；当 $\lambda>3$ 时，取 $\lambda=3$；N 为柱的轴向压力设计值；当 $N>0.3f_cA_c$ 时，取 $N=0.3f_cA_c$。

以苏州国际金融中心的巨型柱为例计算巨型柱的受剪承载力组成。计算时，剪跨比取 1.5，Y 向受剪时，钢骨翼缘的受剪面积取 50%。

从表 4.2.7 和表 4.2.8 中可看出，钢骨的受剪承载力占全截面受剪承载力的 50%以上，箍筋部分的受剪承载力占全截面的 12%～25%。

巨型柱 *X* 向受剪承载力汇总 **表 4.2.7**

截面编号	钢骨受剪 V_{xa}(kN)	混凝土受剪 V_{xc}(kN)	箍筋受剪 V_{xr}(kN)	总受剪承载力 V_{xt}(kN)	箍筋所占比例 V_{xr}/V_{xt}
RMZ2	40176	17299	7815	65290	12%
RMZ3	36828	16064	7236	60128	12%
RMZ4	23715	14210	4871	42796	11%
RMZ5	18414	10151	5210	33775	15%
RMZ6	12834	8014	3100	23948	13%
RMZ7	5952	6411	2435	14799	16%
RMZ8	3968	3406	2435	9809	25%

巨型柱 *Y* 向受剪承载力汇总 **表 4.2.8**

截面编号	钢骨受剪 V_{ya}(kN)	混凝土受剪 V_{yc}(kN)	箍筋受剪 V_{yr}(kN)	总受剪承载力 V_{yt}(kN)	箍筋所占比例 V_{yr}/V_{yt}
RMZ2	39525	17172	9841	66538	15%
RMZ3	37200	15900	9841	62941	16%
RMZ4	27125	13992	7528	48645	15%
RMZ5	24800	9900	9841	44541	22%
RMZ6	17050	7700	7528	32278	23%
RMZ7	14725	6050	7528	28303	27%
RMZ8	8525	3267	4760	16552	29%

(2) 钢管混凝土

① 矩形钢管混凝土

矩形钢管压剪承载力验算主要可依据《矩形钢管混凝土结构技术规程》CECS 159：2004 以及《组合结构设计规范》JGJ 138—2016 进行计算校核。

A.《矩形钢管混凝土结构技术规程》CECS 159：2004

矩形钢管混凝土往的剪力可假定由钢管管壁承受，其剪切强度应同时满足下式要求：

$$V_x \leqslant 2t(b-2t)f_v \tag{4.2.58}$$

$$V_y \leqslant 2t(h-2t)f_v \tag{4.2.59}$$

式中，V_x、V_y 为矩形钢管混凝土柱中沿主轴 x 轴、主轴 y 轴的最大剪力设计值；b 为矩形钢管沿主轴 x 轴方向的边长；h 为矩形钢管沿主轴 y 轴方向的边长；f_v 为钢材的抗剪强度设计值。

B.《组合结构设计规范》JGJ 138—2016

矩形钢管混凝土框架柱和转换柱的斜截面受剪承载力应按下式计算：

非抗震设计

$$V_c \leqslant \frac{2}{\lambda+1.5} f_t b_c h_c + \frac{1.16}{\lambda} f_a t h + 0.07N \tag{4.2.60}$$

抗震设计

$$V_c \leqslant \frac{1}{\gamma_{RE}} \left[\frac{1.6}{\lambda+1.5} f_t b_c h_c + \frac{1.16}{\lambda} f_a t h + 0.056N \right] \tag{4.2.61}$$

式中，λ 为框架柱的计算剪跨比，其值取上下端较大弯矩设计值 M 与对应的剪力设计值 V 和柱截面高度 h 的比值，M/Vh；当框架结构中的框架柱反弯点在柱层高范围内时，柱剪跨比也可采用 1/2 柱净高与柱截面高度的比值；当 λ 小于 1 时，取 1；当 λ 大于 3 时，取 3；N 为考虑地震作用组合的框架柱的轴向压力设计值；当 $N>0.3f_c b_c h_c$ 时，取 $N=0.3f_c b_c h_c$。

② 圆钢管混凝土

当钢管混凝土柱的剪跨 a（即横向集中荷载作用点至支座或节点边缘的距离）小于柱子直径 D 的 2 倍时，即需验算柱的横向受剪承载力，并应满足下列要求：

$$V \leqslant V_{uc} \tag{4.2.62}$$

式中，V 为横向剪力设计值；V_{uc} 为钢管混凝土单肢柱的横向受剪承载力设计值。

钢管混凝土单肢柱的横向受剪承载力设计值应按下列公式计算：

$$V_{uc} = (V_0 + 0.1N')\left(1 - 0.45\sqrt{\frac{a}{D}}\right) \tag{4.2.63}$$

$$V_0 = 0.2A_c f_c (1+3\theta) \tag{4.2.64}$$

式中，V_0 为钢管混凝土单肢柱受纯剪时的承载力设计值；N' 为与横向剪力设计值 V 对应的轴向力设计值；α 为剪跨，即横向集中荷载作用点至支座或节点边缘的距离；D 为钢管混凝土柱的外径；A_c 为钢管内的核心混凝土横截面面积；f_c 为核心混凝土的抗压强度设计值；θ_{sc} 为钢管混凝土的套箍指标。

3. 组合截面与钢结构连接的构造处理

1）SRC 节点

SRC 柱与钢梁、支撑、伸臂桁架等钢构件的连接节点中，应最大限度地避免与 SRC 柱中纵筋与箍筋的冲突，并能保证与柱中钢骨的可靠连接。

当钢筋与节点板冲突时，可采取钢板设置钢筋通过孔、钢筋接驳器（图 4.2.24）等强连接或焊接钢筋连接板保证钢筋在节点区的连续。

由于上述措施的施工难度较大，现场施工条件较差，上述连接的可靠性不容易保证，建议：

（1）当钢构件为箱形截面时，节点箱形截面的腹板伸入节点区，翼缘在混凝土外包线处截断，以保证柱纵筋贯通（图 4.2.25）；

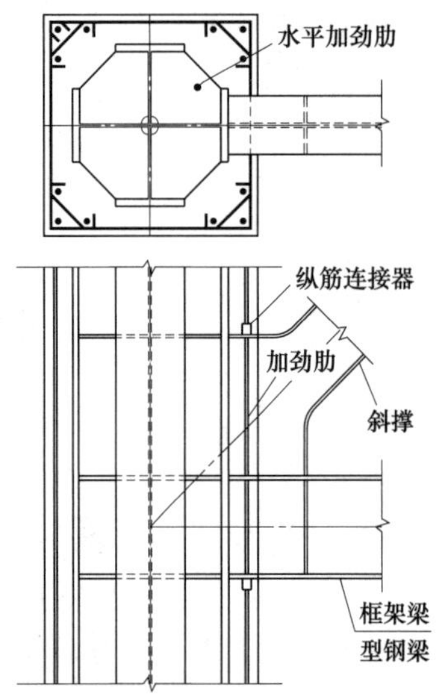

图 4.2.24　钢筋穿孔及钢筋接驳器示意

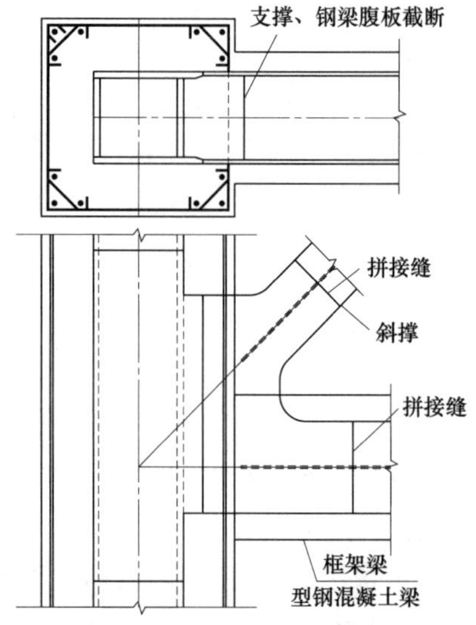

图 4.2.25　翼缘截断示意

（2）H 形截面与 SRC 柱连接时，尽量减小翼缘钢板的宽度，减少与节点板冲突的纵筋数量；

（3）适当调整柱纵筋布置，在不降低柱压弯承载力的前提下，将与钢板冲突的纵筋调整为构造钢筋，节点区遇到钢梁翼缘时可水平折弯，不贯通（图 4.2.26）。

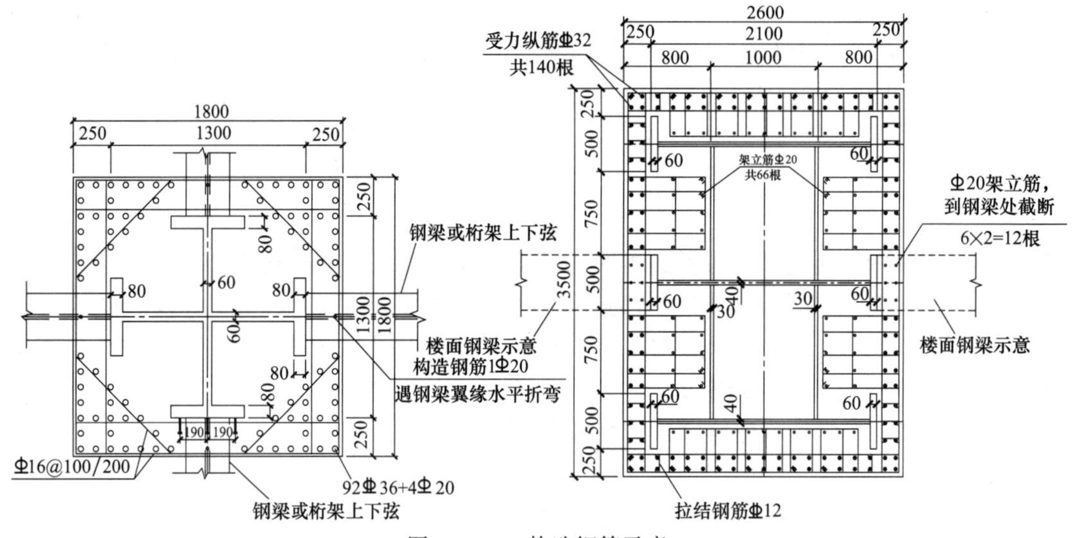

图 4.2.26　构造钢筋示意

2）CFT 节点

按规范规定，框架梁与钢管混凝土柱连接常用的节点方式是采用等同钢梁翼缘厚度的内环板以 1/4 钢管柱直径的宽度完整地绕柱内壁一周，当柱直径不大时此做法可行，可当柱直径达到 3000mm 这样的尺度时，内环板的用钢量甚至可能超过钢梁翼缘本身的，此做法显然值得探讨。研究发现，梁柱节点加劲板的尺度更应与框架梁而不是与柱相关，通过在梁翼缘宽度对应的加劲内环板范围设置封头端板，可将翼缘的轴力通过相接触的混凝土扩散、传递至钢管混凝土柱整体，而不是仅仅靠环板的宽度传递至外钢管，从而有效提高梁端的弯曲约束刚度。通过与同济大学的合作试验研究，武汉中心塔楼最终梁柱节点构造见图 4.2.27、图 4.2.28。

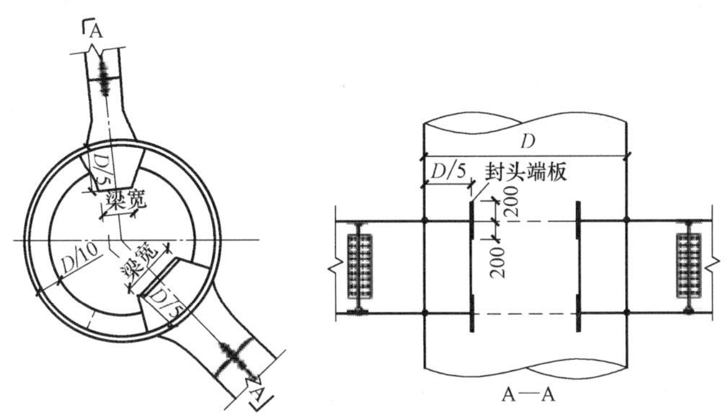

图 4.2.27　武汉中心塔楼巨型柱-框架梁连接节点详图

3）CRFT 节点

巨型柱与转换桁架、巨型支撑的节点为超高层结构中重要节点（图 4.2.29），其中转换桁架主要承担竖向荷载的作用，巨型支撑主要承担水平荷载的作用。节点设计中应注意以下问题：

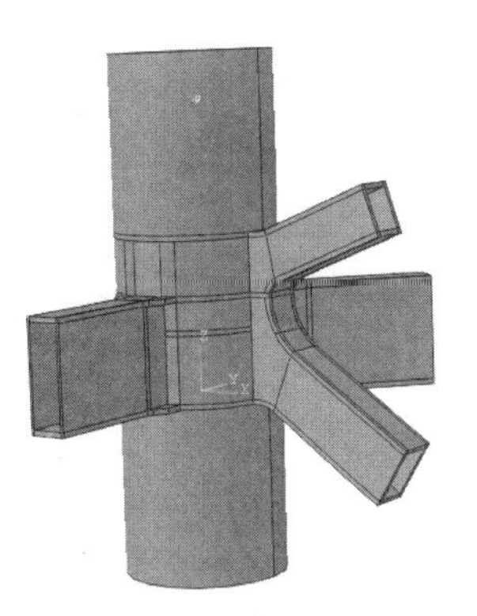

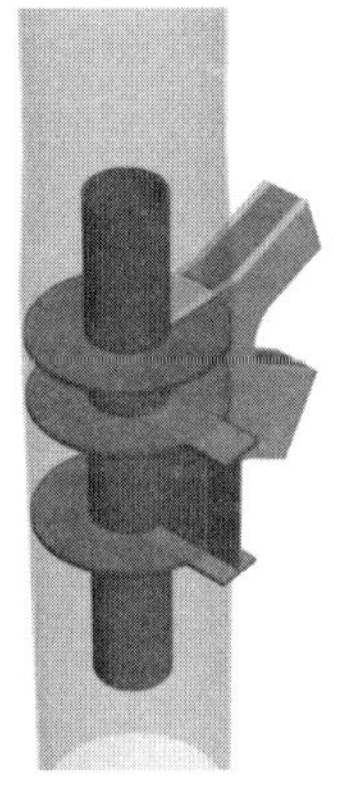

图 4.2.28　武汉中心塔楼巨型柱-伸臂桁架连接节点详图

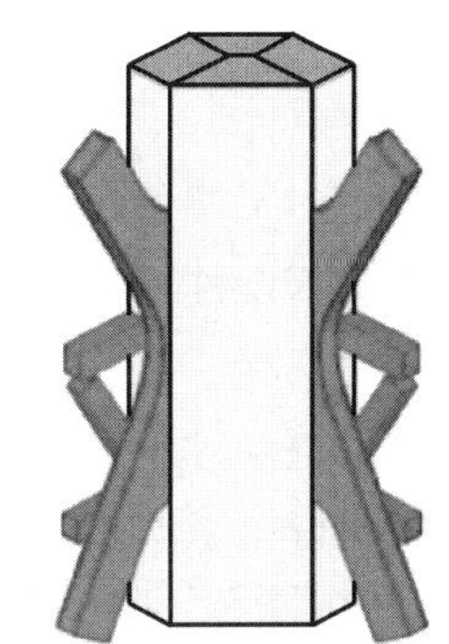

图 4.2.29　天津高银 117 大厦巨型节点示意图

（1）节点传力路径清晰；

（2）采取有效措施保证节点区域，钢骨与混凝土的共同作用；

（3）节点区域内应开设混凝土流淌孔以及透气孔，保证节点内混凝土的密实度；

（4）节点区域构造复杂，节点设计中应考虑其可施工性（钢结构制作、安装；混凝土的浇筑等）。

4.2.3　伸臂桁架加强层

1. 概述

伸臂桁架是设置于结构核心筒及外框柱间的刚性水平构件，以改善结构的抗弯刚度与抗倾覆承载力，但伸臂桁架基本不会改善结构的水平受剪承载力（图 4.2.30）。

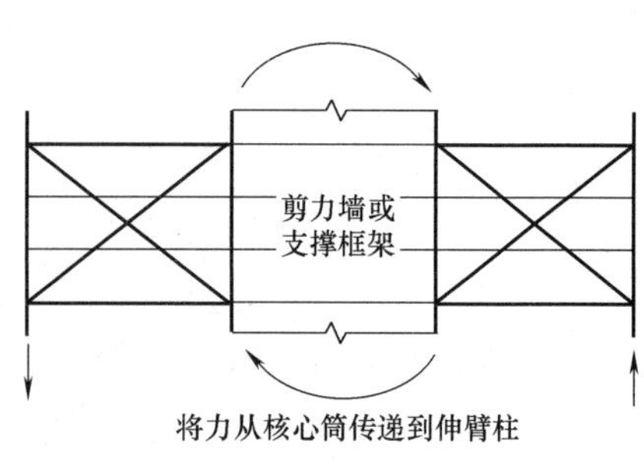

图 4.2.30 伸臂桁架工作原理

为更有效地发挥周边框架的抗侧作用，提高风荷载和地震作用下结构整体抗侧刚度，超高层框架-核心筒结构一般利用设备层和避难层空间设置刚度较大的水平加强层，加强核心筒与周边框架的联系，使之形成刚臂，调动周边框架柱轴力形成抵抗倾覆力矩的力偶，构成抗侧效率更高的带水平加强层的框架-核心筒结构体系。

研究表明，合理设置伸臂桁架可有效约束核心筒的弯曲变形，减小核心筒的内力，减小风荷载和地震作用下的侧向变形。

伸臂桁架＋巨型框架（或巨型柱）＋混凝土核心筒体系中，相比抗弯框架-核心筒体系，柱距可显著提高，可以实现较好的建筑立面效果及室内大空间效果。

由于伸臂桁架一般包括斜撑或墙体，所以一般均设置在机电或避难层。机电层的层高较高，也改善伸臂桁架的效率。

同时，由于伸臂桁架本身刚度很大，造成加强层楼层抗侧刚度突变和受剪承载力突变。因此要求设计伸臂桁架时需要满足：刚度匹配、位置合理、传力直接、结构优化等诸方面的设计要求。

伸臂桁架设计中，应对以下几点问题重点关注：

（1）伸臂桁架的最优位置确定；

（2）伸臂桁架加强层楼板设计；

（3）核心筒与外框间差异沉降对伸臂桁架的影响；

（4）伸臂桁架节点的分析与设计；

（5）伸臂桁架的施工顺序；

（6）伸臂桁架抗震设防性能目标的确定。

虽然伸臂桁架可提高结构的抗倾覆能力，但也存在不适用于伸臂桁架的情况，包括：

（1）以剪切变形为主的结构；

（2）核心筒刚度及承载力足够时；

（3）结构不对称；

（4）扭转考虑；

（5）不同的材料连接时；

（6）柱截面受限制时；

（7）其余方面的考虑。

2. 伸臂桁架的形式

1）常规伸臂

实际工程中，伸臂桁架的形式多种多样，不同的桁架形式对于整体结构的刚度贡献和结构效率是不一样的（图 4.2.31）。

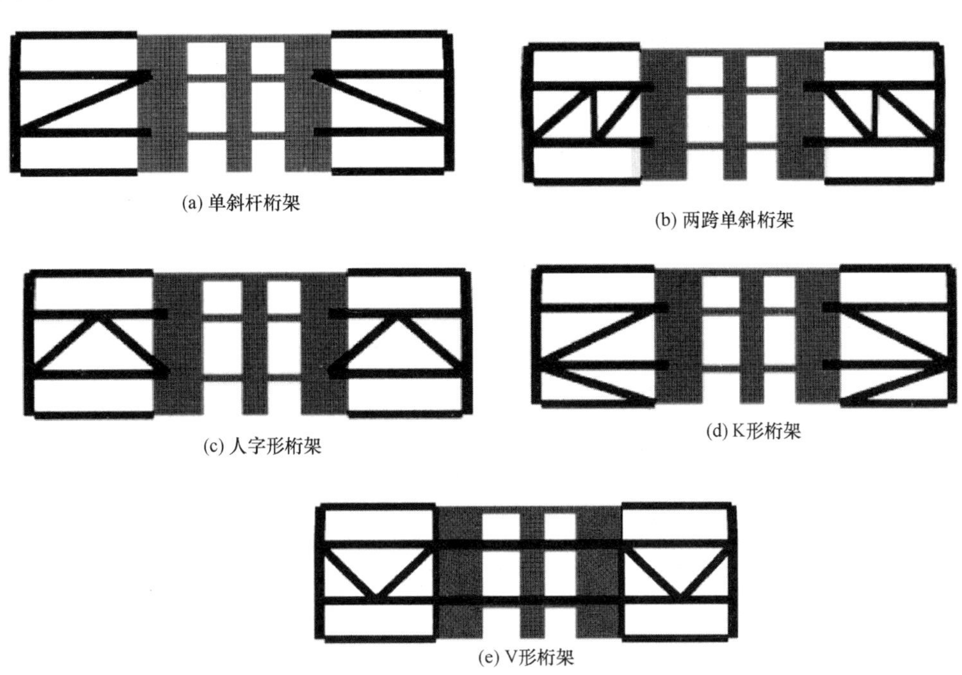

图 4.2.31　伸臂桁架的常见形式

本节主要考察了以下几种伸臂桁架形式：斜腹杆桁架；X 形桁架；V 形桁架；人字形桁架。为了比较这几种方案，各方案采用相同的斜腹杆、弦杆的截面，分别是 1700×900×100×45、850×900×100×45（图 4.2.32）。各方案比较见表 4.2.9～表 4.2.11。

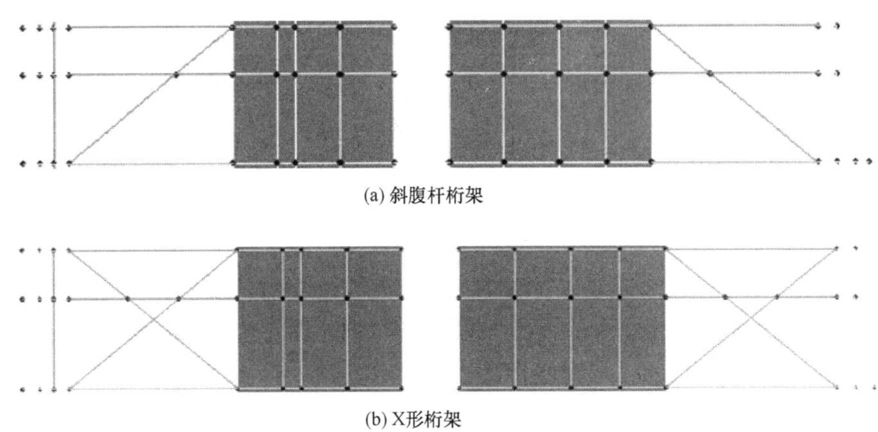

图 4.2.32　考察的几种伸臂桁架形式（一）

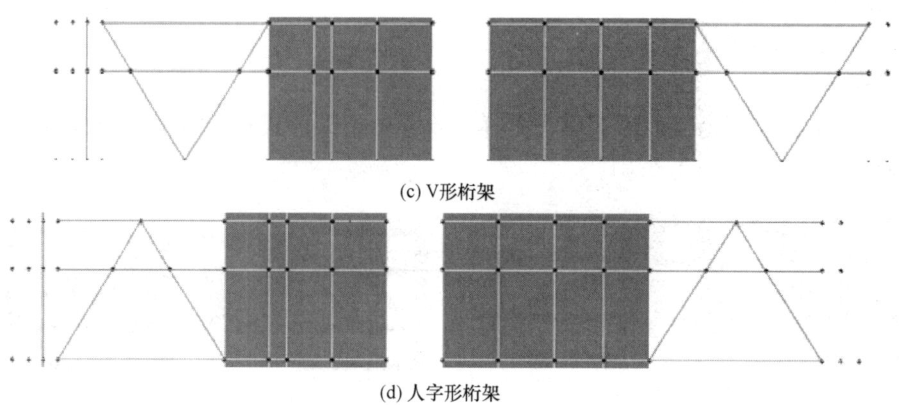

(c) V形桁架

(d) 人字形桁架

图 4.2.32　考察的几种伸臂桁架形式（二）

各方案桁架刚度　　**表 4.2.9**

	斜腹杆	X形	V形	人字形
刚度(kN/mm)	1503	2941	1818	1754

各方案结构周期　　**表 4.2.10**

	T_1(s)	T_2(s)	T_3(s)
斜腹杆	8.19	7.53	5.43
X形	7.93	7.33	5.37
V形	8.11	7.47	5.42
人字形	8.14	7.49	5.39

水平地震作用下各方案柱轴力　　**表 4.2.11**

	伸臂 1(kN)	伸臂 2(kN)	伸臂 3(kN)	伸臂 4(kN)
斜腹杆	21716	14657	8654	3964
X形	23863	15669	9189	4149
V形	21991	14850	8717	3966
人字形	22585	15326	9042	4135

可以看到，各方案桁架刚度排序依次是X形＞V形＞人字形＞斜腹杆，各种伸臂桁架形式下的结构总体周期大小排序是X形＜V形＜人字形＜斜腹杆，柱轴力大小排序是X形＞人字形＞V形＞斜腹杆。伸臂桁架刚度越大，对整体结构的刚度贡献就越大，结构的自振周期就越小；但另一方面，伸臂桁架刚度越大，外围框架柱参与整体结构抗弯的贡献越大，从而巨型柱的轴力会越大。对节点简化成铰接，从结构传力的角度来看，斜腹杆桁架方案中与外围巨型柱相连的上弦杆是零杆；同样，V形桁架方案中与外围巨型柱相连的下弦杆是零杆，人字形桁架方案中与外围巨柱相连的上弦杆也是零杆，它们的截面尺寸对结构的影响可以忽略。弦杆中零杆越多，桁架的抗弯刚度就会越小，这也从一定程度上解释了这几种方案之间的区别。

2）虚拟伸臂

虚拟伸臂利用加强层的环带桁架和楼板：楼板具有很大的面内刚度和强度，变形在伸臂上下层的楼板内产生一对水平力偶，并通过楼板传递到外围环带桁架的上下弦杆上，最后通过环带桁架传递到桁架下的框架柱中，由柱中产生的轴力形成力偶抵抗侧向力产生的弯矩。

虚拟伸臂结构中核心筒产生的变形在伸臂上下层的楼板内形成水平力偶，楼板以面内剪力的形式将水平力传递到外围环带桁架，经过环带桁架最终在外框柱中形成竖向抵抗力偶，其传力路径如图 4.2.33 所示。虚拟伸臂没有实际的伸臂桁架连接核心筒和外围框柱，只是由楼板和外围环带桁架来实现协同工作，因此称之为虚拟伸臂。

在结构中设置虚拟伸臂能够实现上述有限刚度伸臂的想法，同时能够避免设置伸臂桁架带来的问题，其优点有：

（1）没有伸臂桁架斜腹杆的影响，建筑空间能够随意利用；

（2）外框柱的布置形式对虚拟伸臂的设计没有影响；

（3）无需设计复杂的桁架-核心筒的连接；

（4）核心筒和外框柱间变形的不协调不会影响虚拟伸臂，因为楼板在面外的垂直方向变形可以很灵活。

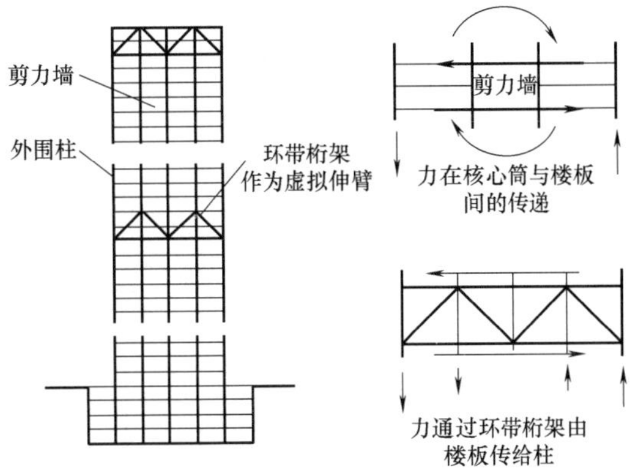

图 4.2.33　虚拟伸臂传力路径

同时，虚拟伸臂的刚度不大，设置虚拟伸臂会大大减小结构的刚度突变和内力剧增，能够一定程度上消除或减少由于采用伸臂所带来的问题。使用虚拟伸臂仍然希望结构在罕遇地震作用下还能呈现“强柱弱梁”“强剪弱弯”的延性屈服机制，避免结构在伸臂附近形成薄弱层。

韩国在建的高级高层住宅 Tower Palace Ⅲ是使用虚拟伸臂的典型例子。其在结构的 16 层和 55 层设置了两道环带墙，形成的虚拟伸臂作用如图 4.2.34 及图 4.2.35 所示。其在设计时加强了伸臂上下层的楼板，为 300mm 厚。使用虚拟伸臂后结构能够满足韩国规范的相关规定。

图 4.2.34　Tower Palace Ⅲ效果图

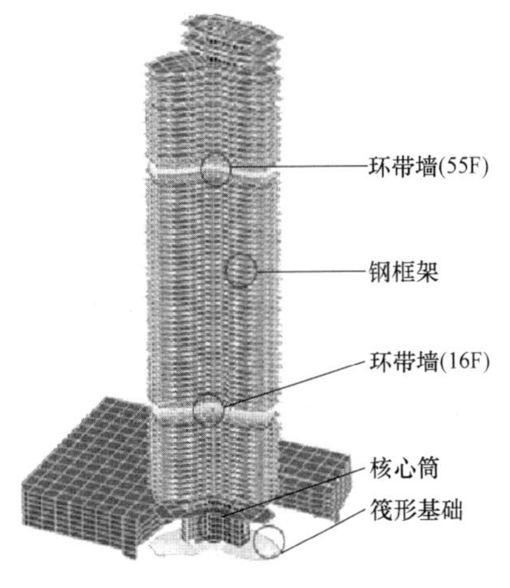

图 4.2.35　Tower Palace Ⅲ模型图

R. S. NAIR 利用如图 4.2.36 所示的 75 层的钢结构建筑对设置常规伸臂和虚拟伸臂两种方案做了比较（图 4.2.37、图 4.2.38）。

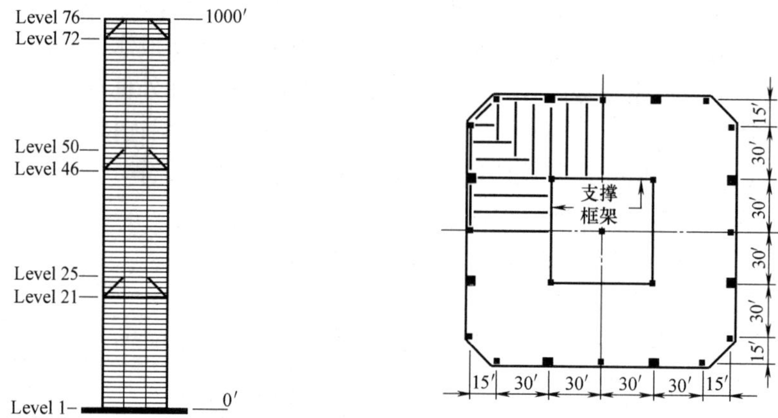

图 4.2.36　模型立面及楼面布置图

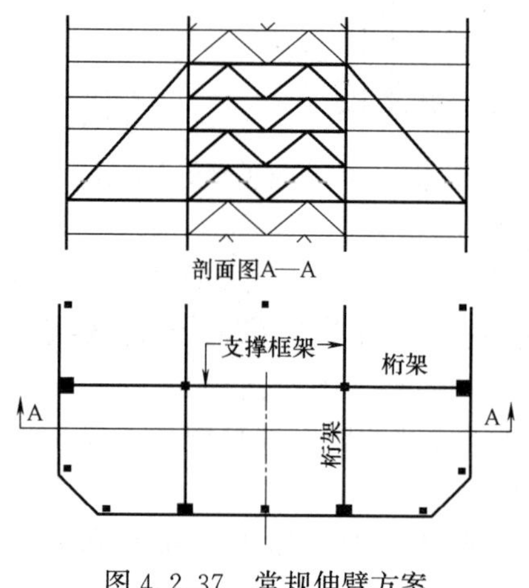

图 4.2.37　常规伸臂方案

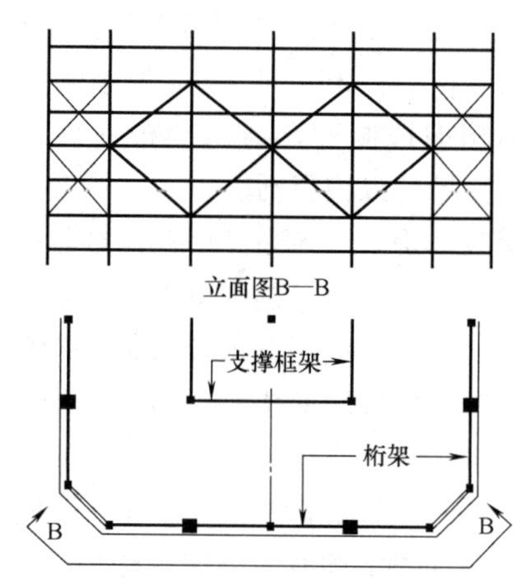

图 4.2.38　虚拟伸臂方案

各方案结果对比　　**表 4.2.12**

伸臂形式	风荷载下顶点侧移(in)
无伸臂	108.5
常规伸臂	25.3
虚拟伸臂	37.1

从表 4.2.12 可以清楚地看出，设置虚拟伸臂比无伸臂情况下顶点的侧向位移有明显的减小，但虚拟伸臂减小结构顶点位移的效果与实伸臂相比还是有一定的差距。从两者的受力机理来看，虚拟伸臂将所有的外框柱都利用了起来，而常规伸臂结构只是利用了一部分的外框柱，所以当两种结构的效率相同时，带虚拟伸臂的结构刚度将会更大。

3. 加强层的楼板分析

1）虚拟伸臂中楼板作用的分析

在通常的结构设计中，楼板主要被视为竖向受力构件，作用是将竖向荷载传递到梁、柱和墙中。工程设计时楼板的厚度通常根据跨厚比确定，这样的做法在正常使用荷载下能够满足规范规定的挠度及裂缝的要求，从而避免通过复杂的计算确定楼板厚度。在水平力作用下楼板在面内通常视为绝对刚性，从而协调同一层其他抗侧力构件的水平位移。

在虚拟伸臂结构中，核心筒与外框的变形通过楼板来协调，混凝土楼板两侧出现相对位移，从而对楼板产生反方向成对的剪力，楼板产生面内剪切变形，受到剪力和弯矩的作用。楼板作为虚拟伸臂结构中重要的传力构件，其刚度也是影响虚拟伸臂作用效果的一个因素。

同样以上节中的算例比较了不同刚度楼板对虚拟伸臂效率的影响，分析结果汇总如表 4.2.13 所示。

各方案顶点侧移 **表 4.2.13**

伸臂形式	风荷载下顶点侧移(in)
虚拟伸臂	37.1
虚拟伸臂(楼板刚度加强 10%)	31.0
虚拟伸臂(楼板刚度加强 10%、环带桁架刚度加强 10%)	26.0

而从刚性楼板结果中可以看出增大楼板厚度对虚拟伸臂作用有影响，因此在设计中不应将楼板作为刚性分析。

理论上应验算楼板抗剪和抗弯刚度，但是从已有的资料来看，按照目前楼板厚度的取法设计的楼板不管在静力荷载还是动力荷载作用下都很少出现楼板面内受剪破坏或受弯破坏，因此设计时可不考虑面内剪力和弯矩，仅按竖向荷载计算。但考虑到虚拟伸臂中楼板是主要的传力构件，楼板应力比普通楼层大很多，为保证楼板的可靠传力应将其加强。为了确保楼板能够可靠地传递剪力，可以采用钢结构组合楼板中常常使用的水平支撑来抵抗成对的水平剪力。同时为了保障楼板具有必要的面内刚度，应该避免使用凹凸不规则和局部不连续的楼板。

2）传统伸臂桁架中楼板作用的分析

在单斜杆布置、人字形或 V 形伸臂桁架布置中，加强层楼层与伸臂桁架的上、下弦会共同作用，未考虑楼板刚度对伸臂桁架与柱内力的影响。事实上，楼板的存在对于结构的内力分布也存在一定的影响，现考虑多种不同的楼板，考察它们对结构的影响，在风荷载作用下各构件内力情况如表 4.2.14 所示。

各构件内力 **表 4.2.14**

楼板	斜腹杆轴力(kN)	下弦杆轴力(kN)	巨型柱剪力(kN)	巨型柱弯矩(kN・M)
200mm 混凝土	39269	6588	7044	40217
10mm 钢板	38749	10285	9248	44132
5mm 钢板	38746	10687	9525	45005
不考虑楼板	38320	10755	9805	49156

可以看到，楼板刚度对于斜腹杆轴力的影响很小，但是对于下弦杆和巨型柱的内力影响显著。楼板刚度越大，越有助于分担下弦杆轴力，进而巨型柱的侧向变形越小，巨型柱的剪力和弯矩也相应越小。

3）计算中楼板刚度的选择

伸臂桁架的上下弦是桁架的关键构件，必然有拉伸和压缩变形。工程中经常遇到与楼板刚好在一个标高，若按照楼板无限刚的假定进行计算，则将夸大伸臂桁架的刚度作用，且使得伸臂桁架弦杆的内力无法得到真实反映。建议加强层的楼板在计算分析时采用弹性膜假定。考虑到楼板的开裂，建议伸臂桁架杆件承载力校核时，对楼板的刚度进行折减，或者不考虑楼板刚度的有利作用。

4. 伸臂桁架的效率分析

1）常规伸臂桁架的效率分析

带加强层框架-核心筒结构简化为如图 4.2.39 所示的平面计算模型。它反映了带伸臂结构整体刚度提高的主要机理，概念清晰、明确。

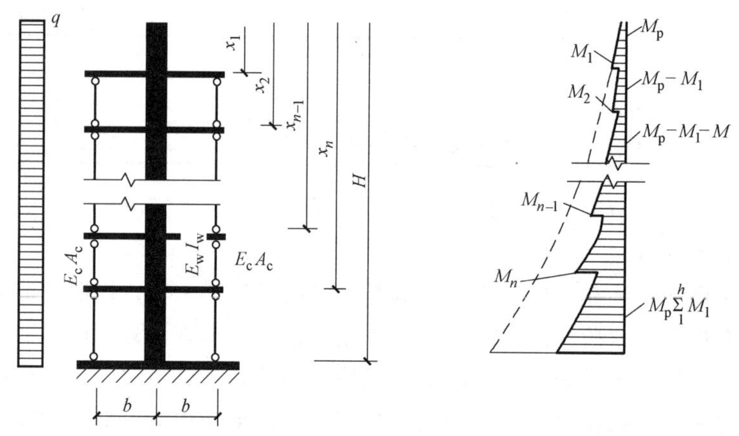

图 4.2.39 多层刚性伸臂的计算简图

已有的分析结果表明，利用水平伸臂使外围框架参与结构整体抗弯是一种减小结构顶点侧移和核心筒底部弯矩的有效方法。当伸臂的刚度和数量足够时，顶点侧移减小量可达最大可能减少量的 90%以上。

加强层对减小结构顶点侧移和核心筒底部弯矩的作用与结构刚度特征系数 λ 相关，λ 是由核心筒和外围框架柱的刚度比及核心筒和伸臂的刚度比决定的。

带多道加强层的框架-核心筒结构，加强层的最优位置可以表示为结构刚度特征系数 λ 的函数。

随加强层的数目越大，加强层减小结构顶点侧移的量越大，然而每道加强层所能减少的顶点侧移量降低。考虑由于加强层的存在使结构刚度沿竖向发生突变，导致内力分布不均匀等不利影响，因此加强层的数量以限制在三道以内为宜。

伸臂的刚度对加强层的作用有很大的影响，伸臂的刚度越小，加强层的作用就越小。改变伸臂的刚度比改变外围框架柱的刚度对整体结构的影响更大。

当 $\lambda>1$ 时，伸臂的刚度相对较小或外围框架柱的刚度相对较大，继续增大 A 对减小结构顶点侧移和核心筒底部弯矩影响不大，因此以取用 $\lambda\leqslant1$ 为宜。

λ 定义为带加强层框架-核心筒结构的结构刚度特征系数，它表征了核心筒、外框架柱和伸臂三者间的刚度比例关系，是控制带加强层框架-核心筒结构特性及影响因素的关键性参数。

λ 可由无量纲参数 α、β 表示为

$$\lambda=\frac{\beta}{12(1+\alpha)} \tag{4.2.65}$$

$$\alpha=\frac{2E_{w}I_{w}}{d^{2}E_{c}A_{c}} \tag{4.2.66}$$

$$\beta=\frac{E_{w}I_{w}d}{E_{b}A_{b}H} \tag{4.2.67}$$

式中，$E_{w}I_{w}$、$E_{b}I_{b}$ 为核心筒与伸臂桁架的弯曲刚度；E_{c}、A_{c} 为外围框架柱的弹性模量与面积；α 为核心筒和外框架柱的刚度比；β 为核心筒和伸臂的线刚度比。

影响结构顶点侧移和核心筒弯矩的主要因素有：刚度比 α、β，加强层的位置 x_i 及加强层的数量 n。本节在分析加强层位置对结构顶点侧移影响的基础上，先以结构顶点侧移最小为目标函数，接着以核心筒底部弯矩最小为目标函数，分别用单纯形法找出加强层的最优位置，并分析各自的规律性。

当加强层处于最优位置时，顶点侧移 y_0 最小，这时顶点侧移 y_0 对加强层位置 x_i 的导数为 0。现先对带一道加强层在均布荷载作用下的情况进行分析：

$$(1-\xi_1^{\ 2})\left[\frac{-3\xi_1^{\ 2}(\lambda+1-\xi_1)+(1-\xi_1^{\ 3})}{(\lambda+1-\xi_1)^2}\right]-2\xi_1\frac{1-\xi_1^{\ 3}}{\lambda+1-\xi_1}=0 \tag{4.2.68}$$

由上式可知，加强层最优位置只和刚度特征系数 λ 有关，是结构刚度特征系数 λ 的函数。

当伸臂的刚度为无限大时，$\lambda=0$，则上式可简化为

$$4\xi_1^{\ 3}-3\xi_1^{\ 2}-1=0 \tag{4.2.69}$$

解得 $\xi_1=0.455$。

通过对如图 4.2.40 所示 ξ_i-λ 曲线的分析可知，以结构顶点侧移最小为目标函数，利用单纯形法求得的水平加强层最优位置的变化规律有以下几个特点：

加强层的最优位置和结构的刚度直接相关：各种等效静荷载作用下加强层的最优位置均可表示为结构刚度特征系数 λ 的函数，文献［45］在以下的优化分析中，把结构刚度特征系数 λ 当作关键参数。

加强层的最优位置和作用在结构上的荷载类型有关：在各种等效静荷载中，顶部集中荷载作用时，加强层最优位置最高；倒三角形荷载作用时次之；均布荷载作用时位置最低。其中，倒三角形荷载作用时的加强层最优位置和均布荷载作用时的最优位置比较接近。

在其他因素一定的条件下，伸臂的刚度越小，最优位置的高度越高。

外围框架柱的抗弯刚度越大，伸臂刚度对最优位置影响越大。

当核心筒与伸臂的刚度比不变，即 β 不变时，减小外围框架柱的刚度，即 α 减小，伸臂的最优位置下移至相当于伸臂刚度为无穷大时的加强层最优位置。

当结构的刚度特征系数 $\lambda>1$ 时，即当伸臂的刚度较小，外围框架柱的刚度较大时，无论加强层的数量是多少，再增大 λ 使加强层的最优位置升高不多。

以上关于加强层的最优位置是以结构顶点侧移最小为目标函数求得的。当以结构核心

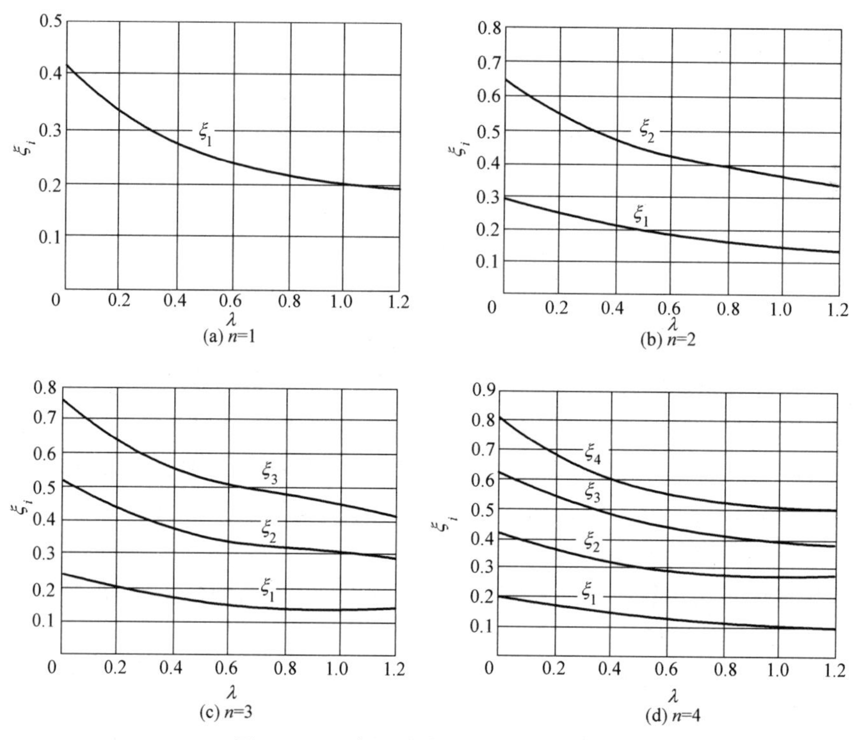

图 4.2.40 倒三角荷载作用下 ξ_i-λ 图

筒的底部弯矩最小为目标函数时，加强层的最优位置下移。下面以倒三角形荷载作用下，带三道加强层的结构为例，说明目标函数的变化对加强层最优位置的影响。此时的目标函数为

$$\min M_n = M_a - \sum_{k=1}^{n} M_i \tag{4.2.70}$$

同样，利用单纯形法寻求加强层的最优位置，并利用最小二乘法拟合出此时的 ξ_i-λ 曲线，其拟合系数见表 4.2.15。

以核心筒底部弯矩最小为目标函数时 ξ_i-λ 拟合曲线系数　　表 4.2.15

加强层数量 n	最优位置	b_0	b_1	b_2	b_3	b_4	b_5
3	ξ_1	0.932	−2.524	4.607	−3.842	1.175	0.006
	ξ_2	0.975	−1.169	1.478	−0.901	0.190	0.006
	ξ_3	0.992	−0.697	0.790	−0.789	0.567	0.189

通过对如图 4.2.41 所示 ξ_i-λ 曲线的分析可得如下规律性结论：以核心筒底部弯矩最小为目标函数求得的加强层最优位置，较以结构顶点侧移最小为目标函数求得的最优位置低。当伸臂的刚度为无穷大，即 $\lambda=0$ 时，加强层的最优位置在结构的底部，随结构刚度特征系数 λ 的增大，加强层的最优位置升高。因此，当结构的顶点侧移限制不是结构设计的主要目标时，为减少核心筒底部弯矩，可以把加强层的位置定得比按顶点侧移最小为目标函数求得的加强层最优位置低。同样，当结构刚度特征系数 $\lambda>1$ 时，以核心筒底部弯

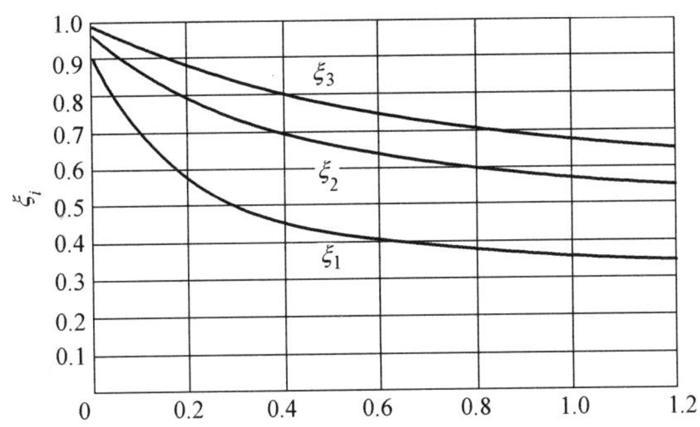

图 4.2.41　以核心筒底部弯矩最小为目标函数时 ξ_i-λ 关系曲线

矩最小为目标函数求得的加强层最优位置随 λ 增大的变化也不大。

2) 虚拟伸臂的效率分析

对于虚拟伸臂结构，以在结构中部有一道伸臂的结构为研究对象，可以得到其在侧向均布荷载作用下的顶点位移减小率的表达式：

$$\eta_y=\frac{21}{4/x+24(1+1/y)}$$

式中，x 表示虚拟伸臂线刚度与核心筒抗弯线刚度之比，y 表示外框柱等效抗弯刚度与核心筒刚度之比。则结构顶点位移减小率可以表示为图 4.2.42。

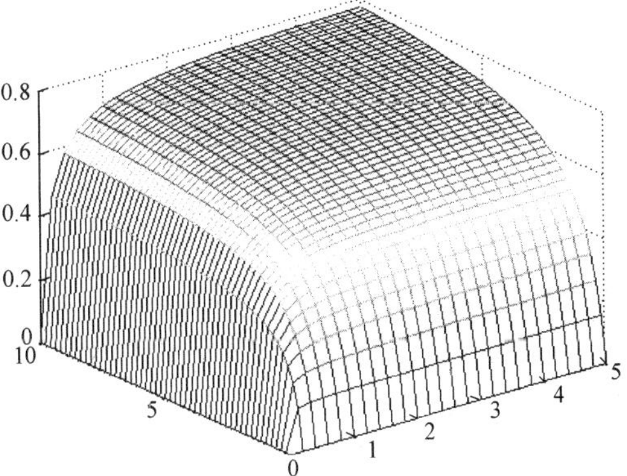

图 4.2.42　结构顶点位移减小率

图 4.2.43 为向 x-y 面投影，做出顶点位移减小率的等高线图。根据等高线的密度分为Ⅰ、Ⅱ、Ⅲ、Ⅳ四个区域。

从图 4.2.43 中可以得到几个重要的信息：

(1) 当 x、y 位于Ⅰ（$x<0.6$，$y<3$）区域内时，等高线最为密集，说明在这个区域内顶点位移减小率对 x 和 y 的变化均比较敏感，即当虚拟伸臂线刚度与核心筒线刚度之比小于 0.6 且外框柱等效抗弯刚度与核心筒抗弯刚度之比小于 3 时，虚拟伸臂刚度和外框柱的变化对顶点位移减小率 η_y 的影响都很大。

(2) 当 x、y 位于Ⅱ（$x>0.6$，$y<3$）区域内时，等高线呈水平状分布且比较密集，说明在这个区域内顶点位移减小率对 y 的变化比较敏感，而对 x 变化不敏感，即当虚拟伸臂线刚度与核心筒线刚度之比小于 0.6，且外框柱等效抗弯刚度与核心筒抗弯刚度之比大于 3 时，外框柱等效抗弯刚度的变化对顶点位移减小率 η_y 的影响很大，而虚拟伸臂刚度的变化对其影响很小。

(3) 当 x、y 位于Ⅲ（$x<0.6$，$y>3$）区域内时，等高线呈竖直状分布且比较密集，说明在这个区域内顶点位移减小率对 x 的变化比较敏感，而对 y 变化不敏感，即当虚拟伸臂线刚度与核心筒线刚度之比大于 0.6，且外框柱等效抗弯刚度与核心筒抗弯刚度之比

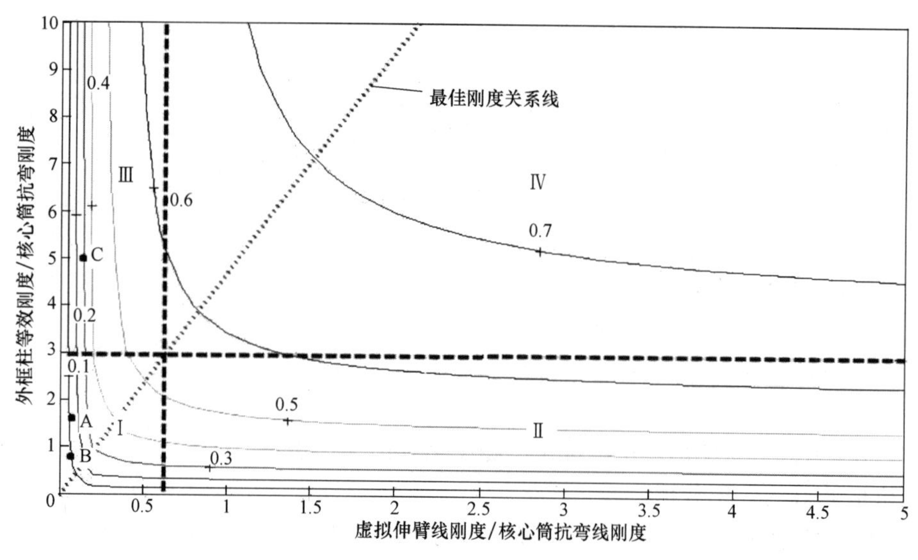

图 4.2.43　投影等高线

小于 3 时，外框柱等效抗弯刚度的变化对顶点位移减小率 η_y 的影响很小，而虚拟伸臂刚度的变化对其影响很大。

（4）当 x、y 位于Ⅳ（$x>0.6$，$y>3$）区域内时，等高线分布很稀疏，说明在这个区域内顶点位移减小率对 x 和 y 的变化均不敏感，即当虚拟伸臂线刚度与核心筒线刚度之比大于 0.6，且外框柱等效抗弯刚度与核心筒抗弯刚度之比大于 3 时，虚拟伸臂刚度和外框柱等效抗弯刚度的变化对顶点位移减小率 η_y 的影响不大。

（5）当取定顶点位移目标减小率时，沿着等高线总可以找到一个点使这个点上 x、y 近似为最小，即按照此点确定外框柱等效抗弯刚度和虚拟伸臂的刚度时最为经济。这条线近似可以取为图 4.2.43 中最佳刚度关系线，可以得出外框等效抗弯线刚度与虚拟伸臂线刚度之比 K 为 10 左右最为经济。

（6）当刚度比 x、y 位于最佳刚度关系线上方时改变刚度比 x 比改变刚度比 y 对顶点位移减小率的影响大；当 x、y 在最佳刚度关系线下方时改变刚度比 y 比改变刚度比 x 对顶点位移减小率的影响大，即当 $K>10$ 时增大虚拟伸臂刚度较为有效，当 $K<10$ 时增大外框柱等效抗弯刚度较为有效。

（7）虚拟伸臂使得结构的目标顶点位移减小在 50%以下时较为合适，当目标顶点位移减小率超过 50%时再想提高需要付出的代价较高。

以厦门世贸方案、苏州九龙仓、昆明南亚之门方案作为算例进行对比，分别命名为算例 A、B 和 C。算例 A 有 64 层，结构高度 288m，楼层 21～23 和楼层 49～51 为避难层和设备层。算例 B 为 90 层，结构高度为 450m，楼层 13～15、28～30、44～46 和楼层 61～63 为避难层和设备层。算例 C 共 75 层，结构高度为 345m，其中楼层 12～14、35～37、49～51 和楼层 63～65 为避难层和设备层。3 个模型的结构平面布置如图 4.2.44 所示。

对比 3 个实际工程，计算它们的刚度比 x、y 及外框等效抗弯线刚度与虚拟伸臂线刚度之比 K 列于表 4.2.16 中。

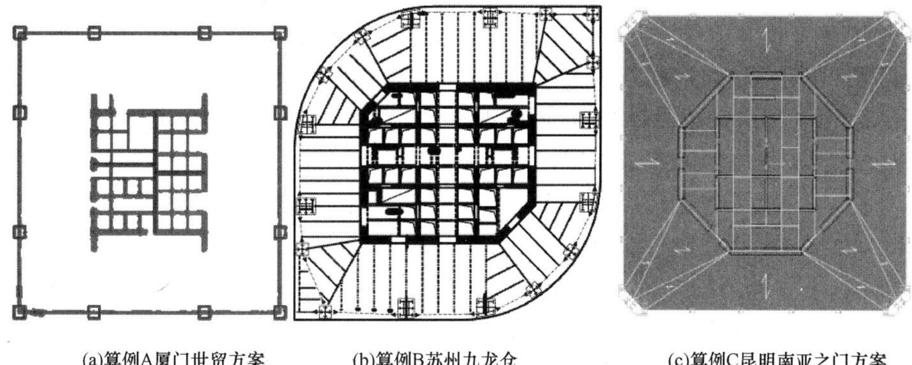

(a)算例A厦门世贸方案　(b)算例B苏州九龙仓　(c)算例C昆明南亚之门方案

图 4.2.44　结构平面布置

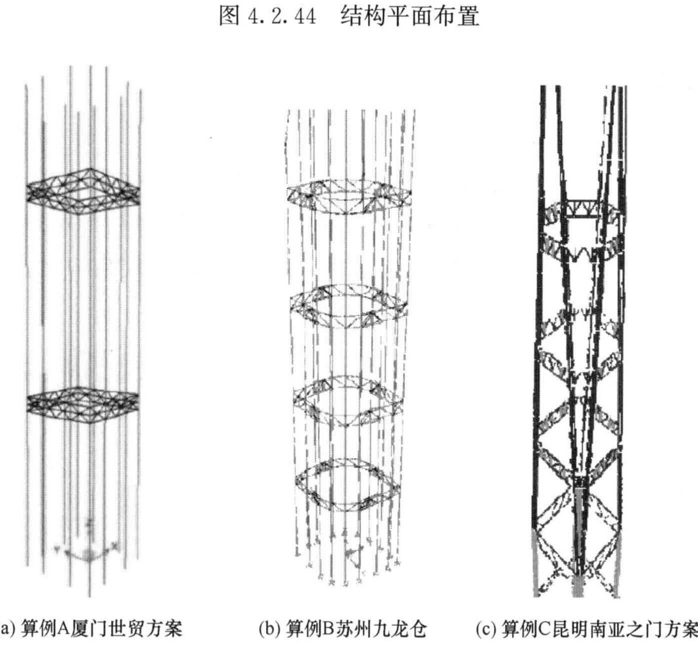

(a) 算例A厦门世贸方案　(b) 算例B苏州九龙仓　(c) 算例C昆明南亚之门方案

图 4.2.45　各工程伸臂位置图

各工程的刚度比　　**表 4.2.16**

工程案例	x	y	K
A 厦门世贸方案	0.053	1.667	63
B 苏州九龙仓(仅保留环带桁架)	0.040	0.833	42
C 昆明南亚之门方案	0.095	5.000	105

各算例的 K 值均大于 10，说明现结构体系还不够经济，若要提高各算例的经济性而不改变顶点位移减小率，应当沿着各自所在的等高线向最佳刚度关系线靠近，对于这 3 个算例而言应当增加虚拟伸臂的刚度。

傅学怡对常规伸臂桁架的研究表明，为使带常规伸臂的高层建筑结构受力更为合理，有效发挥常规伸臂的抗侧作用，建议伸臂桁架、外框柱、核心筒三者的刚度关系为：$x=0.1\sim0.3$，$y=2\sim4$，$K=7\sim40$，与虚拟伸臂结构结果相近。

3）结构刚度和加强层数量对顶点侧移和核心筒底部弯矩的影响分析

当其他条件一定时，加强层的数量越多，顶点侧移减小越多。然而，随加强层数量的增加，每道加强层减小顶点侧移的效率降低。3 道加强层时的侧移减小系数和 4 道加强层时的侧移减小系数相差在 10%以内，因此理论上可认为加强层的最大数量为 4。考虑加强层的存在使结构刚度沿竖向在加强层处产生突变，引起内力在核心筒和外围框架柱间的重新分布，使加强层上下附近几层的框架柱承受过大剪力。另外，结构刚度的增大会使地震作用增大，因此实际工程中一般以最多应用 3 道加强层为宜。

通过对 $\gamma_m-\lambda$ 曲线的分析，可得如下规律：当其他条件一定时，加强层的数量越多，核心筒底部弯矩减小越多。然而随加强层数量的增加，每道加强层减小核心筒底部弯矩的效率减小；三道加强层时和四道加强层时的弯矩减小系数相差在 10%以内，因此同样可得出实际工程中一般宜最多设置 3 道加强层的结论。

4.2.4 巨型支撑

1. 巨型支撑与次框架结构关系

巨型支撑根据其与巨型框架次结构梁、柱的关系可区分为整体式与分离式，前者巨型支撑与次结构梁、柱在相交处节点相连，次结构梁、柱将其承担的一部分竖向荷载传递至巨型支撑；后者巨型支撑与次结构柱、梁在相交处节点分离，次结构梁、柱基本不传递竖向荷载至巨型支撑（图 4.2.46、图 4.2.47）。

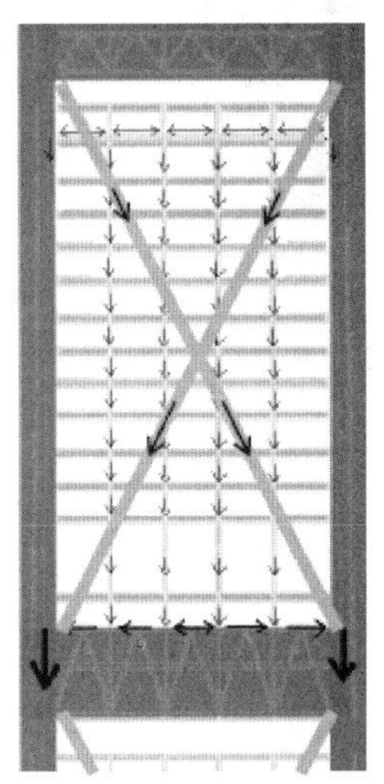

图 4.2.46 整体式次框架竖向荷载传递路径

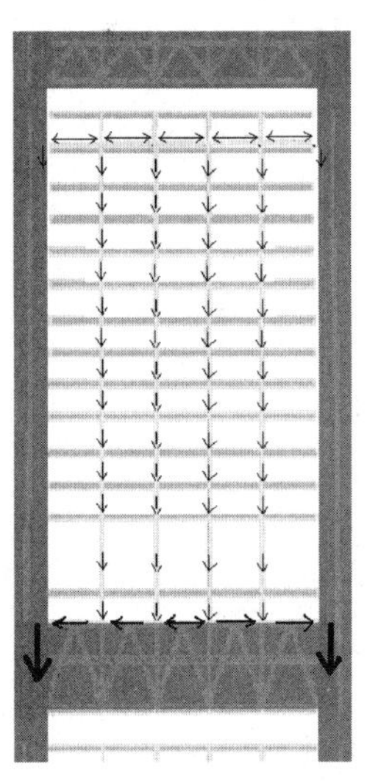

图 4.2.47 分离式次框架竖向荷载传递路径

两种形式在实际工程中均有应用，其中整体式的实际工程应用有上海环球金融中心、北京 Z15 中国尊等，分离式的应用有天津高银 117 大厦。

两种形式各有特点，其中分离式竖向荷载传递路径比较清晰，结构受力简洁、明确，但由于其分离式的特点，次框架结构构件与巨型支撑结构构件需分前后两层（图 4.2.48），此特点将主要造成两方面的影响：

（1）巨型支撑与转换桁架节点设计、施工较困难、烦琐

转换桁架承担次框架的竖向荷载与次框架在同一平面内，因此分离式形式往往导致巨

型支撑与转换桁架不在同一平面内，巨型支撑、转换桁架与巨型柱交接处节点处理困难，且由于受建筑空间的限制，转换桁架与巨型支撑结构构件前后两层距离较近，施工空间狭小，对施工工艺、质量带来较大挑战。

（2）影响建筑有效使用进深

次框架结构构件与巨型支撑结构构件需分前后两层，无形中加厚了结构构件的宽度，对于建筑有效使用进深造成一定的影响。

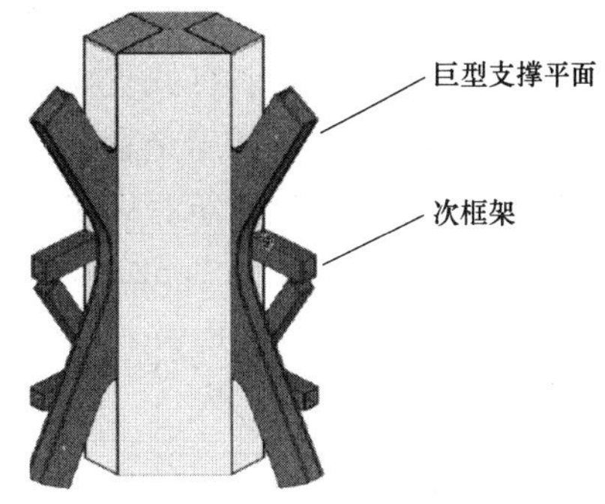

图 4.2.48　分离式巨型支撑、转换桁架与巨型柱节点示意

整体式特点与分离式相反，虽然其次框架竖向荷载传递路径比较复杂，但其节点设计相对简单，对建筑空间的影响较小，在实际工程应用中较多采用。

2. 支撑与竖向变形

巨型支撑框架体系结构中的支撑主要承担水平荷载作用下的剪力；但同时巨型支撑在竖向荷载作用下与巨型柱同步压缩，将会产生较大的附加内力。若考虑巨型柱的收缩与徐变，附加内力将会进一步增加（图 4.2.49）。

释放一部分附加内力主要可采取巨型支撑后连接的形式，在施工过程中巨型支撑的连接节点通过长圆孔进行连接，释放轴向变形，在竖向荷载施加完毕后再进行连接节点的焊接。支撑连接节点焊接时机应同时考虑主体结构施工阶段的强度、稳定验算。

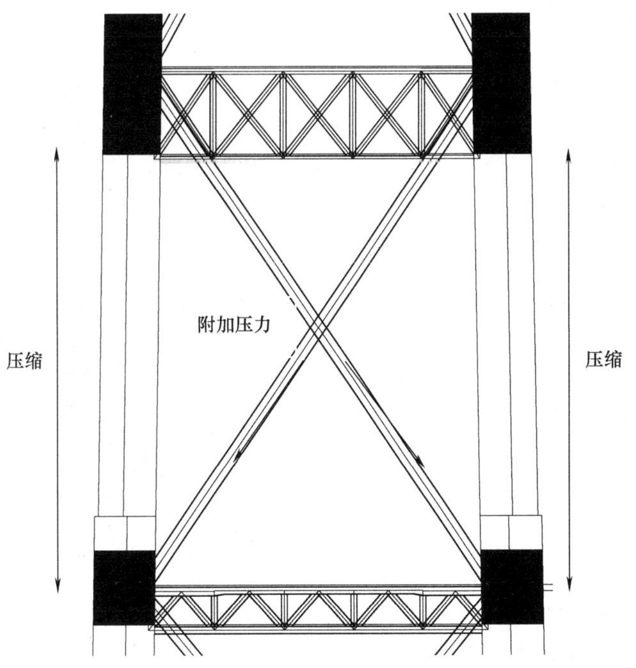

图 4.2.49　巨型支撑附加压力示意图

3. 支撑布置形式

巨型支撑布置形式大致可分为双斜杆交叉式、单斜杆式以及人字撑等（图 4.2.50）。

从抗侧刚度比较，三者呈依次递减的顺序。

双斜杆交叉式、单斜杆式支撑布置形式在超高层建筑设计中广泛采用。单斜杆布置形式的超高层建筑有上海环球金融中心（图 4.2.51）、深圳京基 100 大厦等；采用双斜杆交叉式布置形式的超高层建筑有天津高银 117 大厦、北京 Z15 中国尊、深圳平安中心大厦、香港中国银行大厦（图 4.2.52）等。

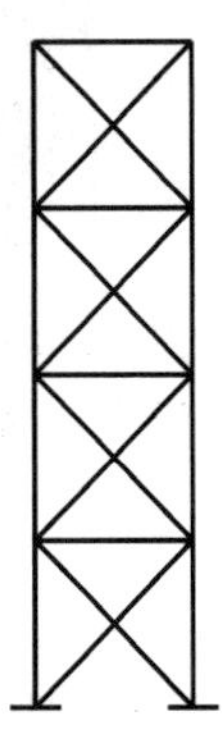

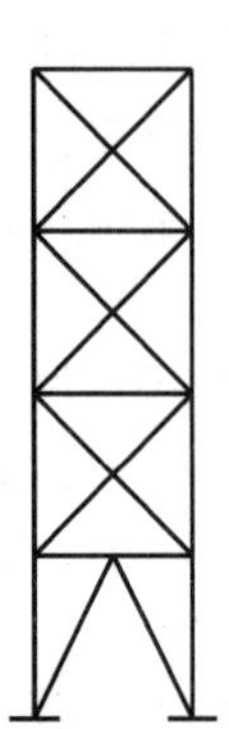

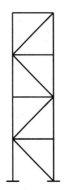

双斜杆交叉式　　单斜杆式　　底部采用人字撑

图 4.2.50　支撑布置形式示意图

图 4.2.51　上海环球金融中心

图 4.2.52　香港中国银行大厦

超高层建筑功能往往要求底部有大空间大堂入口，双斜杆交叉或单斜杆支撑布置往往不能满足建筑师的要求，为了避免结构底部抗剪刚度削弱过于严重，在结构设计中通常退而求其次采用人字撑的形式。采用人字撑应注意以下几点：

（1）结构底部形成薄弱层

巨型支撑框架结构一般为双斜杆交叉式、单斜杆式支撑，其抗侧刚度远大于人字支撑，因此在结构底部采用人字支撑会形成薄弱层，一部分水平剪力将从外框筒结构转移到核心筒结构。

（2）人字撑顶部水平杆承载能力验算

超高层建筑底部采用人字支撑（图 4.2.53），往往底部楼层缺失形成大空间，人字支撑不能受到楼面的稳定约束。当遭遇罕遇地震时，人字支撑的压杆易于屈曲，沿水平横杆竖向产生不平衡竖向力和弯矩，对截面的承载力要求非常高。水平横杆在支撑拉压轴力作用下产生较大的轴向力，在平面内外易出现屈曲。支撑屈曲和水平横梁的屈曲或破坏将显著降低支撑筒的抗侧力刚度，尤其在关键的超高层建筑的底部加强区。

基于人字支撑布置超长、平面内外稳定约束点少的特点，可在设计中考虑采用屈曲约束支撑的形式，不再一味对巨型支撑、水平横杆截面以及楼板约束构造进行加强，不但可以解决超长支撑的稳定问题，同时避免水平横杆在跨中承受竖向力。

4. 巨型支撑计算长度

通常情况下，巨型支撑通过钢梁与楼板进行连接，楼板作为巨型支撑的水平约束。由于巨型支撑的截面较大，楼板提供的水平刚度不足以作为巨型支撑的完全刚性约束，因此在工程设计中需进行楼板提供约束刚度对巨型支撑的影响分析，以确定巨型支撑的计算长度。具体计算分析中可将楼板提供的约束沿支撑长度方向简化成一系列弹簧，通过屈曲特征值分析（图 4.2.54）得到巨型支撑的弹性屈曲欧拉力（P_{cr}），从而反算出巨型支撑的计算长度。

图 4.2.53 底部大堂人字支撑布置

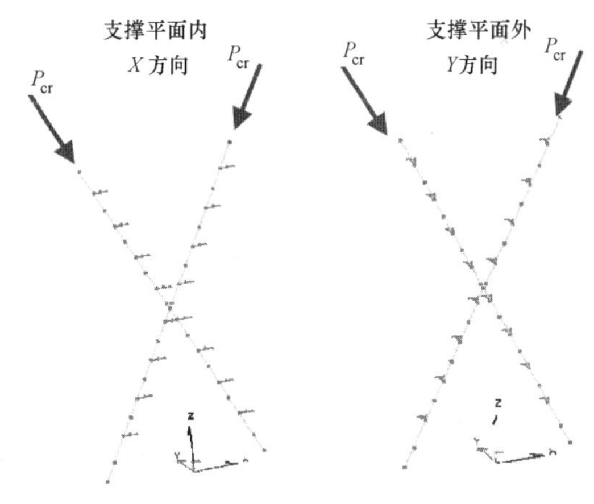

图 4.2.54 巨型支撑屈曲特征值分析简图

4.2.5 环带桁架与次框架

1. 环带桁架

环带桁架如同框架梁一样，约束巨型柱的弯曲变形，与巨型柱形成具有较大抗侧刚度的巨型框架。此外，环带桁架，桁架上、下弦的楼板与核心筒还会组成“虚拟伸臂”，起到伸臂桁架的作用，协调巨型框架和核心筒变形，提高整体结构的抗侧刚度。从竖向传力角度，环带桁架将次框架传来的竖向荷载传递给巨型柱，起到转换桁架的作用（图 4.2.55）。

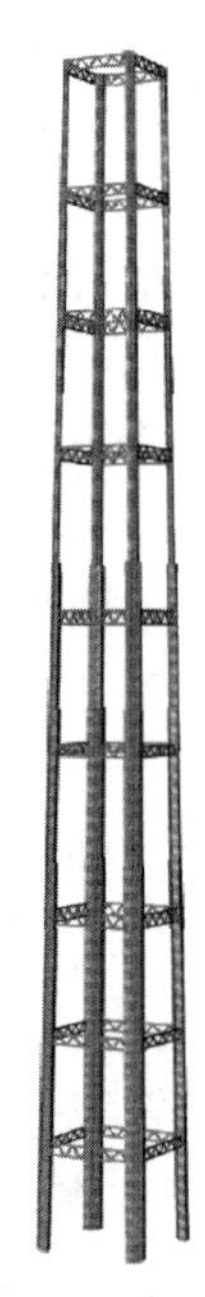

图 4.2.55　环带桁架布置图

环带桁架一般结合建筑、机电布置在设备层或避难层，一般 10～15 层设置一道，以减小对建筑使用功能的影响。从结构受力合理性考虑，环带桁架沿高度宜均匀布置，以有效约束巨型柱的变形，避免巨型框架刚度不均匀。环带桁架高度根据承担竖向力大小、桁架跨度和巨型框架抗侧刚度要求综合确定，一般为一层高或两层高。由于巨型柱截面较宽，而环带桁架宽度较小，为有效约束巨型柱的变形，环带桁架可采用双榀桁架。

环带桁架杆件截面可根据桁架高度、杆件整体稳定、杆件局部稳定以及节点构造来确定。一般情况可采用箱形或工字形。箱形截面具有较好的稳定性，但节点构造和制作加工相对复杂；工字形截面节点构造和制作加工简单，但稳定性能稍差，用钢量相对较大。

2. 环形桁架设计

环带桁架是巨型框架支撑筒体结构体系中主要的抗侧构件，又是竖向传力的主要构件，环带桁架设计时应考虑竖向荷载传力要求、抗侧刚度要求、抗震性能要求和防连续倒塌要求等。因此除了与普通桁架一样验算竖向荷载、地震作用（包括水平地震和竖向地震）和风荷载等作用下的承载力、构件宽厚比之外，环带桁架设计还需考虑以下要求：

（1）多道设防

相比核心筒，巨型框架的延性较好，在我国规范的多道抗震设防中，巨型框架属于第二道防线。与普通框架核心筒结构中控制框架承担地震剪力比例一样，巨型框架支撑承担的地震剪力需满足底部剪力 20%的要求。作为巨型框架结构的一部分，环带桁架承担的地震作用需根据框架承担地震剪力比例的要求进行调整。

（2）抗震性能目标

环带桁架作为转换桁架，承担一区次框架传来的竖向荷载，环带桁架的破坏将导致其所支承一区所有楼面的破坏，有必要提高其抗震性能，设计中通常将环带抗震性能目标提高至大震不屈服。

当次框架为刚接时，在一区外框结构中，次框架起到空腹桁架的作用，能将部分竖向荷载直接传递至巨型柱，而通过次柱传递给环带桁架的荷载偏少。而在大震作用下，次框架通常都会在端部形成塑性铰，空腹桁架作用基本没有，所有竖向荷载必须通过次柱传递到环带桁架上。因此，当次框架刚接时，环带桁架验算中需将框架梁柱之间改为铰接，不考虑空腹桁架作用，确保环带桁架满足大震不屈服的抗震性能目标。

（3）防连续倒塌

在突发事件，如爆炸、撞击等引起的结构局部破坏时，环带桁架是否具有抗连续倒塌能力一般可考虑两种情况：一种是次框架柱破坏后，在破坏面以上的楼层荷载将传递到上一区环带桁架，上一区环带桁架需具有承担因次柱失效而附加的竖向荷载的能力；另一种是环带桁架局部杆件破坏，如腹杆失效，竖向荷载重新分布后，环带桁架仍需具有足够的承载能力。

3. 次框架

次框架主要作用是将本区的竖向荷载传递给环带桁架（图 4.2.47）。当希望外框增加刚度时，可以将次框架的梁柱做成刚接。图 4.2.56 为某巨型框架支撑筒体结构次框架铰接和刚接下结构层间位移角分布对比。次框架刚接时，结构层间位移角略小，说明结构整体刚度略大。

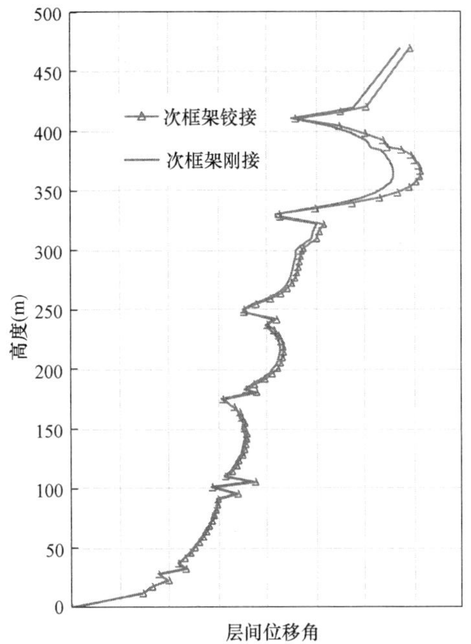

图 4.2.56　次框架铰接和刚接对结构刚度的影响

4.2.6　节点设计

1. 柱脚节点

（1）受力特点

超高层建筑结构柱脚受力主要以受压为主。局部高宽比较大的超高层建筑，在侧向荷载作用下，在柱脚部位可能产生拉力，虽然拉力数值可能远远小于压力，但由于混凝土材料的拉压性能差异较大，拉力在柱脚节点设计中也经常成为一个不可忽视的因素。当框架柱与支撑相连时，柱底可能会产生较大的水平力，柱底压力提供的摩擦力往往难以克服，在此类情况下还需对柱脚进行抗剪设计。

（2）柱脚形式

超高层建筑结构柱脚形式主要分为两种：外包式、埋入式。

如上所述，一般的超高层建筑结构在竖向荷载作用下柱脚受力以受压为主，且埋置深度较深的地下室，柱底水平力较小，因此外包式柱脚为目前超高层建筑主要采用的柱脚节点形式。如柱脚在侧向荷载作用下产生拉力以及较大的水平力，可通过在柱脚底板上设置高强度锚栓以及在柱脚底板下方设置抗剪件等措施来满足节点的承载力要求。外包式柱脚的主要优势在于构造简单、施工比较方便（图 4.2.57）。

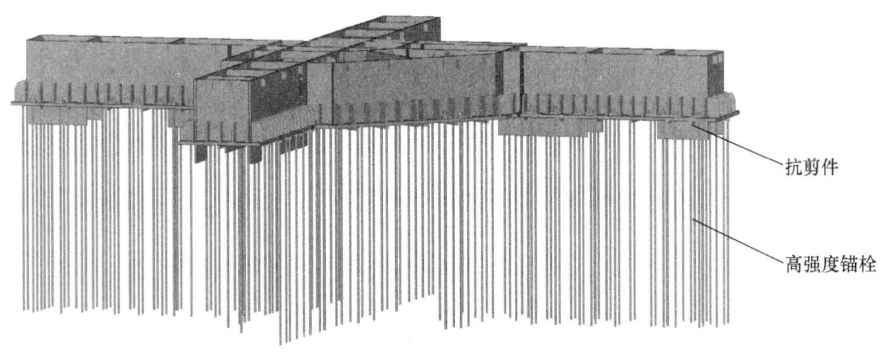

图 4.2.57　外包式巨型柱脚图

特殊的超高层建筑结构，如中央电视台总部大楼（主楼），在建筑上部形成大悬挑结构，仅在竖向荷载作用下就形成巨大的倾覆弯矩，相应角部柱脚产生较大的拉力。对于此类情况，在工程设计中建议柱脚采用埋入式。埋入式柱脚的主要特点为：柱脚抗拉、抗剪、抗弯性能较好；但由于其埋入基础筏板内部，基础筏板结构的钢筋混凝土施工难度较大（图 4.2.58）。

图 4.2.58 埋入式柱脚现场安装

2. 伸臂桁架与核心筒连接节点

超高层建筑通常设有带伸臂桁架的结构加强层，伸臂桁架两端分别与核心筒及框架柱连接，将一部分侧向荷载产生的倾覆弯矩由核心筒传递至外框架。

伸臂桁架按与核心筒连接部位可分为与核心筒外墙连接以及核心筒内墙连接。

伸臂桁架与核心筒外墙连接点通常位于核心筒的角部，且有两个方向的伸臂桁架交汇，此处节点构造比较复杂，局部区域应力集中现象比较明显（图 4.2.59）。

对于核心筒内墙布置比较规则的超高层建筑，将伸臂桁架布置于核心筒内墙处也是结构设计的常见情况（图 4.2.60）。与伸臂桁架与核心筒外墙连接节点相比，将伸臂桁架连接节点布置在核心筒内墙处可避免两个方向伸臂桁架交汇的现象，节点受力状态相对简单。但由于核心筒内墙相对外墙较薄，而伸臂桁架连接节点以及杆件需要一定的厚度，核心筒内墙在伸臂桁架布置层及其相邻层需加厚，以满足节点构造的要求以及墙体抗剪承载力的要求。

伸臂桁架与核心筒外墙角部连接按其节点构造形式可分为内嵌钢骨式以及外包钢板式（图 4.2.61、图 4.2.62）。

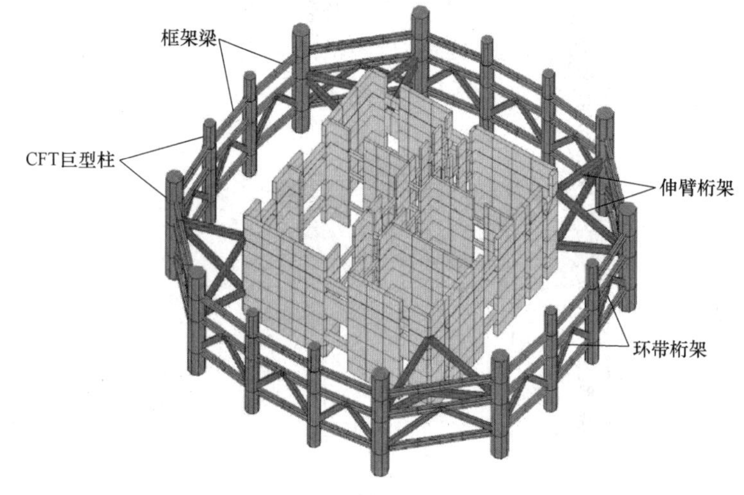

图 4.2.59 伸臂桁架与核心筒外墙连接

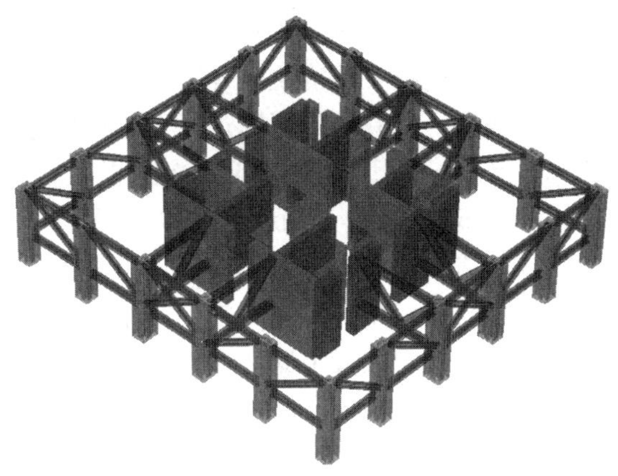

图 4.2.60 伸臂桁架与核心筒内墙连接

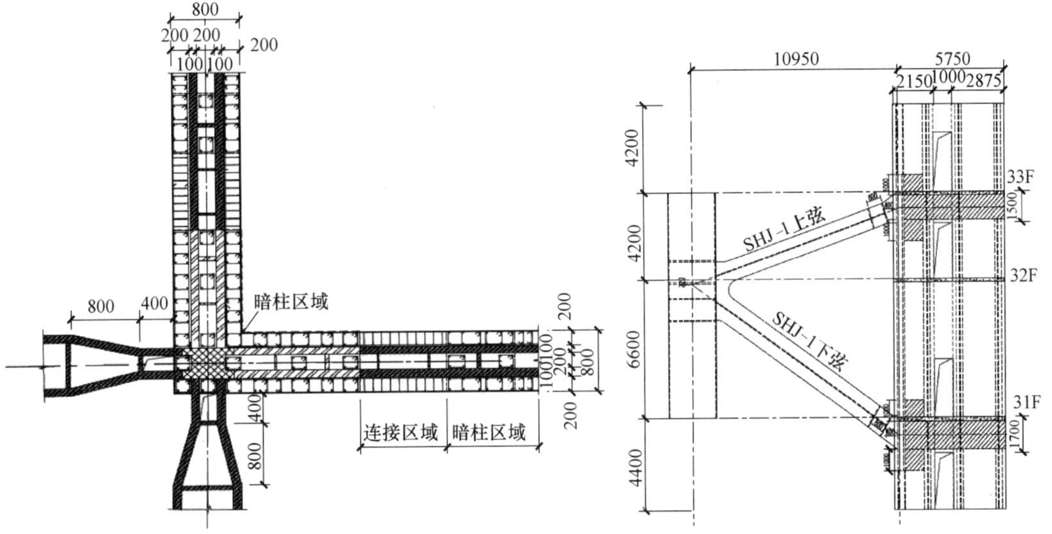

图 4.2.61 伸臂桁架与核心筒外墙角部连接（内嵌钢骨式）

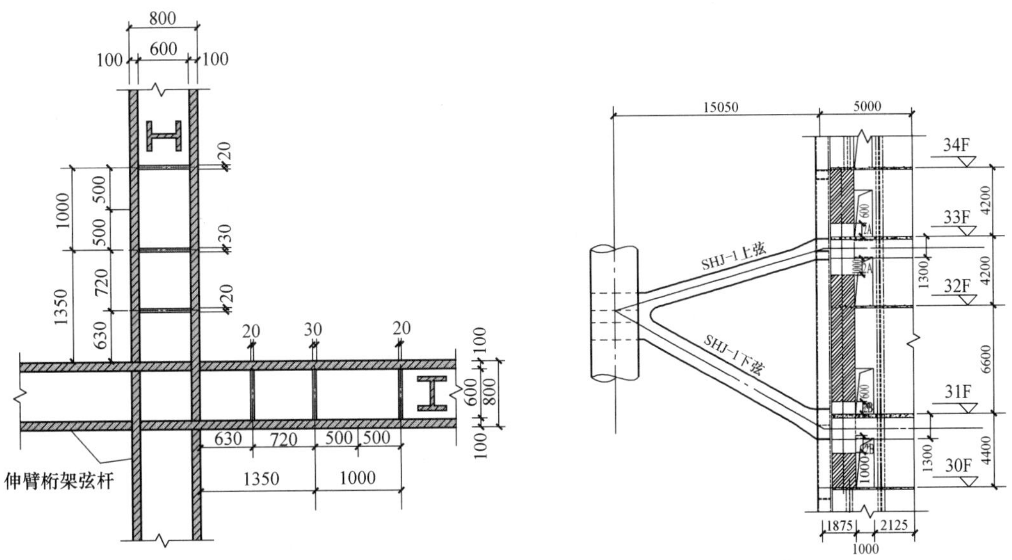

图 4.2.62 伸臂桁架与核心筒外墙角部连接（外包钢板式）

试验及有限元分析，表明内嵌钢骨式以及外包钢板式节点均表现出良好的承载力、延性、变形恢复能力以及耗能能力，抗震性能满足设计要求。两种节点均表现出良好的传力能力。试验和精细有限元分析表明，力在节点区通过以下路径传递：斜杆—节点板—墙体角部外包或内嵌钢板及钢骨—连梁—更远处外包或内嵌钢板，离节点区越远应力水平越低，很好地实现了力的传递和扩散。不同构造节点的传力机理有所区别。外包钢板由于覆盖面积更大，角部分担力更多，深入墙内的外包钢板受力相对较小，应力扩散更快。而内嵌钢板由于构造复杂，内埋钢骨较少，角部分担力较少，深入墙内的内嵌钢板受力相对较大，应力扩散较慢。伸臂桁架入墙处与混凝土剪力墙共同作用良好，很好地发挥了传力的作用。

伸臂桁架与核心筒内墙连接时，由于仅需连接一个方向的伸臂桁架，主要采用内嵌钢骨的形式（图 4.2.63）。其节点传力机理与路径和伸臂桁架与核心筒外墙连接类似。

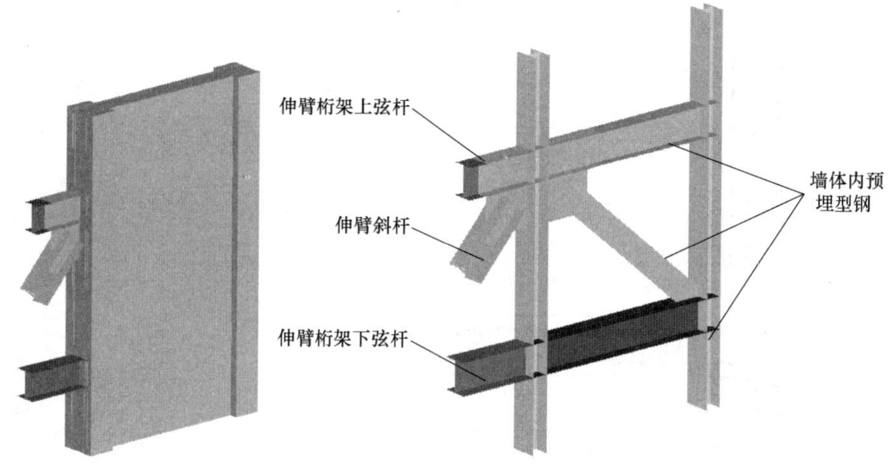

图 4.2.63　伸臂桁架与核心筒内墙连接（内嵌钢骨式）

加强层与伸臂桁架相连的核心筒墙体将会承受较大的剪力，因此在加强层与伸臂桁架相连的核心筒墙体内部通过埋设部分钢结构来提高墙体的抗剪能力，同时也使外侧伸臂桁架形成的剪力通过墙体内埋设的钢结构均匀地传递给钢筋混凝土墙体。墙体内埋设的钢结构主要分钢板和型钢（图 4.2.63）两种。

3. 伸臂桁架与框架柱连接节点

超高层建筑框架柱通常采用钢骨混凝土柱（SRC 柱）或钢管混凝土柱（CFT 柱）的形式，其中钢管混凝土柱主要分为圆钢管混凝土柱及矩形钢管混凝土柱，近些年来随着巨型框架结构的兴起，多腔体异形钢管混凝土也在实际工程中得到应用。由于框架柱形式的不同，伸臂桁架与框架柱的连接节点形式也有一定的差异。

（1）伸臂桁架与 SRC 柱连接节点

十字形钢骨或双腹板王字形钢骨为 SRC 柱常用的钢骨形式（图 4.2.64）。

对于十字形钢骨，建议伸臂桁架杆件采用 H 形截面形式，伸臂桁架杆件 H 形截面的腹板与十字形钢骨的腹板对齐，通过与腹板对齐的单块节点板传递力的作用。节点板应根据伸臂桁架杆件截面进行设计，满足“强节点，弱杆件”的要求（图 4.2.65）。

对于双腹板王字形钢骨，建议伸臂桁架的杆件可采用 H 形和箱形两种截面形式，当

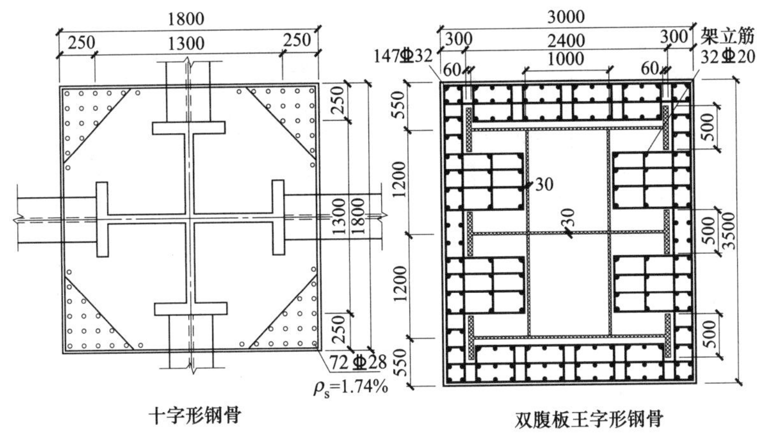

图 4.2.64　钢骨混凝土柱中钢骨主要形式

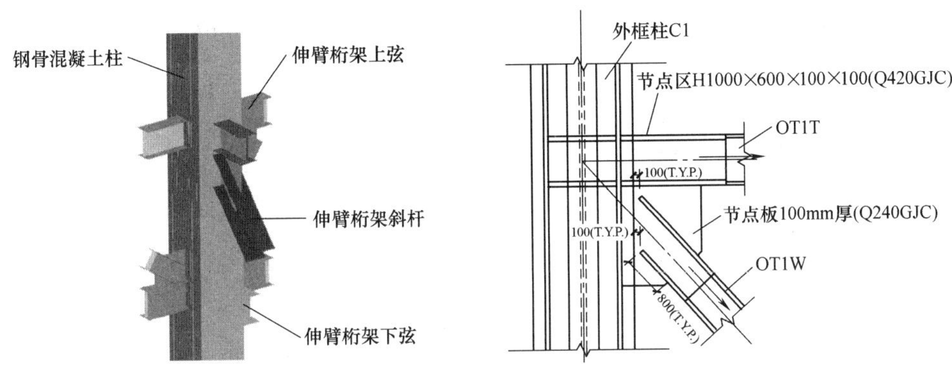

图 4.2.65　十字形钢骨与伸臂桁架连接节点

伸臂桁架采用 H 型钢时，可将 H 型钢的翼缘置于与王字形腹板平行方向。建议截面形式设计为两侧翼缘较厚、腹板较薄的形式，在节点部分仅两侧翼缘伸入节点，腹板断开。当伸臂桁架杆件采用箱形截面时，建议截面设计为两侧腹板较厚、上下翼缘较薄的形式，在节点部分仅两侧腹板伸入节点，上下翼缘断开。此类节点构造尽可能减少柱内水平隔板的数量，便于柱内钢筋混凝土结构的施工（图 4.2.66、图 4.2.67）。

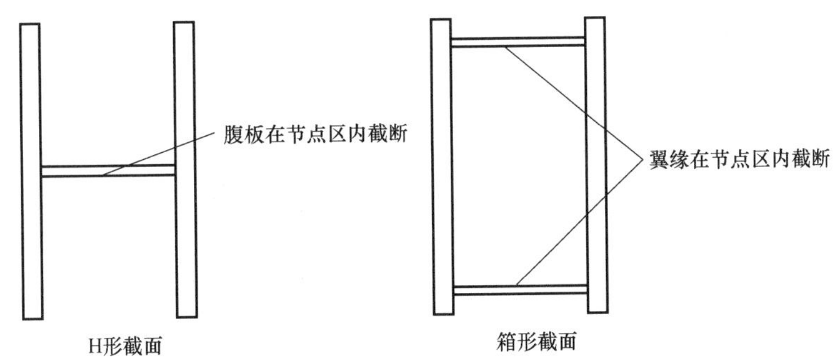

图 4.2.66　伸臂桁架截面示意

（2）伸臂桁架与 CFT 柱连接节点

伸臂桁架与矩形钢骨混凝土柱及圆钢管混凝土柱的连接节点比较类似，均多采用将与

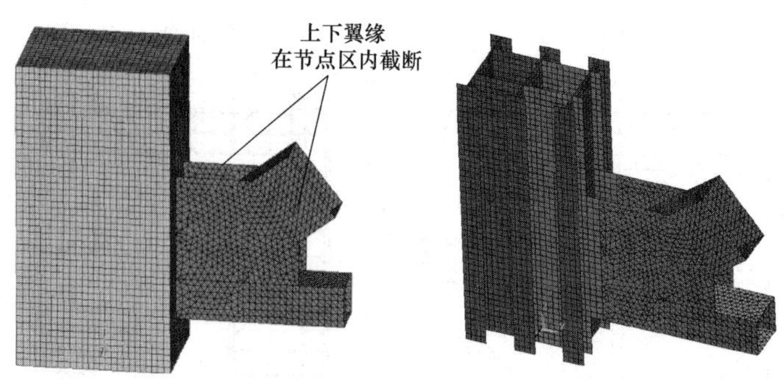

图 4.2.67　伸臂桁架与王字形钢骨柱连接节点

伸臂桁架杆件竖向板件相对应的节点板插入钢管混凝土内的形式，节点板上布置抗剪栓钉，可将部分力传递于钢管内的混凝土（图 4.2.68、图 4.2.69）。

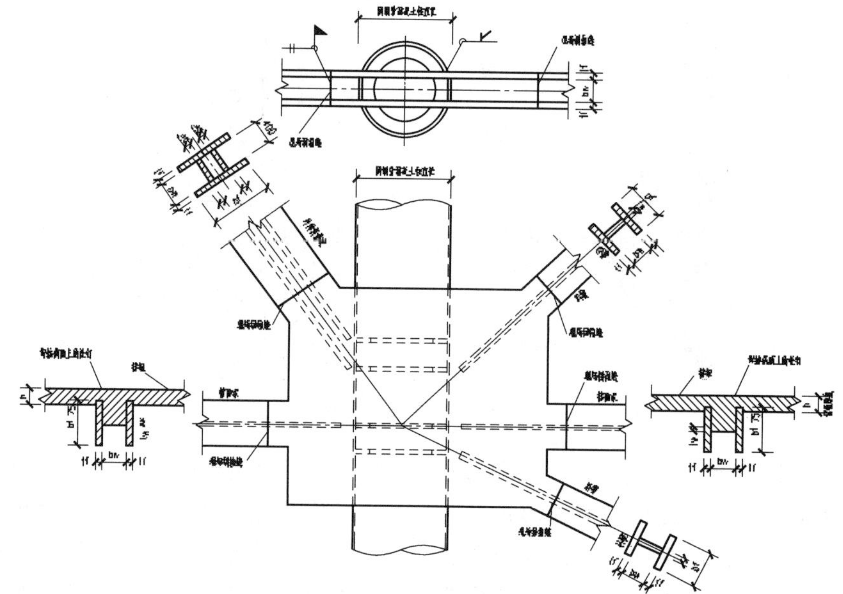

图 4.2.68　伸臂桁架与钢圆钢管混凝土柱连接节点

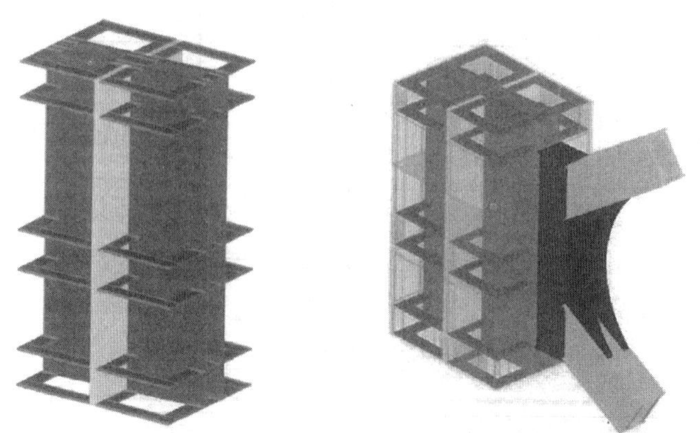

图 4.2.69　伸臂桁架与矩形钢管混凝土柱连接节点

4. 环带桁架连接节点

环带桁架根据结构形式一般分为两种：一种为普通框架中的环带桁架，主要起减小与伸臂桁架相邻框架柱的剪力滞后效应，提高外框架抗侧刚度，一般跨度较小通常采用单节间的形式（图 4.2.70）；另一种为巨型框架中的环带桁架（转换桁架），主要起转换次结构的作用，同时作为巨型框架的框架梁，提供一定的抗侧刚度，一般跨度较大，桁架有多个节间（图 4.2.71）。

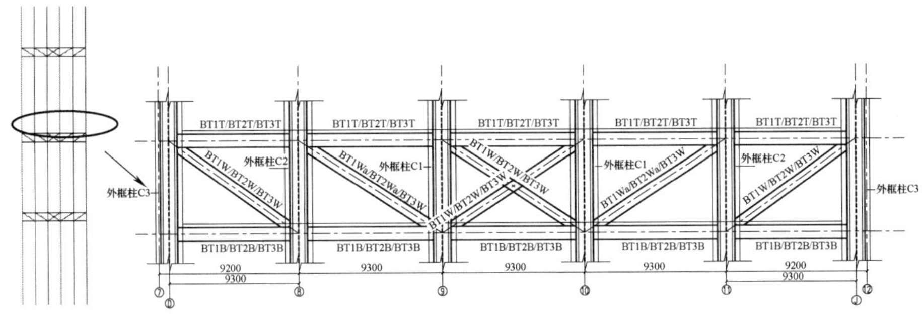

图 4.2.70　普通框架中的环带桁架

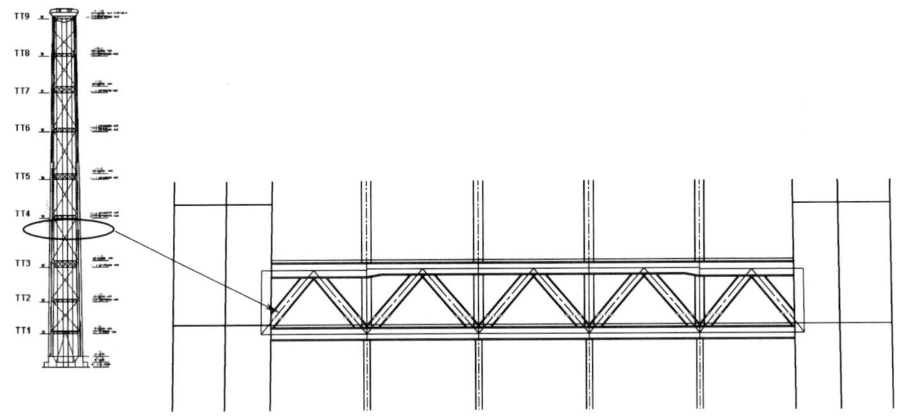

图 4.2.71　巨型框架中的环带桁架

普通框架中，环带桁架与框架柱的连接节点与伸臂桁架相似。

巨型框架中，环带桁架（转换桁架）的节点分为：环带桁架与巨型柱连接节点（图 4.2.72）、环带桁架节间连接节点（图 4.2.73）以及环带桁架与次结构柱连接节点（图 4.2.74）。

（1）环带桁架与巨型柱连接节点

环带桁架与巨型柱连接节点可参照伸臂桁架与框架柱的连接节点，节点设计中应注意其在竖向荷载作用下就会产生较大的内力，竖向荷载往往会成为巨型框架中环带桁架的控制因素。

（2）环带桁架节间连接节点

环带桁架同一节点中的斜腹杆受力形式通常呈现一拉一压的状态（桁架跨中除外，但跨中斜腹杆内力较小）。环带桁架可能采用箱形截面的形式，为了减少箱形截面内部的加劲肋，降低钢结构加工制作难度，将斜腹杆上下翼缘在节点处断开，适当增加节点板的厚

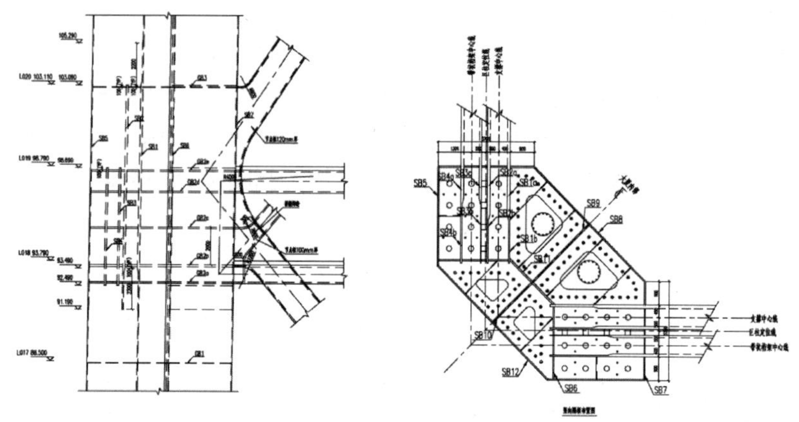

图 4.2.72　环带桁架与巨型柱连接节点

度，来满足节点受力的要求。

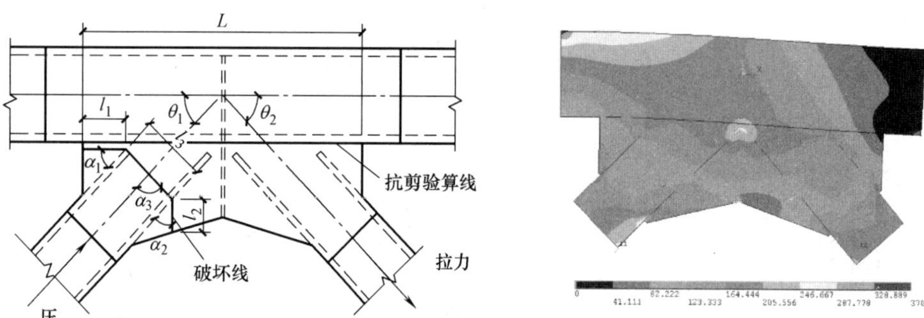

图 4.2.73　环带桁架节间连接节点及有限元分析简图

对此类环带桁架的节点设计主要需注意以下几个问题：

① 斜杆上下翼缘伸入锚固长度的验算；

② 节点板局部破坏线验算；

③ 节点整体抗剪验算；

④ 节点应按“强节点、弱杆件”进行设计。

(3) 环带桁架与次结构柱连接节点

若将次结构柱设计为仅承受竖向荷载的重力柱，建议次框架柱底与环带桁架采用铰接节点的形式，可避免环带桁架变形引起次结构柱的次弯矩，有效减小次结构柱的截面。

图 4.2.74　次结构柱顶端与环带桁架采用长圆孔连接

次结构柱顶端与环带桁架采用长圆孔普通螺栓的连接形式，使结构转换传力路径明确的同时适当增加结构的冗余度。

5. 巨型支撑连接节点

(1) 巨型支撑与巨型柱连接节点

巨型支撑与巨型柱连接节点根据巨型支撑与次结构的空间关系分为两类：巨型支撑与次结构在同一平面（图 4.2.75）、巨型支撑与次结构在不同平面（图 4.2.76）。

当巨型支撑与次结构在同一平面内时，巨型支撑和巨型柱的节点通常与环带桁架和巨型柱的节点融合，且节点处采取宽度加大的构造，以增加节点对巨型柱的约束。

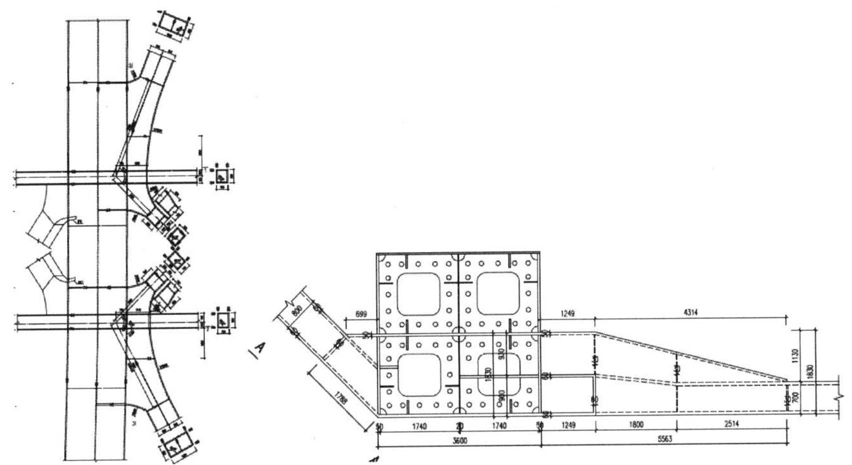

图 4.2.75 巨型支撑与巨型柱连接节点（巨型支撑与次结构在同一平面内）

当巨型支撑与次结构在不同平面时，巨型支撑和巨型柱的节点通常与环带桁架和巨型柱的节点错开，但通常情况下两者错开间距较近，节点构造复杂，施工难度大。

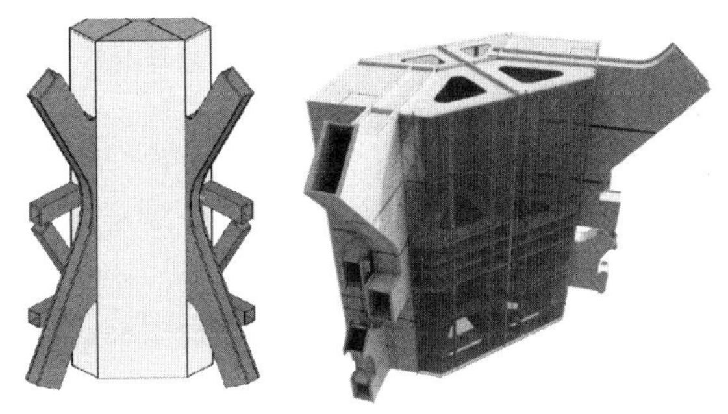

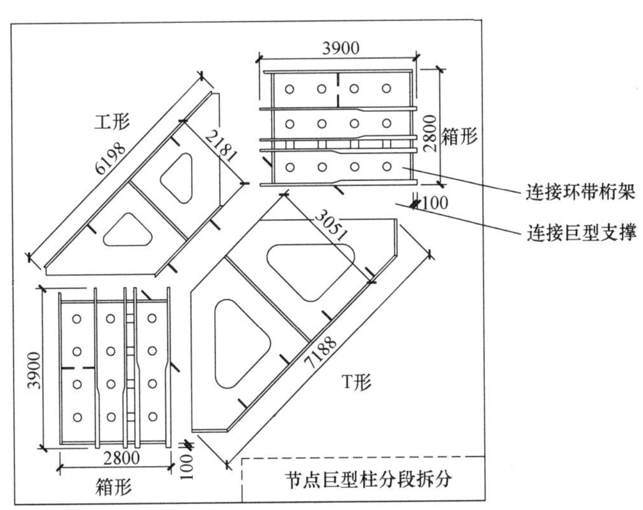

图 4.2.76 巨型支撑与巨型柱连接节点（巨型支撑与次结构在不同平面）

(2) 巨型支撑与次结构柱连接节点

当巨型支撑与次结构在同一平面内时，次结构柱与巨型支撑相交，相交处通常采用刚性连接节点（图 4.2.77），保证次结构柱及巨型支撑在节点处的连续性。

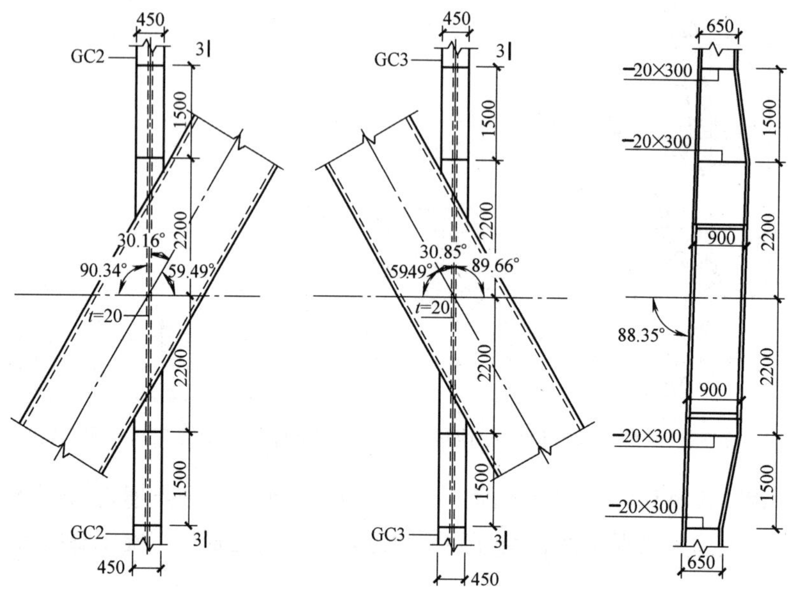

图 4.2.77 巨型支撑与次结构柱刚性连接节点

5

超高层建筑结构抗风技术

5.1 概述

5.1.1 超高层建筑结构的抗风安全性

风灾是发生最为频繁的自然灾害之一。尤其是近年来由于全球气候环境的变化，强台风发生的频率和强度都有所增大，造成的损失难以计数，给人民的生命财产安全带来巨大威胁。在沿海台风地区，风荷载往往是超高层建筑的控制荷载，对结构设计具有决定性意义。

尤其是近年来，随着玻璃幕墙等围护结构的普遍使用，超高层建筑的抗风安全性更加凸显其重要性。

国内外由于幕墙的安全问题而引起的事故中，很大一部分是由风引起的，并造成很大的经济损失。图 5.1.1（a）所示为 2005 年美国新奥尔良“卡特里娜”飓风对建筑幕墙造成的破坏，图 5.1.1（b）所示为 2005 年在中国东南沿海登陆的“泰利”台风过境造成的幕墙破坏。

此外，风灾中玻璃幕墙的破坏不仅带来直接的经济损失，还可能导致二次破坏，造成

(a) 美国新奥尔良“卡特里娜”飓风破坏

(b) “泰利”台风造成的破坏

图 5.1.1　幕墙破坏实例

更大的间接损失。这是因为幕墙破坏后，会导致风“穿堂入室”，对结构的内部设施造成更大的破坏。

另外，建筑的节能特性越来越受到重视，高层建筑外表面通常要覆盖保温层。由于保温层与主墙体的粘结强度问题，高层建筑外保温层被风吹坏的事故也时有发生。图 5.1.2 反映的是 2008 年底在北京地区的两幢高层建筑外保温层被风吹坏的情况。分析表明，在西北风作用下，侧墙较低区域的风吸力较高。在风荷载持续作用下，位置较低的保温层逐渐松动脱落，而这种损伤由下至上地传播，最终导致侧墙区域的保温层大面积脱落。

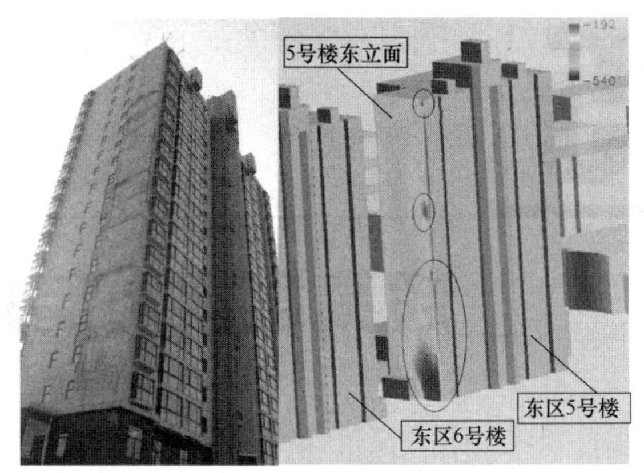

图 5.1.2　建筑外保温层破坏实例

5.1.2　超高层建筑结构的抗风舒适性

随着社会经济的发展和人们生活水平的提高，公众对于居住环境和生活质量也提出了更高的要求。超高层建筑在满足安全性的前提下，风作用下的舒适度问题就显得越来越重要了。

超高层建筑的舒适度受风的影响主要体现在以下几个方面：首先是风振引起的加速度会造成人体不适。在《高层建筑混凝土结构技术规程》JGJ 3—2010 中对此有明确规定。规程 3.7.6 条规定“房屋高度不小于 150m 的高层混凝土建筑结构应满足风振舒适度要求。在现行国家标准《建筑结构荷载规范》GB 50009 规定的 10 年一遇的风荷载标准值作用下，结构顶点的顺风向与横风向振动最大加速度计算值不应超过表 3.7.6 的限值。”表 3.7.6 中对住宅、公寓类的高层建筑，要求顶点最大加速度不超过 $0.15m/s^2$，而办公和旅馆用途的高层建筑，最大加速度不应超过 $0.25m/s^2$。

风对舒适度的另一个影响体现在行人高度风环境。自然风流经建筑物特别是建筑群时，会产生各种风效应，一方面影响行人的舒适性，另一方面还会造成建筑物局部的损坏，或是局部环境的污染。这就是所谓的建筑物风环境的问题。主要表现为：角区气流效应、穿堂风效应、环流效应、巷道效应、逆流效应等。

优良的设计方案在满足通风要求的前提下，能够保证行人不会因为风速过高，在活动区域产生强烈的不舒适。目前，中国规范未对行人高度风环境做出明确规定，但公共建筑、商业区、高档社区等常需进行该项研究，以提升设计品质。

由于经济发展水平的原因，国外开展风环境研究的时间较早。部分发达国家和地区还制定了大型建筑需要满足的风环境规范。相比国外对建筑物风环境研究的重视，中国的同类研究相对滞后。原因之一是风荷载及风振响应、建筑结构安全是以往中国工程界最关心的问题，对于影响居住舒适度的相关内容尚未引起广泛重视。对比国外不同的研究机构提出的数种风环境舒适性准则，中国在这方面的工作还是一片空白。

而随着国内人们对生活质量和居住环境的要求逐渐提高，尤其是高档建筑和商业区、休闲区的兴起，已有越来越多的建筑设计者意识到了风环境的重要性，要求进行局部风环境的评估，以增加建筑品质和舒适性。建筑物风环境的评估将成为中国未来建筑业发展的必然要求。

风致噪声是影响超高层建筑舒适性的又一个因素。由于大气运动过程中有较强的脉动成分，其本底湍流噪声在风速较高时成为一个重要问题。而对于超高层建筑而言，由于大气湍流在高层边缘处会产生流动分离，漩涡脱落等流动现象带来的规则压力脉动，形成的噪声声级较高，给人带来不适感。由于气动噪声问题相当复杂，目前一般通过数值模拟等方法进行求解，了解风致噪声的分布和强度。

5.1.3 超高层建筑结构的抗风问题研究方法

超高层建筑的抗风问题是风工程研究领域的一个分支。

风工程研究主要有三种手段：现场实测，风洞模拟试验以及理论分析（数值模拟）。

现场实测在风工程研究中有着举足轻重的作用，一方面人们必须通过实测了解大气边界层中的风特性，以研究它所产生的影响；另一方面，通过试验和计算得到的一些结果，也只有通过实测来加以确证，才能证明研究方法的可靠性。但实测方法很难用于解决设计阶段的工程问题。因为对特定的工程结构而言，它能做的只是“后检验”，即只能在建筑物结构竣工后才能进行测量。另外，实测所获得的数据与测量时出现的某种特殊环境有关，如当时的风速、风向、温度等。所以相对而言，实测的理论意义更加重要。

风洞模拟试验是风工程研究中应用最广泛、技术也相对比较成熟的研究手段。其基本做法是，按一定的缩尺比将建筑结构制作成模型，在风洞中模拟风对建筑作用，并对感兴趣的物理量进行测量。近年来，随着技术水平的不断提高，新的试验设备不断出现，如高频底座天平、高速电子压力扫描阀，高精度的激光测振仪（LDV）以及粒子图像测速仪（PIV）等等。这些高性能的试验设备为风洞模拟研究提供了更为有利的条件，使得风洞试验在风工程领域的研究内容更加深入，研究范围也更加广泛。但是，风洞试验也有其局限性，比如一些重要的相似参数难以完全满足，研究周期长、费用较高等。

理论分析和数值计算是风工程研究领域的又一研究手段。虽然大气湍流至今仍是一个远未解决的难题，结构在脉动风作用下的振动也很难获得解析结果。但是，理论分析对于风工程研究的重要性仍是不容忽视的。而且随着计算机技术的不断发展，理论分析结合数值模拟计算已经在风工程研究中日益显示出重要性。根据研究内容的不同，数值计算可分为计算流体动力学数值模拟（CFD，Computational Fluid Dynamics）和风振分析两大类。CFD 数值模拟与风洞试验相比，具有研究周期短、费用低、研究结果直观形象、模型调整灵活、获得信息全面等优点。但由于湍流问题的复杂性，目前的数值模拟往往只能采用雷诺平均方程，并选用湍流模型封闭方程，因此还存在局部区域的计算结果不够准确、脉动成分的计算结果不可靠等问题。风振分析主要是为了获得脉动风荷载作用下的结构响应。风振分析基于随机振动理论，以结构的动力学方程为控制方程，通常可在时域和频域展开。当激励源（气动荷载）特性较为准确时，风振分析可以获得比较准确、可靠的结果，因此风振分析通常与风洞试验相结合，对风致响应进行计算。

总而言之，上述三种方法互为补充，不可或缺，都有其优缺点，应用的范围也有所不同。在工程实践中，需根据具体情况进行选择。表 5.1.1 给出了对于超高层建筑抗风问题推荐的研究方法。

不同研究方式的特点　　表 5.1.1

	围护结构设计荷载	主体结构设计荷载	横风向风荷载	顶点加速度	行人高度风环境	噪声评估
风洞试验	√	√	√	√		
风振分析		√	√	√		
CFD 数值模拟					√	√

5.2　超高层建筑风荷载的基本特点及设计建议

5.2.1　超高层建筑风压分布特点

1. 风与大气边界层

要了解结构物和风的相互作用，首先必须对“风”有所认识。笼统地讲，自然界中的风是由于太阳对地球大气加热不均匀引起的，加热不均匀造成的压力梯度驱动空气运动就形成了“风”。而地球表面对大气运动施加了水平阻力，使靠近地面的风速减慢。这种影响通过湍流掺混一直扩展到几百米到几公里的范围，形成大气边界层。

边界层内的风速随高度增加，其顶部的风速通常称为梯度风速。在边界层外，风基本上是沿等压线以梯度风速流动的。由于地表分布不均匀，来流特性也有所不同，大气边界层的厚度和气流统计参数根据具体条件而变化。

中国《建筑结构荷载规范》GB 50009—2012 将地貌分为 A、B、C、D 四类，分别对应海边、乡村、城市和大城市中心。规范采用的是指数型风速剖面，四类地貌的剖面指数分别为 0.12、0.15、0.22 和 0.30，梯度风高度分别取 300m、350m、450m 和 550m。不同地貌下平均风速随高度的变化见图 5.2.1。

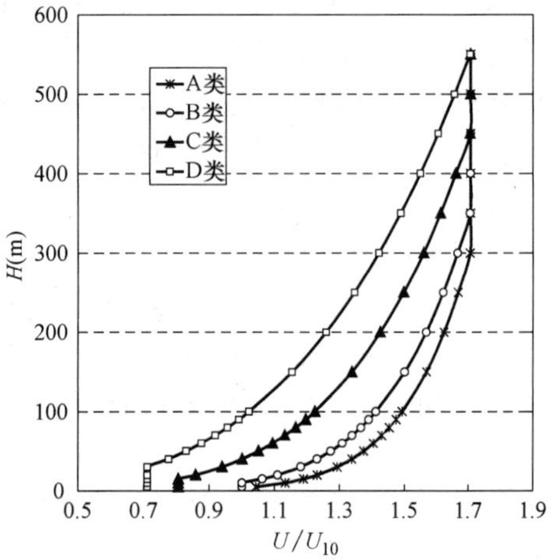

图 5.2.1　不同地貌类别下的风速剖面

2. 风速与风速压

工程应用中，需要将风速转换为对应的风速压。这种转换是根据贝努利方程进行的，如下式：

$$p+\frac{1}{2}\rho v^2=\text{常数(const)} \tag{5.2.1}$$

式中，第一项 p 为流体静压；第二项是流体动压，ρ 和 v 分别是空气密度和气流速度。该式适用于没有能量损失的理想流体流动。

速度为 v 的风，当其速度降为 0 时，动压将全部转化为静压，造成流体静压增加。通常，将风速 v 对应的动压定义为风速压，因此基本风速 v_0 对应的基本风压为：

$$w_0=\frac{1}{2}\rho v_0^2 \tag{5.2.2}$$

应注意的是，由上式计算得来的风压只代表了风本身的特性，它与实际作用在建筑物表面的风压既有联系，也有区别。

3. 高层建筑的表面平均风压

风速压仅代表自由气流所具有的动能，不能直接作为风荷载的取值。为获得作用在建筑物表面的平均风压值，需根据气流在受到阻碍后的运动情况，用风速压乘上体型系数。

设 H 高度处的来流平均风速为 v_{H}，静压为 p_{H}，则建筑物 H 高度 i 点处的平均风压 p_i 通常以无量纲系数的形式表达，即"点体型系数"：

$$\mu_{si}=\frac{p_i-p_{\mathrm{H}}}{\frac{1}{2}\rho v_{\mathrm{H}}^2} \tag{5.2.3}$$

对于贝努利关系式（5.2.1）成立的区域，易推导得出：

$$\mu_{si}=\frac{p_i-p_{\mathrm{H}}}{\frac{1}{2}\rho v_{\mathrm{H}}^2}=1-\left(\frac{v_i}{v_{\mathrm{H}}}\right)^2 \tag{5.2.4}$$

由式（5.2.4）可知，当自由来流吹到建筑物迎风面受到阻滞时，风速 v_i 变为 0，此时体型系数等于 1.0。因此在荷载规范中，高层建筑迎风面的点体型系数（局部体型系数）取为 1.0。由式（5.2.4）得出的体型系数最高不会超过 1.0，但当高处来流在压力梯度作用下，向下运动受到阻滞时，建筑物表面局部的体型系数可能高于 1.0。这种现象对于高层建筑的近地面位置尤为常见。

对于流动速度大于 v_{H} 的区域，体型系数将为负值。比如在高层建筑的侧面，由于空气受到建筑物的阻碍，将会加速从侧面绕过去，尤其在边缘部分加速更为明显，因此建筑侧面就会体现为较强的负压。

应说明的是，流动分离区和背风区存在较大的流动能量损失，贝努利方程一般不适用。但其定性分析得出的结果通常也是正确的。

4. 极值风压与围护结构风荷载标准值

自然界的风都是脉动的，其作用在建筑表面的风压也是脉动的。图 5.2.2 给出了一段典型的压力系数时程曲线。由这段时程可得出一个平均值（即平均压力系数）；而由于风压是脉动的，在曲线中会有最高压力和最低压力。

由体型系数直接计算得出的值是平均风压，将其直接作为围护结构设计时的风荷载标准值显然是不合适的，应当采用具有一定保证率的极值风压。根据表达方式的不同，可用两种方法计算极值风压，即：

$$\hat{p}=\overline{p}\pm g_{\mathrm{t}}\sigma_{\mathrm{p}}\text{或 }\hat{p}=\beta_{\mathrm{gz}}\overline{p} \tag{5.2.5}$$

式中，$\hat{p}$、$\overline{p}$、g_{t}、σ_{p} 分别代表极值风压、平均风压、峰值因子和脉动风压（风压均方根）。

第一式的正负号应根据平均风压的方向确定。平均风压为正，应取正号，反之则取负号，以获得绝对值较高的极值风压。这两个计算式本质上是等价的，通常在风洞试验中，采用平均和脉动相叠加的方法计算极值风压；而在《建筑结构荷载规范》GB 50009—2012 中，则采用阵风系数乘以平均风压的形式规定极值风压。

此外，围护结构设计时还需要考虑建筑物内部的内压。不同的风洞试验单位给出的报告，有的极值风压已经考虑了内压，有的则未考虑，需引起注意。

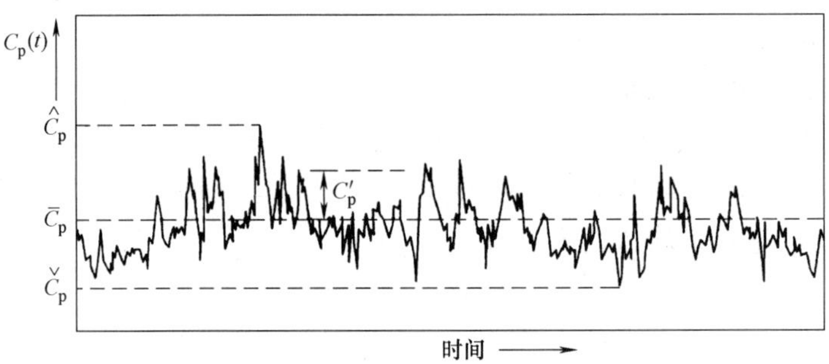

图 5.2.2　典型的压力系数时程曲线

5. 抗风设计建议

当前的高层建筑大多造型独特，玻璃幕墙等围护结构也被普遍采用，因此表面风荷载高层建筑的安全性和经济性都有重要影响。

常规体型的高层建筑，在《建筑结构荷载规范》和《高层建筑混凝土结构技术规程》都可查到对应的体型系数，按照规范给出的计算公式即可计算其表面风荷载。而在条件允许的情况下，应尽量通过风洞试验得出更为准确的表面风荷载值。

2015 年 8 月开始施行的《建筑工程风洞试验方法标准》第 3.1.1 条规定“体型复杂、对风荷载敏感或者周边干扰效应明显的重要建筑物和构筑物，应通过风洞试验确定其风荷载。”列举了三种常见的需要进行风洞试验的情况。

1）体型复杂。这类建筑物或构筑物的表面风压很难根据规范的相关规定进行计算，一般应通过风洞试验确定其风荷载。

2）对风荷载敏感。通常是指自振周期较长，风振响应显著或者风荷载是控制荷载的这类建筑结构，如超高层建筑、高耸结构、柔性屋盖等。当这类结构的动力特性参数或结构复杂程度超过了荷载规范的适用范围时，就应当通过风洞试验确定其风荷载。

3）周边干扰效应明显。周边建筑对结构风荷载的影响较大，主要体现为在干扰建筑作用下，结构表面的风压分布和风压脉动特性存在较大变化，这给主体结构和围护结构的抗风设计带来不确定的因素。

5.2.2　超高层建筑的风致响应与三维等效静风荷载

1. 超高层建筑主体结构风荷载的分类

在进行围护结构抗风设计时，由于不考虑结构本身振动对风荷载的附加影响，因此可直接采用风压极值作为标准值。

而在主体结构设计时，由于结构在时变风荷载作用下会产生振动，尚需考虑结构振动带来的附加惯性力等因素，因此主体结构的风荷载不但取决于表面风压分布，还取决于结构的动力特性。

另一方面，由于超高层建筑通常可以简化为悬臂结构，因此表面风压也可以沿建筑物的平面进行积分，得出作用于各楼层质心处的荷载。

根据归并后的风荷载作用方向与来流方向的不同，可将超高层建筑的主体风荷载划分为顺风向、横风向和扭转三个方向。

所谓顺风向响应指的是与来流风速方向一致的风致响应；横风向响应指的是垂直于来流风速方向的响应。扭转响应指的沿建筑横截面切线方向的响应。之所以这样划分，并不仅仅是为了方便，更主要是由于这三个方向的风荷载不同（图 5.2.3 给出的气动力谱比较结果），由此产生了不同的运动特征。

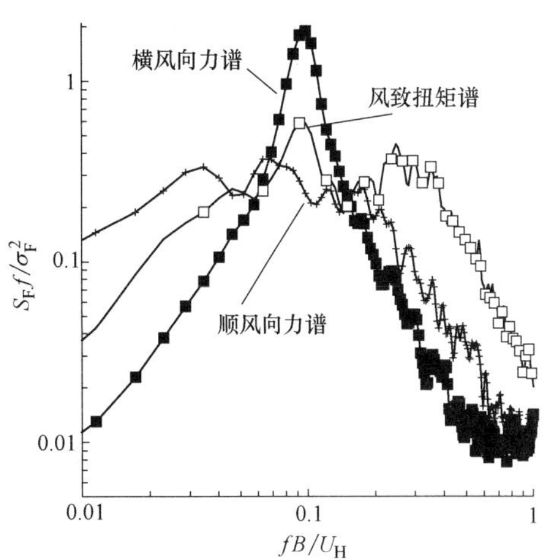

图 5.2.3　顺风向、横风向和扭转方向气动力谱比较

结构的顺风向动态响应主要是由于来流中的纵向紊流分量引起的，另外还要加上由于平均风力产生的平均响应。结构的顺风向动态响应计算一般假定脉动风速为平稳高斯过程，并利用准定常假定建立脉动风速与脉动风压之间的关系。从风工程发展的历史来看，顺风向风致响应的研究较横风向和扭转响应研究要早，形成了较完整的计算体系。

横风向响应的机理十分复杂。一般将其划分成三种类型：

a. 尾流激励。它指的是与涡脱有关的横风向激励。这种机理导致的横风向气动力有明显的由 Strouhal 数确定的周期性。

b. 来流紊流引起的激励。主要依赖于建筑的气动特性。

c. 结构横风向运动导致的激励。与这种激励机制有关的有“驰振激励”“颤振激励”和“锁定”等。一般认为，高层建筑遭受这几种纯粹的激励的可能性不大。实际高层建筑的横风向激励实质是上述机制共同作用的结果，由于这些机理，气流在建筑物表面和周围产生复杂的随时空变化的压力分布。由于机理复杂，影响因素众多，需要借助实验方法来研究横风向风效应问题。

扭转响应是由于迎风面、背风面和侧面风压分布的不对称所导致的，与风的紊流及建筑尾流中的旋涡有关，但对于不同几何外形的建筑物，主要的影响因素不相同。有文献认为，当矩形建筑物的侧面边长 D 与迎风面边长 B 的比值 D/B 处在 1～4 之间时，扭矩主要是由涡脱与重附着引起横向不对称压力产生，当 $1/4 \leqslant D/B < 1$ 时，扭矩主要是由顺风向紊流和横向涡脱引起，根据长宽比来划分不同影响因素只能针对没有偏心的单体建筑，实际建筑处在复杂周边环境干扰下，建筑物表面风压分布更加复杂，另外气动中心与质心的偏离情况也会影响扭转响应的大小。

2. 等效静力风荷载

（1）基本概念

注意到，上节提及的风荷载除顺风向的平均风荷载外，顺风向脉动风荷载、横风向和扭转方向荷载均是随时间和建筑空间变化的时变荷载。在超高层建筑结构设计中，如何才能考虑风荷载产生的随时间变化的效应，并与其他荷载效应进行组合呢？这就需要引入等效静力风荷载的概念。

等效静力风荷载的基本含义是指通过适当方法将作用于结构上的风荷载转化为静力荷

载，此等效静力荷载作用于结构上时，能产生与实际情况一致的最不利风致响应。显然，平均风荷载本身即为静力等效荷载的基本组成部分，不需要进行换算。下面主要讨论脉动响应对应的等效静力风荷载。

不失一般性，仍以简化的悬臂结构为例，并假定其承受沿高度变化的平均和脉动风荷载，如图 5.2.4 所示。

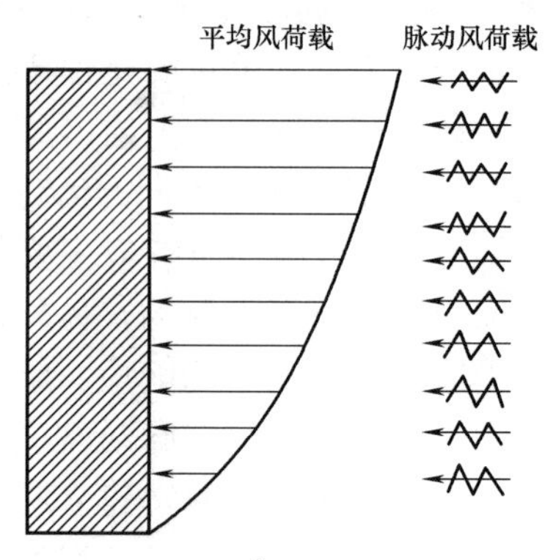

图 5.2.4　悬臂结构承受风荷载示意图

结构风致响应沿高度的变化规律不仅与外加荷载的特性有关，还随着响应类型（位移、剪力和弯矩）变化。不妨假设已计算出结构某高度处某种响应，则满足前述基本含义的等效静力风荷载可能有很多种形式：均布、非均布的，甚至还可以是一个集中荷载，如图 5.2.5 所示。这些不同的荷载形式是人为假定的，它们通常缺乏明确的物理意义，而且随着所求响应的类型和高度变化很大，规律性也不强，因此这些等效静力风荷载尽管也能重现真实响应，但却不一定适于实际应用。因此，从这一点考虑，除效应等效外，等效静力风荷载应兼具较明确物理意义和一定规律性，这也是对于判断等效静力风荷载计算方法有效性的基本要求。

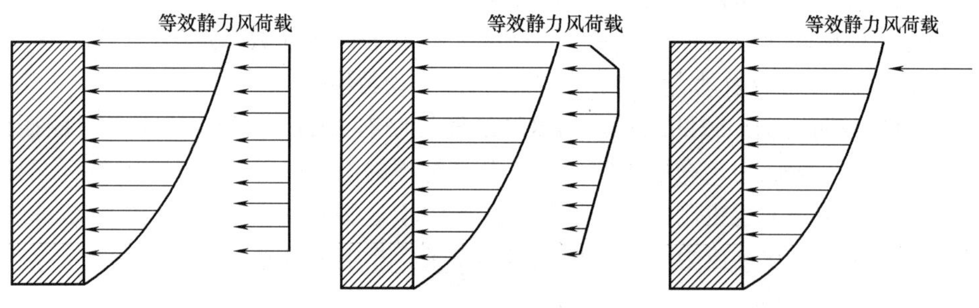

图 5.2.5　等效静力风荷载示意图

（2）国外规范方法

目前，国外规范对于超高层建筑的等效静力风荷载时基本上仍然沿袭了 Davenport 提出的阵风荷载因子法，将平均风荷载乘以某一放大系数后得到等效静力风荷载，此法简单易行。Davenport 最初提出该方法时将该放大系数取为峰值位移与平均位移的比值，随着研究的不断深入，一些研究者认识到该放大系数与响应类型有关，因此又发展出了基于不同响应的阵风效应因子法。

$$G=\frac{r_{\max}}{\bar{r}} \tag{5.2.6}$$

等效静力风荷载表示为：

$$p(z)_{\max}=G\bar{p}(z) \tag{5.2.7}$$

式中，$\bar{r}$、$r_{\max}$ 分别表示结构的平均响应和峰值响应；$\bar{p}(z)$ 表示平均风荷载。

（3）中国规范方法

我国规范在高层建筑等效静力风荷载设计中，从结构的动力方程出发，探讨高层结构等效静力风荷载的分布。超高层建筑在风荷载作用下的动力方程为：

$$M\ddot{Y}(t)+C\dot{Y}(t)+KY(t)=P(t) \tag{5.2.8}$$

式中，M、C、K 分别表示结构的质量、阻尼和刚度矩阵；$Y(t)$、$\dot{Y}(t)$、$\ddot{Y}(t)$ 分别表示节点的位移、速度和加速度向量；$P(t)$ 表示脉动风荷载向量。将该式改写为：

$$KY(t)=P(t)-M\ddot{Y}(t)-C\dot{Y}(t) \tag{5.2.9}$$

式（5.2.9）右端项称为风的广义外荷载，也就是等效静力风荷载，用 P_{eq} 表示，即：

$$P_{eq}(t)=KY(t) \tag{5.2.10}$$

按振型分解法，式（5.2.10）还可表示为：

$$P_{eq}(t)=KY(t)=K\sum_j \Phi_j q_j(t) \tag{5.2.11}$$

式中，Φ_j、q_j 分别表示第 j 阶振型的振型向量和相应的广义坐标。

结构的特征值方程为：

$$K\Phi_j=\omega_j^2 M\Phi_j \tag{5.2.12}$$

因此，等效静力风荷载（不包括平均风荷载）还可以写为：

$$P_{eq}(t)=K\sum_j \Phi_j q_j(t)=M\sum_j \omega_j^2\Phi_j q_j(t) \tag{5.2.13}$$

从式（5.2.13）可以看出，等效静力风荷载（不包括平均风荷载）可以表示为各振型惯性力作用的组合。

对于高层建筑和高耸结构等绝大多数结构，采用振型分解法计算位移响应时，可以仅考虑第一阶振型的影响。因此，等效静力风荷载（不包括平均风荷载）可以用第一阶振型的惯性力表示。并根据极值理论，第一阶振型的最大峰值分布惯性力（即不包括平均风荷载的等效静力风荷载）可以表示为：

$$P_d(z)=g\omega_1^2\sigma_1 M\Phi_1 \tag{5.2.14}$$

式中，g 表示峰值因子；σ_1 为第一阶振型的广义坐标 q_1 的根方差值。

（4）定性比较

应该说，阵风荷载因子法和惯性风荷载法都有一定的应用范围。一般来说，对于结构整体刚度较小的超高层建筑，阵风荷载因子法的计算结果偏差较大；当结构整体刚度较大时，惯性力法的计算结果偏差较大。另外，阵风荷载因子法采用极值响应与平均响应之比来定义阵风效应因子，对于横风向及扭转响应，平均效应接近零。此时，可能得到非常大的阵风效应因子，超出了方法能够描述的范围，有一定局限性。

3. 超高层建筑的气动弹性效应

气动弹性问题指的是由于建筑在风作用下的运动（包括位移及对时间的导数）导致的外加风力的改变，从而反过来又影响结构的运动。显然，这是一个复杂的耦合问题。

数量化描述这种复杂现象一般只能通过风洞试验才能得到。在进行结构风效应分析时，常常用气动阻尼来描述这一效应的影响。我国规范在基于系统试验基础上，给出了方形截面超高层建筑气动阻尼随风速及自振周期的变化曲线。

实际建筑的气动阻尼情况比规范或试验情况要复杂得多，但从定性的意义上讲，基本规律比较类似：

在实际的设计处理时，认为顺风向气动阻尼一般为正值，通常不考虑其对结构的有利作用；

横风向气动阻尼较为复杂，在建筑的涡脱频率与结构自振频率接近时，气动阻尼会突然从较大的正阻尼变为较大的负阻尼，从而大大增加结构的横风向响应。因而，当实际建筑的设计折算频率接近于建筑涡脱频率时，往往要进行专门的气动弹性研究，以检验其气动弹性性能。

对于大多数实际高层建筑而言，气动阻尼一般很小，在设计时可不考虑，只有那些非常柔（例如自振周期接近或超过 10s）、高、低阻尼超高层建筑，才需要进行这方面的特殊考虑。

4. 风与地震作用的比较

地震和风是结构工程师在设计超高层建筑时非常重视的控制性荷载，从本质上来看，两者都是随机荷载，但从作用途径、作用性质、作用影响等存在诸多差别，如表 5.2.1 所示。

地震作用和风作用比较 **表 5.2.1**

比较项目	地震作用	风荷载作用
作用途径	作用在建筑物基础，引起了上部或整体结构的惯性响应	作用在结构外表面，随着建筑物高度增加而加大
作用性质	地震作用完全是动力作用，是一个近似零均值的非平稳随机过程	风荷载作用分为平均风和脉动风两部分，具有静力和动力的双重作用
作用时间	地震作用的持续时间较短，通常为几秒到几十秒	风荷载作用的持续时间是较长的，从几分钟到几十分钟都有可能
作用频度	地震作用发生的概率较小	风荷载作用较频繁，差不多每年都会有大风或台风出现
影响作用因素	地震作用大小与建筑物质量有密切关系，质量越大，地震作用也越大	与建筑物外形和表面尺寸有关
	建筑结构动力响应与固有振动周期和场地特征周期有关 随场地不同，基础埋置深度不同而有差别	通常建筑结构固有振动周期越长，风荷载作用越强烈，受周围地形，建筑物影响

除表 5.2.1 所列的地震作用和风荷载作用的区别外，还可以补充如下几点：

(1) 地震作用效果与建筑物具体结构形式有密切关系，不同结构形式的震害是有差别的。而风荷载作用下，除了关心结构的形式外，也较关心建筑的外形，因为建筑体形决定了结构的气动特性和风荷载激励。

(2) 由于能量集中度不同，主要影响的结构形式也不一样。图 5.2.6 给出了脉动风速和地震加速度谱密度函数与几种典型结构（普通建筑、高层建筑、输电线缆、大跨度悬索桥）的卓越频率分布。对于一般建筑，其常见频率范围涵盖地震加速度谱密度峰值以及周围的主要频率区间，因此地震作用起控制作用。但随着建筑物变柔，卓越频率降低，基本频率涵盖范围将左移，风荷载将逐渐起到控制作用。同时还可看到，高层建筑卓越频率范围处在风速谱和地震谱的重叠区域，起到主要作用的是风还是地震，需要具体分析。总的来说随着高层结构周期增大，结构变柔，风起控制作用的可能性就增大，而且输电线和大跨度桥梁结构将通常由风起控制作用。

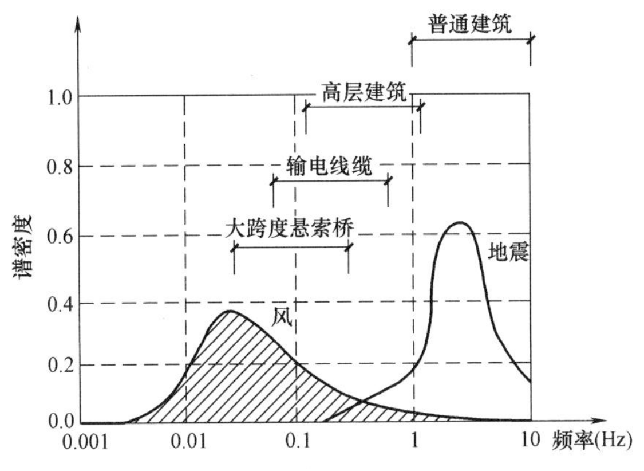

图 5.2.6　风、地震谱与常见结构周期分布

（3）地震作用下较高振型的响应对总响应贡献较大，尤其是对内力的影响，一般不只考虑基本振型贡献。而建筑风致振动通常只考虑第一阶振型影响，即使对高柔结构而言，也是基本振型在起主要作用。因为脉动风卓越周期一般在 10s 以上，而地震加速度的卓越周期一般小于 1s；故随着振型序号提高，风荷载动力响应贡献减少，而地震作用动力响应贡献会增加。

（4）对于大震、近震而言，高耸高层建筑还需要考虑竖向地震作用，而风荷载一般只考虑它的水平力效应。风荷载较频繁地作用于结构，而地震作用并不经常发生，因此舒适度分析一般是针对风振响应而言的，结构抗震分析和设计中一般不存在舒适度问题。

（5）对于高层建筑而言，风荷载作用时必须考虑风荷载的空间相关性；而抗震设计中一般不考虑地震动加速度的空间相关性。通常由于结构角部漩涡脱落，横风向激励总是存在的，因此高柔结构的横风向响应不易忽略。

（6）实际工程结构抗震设计中，通常要考虑结构在大震、中震作用下的弹塑性响应，但房屋结构在风荷载作用下，通常只考虑弹性响应，只有少数轻柔的高耸结构比如桅杆、输电塔等需要考虑几何非线性。

5.2.3　超高层建筑群的干扰效应

土木工程设计中，计算作用于建筑物上的风荷载主要依据各种规范和标准。然而，这些规范和标准一般是出自于开阔地貌中孤立建筑模型风洞试验的结果。在实际应用中，除了极少数情况，所讨论的建筑物总是处在建筑群中，风荷载对建筑物的作用必然受到周围环境的影响。很多相关研究表明，实际环境中的建筑物上作用的风荷载与孤立建筑物上所测定的结果并不相同，图 5.2.7 所示为某两栋高层建筑分布位置及其在风荷载作用下压力系数的分布情况。邻近建筑的存在，以其几何形状、平面位置、高度、相对来流的朝向以及上游地貌环境的不同等各种因素，对建筑物上作用的风致作用力产生影响。这种作用就是普遍认为的干扰作用，它远远超出了可忽略的范围，必须得到正确的评估。研究人员一般采用干扰系数来表示施扰建筑对受扰建筑的影响，干扰系数定义为：施扰后建筑的响应/孤立建筑的响应。

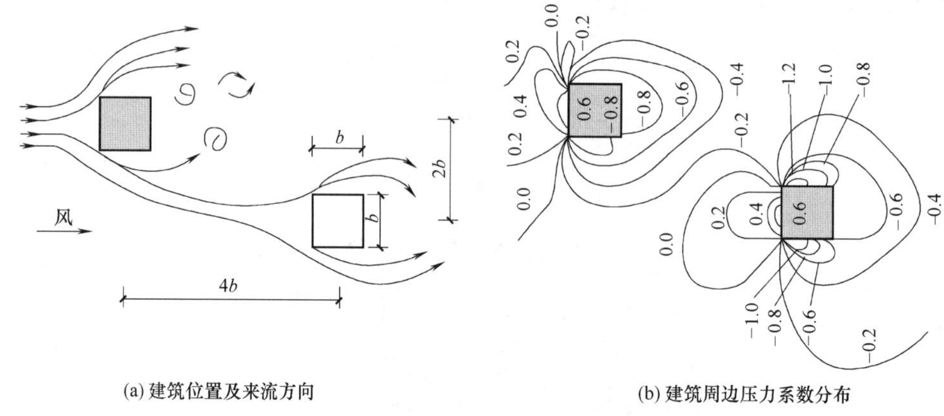

(a) 建筑位置及来流方向　　(b) 建筑周边压力系数分布

图 5.2.7　某项目风作用下结构周边压力系数分布情况

1. 影响因素

建筑物之间干扰效应的主要影响因素包括：建筑物形状和尺寸、风速和风向、地貌类别以及邻近建筑的数量和位置。从既有文献来看，单个施扰建筑、两个施扰建筑对受扰建筑影响的研究较为充分，通过对上游建筑尾流、干扰效应导致的流动方式的改变及基本压力分布的变化的研究等，可获得对干扰机理的初步认识。

干扰效应主要有以下几个影响因素。

1）地貌类别的影响

地貌类别对结构风荷载影响较大。随着周围障碍物的增加，作用于结构的平均风力减小但脉动风力增加。同样，邻近建筑导致的风荷载增加量也受地形影响。相关学者研究了多种模拟的地貌条件下的风干扰效果，得到的结论是开阔地貌条件下干扰效果最显著。

由于和开阔乡村地貌相对应的湍流度较低，上游建筑尾流中脉动部分有较强的相关性，因此引起下游建筑上风荷载的增大。另一方面，湍流度高的城市环境下，对同样的上游建筑的尾流有阻滞效果，因此减小了下游建筑上的动力干扰效应。当然，流场的高湍流度也对结构的漩涡形成和尾流结构构成很大的影响。更深入的研究表明，城市地貌高湍流度影响下，相邻高层建筑之间的互干扰效应，互干扰效应效果随湍流度的增大而呈指数率减小。

从数值上看，通过改变上游地貌条件，从开阔乡村地貌到城市郊区，上游建筑引起的下游建筑上的顺、横风向荷载可减小到开阔地貌值的 60%～80%。根据建筑物的几何形状以及其不同的相对位置，从开阔地貌到城市地貌，扭矩可能有 50%的减小。因此，在沿海区域、开阔地貌、城市中心边缘的小区建筑对风干扰更为敏感。

2）施扰建筑高度的影响

随上游建筑的高度增加，下游建筑上的顺风荷载因遮挡效应而减小，然而动力荷载却增加了。实验研究表明，当上游建筑的高度减小到下游建筑的 2/3 时，其干扰效应会显著减小。一个特别的现象是当折算风速为 2 时，等高的上游建筑使得下游建筑上的顺风向倾覆弯矩约为孤立状态下的 1.7 倍以上。上游建筑高度为下游建筑高度的 1.5 倍时，此顺风向倾覆弯矩增加到 1.9 倍。

横风向的动力荷载也因为建筑物的高度增大而增大，这主要是因为随着上游建筑高度的增加，加大了上游建筑结构脱落的尾涡结构相关性。

3）施扰建筑截面尺寸的影响

上游建筑的尺寸和形状同时影响下游建筑的平均力及脉动力。顺风向上，受扰建筑的顺风向平均风荷载随施扰建筑的截面尺寸增大有减小的趋势，但受扰建筑顺风向的脉动风力则有随着施扰建筑尺寸增大而增大的趋势。横风向上，增大结构尺寸导致作用于下游建筑动力风荷载呈减小趋势，但减小幅度与施扰建筑及受扰建筑的位置有关。

4）结构外形的影响

截面形状的不同会引起干扰效应的变化，目前已发表的研究中包括八边形、圆柱形、正方形施扰建筑以及矩形、平行四边形、三角形以及角沿修正的正方形受扰建筑。

对于施扰建筑，圆柱形截面建筑和正方形截面建筑相比，顺、横风向的干扰因子均增加 80%，其中圆柱形对方形受扰建筑的响应放大作用可高达 3.23 倍。同时两种形状截面施扰建筑对受扰建筑的风荷载的放大还与施扰建筑的位置密切相关。

对于受扰建筑，研究发现不管其形状如何，其受扰后的荷载放大效果似乎具有相同的变化趋势。顺风向的放大作用在相对近的距离（1.5b，b 为受扰建筑宽度）得到最大值然后随间距的增大有减小的趋势；横风向力则随间距的增大而增大，大约在 4.5b 的位置处最大。

5）风向角和建筑方位的影响

风效应不仅与风速有关，还和风向角有密切关系，通常的风洞试验是以 10°～22.5°为间隔进行并从中测出最不利风向角。由于在实际情况下风向的不确定性，研究风向对干扰效应的影响也具有较大的应用价值。以正方形截面的建筑物为例，在孤立的情况下，最大平阻力在 0°攻角时最大（风向垂直于迎风面），而最大平均扭矩，则发生在 75°攻角的风向左右。当其临近存在施扰建筑时，情形会有些变化。

关于建筑方位角，研究发现将两个方形模型以 30°偏角摆放时，其干扰结果比其他条件大致相似时的风向要小一些。

6）相对位置的影响

邻近建筑间的空间距离和它们的相对位置是风干扰效应中最重要的参数，一般的观点认为，两建筑间的干扰效应随它们分离距离的加大而逐渐减小，因此当超过某个距离后，建筑的行为应该和孤立情况相同。

对于相互干扰的建筑来说，两个建筑物越近、遮挡效应越明显，在串列布置，当顺风向间距大约为 3 倍建筑物宽度时，下游建筑物的平均阻力几乎为零；间距更大，下游建筑物上的平均阻力为负；而当间距达 13 倍建筑物宽度时，遮挡效应仍十分明显，遮挡因子仍有 0.7，在并列位置，横风向间距在超过 3 倍建筑物宽度时平均升力接近于 0（相当于孤立情况）；而在更小的间距，由于狭管效应作用，会产生指向施扰建筑的风荷载。

7）折算风速的影响

折算风速定义为：$v=v_{\mathrm{H}}/fb$。其中 v_{H} 为模型顶部风速，f 为结构折算到模型的频率，b 为模型的迎风宽度，也可按照结构原型的相应参数计算折算风速。很显然，结构动力响应都和折算风速有关，对于衡量干扰效应的干扰因子而言，折算风速对其也有很大的影响。折算风速不同，相应的干扰因子分布也不相同。

2. 工程应用建议

由于多个建筑的分布位置以及建筑形式在项目规划阶段即已经确定，因此对于建筑物相互干扰的分析工作应该在项目规划阶段即进行综合考量。从现有研究成果来看，对于建筑物在风作用下的干扰问题，应注意以下几点：

（1）当受扰建筑位于其他高层建筑之后时，顺风向平均风荷载由于遮挡效应会有所减小；当施扰建筑以一定角度与受扰建筑并列时，可能引起狭管效应造成建筑顺风向平均风荷载的增加。项目规划时，需要注意不同建筑的排列形式。

（2）顺风向动力干扰和横风向动力干扰主要是由于上游建筑的尾流引起，当受扰建筑位于施扰建筑的高速尾流边界区时，会产生较大的动力响应，在项目规划时，有必要与当地气象部门获取当地风玫瑰图，规避施扰建筑的尾流区。

（3）多栋高层建筑同时建设时，由于情况复杂，影响因素多，有必要通过风洞试验进行测试，确定建筑风荷载和施扰建筑对其产生的影响。

（4）对于干扰建筑数量较少，建筑群整体高度不高的情况，建议按照《建筑结构荷载规范》计算考虑干扰效应的风荷载值，相关干扰因子的取值可参考图 5.2.8。

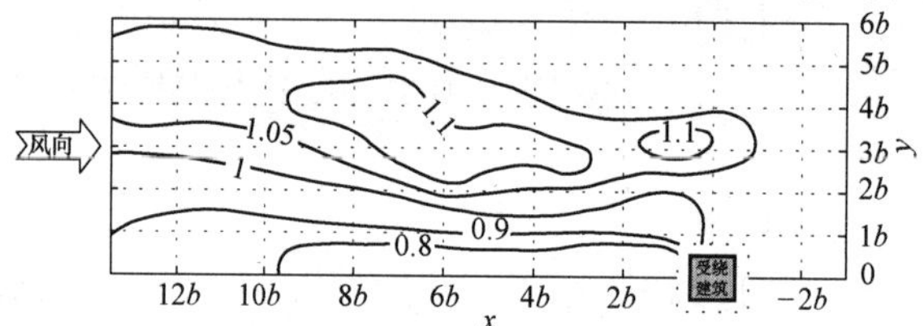

(a) 单个施扰建筑作用的顺风向风荷载相互干扰系数

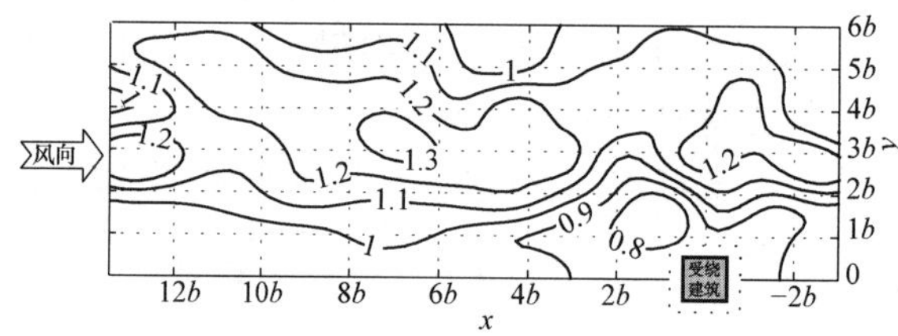

(b) 单个施扰建筑作用的横风向风荷载相互干扰系数

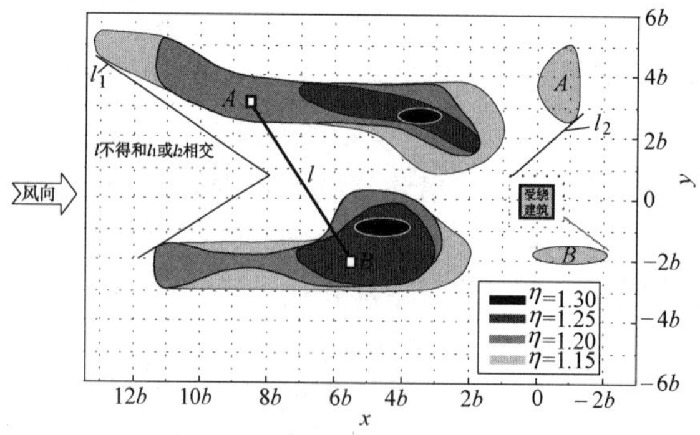

(c) 两个施扰建筑作用的顺风向风荷载相互干扰系数

图 5.2.8　干扰因子

5.2.4 超高层建筑的抗风优化

现代超高层建筑具有高、柔的特点，建筑物风致响应越来越显著，严重影响了结构安全性和居住舒适性，建筑抗风优化问题成为设计中关注的问题之一。降低超高层建筑横风向荷载和响应的措施主要有空气动力学措施（简称气动措施）、结构措施及机械措施三种。气动措施即通过改变建筑的外形以减小建筑的风荷载与风致效应，该措施可以与建筑设计相结合进行。气动措施用于建筑的方案设计阶段，基于风对超高层建筑的作用机理，能从根源上减小结构的风荷载与风致效应。结构措施是通过选择抗侧移能力更强的结构体系来提高结构的抗风能力，是传统的抗风设计方法。这种方法造价较高，用于结构设计阶段。机械措施是通过在主体结构上添加辅助阻尼系统来减小结构的风致响应，机械措施也可以用来提高建筑的抗震性能，但是辅助阻尼系统需要额外的费用。有效、安全、可靠、经济的抗风设计方法是在方案设计阶段采用气动措施，以改变建筑的气动力输入，从而减小结构的风荷载和改善结构的舒适性。基于超高层建筑风荷载和风致响应的已有研究成果，减小高层建筑风致效应的气动措施主要有：改变建筑截面、改变建筑立面形式等。

1. 建筑截面形状的影响

不同截面形状的高层建筑，风荷载与风致响应特性是不一致的。从现有研究成果来看，圆形截面的顺风向位移最小，等边三角形最大；对于矩形截面，建筑短（弱）轴的位移也很大。三角形截面的横风向位移响应最小，Y 形截面次之，方形截面最大，对三角形截面与 Y 形截面的角部处理能够显著地减小结构的风致响应。椭圆形、三角形截面与宽厚比较大的矩形截面，可出现较大的扭转风荷载。

方形截面高层建筑的横风向脉动基底弯矩系数均比其他截面的大；正多边形建筑以顺风向气动力为主，气动扭矩可以忽略不计

2. 矩形截面建筑角部处理措施

角部设置扰流板主要是打乱气流流经建筑截面时产生旋涡脱落的规律性，能够减小一定设计风速范围内的横风向风振响应，但是由于增大了结构的迎风面积，从而增大了建筑顺风向的风荷载。是否采用角部设置扰流板的气动措施，要综合考虑顺风向与横风向的风效应。

还可以通过切角、凹角、圆角等角部修正措施来改变建筑的旋涡脱落特性，从而减小结构横风向荷载与响应。常见的横截面角部修正的主要形式如图 5.2.9 所示。

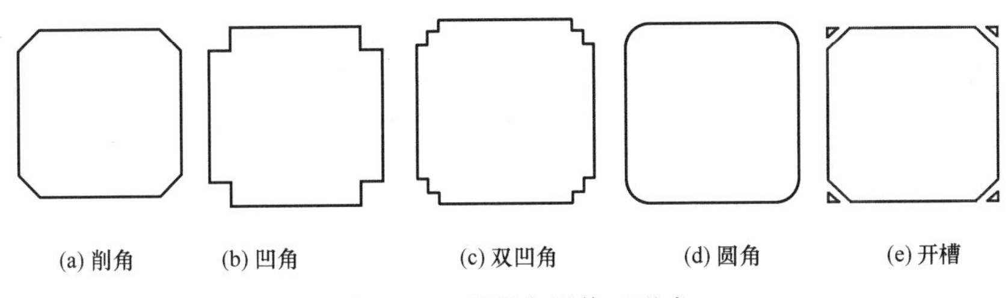

图 5.2.9 常见角沿修正形式

切角、凹角、圆角等角部修正措施能够有效地减小结构横风向风致效应，10%的角部修正率可能是较好的选择；5%的角部修正率能较有效地防止高层建筑的气动不稳定性。

3. 建筑截面沿高度改变

不同截面形状以及角部处理可以降低漩涡脱落强度，从而降低建筑物的横风向荷载及响应。

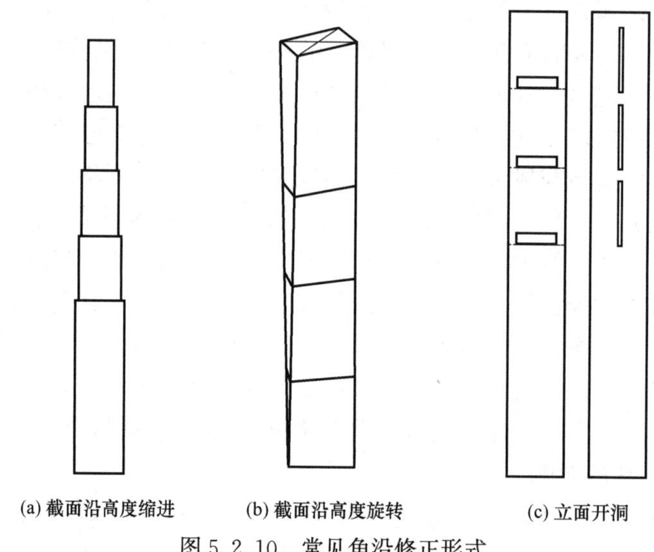

(a) 截面沿高度缩进　　(b) 截面沿高度旋转　　(c) 立面开洞

图 5.2.10　常见角沿修正形式

1）锥度化与阶梯缩进

锥度化与阶梯缩进能够显著地减小横风向的脉动基底弯矩，并且随着锥度比增大而增大，但是随着湍流度的增大而降低；锥度化与阶梯缩进使侧面的风压谱带变宽，峰值频率随着高度变化，使风谱沿高度的相关性降低；但随着锥度比的增大，由于建筑顶部刚度逐渐变小，建筑顶部横风向的风振响应可能增大。

2）截面沿高度旋转

对于顺风向最大平均基底弯矩系数，锥度化与阶梯缩进气动措施效果最佳；对于脉动基底弯矩系数，凹角处理、阶梯缩进、锥度化模型在顺风向与横风向都有较好的气动特性；截面沿高度旋转模型的横风向风力较小，特别是 180° 旋转模型的横风向脉动基底弯矩系数只有方形截面的三分之一。

3）建筑立面开洞

建筑立面开洞通过破坏旋涡脱落强度以及规律性，同时减小建筑迎风面面积，能够同时减小高层建筑横风向与顺风的风荷载；开洞方式有迎风面单向开洞、侧风面单向开洞与四面双向开洞三种方式，其中四面双向开洞效果最优；在建筑上部开洞效果较好，而在建筑下部开洞效果较差；开洞处局部风压可能会增大，这在建筑设计时需要注意。

4. 结构设计建议

针对以上建筑气动优化的特点，在建筑设计或结构设计时应该注意以下几个方面：

(1) 不同截面形状的高层建筑有不同的气动特性。方形截面高层建筑的横风向荷载最大；矩形截面高层建筑随着厚宽比的增大，扭转向风荷载变得不容忽视；随着正多边形截面边数的增多，结构的荷载变小；应关注不规则复杂截面的扭转风荷载。当建筑的初步设计方案不能满足结构抗风要求时，可以和建筑设计协调，通过对基本建筑截面采取适当的气动措施处理，使建筑结构满足抗风设计要求。

（2）在建筑角部设置扰流板的气动措施一般能够减小建筑的横风向荷载和响应，但是由于设置扰流板增大了建筑顺风向的迎风面积，可能导致建筑物顺风向荷载增大，所以该类气动措施要谨慎使用。切角、凹角、圆角等角部修正措施能够有效地减小结构横风向风致效应，10%的角部修正率可能是较好的选择；5%的角部修正率能较有效地防止高层建筑的气动不稳定性。

（3）锥度化与阶梯缩进气动措施能够有效地减小高层建筑的横风向荷载，但由于刚度缩减，有时可能会导致顶部的加速度响应不能满足舒适度的要求；截面沿高度旋转气动措施能够减小横风向的气动力，但可能增大建筑表面的局部风压。面对实际建筑设计时，应该关注这些问题。建筑立面开洞通过破坏旋涡脱落强度以及规律性，同时减小建筑迎风面面积，能够同时减小高层建筑横风向与顺风向的风荷载；开洞方式有迎风面单向开洞、侧风面单向开洞与四面双向开洞三种方式。其中四面双向开洞效果最优；在建筑上部开洞效果较好，而在建筑下部开洞效果较差；开洞处局部风压可能会增大，这在建筑设计时需要注意。

（4）工程设计时，应按照《建筑结构荷载规范》的规定考虑角沿修正对风荷载的影响。

5.3 超高层建筑的风荷载规范

5.3.1 荷载规范中风荷载计算公式

在《建筑结构荷载规范》GB 50009—2012 规定了主体受力结构［式（5.3.1）］和围护结构风荷载计算公式［式（5.3.2）］：

$$w_k = \beta_z \mu_s \mu_z w_0 \tag{5.3.1}$$

$$w_k = \beta_{gz} \mu_{sl} \mu_z w_0 \tag{5.3.2}$$

式中，w_k 为风荷载标准值（kN/m^2）；β_z 为高度 z 处的风振系数；μ_s 为风荷载体型系数；μ_z 为风压高度变化系数；w_0 为基本风压（kN/m^2）；β_{gz} 为高度 z 处的阵风系数；μ_{sl} 为风荷载局部体型系数。

式（5.3.1）和式（5.3.2）中，分别采用了不同的体型系数将来流风速压力换算为作用在建筑表面的平均风压（体型系数 μ_s 和局部体型系数 μ_{sl}），这主要考虑到体型系数是一定面积范围内点体型系数的加权平均值，当进行主体结构风效应分析时，这种加权平均能够反映主结构的整体受力特性，但当进行玻璃幕墙、檩条等围护构件设计时，所承受的是较小范围内的风荷载。若直接采用体型系数，则可能得出偏小的风荷载值。因此，规范规定在进行围护结构设计时，应采用“局部体型系数”。

局部流动状态对局部体型系数的影响很大。通常在产生涡脱落或者流动分离的位置，都会出现极高的负压系数。图 5.3.1 给出了当风斜吹时，屋面锥形涡的流动形态示意图及实验得出的风压系数分布。由图可见，在产生锥形涡的房屋边缘，负压系数最高可达 －4.2（对应体型系数约 －2.7）；但在其他区域，负压系数仅 －0.3 左右（体型系数约 －0.2）。因此平均后的体型系数绝对值将较小，可用于主体结构设计；但若将该体型系数用于屋面局部檩条设计，将导致不安全的结果。

还应注意到，式（5.3.1）和式（5.3.2）中虽然采用类似的符号来表示风振系数和阵风系数，但两者所代表的物理意义却完全不同：

风振系数 β_z 表示整体结构在脉动风荷载作用下发生振动后，产生的惯性作用与平均风荷载的比值，风振系数与结构自振特性密切相关（详细背景将在下节介绍）；

阵风系数与结构自振特性无关，只与脉动风速特性有关，其目的在于：在平均风压基础上进行一定放大，使得到的风压符合一定保证率，用于围护结构设计。影响阵风系数取值的主要是两个参数：峰值因子和湍流度。从概率角度看，峰值因子的取值主要取决于预定的风压保证率，取值越大则保证率越高。湍流度是影响阵风系数大小的另一个重要因素，对于实际工程，地貌、高度、风速大小、风气候类型不同，湍流度的大小有很大差别。在规范中，依据 A、B、C、D 四类地貌对湍流度进行了规定。

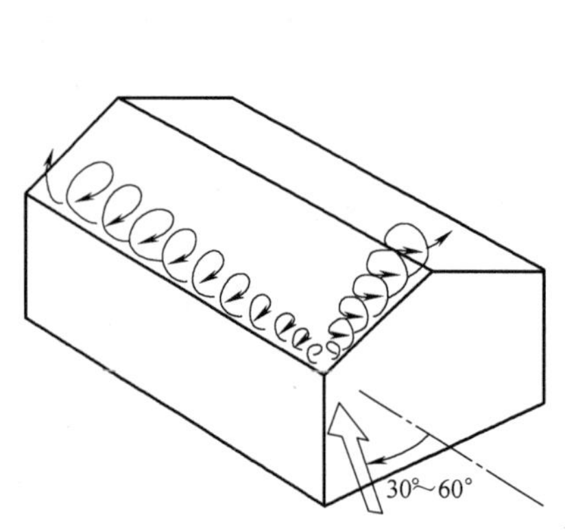

(a) 流动形态示意图

(b) 表面压力分布

图 5.3.1　屋面锥形涡

5.3.2　顺风向风荷载计算方法

我国荷载规范中，顺风向风荷载采用风振系数来表述顺风向脉动风荷载对结构振动的放大效应，将风振系数乘以平均风荷载就得到顺风向等效静力风荷载［风荷载标准值，见式（5.3.1）］。下面介绍风振系数的定义及相关背景。

风振系数定义为总的风荷载与平均风荷载之比：

$$\beta_z(z)=\frac{\bar{q}(z)+g\omega_1^2 m(z)\phi_1(z)\sigma_{q_1}}{\bar{q}(z)} \tag{5.3.3}$$

式中，ω_1 为结构顺风向第一阶自振圆频率；σ_{q_1} 为顺风向一阶广义位移均方根；g 为峰值因子，Davenport 经过研究证明平稳高斯过程峰值因子存在如下近似关系式：

$$g=\sqrt{2\ln(\nu T)}+\frac{0.577}{\sqrt{2\ln(\nu T)}} \tag{5.3.4}$$

式中，ν 为二阶谱矩的特征频率，$\nu=\sqrt{\dfrac{\int_0^{\infty} f^2 S_{\mathrm{y}}(z;\ f)\mathrm{d}f}{\int_0^{\infty} S_{\mathrm{y}}(z;\ n)\mathrm{d}f}}$，$S_{\mathrm{y}}(z;\ f)$ 为响应谱，若

$S_y(z;f)$ 为明显的单峰窄带谱，则可近似取 $\nu=f_1$，f_1 为结构基频；T 为平均风速统计时距；$f_1T=100\sim10000$；$g=3.2\sim4$，国外规范大多取 3～3.5，原规范隐含取为 2.2，此次修订在 2.2 基础上有所提高，g 取为 2.5。

根据随机振动理论，公式（5.3.3）一阶广义位移均方根 σ_{q_1} 的计算式为：

$$\sigma_{q_1}=\left[\frac{1}{(M_1^*)^2}\int_{-B/2}^{B/2}\int_{-B/2}^{B/2}\int_0^H\int_0^H\phi_1(z_1)\phi_1(z_2)\right.$$

$$\left.\left[\int_0^\infty|H_{q_1}(i\omega)|^2\sqrt{S_{\tilde{w}}(z_1,\omega)}\sqrt{S_{\tilde{w}}(z_2,\omega)}\cdot\mathrm{coh}(z_1,z_2,y_1,y_2,\omega)\mathrm{d}\omega\right]\mathrm{d}z_1\mathrm{d}z_2\mathrm{d}y_1\mathrm{d}y_2\right]^{1/2} \tag{5.3.5}$$

式中，$S_{\tilde{w}}(z_1,\omega)$ 为风压谱；$\mathrm{coh}(z_1,z_2,x_1,x_2,\omega)$ 为风压空间相干函数；M_1^* 为一阶广义质量，$M_1^*=\int_0^H m(z)\phi_1^2(z)\mathrm{d}z$；$|H_{q_1}(i\omega)|^2$ 为频响函数，$|H_{q_1}(i\omega)|^2=\dfrac{1}{(\omega_1^2-\omega^2)^2+(2\zeta_j\omega_1\omega)^2}$。

对于一般高层和高耸结构的顺风向风振响应，可作如下简化：

① 风压谱 $S_{\tilde{w}}(z,\omega)\approx\sigma_{\tilde{w}}^2(z)S_f(\omega)$；

② 相干函数采用 Shiotani 与频率无关的函数形式；

③ 顺风向脉动风压准定常假定：$\sigma_{\tilde{w}}(z)=2w_0\mu_s(z)\mu_z(z)I_z(z)$；

④ 湍流度沿高度分布满足：$I_z(z)=I_{10}\bar{I}_z(z)$，$\bar{I}_z(z)=\left(\dfrac{z}{10}\right)^{-\alpha}$；

⑤ 结构单位长度质量 m 沿高度为常数，迎风面宽度 B 沿高度不变，体型系数 μ_s 沿高度不变。则公式（5.3.5）改写为：

$$\sigma_{q_1}=\frac{2w_0\mu_sI_{10}}{m}$$

$$\frac{\left[\int_0^H\int_0^H\mu_z(z_1)\bar{I}_z(z_1)\mu_z(z_2)\bar{I}_z(z_2)\phi_1(z_1)\phi_1(z_2)\mathrm{coh}_z(z_1,z_2)\mathrm{d}z_1\mathrm{d}z_2\right]^{0.5}\left[\int_0^B\int_0^B\mathrm{coh}_x(x_1,x_2)\mathrm{d}x_1\mathrm{d}x_2\right]^{0.5}}{\int_0^H\phi_1^2(z)\mathrm{d}z}$$

$$\left[\int_0^\infty|H_{q_1}(i\omega)|^2S_f(\omega)\cdot\mathrm{d}\omega\right]^{0.5} \tag{5.3.6}$$

式中，第一部分是对竖向和水平向尺寸的积分项，第二部分是对频率的积分项。对这两部分，分别进行下如下处理，可得到规范的风振系数公式。

1）竖向和水平尺寸的积分项

振型系数平方积分以及相干函数积分，可得到积分结果。

对于第一振型系数平方的积分：

$$\int_0^H\phi_1^2(z)\mathrm{d}z=cH \tag{5.3.7}$$

式中，c 为待定参数，若采用规范建议的第一阶振型函数，高层结构 $c=0.347$；高耸结构 $c=0.257$。

对于水平相干函数积分，可求解得到：

$$\left[\int_0^B\int_0^B\mathrm{coh}_x(x_1,x_2)\mathrm{d}x_1\mathrm{d}x_2\right]^{0.5}=10(B+50e^{\frac{-B}{50}}-50)^{0.5} \tag{5.3.8}$$

类似地，竖向相干函数积分结果为：

$$\left[\int_0^H\int_0^H \mathrm{coh_z}(z_1,z_2)\mathrm{d}z_1\mathrm{d}z_2\right]^{0.5}=\sqrt{121}\left(H+60\mathrm{e}^{\frac{-H}{60}}-60\right)^{0.5} \tag{5.3.9}$$

对于湍流度、高度变化系数、振型系数和竖向相干函数四者乘积的多重积分项，引入中间变量 $\gamma(H)$：

$$\gamma(H)=\frac{\left[\int_0^H\int_0^H \mu_z(z_1)\bar{I}_z(z_1)\mu_z(z_2)\bar{I}_z(z_2)\phi_1(z_1)\phi_1(z_2)\mathrm{coh_z}(z_1,z_2)\mathrm{d}z_1\mathrm{d}z_2\right]^{0.5}}{c\left(100H+6000\mathrm{e}^{\frac{-H}{60}}-6000\right)^{0.5}} \tag{5.3.10}$$

式中，$\gamma(H)$ 随结构总高度的变化满足幂指数函数规律，采用非线性最小二乘法，得到了 $\gamma(H)$ 数值解的拟合公式 kH^{a_1}，k 和 a_1 是随地貌类型变化的系数，按照表 5.3.1 取值。图 5.3.2 对比了高层结构 γ（H）的拟合公式计算结果与离散数值结果。

系数 k 和 a_1 **表 5.3.1**

粗糙度类别		A	B	C	D
高层建筑	k	0.944	0.67	0.295	0.112
	a_1	0.155	0.187	0.261	0.346
高耸结构	k	1.276	0.91	0.404	0.155
	a_1	0.186	0.218	0.292	0.376

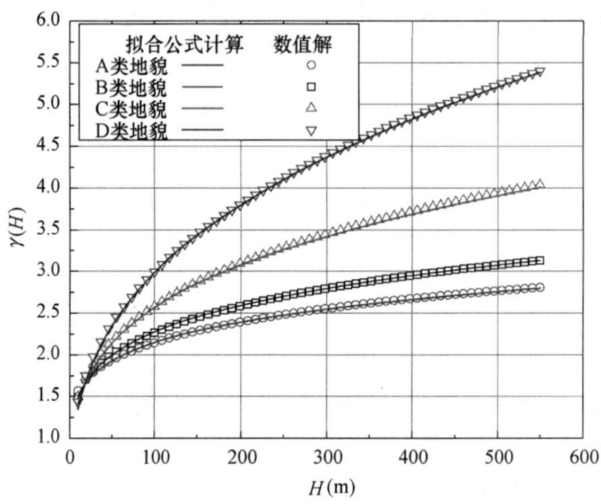

图 5.3.2 公式计算结果与数值解对比

综合上述式子，与高度和水平尺寸有关的积分项为：

$$\frac{\left[\int_0^H\int_0^H \mu_z(z_1)\bar{I}_z(z_1)\mu_z(z_2)\bar{I}_z(z_2)\phi_1(z_1)\phi_1(z_2)\mathrm{coh_z}(z_1,z_2)\mathrm{d}z_1\mathrm{d}z_2\right]^{0.5}\left[\int_0^B\int_0^B \mathrm{coh_x}(x_1,x_2)\mathrm{d}x_1\mathrm{d}x_2\right]^{0.5}}{\int_0^H \phi_1^2(z)\mathrm{d}z}$$

$$=BkH^{a_1}\rho_x\rho_z \tag{5.3.11}$$

式中，$\rho_z=\dfrac{10\left(H+60\mathrm{e}^{\frac{-H}{60}}-60\right)^{0.5}}{H}$，$\rho_x=\dfrac{10\left(B+50\mathrm{e}^{\frac{-B}{50}}-50\right)^{0.5}}{B}$。

2）频率积分项

首先，介绍背景和共振响应的基本概念。

Davenport 指出响应谱可分成背景和共振量部分分别计算，两者按平方和开方（SRSS）原则组合得到总脉动响应，如图 5.3.3（图中 $\bar{r}$ 为平均响应，$\tilde{r}_B$ 为背景响应，$\tilde{r}_{R_i}$ 为第 i 阶共振响应）所示。

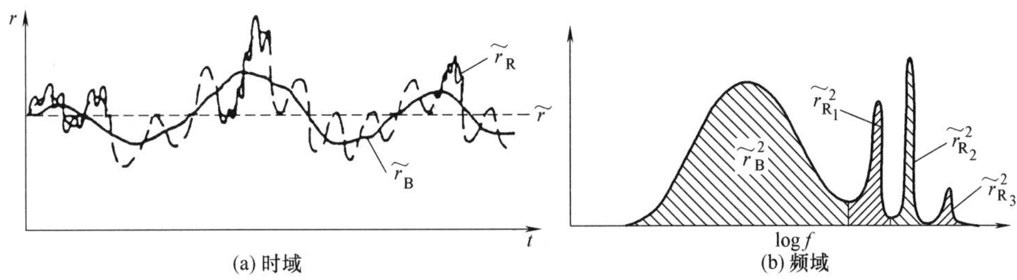

图 5.3.3　背景响应和共振响应在时域、频域上的示意图

背景响应反映了脉动风的拟静力作用，即假定 $|H_{q_1}(i\omega)|^2$ 中 $\omega=0$，传递函数为一条直线，结构没有动力放大作用：

$$\sigma_B=\frac{\sqrt{\int_0^{\infty}S(\omega)|H_{q_1}(0)|^2\mathrm{d}\omega}}{M_1^*}=\frac{1}{\omega_1^2M_1^*}\sqrt{\int_0^{\infty}S(\omega)\mathrm{d}\omega} \tag{5.3.12}$$

从上式可看出，背景响应类似于静力响应。但又存在不同之处：作用在结构上的静（平均）风荷载是全相关的，而各点的脉动风荷载存在一定的相关性，这就是背景响应被称为拟静力响应的原因。

共振响应反映了结构对激励的动力放大作用，通常可以用白噪声假定来简化计算。对于一阶位移响应中的共振分量，由图 5.3.3 可知，当响应谱中频率接近结构基频时，其所围面积即为共振响应，将它等效为窄带白噪声，其带宽为：

$$\Delta=\frac{\int_0^{\infty}|H_{q_1}(i\omega)|^2\mathrm{d}\omega}{|H_{q_1}(i\omega_1)|^2}=\frac{\int_0^{\infty}|H_{q_1}(i\omega)|^2\mathrm{d}\omega}{\frac{1}{4\xi_1^2\omega_1^4}}=\omega_1\xi_1/2 \tag{5.3.13}$$

则共振响应的方差为：

$$\sigma_{R_1}=\frac{\sqrt{S(\omega_1)|H_{q_1}(i\omega_1)|^2\Delta}}{M_1^*}=\frac{1}{M_1^*}\sqrt{\frac{S(\omega_1)}{8\xi_1\omega_1^3}} \tag{5.3.14}$$

背景与共振分量的平方和开方就得到总响应的近似解：

$$\sigma_r=\frac{1}{M_1^*}\sqrt{\int_0^{\infty}S(\omega)|H_{q_1}(i\omega)|^2\mathrm{d}\omega}=\frac{1}{M_1^*}\sqrt{\frac{\int_0^{\infty}S(\omega)\mathrm{d}\omega}{\omega_1^4}+\frac{S(\omega_1)}{8\xi_1\omega_1^3}} \tag{5.3.15}$$

对频率积分项简化为：

$$\left[\int_{-\infty}^{\infty}|H_{q_1}(i\omega)|^2S_f(\omega)\cdot\mathrm{d}\omega\right]^{0.5}\approx\left[\frac{1}{\omega_1^4}+\frac{S_f(\omega_1)}{8\xi_1\omega_1^3}\right]^{0.5}=\frac{1}{\omega_1^2}\sqrt{1+R^2} \tag{5.3.16}$$

式中，$R^2=\frac{2\pi f_1}{8\xi_1}\frac{2}{3}\frac{x_0^2}{f_1(1+x_0^2)^{4/3}}=\frac{\pi}{6\xi_1}\frac{x_0^2}{(1+x_0^2)^{4/3}}$

3）风振系数公式

将公式回代，可得到：

$$\sigma_{q_1}=\frac{2w_0\mu_s I_{10}}{\omega_1^2 m}(BkH^{a_1})\rho_x\rho_z\sqrt{1+R^2} \tag{5.3.17}$$

将式（5.3.17）代入式（5.3.3）：

$$\beta_z(z)=1+2gI_{10}B_z\sqrt{1+R^2} \tag{5.3.18}$$

式中，B_z 为背景因子，$B_z=\frac{\phi_1(z)\rho_x\rho_z kH^{a_1}}{\mu_z}$。

式（5.3.18）即规范公式，适用于外形、质量比较均匀的结构。对沿高度分布不均匀的高耸结构，只要结构的深度、迎风面宽度沿高度的变化接近于线性，且质量分布也大致按连续规律分布时，B_z 按原规范乘以系数 θ_B 和 θ_v 进行修正。

5.3.3 横风向和扭转方向风荷载计算方法

1. 横风向等效风荷载计算理论

1）共振响应分量

把高层建筑看作一维多自由度连续线性系统，振型分解后可以得到若干个振动模态。在风力 F（z，t）的作用下，结构的运动方程为：

$$\ddot{Y}_i^*+2(\zeta_{si}+\zeta_{ai})\omega_i\dot{Y}_i^*+\omega_i^2Y_i^*=F_i^*(t)/M_i^* \tag{5.3.19}$$

式中，Y_i 为广义坐标；M_i^*、ζ_{si}、ω_i 和 ζ_{si}，ζ_{ai} 分别为广义质量、结构阻尼比、圆频率和气动阻尼比；$F_i^*(t)=\int_0^H w(z,t)\phi_i(z)\mathrm{d}z$ 为广义荷载，i 为模态阶数。

在频域求解等式（5.3.19）可得结构第 i 阶广义位移的 j 阶导数的响应谱：

$$S_{Y_i^{*(j)}}(f)=\frac{(2\pi f)^{2j}\,|H_i(f)|^2 S_{F_i^*}(f)}{(2\pi f_i)^4 M_i^{*2}} \tag{5.3.20}$$

式中，$|H_i(f)|^2=\frac{1}{(1-(f/f_i)^2)^2+4(\zeta_{si}+\zeta_{ai})^2(f/f_i)^2}$传递函数；$S_{F_i^*}(f)$ 为广义气动力谱。

由等式（5.3.20）可求得模态广义位移 j 阶导数的均方值为：

$$\sigma_{Y_i^{*(j)}}^2\approx\int_0^{f_i}\frac{(2\pi f)^{2j}}{(2\pi f_i)^4 M_i^{*2}}S_{F_i^*}(f)\mathrm{d}f+\frac{1}{(2\pi f_i)^{4-2j}M_i^{*2}}\frac{\pi f_i S_{F_i^*}(f_i)}{4(\zeta_{s1}+\zeta_{a1})} \tag{5.3.21}$$

由此可知，结构响应 r 的 j 阶导数为：

$$\sigma_{r(j)}^{2} \approx \sum_{i=1}^{n} \int_{0}^{f_{i}} \frac{(2\pi f)^{2j} \cdot \psi_{ir}^{2}}{(2\pi f_{i})^{4} M_{i}^{*2}} S_{F_{i}^{*}}(f) \mathrm{d}f + \sum_{i=1}^{n} \frac{\psi_{ir}^{2}}{(2\pi f_{i})^{4-2j} M_{i}^{*2}} \frac{\pi f_{i} S_{F_{i}^{*}}(f_{i})}{4(\zeta_{s1}+\zeta_{a1})} \tag{5.3.22}$$

式中，右端第一、二项分别为背景分量和共振分量。

一致截面高层建筑风致响应的基阶模态共振分量通常占到总共振分量的95%以上，用基阶模态响应的共振分量近似表达总的共振分量：

$$\sigma_{r_{R}(j)}^{2} \approx \frac{(2\pi f_{1})^{2j-4} \cdot \psi_{1r}^{2}}{M_{1}^{*2}} \cdot \frac{\pi f_{1} S_{F_{1}^{*}}(f_{1})}{4(\zeta_{s1}+\zeta_{a1})} \tag{5.3.23}$$

在等式（5.3.23）中，将影响函数取为模态振型函数 $\psi_{1r}=\phi_{1}(z)$，并取 $j=0$，则可得到高度 z 处结构的位移响应共振分量均方值的近似值：

$$\sigma_{y_{R}(z)}^{2} \approx \frac{\phi_{1}{}^{2}(z)}{M_{1}^{*2} \cdot (2\pi f_{1})^{4}} \cdot \frac{\pi f_{1} S_{F_{1}^{*}}(f_{1})}{4(\zeta_{s1}+\zeta_{a1})} \tag{5.3.24}$$

将影响函数取为振型函数 $\psi_{1r}=\phi_{1}(z)$，并取 $j=2$，则可得到高度 z 处结构的加速度响应共振分量均方值的近似值：

$$\sigma_{a_{R}(z)}^{2} = \sigma_{y_{R}''}^{2} \approx \frac{\phi_{1}{}^{2}(z)}{M_{1}^{*2}} \cdot \frac{\pi f_{1} S_{F_{1}^{*}}(f_{1})}{4(\zeta_{s1}+\zeta_{a1})} \tag{5.3.25}$$

等效静力风荷载的共振分量可以用惯性力计算如下：

$$\begin{aligned} p_{R}(z) &\approx g_{R} m(z) a(z) \\ &= g_{R} \cdot \frac{m(z)\phi(z)}{M_{1}^{*}} \cdot \sqrt{\frac{\pi f_{1} S_{F_{1}^{*}}(f_{1})}{4(\zeta_{s1}+\zeta_{a1})}} \end{aligned} \tag{5.3.26}$$

式中，g_{R} 为共振分量的峰值因子，取为 $g_{R} \approx \sqrt{2\ln(600 f_{1})} + 0.5772/\sqrt{2\ln(600 f_{1})}$。

进一步考虑振型修正因子，可推出共振等效静力风荷载 $p_{R}(z)$ 的计算式：

$$p_{R}(z) \approx \frac{Hm(z)}{M_{1}^{*}} B w_{H} \phi(z) \cdot g_{R} \cdot \sqrt{\frac{\pi \Phi S_{M}^{*}(f_{1})}{4(\zeta_{s1}+\zeta_{a1})}} \tag{5.3.27}$$

式中，w_{H} 为建筑顶部高度处的设计风压；H、B 分别为建筑的高度和宽度。

建筑在高度 z 处的弯矩及剪力响应的共振分量，同样可以由上述方法计算得到。

2）背景响应分量

结构的等效静力风荷载的背景分量是与结构的响应种类相关的。不同的响应种类对应的背景等效静力风荷载不同。基于基底弯矩等效的基本思想，建立基于基底弯矩响应的等效静力风荷载的计算方法。

根据高频动态测力天平的基本原理，可将高频天平测得的外加风力的折减基底弯矩看作实际建筑的折减基底弯矩响应的背景分量。定义背景响应在沿高度方向上的相关性折算系数：

$$C_{r}(h) = \sqrt{\frac{\int_{h}^{H} \int_{h}^{H} \overline{\sigma_{Fy}(z_{1}) \sigma_{Fy}(z)} \psi(h,z) \psi(h,z_{1}) \mathrm{d}z_{1} \mathrm{d}z}{\left(\int_{h}^{H} \sigma_{Fy}(z) \psi(h,z) \mathrm{d}z\right)^{2}}} \tag{5.3.28}$$

式中，$\sigma_{Fy}(z)$ 为脉动风力均方根；$\psi(h, z)$ 为外加风力对响应的影响函数，h 为响应位置高度，z 为荷载作用位置高度；$C_r(h)$ 是考虑脉动风力相关性时计算得到的响应与不考虑相关性（即完全相关）时计算得到的响应之比。

在片条理论适用的假设下，外形沿高度不变化的高层建筑的横风向气动力系数 $C_{Fy}(z)=\sigma_{Fy}(z)/(w(z)B)$ 沿高度近似不变。再假定 $C_r(h)$ 不随高度 h 变化，基于基底弯矩响应考虑，可以导出如下等效静力风荷载 $p_B(z)$ 背景分量的计算式：

$$p_B(z)=w_H(z/H)^\alpha g_B(2+2\alpha)C_M B \tag{5.3.29}$$

式中，g_B 为背景分量峰值因子，取 3.5；$w(z)$ 为平均来流风压；C_M 由下式给出：

$$\begin{aligned}C_M=&(0.002\alpha_w^2-0.017\alpha_w-1.4)\times\\&(0.056\alpha_{db}^2-0.16\alpha_{db}+0.03)\times\\&(0.03\alpha_{ht}^2-0.622\alpha_{ht}+4.357)\end{aligned} \tag{5.3.30}$$

式中，$C_M=\sigma_M/(0.5\rho U_H^2 BH^2)$；$\alpha_{ht}=H/T$，$T=\min(B, D)$。

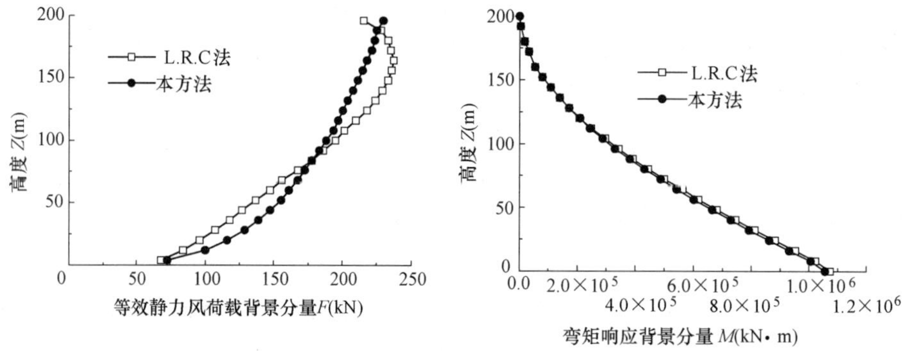

图 5.3.4 L. R. C 法和本方法计算得到的等效静力风荷载及响应的背景分量比较

利用等式（5.3.30）计算得到的背景等效静力风荷载对应的响应与基于荷载响应相关法（L. R. C）计算得到的结果进行对比（图 5.3.4）可知，两种方法计算得到的等效静力风荷载的分布形式略有不同，但根据等效静力风荷载计算得到的弯矩响应则非常接近。与 L. R. C 法相比，等式（5.3.30）大大简化了计算过程。

2. 横风向等效风荷载规范计算方法

根据上述风洞试验研究和计算理论，经归纳和简化得到规范规定的横风向风振等效风荷载计算方法。

矩形截面高层建筑横风向风振等效风荷载标准值可按下式计算：

$$w_{Lk}=gw_0\mu_z C'_L\sqrt{1+R_L^2} \tag{5.3.31}$$

式中，w_{Lk} 为横风向风振等效风荷载标准值（kN/m^2），计算横风向风力时应乘以迎风面的面积；g 为峰值因子，可取 2.5；C'_L 为横风向风力系数；R_L 为横风向共振因子。

在计算分析时，应注意以下事项：

（1）由于规范公式基于一定范围内的参数进行试验，因此，在应用规范公式（5.3.31）之前，应当判断是否满足参数范围；

（2）对于有角沿修正的建筑，应在横风向风力系数和共振因子中分别考虑角沿修正；

（3）在共振因子中，可考虑气动阻尼的影响，对于折算周期接近或大于 10 的超高层建筑，除采用公式气动阻尼估计响应外，建议另外采用专门研究确定其气动弹性效应；对于大多数超高层建筑，气动阻尼为正值，建议气动阻尼取为 0。

5.3.4 扭转风振等效风荷载计算

1. 扭转风力的产生原因及基本规律

扭转风力是由于建筑各个立面风压的不对称作用产生，与风的紊流及建筑尾流中的旋涡有关。一般认为，对于大多数高层建筑，平均风致扭矩接近 0，可不用考虑，但对于有些截面不对称，特别是结构质心和刚心偏离时，扭转风振的影响不可忽略。

风致扭矩谱与顺风向谱相比，有很大不同，随建筑几何尺寸的变化很大，下面介绍风洞试验测量的矩形截面高层建筑扭矩谱的基本规律。

1）扭矩谱随截面厚宽比变化

如图 5.3.5 所示，风致扭矩谱随厚宽比变化的基本情况为：

当厚宽比小于 1 时，扭矩谱在折算频率等于斯脱罗哈数附近出现窄带谱峰，其主要作用机理为背风面尾流区内出现的规则性旋涡脱落；

当厚宽比大于 1 时，窄带谱峰消失，出现了两个宽带谱峰，分别体现了分离流和重附着流在高层建筑两个侧面的非对称作用；随着厚宽比进一步增大，位于低频段的谱峰带宽增加，而高频段的谱峰带宽减小，两个峰值频率相互接近，说明随着厚宽比增加，侧面的规则性旋涡脱落减弱，而重附着流的作用效果更加显著。

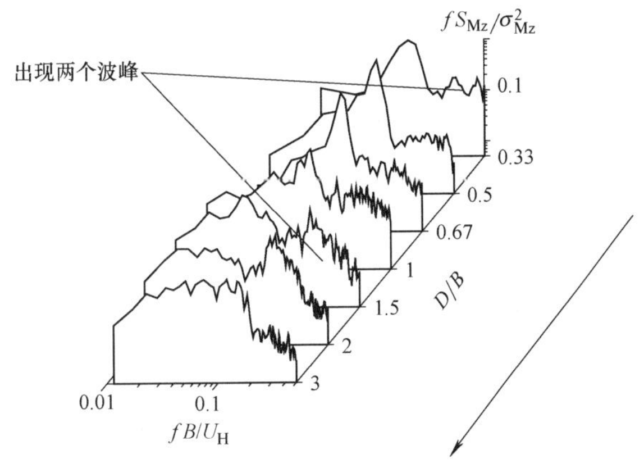

图 5.3.5 风致扭矩随厚宽比变化情况

2）风致扭矩与横风向风力之间存在较强相关性

如图 5.3.6 所示，总体上风致扭矩与横风向风力较大，而风致扭矩与顺风向风力相干性很小，可忽略不计。当塔楼出现结构偏心，结构振型分量耦合时，扭矩与横风向风力之间相关性对风振结果有很大影响。

2. 扭转风振计算公式

由于风致扭矩的变化规律比较复杂，很难得到简单的扭矩谱公式。目前国内外有一些研究拟合得到了扭矩谱的经验公式，但还不适合规范应用。

《建筑结构荷载规范》GB 50009—2012 参考日本 AIJ 建筑荷载规范和 ISO 风荷载标

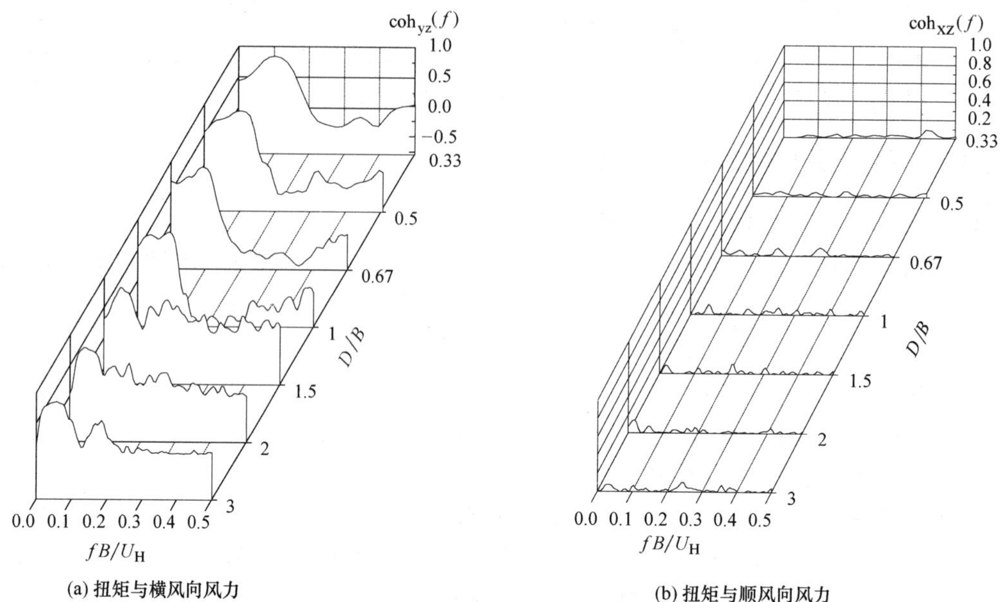

图 5.3.6　风致扭转与侧向风力之间的相干函数

准，给出扭矩风振计算公式：

$$w_{Tk}=1.8gw_0\mu_H C'_T\left(\frac{z}{H}\right)^{0.9}\sqrt{1+R_T^2} \tag{5.3.32}$$

式中，μ_H 为建筑顶部 H 位置的高度变化系数；g 为峰值因子，取为 2.5。

C'_T为风致脉动扭矩系数：

$$C'_T=\{0.0066+0.015(D/B)^2\}^{0.78} \tag{5.3.33}$$

R_T 为扭转共振因子，按下式计算：

$$R_T=K_T\sqrt{\frac{\pi F_T}{4\zeta_1}} \tag{5.3.34}$$

K_T 为扭转振型修正系数。

$$K_T=\frac{B^2+D^2}{20r^2}\left(\frac{z}{H}\right)^{-0.1} \tag{5.3.35}$$

r 为截面回转半径。

F_T 为扭矩谱能量因子：

$$F_T=\begin{cases}\dfrac{0.14J_T^2(U^*)^{2\beta_T}}{\pi}\dfrac{D(B^2+D^2)^2}{L^2B^3} & [U^*\leqslant 4.5\quad 6\leqslant U^*\leqslant 10]\\ F_{4.5}\exp\left[3.5\ln\left(\dfrac{F_6}{F_{4.5}}\right)\ln\left(\dfrac{U^*}{4.5}\right)\right] & [4.5<U^*<6]\end{cases} \tag{5.3.36}$$

式中，U^* 为顶部折算风速，$U^*=\dfrac{U_H}{f_{T_1}\sqrt{BD}}$；$F_{4.5}$、$F_6$ 为当 $U^*=4.5$，6 时的 F_T 值；L 为 B 和 D 的大值；J_T 和 B_T 分别是随截面厚宽比变化的参数：

$$J_{\mathrm{T}}=\begin{cases}\dfrac{-1.1(D/B)+0.97}{(D/B)^2+0.85(D/B)+3.3}+0.7 & [U^*\leqslant 4.5]\\[2ex] \dfrac{0.077(D/B)-0.16}{(D/B)^2-0.96(D/B)+0.42}+\dfrac{0.35}{(D/B)}+0.095 & [6\leqslant U^*\leqslant 10]\end{cases} \tag{5.3.37}$$

$$\beta_{\mathrm{T}}=\begin{cases}\dfrac{(D/B)+3.6}{(D/B)^2-5.1(D/B)+9.1}+\dfrac{0.14}{D/B}+0.14 & [U^*\leqslant 4.5]\\[2ex] \dfrac{0.44(D/B)^2-0.0064}{(D/B)^4-0.26(D/B)^2+0.1}+0.2 & [6\leqslant U^*\leqslant 10]\end{cases} \tag{5.3.38}$$

下面总结 w_{Tk} 计算过程：

第一步，计算折算风速 $U^*=\dfrac{\sqrt{1600w_0}\mu_z(H)}{f_{\mathrm{T}}\sqrt{BD}}$

第二步，根据 D/B 确定 $J_{\mathrm{T}}(D/B, U^*)$ 和 $\beta_{\mathrm{T}}(D/B, U^*)$

当 $U^*\leqslant 4.5$ 时，按照式（5.3.37）和式（5.3.38）选择对应区间公式计算 $J_{\mathrm{T}}(D/B, 4.5)$ 和 $\beta_{\mathrm{T}}(D/B, 4.5)$；

当 $6\leqslant U^*\leqslant 10$ 时，按照式（5.3.37）和式（5.3.38）选择对应区间公式计算 $J_{\mathrm{T}}(D/B, 6)$ 和 $\beta_{\mathrm{T}}(D/B, 6)$；

当 $4.5<U^*<6$ 时，计算 $J_{\mathrm{T}}(D/B, 4.5)$，$\beta_{\mathrm{T}}(D/B, 4.5)$，$J_{\mathrm{T}}(D/B, 6)$，$\beta_{\mathrm{T}}(D/B, 6)$。

第三步，计算 F_{T}

当 $U^*\leqslant 4.5$ 或 $6\leqslant U^*\leqslant 10$ 时

$$F_{\mathrm{T}}=\frac{0.14J_{\mathrm{T}}^2(U^*)^{2\beta_{\mathrm{T}}}}{\pi}\frac{\dfrac{D}{B}\left[1+\left(\dfrac{D^2}{B}\right)\right]^2}{\max\left[\left(\dfrac{D}{B}\right)^2,1\right]}$$

当 $4.5<U^*<6$ 时，分别计算 $U^*=4.5$ 时的 $F_{4.5}$ 和 $U^*=6$ 时的 F_6；

然后确定：$F_{\mathrm{T}}=F_{4.5}\exp\left[3.5\ln\left(\dfrac{R_6}{F_{4.5}}\right)\ln\left(\dfrac{U^*}{4.5}\right)\right]$。

第四步，计算 R_{T}，计算 w_{Tk}

上面的计算过程非常复杂，在规范修订中，将上述计算过程绘制成等值线图的形式。F_{T} 可以根据 D/B 和 $f_{\mathrm{T1}}^*=1/U^*$ 查等值线图得到。

3. 扭转风振计算公式适用条件

判断高层建筑是否需要考虑扭转风振的影响，主要考虑建筑的高度、高宽比、深宽比、结构自振频率、结构刚度与质量的偏心等多种因素。

1）不需要考虑扭转风振的情况

一般情况下，当迎风宽度 B 小于厚度 D 时，扭转风荷载主要由横风风力的不对称作用产生，此时产生的扭矩作用较大。当迎风宽度大于厚度时，扭转风荷载主要由于顺风向风压的不对称作用产生，此时扭矩作用相对较小。因此，《建筑结构荷载规范》GB 50009—2012 在加入扭转风振计算时，缩小了考虑扭转作用的截面范围，即迎风厚度 D 与迎风宽度 B 之比 $D/B<1.5$ 时，就不考虑风致扭转作用。另一方面，对高度低于 150m 时或者

$H/\sqrt{BD}<3$ 或者$\frac{T_{T1}v_H}{\sqrt{BD}}<0.4$时，风致扭转效应不明显，也不考虑风致扭矩作用。

2）可按照规范公式计算扭转风荷载的情况

截面尺寸和质量沿高度基本相同的矩形截面高层建筑，当其刚度或质量的偏心率（偏心矩/回转半径）不大于0.2，且同时满足$\frac{H}{\sqrt{BD}}\leqslant 6$，$D/B$ 在1.5～5范围，$\frac{T_{T1}v_H}{\sqrt{BD}}\leqslant 10$时，按附录H.3计算扭转风振等效风荷载。

3）需考虑扭矩风振但超过规范公式适用范围的情况

当偏心率大于0.2时，高层建筑的弯扭耦合风振效应显著，结构风振响应规律非常复杂，不能采用附录H.3给出的方法计算扭转风振等效风荷载。

大量风洞试验结果表明，风致扭矩与横风向风力具有较强相关性，当$\frac{H}{\sqrt{BD}}>6$或$\frac{T_{T1}v_H}{\sqrt{BD}}>10$时，两者的耦合作用易发生不稳定的气动弹性现象。规范给出的公式不适宜计算这类不稳定振动。

对于符合上述情况的高层建筑，规范建议在风洞试验基础上，有针对性地进行研究。

5.3.5 顺风向、横风向与扭转风荷载的组合

《建筑结构荷载规范》GB 50009—2012在原有顺风向风振基础上，补充了横风向和扭转风振的计算方法。一般说来，顺风向、横风向和扭转方向这三个方向的最大响应并不是同时发生的。而在单独处理某一个方向的风荷载标准值时，是以这个方向的最大风振响应作为目标得到的等效风荷载。因此，若采用规范公式计算的顺风向、横风向和扭转方向风荷载标准值，然后同时作用在结构上，则过于保守。比较合理的做法是，当在结构上施加某个方向的风荷载标准值时，其他两个方向的荷载分别乘以不同的折减系数，折减系数的大小与三个响应之间的统计相关性有关。

目前国外规范采用风振响应的相关系数来进行折减。《建筑结构荷载规范》GB 50009—2012参考日本建筑物荷载规范的做法来定义折减系数。其基本思路为，当某个方向上的荷载为主荷载（导致的响应最大）时，其荷载的平均值部分和脉动部分都全部施加到结构上进行组合；但某个方向上的风荷载为次要荷载（导致的响应不是最大的）时，其荷载平均值仍然全部施加到结构上进行组合，但脉动部分需要进行折算，折算系数为（$\sqrt{2+2\rho}-1$），其中，ρ为次要荷载与主荷载的相关性。由于顺风向荷载与横风向荷载之间的相关性为零，因此该系数简化为0.4。

这里，以顺风向和横风向的风荷载组合举例：当长细比大于3时，在建筑的风致动力响应中共振分量比较显著，这时可以假定响应的概率分布符合正态分布。假定两个方向的基底弯矩响应M_x和M_y的联合概率分布服从二维正态分布，则概率等值线图为一条与响应间的相关系数ρ有关的椭圆线，如图5.3.7所示。椭圆线上的每一个点都可以看成一种荷载组合。由于椭圆上可以取出很多个点，直接采用这个椭圆进行荷载组合是不实际的。因此，为了简化计算，可以将椭圆的外切八边形的节点作为荷载组合工况，计算当其中一

个方向取得极值时另一个方向的取值。例如：当 M_x 取得极值 M_{xmax} 时，y 方向用于与之组合的基底弯矩 M_{yc} 可以定义为：

$$M_{yc}=\overline{M}_y+m_{ymax}(\sqrt{2+2\rho}-1) \tag{5.3.39}$$

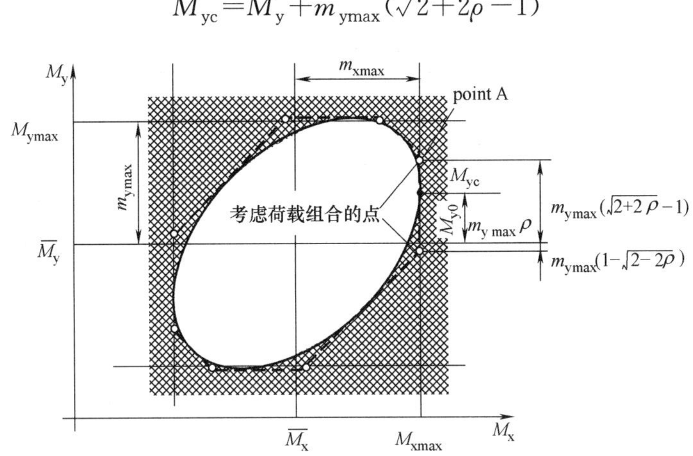

图 5.3.7 两个方向上风致响应的概率等值线示意图

《建筑结构荷载规范》GB 50009—2012 参考日本建筑物荷载规范思路，以下面的原则确定组合系数：

（1）顺风向与横风向及顺风向与扭转方向的风力的互相干性是可以忽略的。因此，$\rho=0$，即响应的互相关性也可以忽略。即当顺风向荷载为主时，不考虑横风向与扭转方向的风荷载。

（2）当横风向荷载作用为主时，由于横风向和顺风向相干性可忽略，因此，不考虑顺风向荷载振动放大部分，但应考虑顺风向风荷载仅静力部分参与组合，简化为在顺风向风荷载标准值前乘以 0.6 的折减系数；对于扭转方向荷载，虽然研究表明，横风向和扭转方向的相关性不可忽略，但横风向和扭转方向相关性的影响因素较多，在目前研究尚不成熟情况下，暂不考虑扭转风荷载参与组合。

（3）扭转方向风荷载为主时，不考虑与另外两个方向的风荷载的组合。

5.4 超高层建筑的风洞试验与流场数值仿真

5.4.1 风洞试验的基本原理与分类

1. 风洞试验的基本原理

风洞模拟试验是风工程研究中应用最广泛、技术也相对比较成熟的研究手段。其基本做法是，按一定的缩尺比将建筑结构制作成模型，在风洞中模拟风对建筑的作用，并对感兴趣的物理量进行测量。

用几何缩尺模型进行模拟试验，相似律和量纲分析是其理论基础。相似律的基本出发点是，一个物理系统的行为是由它的控制方程和初始条件、边界条件所决定的。对于这些控制方程以及相应的初始条件、边界条件，可以利用量纲分析的方法将它们无量纲化，这样方程中将出现一系列的无量纲参数。如果这些无量纲参数在试验和原型中是相等的，则它们就都有着相同的控制方程和初始条件、边界条件，从而二者的行为将是完全一样的。从试验得到的数据经过恰当的转换就可以运用到实际条件中去。

2. 风洞试验的分类

根据试验目的不同，建筑结构的风荷载试验大致可以分为刚性模型试验和气动弹性模型试验两大类。刚性模型试验主要是获取结构的表面风压分布以及受力情况，但试验中不考虑在风的作用下结构物的振动对其荷载造成的影响；弹性模型试验则要求在风洞试验中，模拟出结构物的风致振动，进而评估建筑物的气动弹性效应。这两类试验目的不一样，因此试验中要求满足的相似性参数也有很大区别。气动弹性模型试验在模型制作、测量手段上都比较复杂，难度比较大。

具体来说，高层建筑的风荷载风洞试验主要有以下三类：

1）测压试验

测压试验是利用压力传感器测量模型表面风压的试验。通过缩尺刚性模型的测压风洞试验，能够获得墙面、幕墙和屋盖等结构的平均和脉动压力。在此基础上结合动力学分析方法进行风振计算，可进一步获得建筑结构的风致响应，包括位移、加速度等，并可根据一定原则得到用于主要受力结构设计的等效静风荷载。

通常的测压试验都是刚性模型试验。

2）高频测力试验

高频测力天平试验是为测得建筑物整体风荷载而进行的试验。通过测力天平测得作用于模型整体上的风荷载（阻力、升力、倾覆弯矩等），再根据一定简化假设推断结构的响应，进而得到主要受力结构设计时应采用的风荷载值。为了避免模型振动造成的影响，应保证模型-天平系统具有较高的固有频率。这类试验主要适用于只需考虑一阶振型的悬臂型结构。

高频测力试验一般也是刚性模型试验。

3）气动弹性模型试验

气动弹性模型试验采用的模型需模拟建筑物的动力特性。试验时可直接测量总体平均和动力荷载及响应，包括位移、扭转角和加速度。所以这类试验与刚性模型试验的最大差别就在于，可以直接获得附加气动力与外部气流共同作用下的模型振动响应。对于有可能发生涡激振动和驰振等气动弹性失稳振动的建筑物，进行气动弹性模型试验可获得更为准确的风振特性。

因此，气动弹性模型试验主要应用于气动弹性效应显著的建筑结构体系，例如超高层建筑、格构式塔架、大跨屋盖结构等。对于刚度较柔且细长的高层建筑，可根据建筑结构的振动特性进行简化处理，使用锁定振动试验（一阶振型/模态满足力学相似）、多质点振动（重要振型相关的振动特性模型化）或完全弹性模型试验（所有振动特性全部模型化）等方法获得结构的动力响应。对于格构式结构、以壳或膜等覆面材料为主的大跨屋盖结构，一般采用完全弹性模型气动弹性试验。

3. 相似准则

不同的试验类型，需要满足不同的相似准则。

刚性模型试验，是不考虑结构在脉动风作用下发生振动的模拟试验。该类试验主要应考虑满足几何相似、动力相似、来流条件相似等几个主要相似性条件。

1）几何相似

几何相似条件是要求试验模型和建筑结构在几何外形上完全一致，并且周边影响较大的建筑物也应按实际情况进行模拟。在研究中，通常是根据风洞试验段尺寸以及风洞阻塞度的要求，把建筑结构按一定比例缩小，加工制作成试验模型，以确保几何相似条件得到满足。

2）动力相似

在诸多的动力相似参数中，比较重要的是雷诺数（Reynolds Number），雷诺数表征了流体惯性力和黏性力的比值，是流动控制方程的一个重要参数。其定义为：

$$Re=\frac{UL}{\nu} \tag{5.4.1}$$

式中，U 为来流风速；L 为特征长度；ν 为空气的运动学黏性系数。

可以看到，由于模型缩尺比通常在百分之一以下的量级，而风洞中的风速和自然风速接近，因此，在通常的风洞模拟试验中，雷诺数都要比实际雷诺数低两到三个数量级。雷诺数的差别是试验中必须考虑的重要问题。

雷诺数的影响主要反映在流态（即层流还是湍流）和流动分离上。对于锐缘建筑物，其分离点是固定的，流态受雷诺数的影响比较小。因此，一般的结构风工程试验中，如果模型具有棱角分明的边缘，则通常不考虑雷诺数差别所带来的影响。

对于表面是连续曲面的结构物，雷诺数的影响就要更复杂一些了。对于有实测数据支持的建筑物，通常通过增加表面粗糙度的办法，降低临界雷诺数，使流动提前进入湍流状态，以保证模型表面压力分布数据和实际条件下一致。对没有实测数据可供比较的建筑物，则是根据实践经验对表面粗糙度进行调整，以达到降低临界雷诺数的效果。

3）来流条件相似

由于真实的建筑物是处在大气边界层中的，因而要真实再现风与结构物的相互作用，就必须在风洞中模拟出和自然界大气边界层特性相似的流动。

对于刚性模型试验来说，来流条件相似主要是要模拟出大气边界层的平均风速剖面和湍流度剖面；而对于气动弹性模型来说，还需要考虑风速谱和积分尺度等大气湍流统计特性的准确模拟。

平均风速剖面通常用指数律和对数律来表示。指数律可以表示为：

$$U(z)=U_g(z/z_g)^{\alpha} \tag{5.4.2}$$

式中，U_g 为大气边界层梯度风速度；z_g 为梯度风高度；幂指数 α 和大气边界层高度 z_g 与地表环境有关。《建筑结构荷载规范》GB 50009 中采用的是指数形式的风剖面表达式，并将地貌分为 A、B、C、D 四类，分别取风剖面指数为 0.12、0.15、0.22 和 0.30，对应如表 5.4.1 所示四种地貌范围。

地貌类型对风速的影响 **表 5.4.1**

地貌	海面	空旷平坦地面	城市	大城市中心
幂指数	0.1～0.13	0.13～0.18	0.18～0.28	0.28～0.44
梯度风高度 z_g(m)	200～325	250～375	350～475	450～575

除了上述几个相似参数，在进行气动弹性模型试验时，还应当考虑质量、刚度、阻尼等结构特征的模拟。

1）质量

对建筑物质量模拟的基本要求是要使结构的惯性力和流体的惯性力具有相同的缩尺比。为使惯性力的相似性得到满足，只要保持结构密度和空气密度的比值在试验和原型中一致就可以了。密度比值的方程可以表示为：$\left(\frac{\rho_s}{\rho}\right)_m=\left(\frac{\rho_s}{\rho}\right)_p$，其中 ρ_s 和 ρ 分别为建筑物和空气的密度，下标 m 和 p 分别表示模型和原型。由于原型和模型所承受的均是空气作用，因而对质量相似的要求就是要使模型密度和实物密度相同。

2）阻尼

只要使模型和实物中的特殊振型的阻尼比系数 ζ 相等，即可满足耗散力或阻尼力的相似性。在动态响应具有显著的共振分量以及气动阻尼很小或可忽略的情况下，对于结构阻尼的模拟是非常重要的。

3）刚度

抵抗结构变形的力必须与惯性力具有相同的缩尺比。满足了质量相似准则，则刚度的相似性要求就体现为对结构刚度主要来源的模拟。当抵抗变形的力主要来源于弹性力并且与重力影响无关时，保持模型和原型的柯西数一致就构成了刚度模拟的基本要求，即要保证：

$\left(\frac{E}{\rho v^2}\right)_m=\left(\frac{E}{\rho v^2}\right)_p$，这里的 E、ρ、v 分别是杨氏模量、空气密度、特征风速。当模型和实物均受空气作用时，则模型和实物风速比变为：$\frac{v_m}{v_p}=\left(\frac{E_m}{E_p}\right)^{1/2}$。

5.4.2 高频动态天平测力试验

1. 高频动态天平测力试验概述

高频动态天平模型试验是 20 世纪 70 年代随着高频动态天平设备及其支持理论的发展和完善而逐步发展起来的。假设结构的一阶振型为理想的线性振型，则其广义力与基底倾覆力矩之间存在着简单的线性关系。利用高频动态天平直接测得模型的倾覆力矩就可获得广义力，而不必了解随时空变化的气动力分布的复杂特性。

天平试验忽略气动弹性效应，直接测量作用于结构的气动力。这种方法要求测力天平有较高的自振频率，保证有足够的信噪比。这就要求模型的自重小，以使得模型和设备系统的频率足够高，从而避免所测得的广义动力荷载被放大而不能反映实际情况。

高频动态天平所测的气动力仅与结构的建筑外形和来流的湍流性质有关，而结构的质量、刚度和阻尼在以后用解析方法求结构响应时考虑。它假定结构的振动模态为直线型，忽略了高阶模态的影响，忽略了力分量之间的相关性，忽略了气动反馈的影响。高频天平技术由于其模型制作简单（仅需模拟建筑外形），试验周期短，而且特别方便配合设计（仅需要建筑外形即可进行试验，结构动力特性修改后不必重新试验），而得到了非常广泛的应用。

高频动态天平可以方便地测量建筑基底响应，但并不能直接给出建筑沿高度分布的风荷载情况，因此适用于结构初步设计阶段对结构风荷载的总体把控；在满足一定假设的基础上，也可通过高频天平计算出结构的风致响应。

2. 试验结果与原型的换算

根据风洞试验基本原理，在满足了相似参数的前提下，模型和原型的物理行为将彼此相似。通过适当转换，即可根据试验结果推知原型上的物理量。

试验中，可根据来流动压和尺寸将模型受力（力矩）无量纲化，进而得出模型和原型上的力和力矩的转换关系。无量纲的力系数和力矩系数的基本公式如下：

力系数：$C_F=\dfrac{F}{\frac{1}{2}\rho v^2 L^2}$　　　力矩系数：$C_M=\dfrac{M}{\frac{1}{2}\rho v^2 L^3}$

式中，ρ、v、L 分别为空气密度、来流风速和特征尺度。由于相似关系得到了满足，因而这两种系数在模型和原型上都是相同的。由此可得出模型和原型上受力（力矩）的转换关系：

$$F_p=C_F\times\frac{1}{2}\rho v_p^2 L_p^2=\frac{F_m}{\frac{1}{2}\rho v_m^2 L_m^2}\times\frac{1}{2}\rho v_p^2 L_p^2=\left(\frac{v_p L_p}{v_m L_m}\right)\times F_m=\lambda_F F_m \tag{5.4.3}$$

$$M_p=C_M\times\frac{1}{2}\rho v_p^2 L_p^3=\frac{M_m}{\frac{1}{2}\rho v_m^2 L_m^3}\times\frac{1}{2}\rho v_p^2 L_p^3=\frac{v_p^2 L_p^3}{v_m^2 L_m^3}\times F_m=\lambda_M F_m \tag{5.4.4}$$

式中，下标 p 代表原型上的值；下标 m 代表模型上的值。根据风速比（试验风速与自然条件下的风速比值）和几何缩尺比，也可推导得出试验与原型的频率比。将风洞试验的数据经过恰当的尺度转换，即可用于风致响应分析。

3. 风致响应计算

高频底座天平测力试验中的天平固有频率和灵敏度都很高，模型加工时，除了外形特征完全仿照建筑物制作，还要求其质量轻、刚度高，以保证模型-天平系统的整体固有频率比较高。在此条件下测得的基底力和力矩，与结构分析相结合，就可以得出模型的风致响应。

1）假设条件

风致响应分析时，有如下基本假设：

a. 忽略高阶振型。

b. 假设一阶振型为线性。当一阶振型偏离线性较多时，误差较大，通常需要进行修正。但修正过程需要假设气动力剖面和相关性，因此存在较大不确定性，尤其是对于存在周边环境干扰的建筑来说，修正过程可能会引入更大误差，在使用中需要非常谨慎。

c. 忽略流固耦合效应。即认为建筑结构在风作用下的振动，对流场的干扰较小，不足以改变气动力的基本特征。这对大多数高层建筑结构是适用的。

2）动力方程解耦

高层建筑在风荷载作用下的运动方程可由下式表示：

$$M\ddot{x}+C\ddot{x}+Kx=F \tag{5.4.5}$$

式中，M、C、K 分别为结构质量、阻尼和刚度矩阵；F 为风荷载。

$\boldsymbol{x}=\{x_1, x_2, \cdots, x_n, y_1, y_2, \cdots, y_n, \theta_1, \theta_2, \cdots, \theta_n\}'$为 n 层高层建筑结构在 x、y 方向的平动和绕 z 轴方向的转动，下标代表不同的层。

对位移进行模态分解，有：

$$x(t)=\sum_j \varphi_j \xi_j(t) \tag{5.4.6}$$

式中，$\varphi_j=\{\varphi_{j\mathrm{x}}(z_1), \varphi_{j\mathrm{x}}(z_2), \cdots, \varphi_{j\mathrm{x}}(z_n), \varphi_{j\mathrm{y}}(z_1), \varphi_{j\mathrm{y}}(z_2), \cdots, \varphi_{j\mathrm{y}}(z_n), \varphi_{j\theta}(z_1), \varphi_{j\theta}(z_2), \cdots, \varphi_{j\theta}(z_\mathrm{n})\}'$是结构第 j 阶振型向量。$\varphi_{j\mathrm{x}}(z_i)$，$\varphi_{j\mathrm{y}}(z_i)$，$\varphi_{j\theta}(z_i)$ 分别为该振型在第 i 层（高度 z_i）的三个方向的分量。将上式代入运动方程并左乘 φ_j^{T}，得出解耦后的广义坐标的运动方程：

$$m_j \ddot{\xi}_j(t)+c_j \dot{\xi}_j(t)+k_j \xi_j(t)=f_j(t) \tag{5.4.7}$$

其中，

广义质量 $m_j=\sum_i[m(z_i)\varphi_{j\mathrm{x}}^2(z_i)+m(z_i)\varphi_{j\mathrm{y}}^2(z_i)+I(z_i)\varphi_{j\theta}^2(z_i)]$

广义阻尼 $c_j=2m_j\omega_j\zeta_j$

广义刚度 $k_j=m_j\omega_j^2$

广义力 $f_j=\sum_i[f_\mathrm{x}(z_i, t)\varphi_{j\mathrm{x}}(z_i)+f_\mathrm{y}(z_i, t)\varphi_{j\mathrm{y}}(z_i)+f_\theta(z_i, t)\varphi_{j\theta}(z_i)]$

对于绝大多数高层建筑，只有 x、y 方向侧移和绕 z 轴扭转的三个低阶振型对结构风振有决定性影响。当假定这三阶振型均为线性时，即假设：

$$\begin{Bmatrix}\varphi_{j\mathrm{x}}(z_i)\\ \varphi_{j\mathrm{y}}(z_i)\\ \varphi_{j\theta}(z_i)\end{Bmatrix}=\frac{z_i}{H}\begin{Bmatrix}C_{j\mathrm{x}}\\ C_{j\mathrm{y}}\\ C_{j\theta}\end{Bmatrix}$$

右端括号内三项代表建筑物顶部的变形量。则可得出：

$$f_j=C_{j\mathrm{x}}\frac{M_\mathrm{y}(t)}{H}-C_{j\mathrm{y}}\frac{M_\mathrm{x}(t)}{H}+\alpha C_{j\theta}M_\theta(t) \tag{5.4.8}$$

式中，$M_\mathrm{x}(t)$、$M_\mathrm{y}(t)$、$M_\theta(t)$ 分别为建筑基底 x 和 y 方向的弯矩和绕 z 轴的扭矩；α 是调整系数，需根据 $f_\theta(z_i, t)$ 的分布形式确定。当其沿高度均匀分布时，可得出调整系数取 0.5。显然，对于振型不耦合的建筑物，广义力中仅包含其中一项而另外两项为零。

3）平均和脉动风致响应的计算

由广义力的表达式可看到，由于 $M_\mathrm{x}(t)$、$M_\mathrm{y}(t)$、$M_\theta(t)$ 均已经由天平测量得到，因此可对解耦后的广义坐标的运动方程求解。求解在频域进行，在求取脉动响应时，应利用中心化之后的广义力进行计算。

由传递函数，可得出广义坐标的功率谱表示为：

$$S_{\xi_j}(\omega)=|H_j(\omega)|^2 S_{f_j}(\omega) \tag{5.4.9}$$

其中，

$$|H_j(\omega)|^2=\frac{1}{k_j^2\left\{\left[1-\left(\frac{\omega}{\omega_j}\right)^2\right]^2+\left(\frac{2\omega\zeta_j}{\omega_j}\right)^2\right\}} \tag{5.4.10}$$

$$S_{f_j}(\omega)=\frac{1}{H^2}\{C_{jx}^2S_{M_y}(\omega)+C_{jy}^2S_{M_x}(\omega)+\alpha^2H^2C_{j\theta}^2S_{M_\theta}(\omega)$$
$$+2\alpha HC_{jx}C_{j\theta}\mathrm{Re}[S_{M_yM_\theta}(\omega)]-2\alpha HC_{jy}C_{j\theta}\mathrm{Re}[S_{M_x}M_\theta(\omega)]-2C_{jx}C_{jy}\mathrm{Re}[S_{M_xM_y}(\omega)]\}$$
(5.4.11)

广义力功率谱中，S_{M_x}、S_{M_y}、S_{M_θ}、$S_{M_xM_y}$、$S_{M_xM_\theta}$、$S_{M_yM_\theta}$ 分别为 x、y 两个方向的弯矩和 z 轴扭矩的自功率谱以及它们的互谱；Re 表示取互谱的实部。以上功率谱均可由测力试验的数据计算得出。

相应的均方根和均方加速度分别为：

$$\sigma_{\xi_j}^2=\int_0^\infty S_{\xi_j}(\omega)\mathrm{d}\omega,\sigma_{\ddot{\xi}_j}^2=\int_0^\infty \omega^4S_{\xi_j}(\omega)\mathrm{d}\omega \tag{5.4.12}$$

在小阻尼前提下，上式可进一步简化：

$$\sigma_{\xi_j}^2=\frac{\sigma_{f_j}^2}{k_j^2}\int_0^\infty k_j^2\mid H_j(\omega)\mid^2\frac{S_{f_j}(\omega)}{\sigma_{f_j}^2}\mathrm{d}\omega$$
$$\approx\frac{\sigma_{f_j}^2}{k_j^2}\left(\mid H_j(0)\mid^2\int_0^\infty k_j^2\frac{S_{f_j(\omega)}}{\sigma_{f_j}^2}\mathrm{d}\omega+\frac{S_{f_j}(\omega_j)}{\sigma_{f_j}^2}\int_0^\infty k_j^2\mid H_j(\omega)\mid^2\mathrm{d}\omega\right)$$
$$=\frac{\sigma_{f_j}^2}{k_j^2}\left(1+\frac{S_{f_i}(\omega_j)}{\sigma_{f_j}^2}\frac{\omega_j}{8\zeta}\right)$$
(5.4.13)

仅考虑前三阶振型，且对于固有频率稀疏的小阻尼结构而言，振型交叉项可忽略，因此结构最高点总的均方位移可根据平方和开平方（SRSS）的振型组合公式得出：

$$\sigma_x=\left[\sum_{j=1}^3(C_{jx}\sigma_{\xi_j})^2\right]^{1/2},\sigma_y=\left[\sum_{j=1}^3(C_{j_y}\sigma_{\xi_j})^2\right]^{1/2},\sigma_\theta=\left[\sum_{j=1}^3(C_{j\theta}\sigma_{\xi_j})^2\right]^{1/2}$$
(5.4.14)

平均风振响应同样可根据振型分解方法求出：

$$E[\xi_j(t)]=\int_{-\infty}^\infty E[f_j(t-\tau)]h_j(\tau)\mathrm{d}\tau=E[f_j(t)]\int_{-\infty}^\infty h_j(\tau)\mathrm{d}\tau$$
$$=E[f_j(t)]H_j(0)=\frac{1}{k_j}E[f_j(t)] \tag{5.4.15}$$

式中，E 表示数学期望。得出广义坐标的平均值后，按振型叠加即可得出平均风振响应。

5.4.3 刚性模型测压试验与风致响应计算

1. 刚性模型测压试验概述

刚性模型测压试验是应用最为广泛的风洞试验类型。90%以上的超高层建筑风洞试验都会包含刚性模型测压试验的内容。

1）试验目的

刚性模型测压试验主要有两个目的：首先通过测量表面风压数据并进行统计，可以得到表面风压分布极值，从而为围护结构设计提供风荷载标准值；其次，动态的测压试验数据可以为后续的结构风致响应计算提供荷载时程。

2）试验方法

刚性模型测压试验首先按照建筑图纸制作缩尺的建筑模型，在关心的位置布置测压管路，连接至压力传感器；然后，将模型（包括周边干扰建筑模型）按建筑总图安装在风洞试验段的转盘上，通过转动转盘，获取不同风向下表面的建筑物表面的风压数据；再将风压数据进行无量纲化，并应用到建筑原型上。

3）试验内容

为了保证试验数据能够反映真实的建筑表面风压分布情况，首先需要在风洞中通过布置尖劈和粗糙元等方法，模拟得出与规范要求一致的边界层风速剖面。然后再测量不同风向下的建筑物表面风压时程数据，通常风向角间隔可以取为 10°和 15°。测量时间可以根据相似比进行换算，对应到原型通常不少于 30min，以获得统计定常的试验结果。

4）适用范围和局限性

绝大部分的超高层建筑都需要进行风洞测压试验，以获得围护结构的风荷载标准值，并为进一步的抗风分析提供基础数据；而某些并不太高但外形复杂或者周边干扰效应很突出的建筑物，也可以考虑进行风洞测压试验，以便获得准确的围护结构风荷载标准值。

风洞测压试验的局限性可以根据结构风荷载的因素进行分析。结构表面的风荷载主要受以下几个因素影响：(1) 来流风的特性，包括平均风速、湍流度、脉动风功率谱和湍流积分尺度等；(2) 气流在结构表面分离产生的特征湍流，这与结构的外形密切相关；(3) 结构与气流的气动弹性效应。刚性模型测压风洞试验可以考虑第 (1) 和 (2) 种因素的影响，但由于没有模拟结构的动力特性，无法考虑气动弹性效应。因此，当超高层建筑特别柔，其在风作用下的振动幅度已经足以影响周边流场，则测压试验得到的数据需要借助气动弹性模型试验加以分析。

2. 刚性模型测压试验的数据处理

为方便设计使用，测得风压时程后，一般将其转换成无量纲的风压系数：

$$C_{\mathrm{p}}(t)=\frac{p(t)-p_0}{0.5\rho U_{\mathrm{r}}^2} \tag{5.4.16}$$

式中，$C_{\mathrm{p}}(t)$ 为风压系数时程；$p(t)$ 为测量得到的风压时程；p_0 为来流静压；ρ 为空气密度；U_{r} 为参考高度风速。

U_{r} 的取值不同，风压系数也各不相同。当 U_{r} 取为各测点高度的来流风速时，平均风压系数与现行国家标准《建筑结构荷载规范》GB 50009—2012 中规定的体型系数基本一致（此时体型系数等于同一受风面上所有测点平均风压系数的加权平均）；当 U_{r} 取其他值时，得出的平均风压系数将和体型系数相差一个调整系数。

对得到的压力系数时程进行统计，可以得到系数的平均值和脉动值，进而得到极值压力系数；再将各种风向下的结果进行汇总，即可得出每个测点极值压力系数的包络值。在进行围护结构设计时，一般只考虑风压本身的脉动。此时测压试验得到的极值风压经过一定转换可作为围护结构的风荷载标准值。

3. 风致响应计算的基本方法

1）风致响应计算的动力学方程

建筑结构在风荷载作用下的运动方程可由下式表示：

$$M\ddot{x}+C\dot{x}+Kx=F \tag{5.4.17}$$

式中，M、C、K 分别为结构质量、阻尼和刚度矩阵；F 为风荷载；x 为结构在各节点自由度上的位移（转角）。

对 x 进行模态分解，有：

$$x(t)=\sum_{j}\varphi_{j}\xi_{j}(t) \tag{5.4.18}$$

式中，φ_j 是结构第 j 阶振型列向量。取各阶振型对质量矩阵归一化，即要求振型向量满足：

$$\varphi_{j}^{\mathrm{T}}M\varphi_{k}=\begin{cases}I, j=k\\0, j\neq k\end{cases} \tag{5.4.19}$$

式中，I 为单位矩阵。将模态分解公式代入运动方程后左乘 φ_j^{T}，并假设振型向量对阻尼矩阵 C 正交。考虑到振型向量性质，可得出解耦后的广义坐标运动方程：

$$\ddot{\xi}_{j}(t)+2\zeta_{j}\omega_{j}\dot{\xi}_{j}(t)+\omega_{j}^{2}\xi_{j}(t)=f_{j}(t) \tag{5.4.20}$$

式中，ω_j，ζ_j 分别为第 j 阶振型的自振频率和阻尼比。而第 j 阶振型上的广义力为：

$$f_{j}(t)=\varphi_{j}^{\mathrm{T}}F \tag{5.4.21}$$

2）结合风洞试验构造气动力时程

在一般的风振分析中，经常将测点的风荷载时程直接作为集中力加载于距离最近的节点上，这种处理方式对于结构刚度分布不均匀的体系而言误差很大，更为合理的方法是将测点的风荷载时程通过不同的插值方法作用于所有受风节点。比如可寻找离节点最近的 3 个测点按下式进行插值：

$$p_{j}(t)=A_{j}\frac{\sum\limits_{k}w_{k}(t)/l_{kj}}{\sum\limits_{k}1/l_{kj}} \tag{5.4.22}$$

式中，$w_k(t)$ 为测点 k 的压力时序；l_{kj} 为结构受风节点 j 与测点 k 的距离；A_j 是节点 j 的附属面积。将插值方法代入动力学方程的右端项，可得出：

$$\{f(t)\}=[\Phi]^{\mathrm{T}}[R]\{P(t)\}=[T]\{P(t)\} \tag{5.4.23}$$

式中，$[R]$ 为插值矩阵。如果采用三点插值方法，则 $[R]$ 为每行仅有 3 个非零元素的稀疏矩阵，$[T]$ 为最终转换矩阵。利用上式可由测点压力时程直接得出振型广义力时程。因为 $[T]$ 仅取决于结构振型和测点、节点的相对位置关系，因此只需要计算一次。且其为 $K\times M$ 阶矩阵（K 为振型数，M 为测点数），比起直接用振型函数计算广义力，减小的运算量相当可观。

对于超高层建筑而言，往往可以简化为“糖葫芦串”，插值时可以将同一楼层的节点力归并，进一步减小计算量。

试验模型和建筑物原型存在一定的相似关系，根据相似比可将模型试验的时间序列 $\{t_j\}$ 转化为建筑物原型所受气动力的时间序列。

得到气动力时程后，可按计算得到各阶振型广义力，之后即可按计算响应。

3）响应均方根和响应时程的求取

可采用广义坐标合成法计算风振响应。响应和广义坐标的协方差矩阵满足以下关系式：

$$V_{\mathrm{xx}}=\Phi V_{\xi\xi}\Phi^{\mathrm{T}} \tag{5.4.24}$$

广义坐标运动方程为单自由度方程。该方程可在时域和频域求解，时域的求解可采用杜哈梅积分方法，而频域的求解则可借助傅里叶变换。频域方法相对简单。由于风洞试验得出的是有限个离散数据点，因此运用单自由度运动方程的频域数值分析方法，可利用快速傅里叶变换 FFT 对方程进行求解。从而广义坐标的时程可由下式得到：

$$\zeta_j(t)=F^{-}\{H_j(i\omega)F^{+}\{f_j(t)\}\} \tag{5.4.25}$$

式中，$F^{+}\{\ \}$ 和 $F^{-}\{\ \}$ 表示快速傅里叶正变换和逆变换。在得到各阶振型的广义坐标时程后，即可计算其协方差矩阵，且由模态分解公式可得出响应时程。

其中，H_j 为 j 阶振型的频率响应函数，其定义为：

$$H_j(i\omega)=\frac{1}{\omega_j^2\left[1-\left(\frac{\omega}{\omega_j}\right)^2+i\cdot 2\zeta_j\left(\frac{\omega}{\omega_j}\right)\right]} \tag{5.4.26}$$

对功率谱函数进行积分后，即可得出各点位移的方差。

当所求为其他物理量而非位移时，只需将振型函数改写为其他影响函数，即可按上述步骤求得均方根。

对于加速度响应，由于不能直接由广义坐标时程合成而来，可利用傅里叶变换的微分特性，首先求出广义坐标的二阶时间导数。

$$\ddot{\xi}_j(t)=-\widetilde{F}\langle\omega^2 H_j(i\omega)f_{i\mathrm{F}}(\omega)\rangle \tag{5.4.27}$$

然后再利用振型分解公式，即可得出各方向的加速度响应时程。

4. 等效静力风荷载的计算

为方便结构设计，通常需要根据一定的等效目标将动力风荷载简化为静力风荷载。设 t 时刻结构的位移响应为 $\{x(t)\}$，根据静力学方程，产生该响应的静荷载可表示为：

$$\begin{aligned}\{P_{\mathrm{eq}}(t)\}&=[K]\{x(t)\}=\sum_j[K]\{\varphi\}_j q_j(t)\\&=\sum_j\omega_j^2[M]\{\varphi\}_j q_j(t)\end{aligned} \tag{5.4.28}$$

对于超高层建筑而言，容易得出按层分布的质量矩阵 $[M]$，再运用上式即可得出各层的等效静风荷载时程。如果将 t_0 时刻的等效静风荷载作用于结构上，将恰好得出 t_0 时刻的结构位移响应值。因此 $\{P_{\mathrm{eq}}(t)\}$ 不但包含了风压的平均成分、脉动成分，也包含了风振引起的惯性力、阻尼力等。结构的整体荷载时程（F_{x}，F_{y}，M_{x}，M_{y}，M_{z}）可以通过将各层等效静风荷载求和得出。

对于高层建筑而言，通常选取顶部位移或基底弯矩作为等效目标，求取产生顶部最大位移或基底最大弯矩的等效静风荷载用于结构设计。

同一荷载工况下的等效静风荷载，包含了沿两个主轴方向的力以及绕质心轴的扭矩。这三个方向的荷载不会同时达到最大值，一般采用经验系数对次方向荷载进行折减。在风洞试验中，可根据相关分析得出更符合实际情况的估计。

若将两个方向的响应看作近似服从二维正态分布，则由联合概率分布函数可知，这两个方向响应的概率等值线为一椭圆，且满足方程：

$$x^2-2\rho xy+y^2=c \tag{5.4.29}$$

式中，x 和 y 是归一化的随机变量；ρ 为 x 和 y 的相关系数；c 为取决于概率水平的常数。

在求出某主方向的响应极值$\hat{x}$之后，由相关分析可得出在次方向上的伴随响应：

$$y_e = \overline{y} + |\rho|(\hat{y} - \overline{y}) \quad (5.4.30)$$

式中，$\overline{y}$ 为次方向平均响应；$\hat{y}$ 则为次方向的响应极值，其取值方向与相关系数有关。当相关系数为正时，取值方向和 $\hat{x}$ 相同（即同为极大值或极小值）；当相关系数为负时，取值方向和 $\hat{x}$ 相反（即 $\hat{x}$ 为极大值时，$\hat{y}$ 应取极小值）。

5. 测力试验与测压试验的比较

高频底座天平测力试验和测压试验（配合风致响应计算）是超高层建筑最常用的两种风洞试验，其主要区别参见表 5.4.2。

简而言之，由于测力试验模型外形调整比较方便，因此在建筑外形尚未完全定型的情况下，可通过高频动态天平测力试验进行初步研究，获得最佳的气动外形。

而在建筑外形完全确定的前提下，可直接进行测压试验和风致响应计算，获得更为准确的试验结果，并且费用也更低廉。

对于外形特别复杂的高层建筑，由于测压试验的测点压力积分精度降低，通常需要同时进行测力试验和测压试验（配合风致响应计算），以供对比。

测力试验与测压试验的对比 **表 5.4.2**

	测力试验	测压试验和风致响应计算
可获得结果	顶部位移、加速度主体结构设计的各层静风荷载	顶部位移、加速度主体结构设计的各层静风荷载围护结构风荷载标准值
优点	直接测量得到的整体气动力	可考虑多阶振型
缺点	只考虑一阶振型且假定振型为线性振型	整体气动力是通过积分得到的
局限性	对振型复杂和高阶振型贡献较高的结构，误差较大	对于外形特别复杂的结构，由于测压点数量有限，积分精度较差，误差较大

5.4.4 气动弹性模型试验

1. 气动弹性模型相似比

在气动弹性模型风洞试验的物理学表达中，除了流场的流体运动方程外还有结构的振动方程。为了使模型能表现出原型的振动特性，模型与原型在结构本身对应点上对应的物理量也应该满足一定的相似关系。

不失一般性，取结构第 j 阶振动方程：

$$\ddot{q}_j(t) + 2\xi_j(2\pi f_j)\dot{q}_j(t) + (2\pi f_j)^2 q_j(t) = P_j(t) \quad (5.4.31)$$

式中，$q_j(t)$ 为结构第 j 振型的广义坐标；ξ_j 为结构第 j 振型的阻尼比；f_j 为结构第 j 振型的自振频率；$P_j(t)$ 为结构第 j 振型的广义脉动风荷载，由下式表达

$$P_j(t) = \frac{\int_0^s p(s,t)\varphi_j(s)\mathrm{d}s}{\int_0^s m(s)\varphi_j^2(s)\mathrm{d}s} \quad (5.4.32)$$

式中，$p(s,t)$ 为结构表面的脉动风压分布；$\varphi_j(s)$ 为结构第 j 振型的振型函数；$m(s)$

为结构的质量分布。

注意到（N-S）方程右端荷载项的第一项代表了重力的影响，而在结构振动方程式（5.4.31）中没有重力项的影响。严格地说，结构振动必然会受到重力的作用。但是若结构在风荷载作用下水平位移不大，那么重力的作用效果实际上没有明显的改变。由振动力学的基本原理可知，对于将静力平衡位置作为基线列出的动力学方程不受重力的影响，也就是说重力作为常量并不影响结构的振动。方程式（5.4.31）是以静力平衡位置作为基线建立的，因此方程右端的荷载项中没有重力项。所以在超高层建筑气动弹性试验中，通常可以不考虑重力的影响。

与上一小节的方法类似，将模型与原型的各物理量分别表达为比例系数与特征量的乘积代入结构振动方程，模型的结构振动方程：

$$\frac{L_1}{T_1^2}\ddot{q}_j(t)+2\xi_j\left(2\pi\frac{1}{T_1}f_j\right)\frac{L_1}{T_1}\dot{q}_j(t)+\left(2\pi\frac{1}{T_1}f_j\right)^2L_1q_j(t)=\frac{p_1}{M_1\varphi_{j1}}P_j(t) \tag{5.4.33}$$

式中　L_1 为 $q_j(t)$ 的比例系数，下标 1 表示针对模型而言（下同）；T_1 为 t 的比例系数；p_1 为 p 的比例系数；M_1 为 $m(s)$ 的比例系数。

原型的结构振动方程：

$$\frac{L_2}{T_2^2}\ddot{q}_j(t)+2\xi_j\left(2\pi\frac{1}{T_2}f_j\right)\frac{L_2}{T_2}\dot{q}_j(t)+\left(2\pi\frac{1}{T_2}f_j\right)^2L_2q_j(t)=\frac{p_2}{M_2\varphi_{j2}}P_j(t) \tag{5.4.34}$$

式中，各物理量的物理意义与式（5.4.33）各物理量类似，只是下标 2 表示针对原型而言。

以上方程中的各系数为有量纲的常数项，分别代表各项的原来物理意义。现对模型和原型结构振动方程分别用 $\ddot{q}_j(t)$ 前面的系数去除其他各项系数，得：

$$\ddot{q}_j(t)+2\xi_{j1}(2\pi f_j)\dot{q}_j(t)+(2\pi f_j)^2q_j(t)=\frac{p_1T_1^2}{M_1\varphi_{j1}L_1}P_j(t) \tag{5.4.35}$$

$$\ddot{q}_j(t)+2\xi_{j2}(2\pi f_j)\dot{q}_j(t)+(2\pi f_j)^2q_j(t)=\frac{p_2T_2^2}{M_2\varphi_{j2}L_2}P_j(t) \tag{5.4.36}$$

以上方程为无量纲方程，各系数为无量纲常数。

由于两个相似结构的所有对应无量纲量相等，所以模型和原型的各物理量都满足同一个无量纲方程，因此上列两个结构振动方程实际上就是一个方程，它们对应的系数应成相同比例关系。

由于两方程左端第一项系数均为 1，故两方程其他各对应项的系数应该相等，可得到下列无量纲系数等式：

$$\left.\begin{aligned}&\xi_{j1}=\xi_{j2}\\&\frac{p_1T_1^2}{M_1\varphi_{j1}L_1}=\frac{p_2T_2^2}{M_2\varphi_{j2}L_2}\end{aligned}\right\} \tag{5.4.37}$$

以上两个由特征量组成的无量纲系数相等表达式便是结构动力相似准则，这两个表达式也是结构动力相似的充分必要条件。式（5.4.37）中第二式的物理意义很难理解，下面将其采用相似比的形式表达，并作进一步推导：

$$\frac{\delta_{\mathrm{p}}\delta_{T}^{2}}{\delta_{\mathrm{M}}\delta_{\varphi j}\delta_{\mathrm{L}}}=1 \tag{5.4.38}$$

式中，δ_{p} 代表模型表面与原型表面的压力比；δ_{T} 代表模型振动与原型振动的时间比，实际上等同于模型与原型的频率比 δ_{f} 的倒数，即 $\delta_{\mathrm{T}}\delta_{\mathrm{f}}=1$；$\delta_{\mathrm{M}}$ 代表模型与原型的质量分布比；$\delta_{\varphi j}$ 代表模型第 j 振型与原型第 j 振型的振型比；δ_{L} 代表模型与原型的尺度比。

对于式（5.4.38），实际上 $\delta_{\varphi j}$ 为无量纲参数，$\delta_{\varphi j}=1$；在气动弹性模型设计中通常取质量比为尺度比的三次方，因而质量分布比等于尺度比，即 $\delta_{\mathrm{M}}=\delta_{\mathrm{L}}$（单位面积质量比与尺度比相等）；压力比 δ_{p} 实际上是联系流体运动方程与结构振动方程的重要桥梁，由欧拉数相似准则，在风洞试验中，压力比应当等于速度比的平方，即 $\delta_{\mathrm{p}}=\delta_{n}^{2}$。将以上分析代入式（5.4.38）得：

$$\frac{\delta_{\mathrm{U}}^{2}}{\delta_{\mathrm{f}}^{2}\cdot 1\cdot \delta_{\mathrm{L}}\cdot \delta_{\mathrm{L}}}=1 \tag{5.4.39}$$

即

$$\delta_{\mathrm{f}}=\frac{\delta_{\mathrm{U}}}{\delta_{\mathrm{L}}} \tag{5.4.40}$$

综合上述分析，并将式中第一式亦表达为相似比的形式，得到结构动力相似准则的具体表达形式为如下 4 个等式：

$$\delta_{\xi j}=1 \tag{5.4.41}$$

$$\delta_{\varphi j}=1 \tag{5.4.42}$$

$$\delta_{\mathrm{M}}=\delta_{\mathrm{L}} \tag{5.4.43}$$

$$\delta_{\mathrm{f}}=\frac{\delta_{\mathrm{U}}}{\delta_{\mathrm{L}}} \tag{5.4.44}$$

式中，$\delta_{\xi j}=1$ 表示模型与原型对应的各阶结构阻尼比要分别相等；$\delta_{\varphi j}=1$ 表示模型与原型对应的各阶振型函数要分别相同；$\delta_{\mathrm{M}}=\delta_{\mathrm{L}}$ 表示模型与原型的质量分布比应当等于尺度比；$\delta_{\mathrm{f}}=\frac{\delta_{\mathrm{U}}}{\delta_{\mathrm{L}}}$表示模型与原型的频率比由试验的风速比和尺度比共同决定，等于风速比除以尺度比。

2. 气动弹性模型分类

目前，进行气动弹性模型实验主要采取三种手段：完全弹性模型，等效模型和节段模型。

（1）完全弹性模型

完全弹性模型在几何尺度上与实物比例完全一样，并且满足上述反映结构特性的相似参数，使得弹性体的动态特性得以完全实现。这样的模型如果流动条件和几何尺度均得到满足，则可以对风致振动情况进行直接测量，模型测量得到的无量纲系数可以直接用到与实验条件相对应的原型上。

（2）等效模型

大多数等效模型使用轻质外壳来满足几何相似性，而其内部则用具有一定质量和刚度的材料来模拟结构物的刚度和质量特征。这类模型并不严格满足质量分布的相似准则，但它对于研究弯曲、扭转、轴力占主导地位的结构还是很有效的。

（3）节段模型

节段模型只考察结构的一部分，再从实验结果推算结构整体的风致力，通常用于研究绕流的二维性比较强的建筑结构（如大跨度桥梁）。由于只研究结构的一部分，因此可以采用缩尺比稍大的模型。典型的几何缩尺比在 1∶10～1∶100 的范围内变化。

由于超高层建筑属于线状结构，可采用等效模型模拟实际结构，依据考虑的自由度，又可分为等效多自由度和等效单自由度气动弹性模型。

3. 气动弹性模型实例

以某超高层建筑为例，介绍气动弹性模型的制作过程。

首先，确定缩尺比。综合考虑主塔的几何尺寸、风洞断面及风场模拟的需要，气动弹性模型的几何缩尺比 1∶600。

模型设计采用不同截面的空心钢管模拟结构的刚度，在空心钢管上固定轻质横隔板以支撑整个外皮。模型设计时考虑质量分布及刚度分布的模拟。

对于质量分布，在每层上进行配重，使模型总的质量达到 3.1kg，同时保证不同高度的质量分布与原型结构一致。图 5.4.1 对比了气动弹性模型与原结构的单位高度质量。

对于刚度分布，根据原结构楼层剪切刚度的分布，选择有代表层对原结构进行简化（图 5.4.2 给出了原结构与简化结构的层刚度对比），根据简化结构的层刚度分布规律，换算到模型尺度的刚度及对应截面惯性矩。模型尺度的截面惯性矩为气动弹性模型核心钢管提供了基本的截面参数，以这一截面参数为初始值进行反复迭代计算，以结构第一阶自振特性为主要模拟目标，最终确定截面的形式。

按照上述的模拟思路与方案，确定气动弹性模型提供核心骨架截面及配重分布，如图 5.4.1、图 5.4.2 所示。

在 SAP2000 及 ANSYS 中建立最终方案气动弹性模型，并分析其动力特性。设计的气动弹性模型第一阶自振频率为 12Hz，其振型系数与原结构的模态振型比较结果如图 5.4.3、图 5.4.4 所示。由图中可知，设计的气动弹性模型第一阶振型与原结构非常吻合，第二阶振型在反弯处存在一定差别，整体趋势能够保持一致。

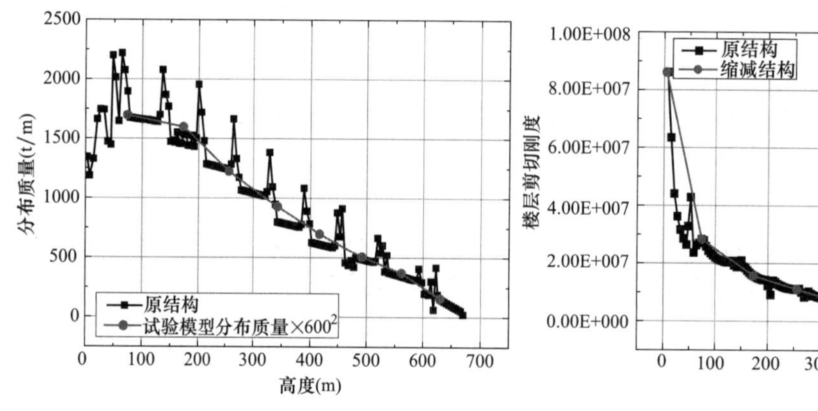

图 5.4.1　气动弹性模型的质量分布与原结构比较　　图 5.4.2　原结构与缩减结构层刚度分布比较

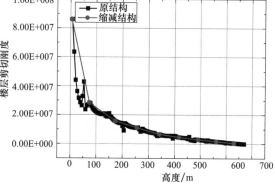

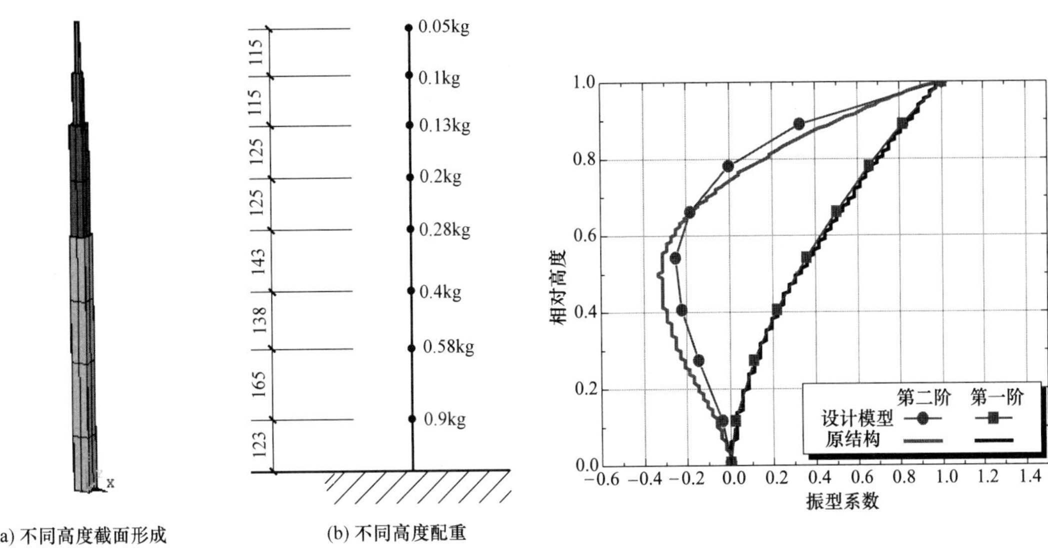

图 5.4.3 气动弹性模型的截面及配重方案

图 5.4.4 气动弹性模型设计方案与原结构自振特性比较

气动弹性模型和原型的相似关系（n=600，风速比 5.4） **表 5.4.3**

相似参数名称	相似关系	
尺度相似比 δ_L	$1/n$	1/600
面积相似比 δ_A	$1/n^2$	$1/600^2$
密度相似比 δ_ρ	1	1
质量相似比 δ_m	$1/n^3$	$1/600^3$
阻尼比相似比 δ_ζ	1	1
风速相似比 δ_V	$1/m$	1/5.4
时间相似比 δ_t	m/n	1/112
频率相似比 δ_f	n/m	112/1
位移相似比 δ_z	$1/n$	1/600
加速度相似比 δ_a	$\delta_f \cdot \delta_f \cdot \delta_L$	20/1

5.4.5 超高层建筑流场数值仿真

1. 简介

流场数值仿真即采用计算流体力学——CFD（Computational Fluid Dynamics）技术进行模拟研究。所谓 CFD，是通过计算机数值计算和图像显示，对包含有流体流动和热传导等物理现象的系统所作的分析。CFD 的基本思想可归结为：把原来时间域及空间域上连续的物理量的场，如速度场和压力场，用一系列有限个离散点上的变量值的集合来代替，通过一定的原则和方式建立起关于这些离散点上场变量之间关系的代数方程组，然后求解代数方程组获得场变量的近似值。

近几十年来，CFD 在湍流模型、网格技术、数值算法、可视化、并行计算等方面飞速发展，给工业界带来革命性的变化。目前比较著名的CFD软件有：FLUENT、CFX、PHOENIX、STAR-CD等。

2. 求解流程

总体计算过程主要包括：建立控制方程、确定边界条件和初始条件、划分计算网格、建立离散方程、离散初始条件和边界条件、给定求解控制参数、求解方程、判断解的收敛性、显示和输出计算结果等。数值风工程的总体计算流程可参照如图5.4.5所示的流程图。

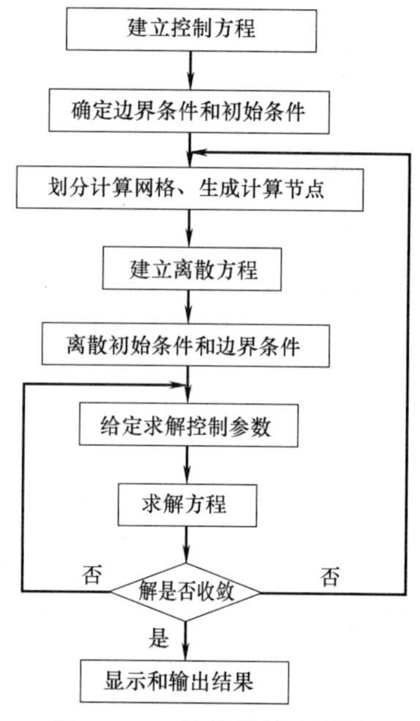

图5.4.5 数值计算流程图

3. 数值模拟关键技术参数

1）基本方程的确定

大气边界层内的建筑物绕流为三维黏性不可压流动，控制方程包括连续方程和雷诺方程。

2）湍流模型的选取

湍流模型是计算风工程研究的一个重要方面。常用的湍流模型主要有：

（1）雷诺平均模型（RANS），仅表达大尺度涡的运动。将标准κ-ε模型用于计算风工程中，预测分离区压力分布不够准确，并过高估计钝体迎风面顶部的湍动能生成。为此，提出了各种修正的κ-ε模型（如RNG κ-ε模型，Realizable κ-ε模型，κ-ω模型等）以及RSM模型等二阶矩通用模型。

（2）大涡模拟（LES）。这一模型将N-S方程进行空间过滤而非雷诺平均，可较好地模拟结构上脉动风压的分布，计算量巨大。LES是近年来计算风工程中最活跃的模型之一。

（3）分离涡模拟（DES）。这一新的模拟方法是由Spalart 1997年提出，其基本思想是在流动发生分离的湍流核心区域采用大涡模拟，而在附着的边界层区域采用雷诺平均模型，是RANS模型和LES模拟的合理综合，计算量相对较小而精度较高。

3）边界条件和初始条件

进出口边界条件应按地貌类型给出规范规定的来流风速、湍流度剖面；对任意方向的来风，通过流域顶部所有量的流量为零，故可以设为对称边界，等价于自由滑移的壁面；在钝体表面，如建筑物表面和地面，采用无滑移的固壁边界。

4）网格生成方法

网格生成方法主要有：结构网格和非结构网格。其中，非结构网格是网格生成方法的发展方向。其优点有：构造方便；便于生成自适应网格；提高局部计算精度。

5）数值计算方法

目前常用的数值计算方法主要包括：有限差分法，有限元法，有限体积法和涡方法等。有限体积法保证了离散方程的守恒特性，物理意义明确，同时继承了有限差分法和有限元法的优点，使用最广泛。

4. CFD技术在超高层建筑抗风设计中的适用范围及局限性

1）超高层建筑外立面平均风压的数值模拟

超高层建筑的设计一般要进行多方案比较，在方案节段对建筑外立面风压的分布进行分析，对后续的抗风设计有一定指导意义，在这方面数值模拟有更好的效率和经济性。

目前的数值模拟对超高层建筑外立面风压分布的研究结果表明，通过设置合适的数值模型，数值模拟方法可以较为准确地预测超高层建筑外立面平均风压的分布，但是与场地实测和风洞试验相比，对外立面脉动风压的预测还有一定的差别（图 5.4.6）。

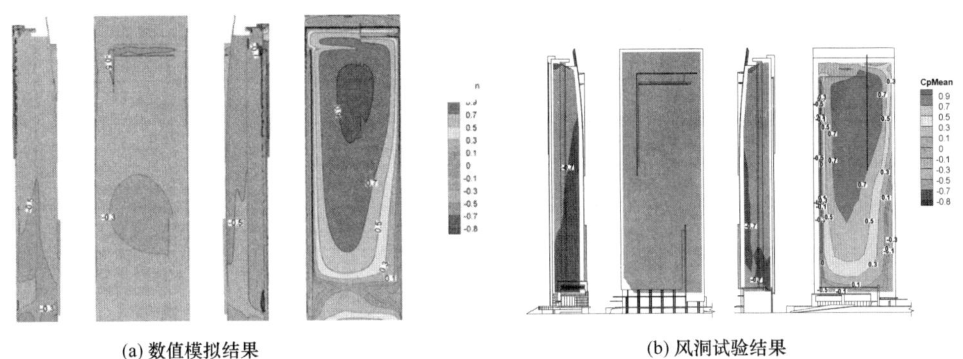

(a) 数值模拟结果　　(b) 风洞试验结果

图 5.4.6　270°风向角 A 塔 4 个立面平均风压系数 $\overline{C}_{\mathrm{p}}$ 等值线云图

2）超高层建筑行人高度风环境的评估

超高层建筑一般位于城市核心区，周围高层建筑密集，楼群的存在导致气流易被改变方向造成下冲、涡旋、峡谷效应等现象，使得超高层建筑周围出现局部强风，影响到行人的舒适性甚至危害行人安全。

CFD 数值模拟可以获得不同风向角下关心区域的风速比。以无量纲的风速比为基础，配合风向风速资料计算各级风速发生频率，就可以对高层建筑周边的行人高度风环境进行舒适性评估。图 5.4.7 为某超高层住宅群“穿堂风”的数值模拟结果。

图 5.4.7　某超高层住宅群“穿堂风”的数值模拟结果

目前的风环境评估准则一般是基于平均风速分布结果的，因此，数值模拟在解决此类问题时可取得与风洞试验一致性良好的结果。同时，数值模拟理论上可以评估任意位置的风环境，比采用有限测点位置的风洞试验更有一些优势。

3）风致噪声的 CFD 数值模拟

噪声对人的生活有重要影响，《环境评价技术导则　声环境》HJ2.4—2009 及《中华人民共和国环境噪声污染防治法》都对建筑声环境有明确标准。超高层建筑由于高度较大，在顶部高风速下，可能出现严重风致噪声的现象。通过数值模拟方法，可以得到建筑不同高度处的噪声分布，结合建筑措施可以在设计阶段解决可能存在的风致噪声问题。对于超高层建筑的风致噪声问题，普通建筑风工程风洞背景噪声较大，高层建筑的风致噪声不容易识别，风洞试验需要在噪声风洞中进行。

通常，大气湍流噪声没有明显的频段，声能在一个宽频段范围内按频率连续分布，这涉及宽频带噪声问题。湍流参数通过雷诺时均 N-S 方程求出，再采用一定的模型计算表面单元或是体积单元的噪声功率值。通常采用 Proudman’s 和 Lilley 方程模型进行数值计算。国家环境保护部颁布实施了《中华人民共和国环境噪声污染防治法》，其中规定了城市五类区域的环境噪声最高限值，如表 5.4.4 所示。

城市 5 类环境噪声标准值 **表 5.4.4**

类别	昼间(dB)	夜间(dB)
0	50	40
1	55	45
2	60	50
3	65	55
4	70	55

根据 CFD 数值模拟结果，再根据国家的相关规定，即可对区域的风致噪声是否满足舒适性要求做出评价，图 5.4.8 为某超高层建筑群的风致噪声的 CFD 数值模拟结果。

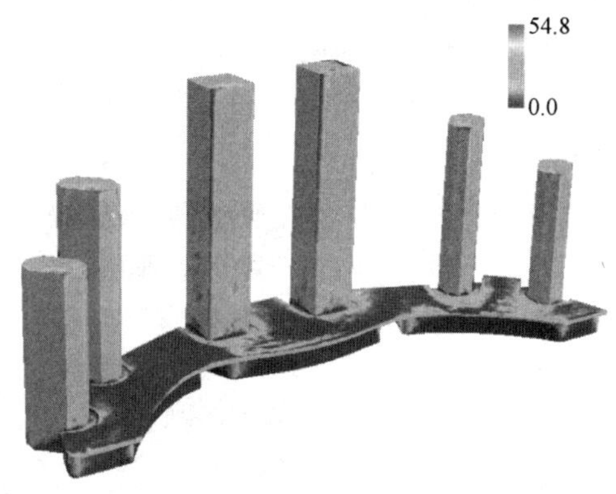

图 5.4.8 某超高层建筑群的风致噪声的 CFD 数值模拟结果

5.5 超高层建筑抗风研究中的其他问题

5.5.1 行人高度风环境评估

1. 概述

随着我国城市化进程的加快及科学技术的快速发展，各种布局多样、体形复杂的高层和超高层建筑大量崛起，由此产生了诸如安全、健康、节能等诸多风环境问题。钝体建筑的存在，改变了原来的流场，使得建筑物附近局部的气流加速，并在建筑前方形成停驻的漩涡，将恶化建筑周围行人高度的风环境，危及过往行人的安全；建筑群的相互干扰，会在建筑物附近形成强烈变化的、复杂的空气流动现象。一旦遇到大风天气，强大的乱流、涡旋再加上变化莫测的升降气流将会形成街道风暴，殃及行人（图 5.5.1）。1972 年，英国 Portsmouth 市一位老太太在一座 16 层的大厦拐角处，被强风刮倒，颅骨摔裂致死；1982 年 1 月 5 日，在美国纽约的曼哈顿，一位 37 岁的女经济学家行走在世界贸易中心双塔附近的一栋 54 层的超高层建筑前的广场上时，被突然刮来的强风吹倒而受伤。为此她以“由于建筑设计和施工上的缺点”而造成了“人力无法管理的风道”为由，向纽约最高法院对该建筑的设计人、施工者、建筑所有人、租借人，甚至包括相邻的世界贸易中心大厦的有关人员都提出了控告，诸如此类的问题在我们身边也时有发生。

图 5.5.1　大风中的行人百态（沈阳日报报道）

建筑群布局不当，会造成局部地区气流不畅，在建筑物周围形成漩涡和死角，使得污染物不能及时扩散，直接影响到人的生命健康。香港淘大花园因为密集的高楼之间形成的“风闸效应”加剧了病毒的扩散与传播，这才引发了人们对“健康建筑”的广泛关注。

在国外，行人风环境问题早已成为公众关注的问题。日本的一些地方政府都颁布政府条例规定，高度超过 100m 的建筑与占地面积超过 10 万 m^2 的开发项目，开发商必须进行包括行人风环境在内的对周边环境影响的评估。在澳大利亚，每一栋 3 层以上的建筑都需要进行风环境评估。在北美，许多大城市如波士顿、纽约、旧金山、多伦多等，新建建筑方案在获得相关部门批准之前，都需要进行建前和建后该地区建筑风环境的考察，以就新建建筑对区域行人风环境的影响进行评估。

在我国，风环境的研究处于刚刚起步阶段，虽然在一些重点工程的设计中也进行过风洞试验，但其主要目的都是利用空气动力学的手段，对待建建筑或构造物所引起的风载和风振问题进行研究，从而为结构上的抗风设计提供更为安全、可靠的数据。由于室外风环境的预测长期得不到重视和缺乏有效的技术手段，设计师们一般是把注意力过多地集中在总平面的功能布置、外观设计及空间利用上，而很少考虑高层、高密度建筑群中空气气流流动情况对人和环境的影响。而以建筑学为切入点的关于结合建筑风环境的设计研究，更是极少涉及。

目前风环境问题在我国未能引起足够的重视，还没有一个地方政府和权威机构将此问题的管理提升到立法与规范的层面上。随着人们对室外环境的关注程度日益提高，作为室外环境的一个重要方面的行人风环境应引起建筑界的重视，对风环境进行优化设计，必将成为住宅小区和城市规划的重要环节。为了营造健康、舒适的居住区微气候环境，就需要在规划设计阶段对建筑风环境做出预测和评价，以指导、优化住宅小区的规划与设计。

2. 建筑风环境的形成机理

在大气边界层中的梯度风，由于建筑钝体的阻挡而发生空气动力学畸变，造成了建筑物周边的气流在空间和时间上都具有非常复杂的非定常流性状。建筑物对上游的气流具有阻挡作用，在下游形成下洗现象，使周围的流场变得非常复杂。尤其是随着城市建筑密度的增加，建筑物之间的气流影响也增大，建筑物与主导风的角度、建筑物之间的距离、排列方式等产生的各种风效应对建筑物和周围的环境影响很大，大多数建筑物的形状都是非流线形体，各个方向的气流流经建筑物时都将引起振动问题，也会形成气流死区，易使附近某些空气污染物滞留不利于周围的空气环境。

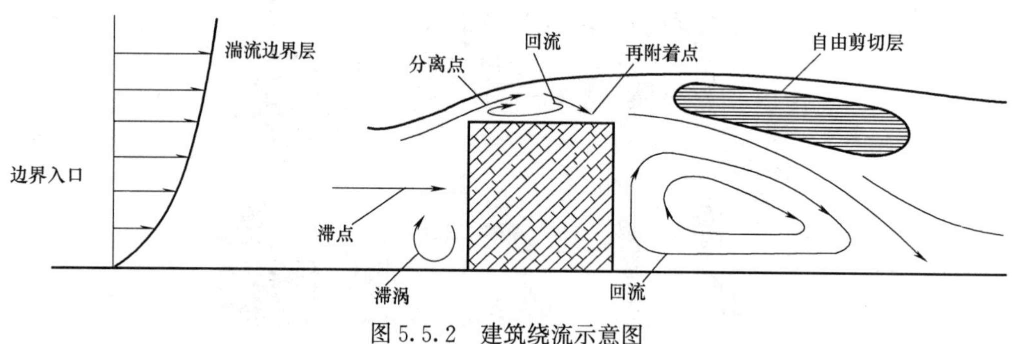

图 5.5.2　建筑绕流示意图

按照钝体空气动力学流动性质的理想假设，对于建筑物周围的流场，常忽略小尺度的非定常性，而用定常流的观点对流态进行定性分析（图 5.5.2）。因此，可以分为四个不同性质的流域。

1）自由流区

自然来流在遭遇建筑钝体的阻挡时产生偏向，并在建筑物前方、侧方形成了自由流区。它位于边界层外部的势流区，在理想的假设下，不考虑二次流所产生的紊乱，此流域可以用流体力学运动方程描述。

2）分离剪切层区

一般情况下，有风速为零的边界层建筑物表面一直到建筑物外侧自由流域中间，有一个剪切层区，此剪切层是边界层从建筑物表面分离的时候，在分离后尾流与自由流区之间形成的。对于二维圆柱和矩形建筑分离点却是不一样的，圆柱建筑周围气流流动，因无角点，其分离点不固定，在不同雷诺数、来流湍流度和圆柱表面粗糙度下会有不同的流型。而一般绕矩形建筑的流动，分离点总是固定在前缘角点处，相对圆柱来说，流动特性对雷诺数不敏感。但是在此流动中，尾流和自由流区间发生的剪切作用会产生强烈的紊乱。

3）尾流区

处于建筑物后方整个分离剪切层以内的流动区域即是尾流区。它与到达建筑物后方的自由流相比流速较弱，并且具有明显的环流。

4）滞止区

处于建筑物迎风表面前方的区域称为滞止区。在这个流域的中心形成了气流的滞止点，滞止点上部是向上的流，下部是向下的流，并且在迎风面前侧形成驻涡，高处高能量的气体被输运到下方，并随着分离流线向侧面、后面传送。一方面，由于大气边界层气流具有很大的湍流度；另一方面，以钝体形式出现的建筑物具有各种形状的前缘，而来流湍流度和物体的形状对流体的分离、剪切层的形状以及尾流特性都有重要的影响。上述建筑物周边流域的性质随着建筑物的具体形状、自然风向等性质的变化而发生改变，流体从建筑物表面的分离和再附着现象是最有代表性的一种情况，流体再附着现象与流体入射方向与建筑物侧壁面的交角以及顺风方向建筑物边长有着密切的关系。一旦再附着现象在建筑钝体上产生，分离流与建筑物壁面间将产生强烈的旋涡，分离流线进一步向外侧推移使分离点近旁自由流收敛加强，风速加大。此外，当入射风的湍流度增大，边界层内湍流掺混加剧，它将有助于动量高的流体输运到建筑钝体表面，从而使分离推迟出现，尾流域相应变窄。因此，自然风来流的性质对建筑物流域有很大的影响。

建筑物周边区域中，强风的发生有以下几种情况：

1）逆风

受高楼阻挡反刮所致，由下降流而造成的风速增大。高处高能量的空气受到高层建筑阻挡，从上到下在迎风面处形成了垂直方向的漩涡，也造成了此处的风速加大。特别是与高层建筑迎风方向相邻接的低层建筑物与来流风呈正交的时候，在底层建筑物与高层建筑物之间的漩涡运动会更加剧烈。

2）穿堂风

即在建筑物开口部位通过的气流。穿堂风造成的风速增大，在空气动力学上认为是由于建筑物迎风面与背风面的压力差所造成的。

3）分流风

来流受建筑物阻挡，由于分离而产生流速收敛的自由流区域，使建筑物两侧的风速明显增大。

4）下冲风

由建筑物的越顶气流在建筑物背风面下降产生。这种风类似从山顶往下刮的大山风，危害特别大。

3. 建筑风环境的评估方法

进行建筑风环境的评估，首先通过风洞测试或数值模拟分析获得绕流速度场分布信息，然后结合当地风的气象统计资料，并引用适当的风环境评估准则，最后获得风环境品质的定量评估结果，如图 5.5.3 所示。

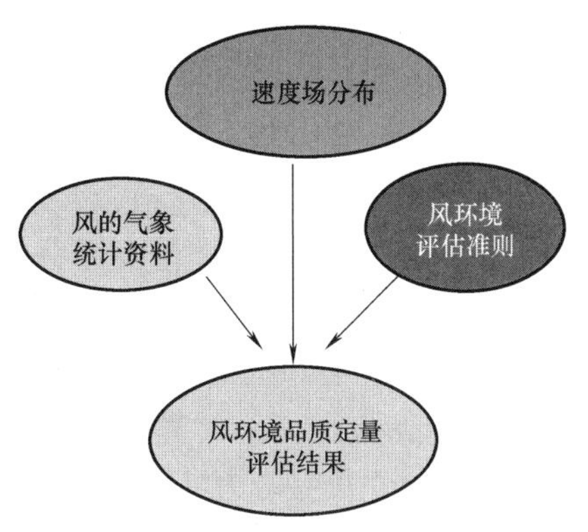

图 5.5.3　建筑风环境评估框图

1）舒适性评估准则

行人高度风环境的舒适性是一个较为主观的概念。通常采用反向指标来定义它，即根据设计用途、人的活动方式、不舒适的程度，结合当地的风气象资料，判断局部大风天气的发生频率。如果这些时间发生的频率过高，则认为该区域的不舒适性是不可接受的。界定不舒适性的最高可接受的发生频率，就是通常所说的“舒适性评估准则”。

举例来说，某些区域偶尔会有强风出现，但是因为发生的概率不大，所以人们会觉得它可以被接受。而某些区域虽然风势不强，但是因为它发生的频率高，人们会觉得那些地方总是在刮风，觉得不能接受。除此之外，该地的设计使用目的也必须考虑。譬如对于公园的风环境舒适性要求，就要比人行道来得高，即作为休闲场所的公园，人们更希望不会经常出现强风。

如何适当评估风场环境对行人的影响，是一个相当主观的问题，所以到目前为止并没有一致的标准。如上所述，原则上无论采用哪一种评估方法进行定量的舒适性评估时，应当建立在两个条件之下：①适当的行人舒适性风速分级标准；②各级风速标准的容许发生频率。在不同参考文献中，可以发现各种不同的风速分级标准和对发生频率的不同规定。表 5.5.1 是常用的风环境舒适性评估准则。

风环境舒适性评估准则 **表 5.5.1**

活动性	适用的区域	相对舒适性(蒲福风级)			等级
		可容忍	不舒适	危险	
快步	人行道	6	7	8	4
慢步	公园	5	6	8	3
短时间站立，坐	公园，广场	4	5	8	2
长时间站立，坐	室外餐厅	3	4	8	1
可接受性准则		<1 次/周	<1 次/月	<1 次/年	

由表 5.5.1 给出的舒适性判定标准可以发现，不同的活动性、适用区域对于风环境的要求各不相同。而可接受准则由于涉及风速概率问题，因此必须结合当地的气象资料进行研究。当按表中给定的功能进行设计时，可以认为 1～4 类区域都满足舒适度要求。而级别越高的区域，风速相对越高。比如，4 级区域仅适合用作人行道，当作为其他功能使用（如室外餐厅、广场等）时，则不满足舒适度要求。

如果某区域的风速超过了 1～4 类区域的要求，则应归入第 5 类，即该区域不满足舒适度要求，不能作为行人活动区域使用。

2）风环境评估流程

以无量纲的风速比为基础，配合风向风速资料计算各级风速发生频率，并进行舒适度评估。分析的流程大致如下：

（1）提取各测点的风速值，并求出风速比。

（2）根据风速风向联合概率分布表，计算不同风向下各测点发生高于指定风速的概率。

（3）最后将各风向的概率分别累加，则可知测点发生高于指定风速的概率。

（4）根据步骤（3）计算得出的不同测点概率，结合选择的舒适度评估标准，评估该测点的风环境舒适度是否为可接受。若是则认为满足舒适度要求，若否则应考虑优化设计。

在步骤（2）中，需要掌握当地的风速风向联合概率分布表。通常该项资料由原始气象资料整理而得。而原始资料应包括的内容为超过 15 年的当地逐日最大风速及其对应的风向，再利用极值统计分析方法得出风速风向联合概率分布。通常日最大风速满足极值分布，可通过广义极值分布函数（Generalized Extreme Value Distribution，简称 GEV 分布函数族）的最大似然估计得出概率模型参数。

$$G(z)=\exp\left\{-\left[1+\zeta\left(\frac{z-\mu}{\sigma}\right)\right]^{-1/\xi}\right\},\{z:1+\xi(z-\mu)/\sigma>0\} \tag{5.5.1}$$

在得出概率分布参数后，即可估算各区域出现大于特定风速的概率，并进行定量的舒适度评估。

4. 城市风环境的改善

城市风环境的改善，需要规划设计部门在城区的改造和建设初步阶段就要考虑城区建筑群的分布对城市风环境的影响，表 5.5.2 用文字和图形结合的方式列举了一些改善城市风环境的规划措施，可以为相关的部门提供一些参考。

改善城市风环境的规划措施 **表 5.5.2**

改善城市风环境的一些措施	图示说明
通过道路、空旷地方及低层楼宇走廊形成主风道，避免在主风道上设立障碍物阻挡风的通行	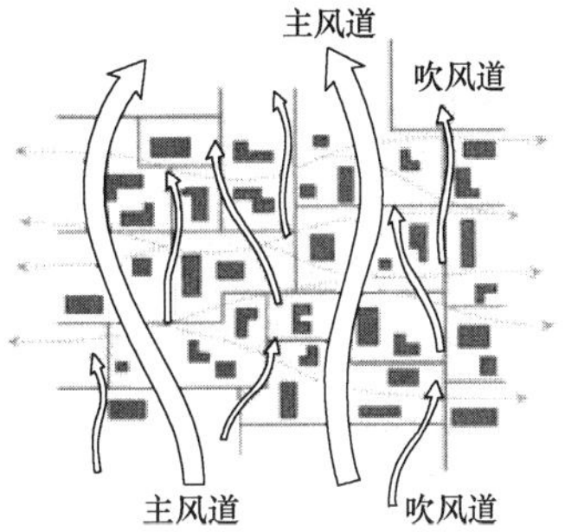
街道布局应与盛行风的风向平行排列或最多成 30°角。与盛行风的风向成直角排列的街道，其长度应尽量缩短，从而减小街道两边建筑物对盛行风的阻挡作用	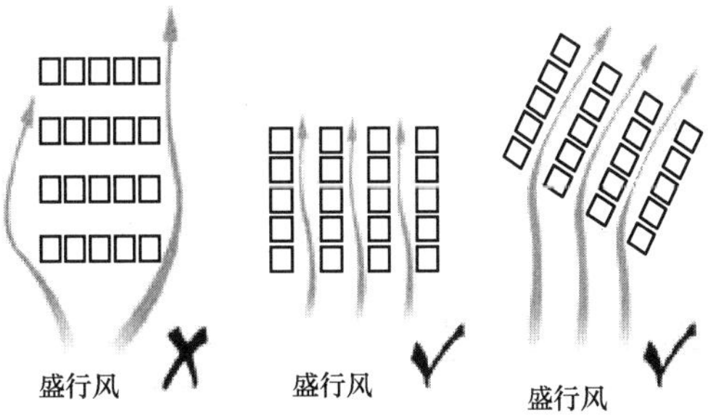
在海边区域兴建楼宇时，应审慎考虑规模、高度及排列是否适中，以免阻挡海/陆风和盛行风	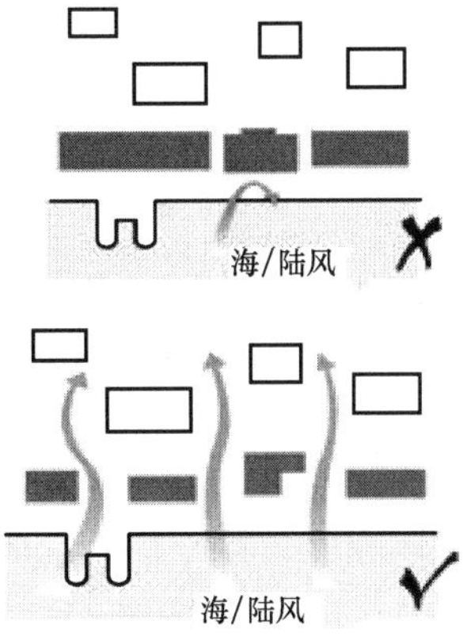

续表

改善城市风环境的一些措施	图示说明
参差的建筑物高度水平，将低矮楼房和高楼大厦作策略性布局，可促进风的流动。层次分明的建筑物高度有助疏导风流，避免出现静止、无风的状态	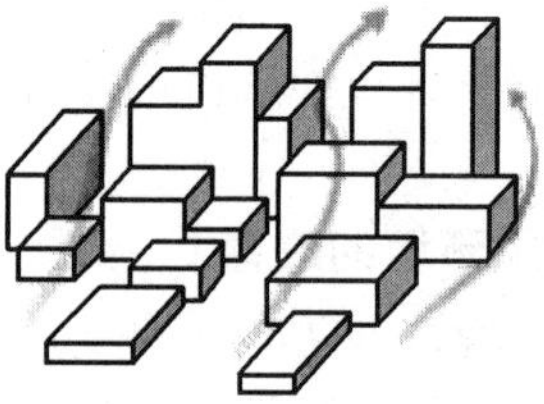 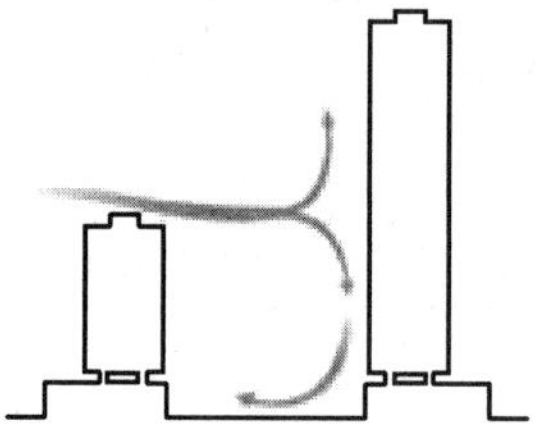
在楼宇之间保留更多空间，这样可以达到提高建筑群通风效率的目的	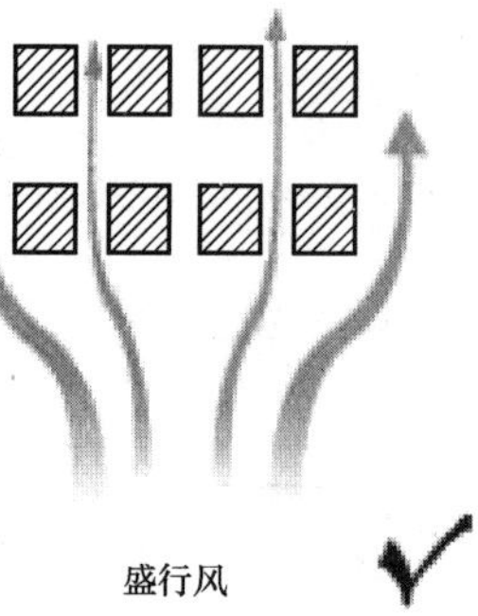 盛行风
设计较细小、更通风及梯级型平台构筑物，这样可以改善局部的行人风环境	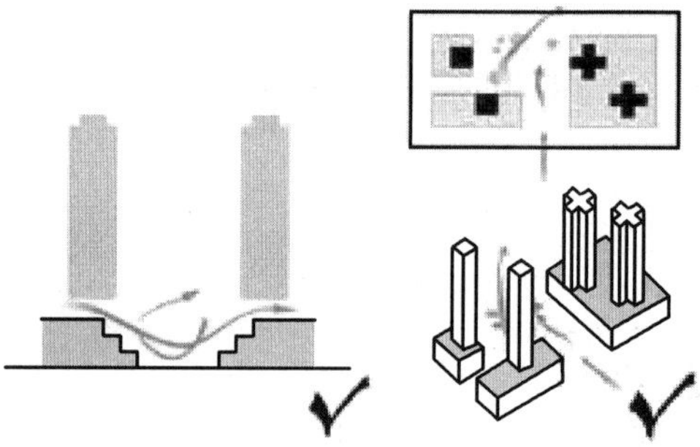
增加城市的绿化面积，这样有助调节都市气候，改善空气的流动情况。市区的休闲场所应尽量栽种植物；路面、街道和建筑物外墙应采用冷质物料，以减少吸收日光	

续表

改善城市风环境的一些措施	图示说明
建筑物外伸的障碍物（例如广告招牌）最好垂直悬挂，以免阻碍通风	

5.5.2 烟囱效应

1. 简介

“烟囱效应”即热压，是指由于建筑室内外空气密度差所产生的空气浮升作用。超高层建筑内部构造通常包括电梯、楼梯及管道井等垂直竖井，地下停车场，建筑底部大厅及机械室与避难层。冬季，室外环境温度较低，室内空气密度低于室外空气密度，室外寒冷空气将通过超高层建筑下部的入口、孔洞、缝隙渗入室内，通过电梯、楼梯等垂直井道向上浮动，从建筑上部的孔洞、缝隙渗出（图 5.5.4）。

在夏季，情况下则相反，称之为“逆烟囱效应”，室内空气密度高于室外，建筑内部空气下沉，从建筑底部渗出，但由于夏季气候条件下室内外温差不大，“逆烟囱效应”现象并不明显。因此，本节主要研究在冬季气候条件下“烟囱效应”对超高层建筑的影响。

室内外温度差越大，建筑高度差越大，“烟囱效应”现象越剧烈。我国北方地区冬季气候寒冷，室内外温差可达 20℃、30℃，因此以往的研究多是针对寒冷的北方地区的高层建筑。而我国的华东地区，如上海、南京等城市，是超高层建筑的集中分布地区，气候属于夏热冬冷型，冬季室外温度虽然在 0℃左右，但是仍然需要对“烟囱效应”的发生状况进行研究。

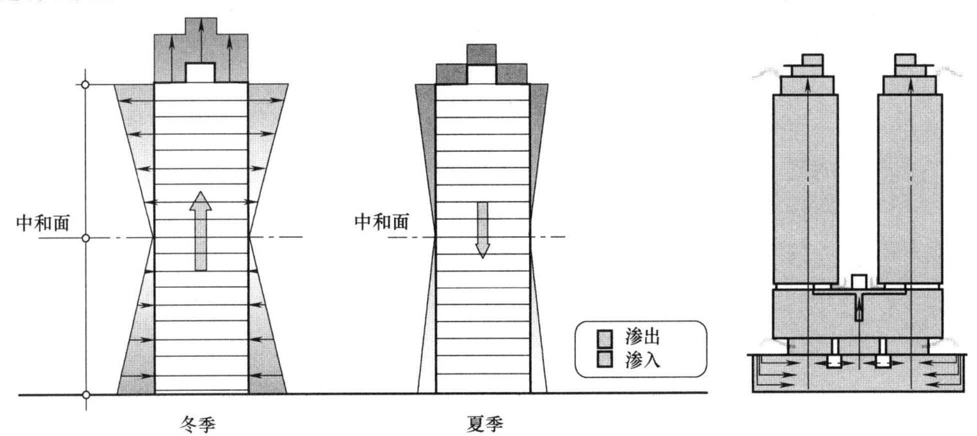

图 5.5.4 超高层建筑“烟囱效应”原理图

2. 计算原理

1）“烟囱效应”引起的压差计算

冬季外界温度较低，建筑物的室内外温差大，在“烟囱效应”作用下，室外空气从建筑底层入口、门窗缝隙进入，通过建筑物内电梯、楼梯井等竖直贯通通道上升，然后从顶部一些楼层的缝隙、孔洞排出。假设建筑物各层完全通畅，“烟囱效应”主要由室外空气与电梯、楼梯间等竖井之间的空气密度差造成，则建筑物内外空气密度差和高度差形成的理论热压，可按下式计算：

$$p_s = p_r - \rho g H \tag{5.5.2}$$

式中，p_s 为热压（Pa）；p_r 为参考高度热压（Pa）；ρ 为室内或室外空气密度（kg/m^3）；g 为 $9.81m/s^2$；H 为距离参考点高度（m）。

ASHRAE 中定义，忽略垂直的密度梯度，建筑某一高度处渗透位置的热压差可由下式计算：

$$\Delta p_s = (\rho_0 - \rho_i) g (H_{NPL} - H) = \rho_0 \left(\frac{T_0 - T_i}{T_i} \right) g (H_{NPL} - H) \tag{5.5.3}$$

式中，T_0 为室外温度（K）；T_i 为室内温度（K）；ρ_0 为室外空气密度（kg/m）；ρ_i 为室内空气密度（kg/m）；H_{NPL} 为纯热压作用下中和面高度（m）；H 为计算高度（m）。

图 5.5.5 为“烟囱效应”作用下建筑室内外压力的分布图，从图中可以看出室外压力线与室内压力线的交点为中和面位置。在中和面以下，室外压力大于室内压力，为正压；中和面以上，室外压力小于室内压力，为负压。距离中和面越远的位置，“烟囱效应”作用压差越大。

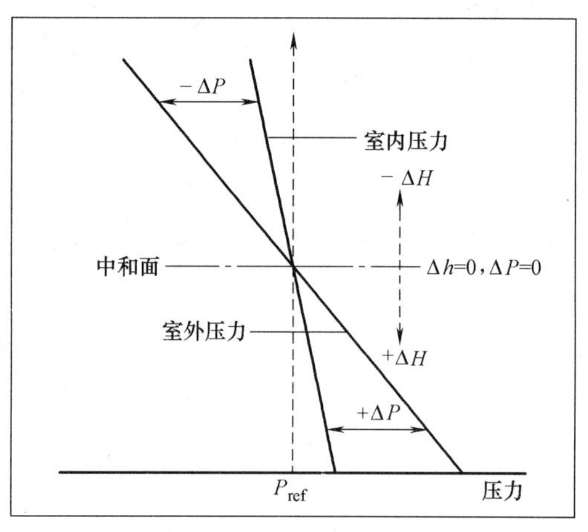

图 5.5.5 “烟囱效应”作用下室内外压力分布

2）“中和面”（NPL）

建筑中室内外压力差为零的位置称为“中和面”（NPL，Neutral Pressure Level）。中和面的位置对于了解超高层建筑内“烟囱效应”作用状况有重要的作用，在中和面以下，空气会在正压作用下由室外渗入到室内；中和面以上，室内空气会在负压作用下渗出室外。建筑的中和面位置通常难以预测，受热压、风压和通风系统的综合影响，不同的建筑内部构造对中和面影响也很大。

风压和热压对建筑的作用情况由很多因素决定，包括建筑高度、地形及遮挡情况、建筑内部阻隔情况、建筑外围护结构的渗透特性等。对于较高的建筑，内部空气流动阻力越小，热压作用越强烈；建筑周围遮挡物越少、越暴露，则越易受风压作用影响。根据风速及室内外温差的变化范围不同，任何建筑都会受到热压作用、风压作用或者两者共同作用影响。

3）热压差系数（TDC）

当建筑室内外的温差较大时，“烟囱效应”作用下建筑的压差分布对于认识“烟囱效应”的作用状况具有重要的意义。建筑物外墙两侧的压差仅是理论热压 P_r 的一部分，其大小还与建筑物内部垂直通道的布置、外墙、门窗缝隙的渗透特性有关，即与空气从渗入到渗出的流动阻力特性有关，可以通过热压差系数 TDC（Thermal Draft Coefficients）来分析，ASHRAE 中对 TDC 的定义是建筑底部与顶部外墙两侧压差的总和与理论压差值总和的比值，可由式（5.5.4）表示：

$$\gamma=\frac{p_{\mathrm{r}}}{p_{\mathrm{t}}} \tag{5.5.4}$$

式中，p_{r} 与 p_{t} 分别表示实际压差总和与理论压差总和。

TDC 表示了建筑外墙相对于内部阻隔的气密性，能够体现“烟囱效应”作用下的压差分布状况，因而具有重要的意义。超高层建筑根据其外墙渗透特性及内部阻隔情况的不同，TDC 值均不同。TDC 越大，说明“烟囱效应”消耗在外墙上的压差越多；TDC 越小，说明“烟囱效应”消耗在内部阻隔的压差越多。

3. “烟囱效应”的影响因素

影响超高层建筑“烟囱效应”气流流动的因素主要包括：①室内外温度差；②建筑物高度；③建筑外围护结构渗透特性；④建筑内部隔断等。

空气温度与密度存在着定量关系：随着温度的升高，空气密度减小；而随着温度的降低，空气密度逐渐增大。冬季室内温度高于室外温度，故室内空气密度小于室外，从而形成空气的浮升运动。ASHRAE 手册中计算了在不同温差下建筑物不同高度处烟囱效应理论压差。随着建筑室内外温度差的增加，“烟囱效应”理论压差值增大，“烟囱效应”现象愈加明显。

“烟囱效应”理论压差值与建筑物高度成正比，随着建筑物高度的增加，建筑内竖井高度将会增加，“烟囱效应”现象越明显。超高层建筑功能多样，结构复杂，内部设置有数量较多的电梯井、楼梯井及其他设备管道井；并且，在建筑底部设有地下停车场，这也将增加垂直井道的高度，加剧“烟囱效应”的发生。

超高层建筑物外围护结构的渗透特性是“烟囱效应”引起空气渗透的重要影响因素。建筑底部的出入口，外墙、门窗、屋顶上的孔洞缝隙，电梯井道顶部与大气相通的孔洞等，都是室内外空气进行交换的流通路径，这些流通路径的渗透特性对“烟囱效应”造成的空气渗透量有密切关联。室内外温度差的不同使建筑外墙两侧存在压差，在压差的作用下，室内外空气中的热量、水分、污染物通过这些路径进行着传质传热。

超高层建筑的内部阻隔增加了“烟囱效应”作用下空气流通的阻力，不同的建筑内部阻隔情况不同，“烟囱效应”的作用状况也不同。

4. 减小烟囱效应影响的措施

在上节分析的 4 个主要因素中，因素①、②是无法改变的，因此主要技术措施应针对因素③、④进行，即增强建筑外围护结构的渗透特性，合理设置建筑内部隔断。

1）建筑外围护结构渗透特性的改善

对超高层建筑而言，主要可采取如下措施：大厅出入口宜采用旋转门、双层平开门、双层旋转门等措施，尽量减少外部气流的流入；在满足使用条件的情况下，减小外墙、门窗、屋顶上的孔洞缝隙，电梯井道顶部与大气相通的孔洞面积；楼梯到屋顶的出口宜设置双层门；建筑外围护幕墙施工过程中，结构胶粘玻璃尽量密实，减小空气从外围护结构的渗入、渗出。

2）合理设置建筑内部隔断

建筑内部隔断的合理布置可以分水平隔断和竖直隔断两个部分，具体措施如下：

（1）水平隔断是通过建筑的外围护结构侵入的外部空气，经由房门、走廊门、前室门、电梯门或者楼梯门等层层阻隔所形成的横向隔断。其作用原理是，当室外侵入的气流流经每一道门时，热压被门缝的阻力消耗，使得作用于该楼层的总热压被层层分割，因此减少了作用于其他各道门两侧的压差，从而减弱了烟囱效应。

超高层建筑首层是冷空气侵入的重要通道，因此首层的建筑设计非常重要，在前一节中已经对大门提出了改善措施，除此之外，一般应在首层电梯、楼梯处设置前室门，增强对首层电梯、楼梯的保护。

超高层建筑内其他楼层的门也同样重要，在部分区域如果烟囱效应影响过大，应合理设置水平隔断措施，如增设前室门或通过“空气锁”装置，设置可错时打开的双层门，保证一个开启时另一个关闭，使两层门之间形成压力保护，达到安全的压差水平。

（2）竖直隔断是把建筑物内各种纵向的竖井（电梯井、电缆井、管道井、通风井等）进行隔断，从而改变建筑内部的建筑贯通高度，起到分割竖向热压的作用。

超高层建筑的电梯应根据高度不同分成多组，高、中、低竖直分区，分段运行，两区之间设置转换层。

超高层建筑的消防电梯一般直通顶层，烟囱效应非常明显，且不能设置竖向分隔。所以对消防电梯而言，只有增加对底层和顶层的防护，设置双层前室门。超高层建筑的穿梭电梯也可采取类似措施。

3）其他的改善措施

改善超高层建筑的烟囱效应，还可以考虑采用机械加压、冷却电梯井道等措施，但需要注意的是，这些措施都会增加建筑能耗。

5.5.3 风振控制技术

超高层建筑抗风减灾主要解决两个大问题，一是在弄清楚风荷载的产生机理基础上，预测强风下建筑物所承受的风荷载，使工程师在建筑设计时预先将风荷载的影响考虑进去，以保证建筑物在建成时已经具备抵抗灾害的能力。二是如果在风作用下建筑的振动确实超出允许范围，怎么办？一般采取的措施主要有两类：①改变建筑外形，从而改善风的绕流性能（称为气动措施）；②设计附加设备（附加阻尼器），增加结构耗能能力，减小结构振动。

比较经济实用的附加减振设备为调谐被动质量阻尼器（TMD，Tuned Mass Damper），之所以叫“调谐”，是由于这种设备主要吸收结构在某一阶固有频率处的振动（谐振）能量；之所以叫“被动”，是因为它不需要再加入任何动力设备，在高层建筑在风作用下发生运动时，阻尼器的质量块“被动”随之运动以消耗主结构（高层建筑）运动能量。与“被动”相对应，还有另外一种主动质量阻尼器（ATMD，Active TMD），它需要人为设置主动马达驱动阻尼器质量块按照一定的规律运动。与主动质量阻尼器相比，被动质量阻尼器更为经济、简单，应用更为广泛。图 5.5.6 给出了两种质量阻尼器的原理图。

下面从较简单也应用最广的 TMD（调谐质量阻尼器）控制问题入手，介绍超高层建筑风振控制的计算方法，并结合实例说明方法的应用。

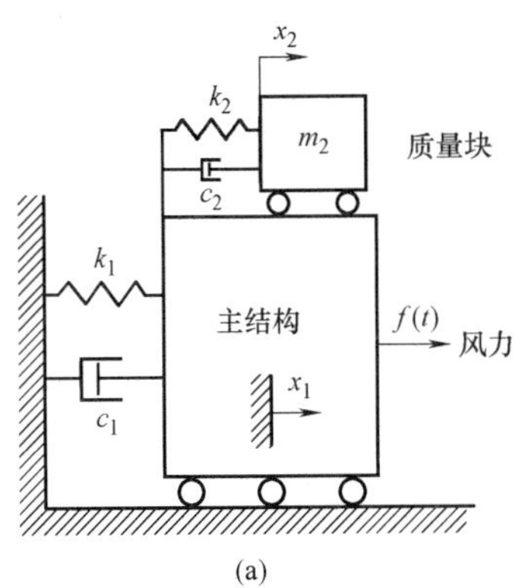

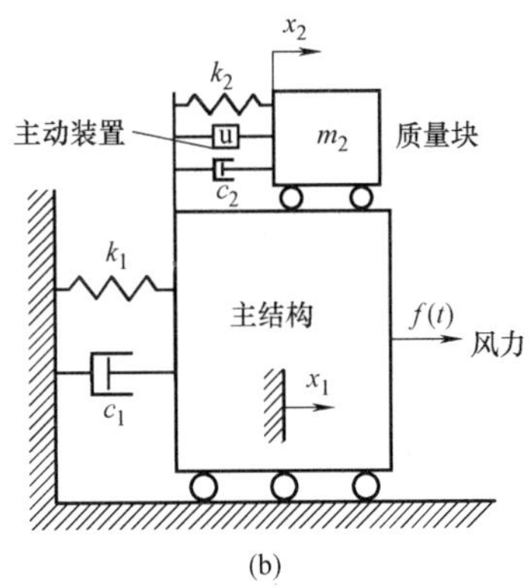

图 5.5.6　TMD 与 ATMD 原理比较图

1. 基本控制方程

结构在调频质量阻尼器控制下的风振反应满足如下的运动方程：

$$\left.\begin{array}{l}[M]\{\ddot{x}\}+[c]\{\dot{x}\}+[k]\{x\}=\{p(t)\}-\{H\}U(t)\\ M_{\mathrm{T}}\ddot{w}+c_{\mathrm{T}}\dot{w}+k_{\mathrm{T}}w=-M_{\mathrm{T}}\{H\}^{\mathrm{T}}\{\ddot{x}\}\end{array}\right\}\tag{5.5.5}$$

式中，$U(t)=-c_{\mathrm{T}}\dot{w}-k_{\mathrm{T}}w$；$w$、$\dot{w}$、$\ddot{w}$ 分别是调频质量阻尼器相对于设置层的位移、速度和加速度；$\{H\}^{\mathrm{T}}=[0,\ \cdots,\ 0,\ 1,\ 0,\ \cdots,\ 0]_{1\times N}$（其中 1 为第 k 列）为调频质量阻尼器设置位置向量，它表示调频质量阻尼器设置在结构的第 k 层。

考虑到对大多数的高层建筑来说，其风振反应是以第一振型为主的假定，因此：

$$\{x\}=\{\varphi\}_1 q_1(t)\tag{5.5.6}$$

将其代入式（5.5.5），并经变换可得：

$$\left.\begin{array}{l}\ddot{q}_1+2\zeta_1\omega_1\dot{q}_1+\omega_1^2 q_1=F_1^*(t)+\mu_{\mathrm{T}}\varphi_{k1}(2\zeta_{\mathrm{T}}\omega_{\mathrm{T}}\dot{w}+\omega_{\mathrm{T}}^2 w)\\ \ddot{w}+2\zeta_{\mathrm{T}}\omega_{\mathrm{T}}\dot{w}+\omega_{\mathrm{T}}^2 w=-\varphi_{k_1}\ddot{q}_1\end{array}\right\}\tag{5.5.7}$$

式中，ζ_1，ω_1 为结构第一振型阻尼比和圆频率；ζ_{T}，ω_{T} 为调频质量阻尼器阻尼比和圆频率；$F_1^*(t)=\dfrac{1}{M_1^*}\{\varphi\}_1^{\mathrm{T}}\{p(t)\}$，其中 M_1^* 为第一振型广义质量；$\mu_{\mathrm{T}}=\dfrac{M_{\mathrm{T}}}{M_1^*}$，为调频质量阻尼器质量与广义质量之比；$\varphi_{k_1}$ 为结构第一振型向量对应于结构设置 TMD 的第 k 层处的幅值。式（5.5.6）就是调频质量阻尼器对结构第一振型风振反应的控制方程。

若将式（5.5.7）的第二个方程式代入第一个方程式，那么可得：

$$\left.\begin{array}{l}(1+\mu_{\mathrm{T}}\varphi_{k_1}^2)\ddot{q}_1+\mu_{\mathrm{T}}\varphi_{k_1}\ddot{w}+2\zeta_1\omega_1\dot{q}_1+\omega_1^2 q_1=F_1^*(t)\\ \ddot{w}+2\zeta_{\mathrm{T}}\omega_{\mathrm{T}}\dot{w}+\omega_{\mathrm{T}}^2 w+\varphi_{k_1}\ddot{q}_1=0\end{array}\right\}\tag{5.5.8}$$

写成矩阵形式：

$$\begin{bmatrix}1+\mu_{\mathrm{T}}\varphi_{k_1}^2 & \mu_{\mathrm{T}}\varphi_{k_1}\\ \varphi_{k_1} & 1\end{bmatrix}\begin{Bmatrix}\ddot{q}_1\\ \ddot{w}\end{Bmatrix}+\begin{bmatrix}2\zeta_1\omega_1 & 0\\ 0 & 2\zeta_{\mathrm{T}}\omega_{\mathrm{T}}\end{bmatrix}\begin{Bmatrix}\dot{q}_1\\ \dot{w}\end{Bmatrix}+\begin{bmatrix}\omega_1^2 & 0\\ 0 & \omega_{\mathrm{T}}^2\end{bmatrix}\begin{Bmatrix}q_1\\ w\end{Bmatrix}=\begin{Bmatrix}F_1^*(t)\\ 0\end{Bmatrix}\tag{5.5.9}$$

如果在高层建筑不同高度设置多个调频质量阻尼器控制第一振型风致振动，则这些阻尼器的频率和阻尼都应取成相同的值。这些阻尼器的运动方程可表示为：

$$\left.\begin{aligned}&\ddot{w}_1+2\zeta_T\omega_T\dot{w}_1+\omega_T^2w_1=-\ddot{q}_1(t)\\&\{w\}=[H]^T\{\varphi\}_1w_1\end{aligned}\right\} \tag{5.5.10}$$

这些阻尼器对建筑的广义作用力：

$$F_{TMD}^*=\frac{-1}{M_1^*}\{\varphi\}_1^T[H][M_T]([H]^T\{\varphi\}_1\ddot{q}_1+[H]^T\{\varphi\}_1\ddot{w}_1) \tag{5.5.11}$$

于是，得到多个调频阻尼器对建筑第一阶振型风致振动的控制方程：

$$\begin{bmatrix}1+\sum_{j=1}^{n}\mu_T^{(j)}\varphi_{k_{j,1}}^2 & \sum_{j=1}^{n}\mu_T^{(j)}\varphi_{k_{j,1}}^2\\1&1\end{bmatrix}\begin{Bmatrix}\ddot{q}_1\\\ddot{w}_1\end{Bmatrix}+\begin{bmatrix}2\zeta_1\omega_1&0\\0&2\zeta_T\omega_T\end{bmatrix}\begin{Bmatrix}\dot{q}_1\\\dot{w}_1\end{Bmatrix}+\begin{bmatrix}\omega_1^2&0\\0&\omega_T^2\end{bmatrix}\begin{Bmatrix}q_1\\w_1\end{Bmatrix}=\begin{Bmatrix}F_1^*(t)\\0\end{Bmatrix} \tag{5.5.12}$$

式中，$\mu_T^{(j)}=\dfrac{M_T^{(j)}}{M_1^*}$为第 j 个 TMD 与建筑第一振型广义质量的质量比。

若在第 i 层布置两个调频质量阻尼器，两个阻尼器的振动参数相同。这两个阻尼器的控制方程为：

$$w=\phi_iw_1 \tag{5.5.13}$$

$$\begin{bmatrix}1+2\mu_T\varphi_i^2&2\mu_T\varphi_i^2\\1&1\end{bmatrix}\begin{Bmatrix}\ddot{q}_1\\\ddot{w}_1\end{Bmatrix}+\begin{bmatrix}2\zeta_1\omega_1&0\\0&2\zeta_T\omega_T\end{bmatrix}\begin{Bmatrix}\dot{q}_1\\\dot{w}_1\end{Bmatrix}+\begin{bmatrix}\omega_1^2&0\\0&\omega_T^2\end{bmatrix}\begin{Bmatrix}q_1\\w_1\end{Bmatrix}=\begin{Bmatrix}F_1^*(t)\\0\end{Bmatrix} \tag{5.5.14}$$

式中，ϕ_i 为第一振型在第 i 层的幅值。

2. 差分方法

采用 Nemark-β 法对微分方程组进行求解。为表达方便，令 y_1、$\dot{y}_1$、$\ddot{y}_1$ 分别为一阶广义位移、广义速度和广义加速度。令 y_2、$\dot{y}_2$、$\ddot{y}_2$ 分别为调频质量阻尼器的相对设置层的位移、速度和加速度。

根据 Nemark-β 法：

$$\left.\begin{aligned}&y_{t+\Delta t}=y_t+\Delta y\\&\ddot{y}_{t+\Delta t}=a_0\Delta y-a_2\dot{y}_t-a_3\ddot{y}_t\\&\dot{y}_{t+\Delta t}=\dot{y}_t+a_6\ddot{y}_t+a_7\ddot{y}_{t+\Delta t}\end{aligned}\right\} \tag{5.5.15}$$

式中，$a_0=1.0/\alpha\Delta t^2$；$a_1=\gamma/\alpha\Delta t$；$a_2=1.0/\alpha\Delta t$；$a_3=0.5/\alpha-1.0$；$a_4=\gamma/\alpha-1.0$；$a_5=0.5\Delta t$（$\gamma/\alpha-2.0$）；$a_6=\Delta t$（$1.0-\gamma$）；$a_7=\gamma\Delta t$；

其中，α 取为 1/6；γ 取为 0.5。

对于式（5.5.15），可改写成差分形式：

$$\begin{bmatrix} a_0(1+2\mu_T\phi_i^2)+2a_1\zeta_1\omega_1+\omega_1^2 & 2a_0\mu_T\phi_i^2 \\ a_0 & a_0+2a_1\zeta_T\omega_T+\omega_T^2 \end{bmatrix}\begin{Bmatrix}\Delta y_1\\ \Delta y_2\end{Bmatrix}=\begin{Bmatrix}F_1^*\\ 0\end{Bmatrix}_{t+\Delta t}-\begin{Bmatrix}f_{s1}\\ f_{s2}\end{Bmatrix}_t+\begin{Bmatrix}f_{e1}\\ f_{e2}\end{Bmatrix}_t \tag{5.5.16}$$

其中，

$$\begin{Bmatrix}f_{s1}\\ f_{s2}\end{Bmatrix}_t=\begin{bmatrix}\omega_1^2 & 0\\ 0 & \omega_T^2\end{bmatrix}\begin{Bmatrix}y_1\\ y_2\end{Bmatrix}_t \tag{5.5.17}$$

$$\begin{Bmatrix}f_{e1}\\ f_{e2}\end{Bmatrix}_t=$$

$$\begin{Bmatrix}[a_2\ (1+2\mu_T\varphi_i^2)\ +2a_4\omega_1\zeta_1]\ \dot{y}_1+\ [a_3\ (1+2\mu_T\varphi_i^2)\ +2a_5\omega_1\zeta_1]\ \ddot{y}_1+2a_2\mu_T\varphi_i^2\dot{y}_2+2a_3\mu_T\varphi_i^2\ddot{y}_2\\ (a_2+2a_4\omega_T\zeta_T)\ \dot{y}_2+\ [a_3+2a_5\omega_T\zeta_T]\ \ddot{y}_2+a_2\dot{y}_1+a_3\ddot{y}_1\end{Bmatrix} \tag{5.5.18}$$

式（5.5.15）右端项除一阶广义气动力外，其他项均是调频质量阻尼器和建筑在 t 时刻已知的位移、速度和加速度。结合式（5.5.16）、式（5.5.17）对式（5.5.18）逐步求解就得到建筑在任意时刻的位移、速度和加速度响应。

3. 实例

利用模态分析方法，得到某实际超高层建筑多质点模型的模态形状，如图 5.5.7 所示，主要的振动参数见表 5.5.3。

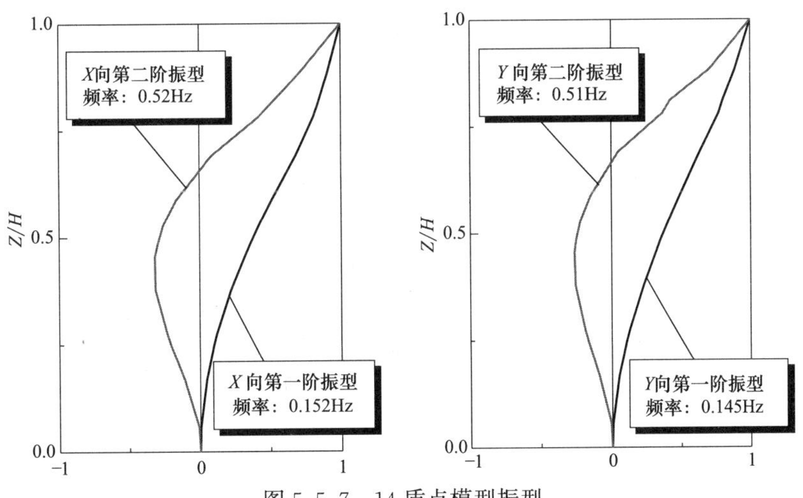

图 5.5.7　14 质点模型振型

某超高层建筑 14 质点模型振动　　　　**表 5.5.3**

	第一阶（Y 向）	第二阶（X 向）
频率（Hz）	0.1483	0.152
周期（s）	6.74	6.58
广义质量（kg）	4.833×10^7	4.47×10^7
阻尼比	0.01	0.01

对 14 质点模型的时程响应计算发现，该工程 197°风向角的最大加速度响应达到

9.28gal，大于要求的一年重现期舒适性要求，需要安装阻尼器，减小风振响应。

一般说来，TMD的质量越大，风振控制效果越好，但在规定的舒适度标准下，有一个最经济的质量。在确定TMD质量基础上，按照Den Hartog方法得到TMD沿Y向运动的最优频率和阻尼比及控制效果。图5.5.8给出了该建筑饭店顶层最大加速度响应随TMD质量变化的关系曲线，其中横坐标为单个TMD一阶广义质量与塔楼的一阶广义质量之比，由图可知，TMD质量比大于0.002后，最大加速度响应落在住宅楼舒适度指标范围内，随着质量比的进一步增加，加速度响应减小趋势变缓。综合考虑经济实用性，选择TMD质量比为0.0021（2个TMD总质量为253t），以保证饭店顶层的最大合加速度响应为7gal，满足住宅楼舒适标准的上限和宾馆舒适度标准的下限。

最终得到调频质量阻尼器Y向最优频率和阻尼比分别为0.148Hz和2.74%，X向的最优频率和阻尼比分别为0.1517和2.83%。

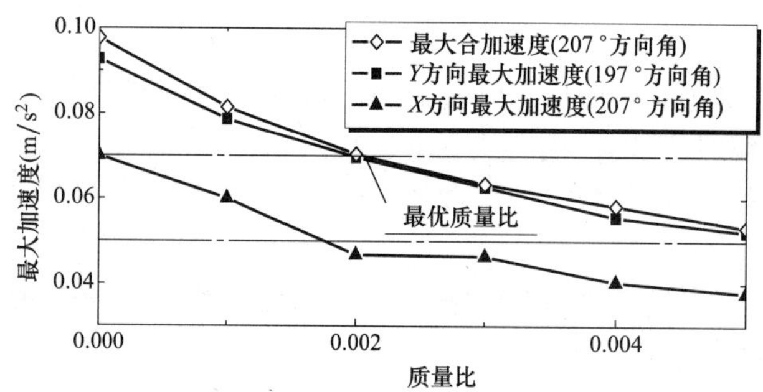

图5.5.8 不同质量比对应最大加速度

为便于量化比较加速度减小程度，定义系数：

$$D_{rms}=1-\sigma_c/\sigma_0 \tag{5.5.19}$$

式中，σ_c/σ_0表示受控加速度响应根方差与不受控响应之比。

图5.5.9给出了各个风向角的D_{rms}，从该图可看到，两主轴方向的D_{rms}值相差不大，Y向和X向的D_{rms}的平均值分别为29.8%和29.5%。

图5.5.9为饭店顶层各风向角D_{mrs}，图5.5.10给出了不利风向下的TMD控制频域效果示意图。从图中可知，在结构振动频率峰值处，加入TMD后响应谱大大降低，这与预先TMD设计目标是一致的。从时域响应的对比也可看出，受控的时程响应峰值显著降低（图5.5.11）。

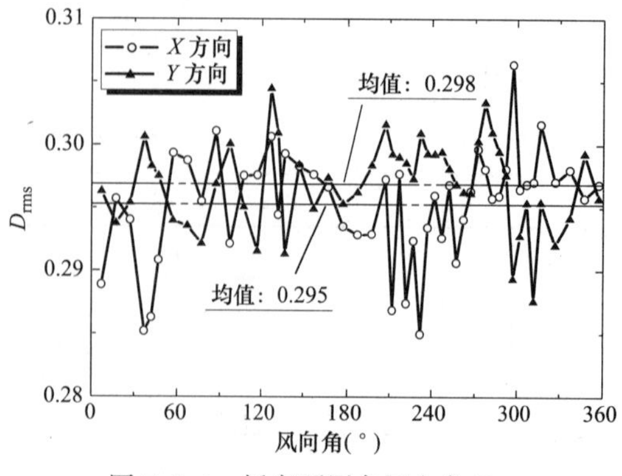

图5.5.9 饭店顶层各风向角D_{mrs}

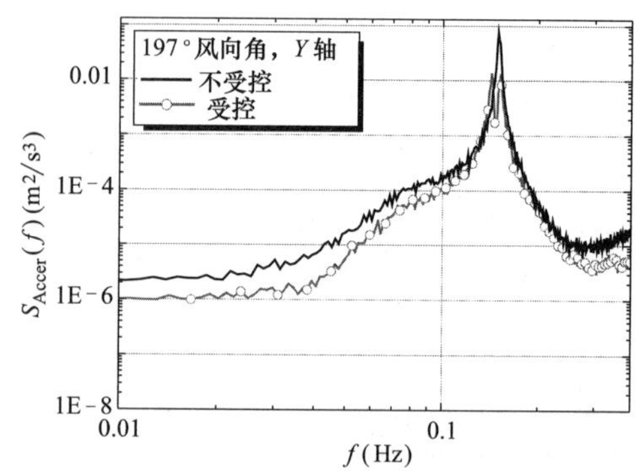

图5.5.10 不利风向下风振控制频域效果示意

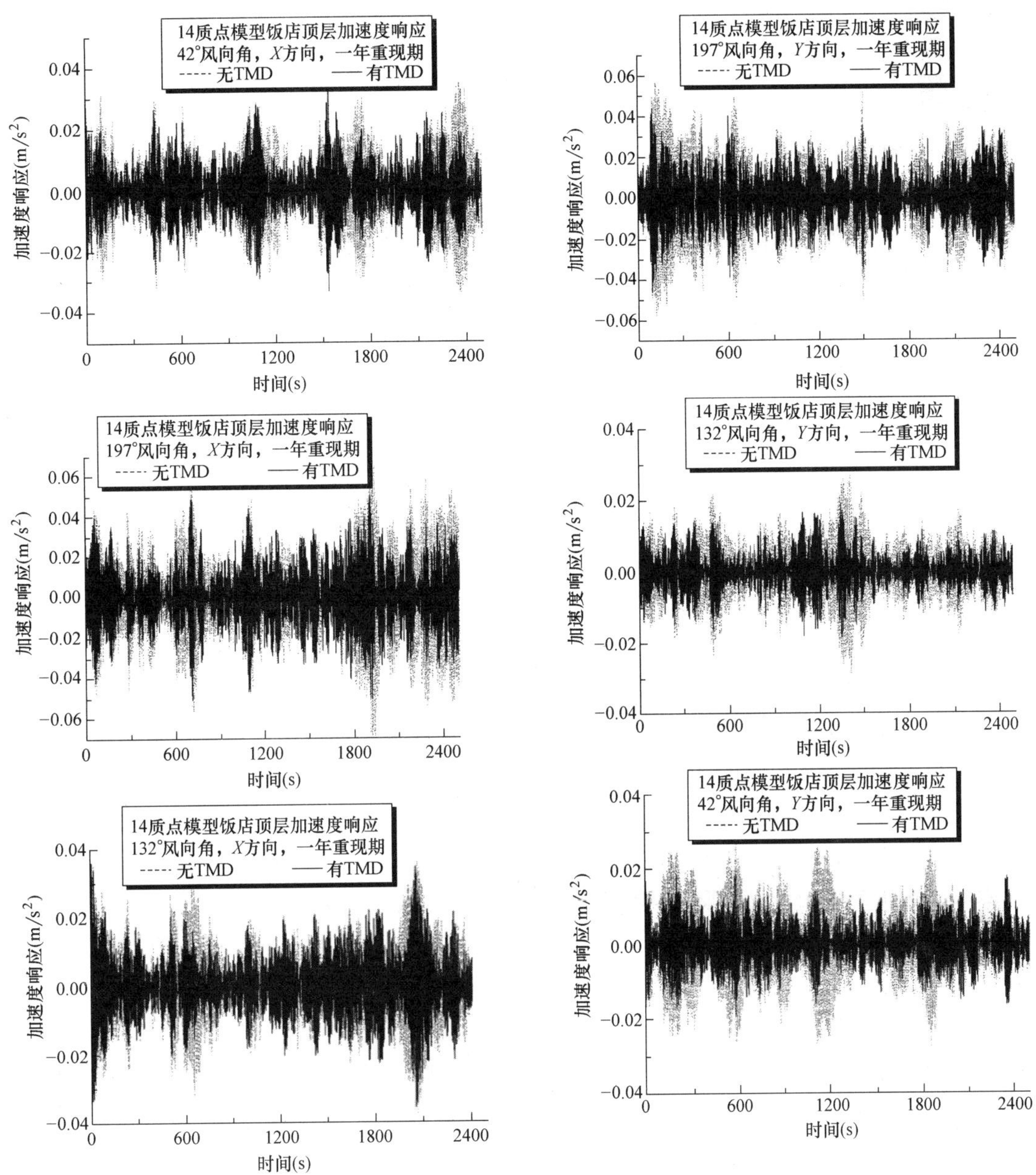

图 5.5.11 饭店顶层加速度响应时程（风速：26.3m/s）

6 超高层建筑结构抗震技术

6.1 概述

20 世纪 90 年代，伴随着基于性能的抗震设计理论在美国 VISION-2000（1995）、ATC-40（1996）及 FEMA-273（1997）中全面系统地提出，采用弹塑性计算分析手段对抗震性能进行评价的方法立即成为抗震工程研究中的热点。

目前，在工程实践中应用较多的弹塑性分析方法主要有静力弹塑性分析（Nonlinear Static Analysis）和动力弹塑性分析（ Nonlinear Dynamic Analysis）两类。

静力弹塑性分析方法是分析结构在地震作用下弹塑性响应的一种简化方法，实质上是一种静力分析方法。该方法的基本分析过程为：在结构上施加竖向荷载并维持不变，然后单调逐级增加沿高度方向按一定规则分布的水平荷载，考虑材料非线性以及几何非线性效应进行增量非线性求解，每一级加载过后更新结构刚度矩阵。如此反复直至结构整体或局部形成机构，或者结构的水平位移达到目标值。由于此方法可以得到结构从弹性状态到破坏倒塌的全过程，因此又被称为推覆分析方法（Push-over 分析法）。

动力弹塑性分析方法是直接动力计算方法，可以同时考虑地面震动的主要特性（主要是幅值、频率、持时三要素）以及结构的动力弹塑性特性，是到目前为止进行抗震变形验算和震害分析最为精确、可靠的方法。通过动力弹塑性分析，可以计算出在地震波输入时段内结构地震响应的全过程，得到每一时刻结构的位移、速度、加速度以及构件的变形和内力。借助这些分析结果，可以研究构件屈服次序和结构的破坏过程，便于设计者对结构在强烈地震下的性能进行直观评价。

值得指出的是，对于超高层建筑，随着高度的增加结构高振型的影响增大，考虑到对结构高振型效应估量不足的缺陷，静力弹塑性分析方法的适用范围具有一定的局限性，通常结构高度大于 150m 或结构基本振型基底剪力小于总剪力的 70%时，宜选择动力弹塑性分析方法。

随着结构动力试验设备和试验技术的发展，对于超高层建筑结构，制作缩尺模型，输入时程波进行动力试验，模拟结构在遭遇真实地震时的反应，已成为一种非常重要的物理仿真手段。与低周反复加载静力试验相比，动力加载试验实时输入地震波，能够反映出应变速率的影响，具有更高的准确性。整体动力试验通常在大型模拟地震振动台上进行。

通过整体模型振动台试验，可以达到以下目的：推定结构动力特性；研究不同水准地震作用时结构的加速度、位移、应变等动力响应；观察、分析结构抗侧力体系在地震作用下的受力特点和破坏形态及过程，找出可能存在的薄弱部位；检验结构在地震作用下是否满足规范三水准抗震设防要求，能否达到结构设计设定的抗震性能目标；在试验结果及分析研究的基础上，对结构设计提出可能的改进意见与措施，进一步保证结构的抗震安全性。

整体动力试验模型通常分为弹性模型和弹塑性模型。弹性模型试验目的是获得结构弹性阶段的资料，其研究范围仅限于结构的弹性阶段，用以验证结构的设计方法是否正确或为设计提供某些参数。弹性模型的制作材料不必与原型相似，只需材料在试验过程中具有完全的弹性性质。弹塑性模型试验的目的是研究原型结构的极限强度、极限变形以及在各级荷载作用下结构的性能。原型与模型材料性能相似越好，弹塑性模型试验的效果越好，目前钢筋混凝土结构小比例试验模型还只能做到不完全相似。常用的模型中，有机玻璃模型属于弹性模型，微粒混凝土模型属于弹塑性模型。

振动台试验主要用于研究超高、超限及结构形式特殊的高层建筑结构。本章以大量实际结构的模型振动台试验为基础，阐述超高层建筑振动台试验的基础理论、试验方法，给出典型工程的试验范例。

6.2 地震荷载

参考《复杂高层建筑结构设计》《TBI》及《AN ALTERNATIVE PROCEDURE FOR SEISMIC ANALYSIS AND DESIGN OF TALL BUILDINGS LOCATED IN THE LOS ANGELES REGION》。

6.3 超高层建筑振动台试验

6.3.1 试验模型设计及加工

超高层建筑体量较大，进行振动台试验时，试验模型的缩尺比例往往较小。因此，试验模型的设计和加工质量，成为决定试验结果是否可靠的关键因素。通常根据试验目的，对原型结构进行缩尺和适当简化，按照相似比理论进行试验模型的设计。

1. 相似比理论

试验相似关系是指模型与原型物理现象的相似，比通常所说的几何相似概念更广泛些。物理现象相似是指除几何相似外，在进行物理过程的整个系统中，在相应的位置和对应的时刻，模型与原型相应物理量之间的比例应保持常数。

振动台试验中，根据竖向应变能否满足相似关系，动力模型通常分为两种类型，与原型动力相似的完备模型和配重不足的动力模型。与原型动力相似的完备模型是指模型配重能够满足由量纲分析规定的全部的相似条件，竖向压应变相似常数 $S_{\varepsilon}=1$。配重不足的动力模型是指由于振动台承载能力的限值，试验模型难以满足对配重的要求，模型重力失真造成竖向应变 $S_{\varepsilon}\neq1$，此时各物理量之间的相似关系将发生变化，应根据实际模型参数来推导模型与原型之间的动力反应关系。配重不足的动力模型，通常需要放大加速度来满足相似关系要求，对于水平加速度，可以通过台面输入放大；但对于重力加速度无法放大，也就不能满足相似关系，造成重力偏小失真。可以通过方程式分析方法或量纲分析方法，确定模型的相似关系。表 6.3.1 给出了结构动力模型试验的相似常数和绝对系统（基本量纲为长度、时间、力）的相似关系。

结构动力模型试验的相似常数和相似关系 **表 6.3.1**

类型	物理量	量纲（绝对系统）	完备模型相似关系	重力不足模型相似关系
材料特性	应力[σ]	FL^{-2}	$S_\sigma=S_E$	$S_\sigma=S_E$
	应变[ε]	—	$S_\varepsilon=1$	$S_\varepsilon=1$
	弹性模量[E]	FL^{-2}	S_E	S_E
	泊松比[ν]	—	1	1
	密度[ρ]	$F T^2L^{-4}$	$S_\rho=S_E/S_L$	$S_\rho=S_\rho$
	质量[m]	LT^{-2}	$S_m=S_E/ S_L{}^2$	$S_m=S_\rho S_L{}^3$
几何尺寸	线尺寸[L]	L	S_L	S_L
	面积[A]	L^2	$S_A=S_L{}^2$	$S_A=S_L{}^2$
	体积[V]	L^3	$S_V=S_L{}^3$	$S_V=S_L{}^3$
动力尺寸	频率[f]	T^{-1}	$S_f=S_L{}^{-1/2}$	$S_f=S_L{}^{-1}(S_E/S_\rho)^{1/2}$
	时间[t]	T	$S_t=S_L{}^{1/2}$	$S_t= S_L{}^1(S_\rho/S_E)^{1/2}$
	线位移[δ]	L	$S_\delta=S_L$	$S_\delta=S_L$
	速度[v]	LT^{-1}	$S_V=S_L{}^{1/2}$	$S_V=(S_E/S_\rho)^{1/2}$
	加速度[a]	LT^{-2}	$S_a=1$	$S_a=S_E/(S_L S_\rho)$
	重力加速度[g]	LT^{-2}	$S_g=1$	忽略
荷载	集中力[P]	F	$S_t=S_E S_L{}^2$	$S_t=S_E S_L{}^2$
	压力[q]	FL^{-2}	$S_q=S_E$	$S_q=S_E$
	弯矩[M]	FL	$S_M= S_E S_L{}^3$	$S_M= S_E S_L{}^3$

2. 模型材料选择

振动台试验中，模型缩尺比例通常较小，需要以较小尺寸的构件来模拟原型结构中的足尺构件。模型构件与对应的原型构件的承载力、刚度等需要符合相似关系。模型构件的模拟方法对振动台模型试验的准确性和可靠性具有决定性的作用。

构件模拟主要涉及两个方面，一方面是模型构件材料的选择，另一方面是截面及配筋形式的合理简化。

适合于制作模型的材料有很多，各种材料的特性不同，与原型结构材料特性的相似比关系符合程度也不同。一般来说，不可能找到完全符合相似关系的理想模型材料，只能根据试验目的的要求，尽量选择既符合相似关系又具有可加工性的模型材料。正确选择模型材料对顺利完成模型试验具有决定性的意义。模型材料应符合以下几方面要求：满足试验相似关系；保证试验结果合理的情况下，选择弹性模量相对较低的材料，以便能够产生足够的变形，满足测量需求；保证材料性能的稳定，受环境和徐变影响较小；保证加工制作比较方便。振动台试验模型常用到的材料包括钢、混凝土、铜（黄铜或紫铜）、微粒混凝土及有机玻璃。

对于弹性模型，通常采用有机玻璃模型，即其所有构件（包括楼板）均采用有机玻璃进行制作。有机玻璃是一种各向同性的匀质材料，但因其徐变较大，试验时为了避免明显的徐变，应使材料中的应力不超过 7MPa。有机玻璃模型具有加工制作方便、尺寸精度容易保证、材料性能稳定等优点，通常采用木工工具即可进行加工，采用胶粘热气焊即可组合成型。

对于弹塑性模型，不同类型的构件在不同情况采用不同的方法模拟。在条件允许时，优先采用与原型相同的材料来模拟构件，这是一种能够达到完全相似的模拟方法。在小比例模型中，无法用原型材料制作模型时，通常采用弹性模量相对较小的其他材料来模拟原型材料，这是一种不完全相似的模拟方法，也是目前高层建筑振动台模型试验最常用的一种方法。这种模型中，通常采用微粒混凝土模拟混凝土，细钢丝模拟钢筋，用黄铜（或紫铜）模拟钢结构和型钢混凝土结构中的钢材。图 6.3.1 为试验模型中不同材料的模拟。

微粒混凝土应按照相似条件要求做配合比设计，影响微粒混凝土力学性能的主要因素是骨料体积含量、级配以及水灰比。级配设计时应首先满足弹性模量要求，尽量满足强度要求，骨料粒径一般不宜大于截面最小尺寸的 1/3。黄铜可以通过调整其合金成分比例，得到弹性模量、屈服强度均符合相似比关系的材料。细钢丝与钢筋的材料力学性能近似，在模拟时需要考虑弹性模量及强度的相似比关系进行换算。

黄铜模拟钢材

钢丝模拟钢筋(剪力墙筒体及框架柱)

型钢混凝土筒体(暗柱)

微粒混凝土模拟混凝土柱

图 6.3.1　试验模型中不同材料的模拟

3. 模型构件设计

振动台模型构件设计中，如果完全按照长度相似关系进行构件截面设计，经常会出现钢板或铜板过薄、钢筋直径过小、纵筋根数过多或箍筋间距过密等问题，使得模型加工变得非常困难甚至根本无法进行。这时，就需要对模型构件进行合理简化，即保证构件的刚度、承载力等主要截面特性能够满足相似关系要求。

对常用的钢筋混凝土、钢管混凝土、型钢混凝土构件的模拟进行了试验研究，如图 6.3.2～图 6.3.4 所示。试验结果表明，模型构件的破坏也存在大小偏心受压状态，构件破坏特征及正截面相关曲线的特征与原型构件类似，轴压、纯弯及偏压屈服承载力基本符合相似条件。因此，可认为模型构件与原型构件屈服承载力之间大体上满足相似性。

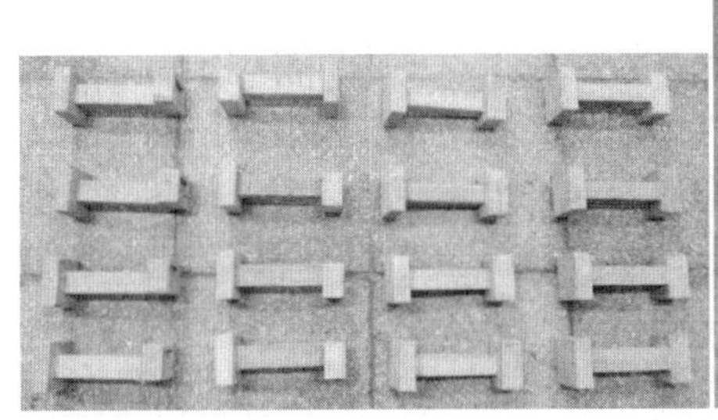
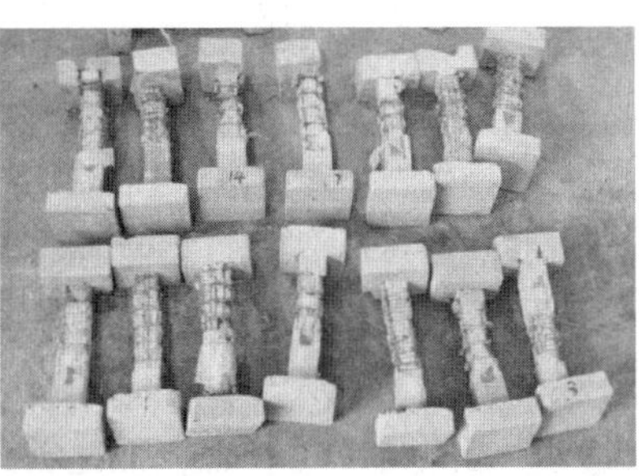

图 6.3.2　钢筋混凝土构件模拟试验

图 6.3.3　钢管混凝土构件模拟试验

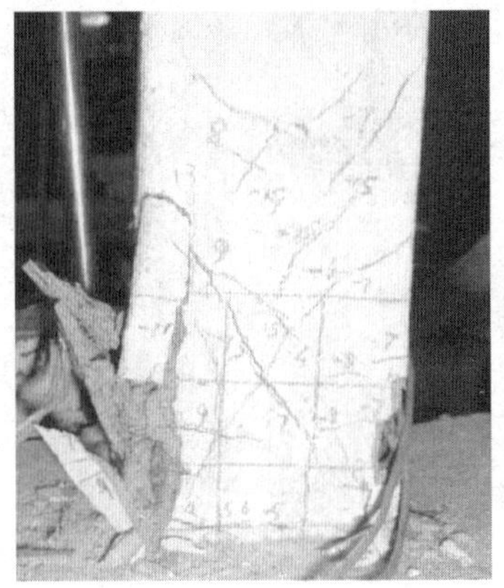

图 6.3.4　型钢混凝土构件模拟试验

根据研究结果，给出了各类模型构件设计的建议：

1）钢构件

钢构件为单一材料，模型中采用 H65 软黄铜来模拟，构件截面基本按照原型截面尺寸缩尺得到；根据可采购到的铜板规格，对缩尺后铜板厚度进行适当调整，相应地也对截面尺寸包括翼缘宽度等进行相应调整，使模型构件截面的抗弯及轴向刚度与原型构件刚度满足相似关系要求，截面承载力基本满足相似关系要求。

2）钢筋混凝土构件

模型构件设计中，根据原型结构构件的截面尺寸按照长度相似比缩尺得到模型构件截面尺寸，则可以基本保证构件的刚度相似关系；按照截面承载力相似的原则进行模型构件配筋计算，并依据经验进行配筋布置。由于缩尺，模型中钢筋分布的相似通常无法满足规范对于原型的要求，多数情况下纵筋根数、箍筋肢数较原型会相对减少，纵筋间距、箍筋间距和肢距既要基本满足截面的承载力和延性性能要求，又要保证加工的可行性。

3）组合构件

组合构件中，型钢按照钢构件原则进行设计，构件截面及配筋按照钢筋混凝土构件进行设计。

4. 模型设计

模型的设计首先应确定包含范围，是否包含地下室及包含层数，是否包含裙房。然后，根据建筑的高度、质量及模型选用材料等确定模型结构三个独立的基本相似参数，并根据这三个基本相似参数，通过推导得到其他相似参数。

对于高层建筑，原型结构通常相当复杂，因此试验模型无法完全按照原型结构进行缩尺设计。这就需要根据原型结构体系特点，在满足试验目的前提下，对模型次要结构进行一定合理简化，以加快模型加工进度，减少加工误差。常用简化对象有：次梁；楼板小洞口；升板降板、楼板配筋、次结构小柱、裙房结构等。模型简化后通常需要通过计算，保证简化基本不影响结构整体动力特性和地震反应，简化对结构的影响在试验可接受范围内。

5. 模型加工

模型加工前应进行微粒混凝土试配试验，以确定适合本次试验的配合比。黄铜构件加工通常采用氩弧焊，以便能够保证良好的焊接质量和较小的焊脚尺寸，尽量减小加工带来的误差。微粒混凝土内配筋，除少量必须在模型上连接的位置采用绑扎外，其余连接（包括箍筋）均采用点焊的方法。为了缩短模型加工工期，微粒混凝土构件模板通常采用木板与苯板相结合的方法；微粒混凝土构件内的箍筋与纵筋一般提前在地面焊接好；钢结构构件可采用地面提前预制、空中拼装的加工方法。图 6.3.5 为模型加工过程示例图（上海中心）。

6.3.2 试验方法

1. 地震波选择方法

振动台试验采用地震波应根据《高层建筑混凝土结构技术规程》（以下简称《高规》）、《建筑抗震设计规范》（以下简称《抗规》）及《安评报告》确定，同时也要考虑结构设计的要求。

微粒混凝土采用苯板模板

顶部塔冠(地面焊接空中组装)

图 6.3.5　模型加工实例

依据《抗规》，振动台试验通常选择两组天然波和一组人工波进行，超高层建筑也可选择两组人工波和五组天然波进行，多遇地震和罕遇地震阶段一般采用不同的地震波。地震波选取首先应满足地震动三要素要求，即频谱特性、有效峰值及持续时间，同时还需满足底部剪力等要求。频谱特性可用地震影响系数曲线表征，依据所处场地的场地类别和设计地震分组来确定；双向或三向输入时，加速度有效峰值应按照比例 1（水平主方向）：0.85（水平辅方向）：0.65（竖向）来调整；持续时间一般为结构基本周期的 5～10 倍；每条地震波计算所得的结构底部剪力不应小于振型分解反应谱法求得基底剪力的 65%，多条时程曲线计算所得结构底部剪力的平均值不应小于振型分解反应谱法求得底部剪力的 80%。

2. 加载流程

振动台试验加载流程，通常由小震（多遇地震）工况开始，逐渐增大，经过中震（设防地震）工况，直到大震（罕遇地震）工况。如结构损伤较小，通常还会进行超设防烈度半度或者一度的罕遇地震工况，以检验结构抗震的储备能力。

小震和中震工况时，通常会进行多次输入，三条地震波均进行单向及双向（或三向）地震输入工况。大震工况时，为了避免结构损伤的累积，通常只进行单条地震波双向（或三向）的一次输入。

试验开始以前，可以认为试验模型为初始状态，试验模型经历了从小震到大震的输入地震波作用，在这个过程中模型的自振特性发生了相应变化。试验开始以前及每级试验工况后，要进行白噪声激励工况，可以得到结构初始及各级地震作用后模型的自振特性。

表6.3.2为典型振动台试验加载工况表示例。

振动台模型试验工况表示例　　表6.3.2

序号	测试项目	波名	方向	计划输入峰值加速度(gal)	相当于地面
1	自振频率及阻尼	白噪声	X、Y	50	
2	加速度、应变等	El Centro 波	X	105	8度多遇地震
3	加速度、应变等	Taft 波	X	105	
4	加速度、应变等	人工波	X	105	
5	加速度、应变等	El Centro 波	Y	105	
6	加速度、应变等	Taft 波	Y	105	
7	加速度、应变等	人工波	Y	105	
8	加速度、应变等	El Centro 波	$X+0.85Y$	105+89.25	
9	加速度、应变等	Taft 波	$X+0.85Y$	105+89.25	
10	加速度、应变等	人工波	$X+0.85Y$	105+89.25	
11	自振频率及阻尼	白噪声	X、Y	50	
12	加速度、应变等	El Centro 波	X+0.85Y	300+255	8度设防地震
13	加速度、应变等	Taft 波	X+0.85Y	300+255	
14	加速度、应变等	人工波	X+0.85Y	300+255	
15	自振频率及阻尼	白噪声	X、Y	50	
16	加速度、应变等	Taft 波	$X+0.85Y$	600+510	8度罕遇地震
17	自振频率及阻尼	白噪声	X、Y	50	
18	加速度、应变等	Taft 波	$X+0.85Y$	765+650	8.5度罕遇地震
19	自振频率及阻尼	白噪声	X、Y	50	
20	加速度、应变等	Taft 波	$X+0.85Y$	930+791	9度罕遇地震
21	自振频率及阻尼	白噪声	X、Y	50	

3. 测点布置原则

振动台试验过程中，通过相应测点的传感器来得到结构的响应。常用的传感器包括加速度传感器、位移传感器及应变传感器。

加速度及位移传感器根据采集数据用途分为三类，分别用来测量结构平动反应、结构的扭转反应、结构竖向反应。测量结构扭转的测点，沿竖向通常布置在扭转反应较大的结构中上部；平面不规则的楼层，测点通常布置在结构的端部，以测得该平面内最大的位移反应；测量结构平动的测点，沿竖向尽量每层同一位置布置，以便获得层间位移角等重要参数；如层数较多无法每层布置，可采取隔层的布置方法，但应在竖向刚度突变的楼层附近加密布置；测量结构竖向反应的测点，通常布置在结构的悬挑端，或者大跨度构件的跨中。测量平动和扭转的传感器应靠近主要竖向构件布置。

应变传感器用来测量结构重要构件在地震作用下的动应变。通常布置位置有结构底部、侧向刚度突变位置、悬挑位置、大跨度位置或转换位置的关键构件。

4. 数据处理分析方法

1）加速度数据

加速度数据直接通过加速度传感器采集得到，结果为相对重力场的绝对加速度。可以通过加速度时程数据统计处理，得到不同工况动力系数和加速度沿层高的分布曲线。动力系数也称加速度放大系数，通过计算各测点加速度时程的最大绝对值与底板测点加速度最大绝对值的比值得到，反映了不同高度加速度反应放大的情况。

2）位移数据

位移数据可利用加速度时程曲线积分并处理后获得，也可通过位移计来直接测量。主要的位移测量结果包括楼层位移、层间位移角、扭转位移比。将测点位移时程与底板位移时程做差后可以得到各测点相对底板的位移时程曲线，其绝对最大值为楼层位移。对位移时程曲线做进一步处理，可以得到层间位移角及扭转位移比等数据。

3）阻尼比

目前振动台试验中，得到阻尼比的方法主要有半功率带宽法和自由振动法，其中较常用的是半功率带宽法。

半功率带宽法是利用位移频响函数幅频曲线半功率点处所对应的频率值求出系统阻尼比。具体见图 6.3.6，计算方法见公式（6.3.1）。

$$\xi=(\omega_b-\omega_a)/(2\omega_0) \tag{6.3.1}$$

式中，ξ 为阻尼比；ω_a 及 ω_b 为半功率点对应频率值；ω_0 为共振频率。

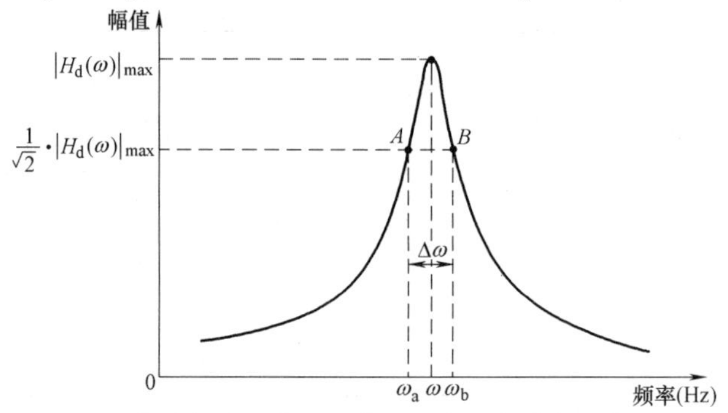

图 6.3.6　位移频响函数幅频曲线（半功率带宽法求阻尼比）

自由振动法是利用自由振动阶段，阻尼造成位移峰值衰减来求出阻尼比。由于实验实测得到的有阻尼自由振动波形图一般没有零线，因此在计算结构阻尼时，常采用波形峰到峰的幅值。具体见图 6.3.7，计算方法见式（6.3.2）。

$$\xi=\lambda/(2\pi) \tag{6.3.2}$$

式中，$\lambda=2\ln(x_n/x_{n+k})/k$，$x_n$ 为第 n 个波的峰值；x_{n+k} 为第 $n+k$ 个波的峰值。

6.3.3　典型高层建筑的模拟地震振动台试验

1. 工程概况

上海中心位于上海市浦东新区陆家嘴金融中心区，是一座以甲级写字楼为主的综合性大型超高层建筑（图 6.3.8）。地上共 124 层，塔顶建筑高度 632m，结构屋顶高度 580m。属于高度超限的超高层建筑。塔楼与裙房在首层以上设防震缝分开。塔楼结构体系为“巨型空间框架-核心筒-外伸臂”。包括内埋型钢的钢筋混凝土核心筒，由八根巨型柱、四根

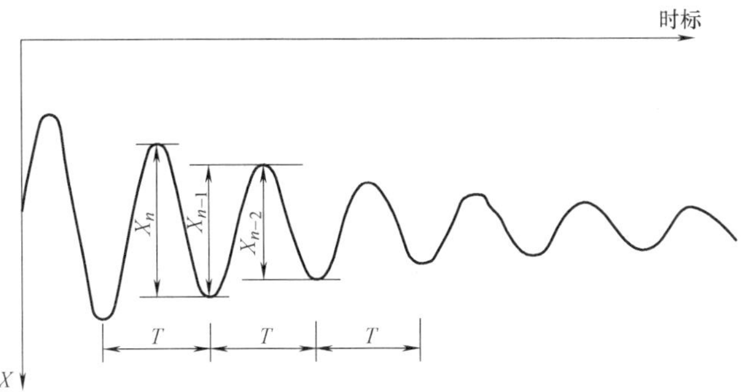

图 6.3.7 有阻尼自由振动波形图（自由振动法求阻尼比）

角柱及八道两层高的箱形环状桁架组成的巨型框架，以及连接上述两者的六道外伸臂桁架。结构竖向分八个区域，每个区顶部两层为加强层，设置伸臂桁架和箱形环状桁架。楼层结构平面由底部（一区）的 83.6m 直径逐渐收进并减小到 42m（八区）。中心核心筒底部为 30m×30m 方形混凝土筒体，从第五区开始，核心筒四角被削掉，逐渐变化为十字形直至顶部。塔楼结构存在高度超限、大悬挑及加强层等超限内容。此项目在中国建筑科学研究院的建筑安全与环境国家重点实验室内进行的振动台试验（图 6.3.9）。

图 6.3.8 上海中心建筑效果图

图 6.3.9 上海中心振动台试验模型

2. 试验方案

根据试验室内高度，模型长度相似比（缩尺比例）为 1/40，材料弹模相似比为 1/3.2；根据振动台承载能力，确定质量密度相似比为 5.2。通过以上确定的三个相似比，可推导得到模型的其他相似关系如表 6.3.3 所示。模型总高 15.98m，重量为 516.59kN（不含底板），附加重量为 418.42kN。试验中水平加速度放大系数为 2.4。

模型相似关系（模型/原型） **表 6.3.3**

物理量	相似关系	物理量	相似关系
长度	1/40	质量密度	5.2
弹性模量	1/3.2	时间	0.102
线位移	1/40	速度	0.245
频率	9.81	加速度	2.404
应变	1.000	应力	1/3.2

模型中包含地下一层结构，地下一层竖向构件嵌固于模型底板上。根据原型结构体系的特点，在满足试验目的的前提下，对模型结构进行适当简化（包括抽层、楼面梁的简化），以加快模型加工进度，减少加工误差。

3. 试验现象及结果

试验模型经历了相当于从多遇地震到罕遇地震的地震波输入过程，峰值加速度从 84.1gal（相当于 7 度多遇地震）开始，逐渐增大，直到 745.2gal（相当于 7.5 度罕遇地震）。工况 2～10（相当于 7 度多遇地震），整体结构振动幅度小，模型结构其他反应亦不明显，未见裂缝及损坏，各方向频率变化较小。结构整体完好，达到了小震不坏的要求。工况 12～20（相当于 7 度设防地震），模型结构振动幅度有所增大，但整体结构动力响应不剧烈，未出现明显的扭转。部分工况时，结构内部发出响声，表明有构件发生损伤。输入结束后，模型 X、Y 方向一阶频率均有所下降。对模型进行了观察，结构下部未发现损伤，4～7 区核心筒剪力墙外墙少部分连梁出现细小的剪切裂缝。巨柱、伸臂桁架及环状桁架保持完好。总体而言结构损伤轻微，关键构件完好。工况 22（相当于 7 度罕遇地震），模型结构振动剧烈，结构内部发出明显响声，位移以整体平动为主，扭转效应不明显。结构下部未发现损伤。结构 4 区以上核心筒剪力墙外墙连梁上剪切裂缝有所发展，6 区以上少部分巨柱上出现细小的水平裂缝。伸臂桁架及环状桁架保持完好。模型自振频率进一步下降，X 向一阶降低 11%、Y 向一阶降低 7.2%。说明整体结构损伤增加，但结构仍保持良好的整体性，这说明有较结构具有良好的延性和耗能能力。工况 24、24A（7.5 度罕遇地震），结构损伤进一步加大，结构变柔，地震作用向上传递能力变弱，模型整体结构振动剧烈，位移以整体平动为主，扭转效应不明显。模型上部振动明显较下部强烈。自振频率下降较多，X 向一阶降低 12% 、Y 向一阶降低 33%。7.5 度罕遇地震作用后，模型结构虽损伤较大，但仍保持了整体性未倒塌，这说明结构有一定的抗震储备能力。

试验结束后，巨柱 6 区、7 区部分位置出现水平受拉裂缝。2～5 区核心筒外墙出现很少量的水平裂缝，部分连梁开裂；6 区以上大部分连梁开裂，约 1/4 的外墙出现水平裂缝。伸臂桁架、环状桁架保持完好。塔冠基本保持完好，构件没有出现屈曲。试验模型结构典型损伤如图 6.3.10 所示。

(a) 典型核心筒损伤

(b) 典型巨柱损伤

图 6.3.10 典型结构损伤

4. 主要结论和建议

上海中心采用的新型“巨型空间框架-核心筒-外伸臂”结构体系可行，结构布置合理，该设计能够满足规范中各水准抗震设防要求，原结构总体可达到预设的抗震设计性能目标。7.5 度罕遇地震作用后，模型频率进一步下降，结构损伤加剧，上部层间位移角达到 1/60，但结构仍保持了较好的整体性，关键构件基本完好，说明结构具有良好的变形能力和延性，具有一定的抗震储备能力。

位移测试结果表明，结构中上部位移及层间位移角较大。68 层为抽掉角柱的位置，84 层为核心筒外墙收进的位置，结构抗侧刚度减弱。在 68 层及 84 层以上位移及位移角增大较快。试验现象也表明损伤主要集中在 68 层以上部位。建议在 68 层以上，核心筒外墙厚度保持为 700mm 不变，向上延伸 3～5 层后再减薄为 600mm；在 84 层以上，外围巨柱尺寸通过 3～5 层逐渐过渡为 3300mm×2300mm，使这两个部位的抗侧刚度及承载力沿竖向变化更均匀，避免发生突变。结构顶部存在明显的鞭梢效应，加速度放大系数较大，试验中塔冠部分的加速度和位移反应也较大。建议对结构顶部 116 层以上及塔冠部分在地震作用下的承载力进行复核，保证其抗震安全性。

6.4 超高层建筑动力弹塑性分析

6.4.1 动力弹塑性分析的目标

对应于我国建筑结构抗震设防中“大震不倒”的设防目标，结构动力弹塑性分析的首要目标即为针对结构在罕遇地震作用下的安全性、特别是结构的抗倒塌能力给出量化的评估。

此外，为了适应现代社会对结构抗震性能的要求，抗震工程界提出了基于性能的抗震设计思想，并经过多年的发展与完善，已逐步成为结构抗震设计方法的一种发展趋势。我国现行《建筑结构抗震设计规范》GB 50011—2010 及《高层建筑混凝土结构技术规程》JGJ 3—2010 也已明确给出了在我国建筑结构设计中基于性能思想的抗震设计方法与规定。与现有常规方法相比，基于性能的抗震设计方法实际上是对多级抗震设防思想的全面深化、细化、具体化和个性化，其设计目标不仅是为了保证生命安全，同时也要控制结构的破坏程度，使得各种损失控制在可以接受的范围内。显然对于超高层建筑而言，传统的线弹性分析已无法满足对结构上述性能目标的实现与验证的需要，必须采用动力弹塑性分析手段才能给出结构在罕遇地震作用下是否达到预设性能目标、屈服机制是否合理、变形程度是否可控以及变形性能破坏模式是否具有延性等的合理判据。

6.4.2 动力弹塑性分析模型的一般性要求

从某种意义上看，超高层建筑结构的动力弹塑性分析是结构弹性设计的延伸，因而其分析模型首先应与弹性设计分析模型保持一致。除整体结构（主要构件）的几何特性、刚度、质量及其分布等静态指标相符外，结构的周期、振型等动力特性也应一致。

其次，考虑到分析方法、基本理论的特点，结构动力弹塑性分析模型尚应附加考虑如下关键因素：

1）结构抗侧力构件受力与变形的非线性特性

对于抗震分析而言，结构主要抗侧力构件受力与变形之间的非线性关系是结构罕遇地震作用下动力弹塑性分析模型的本质，也是影响结构非线性响应的关键因素。因此，动力弹塑性分析模型中针对上述构件的屈服、塑性发展、滞回演化规律乃至破坏模式等非线性性质应采用尽可能合理的模型进行模拟。值得说明的是，上述非线性性质可根据构件的实际受力状态及设计水准综合确定，如当梁的跨度较大或柱受剪承载力能够确保其不会先于受弯屈服而发生剪切破坏时，可以忽略其受剪的非线性特征而仅考虑受弯的非线性性质。但应强调的是，此时应对计算结果进行细致的复核和分析，以确保正确。

另外，对于结构其他仅传递重力荷载的水平构件（如次梁、檩条等），在动力弹塑性分析模型中可以不考虑其受力与变形的非线性特性。

2）其他对整体结构非线性响应有重要影响的因素

除构件本身受力与变形的非线性性质外，还有多种因素会对超高层建筑罕遇地震作用下的动力响应有重要的影响。

（1）P-Δ 效应

对于超高层建筑来说，在罕遇地震作用下结构的侧向位移较大，此时结构自上而下累积的重力二阶效应（P-Δ 效应）将会对结构下部造成显著的倾覆作用，应在动力弹塑性分析模型中予以考虑。

（2）阻尼效应

阻尼是结构的固有动力特性之一，也是耗散地震输入能量的主要来源。结构动力弹塑性分析中结构耗能通常假定由初始弹性阻尼耗能与构件弹塑性耗能共同构成，具体形式如下：

$$W_{耗能}=W_{c_e}+W_{plastic} \tag{6.4.1}$$

式中，W_{c_e} 为结构初始弹性阻尼耗能，结构初始弹性阻尼矩阵与结构速度向量的乘积；$W_{plastic}$ 为构件弹塑性滞回耗能，由结构分析模型中构件单元的非线性滞回行为自动计入。

6.4.3 结构构件的分析模型

从目前的技术水平而言，在结构动力弹塑性分析模型中对于构件的模拟可以简单划分为基于构件宏观弹塑性单元的模型以及基于微观材料弹塑性本构关系的精细有限元模型两类。

1. 基于构件宏观弹塑性单元的模型

基于构件宏观弹塑性单元的分析模型是随着计算能力的发展，在构件-层模型的基础上的进一步细化。这种模型将结构中的每个构件划分为一个或几个单元，在有限位置模拟其塑性发展以及整个结构的非线性响应，并在建立和求解平衡方程过程中整体结构的刚度矩阵不再引入层模型假定而直接通过所有单元刚度矩阵集成形成，使得分析模型的适应性及分析结果的准确性大为提高。工程实践表明，实际结构尤其是高层建筑结构中的构件数量非常庞大，在进行弹塑性分析时采用基于宏观弹塑性单元的模型具有良好的分析效率和工程精度，因而也是目前较多采用的模型之一。

值得说明的是，构件宏观弹塑性单元模型中的“宏观”一方面是指由实际结构转换为数值分析模型时将梁、柱及墙肢等结构构件等代为一个或几个单元的组合，另一方面则是强调了这种单元是从构件的宏观受力特征（即力与位移关系）上模拟结构构件的屈服、损伤乃至破坏等弹塑性行为。构件宏观弹塑性单元常常采用如下基本假定：

① 平截面假定

理论上，平截面假定仅适用于跨高比较大的连续匀质弹性材料的构件，对于由钢筋和混凝土组成的构件，由于材料的非均匀性，以及混凝土开裂，特别是在纵筋屈服、受压区高度减小而临近破坏的阶段，在开裂截面上的平截面假定已不适用。但是，考虑到构件破坏是产生在某一区段长度内的，而且试验结果表明，只要应变量测标距有一定长度，量测的截面平均应变值从施加荷载开始直到构件破坏，都能较好地符合平截面假定。因而，在宏观单元分析方法中仍采用构件（梁、柱等）正截面变形后依然保持平面、截面应变为直线分布，且钢筋与混凝土之间不发生相对滑移的假定。

② 塑性铰假设

首先应明确的是，此处的“塑性铰”含义更为广泛，除熟知的传统意义上的弯曲塑性铰外，还可以是轴力、剪力及轴力、弯矩、剪力等的组合铰。构件的塑性主要发生在塑性铰上，并且事先指定可能发生塑性铰的位置。塑性铰描述可以采用构件试验获得的宏观荷载（N、M、V 等）与其相应变形（Δ、θ、Δ）之间的关系曲线，也可以采用截面分析获得的宏观荷载与截面应变（轴向应变或曲率）关系曲线进行。当采用后者时，模型则还须假设塑性区的长度。

在基于构件宏观弹塑性单元的模型中，根据构件宏观弹塑性的模拟方式、宏观弹塑性关系的本构模型以及计算参数的确定方法，可以简单划分为基于非线性恢复力关系的构件模型、集中塑性铰模型以及剪力墙宏单元模型三类。

1）基于非线性恢复力关系的构件模型

土木工程科学最重要的基础是试验研究，长期以来人们积累了大量构件试验资料与数据。能在整体计算模型中，将相应构件的弹塑性行为直接采用试验实测的构件受力-变形的非线性关系数据进行模拟，是基于构件宏观弹塑性单元模型的一大特色。

迄今为止，国内外有很多学者都基于各自的试验研究提出了多种构件非线性恢复力本构关系模型，尤其集中于钢筋混凝土构件。虽然理论上可以完全采用试验实测数据作为构件弹塑性性质的描述，但为了保证数值计算的易用性，上述模型一般都是在对试验数据与曲线的连续化与简单化处理后提出的。下面仅对目前钢筋混凝土结构构件中较多使用的刚度退化三线型模型进行介绍。

如图 6.4.1、图 6.4.2 所示，用三段折线代表正、反向加载恢复力骨架曲线并考虑钢筋混凝土结构或构件的刚度退化性质即构成刚度退化三线型模型。该模型可更细致地描述钢筋混凝土结构或构件的真实恢复力曲线。根据是否考虑结构或构件屈服后的硬化状况，刚度退化三线型模型也可分为两类：考虑硬化状况的坡顶退化三线型模型与不考虑硬化状况的平顶退化三线型模型。

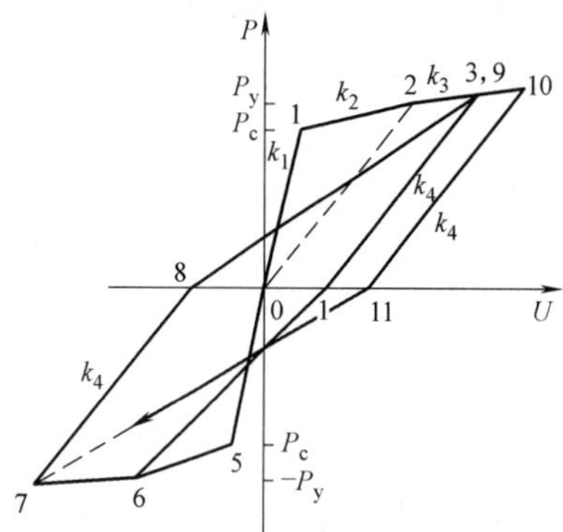

图 6.4.1 坡顶退化三线型模型

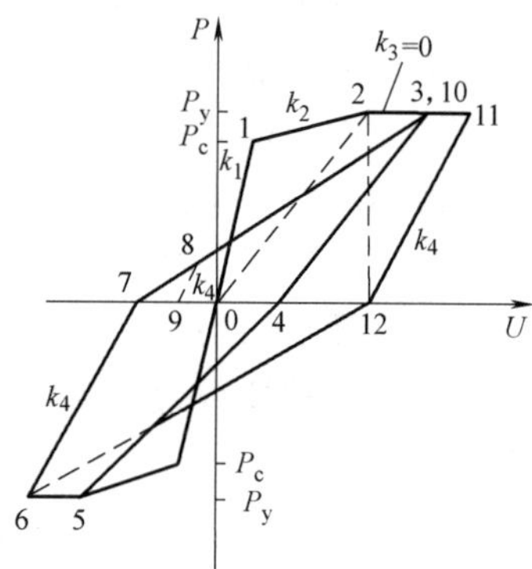

图 6.4.2 平顶退化三线型模型

刚度退化三线型模型具有如下主要特点：

① 三折线的第一段表示线弹性阶段，此阶段刚度为 k_1，点 1 表示开裂点。第二段折线表示开裂至屈服的阶段，此阶段刚度为 k_2，点 2 表示屈服点。屈服后则由第三段折线表示，其刚度为 k_3。

② 若在开裂至屈服阶段卸载，则卸载刚度取 k_1。若屈服后卸载，则卸载刚度取割线 02 的刚度 k_4。

③ 中途卸载（见图 6.4.2 中虚线 89 段）卸载刚度取 k_4。

④ 12 段（23 段）卸载至零第一次反向加载时直线指向反向开裂点（屈服点）。后续反向加载时直线指向所经历过的最大位移点。

应该说明的是，虽然可以直接将构件非线性恢复力关系的试验成果引入到整体结构模型以及弹塑性分析中，可以综合考虑构件因材料弹塑性特征及其他因素（如粘结滑移）的非线性行为，更为真实地描述构件以及整体结构地震作用下的弹塑性行为，但是由于技术以及客观条件的制约，基于试验往往仅能提供构件在某种荷载模式（如固定轴力＋水平往复荷载等）、单分量（如剪力或弯矩）作用下的非线性恢复力关系。因此对于受力模式简单的构件而言（如弯曲梁、二力杆等），刚度退化三线型模型具有应用方便且模拟效果好的优点，而当结构在双向地震或单向地震作用下，因不规则性等因素使得构件处于空间复杂受力模式时，不可避免地存在误差。

2）集中塑性铰模型

构件弹塑性研究往往集中在构件局部位置的客观现象及其受力特征，在基于非线性恢复力关系的构件模型基础上，通过假定构件开裂、屈服以及破坏均发生在其局部位置，提出了构件集中塑性铰模型。

根据包含的内力参数，集中塑性铰模型可以简单划分为单内力分量铰（如单向弯曲铰、轴力铰等）、双内力分量铰（如双向弯曲铰等）以及三内力分量铰（如轴力+双向弯曲铰）等。

（1）单内力分量塑性铰模型

单内力分量铰，又称单轴弹簧模型，是将杆件的力-变形关系用设置在杆单元的两端（弯曲转动）、中间（剪切）、轴向（拉压和扭转）的非线性弹簧来代表，如图 6.4.3 所示。单轴弹簧模型可以是转动弹簧、剪切弹簧或拉压弹簧，用来表述杆件单元的单向弯曲、剪切、轴向伸缩等各变形分量的力和变形之间的关系。单轴弹簧模型也可以用于弹簧单元，用来表达各种边界条件，如连接、支承，或代表基础对建筑物的作用等。

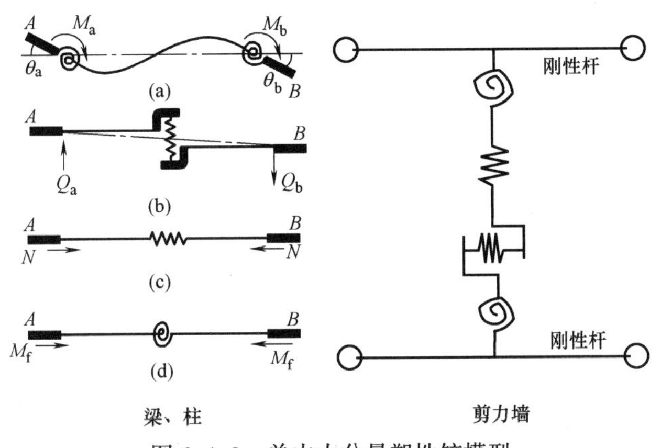

图 6.4.3 单内力分量塑性铰模型

单内力分量铰中的恢复力模型用于模拟构件单个内力分量与其相应变形的关系，是宏观非线性模型本构关系最简单的形式。根据恢复力曲线的形式分为曲线型和折线型两种。曲线型恢复力模型给出的刚度是连续变化的，与工程实际较为接近，但在刚度的确定及计算方法方面存在不足。目前较为广泛使用的是折线型模型，包括双线型、多线型、退化型、滑移型及组合型等。

如图 6.4.4 为陆新征-曲哲 10 参数（组合型三折线）恢复力模型示意图。可以看出，该模型通过开裂点、屈服点为折点的三段折线描述钢筋混凝土构件在受弯过程中经历的开裂、屈服以及破坏三个阶段。通过定义模型的其余参数可以模拟构件的刚度退化、强度退化以及滑移和捏缩效应。

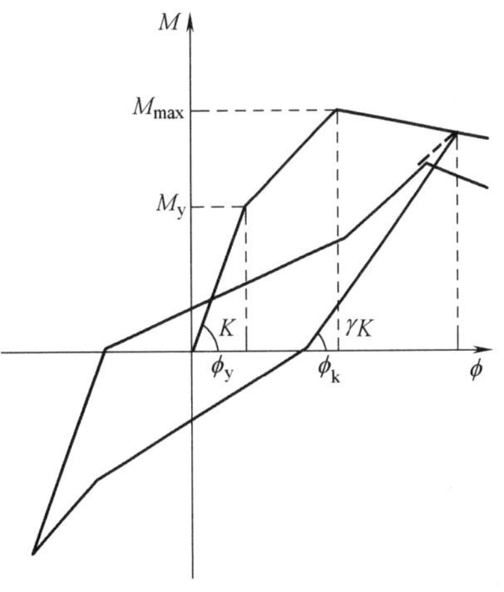

图 6.4.4 陆新征-曲哲 10 参数模型

单内力分量塑性铰模型实际上可以看作是基于非线性恢复力关系的构件模型的一种进步与细化，一方面，克服了基于非线性恢复力关系的构件模型仅能综合模拟一个构件在复合受力状态下的非线性行为的缺点，将引起构件屈服乃至破坏的主要因素得到了分离模拟，但另一方面也仍然具有难以模拟构件因空间受力而发生屈服乃至破坏的不足。

（2）双内力分量塑性铰模型

双内力分量铰是针对结构构件受力状态为双轴及多轴受力状态（双向受弯或轴力+单向受弯等），内力分量及其弹塑性变形存在相互耦合作用时而提出的。相对于单内力分量铰，双内力分量铰对于构件在无轴力或轴力基本恒定时的双轴受弯状态的弹塑性模拟更为准确及合理。

为了模拟构件双向受弯作用时的耦合作用，参照弹塑性理论思想，可以给出双弯矩空间的宏观塑性本构关系如下：

① 加载法则

开裂曲面 $$F_{c}=\left(\frac{|m_{x}-m_{x}^{c}|}{m_{0x}^{c}}\right)^{n}+\left(\frac{|m_{y}-m_{y}^{c}|}{m_{0y}^{c}}\right)^{n}-1=0 \tag{6.4.2}$$

屈服曲面 $$F_{c}=\left(\frac{|m_{x}-m_{x}^{y}|}{m_{0x}^{c}}\right)^{n}+\left(\frac{|m_{y}-m_{y}^{y}|}{m_{0y}^{c}}\right)^{n}-1=0 \tag{6.4.3}$$

式中，m_{x}、m_{y} 为 x 轴和 y 轴所受弯矩；m_{x}^{c}、m_{x}^{y}、m_{y}^{c}、m_{y}^{y} 依次为 x 轴和 y 轴开裂及屈服加载曲面中心坐标，且随开裂/屈服曲面的移动而改变；m_{0x}^{c}、m_{0x}^{y}、m_{0y}^{c}、m_{0y}^{y} 依次为 x 轴和 y 轴开裂/屈服弯矩承载力；n 为曲面指数。

② 加载曲面的移动规则——硬化法则

当加载点位于开裂加载曲面内时，截面处于弹性受力状态。当加载点到达开裂加载曲面上，截面开始开裂。若继续加载，开裂曲面与加载点一起运动。当加载点到达屈服面时，截面发生屈服。此时开裂曲面内切屈服面于加载点处。如果继续加载，则两个曲面与加载点一起运动。加载面一般假定服从随动硬化规则，即加载曲面运动时，它的形状和大小不发生变化，仅发生移动，随动硬化规则能够较好地模拟 Bauschinger 效应。根据 Mroz 硬化规则得到加载曲面中心的移动增量表达如下：

$$\mathrm{d}M_{c}=\frac{[(M_{u}-I)M-(M_{u}M_{y}-M_{y})]\dfrac{\partial F_{y}}{\partial M}\mathrm{d}M}{\left(\dfrac{\partial F_{y}}{\partial M}\right)^{T}(M-M_{y})[(M_{u}-I)M-(M_{u}M_{y}-M_{y})]} \tag{6.4.4}$$

$$\mathrm{d}M_{y}=\frac{(M-M_{y})\dfrac{\partial F_{y}}{\partial M}\mathrm{d}M}{\left(\dfrac{\partial F_{y}}{\partial M}\right)^{T}(M-M_{y})} \tag{6.4.5}$$

式中，$\mathrm{d}M=\begin{Bmatrix}\mathrm{d}m_{x}\\ \mathrm{d}m_{y}\end{Bmatrix}$为弯矩增量向量；$\mathrm{d}M_{c}=\begin{Bmatrix}\mathrm{d}m_{x}^{c}\\ \mathrm{d}m_{y}^{c}\end{Bmatrix}$为开裂加载曲面中心移动增量向量；$\mathrm{d}M_{y}=\begin{Bmatrix}\mathrm{d}m_{x}^{y}\\ \mathrm{d}m_{y}^{y}\end{Bmatrix}$为屈服加载曲面中心移动增量向量；$M_{u}=\mathrm{diag}\left(\dfrac{m_{0x}^{y}}{m_{0x}^{c}},\ \dfrac{m_{0y}^{y}}{m_{0y}^{c}}\right)$；$\dfrac{\partial F_{i}}{\partial M}=\begin{Bmatrix}\dfrac{\partial F_{i}}{\partial m_{x}}\\ \dfrac{\partial F_{i}}{\partial m_{y}}\end{Bmatrix}$（$i=c$ 或 y）为塑性应变增量向量。

③ 流动法则

假定塑性流动沿加载曲面上加载点处的法线方向，而塑性变形为加载点所在加载曲面产生的塑性变形之和，得到：

$$\mathrm{d}v_{\mathrm{p}}=\left[\sum_{i}\frac{\left(\frac{\partial F_{\mathrm{y}}}{\partial M}\right)\left(\frac{\partial F_{\mathrm{y}}}{\partial M}\right)^{\mathrm{T}}}{\left(\frac{\partial F_{\mathrm{y}}}{\partial M}\right)^{\mathrm{T}}K_{\mathrm{v}i}\left(\frac{\partial F_{\mathrm{y}}}{\partial M}\right)}\right]\mathrm{d}M,(i=c,y) \tag{6.4.6}$$

式中，$\mathrm{d}v_{\mathrm{p}}$ 为总塑性变形增量向量；$K_{\mathrm{v}i}$ 为塑性刚度阵。

④ 弯矩-曲率本构关系

假设截面变形等于弹性分量和塑性分量之和，可以得到弯矩-曲率本构关系如下：

弹性状态：$\mathrm{d}\phi=K_{\mathrm{e}}^{-1}\mathrm{d}M$ (6.4.7)

$$\text{开裂状态：}\mathrm{d}\phi=\left[K_{\mathrm{e}}^{-1}+\frac{\frac{\partial F_{\mathrm{c}}}{\partial M}\left(\frac{\partial F_{\mathrm{c}}}{\partial M}\right)^{\mathrm{T}}}{\left(\frac{\partial F_{\mathrm{c}}}{\partial M}\right)^{\mathrm{T}}K_{\mathrm{c}}\left(\frac{\partial F_{\mathrm{c}}}{\partial M}\right)}\right]\mathrm{d}M \tag{6.4.8}$$

$$\text{屈服状态：}\mathrm{d}\phi=\left[K_{\mathrm{e}}^{-1}+\frac{\frac{\partial F_{\mathrm{c}}}{\partial M}\left(\frac{\partial F_{\mathrm{c}}}{\partial M}\right)^{\mathrm{T}}}{\left(\frac{\partial F_{\mathrm{c}}}{\partial M}\right)^{\mathrm{T}}K_{\mathrm{c}}\frac{\partial F_{\mathrm{c}}}{\partial M}}+\frac{\frac{\partial F_{\mathrm{y}}}{\partial M}\left(\frac{\partial F_{\mathrm{y}}}{\partial M}\right)^{\mathrm{T}}}{\left(\frac{\partial F_{\mathrm{y}}}{\partial M}\right)^{\mathrm{T}}K_{\mathrm{y}}\frac{\partial F_{\mathrm{y}}}{\partial M}}\right]\mathrm{d}M \tag{6.4.9}$$

式中，$\mathrm{d}\phi$ 为截面曲率增量向量；K_{c}、K_{y} 依次为截面开裂及屈服塑性刚度阵，可以参照单轴弯矩-曲率关系曲线得到。

此外为了考虑双轴恢复力特性的耦合效应，可以在上述截面屈服塑性刚度阵中引入一个耦合系数 q 对正交方向的刚度进行折减，以模拟当一个轴的卸载刚度退化，即使截面另一个正交轴的变形及荷载很小亦会发生刚度退化的现象。

(3) 三内力分量塑性铰模型

我们知道，地震作用下结构竖向构件（柱及剪力墙）的实际受力状态应为轴力及双向弯矩的共同作用，为了考虑轴力与双向弯矩的耦合作用，在双轴恢复力模型的基础上，将截面力-变形的宏观塑性屈服面修改为包含轴力项的形式，即形成了三内力分量塑性铰模型的本构关系。由于其余推导过程基本相同，这里仅给出两种屈服面的常用表达形式：

$$f(a)\equiv\left|\frac{M_{\mathrm{y}}}{M_{0\mathrm{y}}}\right|+\left(\frac{P}{P_{0}}\right)^{2}+\frac{3}{4}\left(\frac{M_{\mathrm{z}}}{M_{0\mathrm{z}}}\right)=1 \tag{6.4.10}$$

$$\begin{aligned}f(a)\equiv&1.15\left(\frac{P}{P_{0}}\right)^{2}+\left(\frac{M_{\mathrm{y}}}{M_{0\mathrm{y}}}\right)^{2}+3.67\left(\frac{P}{P_{0}}\right)^{2}\left(\frac{M_{\mathrm{y}}}{M_{0\mathrm{y}}}\right)^{2}+\left(\frac{M_{\mathrm{z}}}{M_{0\mathrm{z}}}\right)^{4}\\&4.65\left(\frac{M_{\mathrm{y}}}{M_{0\mathrm{y}}}\right)^{4}\left(\frac{M_{\mathrm{z}}}{M_{0\mathrm{z}}}\right)^{2}+3.0\left(\frac{P}{P_{0}}\right)^{6}\left(\frac{M_{\mathrm{z}}}{M_{0\mathrm{z}}}\right)^{2}=1\end{aligned} \tag{6.4.11}$$

3) 剪力墙宏单元模型

剪力墙是高层建筑结构的主要竖向及抗侧力构件，与柱不同的是将剪力墙等代为杆系进行分析时，难于同时反映墙体弯曲与剪切变形的恢复力特性，特别是当出现裂缝后，墙体将产生的非对称弯曲变形。为了解决这一问题，Vulcano 和 Bertero 提出了一个由多竖向弹簧及水平弹簧共同组成的宏观弹塑性单元模型（MVLEM），如图 6.4.5 所示。在该模型中，上、下楼层位置为刚性梁，并将剪力墙横截面划分为若干份，每个区域以拉压弹簧来模拟，同时设置 3 个水平弹簧，包括双向剪切弹簧及扭转弹簧，共 6 个自由度。

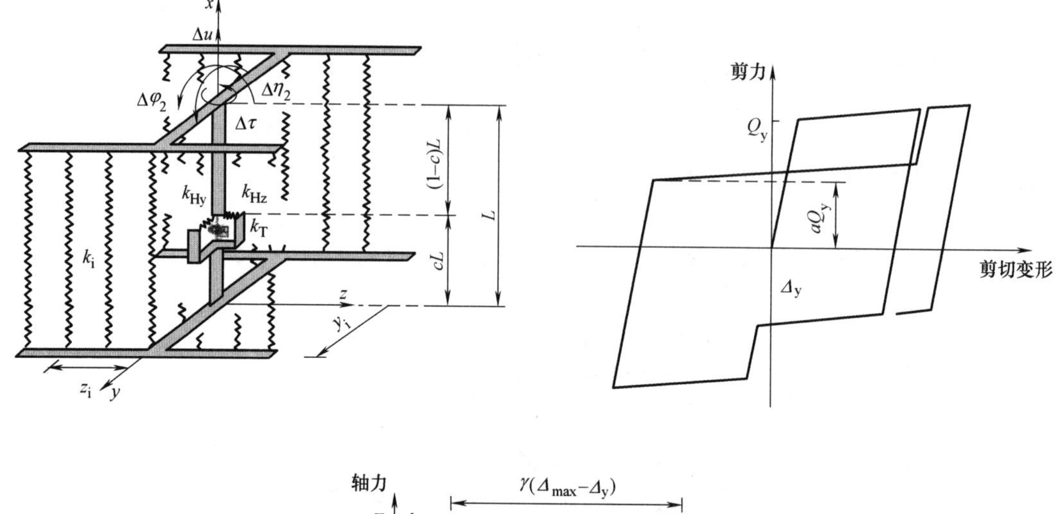

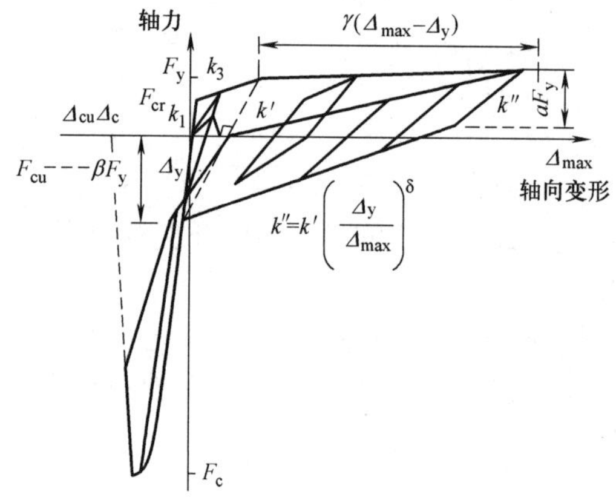

图 6.4.5　剪力墙 MVLEM 模型示意图

根据试验观察，剪力墙的弯曲变形主要是由受拉边的变形引起的，中性轴靠近受压一侧。因此，对于剪力墙两侧位置，其轴向弹簧的受拉刚度与受压刚度有很大差别，通常在受压时可将混凝土视作弹性材料，而受拉时仅考虑钢筋的作用。

2. 精细有限元分析模型

与宏观单元不同的是，精细有限元是基于材料应力与应变弹塑性本构关系以及经典有限元方法的基础上建立的描述构件乃至整体结构弹塑性行为的方法。从理论上讲，精细有限元模型是最为符合有限元理论，也是适应性最好的结构弹塑性分析模型。

1）纤维模型

纤维模型是进行钢筋混凝土梁、柱等杆系或类杆系受力构件弹塑性分析的一种较为精确的模型，可较好地模拟截面的滞回特性以及刚度沿杆长方向的连续变化，给出构件中不同截面以及同一截面不同位置渐次进入塑性的过程。

图 6.4.6 所示为一任意形状的构件截面示意图，截面可由混凝土、钢筋、型钢等不同的材料所组成。如果采用纤维模型对此构件做非线性分析，通常基于以下几点假设：

（1）构件在各受力阶段，在一定标距范围内的平均应变满足平截面假定；

(2) 不考虑钢筋与混凝土、型钢与混凝土之间的滑移;

(3) 组成截面的各纤维受力和变形状态采用各自的单轴应力-应变曲线来描述;

(4) 不考虑截面上应变梯度、矩形箍筋约束作用对混凝土材性的影响;

(5) 不考虑构件剪力对构件正截面受力的影响。

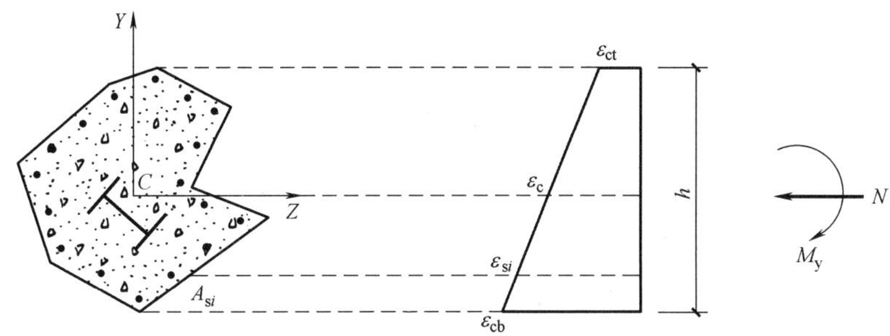

图 6.4.6　任意形状截面及平截面假定

为了建立单元刚度方程，首先对纤维模型梁柱单元进行截面分析。根据平截面假定，截面各点的轴向应变可以表达为:

$$\varepsilon=\varepsilon_0+\kappa_y y+\kappa_z z \tag{6.4.12}$$

式中，ε_0 为形心处的轴向应变，以受拉为正；y，z 为截面的主轴；κ_y 和 κ_z 分别为截面关于 y 轴和 z 轴的曲率，分别以使截面上 $y>0$ 和 $z>0$ 区域形成拉应变为正。

将组成截面的不同材料区域划分为一系列纤维，组成截面的各纤维的应变可由纤维中心点截面坐标代入上式求出。于是，第 i 条混凝土纤维以及第 j 条钢纤维中心处的轴向应变增量分别为:

$$\begin{aligned}\Delta\varepsilon_{ci}&=\Delta\varepsilon_0+\Delta\kappa_y y_{ci}+\Delta\kappa_z z_{ci}\\ \Delta\varepsilon_{sj}&=\Delta\varepsilon_0+\Delta\kappa_y y_{sj}+\Delta\kappa_z z_{sj}\end{aligned} \tag{6.4.13}$$

以增量形式表达的混凝土纤维和钢纤维的应力-应变关系为:

$$\begin{aligned}\Delta\sigma_{ci}&=E_{tci}\Delta\varepsilon_{ci}\\ \Delta\sigma_{sj}&=E_{tsj}\Delta\varepsilon_{sj}\end{aligned} \tag{6.4.14}$$

式中，E_{tci} 和 E_{tsi} 为截面上的切线弹性模量，在不同的增量步之间可通过其各自的应力-应变曲线更新。

截面所有纵向纤维提供的合轴力增量以及合弯矩增量为:

$$\begin{aligned}\Delta N&=\sum_{i=1}^{n_c}\Delta\sigma_{ci}A_{ci}+\sum_{j=1}^{n_s}\Delta\sigma_{sj}A_{sj}\\ \Delta M_y&=\sum_{i=1}^{n_c}\Delta\sigma_{ci}A_{ci}z_{ci}+\sum_{j=1}^{n_s}\Delta\sigma_{si}A_{si}z_{si}\\ \Delta M_z&=\sum_{i=1}^{n_c}\Delta\sigma_{ci}A_{ci}y_{ci}+\sum_{j=1}^{n_s}\Delta\sigma_{si}A_{si}y_{si}\end{aligned} \tag{6.4.15}$$

将应力-应变增量关系和平截面假定计算的纤维中心应变代入上式，可得到截面内力增量和截面变形增量之间的关系:

$$\begin{Bmatrix}\Delta N\\ \Delta M_{\mathrm{y}}\\ \Delta M_{\mathrm{z}}\end{Bmatrix}=\begin{bmatrix}(EA)_{\mathrm{t}} & (ES_{\mathrm{y}})_{\mathrm{t}} & (ES_{\mathrm{z}})_{\mathrm{t}}\\ & (EI_{\mathrm{y}})_{\mathrm{t}} & (EI_{\mathrm{yz}})_{\mathrm{t}}\\ \text{对} & \text{称} & (EI_{\mathrm{z}})_{\mathrm{t}}\end{bmatrix}\begin{Bmatrix}\Delta\varepsilon_0\\ \Delta\kappa_{\mathrm{y}}\\ \Delta\kappa_{\mathrm{z}}\end{Bmatrix}\tag{6.4.16}$$

上式可以简记为：

$$\Delta\boldsymbol{F}=\boldsymbol{D}_{\mathrm{T}}\Delta\boldsymbol{\varepsilon}\tag{6.4.17}$$

式中，$\Delta\boldsymbol{F}$ 为与正应力相关的截面内力增量向量；$\Delta\boldsymbol{\varepsilon}$ 为广义的截面应变增量向量；$\boldsymbol{D}_{\mathrm{T}}$ 为考虑材料非线性的截面切线劲度矩阵，其各元素按下式计算：

$$(EA)_{\mathrm{t}}=\sum_{i=1}^{n_{\mathrm{c}}}E_{\mathrm{tc}i}A_{\mathrm{c}i}+\sum_{j=1}^{n_{\mathrm{s}}}E_{\mathrm{ts}j}A_{\mathrm{s}j}\tag{6.4.18}$$

$$(ES_{\mathrm{y}})_{\mathrm{t}}=\sum_{i=1}^{n_{\mathrm{c}}}E_{\mathrm{tc}i}A_{\mathrm{c}i}z_{\mathrm{c}i}+\sum_{j=1}^{n_{\mathrm{s}}}E_{\mathrm{ts}j}A_{\mathrm{s}j}z_{\mathrm{s}j}\tag{6.4.19}$$

$$(ES_{\mathrm{z}})_{\mathrm{t}}=\sum_{i=1}^{n_{\mathrm{c}}}E_{\mathrm{tc}i}A_{\mathrm{c}i}y_{\mathrm{c}i}+\sum_{j=1}^{n_{\mathrm{s}}}E_{\mathrm{ts}j}A_{\mathrm{s}j}y_{\mathrm{s}j}\tag{6.4.20}$$

$$(EI_{\mathrm{y}})_{\mathrm{t}}=\sum_{i=1}^{n_{\mathrm{c}}}E_{\mathrm{tc}i}A_{\mathrm{c}i}z_{\mathrm{c}i}^2+\sum_{j=1}^{n_{\mathrm{s}}}E_{\mathrm{ts}j}A_{\mathrm{s}j}z_{\mathrm{s}j}^2\tag{6.4.21}$$

$$(EI_{\mathrm{z}})_{\mathrm{t}}=\sum_{i=1}^{n_{\mathrm{c}}}E_{\mathrm{tc}i}A_{\mathrm{c}i}y_{\mathrm{c}i}^2+\sum_{j=1}^{n_{\mathrm{s}}}E_{\mathrm{ts}j}A_{\mathrm{s}j}y_{\mathrm{s}j}^2\tag{6.4.22}$$

$$(EI_{\mathrm{yz}})_{\mathrm{t}}=\sum_{i=1}^{n_{\mathrm{c}}}E_{\mathrm{tc}i}A_{\mathrm{c}i}y_{\mathrm{c}i}z_{\mathrm{c}i}+\sum_{j=1}^{n_{\mathrm{s}}}E_{\mathrm{ts}j}A_{\mathrm{s}j}y_{\mathrm{s}j}z_{\mathrm{s}j}\tag{6.4.23}$$

在截面分析基础上，以线性位移插值的铁木辛柯梁为例进行单元分析。首先建立单元局部坐标系，线性位移插值的铁木辛柯梁单元一般包含两个节点 i 和 j，单元局部坐标的 X 轴定义为节点 i 和 j 处截面形心的连线，且由 i 指向 j；局部坐标的 Y、Z 方向为平行于截面主轴方向。于是，梁单元在局部坐标系中的节点位移向量为 $\boldsymbol{u}^{\mathrm{e}}=\{u_i,\ v_i,\ w_i,\ \theta_{\mathrm{x}i},\ \theta_{\mathrm{y}i},\ \theta_{\mathrm{z}i},\ u_j,\ v_j,\ w_j,\ \theta_{\mathrm{x}j},\ \theta_{\mathrm{y}j},\ \theta_{\mathrm{z}j}\}^{\mathrm{T}}$，单元任意截面处的线位移分量与转角位移分量独立插值计算：

$$\begin{gathered}u=\sum_{i=1}^{2}N_iu_i,v=\sum_{i=1}^{2}N_iv_i,w=\sum_{i=1}^{2}N_iw_i\\ \theta_{\mathrm{x}}=\sum_{i=1}^{2}N_i\theta_{\mathrm{x}i},\theta_{\mathrm{y}}=\sum_{i=1}^{2}N_i\theta_{\mathrm{y}i},\theta_{\mathrm{z}}=\sum_{i=1}^{2}N_i\theta_{\mathrm{z}i}\end{gathered}\tag{6.4.24}$$

采用线性形函数：

$$N_1=\frac{1}{2}(1+\xi),N_2=\frac{1}{2}(1-\xi)\tag{6.4.25}$$

式中，ξ 为单元的自然坐标。如果局部坐标系中任意截面处的轴向坐标为 x，中点坐标为 x_{c}，梁单元长度为 l，则 ξ 由下式给出：

$$\xi=\frac{2(x-x_{\mathrm{c}})}{l},(-1\leqslant\xi\leqslant1)\tag{6.4.26}$$

基于上述位移模式、几何变形协调条件以及非线性应力-应变关系，可通过虚功原理（等效平衡条件）导出等截面铁木辛柯梁单元在局部坐标系中的切线单元刚度阵。如果不考虑扭转变形与轴向变形之间的耦合，在局部坐标系下可分别计算与扭转变形相关的单元刚度矩阵元素以及与弯曲、轴向变形、横向剪切相关的单元刚度矩阵元素，然后将这些单元刚度矩阵元素进行组合得到单元刚度矩阵。

扭转刚度与截面纤维划分无关，可直接采用截面抗扭刚度，并假设其保持线弹性。与弯曲、轴向变形、横向剪切相关的单元刚度矩阵元素则组成 10×10 的刚度矩阵子块，对应于除扭转角之外其他 10 个自由度。下面结合纤维模型的截面内力变形关系，讨论这些单元刚度矩阵元素的计算方法。

除扭转变形之外，节点 i 和 j 其余的位移分量以及相应的节点力的增量向量分别为：

$$\Delta\boldsymbol{u}=\{\Delta u_i,\Delta v_i,\Delta w_i,\Delta\theta_{yi},\Delta\theta_{zi},\Delta u_j,\Delta v_j,\Delta w_j,\Delta\theta_{yj},\Delta\theta_{zj}\}^{\mathrm{T}} \tag{6.4.27}$$

$$\Delta\boldsymbol{P}=\{\Delta N_i,\Delta V_{yi},\Delta V_{zi},\Delta M_{yi},\Delta M_{zi},\Delta N_j,\Delta V_{yj},\Delta V_{zj},\Delta M_{yj},\Delta M_{zj}\}^{\mathrm{T}} \tag{6.4.28}$$

根据虚功原理，对于任意的增量虚位移 $\Delta\boldsymbol{u}^*$，

$$\begin{aligned}(\Delta\boldsymbol{u}^*)^{\mathrm{T}}\Delta\boldsymbol{P}&=\int_{V_e}(\Delta\sigma_{\mathrm{x}}\cdot\Delta\varepsilon_{\mathrm{x}}^*+\Delta\tau_{\mathrm{xy}}\cdot\Delta\gamma_{\mathrm{xy}}^*+\Delta\tau_{\mathrm{xz}}\cdot\Delta\gamma_{\mathrm{xz}}^*)\mathrm{d}V\\&=\int_0^l\Delta\boldsymbol{\varepsilon}^{*\mathrm{T}}\Delta\boldsymbol{F}\mathrm{d}x+\int_0^l kGA(\Delta\gamma_{\mathrm{xy}}\Delta\gamma_{\mathrm{xy}}^*+\Delta\gamma_{\mathrm{xz}}\Delta\gamma_{\mathrm{xz}}^*)\mathrm{d}x\end{aligned} \tag{6.4.29}$$

式中，$\Delta\boldsymbol{u}^*=\{\Delta u_i^*,\ \Delta v_i^*,\ \Delta w_i^*,\ \Delta\theta_{yi}^*,\ \Delta\theta_{zi}^*,\ \Delta u_j^*,\ \Delta v_j^*,\ \Delta w_j^*,\ \Delta\theta_{yj}^*,\ \Delta\theta_{zj}^*\}^{\mathrm{T}}$ 为增量虚位移；$\Delta\boldsymbol{\varepsilon}^*$ 为广义截面虚应变增量。

对于增量虚位移和广义截面虚应变增量，由几何关系和插值函数可得：

$$\begin{Bmatrix}\Delta\varepsilon_0\\\Delta\kappa_{\mathrm{y}}\\\Delta\kappa_{\mathrm{z}}\end{Bmatrix}=\begin{bmatrix}\mathrm{d}/\mathrm{d}x&0&0\\0&\mathrm{d}/\mathrm{d}x&0\\0&0&\mathrm{d}/\mathrm{d}x\end{bmatrix}\begin{Bmatrix}\Delta u\\\Delta\theta_{\mathrm{z}}\\\Delta\theta_{\mathrm{y}}\end{Bmatrix} \tag{6.4.30}$$

$$\begin{Bmatrix}\Delta u\\\Delta\theta_{\mathrm{z}}\\\Delta\theta_{\mathrm{y}}\end{Bmatrix}=\begin{bmatrix}N_1&0&0&0&0&N_2&0&0&0&0\\0&0&0&0&N_1&0&0&0&0&N_2\\0&0&0&N_1&0&0&0&0&N_1&0\end{bmatrix}\cdot\Delta\boldsymbol{u} \tag{6.4.31}$$

由以上两式可得到：

$$\Delta\boldsymbol{\varepsilon}=\boldsymbol{B}_1\Delta\boldsymbol{u} \tag{6.4.32}$$

其中 $\boldsymbol{B}_1$ 为正截面广义应变矩阵，由下式给出：

$$\boldsymbol{B}_1=\frac{1}{l}\begin{bmatrix}-1&0&0&0&0&1&0&0&0&0\\0&0&0&0&-1&0&0&0&0&1\\0&0&0&-1&0&0&0&0&1&0\end{bmatrix} \tag{6.4.33}$$

于是，虚功原理右端第一项可以表示为：

$$\int_0^l\Delta\boldsymbol{\varepsilon}^{*\mathrm{T}}\Delta\boldsymbol{F}\mathrm{d}x=\Delta\boldsymbol{u}^{*\mathrm{T}}\left(\frac{1}{2}\int_{-1}^{1}\boldsymbol{B}_1^{\mathrm{T}}\boldsymbol{D}_{\mathrm{T}}\boldsymbol{B}_1\mathrm{d}\xi\right)\Delta\boldsymbol{u} \tag{6.4.34}$$

对于右端的第二项，由几何关系和位移插值函数：

$$\begin{bmatrix}\Delta\gamma_{\mathrm{xy}}\\\Delta\gamma_{\mathrm{xz}}\end{bmatrix}=\begin{bmatrix}\mathrm{d}/\mathrm{d}x&-1&0&0\\0&0&\mathrm{d}/\mathrm{d}x&-1\end{bmatrix}\begin{bmatrix}\Delta v\\\Delta\theta_{\mathrm{z}}\\\Delta w\\\Delta\theta_{\mathrm{y}}\end{bmatrix} \tag{6.4.35}$$

$$\begin{bmatrix}\Delta v\\ \Delta\theta_z\\ \Delta w\\ \Delta\theta_y\end{bmatrix}=\begin{bmatrix}0 & N_1 & 0 & 0 & 0 & 0 & N_2 & 0 & 0 & 0\\ 0 & 0 & 0 & 0 & N_1 & 0 & 0 & 0 & 0 & N_2\\ 0 & 0 & N_1 & 0 & 0 & 0 & 0 & N_2 & 0 & 0\\ 0 & 0 & 0 & N_1 & 0 & 0 & 0 & 0 & N_2 & 0\end{bmatrix}\Delta\boldsymbol{u} \tag{6.4.36}$$

由上两式可得：

$$\begin{bmatrix}\Delta\gamma_{xy}\\ \Delta\gamma_{xz}\end{bmatrix}=\boldsymbol{B}_2\Delta\boldsymbol{u} \tag{6.4.37}$$

其中 $\boldsymbol{B}_2$ 为相应于剪应变分量的应变矩阵，其具体形式为：

$$\boldsymbol{B}_2=\frac{1}{l}\begin{bmatrix}0 & -1 & 0 & 0 & \dfrac{-l(1-\xi)}{2} & 0 & 1 & 0 & 0 & \dfrac{-l(1+\xi)}{2}\\ 0 & 0 & -1 & \dfrac{-l(1-\xi)}{2} & 0 & 0 & 0 & 1 & \dfrac{-l(1+\xi)}{2} & 0\end{bmatrix} \tag{6.4.38}$$

于是，可以得到如下公式：

$$\int_0^l kGA(\Delta\gamma_{xy}\Delta\gamma_{xy}^*+\Delta\gamma_{xz}\Delta\gamma_{xz}^*)\mathrm{d}x=\Delta\boldsymbol{u}^{*\mathrm{T}}\left(\frac{kGAl}{2}\int_{-1}^1\boldsymbol{B}_2{}^{\mathrm{T}}\boldsymbol{B}_2\mathrm{d}\xi\right)\Delta\boldsymbol{u} \tag{6.4.39}$$

综合以上各式，两边消去节点虚位移增量向量 $\Delta\boldsymbol{u}^{*\mathrm{T}}$，得到小变形条件下增量形式的单元刚度方程：

$$\Delta\boldsymbol{P}=\boldsymbol{K}_{\mathrm{T}}^{\mathrm{e}}\Delta\boldsymbol{u} \tag{6.4.40}$$

式中，$\boldsymbol{K}_{\mathrm{T}}^{\mathrm{e}}$ 为考虑材料非线性因素的小变形单元切线刚度矩阵，由下式给出：

$$\boldsymbol{K}_{\mathrm{T}}^{\mathrm{e}}=\frac{1}{2}\int_{-1}^1\boldsymbol{B}_1^{\mathrm{T}}\boldsymbol{D}_{\mathrm{T}}\boldsymbol{B}_1\mathrm{d}\xi+\frac{kGAl}{2}\int_{-1}^1\boldsymbol{B}_2^{\mathrm{T}}\boldsymbol{B}_2\mathrm{d}\xi \tag{6.4.41}$$

在计算程序中单元刚度矩阵通过数值积分计算，对于上述线性插值的梁单元，沿轴线方向为单点高斯积分，积分点位于单元中点。

纤维模型的截面弹塑性行为是通过对截面纤维的实时积分得到的，因而能够自动考虑变动轴力和双向弯矩的共同作用及其耦合作用。但是由于在截面和单元长度方向均进行实时积分，因而纤维模型的计算量也是相当巨大的。在保持上述特性的基础上，有学者通过引入集中塑性铰假设，并将截面纤维剖分简化为数个弹簧，提出了另一种多用于模拟框架柱构件弹塑性行为的模型——多弹簧杆模型（图 6.4.7）。

如图 6.4.7 所示，多弹簧杆模型中分为杆端弹塑性部分（塑性铰）和中部弹性部分。每个杆端弹塑性多弹簧杆模型的上、下为两个刚性截面，刚性截面之间部分由多个弹簧连接，而每个弹簧均反映截面一部分面积材料的性能，弹簧的性质一般需要通过材料的应力-应变关系确定。

需要指出的是，由于多弹簧杆模型采用了构件塑性集中发生在端部的假定，有的学者将其划归到集中塑性铰模型一类中。但笔者认为，虽然多弹簧杆模型中采用了集中塑性铰的假定，但客观来看，该模型的弹塑性特征本质上仍保持与纤维模型一致，弹簧实际上是另一种尺度上和维度上的“纤维”。

2）分层壳模型

与框架梁柱等构件不同，剪力墙构件的高度及长度通常是其厚度的数倍乃至数十倍，

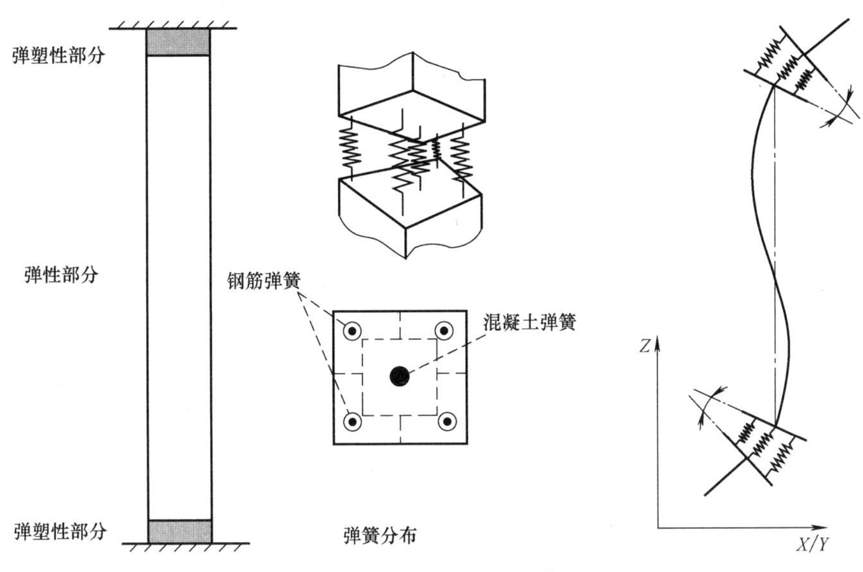

图 6.4.7 多弹簧杆模型示意图

在有限元理论上采用空间壳单元模拟更为适宜。早年由于计算机硬件及软件的限制，采用壳单元模拟剪力墙并进行弹塑性分析十分困难，大多采用前文所述的宏观单元进行简化处理。但近年来随着计算机硬件及软件技术的快速提高，采用直接基于材料应力-应变关系层次的空间壳单元模拟剪力墙的结构弹塑性分析已经大量出现。

目前在结构弹塑性分析中普遍采用分层壳单元来模拟剪力墙的非线性行为。如图 6.4.8 所示，一个分层壳单元可以沿截面厚度方向划分为多层，各层可以根据需要设置不同的厚度和材料属性（如混凝土、钢筋等）。在有限元计算过程中，首先得到壳单元中心层的应变和壳单元的曲率，由于各层之间满足平截面假定，就可以由中心层的应变和壳单元的曲率得到壳单元其余各层的应变，进而由各层的材料本构方程得到各层相应的应力，最后积分得到整个壳单元的内力。由此可见，分层壳单元能够直接将剪力墙中混凝土、钢筋等材料的本构行为与剪力墙的受力及变形行为联系起来，自动实现剪力墙压、

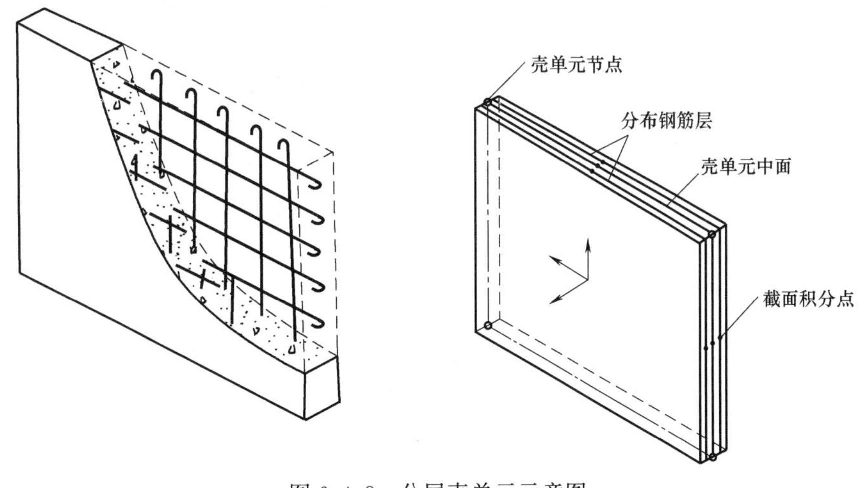

图 6.4.8 分层壳单元示意图

剪、弯的耦合分析。这种单元基于复合材料力学原理，能够描述钢筋混凝土剪力墙面内压、弯、剪共同作用效应和面外弯曲效应。

分层壳单元通常采用如下假定：①各分层（如混凝土层与钢筋层）之间无相对滑移；②每个分层厚度可以不同，但同一分层厚度均匀。

3）三维实体单元模型

在工程应用中，由于计算机容量的限制，特别是计算效率的要求，在进行整体结构弹塑性分析时，主要采用梁单元和壳单元。但是需要指出的是，梁单元以及壳单元实际上都是三维实体单元针对具体应用对象采用合理假定（如平截面假定、应力沿厚度方向不变等）后的“退化”单元。客观来说，结构构件在三个维度均是具有一定尺度的。有限元理论中的三维实体单元理论上是描述上述问题最为精确的单元类型。

综合考虑计算机容量以及计算效率等因素，目前三维实体单元多用于研究结构构件、重要节点的以及体量较小的结构抗震性能分析工作中，在高层建筑整体结构抗震性能的仿真分析中鲜有应用。因此，此处不再展开，仅在本书后文中结合分层壳模拟剪力墙的有效性以及结构构件的试验研究进行相应的描述。

6.4.4 构件的非线性特性

构件的非线性特性，尤其是在循环荷载作用下的滞回及其退化特性是动力弹塑性分析中核心参数。分析模型中所选择的构件滞回模型应包括：(1) 峰值承载力之后受力与变形行为的描述；(2) 循环荷载作用下的刚度及强度退化机制；(3) 构件的失效准则。值得强调的是，仅基于单向加载或循环加载包络线、不考虑刚度和强度退化效应的滞回模型或将造成结构非线性阶段耗能能力的不合理放大，不宜用于罕遇地震作用下的动力弹塑性分析。

对应于构件模型的不同，构件非线性特性的模拟方式亦有所不同。

6.4.5 分析中的重力荷载效应

与线性分析不同，非线性分析与荷载路径相关，其分析结果取决于重力与侧向荷载效应的组合。对于采用非线性分析的抗震性能评估而言，施加在分析中的重力荷载应与预期的重力荷载相同，这与设计中采用的经系数放大的重力荷载不同。

一般而言，预期的重力荷载等于不经系数放大的全部恒荷载加上一部分活荷载。恒荷载包括结构自重、建筑装修（隔墙、幕墙、楼板和顶棚装修等）以及机电设备荷载等。活荷载则通过对设计名义活荷载进行折减的方式来体现：(1) 名义活荷载同时发生在整体建筑的低概率性；(2) 名义活荷载与地震同时发生的低概率性。一般情况下，第一个因素可以通过将活荷载乘以折减系数 0.4 加以考虑，而第二个因素则可以通过乘以系数 0.5 加以考虑（该系数与评估其他极端荷载时的系数相同）。

这样，对于名义活荷载的折减系数$=0.4\times0.5=0.2$。相应的，非线性分析中需施加的重力荷载可用下式表达：

$$1.0D+0.2L \tag{6.4.42}$$

式中，D 为名义恒荷载；L 为名义活荷载。对于仓库中的荷载，活荷载折减系数宜取为 0.5。此外，预期的重力荷载同时也是非线性分析中地震质量的来源。

值得注意的是，作用在整体结构上的竖向重力荷载不仅仅要施加到抗侧力单元上，还要包含在分析过程之中，从而考虑 $P-\Delta$ 效应。对于地震抗侧力体系侧向稳定有重要作用的斜柱应包括在非线性分析中，并应施加响应的重力荷载。

6.4.6 地震波的选择与输入

为对结构在罕遇地震作用下的抗震性能进行合理评估，在进行结构动力弹塑性分析时，应根据场地类别、断层分布与类型以及结构特性，选择适宜的地震波输入并进行计算。

1）地震波的适用性

为了使动力弹塑性分析计算结果成为判定结构抗震性能的可靠依据，应对所选择的输入地震动记录进行适用性的检验，以保证结构遭受的地震强度达到预期要求。

地震记录的适用性需要满足如下要求：

（1）持时。用于结构罕遇地震动力弹塑性分析的地震加速度时程曲线的有效持续时间应达到结构基本周期的 5～10 倍。其中有效持续时间，一般指从首次达到该时程曲线最大峰值的 10%那一点算起，到最后一点达到最大峰值的 10%为止。

（2）频谱。应保证所选地震加速度时程的平均地震影响系数曲线与预期水平的抗震设计地震影响系数曲线相比，在对应于结构主要振型的周期点上相差不大于 20%。

（3）基底剪力。对所选地震加速度记录输入结构进行弹性时程分析，单条时程曲线计算所得结构底部剪力不应小于预期水平地震振型分解反应谱法计算结果的 65%，不应大于 135%；多条时程曲线计算所得结构底部剪力的平均值不应小于预期水平地震振型分解反应谱法计算结果的 80%，不应大于 120%。

2）地震波的数量

一般来说，增加输入的地震波数量，会增加结构罕遇地震作用下性能评估的科学性。然而，地震波数量的增加会造成动力弹塑性分析工作十分繁重。对于超高层建筑而言，在选择的地震波适用性得到保障的前提下，从工程角度考虑地震波的数量建议不少于 7 组(其中，人工记录数量不小于 1/3)。

3）地震波的输入

考虑到实际地震发生的随机性，工程实践中超高层建筑的动力弹塑性分析计算通常需要分别进行多组地震记录的计算分析。

对于每一组天然地震记录而言（通常包括两个水平分量及一个竖向分量的加速度时程曲线)，结构动力弹塑性分析中多采用主次方向输入并轮换输入主方向的方法进行地震波的输入。具体解释如下：

所谓“主次方向”，是指分别采用同一组地震记录的两个水平分量，对结构进行两个主轴方向的单向输入弹性时程分析，并以总基底剪力为指标，选取与振型分解反应谱法比值较大的分量为主方向分量，另一个分量即为次方向分量。

“主次方向输入并轮换输入主方向”，是指在确定好地震记录的主方向与次方向分量的基础上，以结构基本平动振型的振动方向输入地震记录的主方向分量，与主方向的垂直方向输入地震记录的次方向分量，完成一次动力弹塑性计算；之后，以结构基本平动振型的振动方向输入地震记录的次方向分量，与主方向的垂直方向输入地震记录的主方向分量，再完成一次动力弹塑性计算。

需要强调的是：①一般情况下，动力弹塑性分析采用双向地震输入即可满足要求；但对竖向地震作用比较敏感的结构，如连体结构、大跨度转换结构、长悬臂结构、高度超过300m的结构等，宜采用三向地震输入。②输入的主方向、次方向以及竖向分量地震记录加速度峰值之比恒定为1∶0.85∶0.65。③当结构竖向构件布置方向与振型方向不一致时，宜补充沿构件布置方向输入的动力弹塑性分析。此时输入方法仍应采用主次方向输入并轮换输入主方向的方法。

6.4.7 计算结果的评估

《建筑抗震设计规范》GB 50011—2010 和《高层建筑混凝土结构技术规程》JGJ 3—2010 针对不同结构体系的弹塑性变形进行了相关的限值要求。结合大量的试验数据，目前规范对结构弹塑性层间位移角限值的要求能够满足结构抗震性能的工程判断。弹塑性层间位移角是结构是否满足大震下抗震性能要求的重要指标。

随着实际工程的需要，深入挖掘其他弹塑性性能指标，将为评价结构的抗震性能提供更为有利的基础。其中包含但不局限于结构顶点位移时程、构件力-位移关系、构件塑性应变和承载力等。

1. 层间位移角

对超高层建筑结构，结构层间位移角应选取结构最外围的竖向构件，如框架-核心筒结构的外围框架柱。当外部竖向构件的层间位移角在相同楼层相差较大时，表明结构存在一定的扭转效应，应采取措施进行加强。当罕遇地震下外框筒和内部核心筒剪力墙的层间位移角相差较大时，应校核第一、第二道防线关键部位的承载力。

2. 顶点位移时程

罕遇地震作用下，根据结构顶点位移时程曲线的往复周期可判断结构整体进入塑性的程度。当结构进入塑性后，顶点位移往复周期延长；若顶点位移时程曲线偏离初始振荡位置较明显，表明此位置出现一定程度的塑性，应认真校核。

3. 构件力-变形关系

超高层建筑结构，对关键受力构件，如伸臂桁架斜腹杆、巨柱支撑，通过构件力-变形关系判断构件是否进入塑性及进入塑性的程度。累计整层构件，可得到楼层位移-楼层剪力滞回曲线，根据滞回曲线的斜率、所包围的面积来判断结构的塑性程度。

4. 构件塑性应变和承载力

罕遇地震下，应关心超高层建筑结构关键构件（包含但不限于结构柱、核心筒、伸臂桁架、环带桁架等）钢筋、型钢的塑性应变发展情况。对塑性应变较大的部位，结合承载力校核评价构件是否满足相应的抗震性能。

6.5 工程案例

6.5.1 上海中心大厦结构动力弹塑性分析

上海中心大厦塔楼高为632m（结构高度为580m），共124层，属于高度超限的超高层建筑，需要高效的结构体系来满足规范对这种高度建筑的严格要求。根据建筑设计的要求，塔楼的楼层呈圆形，上下中心对齐并逐渐收缩。而塔楼的外层幕墙形状近似尖角削圆了的等边三角形。它从建筑的底部一直扭转到顶部，每层扭转约 1°，总的扭转角度约为 120°。

塔楼抗侧力体系为“巨型框架-核心筒-外伸臂”结构体系（图 6.5.1）。在八个机电层区布置多达六道两层高外伸臂桁架和八道箱形空间环形桁架。其中核心筒为一个边长约 30m 的方形钢筋混凝土筒体，核心筒底部翼墙厚 1.2m，随高度增加核心筒墙厚将逐渐减小，顶部为 0.5m。腹墙厚度将由底部的 0.9m 逐渐减薄至顶部的 0.5m；巨型空间框架由八道箱形空间桁架（布置在八个机电层区）、六道两层高外伸臂桁架以及八个巨型柱组成。巨型柱采用型钢混凝土柱，其内置钢柱由钢板拼接而成的单肢巨型组合钢柱，含钢率控制在 4%～8%；箱形空间桁架杆件均采用 H 型钢，既作为抗侧力体系巨型框架的一部分，又作为将相邻加强层之间楼层荷载传递至下部支承巨型柱上的转换桁架。巨型柱与核心筒的外伸臂桁架连接采用钢结构，能够约束核心筒弯曲变形，调整整体结构侧向刚度，减少结构总体变形及层间位移。本工程结构为乙类建筑，抗震设防烈度为 7 度（0.1g），设计地震分组为第一组，场地类别为Ⅳ类，场地特征周期为 0.9s。结构设计确定塔楼结构核心筒抗震等级为特一级；巨型柱抗震等级为特一级。

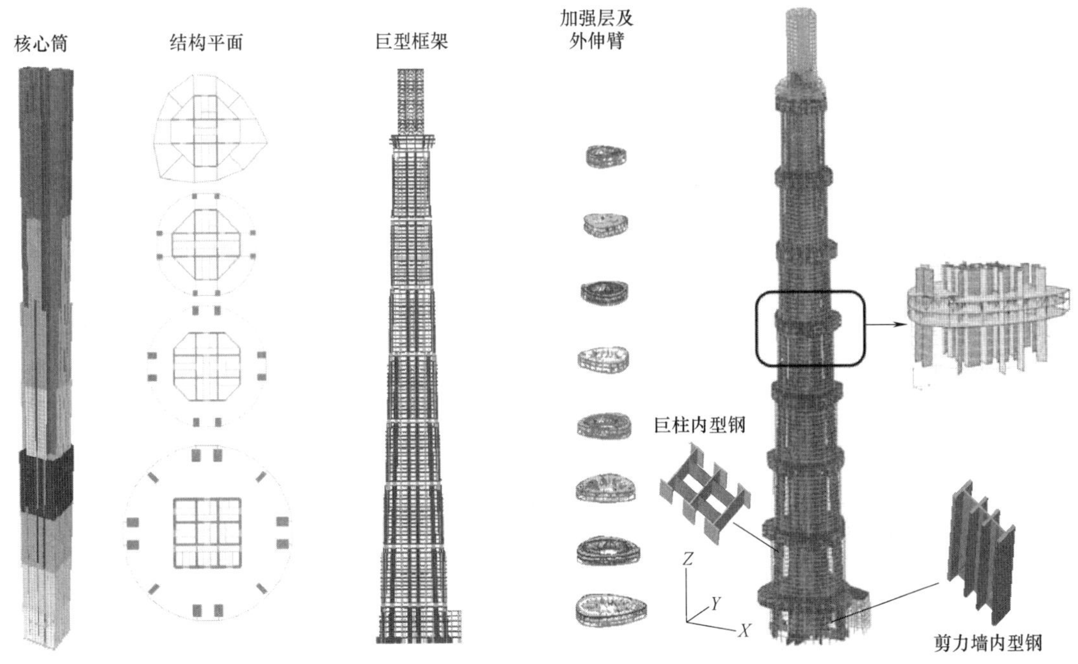

图 6.5.1 上海中心结构抗侧力体系

图 6.5.2 上海中心结构弹塑性分析模型

1. 分析方法

采用动力弹塑性分析方法研究本工程结构在设计烈度罕遇地震作用下的抗震性能，其中输入地震动记录包括四组天然记录和三组人工记录，采用三向输入并轮换主方向方式。三方向输入峰值比依次为 1∶0.85∶0.65（主方向∶次方向∶竖向），同时根据上海规范，主方向波峰值加速度取为200gal。在输入地震动记录之前首先进行结构重力作用下的加载分析，形成结构构件的初始内力。输入地震动信息见表6.5.1，弹塑性分析模型见图6.5.2。

地震动记录信息表 **表6.5.1**

地震记录编号		分量	地震名	地震时间	记录台站	场地
1	US256	N83W	SAN FERNANDO EARTHQUAKE	FEB. 9, 1971	VERNON, CMD LDG., CAL.	D
	US257	S07W				
	US258	UP				
2	US334	N04W	BORREGO MOUNTAIN EARTHQUAKE	APR. 8, 1968	ENG. BLDG., SANTA ANA, ORANGE COUNTY, CAL.	D
	US335	S86W				
	US336	UP				
3	US724	North	SAN FERNANDO EARTHQUAKE	FEB. 9, 1971	5260 CENTUARY BOULEVARD, 1ST FLOOR, L. A., CAL.	D
	US725	East				
	US726	UP				
4	US1213	UP	BORREGO MOUNTAIN EARTHQUAKE	APR. 8, 1968	HOLLYWOOD STORAGE, PENTHOUSE, LOS ANGELES,	D
	US1214	North				
	US1215	East				
5	MEX006	N00E	MEXICO CITY EARTHQUAKE	SEPT. 19, 1985	GUERRERO ARRAY, VILE, MEXICO	E
	MEX007	N90E				
	MEX008	UP				
6	S79010		Artificial records of Acc. for minor EQ. Level of Intensity 7			4
	S79011					
	S79012					
7	L7111		Artificial records of Acc. for major EQ. Level of Intensity 7			4
	L7112					
	L7113					

根据结构的特点，在构建弹塑性分析模型的过程中，结构巨型柱、剪力墙均采用分层壳单元模拟，其中钢板剪力墙采用在设置钢板剪力墙的位置同时建立钢筋混凝土材料的墙体（壳单元）及钢板（壳单元）的方法模拟；对于伸臂桁架所在楼层（三层），采用弹性楼板（壳单元模拟）假定，并按照实际输入楼板厚度；其余楼层则采用刚性楼板假定。

在材料本构关系方面，剪力墙混凝土按照规范相关参数采用非约束混凝土本构模型，考虑到巨型柱内设置了连肢型钢，对其内部混凝土的约束增强效应显著，因此按照前文所述约束混凝土方法进行考虑。钢材采用双线性随动硬化模型。

2. 重力加载分析

在进行罕遇地震下的弹塑性反应分析之前，进行了结构在重力荷载代表值下的重力加载分析。重力加载分析的结果介绍如下：

（1）剪力墙及巨型柱

剪力墙及巨型柱混凝土基本处于弹性状态，仅有局部连梁，由于垂直支撑在连梁上的楼面梁的面外弯矩作用下，出现少量塑性应变，其受压损伤因子仅为 0.04。外框架的混凝土柱中受压损伤为 0，处于弹性（图 6.5.3）。

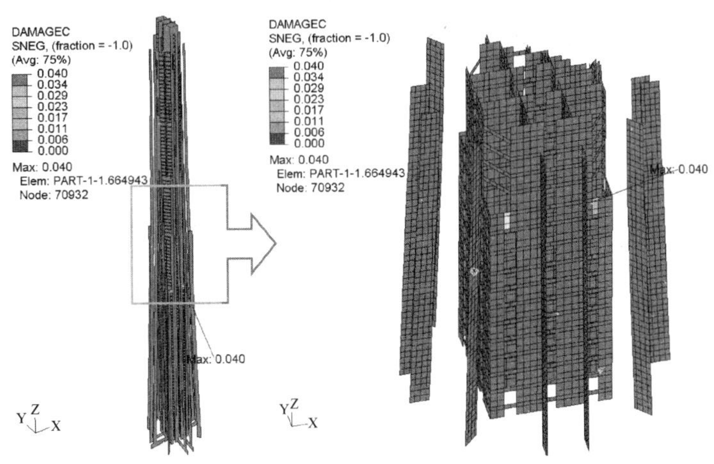

图 6.5.3　重力作用下竖向构件损伤因子

（2）混凝土构件中型钢及钢结构应力

重力作用下结构混凝土构件中型钢及钢板应力均没有超过屈服强度（图 6.5.4），最大 Mises 应力约为 104MPa。重力作用下结构钢构件应力均没有超过屈服强度（图 6.5.5），最大 Mises 应力约为 329MPa，为局部楼面钢梁。

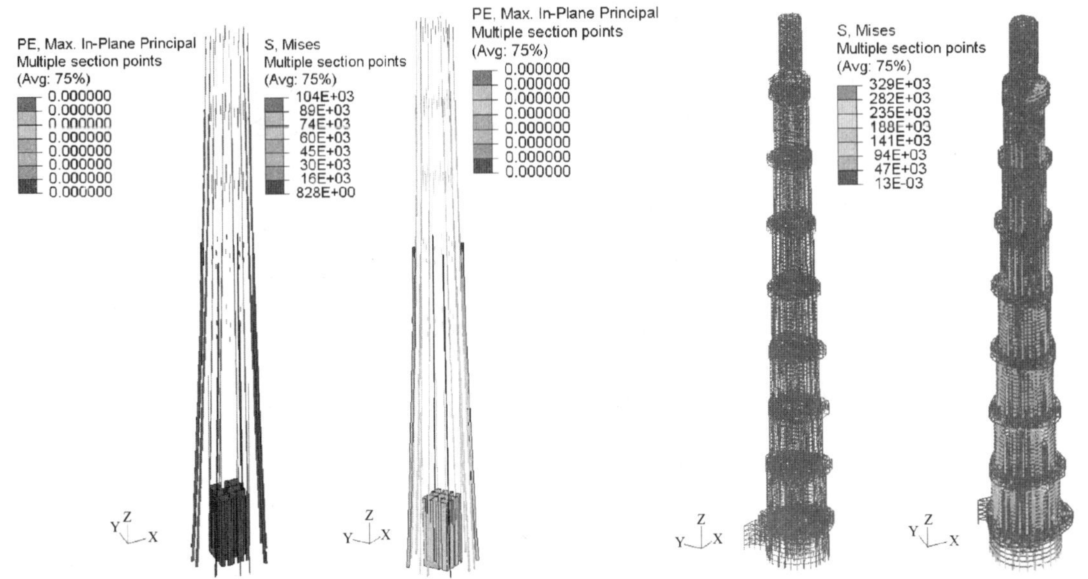

图 6.5.4　混凝土构件中型钢和钢板塑性应变及应力（kPa）

图 6.5.5　钢构件塑性应变及应力（kPa）

3. 动力弹塑性分析

（1）结构的破坏情况

由于计算结果数据量巨大，以下仅分别给出 X 及 Y 为输入主方向（主方向波分别为 US1214 波及 Mex 波）结构破坏最显著的分析结果。

由图 6.5.6 可以看出，本结构连梁在罕遇地震作用下均严重破坏，大部分连梁受压损伤因子均达到了 0.97。结构巨型柱及大部分墙肢未出现受压损伤，仅在第六、七及八区核心筒剪力墙部分墙肢出现了明显的损伤，其主要原因是上述区域中核心筒墙肢的数量、厚度、混凝土强度等级以及配筋构造发生了较为明显的变化，从而造成承载力出现了突变。

由图 6.5.7 及图 6.5.8 可以看出，在 7 度罕遇、三向地震输入作用下，结构八个区域的伸臂桁架有个别杆件出现塑性，其中 US1214 波、X 为输入主方向时，伸臂桁架杆件的最大塑性应变为 4175$\mu\varepsilon$（第四区，伸臂桁架竖杆）；Mex 波、Y 为输入主方向时，伸臂桁架杆件的最大塑性应变为 2120$\mu\varepsilon$（第四区，伸臂桁架竖杆，与 X 为输入主方向为同一杆件）。

图 6.5.9 显示，结构下部设置的钢板剪力墙在两个输入主方向作用下，其内置的钢板均未进入塑性。

(2) 结构位移情况

图 6.5.10 为结构在七组、三向输入并轮换主方向共 14 个工况的罕遇地震作用下，结构最大层间位移角曲线。可以看出，结构第六、七及八区中部楼层的层间位移角最大，这与上述剪力墙罕遇地震作用下出现显著损伤的现象一致。

4. 基于弹塑性分析结果的设计建议

七组地震记录、三向作用并轮换主次方向的 7 度罕遇地震动力弹塑性分析结果显示，

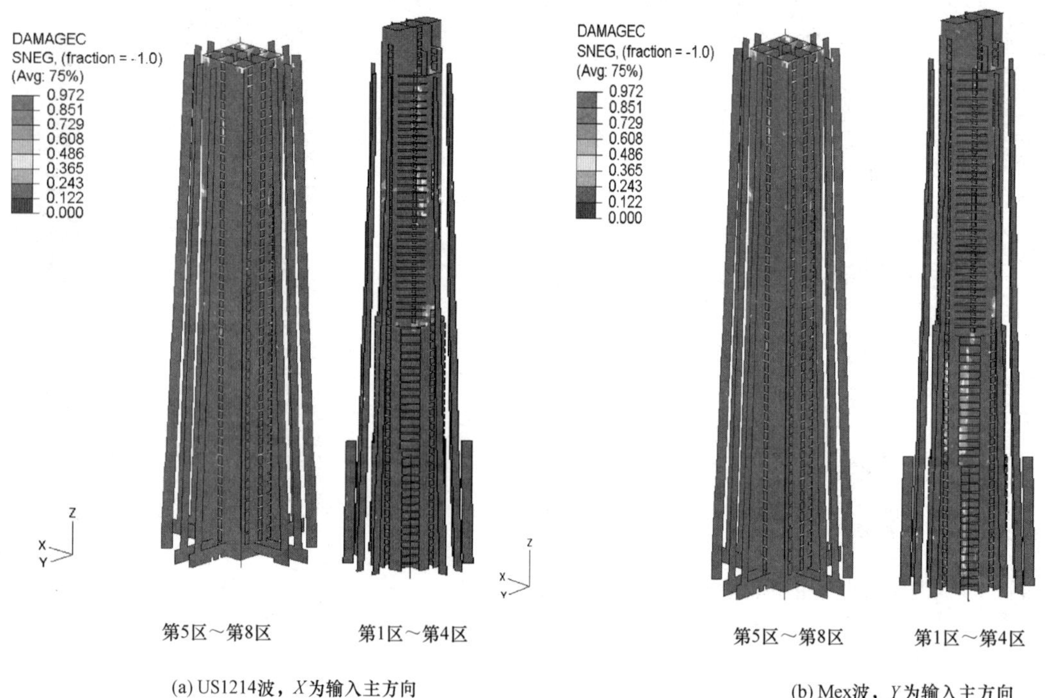

(a) US1214波，X为输入主方向

(b) Mex波，Y为输入主方向

图 6.5.6 剪力墙及巨型柱受压损伤因子分布示意图

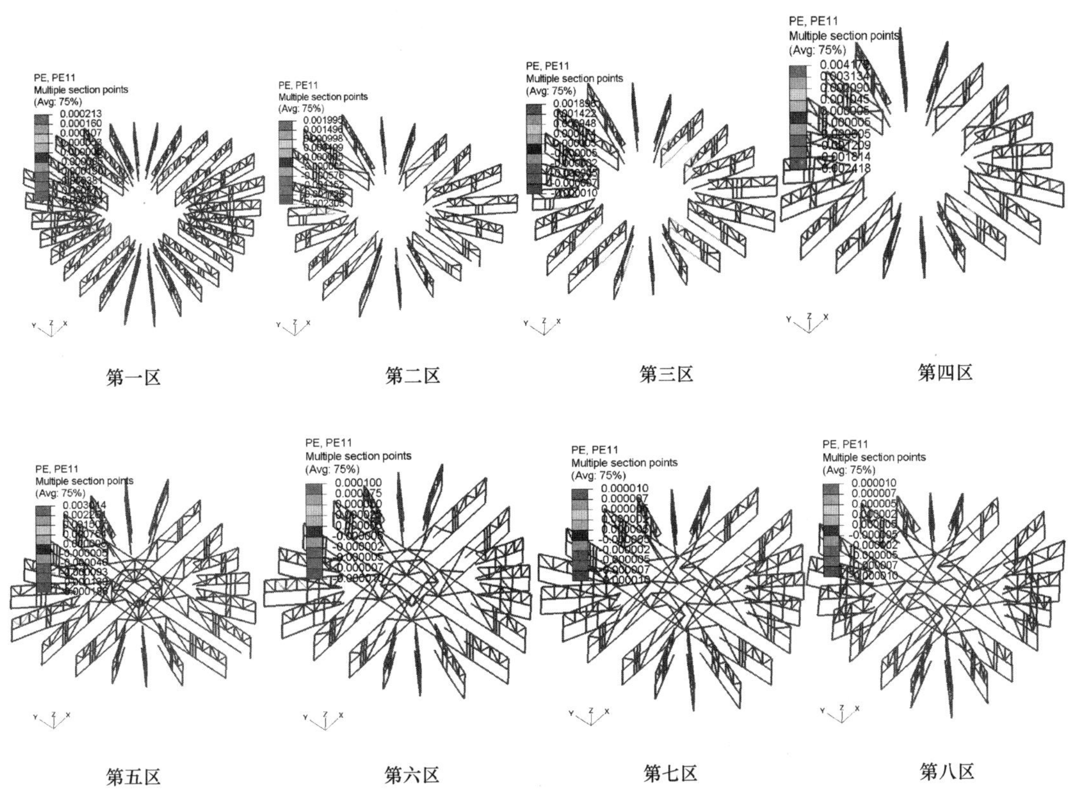

图 6.5.7　US1214 波，X 为输入主方向时伸臂桁架塑性应变情况

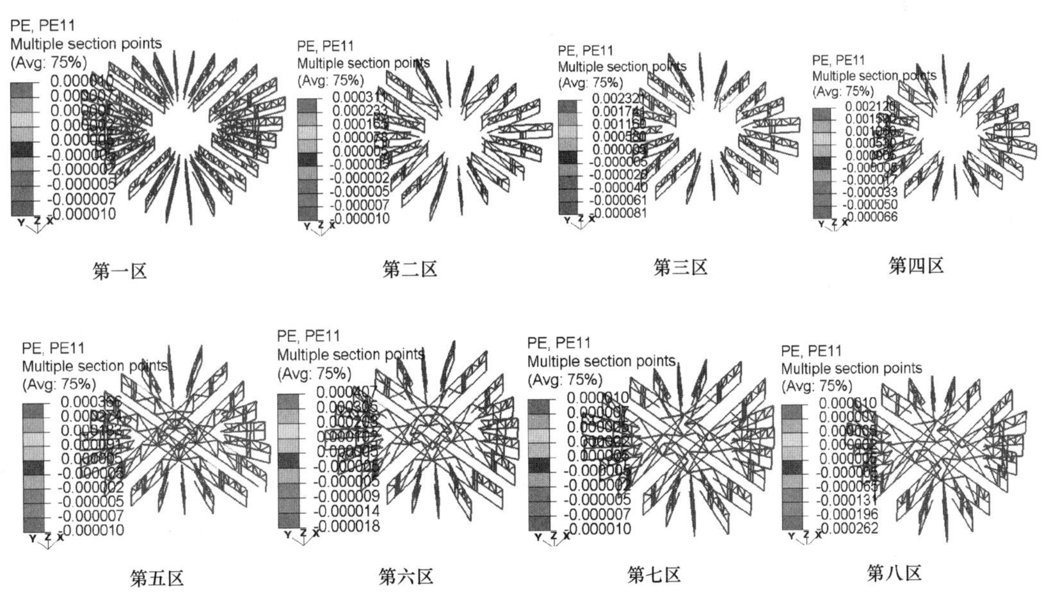

图 6.5.8　Mex 波，Y 为输入主方向时伸臂桁架塑性应变情况

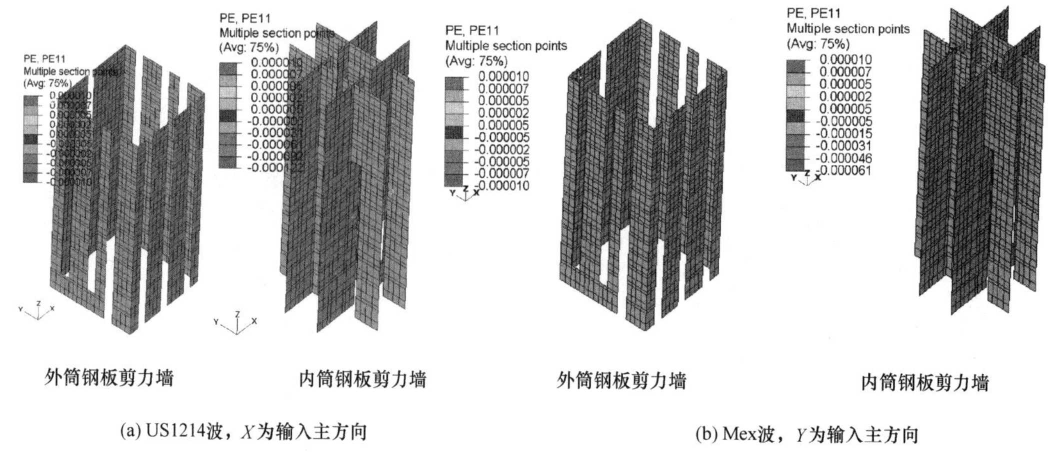

图 6.5.9 钢板剪力墙中钢板塑性应变情况

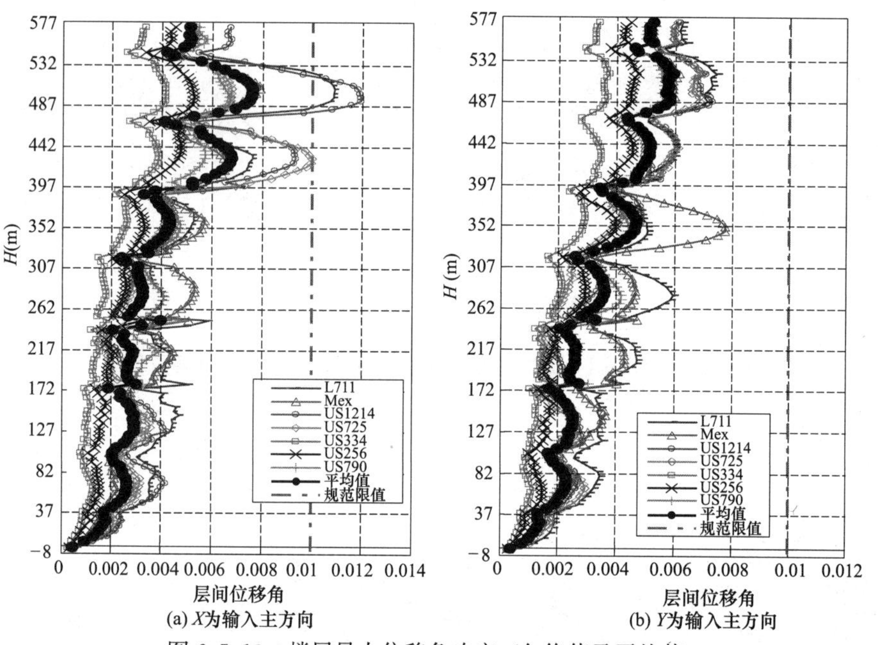

图 6.5.10 楼层最大位移角响应（包络值及平均值）

结构第六区中部、第七区中部及第八区中部均存在一定的抗震薄弱因素，建议结构设计单位对上述位置进行进一步的研究，并采取适当措施改善其抗震性能，如减少剪力墙与巨型柱截面收进幅度、提高混凝土强度等级降低的位置、在剪力墙中适当增加型钢或提高配筋率等，为确保结构抗震安全性提供有力保障。

6.5.2 中国尊结构动力弹塑性分析

位于北京朝阳区 CBD 核心区的 Z15 地块发展项目，东至金和东路，南至规划绿地，西至金和路，北至光华路。项目主塔楼是一栋集甲级写字楼、服务性公寓及五星级酒店等功能于一身的混合建筑发展方案。主体建筑高度为 528m（不含塔顶），地下 6 层，地上 108 层。地上总建筑面积为 35 万 m^2，地下建筑面积约 7 万 m^2，并与 CBD 核心区其他地块连通。

塔楼外形以中国传统礼仪中用来盛酒的器具“尊”为意象，大楼平面基本为方形，底部尺寸约为 78m×78m，在大楼的中上部平面尺寸略微收进，尺寸为 54m×54m，向上到顶部又略微放大，但顶部尺寸小于底部平面尺寸，约为 69m×69m。

Z15 地块主塔楼设计采用外框筒-核心筒结构体系。结构抗侧力体系简图见图 6.5.11，整体计算模型见图 6.5.12。

钢筋混凝土核心筒外墙厚由首层到顶层从 1200～300mm 逐渐变化，内墙厚度由首层到顶层从 500～300mm 逐渐变化。为增强刚度及提高钢筋混凝土的延性，首层～40 层范围内外墙及首层～36 层范围内内墙采用钢板剪力墙，其余楼层均在暗柱区配置型钢。混凝土核心筒采用 C60 混凝土。

外框筒采用巨型柱、巨型斜撑和转换桁架组成，沿塔楼高度分为 8 个区，每个区设置一道转换桁架和巨型交叉斜撑，转换桁架分别位于 5～7 层、17～19 层、29～31 层、43～45 层、57～59 层、73～75 层、87～89 层、103～105 层。钢管混凝土柱采用 C50、C60、C70 混凝土。

楼板和梁采用 C40 混凝土。

根据《建筑抗震设计规范》GB 50011—2010、安评报告及专家意见等，本工程抗震设计关键参数如表 6.5.2 所示。

抗震设计关键参数 **表 6.5.2**

抗震设防类别	抗震设防烈度	设计基本地震加速度值	设计地震分组	场地类别	场地特征周期
乙类	8 度	0.2g	第一组	Ⅱ、Ⅲ类间	0.40s

1）计算分析方法

采用本书的研究成果——基于弹塑性分析的结构抗震性能评价方法对本工程结构进行动力弹塑性分析。其中，考虑的非线性因素如下：

（1）几何非线性。结构的平衡方程建立在结构变形后的几何状态上，P-Δ 效应、非线性屈曲效应、大变形效应等都得到全面考虑。

（2）材料非线性。直接采用材料非线性应力-应变本构关系模拟钢筋、钢材及混凝土的弹塑性特性，可以有效模拟构件的弹塑性发生、发展以及破坏的全过程。

（3）施工过程非线性。本结构为超高层钢筋混凝土结构，分析中按照整个工程的建造过程，共分为 4 个施工阶段，采用“单元生死”技术进行模拟。

需要指出的是，上述所有非线性因素在计算分析开始时即被引入，且贯穿分析的全过程。另外，参考弹性分析报告，将地下室第一层（B1 层）底板作为上部结构的嵌固位置。

在构建弹塑性分析模型的过程中，基于结构设计单位提供的图纸资料独立建立弹性设计 SAP 模型，考虑到较为准确的弹塑性分析需要模型具有足够的网格密度等因素，针对结构模型中的核心筒剪力墙、楼板、梁柱等进行网格剖分。网格剖分完成后，ABAQUS 模型单元共计 244435 个，其中剪力墙及楼板壳单元共计 189280 个。对于所有楼层采用弹塑性楼板（壳单元模拟），按照实际输入楼板厚度。并与弹性设计一致，直接将质量及荷载计入相应构件中。对于钢板剪力墙的模拟，采用在设置钢板剪力墙的位置同时建立钢筋混凝土材料的墙体（壳单元）及钢板（壳单元）的方式。

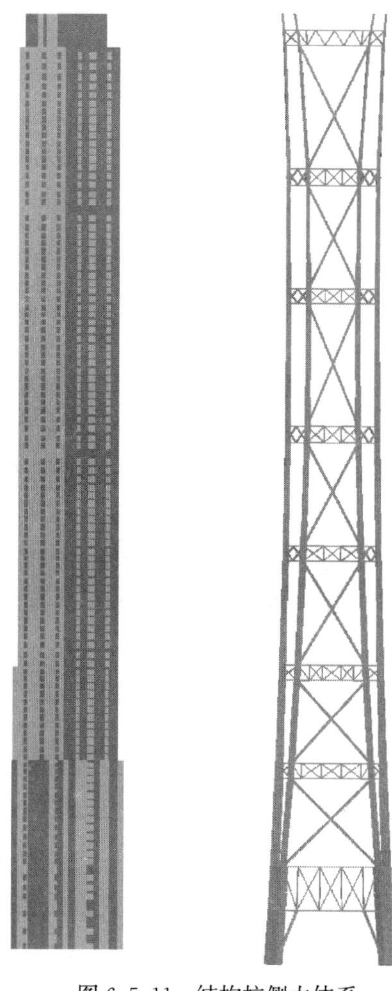

图 6.5.11 结构抗侧力体系

图 6.5.12 结构模型

输入地震动记录包括四组天然记录和三组人工记录，采用三向输入并轮换主方向方式。三方向输入峰值比依次为 1∶0.85∶0.65（主方向∶次方向∶竖向），同时根据抗震规范，主方向波峰值取为 400gal。在输入地震动记录之前首先进行结构重力作用下的加载分析，形成结构构件的初始内力。输入地震动的波形及反应谱如图 6.5.13 所示。

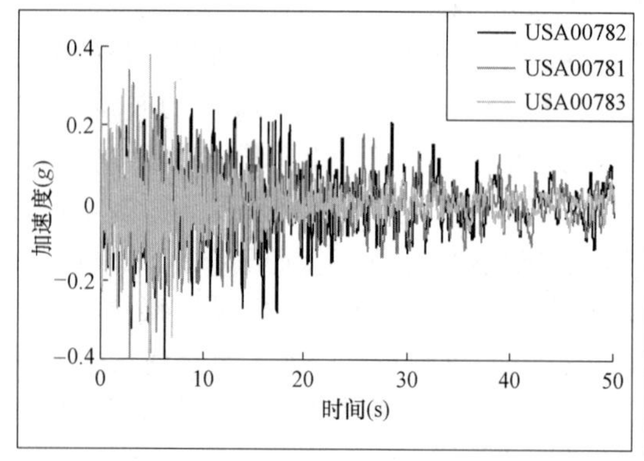

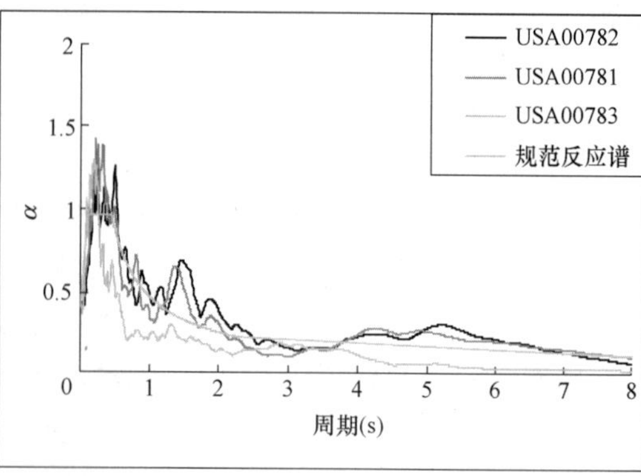

图 6.5.13 输入地震波波形及谱分析（一）

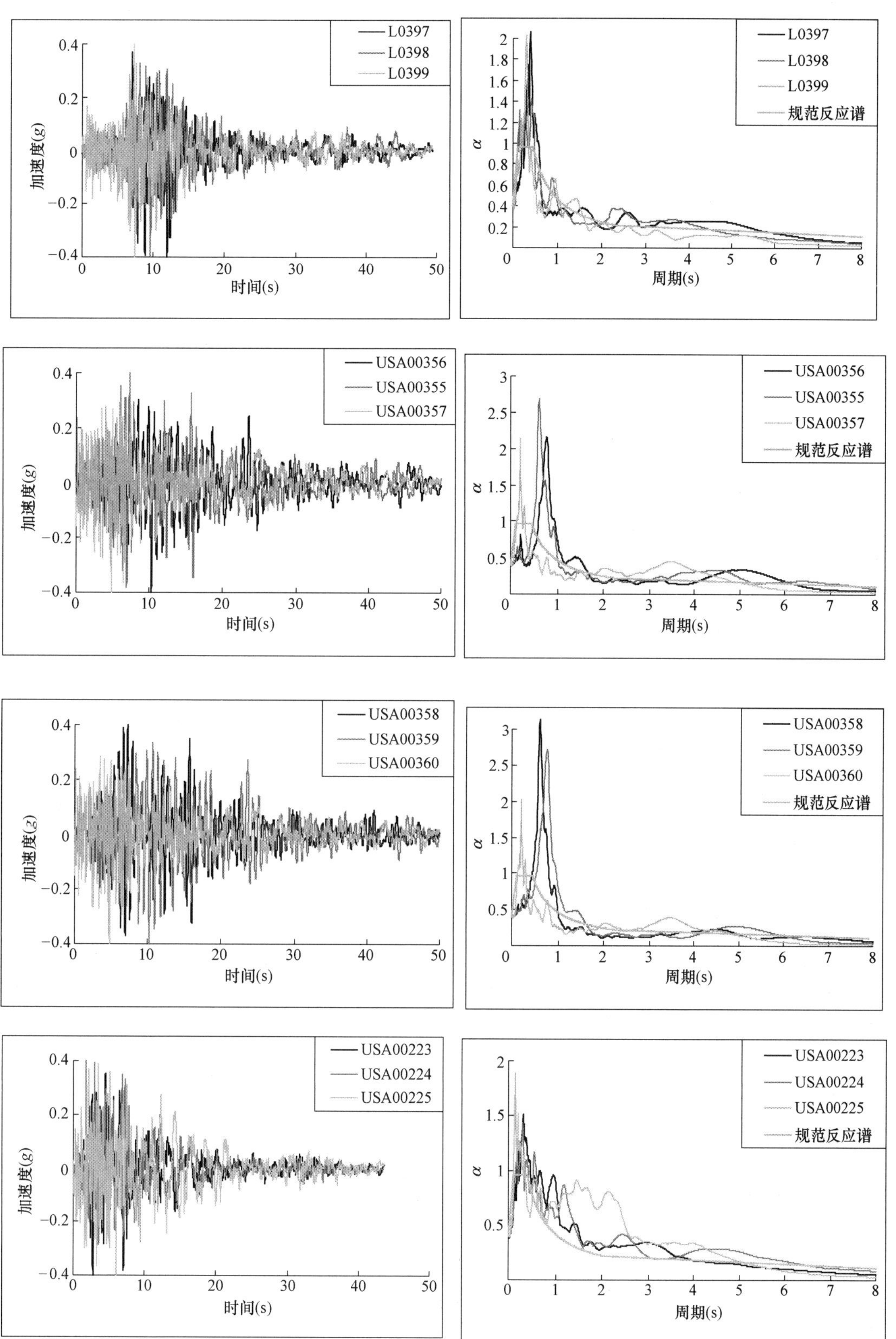

图 6.5.13 输入地震波波形及谱分析（二）

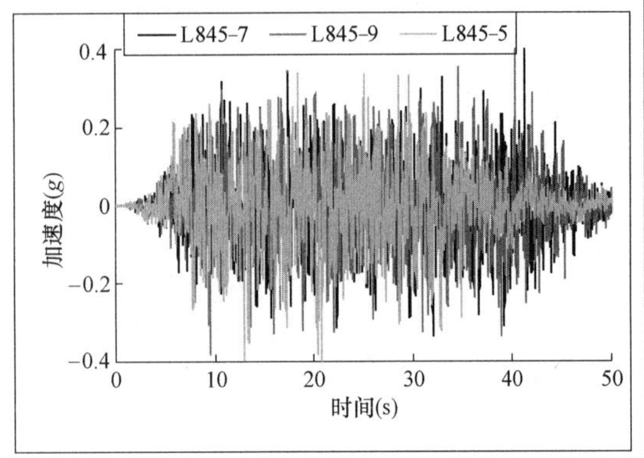

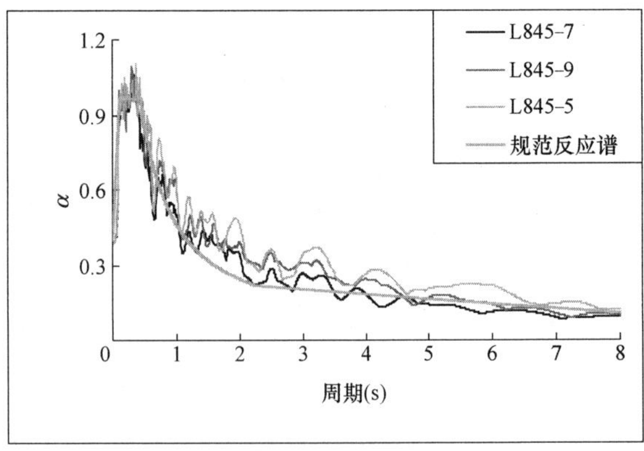

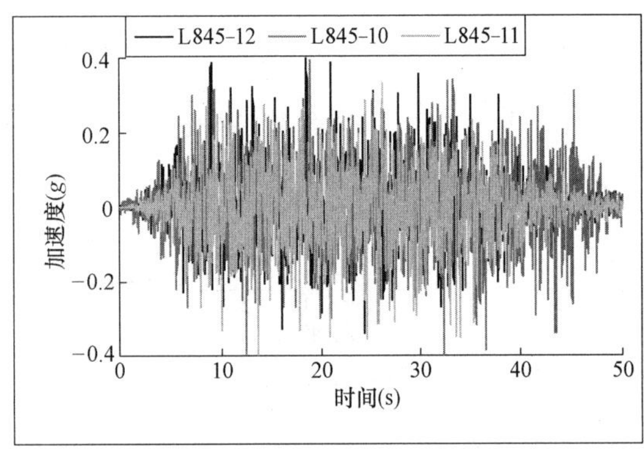

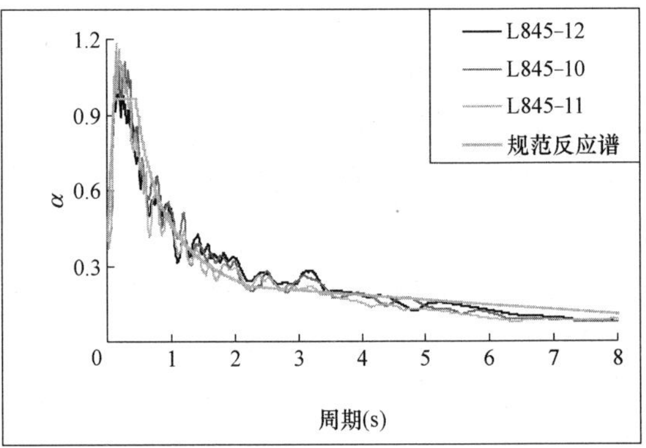

图 6.5.13　输入地震波波形及谱分析（三）

2）重力加载分析

在进行罕遇地震下的弹塑性反应分析之前，进行了结构在重力荷载代表值下的模拟施工加载分析，结果介绍如下：

（1）剪力墙

如图 6.5.14 所示为剪力墙受压损伤分布图，可以看出，剪力墙混凝土基本处于弹性状态，仅在墙肢收进处由于应力集中局部出现少量塑性应变与损伤。重力作用下剪力墙中型钢及钢板应力均没有超过设计强度（图 6.5.15），没有出现塑性应变，剪力墙中钢板最大 Mises 应力为 146MPa，暗柱型钢最大 Mises 应力为 98MPa。

（2）外框筒构件应力

重力作用下外框筒构件应力均没有超过设计强度（图 6.5.16、图 6.5.17），巨型斜撑、转换桁架及巨型柱均没有出现塑性应变，巨型斜撑和转换桁架的最大 Mises 应力约为 96MPa，巨型柱钢管的最大应力为 82MPa。

3）罕遇地震分析

（1）结构变形

图 6.5.18、图 6.5.19 依次为七组地震波作用下结构的楼层最大位移及最大层间位移角分布曲线。其中，X 为主方向输入时，楼顶最大位移平均值为 1809mm，楼层最大层间位移角平均值为 1/110，在第 97 层；Y 为主方向输入时，楼顶最大位移平均值为 1783mm，楼层最大层间位移角平均值为 1/115，在第 97 层。

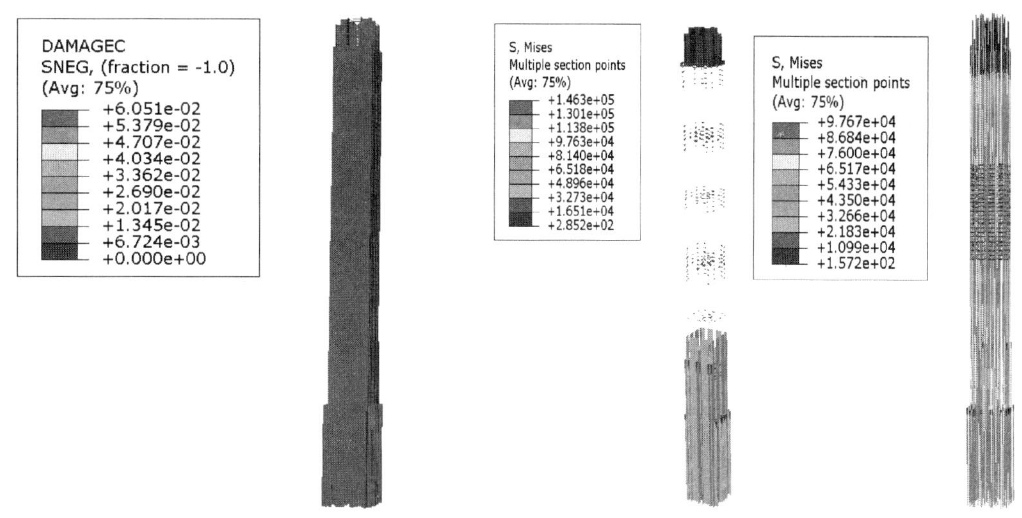

图 6.5.14　重力作用下剪力墙混凝土受压损伤因子　　图 6.5.15　重力作用下剪力墙中钢板和型钢应力

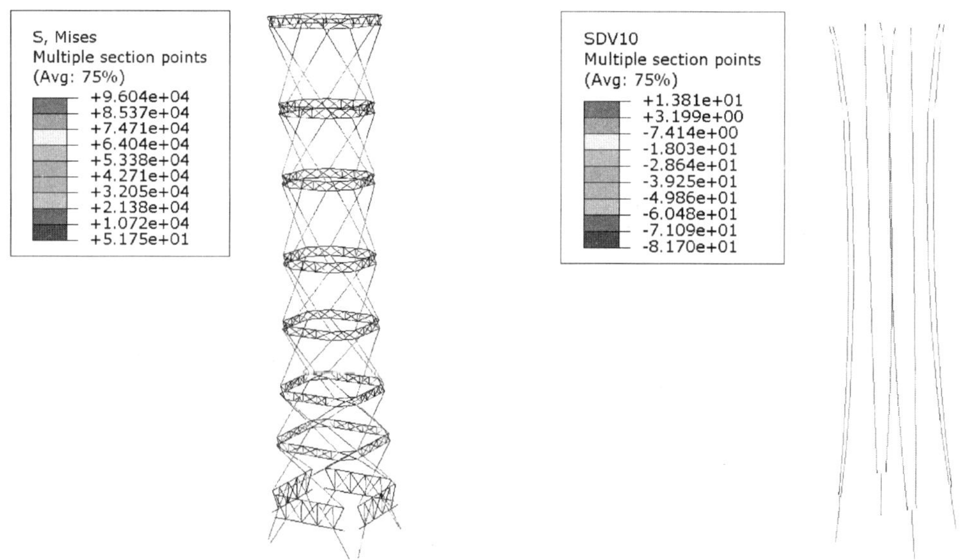

图 6.5.16　重力作用下外框筒钢构件应力（kPa）　　图 6.5.17　重力作用下巨型柱钢构件应力

（2）结构损伤与破坏情况

由于计算结果数据量巨大，以下仅分别给出 US00223 波 X 及 Y 为主方向输入结构破坏最显著的分析结果。

从剪力墙的损伤情况（图 6.5.20）可以看到，在罕遇地震三向输入作用下，总体上看整体结构损伤不大，绝大部分墙体损伤较轻，损伤因子基本小于 0.1，表明大部分墙体混凝土应力低于其峰值强度。损伤较大的区域主要集中在结构第 94～104 层，包括外墙体在洞口两侧的边缘约束构件位置及内外墙连接位置，损伤分布呈明显弯曲型破坏特征。连梁大部分发生损伤破坏，起到很好的耗能作用。

剪力墙内钢板的塑性发展情况见图 6.5.21。其中，结构底部钢板剪力墙内的钢板没有出现塑性应变，仍保持弹性工作状态。结构顶部剪力墙内的钢板与连梁相连局部出现了

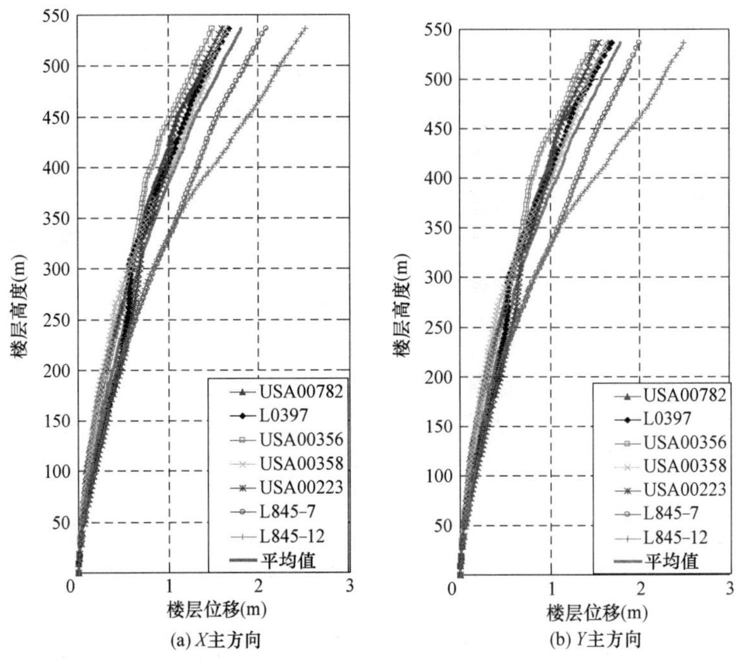

图 6.5.18　楼层最大位移响应

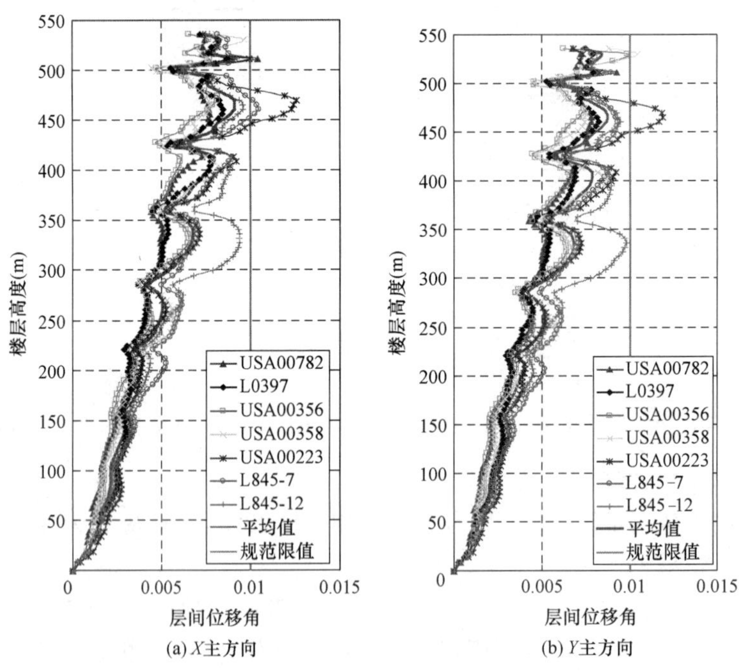

图 6.5.19　楼层最大位移角响应

部分塑性应变，最大值约为 1300$\mu\varepsilon$；其余绝大部分墙体内的型钢没有出现塑性应变，保持弹性工作状态，满足抗震性能目标的要求。

对 USA00223 波作用下损伤较为严重的墙体进行了内力校核，见图 6.5.22。结果表明，在损伤最大处的部分墙体内力超出设计强度面，但是没有超出极限强度面，可以满足抗震性能目标的要求。通过验算，墙肢受剪均满足大震不屈服的截面限制条件要求。

在 USA00223 波作用下外框筒巨型柱钢管塑性情况见图 6.5.23，在罕遇地震三向输入作用下外框筒钢管混凝土柱钢管除第 89 层的个别柱外均没有出现塑性应变，处于弹性状态，第 89 层位置钢管混凝土柱 X 主方向输入时最大塑性应变为 619$\mu\varepsilon$，Y 主方向输入时最大塑性应变为 662$\mu\varepsilon$。通过对塑性应变最大处的巨型柱内力进行校核，可见巨型柱截面发生屈服，但没有超出截面极限承载力，满足抗震性能目标的要求。

在 USA00223 波作用下外框筒巨型斜撑塑性情况见图 6.5.24。在罕遇地震三向输入作用下外框筒巨型斜撑仅第 7 区的个别杆件出现塑性应变，其余均处于弹性状态。X 主方向输入时外框筒巨型斜撑最大塑性应变仅为 202$\mu\varepsilon$；Y 主方向输入时外框筒巨型斜撑最大塑性应变为 545$\mu\varepsilon$。通过对塑性应变最大处的斜撑内力进行校核，可见斜撑截面发生屈服，但没有超出截面极限承载力，满足抗震性能目标的要求。

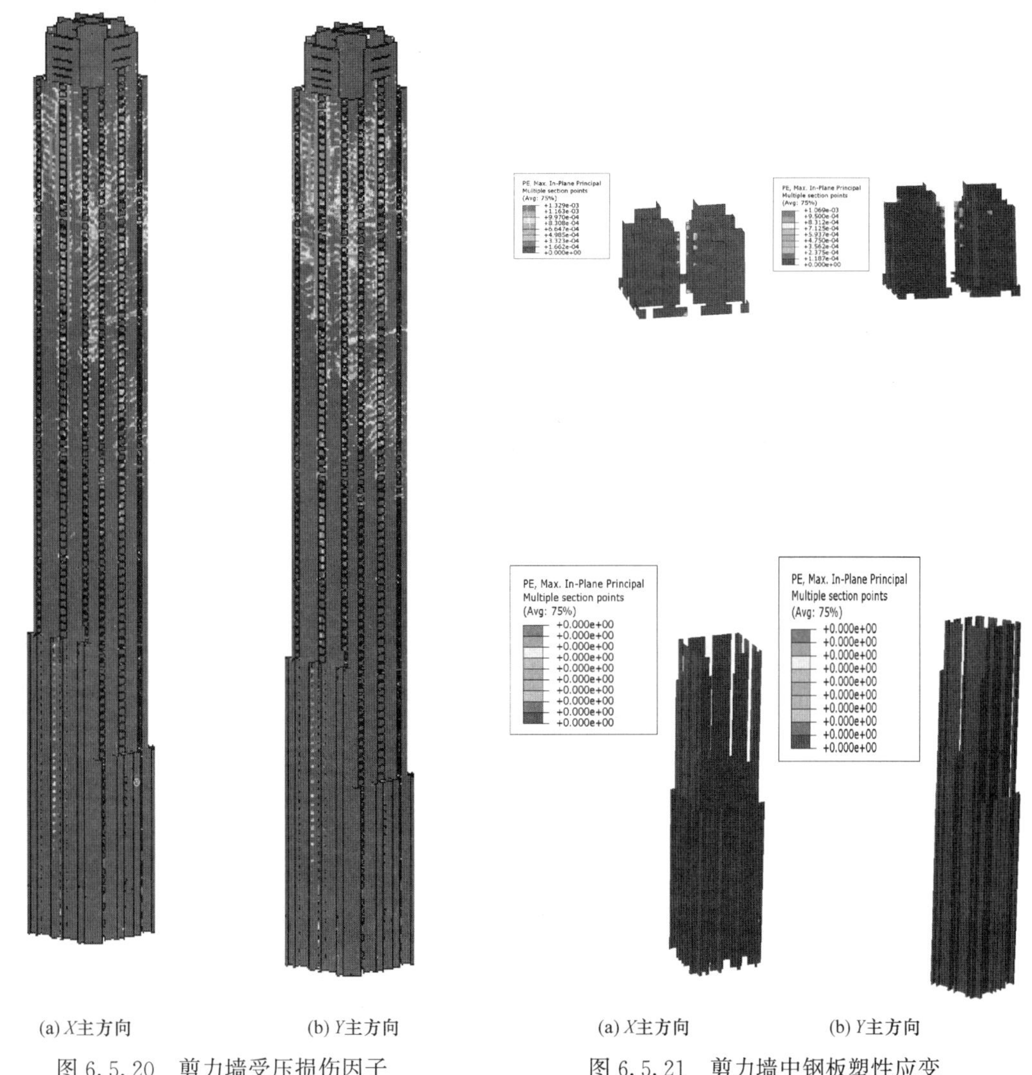

(a) X主方向　(b) Y主方向

图 6.5.20　剪力墙受压损伤因子

(a) X主方向　(b) Y主方向

图 6.5.21　剪力墙中钢板塑性应变

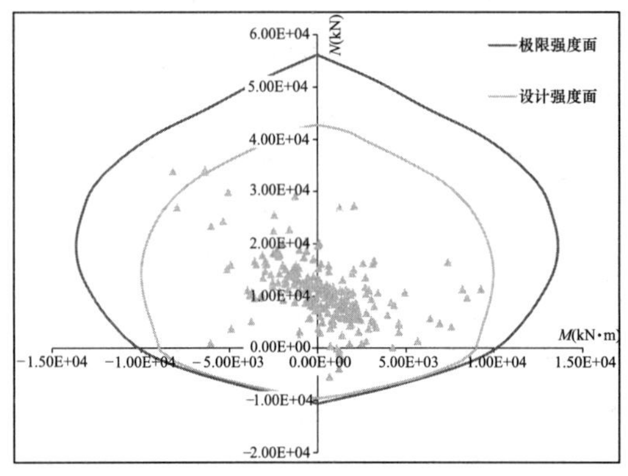

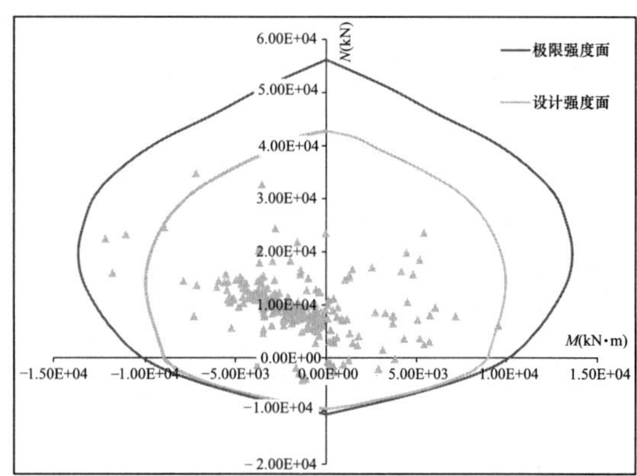

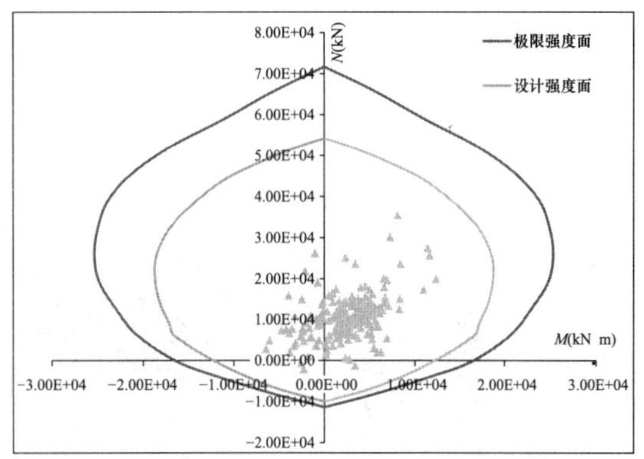

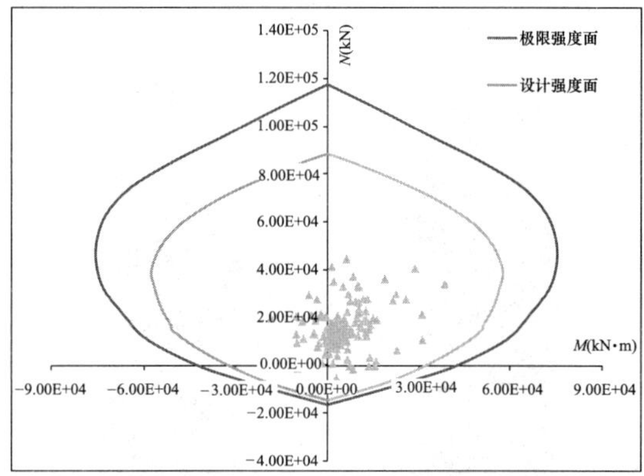

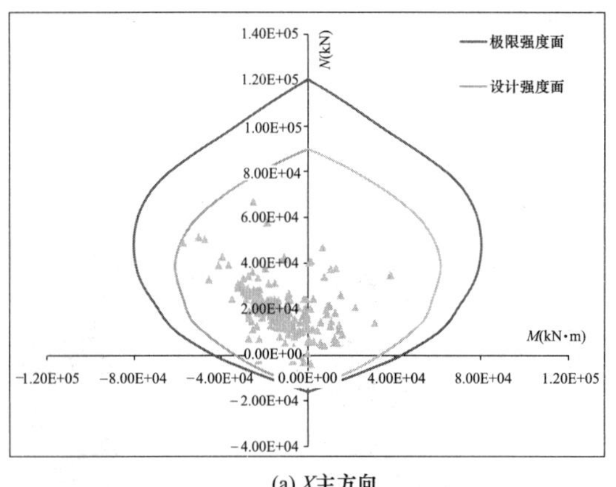

(a) X主方向

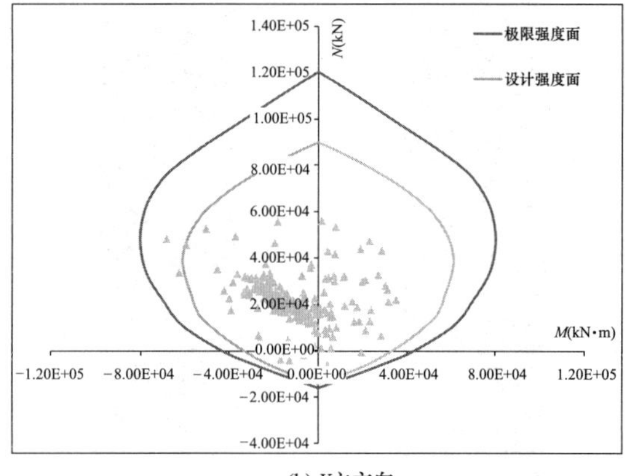

(b) Y主方向

图 6.5.22　关键墙肢承载力验算

4）罕遇地震作用下的抗震性能评价

通过对北京 CBD 核心区 Z15 地块主塔楼结构进行的 7 组地震记录（每组地震记录包括两个水平分量及竖向分量），三向输入并轮换主次方向，共计 14 个计算分析工况的动力弹塑性分析，对本工程结构在 8 度（0.2g）罕遇地震（峰值加速度 400gal）作用下的抗震性能评价如下：

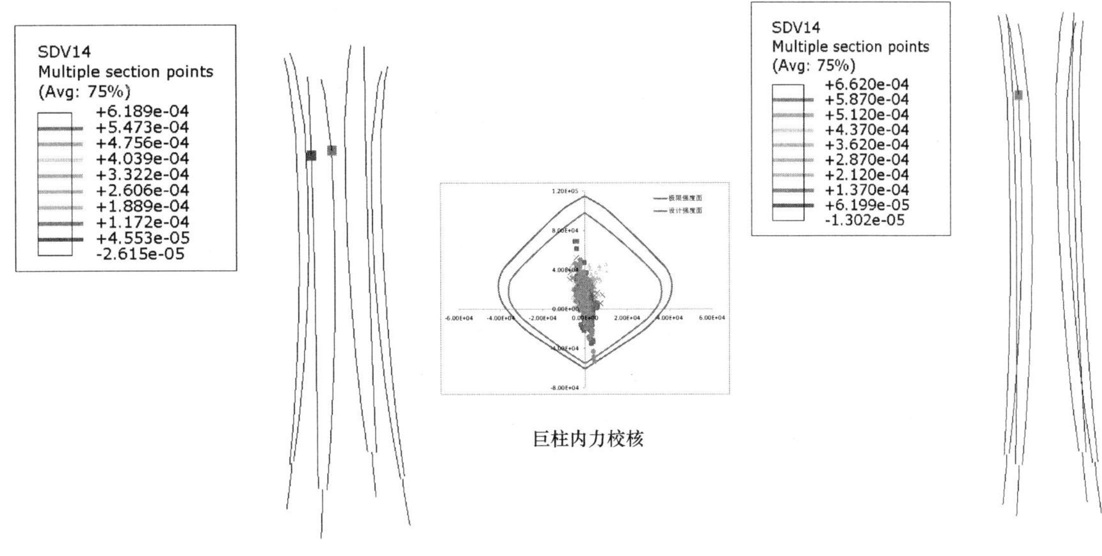

(a) X主方向　　　　(b) Y主方向

图 6.5.23　USA00223 波作用下外框筒钢管混凝土柱钢管塑性应变分布情况

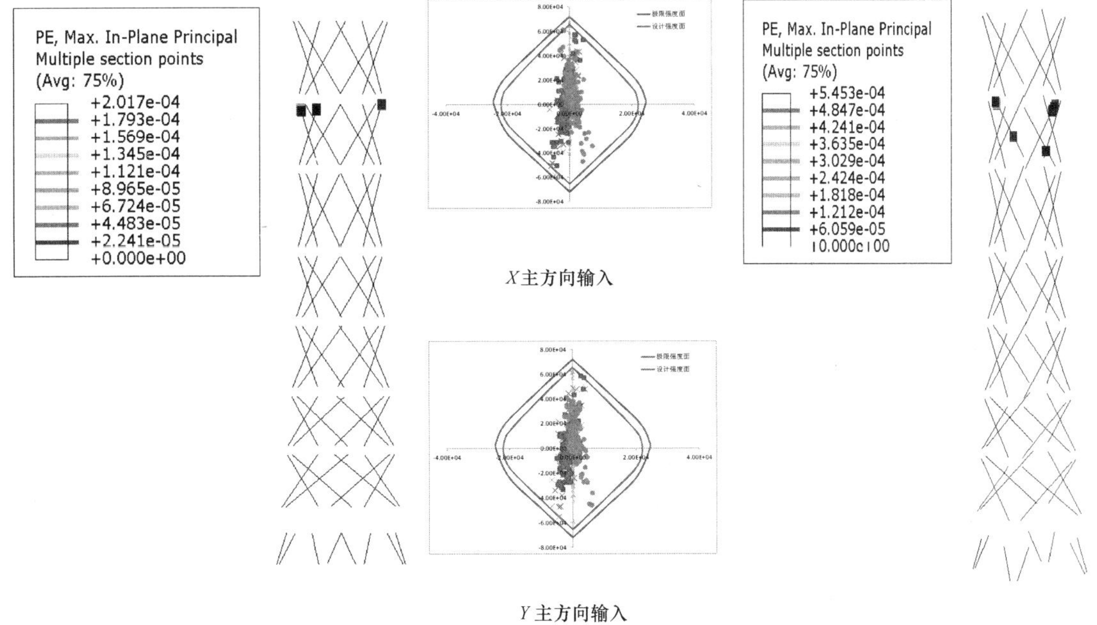

(a) X主方向　　　　(b) Y主方向

图 6.5.24　USA00223 波作用下外框筒巨型斜撑塑性应变分布情况

（1）在选取的 7 组 8 度（0.2g）罕遇地震（峰值加速度 400gal）记录、三向输入作用的弹塑性时程分析下，塔楼层间位移角均未超过 1/100，满足规范“大震不倒”的要求。其中：

X 主方向输入，结构平均层间位移角最大值为 1/110（结构第 97 层）；

Y 主方向输入，结构平均层间位移角最大值为 1/115（结构第 97 层）。

此外，基于罕遇地震时程分析比例放大的结构反应谱分析结果显示，X 及 Y 为主方向输入时主体结构最大层间位移角依次为 1/107、1/110，满足规范的要求。

（2）大部分连梁破坏，其受压损伤因子均超过 0.97，说明在罕遇地震作用下，连梁形成了铰机制，符合屈服耗能的抗震工程学概念。

（3）结构大部分剪力墙墙肢混凝土受压损伤因子较小（混凝土应力均未超过峰值强度）。其中，70 层以下的墙体损伤较轻，损伤因子基本小于 0.1，表明大部分墙体混凝土应力远低于其峰值强度。可认为基本处于弹性状态，满足大震的性能目标要求。

（4）结构底部的钢板剪力墙内钢板未出现塑性，保持弹性工作状态。

（5）外框筒巨型钢管混凝土柱钢管仅个别部位出现少量塑性应变，基本保持弹性工作状态，满足大震的性能目标要求。

（6）外框筒巨型斜撑仅个别部位出现少量塑性应变，基本保持弹性工作状态，满足大震的性能目标要求。

（7）外框筒转换桁架没有出现塑性应变，处于弹性状态，满足大震的性能目标要求。

（8）总体而言，由巨柱、巨型支撑和转换桁架形成的结构外框筒整体基本处于弹性状态，满足大震性能目标要求，能够起到抗震二道防线的作用。

主要承重构件大震下性能汇总见表 6.5.3，均满足既定的大震下结构性能目标要求。

主要承重构件大震下性能汇总 **表 6.5.3**

构件分类	大震性能汇总	评价
核心筒墙体	绝大多数位置保持弹性，个别损伤大的位置承载力校核表明满足极限承载力要求抗剪截面满足大震不屈服	满足要求
连梁	大部分连梁进入塑性	满足要求
巨型柱	绝大部分巨型柱处于弹性，顶部区域个别楼层柱出现塑性，但未超出其极限承载力	满足要求
斜撑	绝大部分斜撑处于弹性，顶部区域个别楼层斜撑出现塑性，但未超出其极限承载力	满足要求
转换桁架	弹性	满足要求

综上，通过对北京 CBD 核心区 Z15 地块主塔楼结构进行的 8 度（0.2g）罕遇地震（峰值加速度 400gal）、三向输入并轮换主次方向的动力弹塑性时程计算及分析，塔楼结构能够满足《建筑抗震设计规范》GB 50011—2010 的规定。

7

超高层建筑消能减震技术

7.1 概述

7.1.1 消能减震概念

结构消能减震技术主要指的是在结构的某些部位，如层间空隙、节点连接部分或者连接缝等一些位置安装消能减震装置，或者是将结构的支撑、连接件或非承重剪力墙等一些次要构件设置为能够消能的构件。在地震来临时，这些装置或者构件可以通过摩擦、塑性变形、黏滞液体流动等一些变化，为结构提供较大的阻尼，消耗地震动输入的能量，消减主体结构的地震动反应，从而起到保护主体结构安全的作用。

与传统增大截面抵抗地震作用不同，消能减震技术主要是通过消能减震构件吸收、消耗地震能量减小主体结构地震响应，是建筑物抗震的另一个有力手段。消能减震技术中，安装消能器增加结构阻尼的被动消能减震方法，由于其传受力明确、安装维护方便、制作成本低、适用范围广等特点，受到业内人士的青睐。

7.1.2 消能减震的原理

结构消能减震的实质是在结构中设置消能器，地震时输入结构的能量能率先为消能器吸收，消耗大量的输入结构的地震能量，有效衰减结构的地震反应。消能器在地震中起到结构附加阻尼的作用。

消能减震的原理可以从能量的角度来描述，如图 7.1.1 所示。结构在地震中任意时刻的能量方程为：

传统结构

$$E_{in}=E_v+E_c+E_k+E_h \tag{7.1.1}$$

消能减震结构

$$E'_{in}=E'_v+E'_v+E'_k+E'_h+E_d \tag{7.1.2}$$

式中，E_{in}、E'_{in}为地震过程中输入传统抗震结构、消能减震结构体系的能量；E_v、E'_v为传统抗震结构、消能减震结构体系的动能；E_c、E'_c为传统抗震结构、消能减震结构体系的黏滞阻尼耗能；E_k、E'_k为传统抗震结构、消能减震结构体系的弹性应变能；E_h、E'_h为传统抗震结构、消能减震结构体系的滞回耗能；E_d 为消能器耗散或吸收的能量。

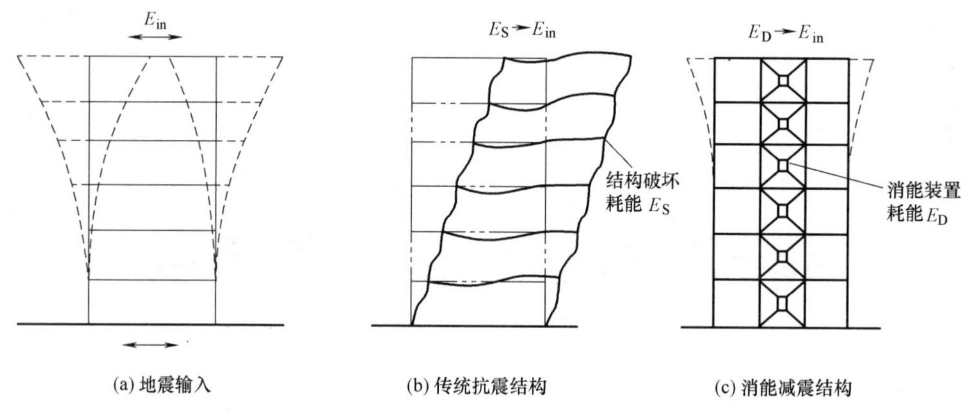

图 7.1.1　消能减震的原理

在上述能量方程式（7.1.1）和式（7.1.2）中，由于 E_v 和 E'_v、E_k 和 E'_k 仅发生能量转化，并不耗散能量，而 E_c 和 E'_c 仅占总能量的很小部分（约 5%），可以忽略不计。因此在传统抗震结构中，主要依靠 E_h 消耗地震能量，即结构构件的弹塑性变形消耗地震能量，构件本身将遭受损伤甚至破坏，结构构件耗能越多，构件损伤就越严重。而在消能减震结构体系，布置在结构中的消能器能在主体结构进入弹塑性变形前率先发挥耗能的作用，大大减小结构的地震反应，从而有效保护主体结构。

7.1.3　消能减震的优越性

消能减震结构体系与传统结构体系相比，具有如下优越性：

1）安全性

传统抗震结构体系实质上是将主体结构（梁、柱、墙）作为消能构件。按照传统抗震设计方法，容许结构构件在地震中出现不同程度的损坏。由于地震的不可预测性，结构在地震中的损坏程度难以控制，特别是出现超过设防烈度的强震时，结构就更难以确保安全。

消能结构由于设有非承重消能构件，他们具有较大的耗能能力，在强震中率先耗能，消耗输入结构的地震能量，衰减结构的地震反应，保护主体结构免遭损坏，从而确保结构在强震中的安全性。

国内外耗能减震结构的振动台试验表明，消能减震结构与传统抗震结构相比，地震反应减少 40%～60%。

2）经济性

传统抗震结构体系采用“硬抗”地震的方法，通过加强结构、加大构件断面，加多配筋等途径提高结构的抗震性能，使结构的造价明显提高。

消能减震结构体系是通过“柔性耗能”来减少结构的地震反应，可以减小构件截面、减少构件配筋，而其抗震性能反而提高了。工程经验表明，消能减震结构体系与传统抗震结构体系相比，可节约造价 5%～10%。若用于已有结构的改造加固，可节省造价更加可观。

7.2 超高层建筑消能减震方案

7.2.1 框架结构消能减震方案

框架结构主要依靠梁柱的抗弯抵抗水平地震作用，结构刚度相对较弱。在高烈度区，纯框架结构设计往往由层间位移角控制，特别是在抗震设防烈度为 8 度及 8 度以上地区，4 层以上的框架结构为了满足现行规范层间位移角的要求，需要足够大的柱截面和足够高的梁截面，以提高框架的水平刚度，经济性差。

解决此问题有以下几种途径：

第一种途径是在框架结构中设置混凝土剪力墙，形成框剪结构，但多数情况下，往往受建筑功能的限制，混凝土剪力墙的布置位置非常有限，往往形成少墙框架结构，剪力墙吸收了大部分的水平地震作用，剪力墙配筋的设计变得异常困难。

第二种途径是在框架结构中设置钢支撑，此方法可以解决框架结构层间位移起控制的问题。但在《建筑抗震设计规范》GB 50011—2010 附录 G 中规定，混凝土框架部分承担的地震作用，应按框架结构和支撑框架结构两种模型计算，并宜取二者的较大值。因此，当对于框架结构超筋的问题，此方法无效。

第三种途径是采用消能减震的方法。即在框架结构中设置一些消能元件，在地震中消能元件率先进入耗能，形成消能框架结构，往往能收到比较好的经济效果。工程应用中主要有以下三种消能减震方案。

1）框架结构＋消能支撑结构体系

框架结构＋屈曲约束支撑体系即在框架结构的适当位置布置屈曲约束支撑，提高结构的刚度，同时能减少结构的配筋，图 7.2.1 为某工程框架＋屈曲约束支撑体系。

框架结构＋屈曲约束支撑体系一般在多遇地震和风荷载作用工况下屈曲约束支撑保持弹性，在设防地震、大震情况下进入屈服耗能，可以提高结构中、大震下抵御地震的能力。

图 7.2.1 某工程框架＋屈曲约束支撑体系

2）框架结构＋消能墙体系

框架结构＋消能墙体系即在框架结构的适当位置布置消能墙，在地震荷载作用下，消能墙体通过耗能吸收地震能量，减少结构的地震反应。

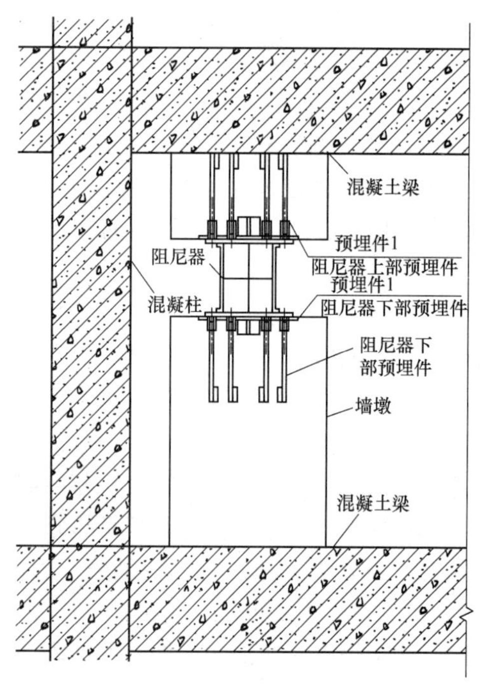

图 7.2.2　软钢阻尼墙示意图

消能墙的形式很多，大致有以下几种：

（1）金属软钢阻尼墙

金属软钢阻尼墙作为建筑减震阻尼器因为其构造简单、性能稳定、价格低廉被广泛应用。金属软钢阻尼墙一般设置于混凝土框架结构中，阻尼墙本身不承担竖向荷载，仅在水平荷载作用下发生作用。典型的软钢阻尼墙由墙墩以及金属剪切型阻尼器组成（图 7.2.2）。

软钢阻尼墙中的混凝土墙墩在所有的工作状态中均保持弹性，仅起力的传递作用。墙墩上部的金属剪切型阻尼器，在地震作用下屈服耗能。

（2）套筒式黏滞阻尼器＋普通墙体阻尼墙

套筒式黏滞阻尼器＋普通墙体阻尼墙（图 7.2.3、图 7.2.4）通常将黏滞阻尼器的一端跟设置在框架中的钢支撑或墙墩的顶部相连，另一端跟楼层顶的梁相连。当框架发生层间剪切变形时，黏滞阻尼器两端就会发生相对运动，提供阻尼力，消耗地震能量。

图 7.2.3　黏滞阻尼墙形式一

图 7.2.4　黏滞阻尼墙形式二

（3）黏滞阻尼墙

典型的黏滞阻尼墙由三块钢板和高黏滞材料组成，如图 7.2.5 所示。内钢板固定在上层楼面，两块外钢板固定在下层楼面，内钢板和外钢板之间填充高黏滞阻尼材料。实际工程中，往往在阻尼墙外部设钢筋混凝土或防火材料的保护墙。当结构在风或地震作用时，上下楼面的运动速度不同，导致内钢板和外钢板相对速度、内外钢板之间的速度梯度使黏滞材料产生阻尼，从而使结构的阻尼增大，降低了结构的运动反应。

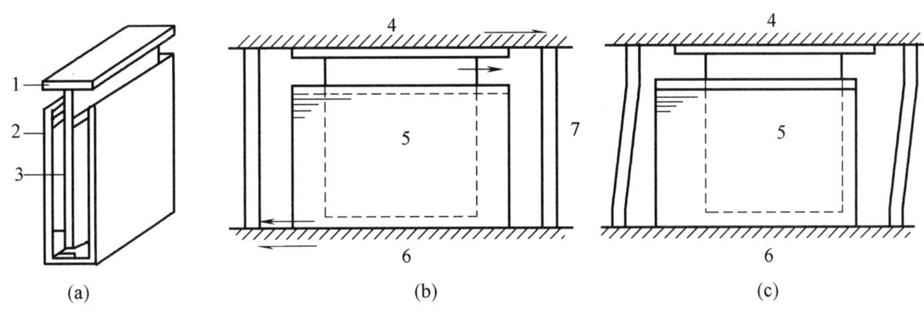

图 7.2.5 黏滞阻尼墙的构造及减震原理

1—内钢板；2—外钢板；3—黏滞材料；4—上部楼层；

5—黏滞阻尼墙；6—下部楼层；7—柱

7.2.2 剪力墙结构消能减震方案

传统的联肢剪力墙抗震结构中，连梁常被设计为第一道防线，即先于墙肢屈服以保护主体结构免于受损，因此地震中剪力墙连梁常发生剪切破坏，不易修复。考虑到连梁在地震作用中的受力特点为跨中弯矩最小，剪力均布，故可将连梁跨中切断，布设剪切型耗能阻尼器。这样可以使连梁在地震作用下的变形集中在阻尼器位置，利用阻尼器屈服后的塑性消耗大量能量，保护墙肢和耗能连梁混凝土部分不产生较大破坏，见图 7.2.6。

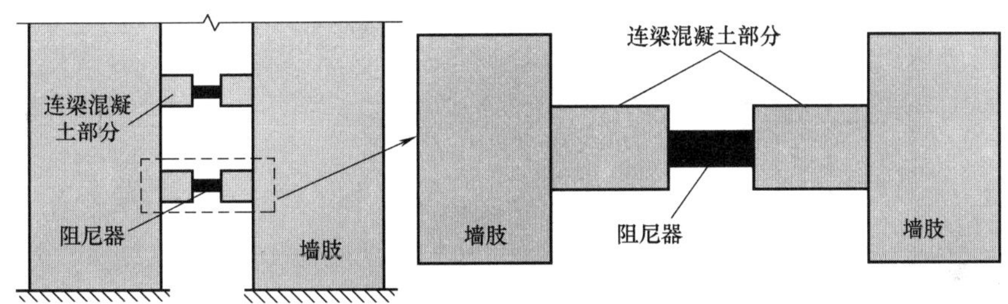

图 7.2.6 阻尼器位置图

由于连梁刚度对双肢剪力墙的抗侧刚度有一定的影响，故欲保证安装阻尼器后双肢剪力墙的抗侧刚度，则应保证安装阻尼器后的连梁在剪切作用下初始刚度不致有过大削弱。而在竖向荷载作用下，即正常使用情况下，一般来说连梁跨中弯矩最大，同样要保证此类工况下连梁刚度不致有过大削弱，以免挠度过大；或设计结构竖向荷载传力路径时，尽量避开剪力墙连梁。

阻尼器的设置也要达到控制结构破坏模式的目的，应使阻尼器先于连梁端部屈服并先于墙肢底部屈服。同时，也要保证阻尼器屈服在风振等常见非灾害侧向作用下保持弹性。

另外，要保证阻尼器在地震中能够充分耗能，仍应保证阻尼器屈服后其变形占连梁总变形的绝大部分，且大震作用下阻尼器不破坏，即大震下阻尼器两端相对位移不大于阻尼器的极限位移。

7.2.3 带伸臂桁架超高层结构消能减震方案

在风荷载作用下，超高层结构设置加强层是一种减少结构水平位移的有效方法；但在地震作用下，加强层的设置将会引起结构刚度、内力突变并易形成薄弱层，结构的损坏机理难以呈现“强柱弱梁”和“强剪弱弯”的延性屈服机制。因此，对于加强层的刚度既希望它“足够刚”，提供足够的抗侧刚度，同时又希望它“不要太刚”。

带伸臂桁架超高层结构的消能减震方案主要有以下两种：

1）伸臂桁架斜腹杆采用屈曲约束支撑方案

伸臂桁架斜腹杆采用普通钢支撑时，为保证支撑面内、面外稳定，支撑截面往往较大，相对刚度也大。改用屈曲约束支撑作为伸臂桁架斜腹杆，不存在支撑拉压失稳问题，支撑截面和刚度指标易控制，从而形成“有限刚度”的加强层，能有效减小结构刚度和内力的突变，使其在罕遇地震作用下呈现延性屈服机制。防屈曲支撑兼具普通钢支撑和金属耗能阻尼器的双重功能。在常遇地震作用下处于线弹性变形范围，作用与普通钢支撑相似；而在罕遇地震作用下拉压性能稳定，会率先屈服吸收地震能量，提高结构的抗震性能，因此近年来被广泛应用于各种实际工程中，如银泰中心、天津现代城、三星大厦、长沙世茂中心等，图 7.2.7 为某工程伸臂桁架层设屈曲约束支撑。

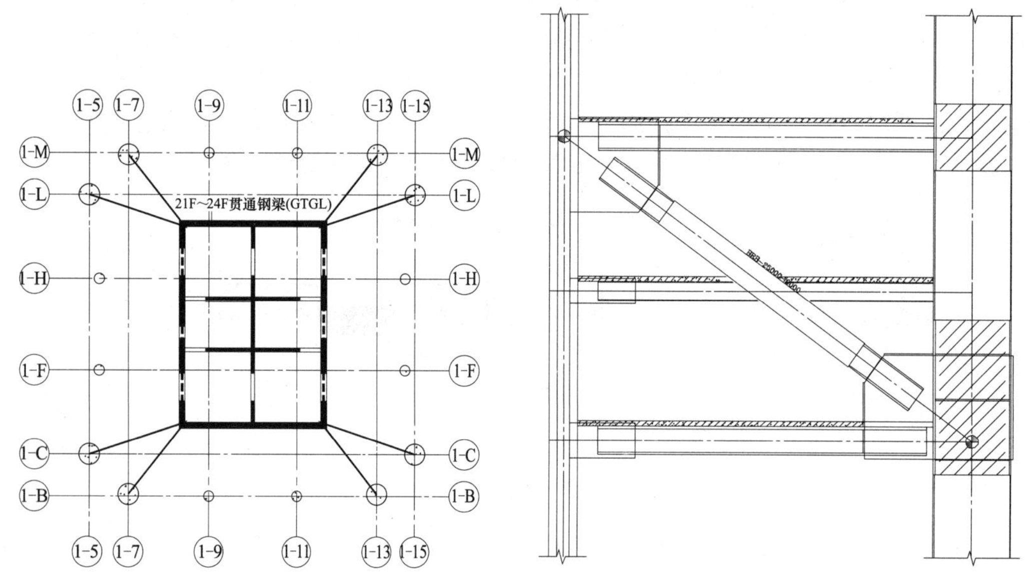

图 7.2.7　某工程伸臂桁架层设屈曲约束支撑

2）伸臂桁架与外框柱之间设置剪切型阻尼器或黏滞阻尼器方案

该方案将刚度较大的实体伸臂与外围框架柱断开，将金属剪切型阻尼器或黏滞阻尼器竖向布置在伸臂和外框架柱的交接处，利用核心筒的弯曲变形和外框架的剪切变形之间较大的竖向变形差，使剪切型阻尼器或黏滞阻尼器获得较大的输出位移，提高了阻尼器的耗能能力。其位移放大效果与伸臂的长度和楼层层间高度的比值成正比关系，图 7.2.8 为伸臂桁架与外框柱之间设置黏滞阻尼器，图 7.2.9 为伸臂桁架与外框柱之间设置剪切型阻尼器。

7.2.4　工程案例

1）北京银泰中心

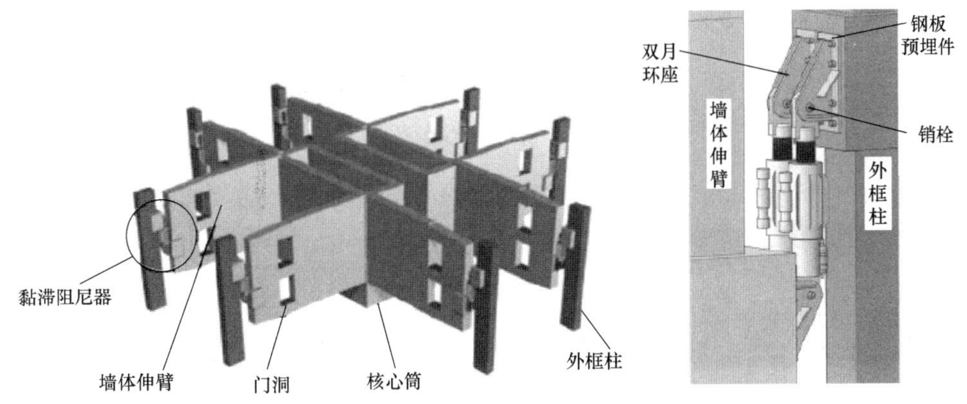

图 7.2.8 伸臂桁架与外框柱之间设置黏滞阻尼器

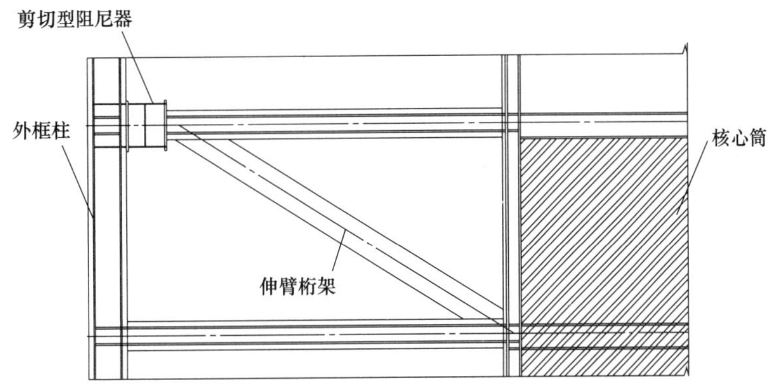

图 7.2.9 伸臂桁架与外框柱之间设置剪切型阻尼器

北京银泰中心工程钢结构主楼为框架筒中筒结构，共有四个设备层，分别在 17 层、33 层、46 层和 55 层，层高分别为 4m、4.6m、4m 和 4.4m。为改善结构楼层的相对刚度和整体刚度，在 17 层、33 层和 46 层设置了贯通内、外筒的伸臂桁架以形成加强层。

加强层中伸臂桁架的平面布置如图 7.2.10 所示。钢结构主楼内、外框筒之间的柱距为 12.25m ，支撑长度约 7.5m。对于普通钢支撑，为保证局部稳定和平面外稳定，支撑截面会较大，相对刚度也随之增大。工程采用屈曲约束支撑代替伸臂桁架中杆件长度比较大的钢支撑，解决了构件的局部稳定和平面外稳定问题。试件的试验结果表明，所采用的屈曲约束支撑能够满足结构的使用要求，在疲劳荷载作用下滞回曲线饱满，性能稳定。通过 Pushover 分析，证实设置了屈曲约束支撑后，结构抗震性能得到了改善。

2）长沙世茂广场项目办公塔楼

长沙世茂广场（图 7.2.11）项目由办公塔楼、商业裙房和地下室组成，总建筑面积约 22.9 万 m^2。办公塔楼地上 75 层，主屋面处结构高度 335.3m，屋面构件结构高度 348.3m。商业裙房地上 5 层，地下室共 4 层。结构体系为钢管混凝土框架-钢筋混凝土核心筒-屈曲约束支撑伸臂桁架混合结构，基础为筏形基础。外轮廓结构尺寸 48m×48m，底层核心筒尺寸 28m×21m。塔楼为超 B 级高度的高层建筑。该系统由以下三部分组成：

第一部分：钢筋混凝土核心筒。其中伸臂桁架层与伸臂桁架斜腹杆相连的外墙中预埋型钢梁和型钢暗柱。

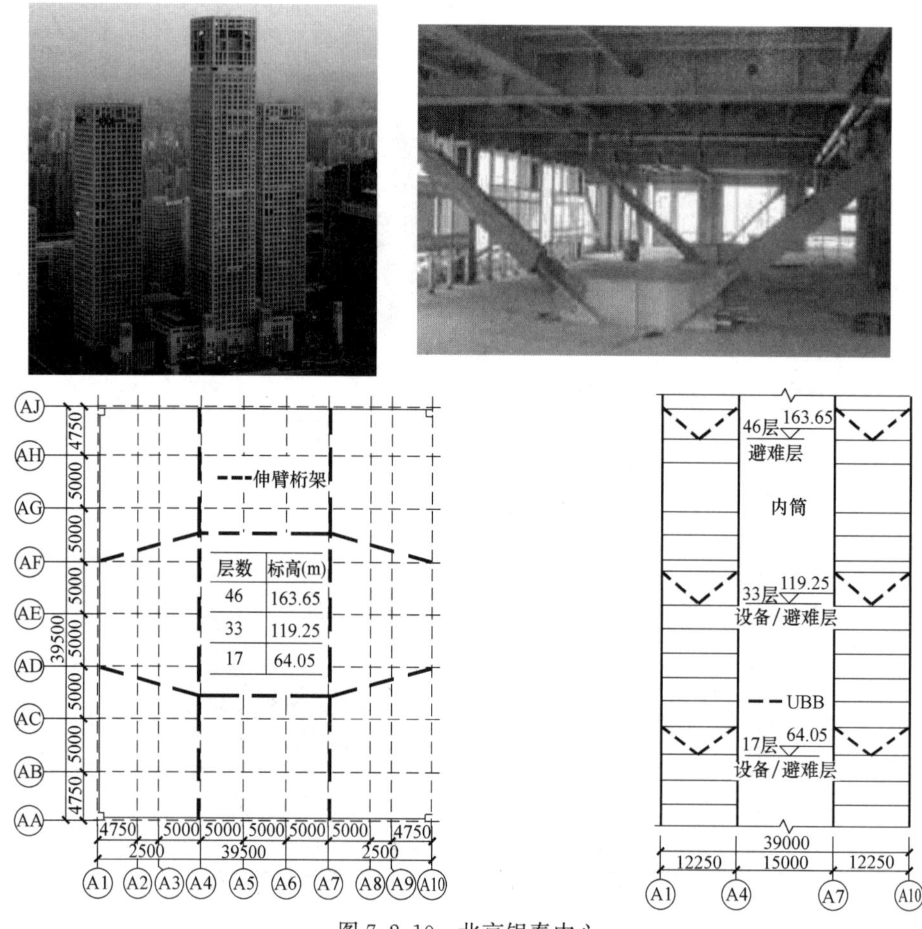

图 7.2.10　北京银泰中心

第二部分：钢管混凝土和钢框架梁组成外框架体系。其中角部 8 根钢管混凝土巨型柱，外周中部八根普通钢管混凝土柱。外框柱与核心筒相连的钢框架梁为刚接，其余分布梁均为铰接。

第三部分：伸臂桁架。利用 F22 层、F38 层、F52 层三个避难层角部分设 X、Y 方向跨越 2 层高的伸臂桁架。两个方向的伸臂桁架斜腹杆上下交错开设置，X 方向伸臂斜腹杆设置于 21～22 层、37～38 层、51～52 层共 3 道，Y 方向伸臂斜腹杆设置于 22～23 层、52～53 层共 2 道。

结构的主要控制指标为变形和刚重比要求。出于提高结构整体抗侧刚度的考虑，伸臂桁架斜腹杆刚度占加强层整体抗侧刚度的比例较大。为避免斜腹杆在混凝土徐变和大地震等不利荷载共同作用下，部分伸臂桁架受压失稳造成整体结构刚度丧失，伸臂桁架斜腹杆使用屈曲约束支撑。该项目共使用 20 根屈曲约束支撑，支撑最大屈服承载力为 35000kN，最大长度 9m。

该项目的伸臂桁架长度超长，使用普通钢支撑作为伸臂桁架斜腹杆设计不易通过。使用屈曲约束支撑作为伸臂桁架斜腹杆，有效增大了结构伸臂桁架斜撑的承载力安全储备，确保大震下伸臂桁架不失效，避免因为受压斜撑失稳后造成地震中结构刚度突变，伸臂桁架层的抗震延性得到了提高。

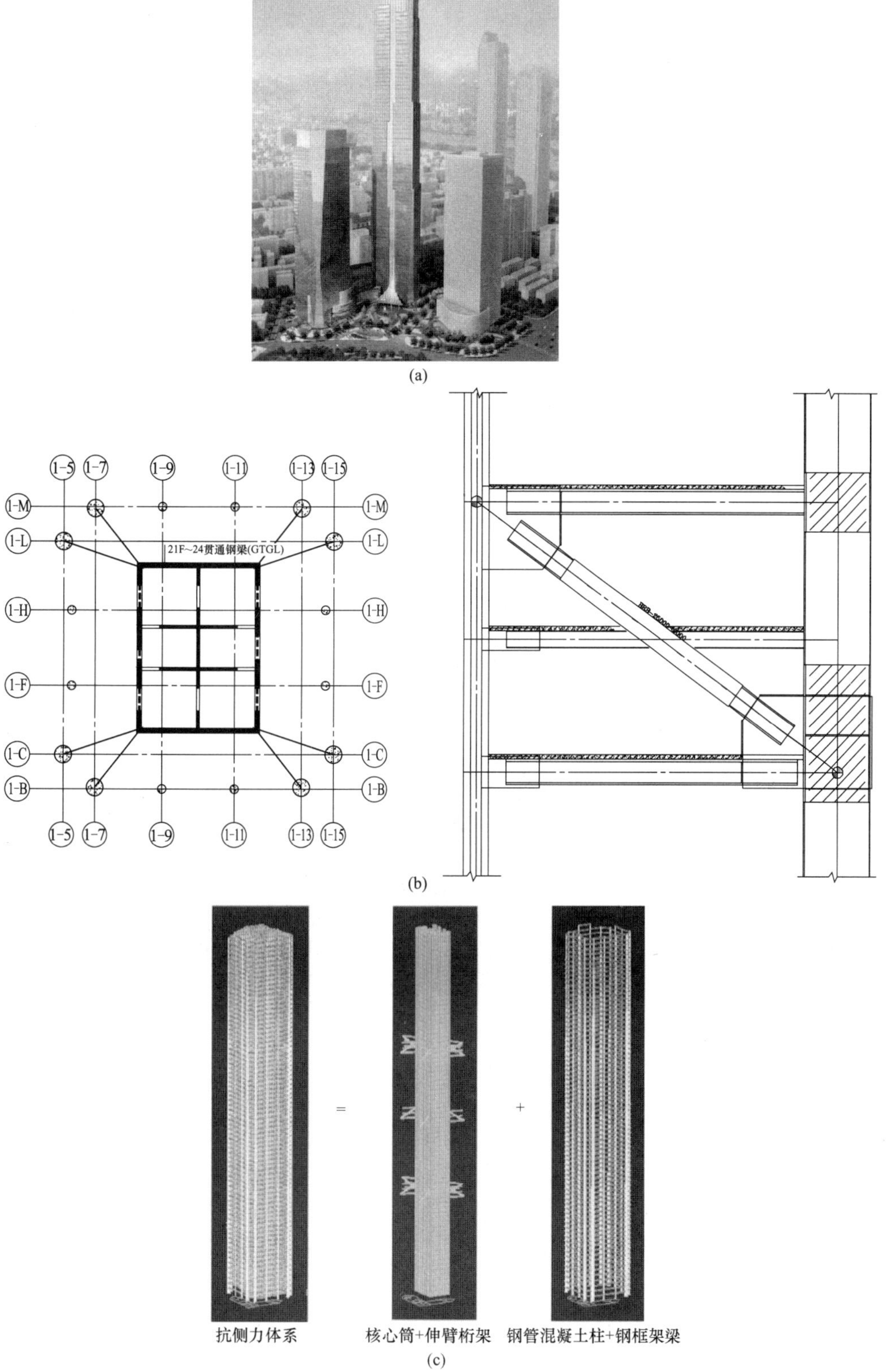

图 7.2.11　长沙世茂广场

3）菲律宾马尼拉双塔

菲律宾马尼拉（Saint Francis Shangri-la）双塔（图 7.2.12），每个塔楼高 210m 且设有一道伸臂桁架。设计人员将刚度较大的实体伸臂与外围框架柱断开，将黏滞阻尼器竖向布置在伸臂和外框架柱的交接处，利用核心筒的弯曲变形和外框架的剪切变形之间较大的竖向变形差，使黏滞阻尼器获得较大的输出位移，提高了阻尼器的耗能能力，其位移放大效果与伸臂的长度和楼层层间高度的比值成正比关系。分析表明，为数不多的 16 个黏滞阻尼器，耗能效率较高，对结构的风振控制效果很好。

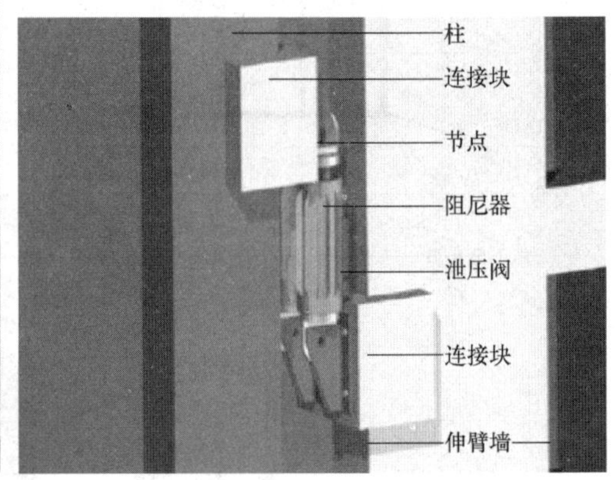

图 7.2.12　马尼拉双塔

4）北京 CBD 核心区 Z15 地块中国尊

中国尊为朝阳区 CBD 核心区 Z15 地块发展项目（图 7.2.13）。该结构抗震设防类别为乙类，设防烈度 8 度（0.20g），设计地震分组第一组，场地类别为Ⅱ、Ⅲ类间，场地特征周期为 0.40s。由于地震作用下连梁损伤严重，该项目中连梁设置为双连梁。其中靠下的连梁为阻尼器连梁，具有较大的变形延性，作为连梁损伤后的第二道防线。

5）唐山万科金域华府项目

合计 4 栋高层剪力墙住宅，建筑面积 12 万 m^2，在大连成功建造首个国家级地震安全示范社区以后，唐山万科集团借鉴大连模式的成功经验，开发了河北省首个地震安全社区金域华府项目。该项目结构原设防烈度为 8 度，采用钢滞变阻尼器-组合连梁耗能减震技术以后，成功将结构设防烈度提高到 8.5 度（图 7.2.14）。

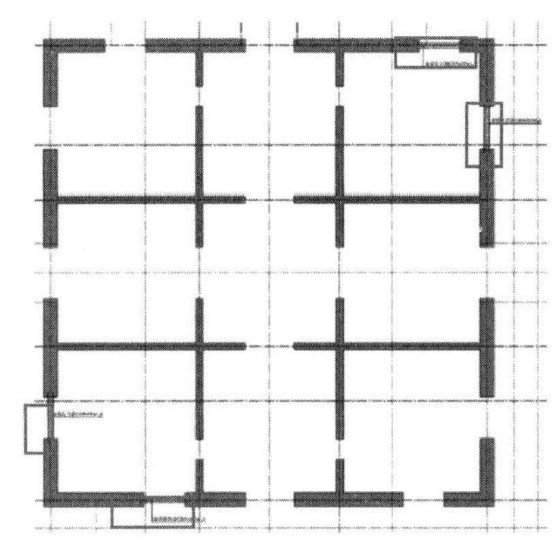

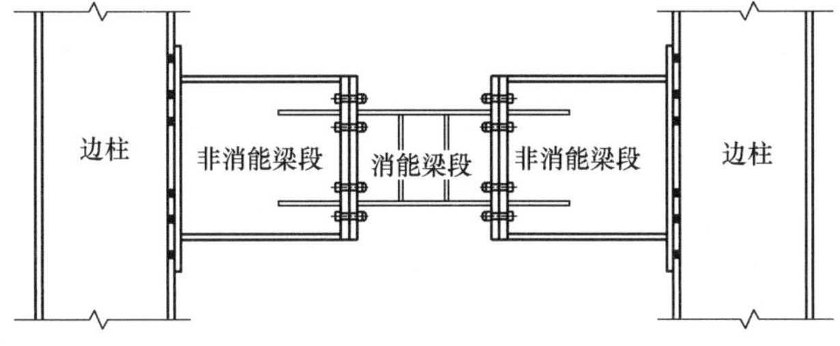

连梁阻尼器连接示意图

图 7.2.13　中国尊

图 7.2.14　万科金域华府

7.3　消能减震产品

消能器又称为阻尼器，其核心在于耗散能量，根据消能器工作原理的不同，可以分为位移相关型消能器和速度相关型消能器。位移相关型消能器主要有：金属屈服型消能器、摩擦消能器；速度相关型消能器主要有：黏滞消能器和黏弹性消能器。

7.3.1　位移相关型消能器

1）金属消能器

金属消能器主要通过金属材料发生塑性屈服来吸收和消耗能量。金属消能器的滞回表现为金属材料的滞回特性，其滞回曲线一般为矩形或为屈服后有一定刚度的平行四边形。常用的恢复力模型为双线性模型（图 7.3.1）。

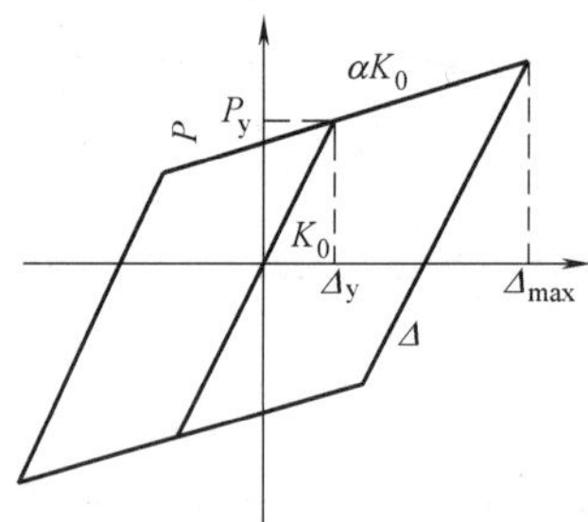

图 7.3.1　双向性模型阻尼力-位移骨架曲线

$$K_s=\begin{cases}K_0, F_d=K_0 x & \text{屈服前}\\ K_1, F_d=F_y+K_1(x-x_y) & \text{屈服后}\end{cases} \tag{7.3.1}$$

式中，K_0 为金属的屈服前刚度；K_1 为金属的屈服后刚度；x 为金属消能器两端相对位移。

金属消能器主要有三种：屈曲约束支撑、剪切型阻尼器，弯曲型阻尼器（图 7.3.2）。

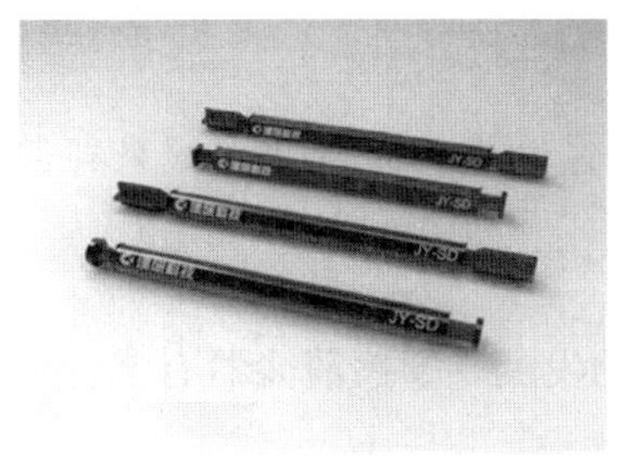
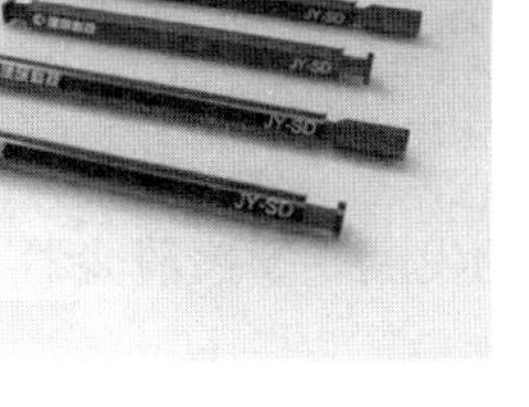
(a) 屈曲约束支撑

(b) 剪切型阻尼器

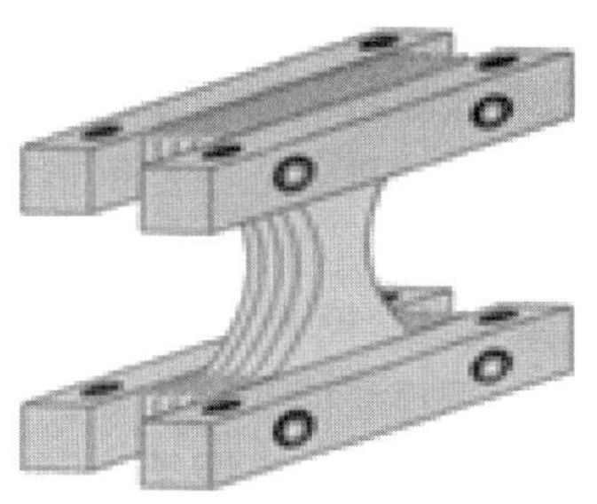
(c) 弯曲型阻尼器

图 7.3.2 金属消能器

屈曲约束支撑由芯材、无粘结填充材料、约束外套筒组成（图 7.3.3、图 7.3.4）。屈曲约束支撑仅芯板与其他构件连接，所受的全部荷载由芯板承担，约束外套筒和无粘结填充材料仅约束芯板受压屈曲，使得芯板在受拉和受压下均能进入屈服，因而其滞回性能优良（图 7.3.5）。

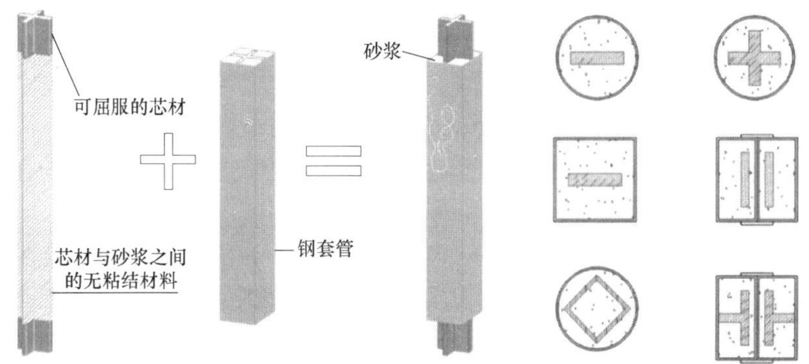

图 7.3.3 屈曲约束支撑技术原理

图 7.3.4 屈曲约束支撑构造形式

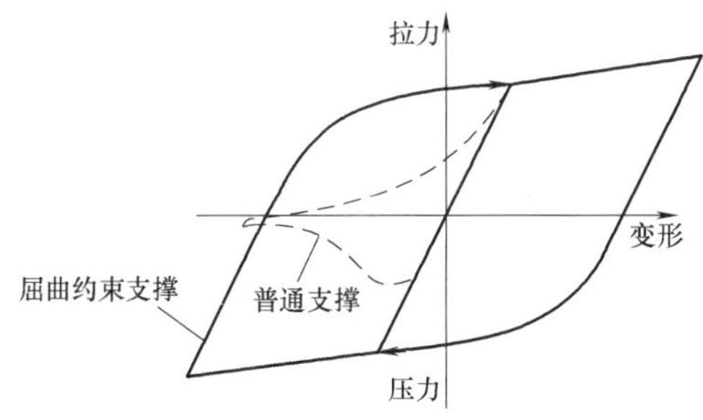

图 7.3.5 屈曲约束支撑和传统中心支撑的性能对比

剪切型阻尼器通过腹板剪切变形消耗能量，为了防止腹板承受剪力时发生屈曲失稳，设置腹板防屈曲构造，保证材料屈服耗能。

弯曲型阻尼器是由多块相同形状的钢板叠合而成，通过钢板侧向弯曲屈服来耗散能量。

2）摩擦消能器

摩擦消能器的发展始于 20 世纪 70 年代末，随着技术的发展，摩擦消能器有多种形式，起滑力也不限于固定。常见的摩擦消能器有：普通摩擦消能器、Pall 摩擦消能器、向心式变摩擦消能器、T 形芯板摩擦消能器等。

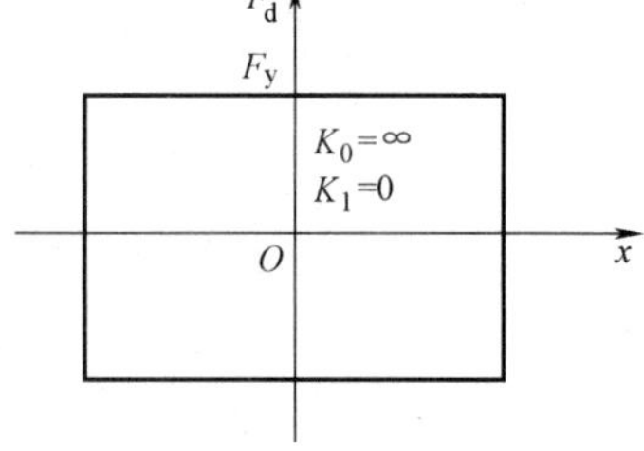

图 7.3.6　刚塑性阻尼力-位移骨架曲线

对于常规摩擦消能器在工作时分为不滑移和滑移两种状态，在反复循环加载下消能器的滞回曲线为矩形。按照库仑模型假定，摩擦消能器的摩擦接触体相对滑移速度较 h，总滑动摩擦力的大小只与接触表面情况和施加在接触面上的力大小有关。因此，摩擦力可由刚塑性模型（阻尼力-位移骨架曲线见图 7.3.6）计算：

$$\begin{cases} K_s = K_0 = \infty & \text{起滑前} \\ K_s = K_1 = 0, F_d = -\mu N \operatorname{sgn}(x) & \text{起滑后} \end{cases} \tag{7.3.2}$$

式中，F_d 为消能器输出力；N 为法向压力，对于新型的摩擦消能器，法向压力随变形改变；μ 为摩擦系数；x 为消能器两端的相对位移。

Pall 摩擦消能器（图 7.3.7）是 1982 年 Pall 和 Marsh 研究的一种安装在 X 形支撑中央的双向摩擦器。该消能器中支撑的两根柔性交叉斜杆在中心节点处各自都断开，并采用夹摩擦耗能材料的滑动连结的构造做法，同时交叉杆中心处又用四根连接杆连成一个铰接方框。这种变形方式使得支撑在受压时不会发生失稳屈曲；在反向变形时，受压杆将直接变成受拉杆，不需要恢复屈曲变形后再使摩擦器起滑。

普通摩擦消能器的核心部件如图 7.3.8 所示，通过开有狭长槽孔的中间钢板相对于上

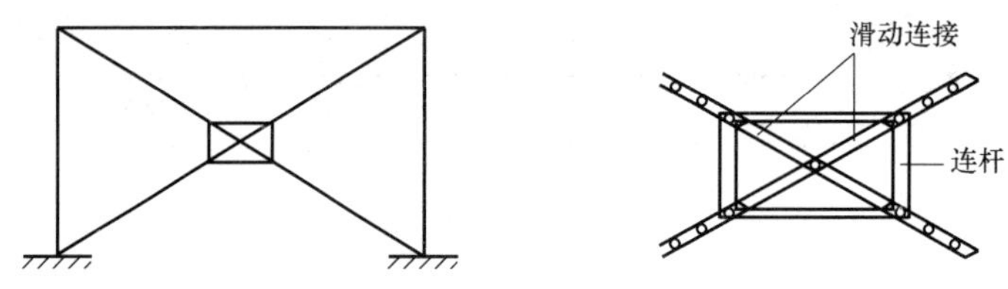

图 7.3.7　Pall 摩擦消能器

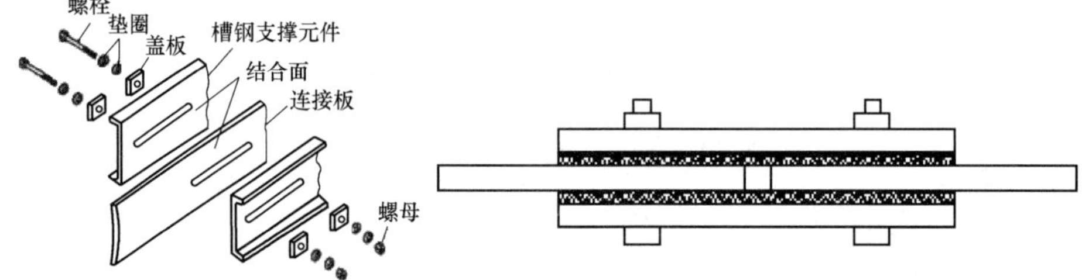

图 7.3.8　普通摩擦消能器构造图

下两块铜垫板的摩擦运动耗能，调整螺栓的紧固力可改变滑动摩擦力的大小。滑动摩擦力与螺栓的紧固力成正比，另外，钢与铜接触面之间的最大静摩擦力与滑动摩擦力差别小，滑动摩擦力的衰减也不大，保证摩擦耗能系统工作的稳定性。

7.3.2 速度相关型消能器

速度相关型消能器主要有：黏滞消能器和黏弹性消能器

1）黏滞消能器

黏滞消能器的应力-应变关系与消能器的构造形式有很大关系，并且随不同研究人员研究方法不同而不同。不同研究者普遍认为黏滞消能器的阻尼力主要受速度的影响。常用的计算模型为 Maxwell 模型，将消能器模拟成一个弹性元件和阻尼元件相串联的情况（图 7.3.9）。黏滞消能器阻尼力按下式计算：

$$F_{\mathrm{d}}=c_{\mathrm{d}}V^{m} \tag{7.3.3}$$

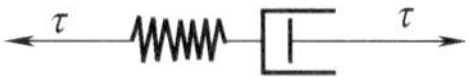

图 7.3.9 Maxwell 模型

式中，F_{d} 为黏滞消能器的阻尼力；V 为活塞的运动速度；c_{d} 为与液压缸直径、活塞直径、导杆直径和流体黏度等参数有关的常数；m 为速度指数，线性黏滞消能器速度指数为 1，非线性黏滞消能器速度指数通常在 0.2～1 之间。

按黏滞消能器构造形式的不同可分为液缸式黏滞消能器（图 7.3.10）、黏滞阻尼墙（图 7.3.11）、三向黏滞消能器（图 7.3.12）和组合式消能器。黏滞消能器中常用的黏滞液体主要有甲基硅油、硅基胶和液压油。液缸式消能器的研究和生产技术相对成熟，工程运用较为广泛。

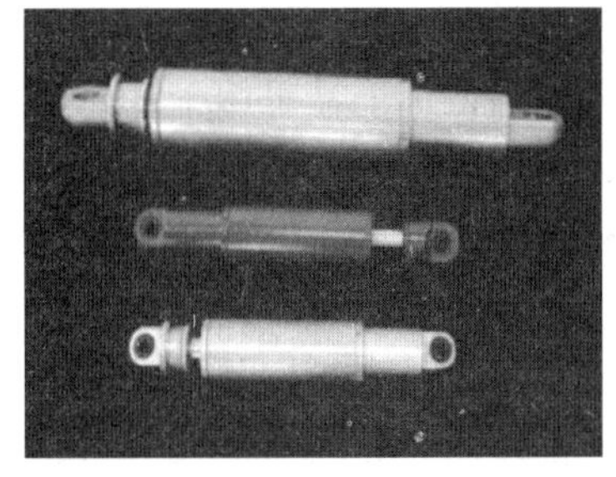

图 7.3.10 液缸式黏滞消能器

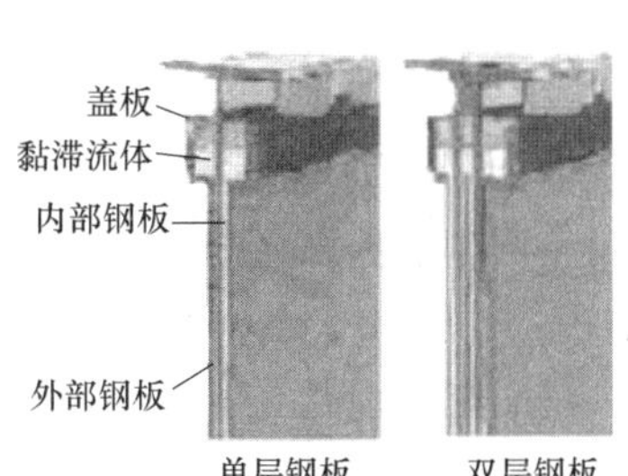

图 7.3.11 黏滞阻尼墙

图 7.3.12 三向黏滞消能器

液缸式黏滞消能器的结构构造主要沿用机械液缸的结构，其外缸及活塞尺寸已经形成系列化。根据构造的不同，可以分为单出杆流体消能器、双出杆流体消能器和液压缸间隙式流体消能器。液缸式消能器一般由缸体、导杆、活塞、阻尼孔和黏滞流体阻尼材料等部分组成（图 7.3.13）。活塞在缸体内做往复运动，缸体内装满阻尼流体，活塞上有小孔成为阻尼孔。当活塞与缸体壁发生相对运动时，活塞的前后压差使阻尼流体从阻尼孔中流过，产生阻尼力。

黏滞消能器在美国、法国、日本已经有很多系统性的研究，并形成了产业化生产。我国相应的研究起步较晚，2001 年叶正强、李爱群等研制了双出杆型黏滞流体消能器，该消能器阻尼力与活塞的运动速度近似呈线性关系。

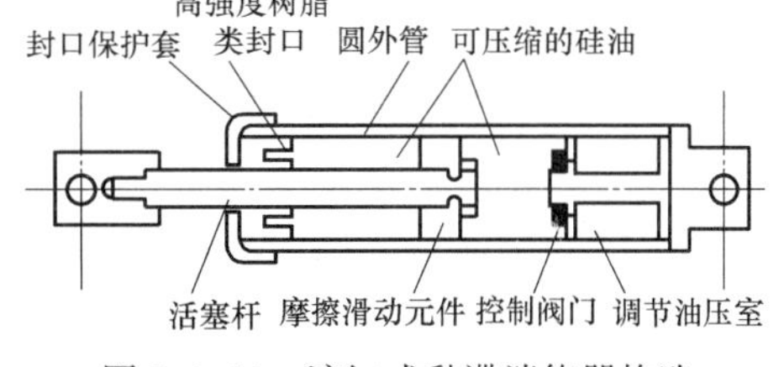

图 7.3.13 液缸式黏滞消能器构造

2）黏弹性消能器

黏弹性消能器通过黏弹性材料的滞回特性来消耗地震能量。它的主要优点是，同时提供阻尼和刚度，没有明显的工作限制范围，对大震小震都能起到耗能作用。消能器的阻尼力通常与速度成比例或成幂次方关系，与位移成正比例或近似正比例的关系。

黏弹性消能器（图 7.3.14）通常由黏弹性材料和钢板等约束材料组成。黏弹性消能器通常是将黏弹性材料通过硫化的方法与钢板结合在一起。钢板等约束材料起到提高材料的弹性模量、变形能力和减小温度影响的作用。黏弹性材料一般为甲基硅油、硅基胶和液压油等一些共聚物或玻璃状物质。按照受力性能分，消能器可以分为拉压型和剪切型消能器，较为常用的是剪切型消能器。

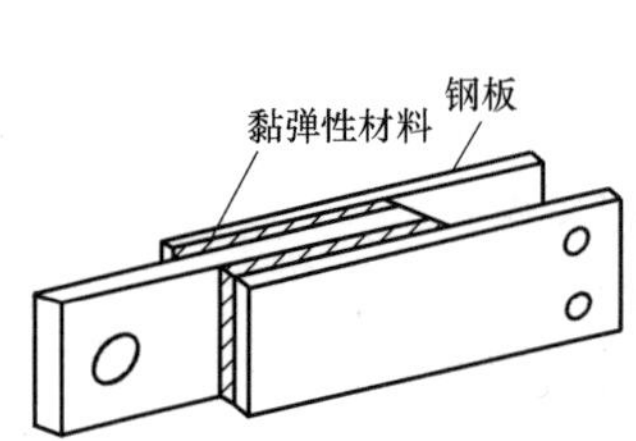

图 7.3.14　黏弹性消能器

7.3.3　消能器检测要求

（1）对黏滞流体消能器，由第三方进行出厂检验，其数量为同一工程同一类型同一规格数量的 20%，但至少不少于 2 个，检测合格率为 100%，检测后的消能器可用于主体结构；对其他类型消能器，抽检数量为同一类型同一规格数量的 3%，当同一类型同一规格的消能器数量较少时，可以在同一类型消能器中抽检总数量的 3%，但不应少于 2 个，检测合格率为 100%，检测后的消能器不能用于主体结构。

（2）对速度相关型消能器，在消能器设计位移和设计速度幅值下，以结构基本频率往复循环 30 圈后，消能器的主要设计指标误差和衰减量不应超过 15%；对位移相关型消能器，在消能器设计位移幅值下往复循环 30 圈后，消能器的主要设计指标误差和衰减量不应超过 15%，且不应有明显的低周疲劳现象。

7.4　超高层建筑消能减震设计方法

7.4.1　一般规定

消能部件可根据需要沿结构的两个主轴方向分别设置。消能部件宜设置在变形较大的位置，其数量和分布应通过综合分析合理确定，并有利于提高整个结构的消能减震能力，形成均匀合理的受力体系。

各类建筑消能减震结构的地震作用效应计算，应采用下列方法：

（1）建筑消能减震结构的地震作用效应计算应包括两个阶段：多遇地震作用下的内力计算和罕遇地震下的变形验算。

（2）当主体结构基本处于弹性工作阶段时，可采用线性分析方法作简化估算，并根据结构的变形特征和高度等，采用底部剪力法、振型分解反应谱法和时程分析法。消能减震结构的地震影响系数可根据消能减震结构的总阻尼比按《建筑抗震设计规范》GB 50011—2010 的规定采用。

消能减震结构的自振周期应根据消能减震结构的总刚度确定，总刚度应为结构刚度和消能部件有效刚度的总和。

消能减震结构的总阻尼比应为结构阻尼比和消能部件附加给结构的有效阻尼比的总和；多遇地震和罕遇地震下的总阻尼比应分别计算。

（3）对主体结构进入弹塑性阶段的情况，应根据主体结构体系特征，采用静力非线性分析方法或非线性时程分析方法。

在非线性分析中，消能减震结构的恢复力模型应包括结构恢复力模型和消能部件的恢复力模型。

（4）消能减震结构的层间弹塑性位移角限值，应符合预期的变形控制要求，宜比非消能减震结构适当减小。

消能减震结构的地震作用及地震作用效应的计算同《建筑抗震设计规范》GB 50011—2010 中对普通结构的规定。

7.4.2 阻尼比计算

在多遇地震作用下，消能减震结构主体处于弹性状态，消能器滞回耗能可提供附加阻尼。《建筑抗震设计规范》GB 50011—2010 给出了不同阻尼比下的反应谱曲线，根据大阻尼反应谱可以计算消能减震结构地震响应。其中，确定消能器附加阻尼比是消能减震结构设计中的关键。

计算消能器附加阻尼比主要有三种方法，可根据实际情况选用。

1）规范方法

我国抗震规范和美国 NEHRP 抗震设计规范（FEMA450、ATC-33）提出的是基于变形能的附加阻尼比计算方法（以下简称规范方法）。

规范方法计算附加阻尼比公式如下：

$$\xi_a = \sum_j W_{cj} / (4\pi W_s) \tag{7.4.1}$$

式中，W_{cj} 为 j 消能器在预期位移下往复循环一周消耗的能量；W_s 为消能结构在预期位移下的总应变能。

相关研究表明，在附加阻尼比不大的情况下规范方法与复模态方法等精确计算方法相比计算误差很小，在精度上满足工程设计的需求。但在实际计算过程中，规范方法存在下述两个方面的困难：

（1）迭代计算消能减震结构的预期位移。上式中计算附加阻尼比须先求得结构变形，而结构变形大小受附加阻尼比值的影响，通常需要采用多次迭代确定消能结构的变形和附加阻尼比。

（2）估计消能器的实际变形。对于通常框架结构，消能器的变形与结构变形成正比，可以根据结构楼层变形估计该层消能器的变形。框架剪力墙结构（弯剪型变形结构）中，随楼层数增加，非受力层间位移角占层间位移角的比例增加。这部分由于下部楼层变形引起的非受力层间位移角，会产生上部楼层层间位移却不会引起消能器变形。因此，弯剪型结构中消能器的实际变形并不容易根据结构层间位移得出。

2）减震系数法

类比隔震结构设计方法，分别计算消能减震结构和非消能减震结构的地震层剪力，取各层剪力比值的最大值作为减震系数。得到消能结构减震水平地震影响系数之后，根据规范反应谱，代入结构基本自振周期反算消能减震结构总阻尼比。但由于按照减震系数折减的反应谱曲线和按照附加阻尼比折减的反应谱曲线存在较大差别，使用此法反算得到的阻尼比进行结构计算可能存在较大偏差。

3）自由振动衰减法

对于带黏滞阻尼的单自由度体系，根据自由振动衰减理论，相邻 m 个周期振幅与阻尼比的关系符合式（7.4.2），在阻尼比不大的情况下可以近似采用式（7.4.4）计算（阻尼比为 0.2 时，误差为 2%）。

$$\xi=\frac{\delta_{\mathrm{m}}}{2\pi m(\omega/\omega_{\mathrm{D}})} \tag{7.4.2}$$

$$\delta_{\mathrm{m}}=\ln(s_{\mathrm{n}}/s_{\mathrm{n+m}}) \tag{7.4.3}$$

由 $\omega_{\mathrm{D}}=\omega\sqrt{1-\xi^2}\approx\omega$

$$\xi=\frac{\delta_{\mathrm{m}}}{2\pi m(\omega/\omega_{\mathrm{D}})}\approx\frac{\delta_{\mathrm{m}}}{2\pi m} \tag{7.4.4}$$

式中，m 为两振幅间相隔周期数；δ_{m} 为振幅对数衰减率；ω 和 ω_{D} 分别为无阻尼和有阻尼振动的自振频率。

将消能减震结构自身阻尼比设为 0，对结构施加一个瞬时激励，使结构发生自由振动，通过非线性分析计算消能减震结构顶点位移随时间的自由振动衰减时程，如图 7.4.1（a）所示。将结构各周期内的振幅代入式（7.4.3），计算得到附加阻尼比与结构顶点振幅的关系，如图 7.4.1（b）所示。根据结构目标变形，确定该振幅下的附加阻尼比。

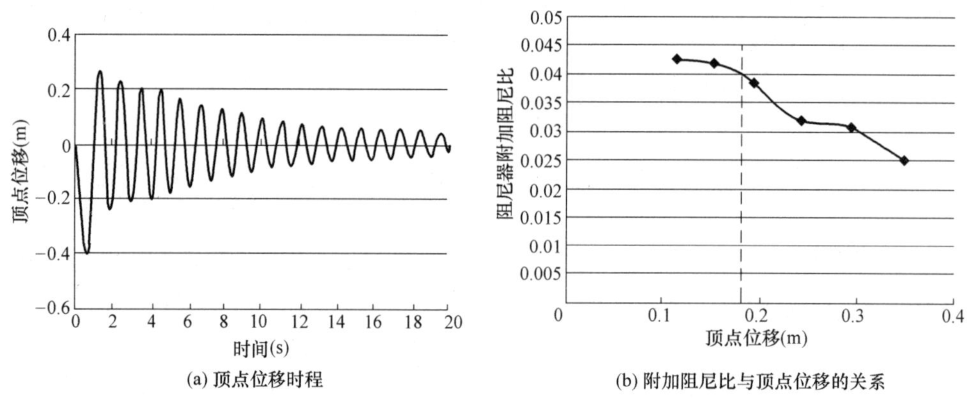

(a) 顶点位移时程　　(b) 附加阻尼比与顶点位移的关系

图 7.4.1　自由振动衰减计算示意图

7.4.3　性能化设计

各类建筑消能减震结构构件可按下列规定选择实现抗震性能要求的抗震承载力、变形能力和构造的抗震等级；整个结构不同部位的构件、竖向构件和水平构件，可选用相同或不同的抗震性能要求：

（1）当以提高抗震安全性为主时，消能减震结构构件对应于不同性能要求的承载力参考指标，可按表7.4.1的示例选用。

消能减震结构构件实现抗震性能要求的承载力参考指标示例　　表7.4.1

性能要求	多遇地震	设防地震	罕遇地震
性能1	完好，按常规设计	完好，承载力按抗震等级调整地震效应的设计值复核	基本完好，承载力按不计抗震等级调整地震效应的设计值复核
性能2	完好，按常规设计	基本完好，承载力按不计抗震等级调整地震效应的设计值复核	轻～中等破坏，承载力按极限值复核
性能3	完好，按常规设计	轻微损坏，承载力按标准值复核	中等破坏，承载力达到极限值后能维持稳定，降低少于5%
性能4	完好，按常规设计	轻～中等破坏，承载力按极限值复核	不严重破坏，承载力达到极限值后基本维持稳定，降低少于10%

（2）当需要按地震残余变形确定使用性能时，消能减震结构构件除满足提高抗震安全性的性能要求外，不同性能要求的层间位移参考指标，可按表7.4.2的示例选用。

结构构件实现抗震性能要求的层间位移参考指标示例　　表7.4.2

性能要求	多遇地震	设防地震	罕遇地震
性能1	完好，变形远小于弹性位移限值	完好，变形小于弹性位移限值	基本完好，变形略大于弹性位移限值
性能2	完好，变形远小于弹性位移限值	基本完好，变形略大于弹性位移限值	有轻微塑性变形，变形小于2倍弹性位移限值
性能3	完好，变形明显小于弹性位移限值	轻微损坏，变形小于2倍弹性位移限值	有明显塑性变形，变形约4倍弹性位移限值
性能4	完好，变形小于弹性位移限值	轻～中等破坏，变形小于3倍弹性位移限值	不严重破坏，变形不大于0.9倍塑性变形限值

（3）消能减震结构构件细部构造对应于不同性能要求的抗震等级，可按表7.4.3的示例选用；消能减震结构中同一部位的不同构件，可区分竖向构件和水平构件，按各自最低的性能要求所对应的抗震构造等级选用。

消能减震结构构件对应于不同性能要求的构造抗震等级示例　　表7.4.3

性能要求	构造的抗震等级
性能1	基本抗震构造。可按常规设计的有关规定降低2度采用，但不得低于6度，且不发生脆性破坏
性能2	低延性构造。可按常规设计的有关规定降低1度采用，当构件的承载力高于多遇地震提高2度的要求时，可按降低2度采用；均不得低于6度，且不发生脆性破坏
性能3	中等延性构造。当构件的承载力高于多遇地震提高1度的要求时，可按常规设计的有关规定降低1度且不低于6度采用；否则，仍按常规设计的规定采用
性能4	高延性构造。仍按常规设计的有关规定采用

各类建筑消能减震结构构件承载力按不同要求进行复核时，地震内力计算和调整、地震作用效应组合、材料强度取值和验算方法，应符合下列要求：

（1）设防烈度下结构构件承载力，包括混凝土构件压弯、拉弯、受剪、受弯承载力，钢构件受拉、受压、受弯、稳定承载力等，按考虑地震效应调整的设计值复核时，应采用对应于抗震等级而不计入风荷载效应的地震作用效应基本组合，并按下式验算：

$$\gamma_G S_{GE}+\gamma_E S_{Ek}(I_2,\lambda,\zeta)\leqslant R/\gamma_{RE} \tag{7.4.5}$$

式中，I_2 为表示设防地震动，隔震结构包含水平向减震影响；λ 为按非抗震性能设计考虑抗震等级的地震效应调整系数；ζ 为考虑部分次要构件进入塑性的刚度降低或消能减震结构附加的阻尼影响。其他符号同非抗震性能设计。

（2）消能减震结构构件承载力按不考虑地震作用效应调整的设计值复核时，应采用不计入风荷载效应的基本组合，并按下式验算：

$$\gamma_G S_{GE}+\gamma_E S_{Ek}(I,\zeta)\leqslant R/\gamma_{RE} \tag{7.4.6}$$

式中，I 表示设防烈度地震动或罕遇地震动，隔震结构包含水平向减震影响。

（3）消能减震结构构件承载力按标准值复核时，应采用不计入风荷载效应的地震作用效应标准组合，并按下式验算：

$$S_{GE}+S_{Ek}(I,\zeta)\leqslant R_k \tag{7.4.7}$$

式中，R_k 为按材料强度标准值计算的承载力。

（4）消能减震结构构件按极限承载力复核时，应采用不计入风荷载效应的地震作用效应标准组合，并按下式验算：

$$S_{GE}+S_{Ek}(I,\zeta)\leqslant R_u \tag{7.4.8}$$

式中，R_u 为按材料最小极限强度值计算的承载力；钢材强度可取最小极限值，钢筋强度可取屈服强度的 1.25 倍，混凝土强度可取立方强度的 0.88 倍。

各类建筑消能减震结构竖向构件在设防地震、罕遇地震作用下的层间弹塑性变形按不同控制目标进行复核时，地震层间剪力计算、地震作用效应调整、构件层间位移计算和验算方法，应符合下列要求：

（1）地震层间剪力和地震作用效应调整，应根据整个结构不同部位进入弹塑性阶段程度的不同，采用不同的方法。构件总体上处于开裂阶段或刚刚进入屈服阶段，可取等效刚度和等效阻尼，按等效线性方法估算；构件总体上处于承载力屈服至极限阶段，宜采用静力或动力弹塑性分析方法估算；构件总体上处于承载力下降阶段，应采用计入下降段参数的动力弹塑性分析方法估算。

（2）在设防地震下，混凝土构件的初始刚度宜采用长期刚度。

（3）构件层间弹塑性变形计算时，应依据其实际的承载力，并应按本规范的规定计入重力二阶效应；风荷载和重力作用下的变形不参与地震组合。

8

超高层建筑结构防火及综合化防灾技术

8.1 高层建筑空间构成与火灾危险性分析

8.1.1 密集空间的防火难点

密集空间的要素特征分析如表 8.1.1 所示。

密集空间的要素特征分析 **表 8.1.1**

典型空间		特征描述
可燃物密集空间	主力店	位于地下一层的主力店(常为超市、专营店等)较多采用单层设计,位于地面以上的主力店(常为连锁百货、专营店)较多采用多层(逐层式)设计
		主力店通常位于综合体的首层或首层以上数层、地下一层、顶层或顶层以下数层,当其位于首层或首层以上数层和地下一层时,对于底面主入口、地下车库和地下轨道交通接口具有较高的可达性,位于顶层或顶层以下数层时,可达性差,常设有直达电梯
		主力店往往按多层设计,其中常设有上下贯通的开放型空间,如中庭、开敞楼梯间、自动扶梯等;也设有封闭型疏散楼梯间、设备间等
		首层主力店通常设有直通室外的出入口,于其他楼层面向综合体内街或中庭开设出入口
	次主力店	位于首层或二层设单层或逐层式多层的次主力店,大型的逐层式次主力店于内部设独立使用的自动扶梯
		通常于首层开设直通室外的出入口,或利用二层和地下一层分别连接城市空中走廊和地下轨道交通
		次主力店通常按多层设计,其中常设有上下贯通的开放型空间、如开敞楼梯间、自动扶梯等;出于管理需要,封闭型的疏散楼梯间常作为紧急疏散口出现,平时关闭火灾时开启
		设于首层的次主力店有条件设直通室外的出入口,于其他楼层面向综合体内街或中庭开设出入口
	租赁店铺	规模较小的单层空间
		位于内街两侧,具有高可达性
		租赁商铺通常按单层设计,其中较少设计开敞楼梯间、自动扶梯等开放型空间
		多维内向型空间,面向综合体内街或中庭开设出入口

续表

<table>
<tr><th colspan="2">典型空间</th><th>特征描述</th></tr>
<tr><td rowspan="4">人员密集空间</td><td rowspan="4">主力店（影院、KTV等）</td><td>依据需要和主力店规模选择单层或多层设计</td></tr>
<tr><td>通常位于综合体顶层或顶层以下数层，虽在商业运营时常设置有直达电梯，但由于所在楼层位置较高，具有低可达型的特点</td></tr>
<tr><td>规模较大的主力店设有上下贯通的开放型空间，如中庭、开敞楼梯间、自动扶梯等；也设有封闭型的疏散楼梯间、设备间等。且规模较大的主力店常跨越防火区设计，而为完整体现建筑或室内设计意图，两方或分区间的防火分隔常采用防火卷帘</td></tr>
<tr><td>由于影院、KTV 等人员密集空间多位于综合体高区，多为内向型空间，因而主要面向综合体内街开设出入口</td></tr>
</table>

1）可燃物密集空间防火难点

（1）火灾荷载

可燃物多且集中：火灾荷载及火灾荷载密度是衡量建筑火灾危险性的重要指标，而大型复杂建筑商铺内的商品涵盖服装服饰、家居建材、装饰品等众多类型的可燃物，具有极高的火灾荷载，一旦起火迅速燃烧，火灾危险性大，扑救难度大。

电气线路多且复杂：依据品牌厂商要求的复杂照明使得商铺内电路走线复杂，电气专业店、娱乐场、餐饮等所需用电负荷大。

厨房燃气设备：餐饮已成为大型复杂建筑内不可或缺、占极大比重的商业类型，在建筑设计时常预留燃气管道，然而日常使用不慎或管道、设备故障都会造成火灾危害。

（2）其他

装修风险：商铺承租或更替时需要经常性地装修，甚至出现一边装修一边营业的情况；且焊接工程等时有明火出现，使火灾风险增大。

防火卷帘：建筑的使用功能和设计定位决定了不可能在商业内街与商铺间大量使用防火墙作分隔，而采用大量防火卷帘来保留商业建筑的设计意图。然而，即使防火卷帘本身的可靠性可通过日常维护保证，但由于卷帘均是安装在商铺与亚安全区接界的位置，一旦其下放置物体就会导致火灾时卷帘不能降落，使得着火区域与其他区域的连通面积扩大，大大降低了消防安全水平。

2）人员密集空间防火难点

（1）人员密集

以大型复杂建筑内的电影院为例，其防火分区人数由影院的设计座位数来确定，并根据甲方要求每层加配数名服务人员。如表 8.1.2 所示，某大型复杂建筑电影院区域某防火分区（1670m^2，含走道面积）的总疏散人数统计，计算得出人员密度达到 2 人/m^2。

电影院某防火分区的疏散人数（人）　　表 8.1.2

防火分区规模(m^2)	座位数(个)	服务人员(人)	总人数(人)
1670	806	24	830

（2）进出流线不同，流线具有单向性的特点

以大型复杂建筑内的电影院主力店为例，出于经营管理和安全疏散的考虑，人员进出

流线不尽相同。入场人流一般通过大堂（经过购票、等待、检票等环节）进入电影放映区域；观影结束后，通过影院的另一出入口进行疏散。再以大型复杂建筑内的餐饮类次主力店为例，交通流线则更为复杂，顾客、员工、货运等流线彼此避免交叉干扰，一旦发生火灾人员的疏散，流线往往与就餐流线不尽相同。

（3）高层化趋势

影院主力店、餐饮类次主力店、电玩次主力店等作为现代大型复杂建筑中必不可少的经营功能，往往设置于建筑的高区或裙房的顶层，这对密集人流从建筑高层疏散提出挑战。

（4）泛 24h 化，昼夜疏散流线变化

现代大型复杂建筑电影院呈现泛 24h 的经营特点，昼间营业时的疏散流线可利用大型复杂建筑内本防火分区甚至借用其他相邻防火分区的各个通道和楼梯进行疏散；夜间营业时，由于此时大型复杂建筑的其他营业空间处于关闭状态，又因为此部分人员密集场所往往位于建筑高区，故其夜间人流疏散往往采用独立的垂直疏散系统，将人员直接引导至首层直通室外的楼梯间或地下车库。

（5）装修可燃物多

影院主力店、餐饮类次主力店等的吸声要求、个性装修等决定了其内部装修装饰必将多采用地毯、窗帘、帷幕、座椅等易燃可燃材料，增大了人员密集空间的火灾风险。

8.1.2 竖向贯通空间的防火难点

竖向贯通空间的要素特征分析　　表 8.1.3

典型空间		特征描述
竖向贯通空间	中庭空间	贯通上下数层的多层型大空间，内设有自动扶梯及观光电梯，顶棚设采光天窗或封闭顶棚
		建筑空间组织的重要一环，商铺、内街等其他空间围绕其设计，具有高可达性的特点
		主要公共空间，具有开放型的建筑特点
		首层常结合建筑主入口设计，是内外人员交换的主要场所，具有外向型特点；其他各层开口面相商铺，具有内向型特征
	交通核	大型复杂建筑楼梯间具有多层型特点
		在建筑平面中各个交通核均匀布置的前提下，各交通核具有较平均的可达性；作为综合体的辅助功能的交通空间，交通核往往位于角落或主要功能外围，具有低可达型的特点，且具有隐蔽性
		大型复杂建筑的开敞楼梯间、自动扶梯具有开放型的特点；而封闭楼梯间、防烟楼梯间具有封闭型的特点
		除首层外的疏散楼梯间（疏散走道）开口面向综合体室内，具有内向型特点；首层的疏散楼梯间（疏散走道）开口按规范要求应可直接对外
	设备竖井	综合体的设备竖井具有多层型特点，层间要求封堵严实
		辅助功能，具有低可达性的特点
		常（锁）闭的封闭型特点
		大型复杂建筑内的大部分设备水暖管具有内向型特点

1）中庭竖向贯通空间防火难点

（1）建筑规模大型化：在新建的大型复杂建筑中，不乏巨大中庭的出现。中庭中心距离疏散出口的直线距离过大，有些甚至超出了我国规范对人员聚集场所的规定。

（2）垂直连通高空化：现代大型复杂建筑中庭垂直连通高度不断增大，高空中庭的出现，有利于形成大型复杂建筑的第二个“主入口”，然而火灾探测设备难以发挥作用，烟囱效应使火势迅速蔓延至其他楼层，形成立体火灾。

（3）中庭数量众多：中庭是大型复杂建筑重要的空间形式，多样的中庭设计是形成特色空间体验的重要手法，现代大型复杂建筑内动辄数个甚至十余个大小中庭。

（4）空间不规则化：商业建筑的中庭是营造商业氛围和体现空间个性的重要设计环节，由于功能和空间效果的需要，中庭空间不能设置防火墙来划分防火分区，因此弧度、异形等形式的节点不断被使用，而在这些节点部位设置防火分隔则需要大量使用防火卷帘。

2）疏散楼梯间的建筑特点和防火难点

《建筑设计防火规范》GB 50016—2014（2018 年版）第 5.5.10 条中规定“高层公共建筑的疏散楼梯，当分散设置确有困难且从任一疏散门至最近疏散楼梯间入口的距离不大于 10m 时，可采用剪刀楼梯间。”然而在现代商业复杂大型公建中，剪刀梯的使用早已呈现普遍化的趋势。

由于疏散楼梯往往是高层建筑火灾时建筑内人员疏散的唯一通道，同时建筑中的楼梯通常又串联整栋建筑的各个楼层，火灾发生时，若疏散楼梯本身安全无法保证，那么不但楼梯间内的疏散人员的安全会受到火灾的威胁，还极可能因其竖向贯通的特点，使楼梯间本身成为“烟囱”，导致火灾在建筑垂直方向大面积蔓延。

3）设备竖井的建筑特点和防火难点

大量火灾实践表明，高层建筑的各种竖向管井，如果在设计、施工中疏忽，没有很好地封隔，一旦成为竖向贯通孔洞，火灾发生时，就会成了拔烟拔火的通道，助长火势蔓延扩大，造成严重损失。

8.1.3 超大水平空间的防火难点

超大水平开敞空间的要素特征分析　　表 8.1.4

特征描述	
超大水平开敞空间	大型复杂建筑的厅型内街具有单层型的特点
	建筑空间组织和设计的重要一环，具有高可达性的特点
	大型复杂建筑的主要公共空间，用于人员休憩、柜架式商品售卖、临时商品展销等，具有开放型的建筑特点
	部分厅型内街结合建筑入口设计，与室外空间或轨道交通衔接，具有外向型特点；其他厅型内街开口面向综合体内部，具有内向型特点

（1）对经济因素的考虑使得复杂建筑的塔楼平面具有大型化的趋势，导致建筑开敞空间进深过大，疏散距离超长，防火分区的面积常常突破规范的要求。

（2）超大的建筑标准层平面容纳众多人流，使得使用功能空间单位面积人员众多且集中，而早、中、晚上下班高峰的瞬时人流量极大。

(3) 大型复杂建筑的塔楼建筑部分往往是级别较高的甲级建筑楼，建筑设备众多，增大了火灾荷载。而且，建筑塔楼具有复杂且高负荷的电路系统、室内外照明、建筑设备等，增加了火灾风险。

8.1.4 狭长空间的防火难点

狭长空间的要素特征分析　　表 8.1.5

典型空间		特征描述
狭长空间	走廊型内街	走廊型内街是连接各个商铺的空间形式，与厅型内街相比面宽较小，一般小于 5m，具有单层型的特点
		走廊型是连接各个商铺常见的空间形式，具有较高的可达性
		开放型的公共空间
		部分厅型内街结合建筑入口设计，与室外空间或轨道交通衔接，具有外向型特点；其他厅型内街开口面向综合体内部，具有内向型特点
	疏散走道	宽 3～4m 左右的狭长单层空间
		作为综合体辅助功能的交通空间，通往疏散楼梯的疏散走道往往位于建筑主要功能外围，具有低可达性的特点，且有隐蔽性
		串联电梯厅、卫生间、设备间、防烟楼梯间的“准前室”，具有出入口自动关闭的封闭型特点
		首层的疏散走道可结合楼梯间形成“扩大前室”，具有外向型特点；其他各层的疏散走道往往不设对外出入口，具有内向型特点

1) 疏散走道的位置

大型商业建筑的疏散楼梯间（防烟楼梯间）一般都设在外墙近角落处，这直接决定了与之相连的疏散走道的布局特点，即靠建筑外围设置，则与其相连的疏散走道的水平疏散距离和竖向疏散距离都较长。顾客平时购物主要使用自动扶梯和电梯，对疏散楼梯和疏散走道的位置很不熟悉，在疏散时极容易造成混乱和恐慌。另外，越是规模大的商场，其收货柜台的布置越复杂，疏散通道难以做到一目了然。发生火灾时，自动扶梯和电梯停止运行，非消防用电被切断，如果商场内没有完善有效的火灾应急广播、应急照明和疏散指示标志指导顾客迅速疏散，在复杂多样的商场“通道”中必然造成人员无从选择、四散逃逸、发生“对撞”和混乱拥挤，延长疏散时间，甚至被挤倒踩踏伤亡。

然而，按规范要求，人员疏散走道及疏散楼梯间应靠建筑外墙设置以便在首层直接开设对外出口，但当大型复杂建筑平面尺度过大时，建筑中部（非靠外墙处）必须设置疏散走道及疏散楼梯间，以减少人员疏散距离和增加疏散宽度，由此常造成楼梯间的首层落在一层平面中部而无法直通室外的问题出现。

2) 疏散距离过长

对于现代大型复杂建筑，商铺出入口至最近的外部出口或防烟楼梯间的距离时有超规范的情况发生。

3) 疏散宽度不足

在现代复杂建筑大型化的趋势下，可容纳人员数量不断增加，暴露出疏散宽度不足的问题越来越多。

4) 疏散走道入口低识别度的疏散风险

虽然疏散走道空间本身的动线引导性较强，但是走道入口的识别度不高，需特殊标志指导。

8.1.5 地下空间的防火难点

地下空间的要素特征分析 表 8.1.6

典型空间		特征描述
地下空间	地下商业空间	单层型多层型的要素特征在地下商业空间兼而有之
		从层数角度来看，由于防火规范对地下营业厅允许层数的限制[1]，地下商业空间具有较高的可达性；但从人员疏散角度来看，向上疏散增加难度，则地下商业空间具有较低的可达性
		地下商业空间具有开放型的建筑特点
		除与地下轨道交通的接口具有外向型特点外；地下商业空间具有内向型特点
	地下停车空间	单层型地下车库具有单层型特点；多层地下车库具有多层型特点（逐层型）
		但就人员[2]的日常使用而言，具有低可达性的特点，且通常不作为人员日常进出或火灾时疏散的出入口
		地下车库内的封闭楼梯间、防烟楼梯间具有封闭型的特点；而就其本身而言，在日常使用时，通常独立成为防火分区与商业空间和交通空间以防火门或卷帘等分隔，具有开放型的特点
		就人员使用[3]而言，具有内向型的特点
	地下衔接空间	具有单层型的特点
		地下衔接空间是指当地下商业空间与地下车库位于同层时两者之间的衔接处，具有较高的可达性
		通常设有一道或数道可自动关闭的门和火灾时可自动关闭的防火卷帘，具有开放型的特点
		具有内向型特点

1 《高规》规定，高层建筑内的歌舞厅、卡拉 OK 厅（含具有卡拉 OK 功能的餐厅）、夜总会、录像厅、放映厅、桑拿浴室（除洗浴部分外）、游艺厅（含电子游艺厅）、网吧等歌舞娱乐放映游艺场所（以下简称歌舞娱乐放映游艺场所），应设在首层或二、三层；宜靠外墙设置，当必须设置在其他楼层时，不应设置在地下二层及二层以下，设置在地下一层时，尚应符合一系列规定；高层建筑的地下商营业厅不宜设在地下三层及三层以下。

2 商业综合体的地下车库与室外通过多个出入口连通，对机动车而言具有高可达性的特点。

3 就机动车的使用而言，地下停车库具有外向型的特点。

1）疏散困难

地下建筑由于受到条件限制，出入口较少，疏散步行距离较长，火灾时人员疏散只能通过出入口，而云梯之类的消防救助工具对地下建筑的人员疏散就无能为力。地面建筑火灾时，人员疏散可有双向选择，即到火灾层以下或向上至屋顶便相对安全；但在地下建筑发生火灾时，人们只有向上疏散的单向疏散方式。只要逃不出地下建筑物，人员安全就没有保证。

火灾时，平时的出入口在没有排烟设备的情况下，将会成为喷烟口。高温浓烟的扩散方向与人员疏散的方向一致，而且烟的扩散速度比人群疏散速度快得多，人们无法逃避高温浓烟的危害，而地下建筑则危害更大。国内外研究证实，烟的垂直上升速度为 3～4m/s，水平扩散速度为 0.5～0.8m/s。

地下建筑出现火灾时，人员疏散困难。因无自然采光，当地下空间发生火灾后，不管是电源失效或消防系统自动切断电源，除少数应急灯光外，整个地下建筑内部全是一团漆黑。紧急疏散时，人们由于难以辨别方向而容易引起慌乱，加上人们对地下建筑的空间组织和疏散路线也不熟悉，更会因疏散时间的延长而增加危险性和恐惧感。在地下建筑中进行疏散时，人们必须上楼梯而不是下楼梯。这比地面建筑向下疏散要费力得多，因而减慢了疏散速度（国际上的研究结论认为，只要人的视觉距离降到 3m 以下，逃离火场的可能性将大大降低）。并且疏散的方向和高温浓烟扩散的方向相同，也给疏散带来很大困难。

地下建筑发生火灾时，造成缺氧的情况比地上建筑火灾严重得多，产生大量的一氧化碳及其他有害气体，对人体危害甚大。据有关火灾伤亡统计，地下建筑发生火灾时因严重缺氧而死亡的人数占总人数的一半以上，甚至高达 85%。

2）火灾类型多，难于扑救

消防人员无法直接观察地下建筑中起火部位及燃烧情况，给现场组织指挥灭火活动造成困难。在地下建筑火灾扑救中造成火场侦查员牺牲的案例不少。灭火进攻路线少，除了有数的出入口外，别无他路。而出入口又极易成为“烟筒”，消防队员在高温浓烟情况下难以接近着火点。可用于地下建筑的灭火剂比较少，对于人员较多的地下公共建筑，如无一定条件，则毒性较大的灭火剂不宜使用。地下建筑火灾中通信设备相对较差，步话机等设备难以使用，通信联络困难。照明条件比地面差得多。由于上述原因，从外部对地下建筑内的火灾进行有效的扑救是很难的。

汽车火灾不同于单一物质火灾，其本身集可燃固体物质（A 类）火灾（如座椅和内饰物等）和液体和可熔化的固体物质（B 类）火灾（如燃油）于一身，以天然气为燃料的汽车还存在着压缩气体（C 类）火灾危险，兼有可燃液体的贮油箱受热膨胀爆炸燃烧的特点，这一特点使停车场火灾有别于其他用途的建筑物火灾。

在地下车库发生火灾时，其产生的高温有毒气体和浓烟的流动状态是复杂和随机不定的，造成能见度急剧下降，这对快速、准确地确定起火点和判定火灾规模极为不利，而且消防人员的进入口如果没有较完善的排烟设施就成了烟、热的排出口，给消防人员的进入扑救带来了很大困难。又因空气呼吸器的缺少和地下空间内对讲机系统的干扰和遮蔽，都会造成灭火救援行动的延误。

3）通风排烟难

火灾时地面建筑约有 70%的烟、热是通过门窗排出。地下车库是通过挖掘方式而获得的建筑空间，其外部由岩石、土包围着，只有内部空间，不存在外部空间，没有门窗与外部大气连通，只能通过地面连接的出入口或者采光天窗排烟散热，因此通风条件不如地面建筑。对于大型地下多层停车场的建筑结构，造成平时不能仅靠自然风力进行通风排烟，需要安装防排烟系统。目前防排烟系统的工作要求是在烟气温度达 280℃时即停止工作。而一旦汽车库发生火灾，可燃液体燃烧会使火场温度远远超过 280℃，防排烟设备即会停止工作，此时就只能依靠自然排烟方式和临时架设排烟设施来排烟。

4）设备众多

大型复杂建筑的地下车库存在大量竖向管井，如果在设计、施工中疏忽，没有很好地封隔，一旦成为竖向贯通孔洞，火灾发生时，就会成了拔烟拔火的通道，助长火势蔓延扩大，为地下空间的人员疏散造成极大危险。

5）日常管理难度大

地下车库的防火分区虽有防火门、防火卷帘进行分隔，但日常使用时常会因车辆过多造成防火卷帘无法降落、防火门无法关闭的危险情况，增大火灾风险。

8.2 建筑结构的耐火计算

8.2.1 材料高温（后）性能

1. 钢材

高温下钢材的导热系数（k_s）、比热（c_s）和密度（ρ_s）以及热膨胀系数（α_s）可分别按式（8.2.1）～式（8.2.3）计算：

$$k_s=\begin{cases}-0.022T+48 & 0℃\leqslant T\leqslant 900℃\\ 28.2 & T>900℃\end{cases}\tag{8.2.1}$$

$$\rho_s c_s=\begin{cases}(0.004T+3.3)\times 10^6 & 0℃\leqslant T\leqslant 650℃\\ (0.068T-38.3)\times 10^6 & 650℃\leqslant T\leqslant 725℃\\ (-0.086T+73.35)\times 10^6 & 725℃\leqslant T\leqslant 800℃\\ 4.55\times 10^6 & T>800℃\end{cases}\tag{8.2.2}$$

$$\alpha_s=\begin{cases}(0.004T+12)\times 10^{-6} & T<1000℃\\ 16\times 10^{-6} & T\geqslant 1000℃\end{cases}\tag{8.2.3}$$

式中，T 为温度（℃）；k_s 为钢材的导热系数［W/(m·℃)］；ρ_s 为钢材的密度，$\rho_s=7850\text{kg/m}^3$；c_s 为钢材的比热［J/(kg·℃)］；α_s 为钢材的热膨胀系数［m/(m·℃)］。

常温下和升温条件下应力-应变关系按式（8.2.4）计算：

$$\sigma_s=\begin{cases}\dfrac{f(T,0.001)}{0.001}\varepsilon_s & \varepsilon_s\leqslant\varepsilon_p\\ \dfrac{f(T,0.001)}{0.001}\varepsilon_p+f[T,(\varepsilon_s-\varepsilon_p+0.001)]-f(T,0.001) & \varepsilon_s>\varepsilon_p\end{cases}\tag{8.2.4}$$

其中，

$$\varepsilon_p=4\times 10^{-6}f_y$$

$$f(T,0.001)=(345-0.276T)\times\{1-\exp[(-30+0.03T)\sqrt{0.001}]\}$$

$$f[T,(\varepsilon_s-\varepsilon_p+0.001)]=\{1-\exp[(-30+0.03T)\sqrt{\varepsilon_s-\varepsilon_p+0.001}]\}\times(345-0.276T)$$

当 $T=20℃$时，式（8.2.4）的应力-应变关系即为常温下钢材的应力-应变关系。式中，ε_s 为钢材应变；ε_p 为钢材的屈服应变；f_y 为常温下钢材屈服强度。

升温过程中钢材的弹性模量 E_{sh}、屈服强度 f_{yh} 和屈服应变 ε_{sh} 分别按照采用的应力-应变关系曲线计算，如式（8.2.5）～式（8.2.7）所示：

$$E_{sh}(T)=\frac{f(T,0.001)}{0.001}=(50000-40T)\times\{1-\exp[(-30+0.03T)\sqrt{0.001}]\}\times 6.9\tag{8.2.5}$$

$$f_{yh}(T)=\frac{f(T,0.001)}{0.001}\varepsilon_{yh}=4\times 10^{-3}f(T,0.001)f_y\tag{8.2.6}$$

$$\varepsilon_{yh}(T)=\varepsilon_p=4\times 10^{-6}f_y\tag{8.2.7}$$

式中，E_{sh} 为升温过程中钢材的弹性模量；f_{yh} 为升温过程中钢材的屈服强度；ε_{sh} 为升温过程中钢材的屈服应变。

降温过程中应力-应变关系和弹性模量可分别按式（8.2.8）～式（8.2.11）计算：

$$\sigma_s=\begin{cases}E_{sc}(T,T_{max})\varepsilon_s & \varepsilon_s\leqslant\varepsilon_{yc}(T,T_{max})\\ \sigma_{sh}(T_{max})-\dfrac{T_{max}-T}{T_{max}-T_0}[\sigma_{sh}(T_{max})-\sigma_{sp}(T_{max})] & \varepsilon_s>\varepsilon_{yc}(T,T_{max})\end{cases}\tag{8.2.8}$$

$$E_{sc}(T,T_{max})=\frac{f_{yc}(T,T_{max})}{\varepsilon_{yc}(T,T_{max})}\tag{8.2.9}$$

$$f_{yc}(T,T_{max})=f_{yh}(T_{max})-\frac{T_{max}-T}{T_{max}-T_0}[f_{yh}(T_{max})-f_{yp}(T_{max})]\tag{8.2.10}$$

$$\varepsilon_{yc}(T,T_{max})=\varepsilon_{yh}(T_{max})-\frac{T_{max}-T}{T_{max}-T_0}[\varepsilon_{yh}(T_{max})-\varepsilon_{yp}(T_{max})]\tag{8.2.11}$$

式中，T 为当前温度（℃）；T_{max} 为历史最高温度（℃）；T_0 为常温，取 20℃；E_{sc}（T，T_{max}）为降温过程中钢材的弹性模量；f_{yc}（T，T_{max}）为降温过程中钢材的屈服强度；ε_{yc}（T，T_{max}）为降温过程中钢材的屈服应变；f_{yh}（T_{max}）为升温过程中钢材的屈服强度，按照式（8.2.6）确定；ε_{yh}（T_{max}）为升温过程中钢材的屈服应变，按照式（8.2.7）确定；σ_{sh}（T_{max}）为升温过程中钢材的强化阶段的应力，按照式（8.2.8）确定；f_{yp}（T_{max}）为高温后钢材的屈服强度按照式（8.2.12）确定；ε_{yp}（T_{max}）为高温后钢材的屈服应变，按照式（8.2.13）确定；σ_{sp}（T_{max}）为高温后钢材强化阶段的应力，按照式（8.2.14）确定。

高温后钢材的应力-应变关系和弹性模量可分别按式（8.2.12）～式（8.2.14）计算：

$$\sigma_s=\begin{cases}E_{sp}(T_{max})\varepsilon_s & \varepsilon_s\leqslant\varepsilon_{yp}(T_{max})\\ f_{yp}(T_{max})+E'_{sp}(T_{max})[\varepsilon_s-\varepsilon_{yp}(T_{max})] & \varepsilon_s>\varepsilon_{yp}(T_{max})\end{cases}\tag{8.2.12}$$

$$f_{yp}(T_{max})=\begin{cases}f_y & T_{max}\leqslant400℃\\ f_y[1+2.33\times10^{-4}(T_{max}-20)-5.88\times10^{-7}(T_{max}-20)^2] & T_{max}>400℃\end{cases}\tag{8.2.13}$$

$$\varepsilon_{yp}(T_{max})=f_{yp}(T_{max})/E_{sp}(T_{max})\tag{8.2.14}$$

式中，T_{max} 为遭受的历史最高温度；f_{yp}（T_{max}）为高温后钢材的屈服强；E_{sp}（T_{max}）为高温后钢材弹性模量，E_{sp}（T_{max}）$=E_s=2.06\times10^5\mathrm{N/mm^2}$。$E'_{sp}(T_{max})$ 为高温后钢材强化段弹性模量，$E'_{sp}(T_{max})$ $=0.01E_{sp}$（T_{max}）$=2.06\times10^3\mathrm{N/mm^2}$。

升温、降温以及高温冷却后，钢材的泊松比与常温相比基本不变，$\mu_s=0.283$。

确定高温下和高温后钢材材料特性时，常温下钢材的材料特性按现行《钢结构设计标准》GB 50017—2017 规定的设计指标采用。

2. 无约束混凝土

高温下无约束混凝土的导热系数（k_c）、比热（c_c）和密度（ρ_c）以及热膨胀系数（α_c）可分别按式（8.2.15）～式（8.2.19）计算。

1）硅质混凝土

导热系数（k_c）：

$$k_c=\begin{cases}-0.00085T+1.9 & 0℃<T\leqslant 800℃\\ 1.22 & T>800℃\end{cases} \tag{8.2.15}$$

比热（c_c）和密度（ρ_c）：

$$\rho_c c_c=\begin{cases}(0.005T+1.7)\times 10^6 & 0℃\leqslant T\leqslant 200℃\\ 2.7\times 10^6 & 200℃<T\leqslant 400℃\\ (0.0013T-2.5)\times 10^6 & 400℃<T\leqslant 500℃\\ (-0.013T+10.5)\times 10^6 & 500℃<T\leqslant 600℃\\ 2.7\times 10^6 & T>600℃\end{cases} \tag{8.2.16}$$

2）钙质混凝土

导热系数（k_c）：

$$k_c=\begin{cases}1.355 & 0℃<T\leqslant 293℃\\ -0.001241T+1.7162 & T>293℃\end{cases} \tag{8.2.17}$$

比热（c_c）和密度（ρ_c）：

$$\rho_c c_c=\begin{cases}2.566\times 10^6 & 0℃\leqslant T\leqslant 400℃\\ (0.1765T-68.034)\times 10^6 & 400℃\leqslant T\leqslant 410℃\\ (-0.05043T+25.00671)\times 10^6 & 410℃\leqslant T\leqslant 445℃\\ 2.566\times 10^6 & 445℃\leqslant T\leqslant 500℃\\ (0.01603T-5.44881)\times 10^6 & 500℃\leqslant T\leqslant 635℃\\ (0.016635T-100.90225)\times 10^6 & 635℃\leqslant T\leqslant 715℃\\ (-0.22103T+176.07343)\times 10^6 & 715℃\leqslant T\leqslant 785℃\\ 2.566\times 10^6 & T>785℃\end{cases} \tag{8.2.18}$$

热膨胀系数（α_c）：

$$\alpha_c=(0.008T+6)\times 10^{-6} \tag{8.2.19}$$

式中，T 为温度（℃）；k_c 为混凝土的导热系数［W/(m·℃)］；ρ_c 为混凝土的密度，$\rho_c=2400\text{kg/m}^3$；c_c 为混凝土的比热［J/(kg·℃)］；α_c 为混凝土的热膨胀系数［m/(m·℃)］。

常温下和升温条件下混凝土的应力-应变关系按下式计算：

$$\sigma_c=\begin{cases}f'_c(T)\left[1-\left(\dfrac{\varepsilon_{oh}-\varepsilon_c}{\varepsilon_{oh}}\right)^2\right] & \varepsilon_c\leqslant\varepsilon_{oh}\\ f'_c(T)\left[1-\left(\dfrac{\varepsilon_c-\varepsilon_{oh}}{3\varepsilon_{oh}}\right)^2\right] & \varepsilon_c>\varepsilon_{oh}\end{cases} \tag{8.2.20}$$

式中，$\varepsilon_{oh}=0.0025+(6T+0.04T^2)\times 10^{-6}$；

$$f'_c(T)=\begin{cases}f'_c & 0℃<T<450℃\\ f'_c\left[2.011-2.353\left(\dfrac{T-20}{1000}\right)\right] & 450℃\leqslant T\leqslant 874℃;\\ 0 & T>874℃\end{cases}$$

ε_c 为混凝土的应变；ε_{oh} 为升温阶段混凝土的峰值应变；σ_c 为混凝土的应力；f'_c为常

温阶段混凝土的圆柱体强度；$f'_c(T)$ 为升温阶段温度 T 时混凝土的圆柱体强度。

降温和高温后混凝土的应力-应变关系按式（8.2.21）～式（8.2.25）计算：

$$y=\begin{cases}2x-x^2 & x\leqslant 1\\ 1-\varepsilon_{op}\dfrac{115(x-1)}{1+5.04\times 10^{-3}T_{max}} & x>1\end{cases} \tag{8.2.21}$$

$$x=\frac{\varepsilon_c}{\varepsilon_{op}} \tag{8.2.22}$$

$$y=\frac{\sigma_c}{\sigma_{op}} \tag{8.2.23}$$

$$\varepsilon_{op}=\varepsilon_o(1.0+2.5\times 10^{-3}T_{max}) \tag{8.2.24}$$

$$\sigma_{op}=\frac{\sigma_o}{1+2.4(T_{max}-20)^6\times 10^{-17}} \tag{8.2.25}$$

式中，ε_{op} 为高温后阶段混凝土的峰值应变；σ_{op} 为高温后阶段混凝土的峰值应力；ε_o 为常温阶段混凝土的峰值应变；σ_o 为常温阶段混凝土的峰值应力，$\sigma_o=f'_c$。

3. 约束混凝土（钢管混凝土）

高温下约束混凝土的导热系数（k_c）、比热（c_c）和密度（ρ_c）以及热膨胀系数（α_c）与无约束混凝土相同，可分别按式（8.2.15）～式（8.2.19）计算。

常温下的应力-应变关系按式（8.2.26）计算：

$$y=\begin{cases}2\cdot x-x^2 & x\leqslant 1\\ \dfrac{x}{\beta_0\cdot(x-1)^2+x} & x>1\end{cases} \tag{8.2.26}$$

其中，$x=\dfrac{\varepsilon_c}{\varepsilon_o}$；

$y=\dfrac{\sigma_c}{\sigma_o}$；

$\sigma_o=f'_c$；

$\varepsilon_o=\varepsilon_{cc}+800\cdot\xi^{0.2}\cdot 10^{-6}$；

$\varepsilon_{cc}=(1300+12.5\cdot f'_c)\cdot 10^{-6}$；

$\beta_0=(2.36\times 10^{-5})^{[0.25+(\xi-0.5)^7]}\cdot(f'_c)^{0.5}\cdot 0.5\geqslant 0.12$；

$\xi=\dfrac{A_s\cdot f_y}{A_c\cdot f_{ck}}$；

式中，A_s 为钢管的横截面面积（mm^2）；A_c 为核心混凝土的横截面面积（mm^2）；f_y 为常温阶段钢材屈服强度（MPa）；f_{ck} 为常温阶段混凝土轴心抗压强度（MPa）；f'_c为常温阶段混凝土圆柱体抗压强度（MPa）；ξ 为常温阶段约束效应系数。

升温条件下的应力-应变关系按式（8.2.27）计算。

$$y=\begin{cases}2x-x^2 & x\leqslant 1\\ \dfrac{x}{\beta_o(x-1)^2+x} & x>1\end{cases} \tag{8.2.27}$$

其中，$x=\frac{\varepsilon_{c}}{\varepsilon_{oh}}$；

$y=\frac{\sigma_{c}}{\sigma_{oh}}$；

$\varepsilon_{oh}=(\varepsilon_{cc}+800\xi_{h}^{0.2}\times10^{-6})(1.03+3.6\times10^{-4}T+4.22\times10^{-6}T^{2})$；

$\sigma_{oh}=f'_{ch}(T)$；

$\varepsilon_{cc}=(1300+12.5f'_{c})\times10^{-6}$；

$f'_{ch}(T)=f'_{c}/[1+1.986\cdot(T-20)^{3.21}\times10^{-9}]$；

$\beta_{0}=(2.36\times10^{-5})^{[0.25+(\xi_{h}-0.5)^{7}]}(f'_{c})^{0.5}\times0.5\geqslant0.12$；

$\xi_{h}=\frac{A_{s}\cdot f_{yh}(T)}{A_{c}\cdot f_{ck}}$；

$$f_{yh}(T)=\begin{cases}f_{y} & T<200℃\\ \dfrac{0.91f_{y}}{1+6.0\times10^{-17}(T-10)^{6}} & T\geqslant200℃\end{cases}$$；

式中，A_{s} 为钢管的横截面面积（mm^{2}）；A_{c} 为核心混凝土的横截面面积（mm^{2}）；f_{y} 为常温阶段钢材屈服强度（MPa）；$f_{yh}(T)$ 为升温阶段温度 T 时的钢材屈服强度（MPa）；f_{ck} 为常温阶段混凝土轴心抗压强度（MPa）；f'_{c}为常温阶段混凝土圆柱体抗压强度（MPa）。

ξ_{h} 为升温阶段约束效应系数，考虑了高温下钢管材性劣化造成的约束效应下降，降温条件下和火灾后约束混凝土的应力-应变关系按式（8.2.28）计算：

$$y=\begin{cases}2x-x^{2} & x\leqslant1\\ \dfrac{x}{\beta_{0}(x-1)^{2}+x} & x>1\end{cases} \tag{8.2.28}$$

其中，$x=\frac{\varepsilon_{c}}{\varepsilon_{op}}$；

$y=\frac{\sigma_{c}}{\sigma_{op}}$；

$\sigma_{op}=f'_{cp}(T_{max})$；

$\varepsilon_{op}=\varepsilon_{cc}+800\xi^{0.2}\times10^{-6}$；

$f'_{cp}(T_{max})=\frac{f'_{c}}{1+2.4(T_{max}-20)^{6}\times10^{-17}}$；

$\varepsilon_{cc}=(1300+12.5f'_{c})\times10^{-6}\times[1+(1500T_{max}+5T_{max}^{2})\times10^{-6}]$；

$\beta_{0}=(2.36\times10^{-5})^{[0.25+(\xi-0.5)^{7}]}(f'_{c})^{0.5}\times0.5\geqslant0.12$；

式中，T_{max} 为遭受的历史最高温度（℃）；$f'_{cp}(T_{max})$ 为高温后混凝土的圆柱体抗压强度（MPa）；f'_{c}为常温阶段混凝土圆柱体抗压强度（MPa）；ξ 为常温阶段约束效应系数，按相应公式计算。

高温下其他类型混凝土的材料特性，应根据有关标准通过高温材性试验确定。

8.2.2 建筑结构及构件的耐火性能计算

1. 型钢混凝土柱

型钢混凝土柱的耐火极限可按下式计算：

$$t_R=(3657\alpha+146.5)\left[A\left(\frac{1}{n}-1\right)\right]^B\leqslant 180 \tag{8.2.29}$$

$$A=\frac{5.15\times 10^{-4}C-0.21}{9.9-9.27\exp(-3.7\times 10^{-5}\lambda^{2.33})} \tag{8.2.30}$$

$$B=\frac{-3.58\times 10^{-7}C^2+7.43\times 10^{-3}C+1}{[1.01-0.23\exp(-4.14\times 10^{-3}\lambda^{1.42})](4.40\times 10^{-3}C+5.85)} \tag{8.2.31}$$

式中，t_R 为耐火极限（min），且 $t_R\leqslant 180$min；α 为截面含钢率；n 为组合轴压力与该力作用点处柱常温轴向承载力之比，其中后者可按《组合结构设计规范》JGJ 138—2016 确定，计算时材料强度采用标准值；C 为柱的截面周长（mm）；λ 为柱的长细比。绕强轴弯曲时 $\lambda=2\sqrt{3}L/h$，绕弱轴弯曲时 $\lambda=2\sqrt{3}L/b$，L 为柱的计算长度，h 和 b 分别为柱的截面高度和宽度。

式（8.2.29）的适用范围为：钢筋屈服强度 200～500MPa、型钢屈服强度 200～500MPa、C30～C80 混凝土、截面含钢率 0.04～0.10、纵向受力钢筋配筋率 1%～5%、截面高宽比 1～2、偏心率 0～1.2、柱长细比 10～120、柱截面周长 500～8000mm。绕强轴弯曲时偏心率为 $2e_0/h$，绕弱轴弯曲时偏心率为 $2e_0/b$，e_0 为组合轴压力作用点至截面形心的距离。型钢和纵筋的保护层厚度应分别满足《组合结构设计规范》JGJ 138—2016 和《混凝土结构设计规范》GB 50010—2010 的规定。

型钢混凝土柱的火灾后承载力系数可按下式计算：

$$k_{rc}=\frac{N_{ur}(t_h)}{N_u} \tag{8.2.32}$$

式中，k_{rc} 为火灾后剩余承载力系数；N_u 为型钢混凝土柱常温下的极限承载力；$N_{ur}(t_h)$ 为升温时间为 t_h 的型钢混凝土柱火灾后剩余承载力。

型钢混凝土柱的火灾后承载力系数可由表 8.2.1 查得。

表 8.2.1 的适用范围为：1600mm$\leqslant C\leqslant$4000mm，$17.5\leqslant\lambda\leqslant 70$，$0\leqslant t_h\leqslant$90min（按 ISO 834 升温），40MPa$\leqslant f_{cuc}\leqslant$80MPa，235MPa$\leqslant f_{yc}\leqslant$420MPa，235MPa$\leqslant f_{ybc}\leqslant$400MPa，$4\%\leqslant\alpha_c\leqslant 8\%$，$1\%\leqslant\rho_c\leqslant 3\%$，$0\leqslant e/r\leqslant 0.9$。

2. 钢管混凝土柱

1）钢管混凝土柱的耐火极限和防火保护层设计

当钢管混凝土柱的柱火灾荷载比 n 大于其火灾下的承载力系数 k_t 时，应采取防火保护措施；当钢管混凝土柱的柱火灾荷载比 n 小于其火灾下的承载力系数 k_t 时，可不采取防火保护措施。

钢管混凝土柱的火灾荷载比应按下式计算：

$$n=\frac{N}{N^*} \tag{8.2.33}$$

型钢混凝土柱火灾后剩余承载力系数 k_{rc} **表 8.2.1**

C (mm)	λ	f_{cuc} (MPa)	t_h (min)	k_{rc}	C (mm)	λ	f_{cuc} (MPa)	t_h (min)	k_{rc}
1600	35	60	0 15 30 45 60 90	1.00 0.71 0.63 0.54 0.50 0.44	2400	35	40	0 15 30 45 60 90	1.00 0.85 0.81 0.78 0.76 0.73
2400	35	60	0 15 30 45 60 90	1.00 0.82 0.77 0.74 0.71 0.67	2400	35	80	0 15 30 45 60 90	1.00 0.71 0.65 0.61 0.58 0.51
3200	35	60	0 15 30 45 60 90	1.00 0.84 0.78 0.76 0.71 0.69	2400	17.5	60	0 15 30 45 60 90	1.00 0.96 0.92 0.84 0.75 0.69
4000	35	60	0 15 30 45 60 90	1.00 0.85 0.81 0.77 0.75 0.71	2400	52.5	60	0 15 30 45 60 90	1.00 0.89 0.83 0.67 0.46 0.38

注：1. 表内中间值可采用插值法确定。

2. 表中，C 为柱的截面周长（mm）；f_{cuc} 为常温阶段混凝土的立方体抗压强度（MPa）；k_{rc} 为火灾后剩余承载力系数；t_h 为按 ISO 834 标准升温曲线的升温时间进行计算；λ 为柱的长细比。绕强轴弯曲时 $\lambda=2\sqrt{3}L/h$，L 绕弱轴弯曲时 $\lambda=2\sqrt{3}L/b$，L 为柱的计算长度，h 和 b 分别为柱的截面高度和宽度。

式中，n 为柱火灾荷载比；N 为火灾下钢管混凝土柱的轴压力设计值；N^* 为常温下钢管混凝土柱的抗压承载力设计值，按《建筑钢-混凝土组合结构抗火设计指南》第 6.1.3～6.1.4 条计算。

常温下承受轴向压力和弯矩作用的圆钢管混凝土柱的抗压承载力设计值 N^*，当 $M/M_u\leqslant 1$ 时应按式（8.2.34）确定，当 $M/M_u>1$ 时应按式（8.2.35）确定，公式适用范围应符合《建筑钢-混凝土组合结构抗火设计指南》6.1.7 条的相关规定：

$$\begin{cases}\dfrac{N^*}{\phi N_u}+\dfrac{1-2\phi^2\eta_0}{1-0.4N^*/N_E}\dfrac{\beta_m M}{M_u}=1\\[2ex] 2\phi^3\eta_0\leqslant\dfrac{N^*}{N_u}\leqslant 1\end{cases}\tag{8.2.34}$$

$$\begin{cases}\dfrac{0.18\xi^{-1.15}}{\phi^3\eta_0^2}\dfrac{(N^*)^2}{N_u^2}-\dfrac{0.36\xi^{-1.15}}{\eta_0}\dfrac{N^*}{N_u}+\dfrac{1}{1-0.4N^*/N_E}\dfrac{\beta_m M}{M_u}=1 \\ \phi^3\eta_0\leqslant\dfrac{N^*}{N_u}<2\phi^3\eta_0\end{cases} \tag{8.2.35}$$

其中，

$$N_u=(1.14+1.02\xi_0)(A_s+A_c)f_c$$

$$M_u=\gamma_m W_{sc}(1.14+1.02\xi_0)f_c$$

$$\gamma_m=1.1+0.48\ln(\xi+0.1)$$

$$\xi_0=\frac{A_s f}{A_c f_c}$$

$$\xi=\frac{A_s f_y}{A_c f_{ck}}$$

$$W_{sc}=\frac{\pi D^3}{32}$$

$$N_E=\frac{\pi^2(E_s A_s+E_c A_c)}{\lambda^2}$$

$$\eta_0=\begin{cases}0.5-0.245\xi & \xi\leqslant 0.4\\ 0.1+0.14\xi^{-0.84} & \xi>0.4\end{cases}$$

$$\phi=\begin{cases}1 & \lambda\leqslant\lambda_0\\ 1+a(\lambda^2-2\lambda_p\lambda+2\lambda_p\lambda_0-\lambda_0^2)-\dfrac{b(\lambda-\lambda_0)}{(\lambda_p+35)^3} & \lambda_0<\lambda\leqslant\lambda_p\\ \dfrac{b}{(\lambda+35)^2} & \lambda>\lambda_p\end{cases}$$

$$a=\frac{(\lambda_p+35)^3-b(35+2\lambda_p-\lambda_0)}{(\lambda_p-\lambda_0)^2(\lambda_p+35)^3}$$

$$b=\left(13000+4657\ln\frac{235}{f_y}\right)\left(\frac{25}{f_{ck}+5}\right)^{0.3}\left(\frac{10A_s}{A_c}\right)^{0.05}$$

$$\lambda=\frac{4l_0}{D}$$

$$\lambda_p=\frac{1743}{\sqrt{f_y}}$$

$$\lambda_0=\pi\sqrt{\frac{420\xi+550}{(1.02\xi+1.14)f_{ck}}}$$

式中，N^* 为常温下钢管混凝土柱的抗压承载力设计值；M 为常温下所计算构件段范围内的最不利组合下的弯矩值；N_u 为常温下轴心受压钢管混凝土短柱的抗压承载力设计值；N_E 为欧拉临界力；M_u 为常温下钢管混凝土受纯弯时的抗弯承载力设计值；f 为常温下钢材的强度设计值；f_y 为常温下钢材的屈服强度；f_c 为常温下混凝土的轴心抗压强度设计值；f_{ck} 为常温下混凝土的轴心抗压强度标准值；A_c 为钢管混凝土柱中混凝土的截面面积；A_s 为钢管混凝土柱中钢管的截面面积；E_c 为常温下混凝土的弹性模量；E_s 为常温下钢材的弹性模量；D 为圆钢管混凝土柱的截面外直径；l_0 为计算长度；W_{sc} 为截面抗弯模量；a、b、η_0 为计算参数；β_m 为等效弯矩系数，按现行国家标准《钢结构设计标准》GB 50017—2017 确定；γ_m 为截面抗弯塑性发展系数；ξ_0 为截面的约束效应系数设计值；ξ 为截面的约束效应系数标准值；ϕ 为轴心受压稳定系数；λ 为长细比；λ_p 为弹性失稳的界限长细比；λ_0 为弹塑性失稳的界限长细比。

常温下承受轴向压力和弯矩作用的矩形钢管混凝土柱的抗压承载力设计值 N^*，应取平面内和平面外失稳承载力的较小值。对平面内失稳承载力，当 $M/M_u \leqslant 1$ 时应按式（8.2.36）确定，当 $M/M_u > 1$ 时应按式（8.2.37）确定；对平面外失稳承载力，应按式（8.2.38）确定。公式适用范围应符合《建筑钢-混凝土组合结构抗火设计指南》6.1.7 条的相关规定。

① 平面内失稳承载力

$$\begin{cases} \dfrac{N^*}{\phi N_u} + \dfrac{1-2\phi^2\eta_0}{1-0.4N^*/N_E}\dfrac{\beta_m M}{M_u} = 1 \\ 2\phi^3\eta_0 \leqslant \dfrac{N^*}{N_u} \leqslant 1 \end{cases} \tag{8.2.36}$$

$$\begin{cases} \dfrac{0.14\xi^{-1.3}}{\phi^3\eta_0^2}\dfrac{(N^*)^2}{N_u^2} - \dfrac{0.28\xi^{-1.3}}{\eta_0}\dfrac{N^*}{N_u} + \dfrac{1}{1-0.25N^*/N_E}\dfrac{\beta_m M}{M_u} = 1 \\ \phi^3\eta_0 \leqslant \dfrac{N^*}{N_u} < 2\phi^3\eta_0 \end{cases} \tag{8.2.37}$$

② 平面外失稳承载力

$$\frac{N^*}{\phi N_u} + \frac{\beta_m M}{1.4M_u} = 1 \tag{8.2.38}$$

其中，

$$N_u = (1.18 + 0.85\xi_0)(A_s + A_c)f_c$$

$$M_u = \gamma_m W_{sc}(1.18 + 0.85\xi_0)f_c$$

$$\gamma_m = 1.04 + 0.48\ln(\xi + 0.1)$$

$$\xi_0 = \frac{A_s f}{A_c f_c}$$

$$\xi = \frac{A_s f_y}{A_c f_{ck}}$$

$$W_{SC} = \begin{cases} \dfrac{1}{6}BD^2 & \text{绕强轴} \\ \dfrac{1}{6}B^2D & \text{绕弱轴} \end{cases}$$

$$N_E = \frac{\pi^2(E_s A_s + E_c A_c)}{\lambda^2}$$

$$\eta_0 = \begin{cases} 0.5 - 0.318\xi & \xi \leqslant 0.4 \\ 0.1 + 0.13\xi^{-0.81} & \xi > 0.4 \end{cases}$$

$$\phi=\begin{cases}1 & \lambda\leqslant\lambda_0\\ 1+a(\lambda^2-2\lambda_p\lambda+2\lambda_p\lambda_0-\lambda_0^2)-\dfrac{b(\lambda-\lambda_0)}{(\lambda_p+35)^3} & \lambda_0<\lambda\leqslant\lambda_p\\ \dfrac{b}{(\lambda+35)^2} & \lambda>\lambda_p\end{cases}$$

$$a=\frac{(\lambda_p+35)^3-b(35+2\lambda_p-\lambda_0)}{(\lambda_p-\lambda_0)^2(\lambda_p+35)^3}$$

$$b=\left\{13500+4810\ln\frac{235}{f_y}\right)\left(\frac{25}{f_{ck}+5}\right)^{0.3}\left(\frac{10A_s}{A_c}\right)^{0.05}$$

$$\lambda=\begin{cases}\dfrac{2\sqrt{3}l_0}{D} & \text{绕强轴}\\ \dfrac{2\sqrt{3}l_0}{B} & \text{绕弱轴}\end{cases}$$

$$\lambda_p=\frac{1811}{\sqrt{f_y}}$$

$$\lambda_0=\pi\sqrt{\frac{220\xi+450}{(0.85\xi+1.18)f_{ck}}}$$

式中，B 为矩形钢管混凝土柱的短边长度；D 为矩形钢管混凝土柱的长边长度；其他符号同前。

圆钢管混凝土柱和矩形钢管混凝土柱火灾下的承载力系数 k_t 可分别按式（8.2.39）和式（8.2.40）计算，公式适用范围应符合《建筑钢-混凝土组合结构抗火设计指南》6.1.7 条的相关规定。

$$k_t=\begin{cases}\dfrac{1}{1+at_0^{2.5}} & t_0\leqslant t_1\\ \dfrac{1}{1+at_1^{2.5}+b(t_0-t_1)} & t_1<t_0\leqslant t_2\\ \dfrac{1}{1+at_1^{2.5}+b(t_2-t_1)}+k(t_0-t_2) & t_0>t_2\end{cases}\tag{8.2.39}$$

$$a=(-0.13\lambda_0^3+0.92\lambda_0^2-0.39\lambda_0+0.74)(-2.85C_0+19.45)$$

$$b=C_0^{-0.46}(-1.59\lambda_0^2+13.0\lambda_0-3.0)$$

$$k=(-0.1\lambda_0^2+1.36\lambda_0+0.04)(0.0034C_0^3-0.0465C_0^2+0.21C_0-0.33)$$

$$t_1=(7.2\times10^{-3}C_0^2-0.02C_0+0.27)(-1.31\times10^{-2}\lambda_0^3+0.17\lambda_0^2-0.72\lambda_0+1.49)$$

$$t_2=(0.006C_0^2-0.009C_0+0.362)(0.007\lambda_0^3+0.209\lambda_0^2-1.035\lambda_0+1.868)$$

$$t_0=\frac{3t}{5}$$

$$C_0=\frac{C}{400\pi}$$

$$\lambda_0=\frac{\lambda}{40}$$

$$k_t=\begin{cases}\dfrac{1}{1+at_0^2} & t_0\leqslant t_1\\ \dfrac{1}{bt_0^2+1+(a-b)t_1^2} & t_1<t_0\leqslant t_2\\ \dfrac{1}{bt_2^2+1+(a-b)t_1^2}+k(t_0-t_2) & t_0>t_2\end{cases}\tag{8.2.40}$$

$$a=(0.015\lambda_0^2-0.025\lambda_0+1.04)(-2.56C_0+16.08)$$

$$b=(-0.19\lambda_0^3+1.48\lambda_0^2-0.95\lambda_0+0.86)(-0.19C_0^2+0.15C_0+9.05)$$

$$k=0.042(\lambda_0^3-3.08\lambda_0^3-0.21\lambda_0+0.23)$$

$$t_1=0.38(0.02\lambda_0^3-0.13\lambda_0^2+0.05\lambda_0+0.95)$$

$$t_2=(0.022C_0^2-0.105C_0+0.696)(0.03\lambda_0^2-0.29\lambda_0+1.21)$$

$$t_0=\frac{3t}{5}$$

$$C_0=\frac{C}{1600}$$

$$\lambda_0=\frac{\lambda}{40}$$

式中，k_t 为钢管混凝土柱火灾下的承载力系数；t 为受火时间（h）；C 为钢管混凝土柱截面周长（mm）；λ 为长细比；a、b、k、t_1、t_2、t_0、C_0、λ_0 为计算参数。

当符合《建筑钢-混凝土组合结构抗火设计指南》第 6.1.7 条第 1～5 款时，可按式（6.1.6）计算钢管混凝土柱的防火保护层厚度；当钢管混凝土柱所受的火灾不同于《建筑钢-混凝土组合结构抗火设计指南》第 3.1.1 条规定的标准火灾时，受火时间应取等效曝火时间。当计算的防火保护层厚度小于 7mm 时应取 7mm。

2）采用金属网抹 M5 水泥砂浆进行防火保护

（1）圆钢管混凝土柱

$$d_i=k_{LR}(135-1.12\lambda)(1.85t-0.5t^2+0.07t^3)C^{0.0045\lambda-0.396}\tag{8.2.41}$$

$$k_{LR}=\begin{cases}\dfrac{n-k_t}{0.77-k_t} & n<0.77\\ \dfrac{1}{3.618-0.15t-(3.4-0.2t)n} & n\geqslant 0.77\text{ 且 }k_t<0.77\\ (2.5t+2.3)\dfrac{n-k_t}{1-k_t} & k_t\geqslant 0.77\end{cases}$$

式中，d_i 为防火保护层厚度（mm）；k_t 为钢管混凝土柱火灾下的承载力系数；n 为火灾荷载比；t 为受火时间（h）；C 为钢管混凝土柱截面周长（mm）；λ 为长细比；k_{LR} 为计算参数，介于 0 和 1.0 之间。

（2）矩形钢管混凝土柱

$$d_i=k_{LR}(220.8t+123.8)C^{3.25\times10^{-4}\lambda-0.3075}\tag{8.2.42}$$

$$k_{LR}=\begin{cases}\dfrac{n-k_t}{0.77-k_t} & n<0.77\\ \dfrac{1}{3.464-0.15t-(3.2-0.2t)n} & n\geqslant 0.77\text{ 且 }k_t<0.77\\ 5.7t\dfrac{n-k_t}{1-k_t} & k_t\geqslant 0.77\end{cases}$$

3）采用非膨胀型钢结构防火涂料进行防火保护

（1）圆钢管混凝土柱

$$d_i=k_{LR}(19.2t+9.6)C^{0.0019\lambda-0.28} \tag{8.2.43}$$

$$k_{LR}=\begin{cases}\dfrac{n-k_t}{0.77-k_t} & n<0.77\\ \dfrac{1}{3.695-3.5n} & n\geqslant 0.77\text{ 且 }k_t<0.77\\ 7.2t\dfrac{n-k_t}{1-k_t} & k_t\geqslant 0.77\end{cases}$$

（2）矩形钢管混凝土柱

$$d_i=k_{LR}(149.6t+22)C^{2\times10^{-5}\lambda^2-0.0017\lambda-0.42} \tag{8.2.44}$$

$$k_{LR}=\begin{cases}\dfrac{n-k_t}{0.77-k_t} & n<0.77\\ \dfrac{1}{3.695-3.5n} & n\geqslant 0.77\text{ 且 }k_t<0.77\\ 10t\dfrac{n-k_t}{1-k_t} & k_t\geqslant 0.77\end{cases}$$

当符合下列条件时，可用《建筑钢-混凝土组合结构抗火设计指南》第 6.1.2～6.1.6 条进行钢管混凝土柱火灾下的承载力系数和防火保护层计算：

① 钢管采用 Q235、Q345、Q390 和 Q420 钢，混凝土强度等级为 C30～C80，且含钢率 A_s/A_c 为 0.04～0.20；

② 柱长细比 λ 为 10～60；

③ 圆钢管混凝土柱截面外直径 D 为 200～1400mm，矩形钢管混凝土柱的短边长度 B 为 200～1400mm；

④ 荷载偏心率 e/r 为 0～3.0（e 为荷载偏心距；对于圆钢混凝土，r 为钢管截面外直径的一半；对于矩形钢管混凝土，r 为荷载偏心方向边长的一半）；

⑤ 火灾为《建筑钢-混凝土组合结构抗火设计指南》第 4.1.1 条规定的标准火灾，且柱受火时间不超过 180min。当钢管混凝土柱所受的火灾不同于第 4.1.1 条规定的标准火灾时，受火时间应取等效曝火时间。

4）钢管混凝土柱火灾后剩余承载力和残余变形

钢管混凝土柱经历 ISO 834 标准火灾后的剩余承载力影响系数 k_{rc} 应按式（8.2.45）计算：

$$k_{rc}=\frac{N'_{cr}}{N_{cr}} \tag{8.2.45}$$

式中，k_{rc} 为火灾后剩余承载力系数；N'_{cr}为 ISO 834 标准火灾后钢管混凝土柱的剩余承载力；N_{cr} 为常温下钢管混凝土柱极限承载力。

钢管混凝土柱经历 ISO 834 标准火灾后的残余变形 U_m 应按下式计算：

$$U_m=U_p-U_o \tag{8.2.46}$$

式中，U_m 为经历 ISO 834 标准火灾后的残余变形；U_p 为钢管混凝土柱截面各处均将至室温时的跨中挠度；U_o 为常温下钢管混凝土柱受到的外荷载为 N_0 时产生跨中挠度。

对圆钢管混凝土，经历 ISO 834 标准火灾后的剩余承载力影响系数 k_r 和残余变形 U_m 可分别按式（8.2.47）和式（8.2.48）计算。

$$k_r=\begin{cases}(1.0-0.09t_o)f(D_o)f(\lambda_o)f(n_o) & t_o\leqslant 0.3\\(-0.56t_o+1.14)f(D_o)f(\lambda_o)f(n_o) & t_o>0.3\end{cases} \tag{8.2.47}$$

式中，

$$f(D_o)=\begin{cases}k_1(D_o-1)+1 & D_o\leqslant 1\\k_2(D_o-1)+1 & D_o>1\end{cases}$$

$$f(\lambda_o)=\begin{cases}k_3(\lambda_o-1)+1 & \lambda_o\leqslant 1.5\\k_4\lambda_o+k_5 & \lambda_o>1.5\end{cases}$$

$$f(n_o)=\begin{cases}k_6(1-n_o)^2+k_7(1-n_o)+1 & n_o\leqslant 1\\1 & n_o>1\end{cases}$$

$$k_1=0.13t_o$$

$$k_2=0.14t_o^3-0.03t_o^2+0.01t_o$$

$$k_3=-0.08t_o$$

$$k_4=0.12t_o$$

$$k_5=1-0.22t_o$$

$$k_6=\begin{cases}-0.4t_o & t_o\leqslant 0.2\\-2.7t_o^2+0.64t_o-0.1 & t_o>0.2\end{cases}$$

$$k_7=\begin{cases}0.06t_o & t_o\leqslant 0.2\\1.2t_o^2-1.83t_o+0.33 & t_o>0.2\end{cases}$$

$$t_o=\frac{t}{t_R},\ D_o=\frac{D}{400},\ \lambda_o=\frac{\lambda}{40},\ n_o=\frac{n}{0.6}$$

$$U_m=f(t_o)f(\lambda_o)f(D_o)f(n_o)f(a)+f(e_o) \tag{8.2.48}$$

式中，

$$f(t_o)=\begin{cases}0 & t_o\leqslant 0.2\\77.25t_o^2-19.10t_o+0.73 & t_o>0.2\end{cases}$$

$$f(\lambda_o)=\begin{cases}-1.05\lambda_o^2+3.30\lambda_o-1.25 & \lambda_o\leqslant 1.5\\u_1\lambda_o^2+u_2\lambda_o+u_3 & \lambda_o>1.5\end{cases}$$

$$f(D_o)=\begin{cases}u_4(D_o-1)+1.0 & D_o\leqslant 1.0\\ u_5(D_o-1)+1.0 & D_o>1.0\end{cases}$$

$$f(n_o)=\begin{cases}2.34n_o^2-1.80n_o+0.46 & n_o\leqslant 1.0\\ 2.10(n_o-1)+1 & n_o>1.0\end{cases}$$

$$f(a)=\begin{cases}a\dfrac{117.5t_o^2-36.8t_o-68.9}{1000}+1 & \text{厚涂型钢结构防火涂料}\\ u_6\left(\dfrac{a}{100}\right)^2+u_7\left(\dfrac{a}{100}\right)+1 & \text{水泥砂浆}\end{cases}$$

$$f(e_o)=\begin{cases}u_8e_o & e_o\leqslant 0.3\\ u_9e_o+u_{10} & e_o>0.3\end{cases}$$

$$u_1=-2.77t_o+2.49$$

$$u_2=11.78t_o-11.38$$

$$u_3=-11.44t_o+12.81$$

$$u_4=-2.20t_o+2.44$$

$$u_5=\begin{cases}6.00t_o-1.20 & t_o\leqslant 0.4\\ -2.78t_o+2.32 & t_o>0.4\end{cases}$$

$$u_6=-2.99t_0+2.13$$

$$u_7=3.1t_0-3.07$$

$$u_8=\begin{cases}4.85t_o & t_o\leqslant 0.2\\ -46.30t_o+10.23 & t_o>0.2\end{cases}$$

$$u_9=171.03t_o^2-12.72t_o$$

$$u_{10}=0.3(u_6-u_7)$$

$$t_o=\frac{t}{t_R},\lambda_o=\frac{\lambda}{40},D_o=\frac{D}{400},n_o=\frac{n}{0.6},e_o=\frac{e}{r_o}$$

式(8.2.47)和式(8.2.48)的适用范围为：$f_y=235\sim420\text{MPa}$，$f_{ck}=20\sim56\text{MPa}$，$\alpha=0.04\sim0.20$，$D=200\sim2000\text{mm}$，$\lambda=20\sim120$，$n=0.2\sim0.8$，$t/t_R=0\sim0.6$，$e/r_o=0\sim1.2$，对于厚涂型钢结构防火涂料保护层 $a=0\sim15\text{mm}$，对于水泥砂浆保护层 $a=0\sim90\text{mm}$。

对矩形钢管混凝土，经历 ISO 834 标准火灾后的剩余承载力影响系数 k_r 和残余变形 U_m 可分别按式(8.2.49)和式(8.2.50)计算。

$$k_r=\begin{cases}(1.0-0.13t_o)f(D_o)f(\lambda_o)f(n_o) & t_o\leqslant 0.3\\ (-0.66t_o+1.159)f(D_o)f(\lambda_o)f(n_o) & t_o>0.3\end{cases}\tag{8.2.49}$$

式中，

$$f(D_o)=\begin{cases}k_1(D_o-1)+1 & D_o\leqslant 1\\ k_2(D_o-1)+1 & D_o>1\end{cases}$$

$$f(\lambda_o)=\begin{cases}k_3(\lambda_o-1)+1 & \lambda_o\leqslant 1.5\\ k_4\lambda_o+k_5 & \lambda_o>1.5\end{cases}$$

$$f(n_o)=\begin{cases}k_6(1-n_o)^2+k_7(1-n_o)+1 & n_o\leqslant 1\\ 1 & n_o>1\end{cases}$$

$k_1=0.16t_o$

$k_2=0.10t_o^2-0.01t_o$

$k_3=-0.12t_o$

$k_4=0.08t_o$

$k_5=1-0.18t_o$

$$k_6=\begin{cases}-0.4t_o & t_o\leqslant 0.2\\ -2.7t_o^2+0.64t_o-0.1 & t_o>0.2\end{cases}$$

$$k_7=\begin{cases}-0.06t_o & t_o\leqslant 0.2\\ 1.2t_o^2-1.83t_o+0.33 & t_o>0.2\end{cases}$$

$t_o=\dfrac{t}{t_R}$，$D_o=\dfrac{D}{400}$，$\lambda_o=\dfrac{\lambda}{40}$，$n_o=\dfrac{n}{0.6}$

$$U_m=f(t_o)f(\lambda_o)f(D_o)f(n_o)f(a)+f(e_o) \tag{8.2.50}$$

式中，

$$f(t_o)=\begin{cases}0 & t_o\leqslant 0.3\\ 121.55t_o^2-38.12t_o+0.50 & t_o>0.3\end{cases}$$

$$f(\lambda_o)=\begin{cases}-1.05\lambda_o^2+2.96\lambda_o-0.91 & \lambda_o\leqslant 1.5\\ 0.74\lambda_o^2-3.65\lambda_o+4.98 & \lambda_o>1.5\end{cases}$$

$$f(D_o)=\begin{cases}u_1(D_o-1)+1.0 & D_o\leqslant 1.0\\ u_2(D_o-1)+1.0 & D_o>1.0\end{cases}$$

$$f(n_o)=\begin{cases}2.02(n_o-1)^2+2.57(n_o-1)+1.0 & n_o\leqslant 1.0\\ 3.0(n_o-1)+1 & n_o>1.0\end{cases}$$

$$f(a)=\begin{cases}a(0.1t_o-0.1)+1 & \text{厚涂型钢结构防火涂料}\\ a\dfrac{6.5t_o-13.2}{1000}+1 & \text{水泥砂浆}\end{cases}$$

$$f(e_o)=\begin{cases}u_3e_o & e_o\leqslant 0.3\\ u_4e_o+u_5 & e_o>0.3\end{cases}$$

$u_1=-5.6t_o+4.1$

$u_2=-9.55t_o^2+9.54t_o-1.84$

$$u_3=\begin{cases}0 & t_o\leqslant 0.3\\ -68.7(t_o-0.3) & t_o>0.3\end{cases}$$

$$u_4=\begin{cases}15.7t_o & t_o\leqslant 0.3\\ 98.2(t_o-0.3)+4.7 & t_o>0.3\end{cases}$$

$u_5=0.3(u_3-u_4)$

$t_o=\frac{t}{t_R}$，$\lambda_o=\frac{\lambda}{40}$，$D_o=\frac{D}{400}$，$n_o=\frac{n}{0.6}$，$e_o=\frac{e}{r_o}$

式（8.2.49）和式（8.2.50）的适用范围为：$f_y=235\sim420$MPa，$f_{ck}=20\sim56$MPa，$\alpha=0.04\sim0.20$，$D=200\sim2000$mm，$D/B=1\sim2$，$\lambda=20\sim120$，$n=0.2\sim0.8$，$t/t_R=0\sim0.6$，$e/r_o=0\sim1.2$，对于厚涂型钢结构防火涂料保护层 $a=0\sim15$mm，对于水泥砂浆保护层 $a=0\sim90$mm。

3. 钢管混凝土叠合柱

（1）钢管混凝土叠合柱的火灾荷载比应按式（8.2.51）计算：

$$n=\frac{N}{N_u} \tag{8.2.51}$$

式中，n 为火灾荷载比；N 为火灾下钢管混凝土叠合柱的轴压力设计值；N_u 为常温下钢管混凝土叠合柱的抗压承载力设计值，采用《钢管混凝土叠合柱结构技术规程》T/CECS 188—2019 中给出的钢管混凝土叠合柱轴压强度承载力计算公式进行计算。

（2）钢管混凝土叠合柱中核心钢管混凝土柱的承载力系数应按式（8.2.52）计算：

$$n_{cfst}=\frac{N_{cfst}}{N_u} \tag{8.2.52}$$

式中，n_{cfst} 为核心钢管混凝土柱的承载力系数；N_{cfst} 为截面内部核心钢管混凝土柱的极限承载力，采用 6.1.3 给出的钢管混凝土轴压强度承载力计算公式进行计算；N_u 为钢管混凝土叠合柱的极限承载力，采用《钢管混凝土叠合柱结构技术规程》T/CECS 188—2019 中给出的钢管混凝土叠合柱轴压强度承载力计算公式进行计算。

（3）火灾升温时间比应按下式计算：

$$t_o=\frac{t_h}{t_R} \tag{8.2.53}$$

式中，t_o 为火灾升温时间比；t_h 为火灾升、降温临界时间；t_R 为耐火极限。

（4）钢管混凝土叠合柱在 ISO 834 升温阶段达到极限状态时的耐火时间为耐火极限；而在 ISO 834 降温阶段达到极限状态的时间为降温破坏时间。

（5）钢管混凝土叠合柱的外包混凝土宜采用 C30～C50 混凝土；核心混凝土宜采用 C30～C70 混凝土。

（6）当符合下列条件时，钢管混凝土叠合柱在 ISO 834 标准升降温火灾下的耐火极限或降温破坏时间可通过查表 8.2.2 获得。

① 钢管采用 Q235、Q345、Q390 和 Q420 钢，外包混凝土强度等级为 C30～C50，核心混凝土强度等级为 C30～C70，含钢率 A_s/A_c 为 10.8%～15.6%；

② 短边长度 B 为 300～1500mm，柱长细比 λ 为 22 ～ 66；

③ 火灾荷载比 n 为 0.3～0.6，核心钢管混凝土柱的承载力系数 n_{cfst} 为 0.3～0.7，火灾升温时间比 t_o 为 0.6～0.9；

④ 火灾为 ISO 834 标准升降温火灾，且柱受火时间不超过 3h。当钢管混凝土叠合柱所受的火灾不同于标准火灾时，受火时间应取等效曝火时间。

钢管混凝土叠合柱耐火极限或降温破坏时间（n_{cfst}=0.30，单位：h）表 8.2.2（a）

λ	B (mm)	t_o	n			
			0.3	0.4	0.5	0.6
22	300	1	>3	>3	>3	2.47
		0.8	>3	>3	>3	2.75
		0.6	>3	>3	>3	2.95
	600	1	>3	>3	>3	>3
		0.8	>3	>3	>3	>3
		0.6	>3	>3	>3	>3
	900	1	>3	>3	>3	>3
		0.8	>3	>3	>3	>3
		0.6	>3	>3	>3	>3
	1500	1	>3	>3	>3	>3
		0.8	>3	>3	>3	>3
		0.6	>3	>3	>3	>3
44	300	1	1.57	1.00	0.70	0.48
		0.8	1.73	1.07	0.80	0.55
		0.6	>3	1.68	0.83	0.60
	600	1	>3	1.85	1.15	0.80
		0.8	>3	2.07	1.18	0.83
		0.6	>3	>3	>3	1.05
	900	1	>3	>3	1.73	1.13
		0.8	>3	>3	1.82	1.17
		0.6	>3	>3	>3	>3
	1500	1	>3	>3	>3	>3
		0.8	>3	>3	>3	>3
		0.6	>3	>3	>3	>3
66	300	1	0.85	0.55	0.40	0.30
		0.8	1.10	0.60	0.43	0.33
		0.6	1.33	0.85	0.52	0.40
	600	1	1.42	0.88	0.57	0.42
		0.8	1.47	0.90	0.58	0.43
		0.6	>3	1.05	0.65	0.48
	900	1	2.10	1.20	0.78	0.55
		0.8	2.25	1.22	0.80	0.57
		0.6	>3	>3	0.90	0.62
	1500	1	>3	1.82	1.15	0.80
		0.8	>3	1.88	1.22	0.83
		0.6	>3	>3	1.40	0.95

钢管混凝土叠合柱耐火极限或降温破坏时间（n_{cfst}=0.53，单位：h）表 8.2.2（b）

λ	B（mm）	t_o	n			
			0.3	0.4	0.5	0.6
22	300	1	＞3	＞3	＞3	1.63
		0.8	＞3	＞3	＞3	1.73
		0.6	＞3	＞3	＞3	1.78
	600	1	＞3	＞3	＞3	＞3
		0.8	＞3	＞3	＞3	＞3
		0.6	＞3	＞3	＞3	＞3
	900	1	＞3	＞3	＞3	＞3
		0.8	＞3	＞3	＞3	＞3
		0.6	＞3	＞3	＞3	＞3
	1500	1	＞3	＞3	＞3	＞3
		0.8	＞3	＞3	＞3	＞3
		0.6	＞3	＞3	＞3	＞3
44	300	1	2.02	1.28	0.90	0.65
		0.8	2.10	1.32	0.92	0.67
		0.6	＞3	1.57	1.00	1.77
	600	1	＞3	＞3	2.07	1.32
		0.8	＞3	＞3	2.12	1.35
		0.6	＞3	＞3	2.43	1.57
	900	1	＞3	＞3	＞3	1.80
		0.8	＞3	＞3	＞3	1.95
		0.6	＞3	＞3	＞3	＞3
	1500	1	＞3	＞3	＞3	＞3
		0.8	＞3	＞3	＞3	＞3
		0.6	＞3	＞3	＞3	＞3
66	300	1	1.40	0.88	0.63	0.42
		0.8	1.45	0.90	0.65	0.43
		0.6	2.73	1.00	0.72	0.48
	600	1	＞3	2.12	1.37	0.78
		0.8	＞3	2.15	1.42	0.80
		0.6	＞3	2.53	1.62	0.92
	900	1	＞3	＞3	1.82	0.92
		0.8	＞3	＞3	1.90	0.97
		0.6	＞3	＞3	＞3	＞3
	1500	1	＞3	＞3	＞3	1.30
		0.8	＞3	＞3	＞3	1.42
		0.6	＞3	＞3	＞3	＞3

钢管混凝土叠合柱耐火极限或降温破坏时间（n_{cfst}=0.70，单位：h）表 8.2.2（c）

λ	B (mm)	t_o	n			
			0.3	0.4	0.5	0.6
22	300	1	>3	>3	>3	1.63
		0.8	>3	>3	>3	1.73
		0.6	>3	>3	>3	1.78
	600	1	>3	>3	>3	>3
		0.8	>3	>3	>3	>3
		0.6	>3	>3	>3	>3
	900	1	>3	>3	>3	>3
		0.8	>3	>3	>3	>3
		0.6	>3	>3	>3	>3
	1500	1	>3	>3	>3	>3
		0.8	>3	>3	>3	>3
		0.6	>3	>3	>3	>3
44	300	1	1.95	1.22	0.87	0.65
		0.8	2.05	1.23	0.88	0.68
		0.6	>3	1.37	0.92	0.73
	600	1	>3	>3	1.65	1.17
		0.8	>3	>3	1.67	1.18
		0.6	>3	>3	1.78	1.22
	900	1	>3	>3	>3	1.87
		0.8	>3	>3	>3	1.88
		0.6	>3	>3	>3	>3
	1500	1	>3	>3	>3	>3
		0.8	>3	>3	>3	>3
		0.6	>3	>3	>3	>3
66	300	1	1.55	0.95	0.68	0.52
		0.8	1.57	0.96	0.70	0.53
		0.6	>3	1.10	0.78	0.55
	600	1	>3	1.72	1.18	0.90
		0.8	>3	1.73	1.20	0.92
		0.6	>3	1.88	1.25	0.93
	900	1	>3	>3	1.88	1.38
		0.8	>3	>3	1.90	1.40
		0.6	>3	>3	>3	>3
	1500	1	>3	>3	>3	>3
		0.8	>3	>3	>3	>3
		0.6	>3	>3	>3	>3

8.2.3 提高钢-混凝土组合结构耐火性能的措施和施工要求

1. 措施

(1) 钢管混凝土柱、中空夹层钢管混凝土柱和钢管混凝土叠合柱内的钢管应在每个楼层设置直径为20mm的排气孔。排气孔宜在柱与楼板相交位置的上、下方100mm处各布置1个，并应沿柱身反对称布置。当楼层高度超过6m时，应增设排气孔，且排气孔纵向间距不宜超过6m。

(2) 高温下混凝土发生爆裂会对结构产生不利影响，可采用以下三种方法减轻爆裂：①控制混凝土的含水率在3%以下；②由于自密实混凝土中填充了比水泥颗粒还要小的超细颗粒（如硅粉），相比于普通混凝土更易发生爆裂，尽量减少自密实混凝土的使用；③在混凝土中适量地加入聚丙烯纤维，能增加混凝土的渗透性，减小孔隙水压，从而有效地减轻高强混凝土的爆裂现象。

2. 施工要求

钢-混凝土组合结构施工及验收应包括钢管（型钢）、钢筋的制作和安装、混凝土浇筑（对叠合柱包括钢管内混凝土和钢管外钢筋混凝土施工）三部分。三部分施工应互相衔接，密切配合，使钢-混凝土组合成为整体构件。

8.2.4 工程应用

1. 武汉绿地中心典型型钢混凝土柱的耐火极限计算

(1) 计算依据

武汉绿地中心的建筑平面为人字形，是采用内筒外框结构形式的塔式建筑，外框柱为采用高强混凝土的型钢混凝土柱。裸露在外的高强混凝土在遭受火灾时，其承载力会有不同程度的降低，因此需对其耐火极限进行计算。

本节根据华东建筑设计院提供的工程信息，基于有关设计规范的规定，结合本章相关研究成果，进行耐火极限计算。

(2) 设计参数和简化模型

根据华东建筑设计院提供的图纸，型钢混凝土柱设计截面有SC1和SC2两种类型，其截面设计图纸分别如图8.2.1和图8.2.2所示，相应的几何和物理参数如表8.2.3所示。其中，所有柱的混凝土强度均为C70，配筋率ρ均为1.00%，截面含钢率α_{cs}均为4%。

(3) 常温下组合柱极限承载力计算

对型钢混凝土柱的计算长度H_0（图8.2.3），参考《混凝土结构设计规范》GB 50010—2010中的相关规定，并根据现有资料，暂对底层柱的计算长度取为1.0H，其余各层柱采用1.25H，其中H代表柱实际高度。表8.2.4中选取了同一种型钢混凝土柱截面所在的代表性楼层，其实际高度H和计算长度H_0如表8.2.4所示。

型钢混凝土柱常温下的极限承载力是计算其火灾荷载比的基础。对如表8.2.4所示的型钢混凝土柱，常温下极限承载力N_{cr}参考华东院提供的P-M-M曲线数据采用。也可参考《型组合结构设计规范》JGJ 138—2016的相关规定。

钢混凝土柱相关几何和物理参数　表 8.2.3

柱号	柱位置/层	几何尺寸(mm)				预埋型钢尺寸(mm)													
		A	B	C	D	d_1	d_2	d_3	d_4	d_5	d_6	b_{f1}	b_{f2}	b_{f3}	b_{f4}	t_f	t_{w1}	t_{w2}	t_{w3}
SC1	103-顶层	1140	2500	1991	1444	200	200	400	400	455	1190	500	—	—	—	20	30	30	30
	101-103	1860	2800	2846	2299	400	400	600	500	840	1015	500	—	130	250	40	40	40	40
	91-101	1860	2800	2846	2299	400	400	600	500			500	700	100	400	40	40	40	40
	70-91	2120	3000	3181	2604	400	400	600	500	—	—	700	700	350	350	40	40	50	40
	60-70	2510	3000	3571	2994	400	400	600	500	—	—	700	700	350	350	40	40	50	40
	49-60	2510	3000	3571	2994	400	400	600	500	—	—	700	700	350	350	40	40	50	40
	39-49	2510	3000	3571	2994	400	400	600	500	—	—	700	700	350	350	40	40	50	40
	25-39	2530	3150	3748	3086	400	400	600	500	—	—	700	700	350	350	40	50	50	50
	15-25	2530	3150	3748	3086	400	400	600	500	—	—	700	700	350	350	40	60	60	60
	2-15	3520	3150	4738	4076	400	400	600	500	—	—	700	700	350	350	40	60	60	60
	B6-2	3520	3150	4738	4076	400	400	600	500	—	—	700	700	350	350	40	60	60	60
柱号	柱位置/层					b_1	d_1	d_2	d_3	b_{f1}	t_{f1}	b_{f2}	t_{f2}	t_{w1}	t_{w2}				
SC2	91-103	1310	1500	1685	—	900	400	400	725	500	30	500	30	20	20				
	70-91	1490	1700	1915	—	900	400	505	725	500	40	500	25	25	25				
	60-70	2130	1900	2605	—	1100	400	965	800	500	50	700	30	30	30				
	49-60	2230	2200	2780	—	1300	400	437	1100	600	50	800	30	30	30				
	39-49	2230	2200	2780	—	1600	400	300	1100	600	50	800	30	30	30				
	25-39	2560	2600	3210	—	1600	400	680	1150	600	65	800	40	40	40				
	15-25	2630	3000	3380	—	2000	400	420	1200	700	65	1000	40	40	40				
	2-15	3110	3000	3720	—	2000	400	710	1350	800	65	1200	40	40	40				
	B6-2	3110	3000	3720	—	2000	400	600	1450	900	65	1200	40	40	40				

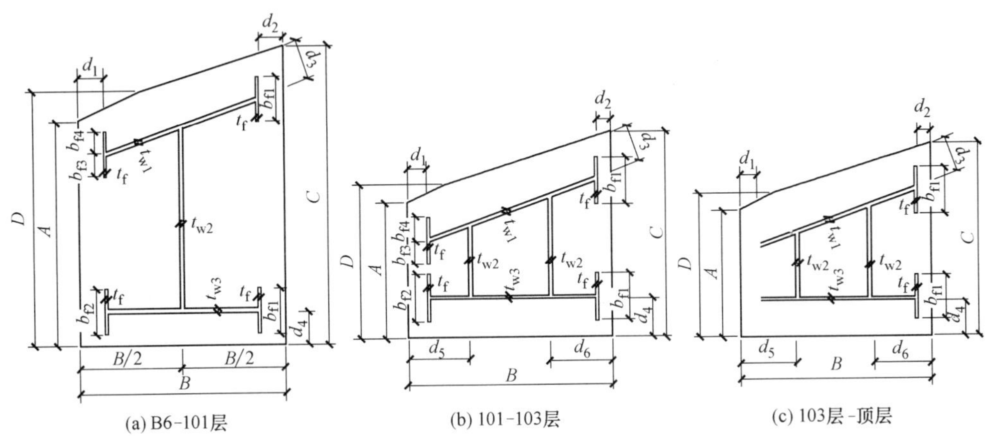

图 8.2.1　柱 SC1 截面示意图

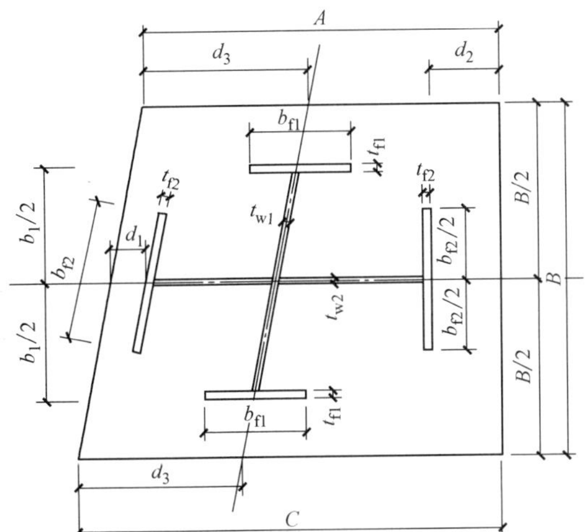

图 8.2.2　柱 SC2 截面示意图

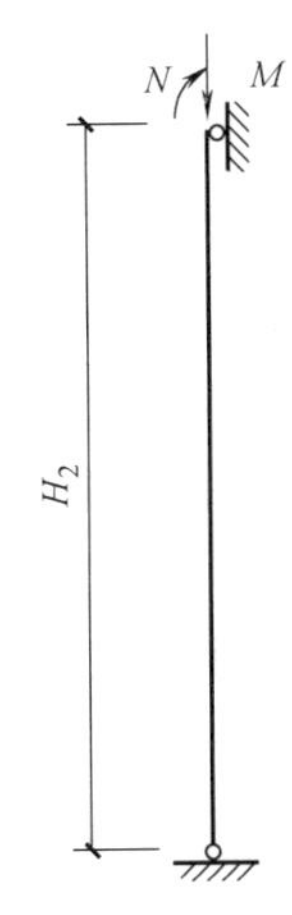

图 8.2.3　型钢混凝土计算长度示意图（两端铰支柱）

型钢混凝土柱的相关材料性能参数如下：

Q345 钢：$f_y=325\text{N/mm}^2$（$t=20\text{mm}$ 和 $t=30\text{mm}$），$f_y=295\text{N/mm}^2$（$t=40\text{mm}$ 和 $t=45\text{mm}$），$f_y=275\text{N/mm}^2$（$t=60\text{mm}$）；$E_s=2.06\times10^5\ \text{N/mm}^2$。

C70 混凝土：$f_{ck}=44.5\ \text{N/mm}^2$，$E_c=3.70\times10^4\ \text{N/mm}^2$。

型钢混凝土柱常温下承载力计算　　**表 8.2.4**

柱号	柱位置(层)	混凝土强度	ρ	α_{cs}	H(m)	H_0	N_{cr}(kN)
SC1	103	C70	1.00%	4%	4.0	5.0	162468
	91	C70	1.00%	4%	4.0	5.0	317323
	70	C70	1.00%	4%	4.0	5.0	365631
	60	C70	1.00%	4%	4.5	5.6	411976
	49	C70	1.00%	4%	9.0	11.3	411976

续表

柱号	柱位置（层）	混凝土强度	ρ	α_{cs}	H(m)	H_0	N_{cr}(kN)
SC1	39	C70	1.00%	4%	4.5	5.6	411976
	25	C70	1.00%	4%	9.0	11.25	486464
	15	C70	1.00%	5%	4.5	5.6	486464
	2	C70	1.00%	4%	6.75	8.4	599269
	1	C70	1.00%	4%	22.5	22.5	599269
SC2	91	C70	1.00%	4%	4.0	5.0	99298
	70	C70	1.00%	4%	4.0	5.0	134440
	60	C70	1.00%	4%	4.5	5.6	208760
	49	C70	1.00%	4%	9.0	11.3	252951
	39	C70	1.00%	4%	4.5	5.6	252951
	25	C70	1.00%	4%	6.0	7.5	357141
	15	C70	1.00%	4%	4.5	5.6	398120
	2	C70	1.00%	4%	6.75	8.4	463547
	1	C70	1.00%	4%	22.5	22.5	463547

(4) 火灾下组合柱的轴压荷载水平

火灾是构件在使用期内可能遭受到的偶然和短期作用，且火灾中人群的主动疏散等，火灾荷载标准值可不再考虑各荷载的分项系数。进行钢-混凝土组合结构抗火验算时，可按偶然设计状况的作用效应组合，采用下列较不利组合的表达式。

$$S_m=\gamma_0(S_{Gk}+S_{Tk}+\phi_f S_{Qk}) \tag{8.2.54}$$

$$S_m=\gamma_0(S_{Gk}+S_{Tk}+\phi_q S_{Qk}+0.4S_{wk}) \tag{8.2.55}$$

式中，S_m 为作用效应组合的设计值；S_{Gk} 为永久荷载的标准值效应；S_{Tk} 为火灾下结构的标准温度作用效应；S_{Qk} 为楼面或屋面活荷载标准值的效应；S_{Tk} 为火灾引起的构件或结构的温度变化所产生的效应；S_{wk} 为风荷载标准值的效应；ϕ_f 为楼面或屋面活荷载的频遇值系数，按现行国家标准《建筑结构荷载规范》GB 50009 的规定值取用；ϕ_q 为楼面或屋面活荷载的准永久值系数，按现行国家标准《建筑结构荷载规范》GB 50009 的规定值取用；γ_0 为结构抗火重要性系数，对于耐火等级为一级的建筑取 1.15，对其他建筑取 1.05。

本计算采用设计院提供的荷载信息（包括恒载、活载、风荷载）进行荷载组合。考虑到火灾是一种偶然和短期作用，火灾发生时柱上的内力小于控制组合的设计内力，因此采用控制组合的设计内力进行设计验算偏于安全。对式（8.2.54）和式（8.2.55）中的结构的标准温度作用效应 S_{Tk}，依据火灾模型假设，借助有限元软件，确定其取值，取正常使用阶段荷载的 0.1 倍。按照式（8.2.54）进行荷载组合，组合的结果见表 8.2.5。

式（8.2.54）计算受火时荷载水平　　表 8.2.5

柱号	柱位置(层)	功能	γ_0	S_{Gk}	S_{Tk}	φ_f	S_{Qk}	S_{m1}
SC1	103	旅馆	1.15	−23408	−2528	0.5	−6575	−33607
	91	旅馆	1.15	−40383	−3938	0.5	−12651	−58243
	70	大厅	1.15	−71538	−7675	0.5	−16549	−100610
	60	办公	1.15	−82026	−6663	0.5	−21480	−114343
	49	大厅	1.15	−99301	−8849	0.5	−24608	−138521
	39	办公	1.15	−118999	−11404	0.5	−27804	−165950
	25	大厅	1.15	−142315	−11481	0.5	−33622	−196198
	15	办公	1.15	−165283	−14449	0.5	−37487	−228247
	2	设备	1.15	−203884	−19333	0.9	−43382	−301600
	1	大厅	1.15	−203884	−19333	0.5	−43382	−281644
SC2	91	旅馆	1.15	−14136	−1957	0.5	−3707	−20638
	70	大厅	1.15	−30727	−4292	0.5	−8028	−44889
	60	办公	1.15	−47936	−6723	0.5	−12288	−69923
	49	大厅	1.15	−61887	−8805	0.5	−16367	−90708
	39	办公	1.15	−77110	−11087	0.5	−20585	−113262
	25	大厅	1.15	−102507	−14512	0.5	−25884	−149455
	15	办公	1.15	−124022	−17645	0.5	−31185	−180848
	2	设备	1.15	−160809	−22994	0.9	−40497	−253288
	1	大厅	1.15	−160809	−22994	0.5	−40497	−234659

按照式（8.2.55）进行荷载组合，结果见表 8.2.6。

取式（8.2.54）和式（8.2.55）计算得到的不利情况，作为受火时柱上的荷载，进而得到受火时柱的火灾荷载比，见表 8.2.7。其中，N 为火灾发生时作用在柱上的轴向力，n 为火灾荷载比，$n=N/N_{cr}$。

式（8.2.55）计算受火时荷载水平　　表 8.2.6

柱号	柱位置(层)	功能	γ_0	S_{Gk}	S_{Tk}	φ_q	S_{Qk}	S_{m2}
SC1	103	旅馆	1.15	−23408	−2528	0.4	−6575	−6608
	91	旅馆	1.15	−40383	−3938	0.4	−12651	−15339
	70	大厅	1.15	−71538	−7675	0.4	−16549	−18081
	60	办公	1.15	−82026	−6663	0.4	−21480	−37752
	49	大厅	1.15	−99301	−8849	0.4	−24608	−39135
	39	办公	1.15	−118999	−11404	0.4	−27804	−40006
	25	大厅	1.15	−142315	−11481	0.4	−33622	−63511
	15	办公	1.15	−165283	−14449	0.4	−37487	−64704
	2	设备	1.15	−203884	−19333	0.8	−43382	−67034
	1	大厅	1.15	−203884	−19333	0.4	−43382	−67034

续表

柱号	柱位置(层)	功能	γ_0	S_{Gk}	S_{Tk}	φ_q	S_{Qk}	S_{m2}
SC2	91	旅馆	1.15	−14136	−1957	0.4	−3707	−736
	70	大厅	1.15	−30727	−4292	0.4	−8028	−1298
	60	办公	1.15	−47936	−6723	0.4	−12288	−1668
	49	大厅	1.15	−61887	−8805	0.4	−16367	−1610
	39	办公	1.15	−77110	−11087	0.4	−20585	−1314
	25	大厅	1.15	−102507	−14512	0.4	−25884	−2322
	15	办公	1.15	−124022	−17645	0.4	−31185	−2100
	2	设备	1.15	−160809	−22994	0.8	−40497	−1940
	1	大厅	1.15	−160809	−22994	0.4	−40497	−1940

火灾发生时的荷载比 **表 8.2.7**

柱号	柱位置(层)	N_{cr}(kN)	N(kN)	n
SC1	103	162468	35891	0.22
	91	317323	63844	0.20
	70	365631	107025	0.29
	60	411976	129239	0.31
	49	411976	153694	0.37
	39	411976	181155	0.44
	25	486464	221546	0.46
	15	486464	253700	0.52
	2	599269	327446	0.55
	1	599269	307490	0.51
SC2	91	99298	20638	0.21
	70	134440	44889	0.33
	60	208760	69923	0.33
	49	252951	90708	0.36
	39	252951	113262	0.45
	25	357141	149455	0.42
	15	398120	180848	0.45
	2	463547	253288	0.55
	1	463547	234659	0.51

(5) 耐火极限的简化计算

利用本章所提出的简化计算方法对表 8.2.4 所示的型钢混凝土柱在 ISO 834 (1975) 标准火灾作用下的耐火极限进行了计算，如表 8.2.8 所示。

由表 8.1.6 的计算结果可知，各楼层的柱 SC1 和 SC2 在 ISO 834 (1975) 标准火灾作用下，不考虑高强混凝土爆裂的情况下，其耐火极限均在 5h 以上。考虑高强混凝土爆裂的情况下，耐火极限也均在 3h 以上，满足我国规范《建筑设计防火规范》GB 50016—2014 中 3h 的耐火极限要求。

型钢混凝土耐火极限的简化计算结果 **表 8.2.8**

柱号	柱位置(层)	混凝土强度	C(mm)	α_{cs}	n	λ	t_R(h)	$0.45t_R$(h)
SC1	103～顶层	C70	8272	4%	0.22	6.9	>5	>3
	91～103	C70	10475	4%	0.20	6.2	>5	>3
	70～91	C70	11483	4%	0.29	5.8	>5	>3
	60～70	C70	12263	4%	0.31	6.5	>5	>3
	49～60	C70	12263	4%	0.37	13.0	>5	>3
	39～49	C70	12263	4%	0.44	6.5	>5	>3
	25～39	C70	12805	4%	0.46	12.3	>5	>3
	15～25	C70	12805	5%	0.52	6.2	>5	>3
	2～15	C70	14785	4%	0.55	9.2	>5	>3
	B6～2	C70	14785	4%	0.51	24.7	>5	>3
SC2	91～103	C70	6041	4%	0.21	11.5	>5	>3
	70～91	C70	6857	4%	0.33	10.2	>5	>3
	60～70	C70	8593	4%	0.33	10.2	>5	>3
	49～60	C70	9478	4%	0.36	17.8	>5	>3
	39～49	C70	9478	4%	0.45	8.8	>5	>3
	25～39	C70	11050	4%	0.42	10.0	>5	>3
	15～25	C70	12102	4%	0.45	6.5	>5	>3
	2～15	C70	12891	4%	0.55	9.7	>5	>3
	B6～2	C70	12891	4%	0.51	26.0	>5	>3

（6）结论及建议

基于国内有关设计规范的规定，结合本书作者及合作者的有关研究成果，对武汉绿地中心使用的型钢混凝土柱的耐火极限进行了计算。计算和分析结果表明，如果不考虑高强混凝土的爆裂，型钢混凝土柱的耐火极限均在 5h 以上，如果考虑高强混凝土的爆裂，型钢混凝土柱的耐火极限也都在 3h 以上，满足我国规范《建筑设计防火规范》GB 50016—2014 中 3h 的耐火极限要求。建议在底层火灾荷载比较大（大于 0.5）的柱表面适当地采用减弱爆裂的措施，如在混凝土保护层中设置钢丝网、隔热板和防火涂料等。

2. 武汉中心典型钢管混凝土柱的防火保护设计计算

（1）计算依据

武汉中心采用了钢管混凝土柱，如不进行防火保护，由于钢管裸露在外，受火时承载力将降低较快，可能无法满足规范对钢管混凝土柱耐火极限的要求。《建筑设计防火规范》GB 50016—2014 规定民用耐火等级为一级的建筑，其柱构件的耐火极限须大于 3h，二级耐火等级的建筑，其柱构件耐火等级须大于 2.5h。因此，需对其进行耐火极限的验算及相应的防火保护层厚度设计。

根据华东建筑设计研究院提供的工程信息，基于有关设计规范的规定，结合本书作者及合作者的有关研究成果，进行耐火极限计算和相应的防火保护层厚度设计。

（2）设计参数和简化模型

华东建筑设计研究院提供了需进行抗火验算的钢管混凝土柱，其几何和物理参数如表 8.2.9 所示。表 8.2.9 中柱全部采用圆形截面的钢管混凝土柱（图 8.2.4），D 代表直径，t 代表厚度，α_{cs} 表示截面含钢率，H 代表柱实际高度。图 8.2.5（a）中 H_1 为一端固支一端简支柱的计算长度，图 8.2.5（b）中 H_2 为两端铰支时的计算长度；两类柱计算长度的换算关系为 $H_1/H_2=0.7$。

钢管混凝土柱的相关几何和物理参数　　表 8.2.9

验算区域	柱位置	$D\times t$ (mm×mm)	钢管	混凝土强度等级	α_{cs}	H(m)	H_1(m)	H_2(m)
底部区域 (F1)	角柱	3000×60	Q345GJC	C70	8.51%	11.5	24	34.3
	边柱	2000×40	Q345GJC	C70	8.51%	11.5	18	25.7
中部区域 (F13)	角柱	2500×45	Q345GJC	C70	7.61%	4.4	11	15.7
	边柱	2000×30	Q345B	C70	6.28%	4.4	8.8	12.6

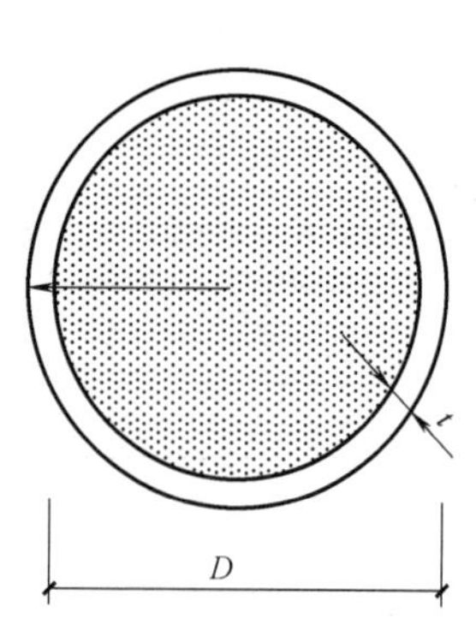

图 8.2.4　钢管混凝土截面示意图

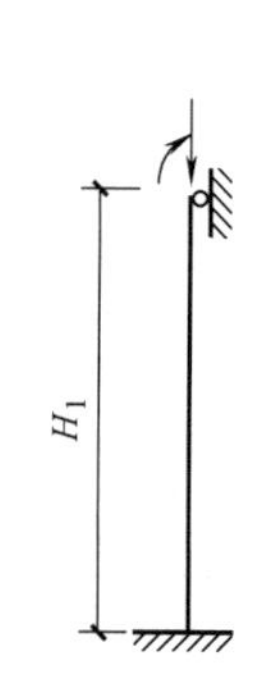

(a) 一端固支一端简支柱

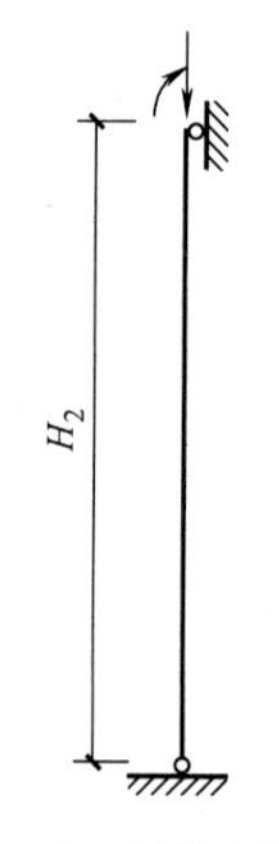

(b) 两端铰支柱

图 8.2.5　钢管混凝土计算长度示意

（3）常温下组合柱极限承载力计算

钢管混凝土柱常温下的极限承载力是计算其火灾下荷载比的基础。对于表 8.2.1 所示的钢管混凝土柱，其常温下的极限承载力按韩林海的计算方法进行确定，如式（8.2.56）所示。

$$N_{cr}=\phi\cdot N_u=\phi\cdot f_{scy}A_{sc} \tag{8.2.56}$$

其中，

$$f_{scy}=(1.14+1.02\xi_0)\cdot f_{ck}$$
$$\xi_0=A_s f_y/A_c f_{ck}$$

式中，A_s 和 A_c 分别为钢管和混凝土的横截面面积；f_y 和 f_{ck} 分别为钢管屈服强度和混凝土棱柱体抗压强度设计值，ϕ 为轴心受压稳定系数；N_u 和 N_{cr} 分别为钢管混凝土轴心受压柱的强度和稳定承载力。

对于表 8.2.9 所示钢管混凝土柱，其相关材料参数如下：

Q345 钢：f_y=325 N/mm^2（t=30 mm），f_y=295 N/mm^2（t=40 mm 和 t=45 mm），f_y=275 N/mm^2（t=60 mm）；E_s=2.06×10^5 N/mm^2。

C70 混凝土：f_{ck}=44.5 N/mm^2，E_c=3.70×10^4 N/mm^2。

采用式（8.2.56）对表 8.2.1 中钢管混凝土柱常温下的稳定承载力进行了计算，如表 8.2.10 所示，表中 λ 代表构件长细比，对圆钢管混凝土柱 $\lambda=4H_2/D$。

常温下钢管混凝土柱极限承载力的计算 **表 8.2.10**

验算区域	柱位置	$D\times t$ (mm×mm)	H_2	N_u(kN)	λ	φ	N_{cr}(kN)
底部区域（F1）	角柱	3000×60	34.3	5.27×10^5	45.7	0.781	4.12×10^5
	边柱	2000×40	25.7	2.40×10^5	51.4	0.748	1.79×10^5
中部区域（F13）	角柱	2500×45	15.7	3.75×10^5	25.1	0.901	3.37×10^5
	边柱	2000×30	12.6	2.48×10^5	25.2	0.898	2.23×10^5

（4）火灾下组合柱的轴压荷载水平

火灾是构件在使用期内可能遭受到的偶然和短期作用，且火灾人群的主动疏散等，火灾荷载标准值可不再考虑各荷载的分项系数。荷载组合采用本章式（8.2.54）和式（8.2.55）中的较不利表达式。

在荷载计算中，永久荷载 S_{Gk}、活荷载 S_{Qk} 和风荷载 S_{wk} 采用华东建筑设计研究院提供的荷载数据，频遇值系数 φ_f 和准永久系数 φ_q 按照商场选取，分别为 0.6 和 0.5，考虑到本建筑为高层建筑，其抗火性能重要性较高，结构抗火重要性系数取 1.15。火灾下结构的温度作用效应在规程中没有明确地给出，须根据具体的对象选取。温度效应引起的荷载主要是由于升温过程中，结构出现热膨胀，膨胀的构件受到周围构件的约束，热变形受到限制，进而产生内力。其值大小与结构构件所处的位置、建筑功能、火灾场分布等有关。

为便于设计，本节采用公式与有限元分析相结合的方法，假设了一种较为不安全的火灾工况，认为上下两端固结的巨型钢管混凝土柱的自由膨胀受到限制，对温度效应引起的荷载进行计算。

首先尝试采用公式方法对温度效应进行计算。温度效应引起的内力按照李国强等建议的公式进行计算。对于钢管混凝土柱构件，升温导致的轴力按照式（8.2.57）计算。

$$N_{Te}=\alpha_s E_r A\left(\frac{T_1+T_2}{2}-T_0\right) \tag{8.2.57}$$

式中，N_{Te} 为温度引起的轴力；α_s 为材料的热膨胀系数；E_T 为温度等于（T_1+T_2）/2 时的材料弹性模量；T_1 和 T_2 分别为受火构件两侧的温度；T_0 为受火前构件的内部温度。

升温时温度由外向内传递，一方面武汉中心钢管混凝土结构的尺寸巨大，另一方面混凝土本身导热系数较低，因此即便升温 3h，其钢管混凝土截面内的温度分布不均匀。而式（8.2.57）中没有考虑到截面上温度分布不均匀的情况，在最后的荷载中无法度量这一情况。为此采用有限元方法，对温度效应引起的荷载进行度量。

有限元模型分析结果表明，温度效应引起的荷载增量约为正常使用阶段荷载的 0.2 倍。偏安全地考虑，验算中的温度荷载效应取为 0.2 倍的控制荷载。利用式（8.2.54）计算的荷载结果见表 8.2.11。

式（8.2.54）计算温度效应引起荷载　　表 8.2.11

(2-1)	γ_0	S_{Gk}(kN)	控制荷载(kN)	S_{Tk}(kN)	φ_ϕ	S_{Qk}(kN)	S_{m1}(kN)
F1 角柱	1.15	−110298	−218467	−54617	0.6	−30575	−210749
F1 边柱	1.15	−54992	−103312	−25828	0.6	−15937	−103939
F13 角柱	1.15	−88096	−194127	−48532	0.6	−25950	−175027
F13 边柱	1.15	−45652	−92792	−23198	0.6	−13347	−88387

利用式（8.2.55）计算荷载结果如表 8.2.4 所示。将式（8.2.54）和式（8.2.55）计算的结果对比，并取较大者 S_{Tmax}，并列于表 8.2.12 最后一列。

式（8.2.57）计算温度效应引起荷载　　表 8.2.12

(2−2)	γ_0	S_{Gk}(kN)	S_{Tk}(kN)	φ_θ	S_{Qk}(kN)	S_{wk}(kN)	S_{m2}(kN)	S_{Tmax}(kN)
F1 角柱	1.15	−110298	−54617	0.5	−30575	40104	−225680	−225680
F1 边柱	1.15	−54992	−25828	0.5	−15937	13257	−108205	−108205
F13 角柱	1.15	−88096	−48532	0.5	−25950	38739	−189863	−189863
F13 边柱	1.15	−45652	−23198	0.5	−13347	13183	−92916	−92916

上述荷载分量分别确定之后，可计算得到火灾下的荷载水平。如表 8.2.13 所示，表中 n 为火灾荷载比，$n=N/N_{cr}$。通过比较可知，火灾下的荷载水平与结构的控制荷载接近。

受火时的钢管混凝土柱上的荷载水平　　表 8.2.13

验算区域	柱位置	$D\times t$(mm×mm)	N_{cr}(kN)	N(kN)	M(kN·m)	n
底部区域(F1)	角柱	3000×60	4.12×10^5	2.26×10^5	1.18×10^4	0.55
	边柱	2000×40	1.79×10^5	1.08×10^5	0.64×10^4	0.60
中部区域(F13)	角柱	2500×45	3.37×10^5	1.89×10^5	0.28×10^4	0.56
	边柱	2000×30	2.23×10^5	0.93×10^5	0.91×10^4	0.42

（5）组合柱防火保护层厚度设计

一般情况下，实际工程中裸钢管混凝土柱不能满足《建筑设计防火规范》GB 50016—2014 中耐火等级（一级 3.0h；二级 2.5h）的要求，需进行防火保护。防火保护层材料采用厚涂型钢结构防火涂料。根据我国规范《建筑设计防火规范》GB 50016—2014 中对一级耐火等级，柱耐火极限需满足 3h；考虑到本工程的重要性，以及对于超高层建筑灭火救援的难度等原因，可适当提高钢管混凝土柱的耐火极限，本次验算时考虑了 3h、4h 和 5h 三种。

由于本工程为超高层建筑，所采用的钢管混凝土柱尺寸超出了目前相关规范和研究成果的应用范围。本次抗火验算首先采用《钢管混凝土结构技术规程》DBJ/T13—51—2010 对表 8.2.9 所示的钢管混凝土柱保护层厚度进行计算，结果如表 8.2.14 所示；对超出公式应用范围的钢管混凝土柱，在拟采用有限元方法进行验算。

综上，根据《钢管混凝土结构技术规程》DBJ/T 13—51—2010 的计算方法，可认为对于底部区域角柱和边柱及中部区域角柱和边柱，对应于一级耐火等级（3h 的耐火极限）推荐的防火层厚度为 7mm。

钢管混凝土柱防火保护层的简化计算结果 表 8.2.14

验算区域	柱位置	$D \times t$ (mm×mm)	H_2	n	设计耐火极限(h)	保护层厚度(mm)
底部区域(F1)	角柱	3000×60	34.3	0.55	3.0	7.0(0) *
					4.0	7.0(0)
					5.0	7.0(0)
	边柱	2000×40	25.7	0.58	3.0	7.0(6.5)
					4.0	8.0(8.8)
					5.0	10.0(11.3)
中部区域(F13)	角柱	2500×45	15.7	0.58	3.0	7.0(0)
					4.0	7.0(0)
					5.0	7.0(0)
	边柱	2000×30	12.6	0.42	3.0	7.0(0)
					4.0	7.0(0)
					5.0	7.0(0)

注：* 对 7.0（0），括号内 0 代表《钢管混凝土结构技术规程》DBJ/T 13—51—2010 计算得出的结果，即不需要防火涂料；7.0 代表实际应用时的厚度。

（6）耐火极限有限元计算结果

采用 ABAQUS 中热力相继耦合的方式进行钢管混凝土耐火性能的有限元分析，模型计算包含温度场分析和力学分析两部分。有限元模型如图 8.2.6 所示，由于模型具有对称性，为减少计算工作量，采用了 1/2 对称模型；钢管和混凝土的热工参数以及热力本构关系选用韩林海火灾下和火灾后材料特性所推荐的相关模型，该模型已经过大量计算和试验对比验证，具有较好的适用性。

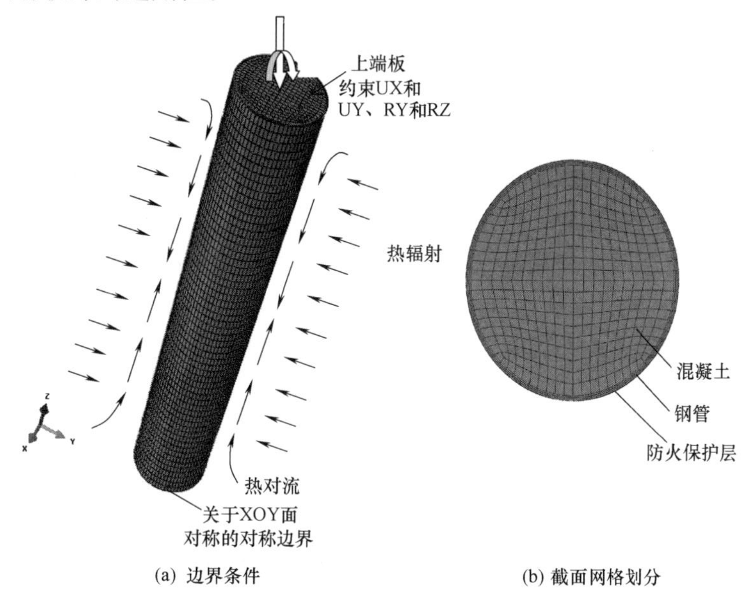

图 8.2.6 钢管混凝土柱耐火性能计算的有限元模型

对采用厚涂型防火涂料的防火保护层，其热工性能参数按《钢结构防火涂料应用技术规范》CECS 24：90 的规定，密度 ρ 为 500kg/m^3，热导率 k 为 0.1160［0.1kal/（m·h·℃）］，比热 c 为 1047J/(kg·K)。

根据武汉中心的结构布置，钢管混凝土柱位于结构的最外边缘，呈环形分布。因而在实际建筑受火中，往往可能是柱子面朝建筑结构的一侧受火，面朝建筑结构外侧的一面不受火。在验算中，先偏保守地假设钢管混凝土柱为周边全部受火。所采用的火灾模型为 ISO 834（1975）标准火灾模型。柱达到耐火极限时的判断标准，按照 ISO 834-1（1999）中的相关规定，即轴向压缩量达到 $0.01H$ 且轴向压缩速率超过 $0.003H_f$，其中，H_f 为柱受火高度，单位为 mm，压缩速率单位为 mm/min。

有限元计算的结果见表 8.2.15。

钢管混凝土柱防火保护层的有限元计算结果　　表 8.2.15

验算区域	柱位置	$D\times t$ (mm×mm)	H_2	λ	n	设计保护层厚度(mm)	耐火极限(h)
底部区域(F1)	角柱	3000×60	34.3	45.7	0.53	0	1.1
						5.0	3.0
						8.0	5.0
	边柱	2000×40	25.7	51.4	0.58	0	0.5
						12.0	3.0
						22.0	5.0
中部区域(F13)	角柱	2500×45	15.7	25.1	0.58	0	0.9
						4.0	3.0
						7.0	5.0
	边柱	2000×30	12.6	25.1	0.42	0	1.2
						4.0	3.0
						7.0	5.0

综上，根据有限元计算的结果，采用如图 8.2.6 所示的模型，对超出规范的钢管混凝土柱保护层厚度与耐火极限的关系进行了计算，结果如表 8.2.15 所示。可知，裸露的钢管混凝土柱耐火极限在 0.5～1.2h 范围内，一般不能满足耐火等级（一级 3.0h；二级 2.5h）的要求，需进行防火保护。除底部区域（F1）边柱（$D\times t$＝2000mm×40mm）防火保护层厚度需要 12mm 外，其余三类钢管混凝土柱的防火保护层厚度的计算结果均小于 7mm，考虑到保证施工质量要求和耐久性要求，保护层厚度取 7mm。

（7）结论及建议

本节根据华东建筑设计研究院提供的相关荷载信息，基于国内有关设计规范的规定，结合学术界最新的有关研究成果，对武汉中心采用的巨型钢管混凝土柱的耐火极限进行了验算。计算结果表明，未经防火保护的钢管混凝土柱不能满足国家规范对其耐火极限的要求，须对其进行适当的防火保护。

建议的防火保护层厚度具体数值汇总于表 8.2.16。

防火保护层厚度建议值　　表 8.2.16

柱子位置	柱位置	防火保护层厚度(mm)
底部区域(F1)	角柱	7
	边柱	12
中部区域(F13)	角柱	7
	边柱	7

采用厚涂型防火涂料对钢管混凝土柱进行保护是一种方式，该涂料的热工性能参数须满足《钢结构防火涂料应用技术规范》CECS 24：90 及其他相关规定。

8.3 密集空间的性能化防火设计

8.3.1 可燃物密集空间的防火优化设计

某大型复杂建筑的商业内街和两侧商铺进行性能化防火设计，面积参数见表 8.3.1，内街两侧的商铺均采取防火单元的设计思路以及钢化玻璃+喷淋保护的防火措施。商业内街为贯通首层、二层、三层的走廊。下面针对商铺火灾设置了三种不同火灾场景：A、B、C，分别进行安全论证。

某大型复杂建筑首层及三层面积参数　　表 8.3.1

层数	防火分区	分区面积(m^2)	商业面积(m^2)	走道面积(m^2)	商业面积折算系数	疏散人数换算系数	内街人员换算系数(m^2/人)	规范要求疏散宽度(m)
1F	内街及商铺	13810	8500	5310	0.5	0.85	9.3	41.83
3F		14650	10800	3850	0.5	0.77	9.3	45.72

（1）火灾场景 A

起火位置：首层商铺 A；

火灾发展速率：快速火 0.047kW/s^2；

排烟情况：机械排烟有效、自动喷淋灭火失效；

火灾规模：14MW（由于自动喷淋灭火失效，采用 Thomas 轰燃经验公式计算得出，见表 8.3.2）。

起火商铺 A 尺寸参数　　表 8.3.2

起火点	房间内表面积	开口面积	开口高度	轰燃时热释放速率
A	971m^2	2.1m×1.8m×3m	2.1m	14W

结果分析：

在 14MW 的火灾规模下，除商铺内温度偏高外，商业内街空间温度在各楼层的温度没有明显上升。三层疏散结束（602s）时，三层步行街烟气温度在 48℃左右；二层疏散结束（800s）时，二层步行街温度达到 45℃，一层疏散结束（927s）时，一层步行街温度在 35℃左右。模拟至 772s 时，三层距离地面上方 2m 处的能见度下降到 10m。根据计算结果表明：在发生火灾后，从首层到三层商业内街的温度、CO 浓度、CO_2 浓度和能见度条件在人员疏散完毕前均不会达到危险状态。

（2）火灾场景 B

起火位置：首层商铺 B；

火灾发展速率：快速火 0.047kW/s^2；

排烟情况：机械排烟失效、自动喷淋灭火失效、2min 后钢化玻璃破裂；

火灾规模：12MW（由于自动喷淋灭火失效，采用 Thomas 轰燃经验公式计算得出，见表 8.3.3）。

起火商铺 B 尺寸参数 **表 8.3.3**

起火点	房间内表面积	开口面积	开口高度	轰燃时热释放速率
B	1000m^2	2.1m×1.8m×2m	2.1m	12 MW

结果分析：

在 12MW 的火灾规模下，除商铺内温度偏高外，商业内街温度在各楼层的温度没有明显上升。由于钢化玻璃在火灾过程中发生破裂，相比火灾场景 A 有更多的热烟气进入商业内街。

当模拟至 515s，三层上方 2m 处能见度下降到 10m；当三层人员疏散完成时（602s），三层上方 2m 处能见度下降到 9m，人员不能在危险状态来临时安全疏散。

对比场景 A 可知，尽管场景 B 火灾规模相对较小，但是由于钢化玻璃分隔在火灾发展过程中失效，导致大量热烟气进入亚安全区且在三层顶部不断聚集，使得人员无法安全疏散，可见钢化玻璃＋喷淋保护措施的重要性。此外，在满足这种分隔措施的设置要求外，还必须加强相应管理水平，保证该分隔措施在实际火灾发生过程中发挥作用。

（3）火灾场景 C

起火位置：三层商铺 C；

火灾发展速率：快速火 0.047kW/s^2；

排烟情况：机械排烟失效、自动喷淋灭火有效；

火灾规模：2.5 MW（由于自动喷淋灭火有效，引用上海市地方标准《建筑防排烟技术规程》DGJ 08-88-2006 相关数据）。

结果分析：

对于 2.5MW 的火灾规模，自动灭火系统有效的情况下，中庭区域温度除火源附近外，其他区域均未发生明显变化，烟气对中庭能见度基本无影响，可见自动灭火系统对火灾规模的控制起到重要作用。

8.3.2 人员密集空间的防火优化设计

（1）影院设计安全验证计算对象

本工程中影放映厅参照《高层民用建筑设计防火规范》GB 50045 第 4.1.5 条中对观众厅的设计要求进行设计，由此要求本工程中放映厅面积需控制在 400m^2 以内。此设计中所有放映厅，仅 IMAX 放映厅面积超过该要求。所以对影院设计安全验证计算对象选择 IMAX 放映厅。

同时虽然解决方案中要求 IMAX 放映厅按照防火单元设计，要求放映厅通向公共疏散走道的开口位置设置防火门，但考虑人员疏散时防火门必然被打开，所以在模拟计算时把放映厅及与放映厅连接的防火分区公共疏散走道同时作为模拟计算的考察区。

对于电影院设置在 4 层的场景分析，选取影厅面积最大的 IMAX 厅所在防火分区进行分析。

（2）火灾场景的设置

火灾场景 G：4 层电影院 IMAX 厅发生火灾，灭火系统正常工作，排烟系统失效。

对超出规范要求的 IMAX 放映厅进行性能化防火设计分析论证，将其按照防火单元设计，要求放映厅通向公共疏散走道的开口位置设置防火门，但考虑人员疏散时防火门必然被打开，所以在模拟计算时把放映厅及与放映厅连接的防火分区公共疏散走道同时作为模拟计算的考察区。

火灾场景设计参数如表 8.3.4 所示。计算模型结构图如图 8.3.1 所示。

电影院火灾模拟参数设置 **表 8.3.4**

起火点	位置	面积	火灾成长系数	火灾规模	备注
IMAX 电影厅	某大型复杂建筑 4F	444m^{2}①	0.047kW/s^2	3.5MW②	机械排烟失效、灭火有效

① 超过规范 400m^2 的面积要求。

② 保守考虑为普通喷头，按照水喷淋动作时间计算得到电影院火灾规模为 3.5MW；同时参照“设有喷淋的公共场所”的规范标准，电影院火灾规模为 2.5MW。两者比较取较大值则设计电影院火灾设定为 3.5MW。

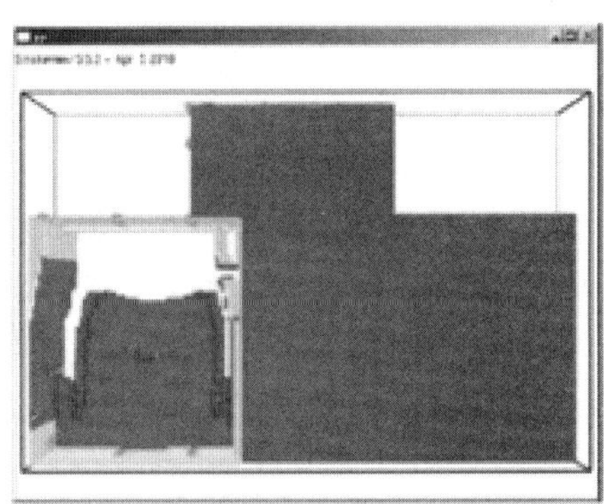

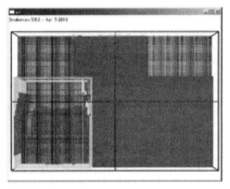

(a) 计算模拟结构图

(b) 计算模拟网络结构图

图 8.3.1 计算模型结构图

（3）运算结果对比（表 8.3.5）

模拟结果统计表 **表 8.3.5**

	IMAX 厅	公共疏散走道
上层烟气温度达到 180℃时间(s)	>900	>900
下层烟气温度达到 60℃时间(s)	>900	>900
地面上方 2m 处的 CO 浓度达到 500ppm 的时间(s)	638	>900
距离地面 2m 处能见度下降到 10m 时间(s)	516	>900
火灾发展到致使环境条件达到人体耐受极限的时间(ASET)(s)	516	>900
从火灾发生到人员疏散到安全地点所用时间(RSET)(s)	216	218
安全余量时间(s)	300	>682

（4）运算结果分析

对照人员疏散和烟气蔓延特性模拟结果，火灾发展到致使环境条件达到人体耐受极限的时间，IMAX厅为516s，影院公共疏散走道大于900s，所以尽管IMAX厅在建筑面积上超出规范要求$44m^2$，但仍能确保自身放映厅以及影院内人员安全疏散。

（5）结论与建议

大型复杂建筑内人员密集空间的建筑设计影响着整个建筑的交通流线和疏散设计，应注意以下环节：

① 在大型复杂建筑高区或裙房顶层设置人员密集空间时，应将其布置在靠建筑外墙区域或占据建筑边缘的一侧，便于独立运营时的人员垂直引导；同时易于布置消防电梯、消防设备和首层直通室外的扩大楼梯间。

② 人员密集空间的疏散流线应尽可能简单直接，满足疏散宽度的要求。

③ 人员密集空间不宜相邻布置，其周边亦不宜布置可燃物密集空间。

④ 对于超出规范面积或疏散距离要求的人员密集空间，作为所在防火分区内独立的防火单元进行设计，以防止发生火灾时烟气向疏散走道或大厅蔓延，确保即使人员密集空间内发生火灾，其他空间人员疏散仍相对安全。

⑤ 将人员密集空间采用耐火极限不低于2.0h的不燃烧体隔墙和1.0h的不燃烧体楼板与其他部位隔开。

⑥ 即使按规范要求设置了自动喷水灭火系统和机械排烟系统等消防系统后，仍应使人员密集空间内的座椅阻燃处理达到B_1级，顶棚装修材料达到A级，墙面、地面材料不应低于B_1级，窗帘及帷幕不应低于B_1级等。

⑦ 超规范面积或疏散距离要求的人员密集空间的出入口应采用甲级防火门。

⑧ 人员密集空间内应设置机械补风系统，以确保有效排烟压力和人员疏散时的氧气供应。

8.4 竖向贯通空间的性能化防火设计

8.4.1 中庭空间的防火优化设计

1. 围合方式对中庭火灾影响

1）中庭空间的围合方式

中庭空间是大型复杂建筑中不可或缺的空间类型，按其与普通单层空间的组合方式可分为单边接触式、双边围合式、贯穿式、三边围合式、四边围合式五组类型（图8.4.1）。

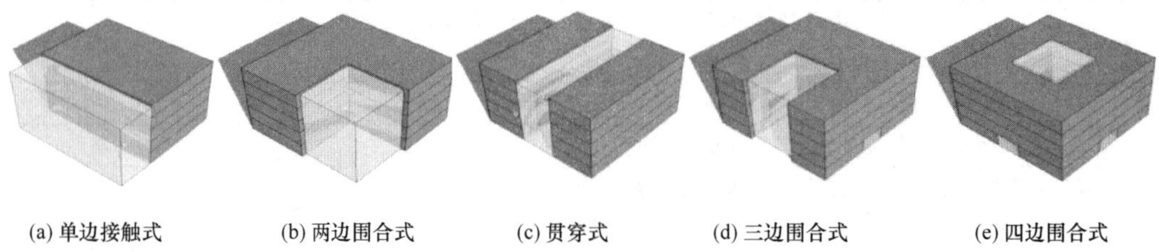

(a) 单边接触式　(b) 两边围合式　(c) 贯穿式　(d) 三边围合式　(e) 四边围合式

图8.4.1　五组中庭空间类型

2）中庭空间的防火优化设计

（1）火灾场景设计

为研究上述五种不同空间类型中庭在自然排烟条件下的火灾特点，设计五组火灾场景，运用 FDS 软件作为仿真模拟工具，通过设定不同空间类型中庭的火灾场景，分析其火灾特点并得出相关结论。

五组火灾场景模型的中庭体积均为 9000m^3，即底面积均为 750m^2，高均为 12m。如图 8.4.2 所示，单边接触式中庭于建筑一侧设底边 50m×15m 的中庭；两边围合式中庭于建筑一角设底边 30m×25m 的中庭；贯穿式中庭于建筑中部设底边 50m×15m 的中庭；三边围合式中庭于建筑一侧设底边 30m×25m 的中庭；四边围合式中庭于建筑中心设底边 30m×25m 的中庭。在五组火灾场景中，均在中庭中心设火灾规模 4MW［热释放速率（Heat Release Rate Per Area，HPPUA）＝1000kW/m^2］的火灾荷载。

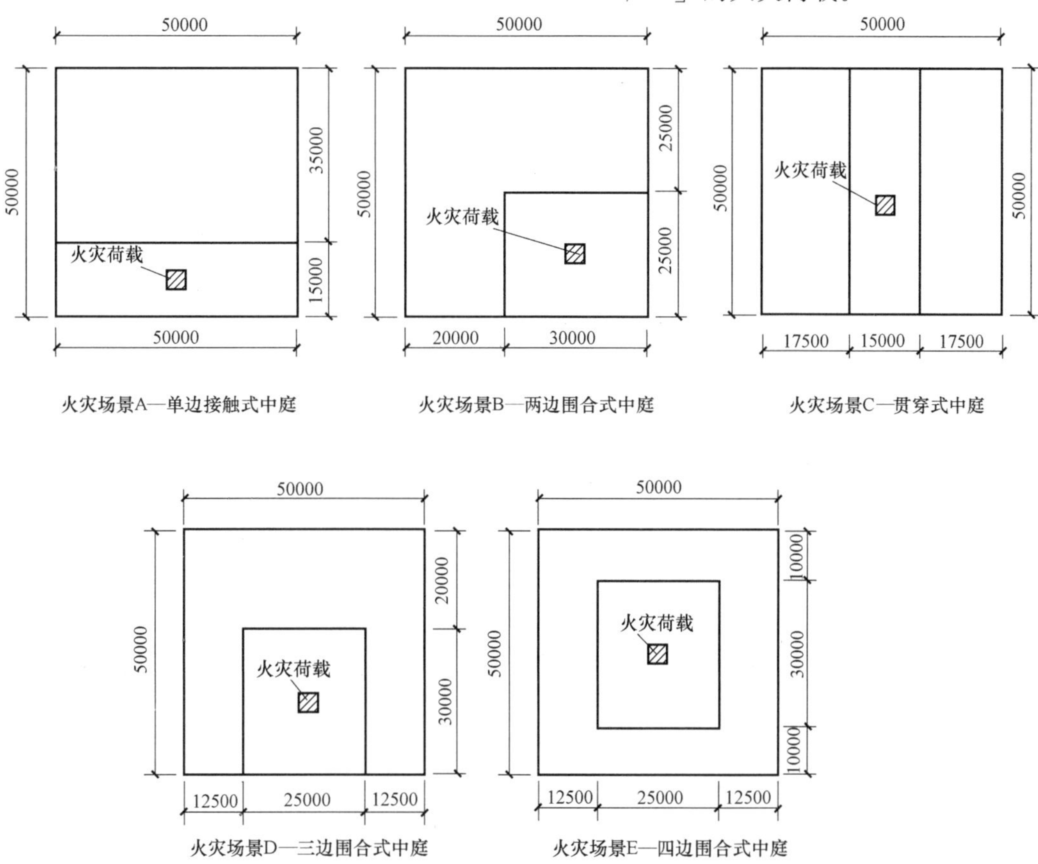

图 8.4.2　五组模型的 CAD 平面

由于五组模型的最大净高大于 8m，故不设喷淋灭火系统，仅设自通风口用于火灾排烟（开窗表面，环境风速 0m/s），即可开启的天窗和高侧窗，如图 8.4.3 所示，运算时间均为 1800s。《高层民用建筑设计防火规范》GB 50045 第 8.2.2.5 条规定，净空高度小于 12m 的中庭可开启的天窗或高侧窗的面积不应小于该中庭地面积的 5%，则模型的可开启的天窗或高侧窗的面积应大于 37.5m^2，五组模型中的可开启窗面积均取值 40m^2。按模型中顶面积与侧面积，按比值分配 40m^2，如表 8.4.1 所示。

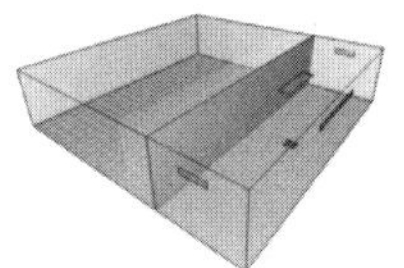

火灾场景A

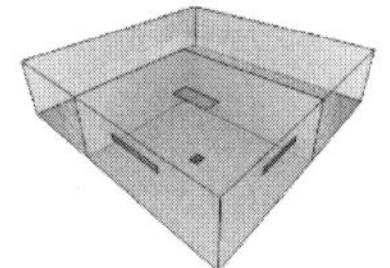

火灾场景B

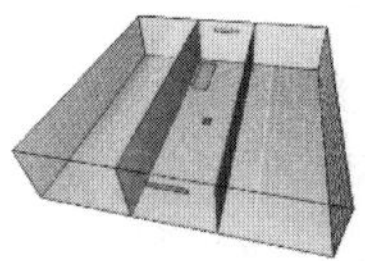

火灾场景C

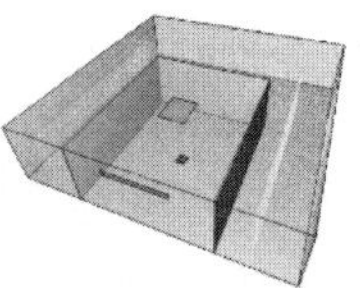

火灾场景D

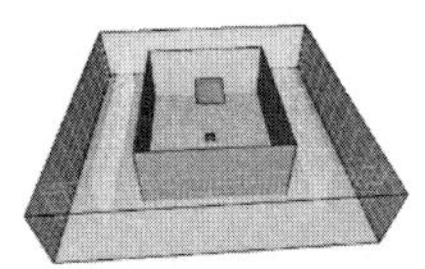

火灾场景E

图 8.4.3　五组 FDS 模型

火灾场景自然排烟口面积对比（m^2）　　表 8.4.1

	$S_{\text{顶}}/S_{\text{open顶}}$	$S_{\text{侧}}/S_{\text{open侧}}$	$S_{\text{侧}}/S_{\text{open侧}}$	$S_{\text{侧}}/S_{\text{open侧}}$	$S_{\text{总}}/S_{\text{open}}$
火灾场景 A	750/17.6	/14	/4.2	/4.2	1710/40
火灾场景 B	750/21.3	/10.2	/8.5	—	1410/40
火灾场景 C	750/27	/6.5	/6.5	—	1110/40
火灾场景 D	750/28.5	/11.5	—	—	1050/40
火灾场景 E	750/40	—	—	—	750/40

（2）运算结果对比

经过运算，得到模拟数据如下。

① 烟气温度对比（图 8.4.4、图 8.4.5）

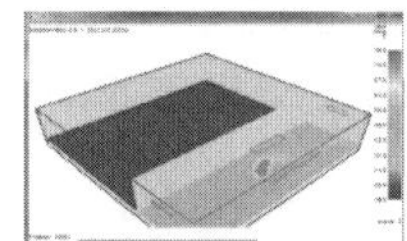

火灾场景A—单边接触式中庭

火灾场景B—两边围合式中庭

火灾场景C—贯穿式中庭

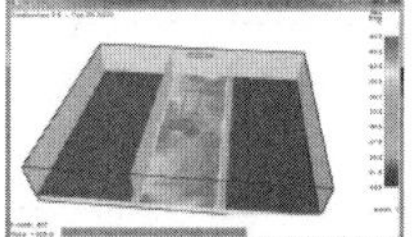

火灾场景D—三边围合式中庭

火灾场景E—四边围合式中庭

图 8.4.4　烟气温度云图，横断面 $z=2.0$m，$t=1800$s

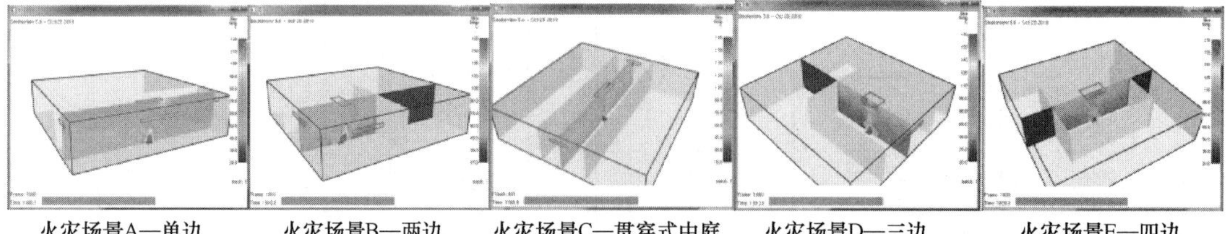

火灾场景A—单边接触式中庭　火灾场景B—两边围合式中庭　火灾场景C—贯穿式中庭　火灾场景D—三边围合式中庭　火灾场景E—四边围合式中庭

图 8.4.5　烟气温度云图，火灾荷载处纵断面，$t=1800$s

② 能见度对比（图 8.4.6）

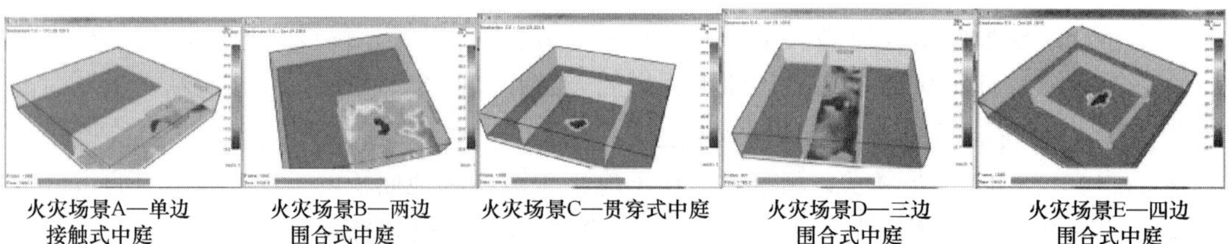

火灾场景A—单边接触式中庭　火灾场景B—两边围合式中庭　火灾场景C—贯穿式中庭　火灾场景D—三边围合式中庭　火灾场景E—四边围合式中庭

图 8.4.6　能见度云图，横断面 $z=2.0$m，$t=1800$s

③ 气流速度对比（图 8.4.7）

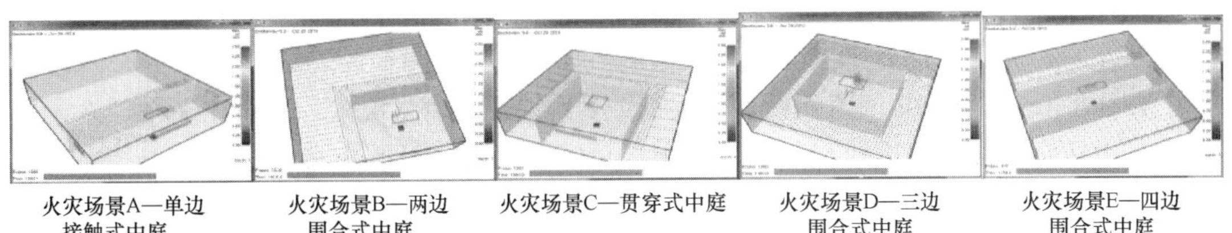

火灾场景A—单边接触式中庭　火灾场景B—两边围合式中庭　火灾场景C—贯穿式中庭　火灾场景D—三边围合式中庭　火灾场景E—四边围合式中庭

图 8.4.7　气流速度矢量图，横断面 $z=10.0\text{m}$，$t=1800\text{s}$

④ 通风口空气流量对比（图 8.4.8～图 8.4.12）

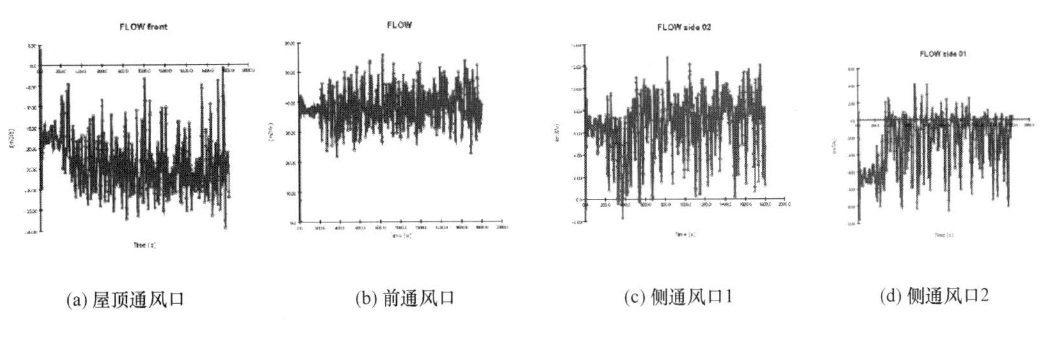

(a) 屋顶通风口　(b) 前通风口　(c) 侧通风口1　(d) 侧通风口2

图 8.4.8　火灾场景 A 各通风口空气流量

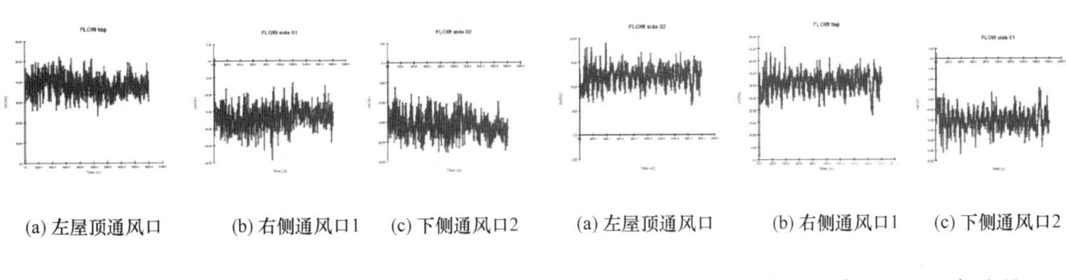

(a) 左屋顶通风口　(b) 右侧通风口1　(c) 下侧通风口2

图 8.4.9　火灾场景 B 各通风口空气流量

(a) 左屋顶通风口　(b) 右侧通风口1　(c) 下侧通风口2

图 8.4.10　火灾场景 C 各通风口空气流量

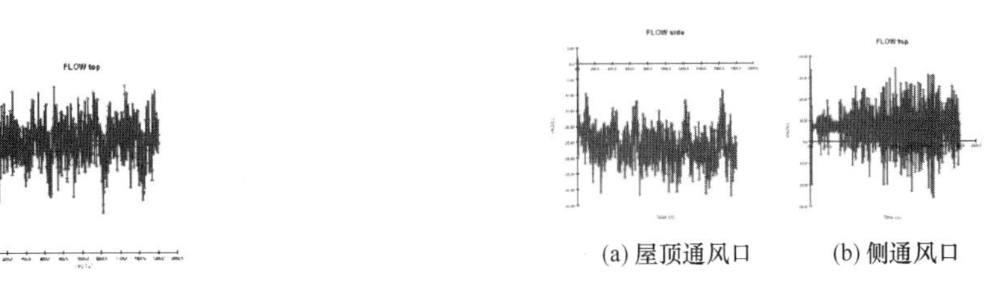

图 8.4.11　火灾场景 D 各通风口空气流量

(a) 屋顶通风口　(b) 侧通风口

图 8.4.12　火灾场景 E 屋顶通风口空气流量

（3）运算结果分析

从图 8.4.9，1800s 时五组模型横断面 $z=2.0\text{m}$ 处的烟气温度云图对比来看，火灾场景 A 的起火点正上方的温度最高，达到 79.5℃，其次是火灾场景 B 达到 67℃，火灾场景

C和D的值较相近，分别为48.5℃和47.5℃，火灾场景E的温度最低，仅为45℃。火灾荷载周围的温度，火灾场景A最高，达到60℃左右，其次是火灾场景B和C分别为50℃和45℃左右，火灾场景D和E最低，仅为39～40℃。

从图8.4.10，1800s时五组模型火灾荷载处纵断面处烟气温度云图对比来看，火灾场景A的上区近顶棚温度达到65℃左右，下区近底面温度为52℃左右，相差13℃；火灾场景B的上区温度达到55℃，下区温度为47℃，相差8℃；火灾场景C的上区温度达到68℃，下区温度达到50℃，相差18℃；火灾场景D的上区温度达到55℃，下区温度达到47℃，相差8℃；火灾场景E的上区和下区温度差别不大均为50℃左右。

由温度模拟数据可以看出，在人的有效高度2m位置，无论是火灾荷载正上方还是其周边温度，火灾场景A单边接触式中庭的温度均最高。火灾场景B两边围合式中庭和火灾场景D三边围合式中庭的下区温度较低。火灾场景C贯穿式中庭的上区温度最高，上下区的温差也最大。火灾场景E四边围合式中庭的上下区温度居中且温差最小。

从图8.4.11，1800s时五组模型横断面$z=2.0$m能见度云图对比来看，火灾场景A最小，为20m；其次是火灾场景B和C，分别为25m和23m；火灾场景D和E最大，达到30m。

从图8.4.12，1800s时五组模型横断面$z=10.0$m气流速度矢量图对比来看，火灾场景A、B、C、D的最高流速达到2.5m/s，火灾场景D的气流速度为2.0 m/s。火灾场景A的正面高窗和天窗为出风口，两个侧面高窗为进风口，出风口的气流速度大于进风口的气流速度。火灾场景B高侧窗和天窗的气流速度相近；火灾场景C的两侧高窗的气流速度大于天窗；火灾场景D的天窗气流速度大于侧窗。可见除贯穿式中庭外，天窗的气流速度更快，排烟效率高于高侧窗。

从图8.4.8～图8.4.12五组火灾场景各通风口空气流量总结数据表8.4.2，由此可见，火灾场景C的单位时间排出空气量最大，达到30.5m^3/s，其次是火灾场景A，为19m^3/s，火灾场景B、D、E的数值相近，在9m^3/s左右。

五组火灾场景通风口的空气流量（m^3/s） **表8.4.2**

	天窗	正面高窗	侧面高窗01	侧面高窗02	总计
A	+40	−25	−3	+7	+19
B	+40	—	−16	−15	+9
C	+30	—	−12	+12.5	+30.5
D	+35	—	−25	—	+10
E	+10，−2	—	—	—	+8

注：+代表排出空气，−代表吸入空气。

（4）结论与建议

① 不同空间形式中庭的火灾特点

单边接触式中庭：中庭内的空气流动较剧烈，助长了火源燃烧的剧烈程度，使室内温度上升明显，起火点上方温度在五组空间类型中庭中最高。由于火源的较剧烈燃烧产生更多烟气，抵消了原本由于快速空气流动带来的能见度提升，反而导致室内能见度有所下降。

两边围合式中庭：中庭的空气流动不及单边接触式剧烈，室内温度与之相比较低，能见度较大。

贯穿式中庭：两侧的高窗具有较高的通风效率且形成对流，中庭内的空气流动在五组空间类型中庭中最为剧烈，这有利于能见度的增加，但良好的通风却使得火源燃烧加剧，室内温度尤其是上区温度较高。

三边围合式中庭：中庭内空气流动程度适中，火源燃烧得到控制，室内温度上升幅度较慢，尤其是近底面温度较低，使能见度得到较大幅度的提升。

四边围合式中庭：中庭内空气流动程度最为缓慢，使得火源燃烧程度在五组空间类型中庭中最弱，室内温度提升最慢，能见度最慢。

总结五组空间类型中庭的火灾特征，见表 8.4.3。

五组空间类型中庭的火灾特征对比 **表 8.4.3**

中庭类型	下区温度	上区温度	能见度	主要排风部位	主要进风部位
单边接触式	最高	较高	最小	天窗、高侧窗	高侧窗
两边围合式	较高	较低	较大	天窗	高侧窗
贯穿式	较高	最高	较大	天窗、高侧窗	高侧窗
三边围合式	较低	较低	大	天窗	高侧窗
四边围合式	最低	最低	大	天窗	天窗

② 其他结论

自然排烟的中庭，烟囱效应的强弱很难凭借经验得出，这与中庭的通风口大小、位置有很大关系。不同空间类型的中庭具有不同的火灾特点。

烟囱效应是中庭火灾的双刃剑，既能有效排出烟气，又由于良好的通风效果使火源燃烧加剧，产生更多的烟气。

建议在建筑设计环节，运用性能化防火设计的研究方法，对中庭形状、体量，通风口大小、位置等进行模拟分析，以得到最佳的中庭设计方案。

自然排烟的中庭，应确保有效排风口的面积和在火灾发生时能够及时开启。

从五组模拟数据可看出，仅使用自然排烟的中庭在火灾发生时，上层烟气温度远远低于快速反应喷头的68℃的启动温度，为此需要有效的手段解决火灾早期探测报警问题。

控制中庭区域的固定可燃物设置，减少活动和临时可燃物如上货推车、节日装饰、顾客物品等火灾荷载在中庭及回廊的停留时间，通过有效的日常消防管理措施监控中庭内的商业活动。

模拟数据表明，同时在中庭回廊设置自动喷水灭火系统和机械排烟系统，对控制火灾规模和提升能见度有重要作用。自动喷水灭火系统可以将火灾控制在很小的规模，而回廊内的机械排烟系统可以控制回廊火灾引发的烟气和商铺火灾早期泄漏出来的烟气。

若中庭四周的商铺采用“防火单元”的方式保护，则应在各层中庭回廊内设置自动喷水灭火系统（宜设置快速反应喷头）和机械排烟系统，使中庭（回廊）或商业内街的安全性得以提升。

对于不同的中庭空间，应在建筑设计环节，运用性能化防火设计的研究方法，对中庭形状、体量，通风口大小、位置，消防设备设置等进行模拟分析，以得到最佳的中庭设计方案。

2. 侧高窗高度对自然通风中庭火灾的影响

1）火灾场景设计

为研究自然通风中庭侧窗高度对烟气温度和能见度的影响，设火灾场景 A、B、C，此三组火灾场景均以三边围合式中庭为基础模型，即中庭体积均 9000m^3（底面积 750m^2×高 12m），仅设侧窗自然通风口用于火灾时排烟和空气进入（环境风速为 0m/s），不设喷淋灭火系统和机械排烟系统，在中庭中心设火灾规模 4.0MW 的火灾荷载（上海市地方标准《建筑防排烟技术规程》DGJ 08-88-2006 规定无喷淋的中庭热释放量 Q 为 4.0 MW），模拟运算时间定为 1800s（图 8.4.13、图 8.4.14）。

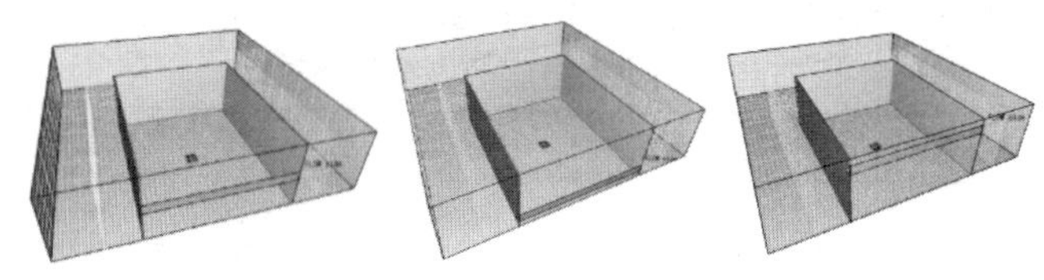

图 8.4.13　三组 FDS 模型

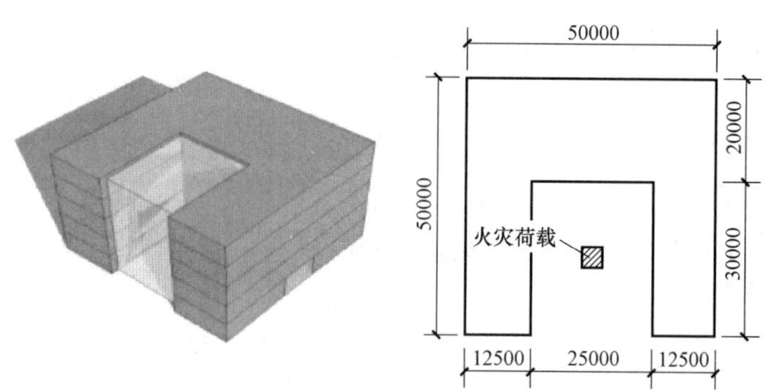

图 8.4.14　基础模型的设计尺寸

由规范要求得出模型的可开启窗的面积应大于 37.5m^2（750m^2×5%），故三组模型中的可开启侧窗面积均取值 40m^2；由于模型均高 12m，故按三层设计，在每层的层中心线处设侧窗，火灾场景 A、B、C 尺寸见表 8.4.4 和图 8.4.15。

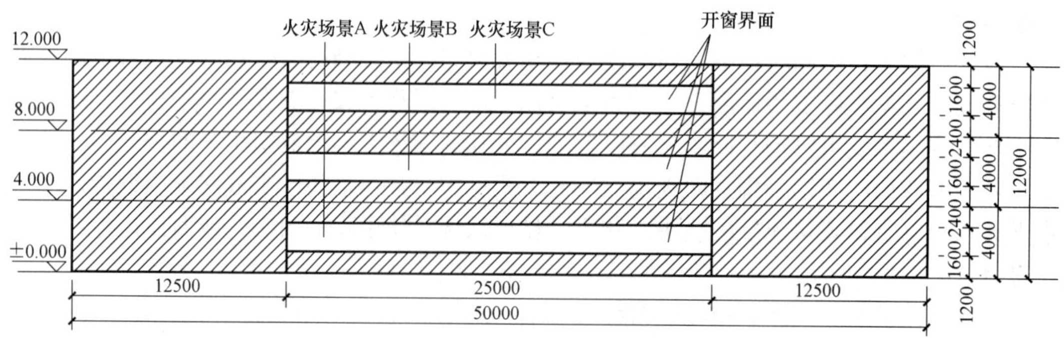

图 8.4.15　三组火灾场景开窗尺寸 CAD 立面图

火灾场景 A、B、C 侧窗尺寸和位置　　表 8.4.4

	侧窗尺寸(长×高)(m)	侧窗横向中心线位置(m)
火灾场景 A	25×1.6	2
火灾场景 B	25×1.6	6
火灾场景 C	25×1.6	10

2）模拟结果和分析

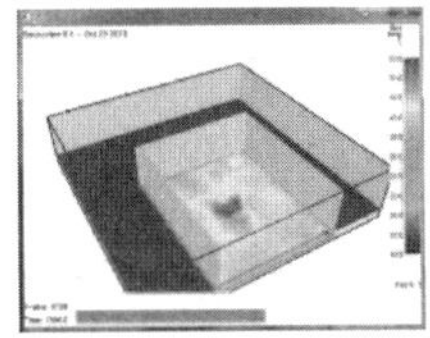
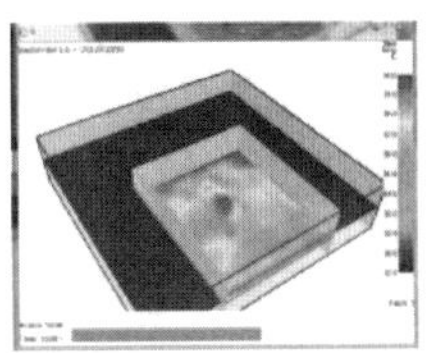

图 8.4.16　z=2.0m 横断面烟气温度对比
(左至右：火灾场景 A、B、C)

t=1800s，z=2.0m 各火灾场景横断面烟气温度　　表 8.4.5

	火灾场景 A		火灾场景 B		火灾场景 C	
	最高值	最低值	最高值	最低值	最高值	最低值
z=2.0m	53.5℃	45℃	57.5℃	48℃	68℃	55℃

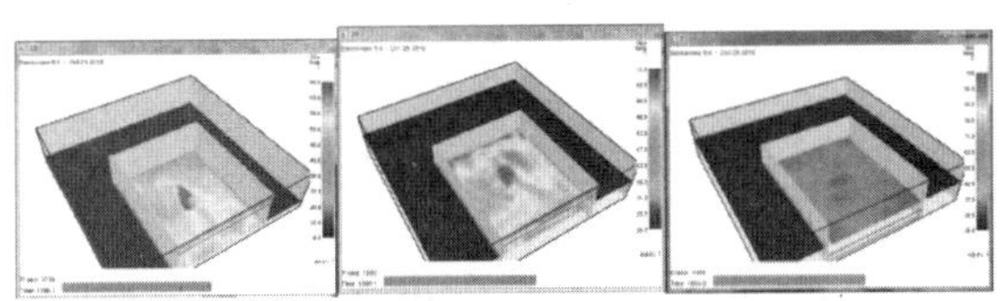

图 8.4.17　z—6.0m 横断面烟气温度对比
(左至右：火灾场景 A、B、C)

t=1800s，z=6.0m 各火灾场景横断面烟气温度　　表 8.4.6

	火灾场景 A		火灾场景 B		火灾场景 C	
	最高值(m)	最低值(m)	最高值(m)	最低值(m)	最高值(m)	最低值(m)
z=6.0m	110℃	100℃	90℃	75℃	85℃	70℃

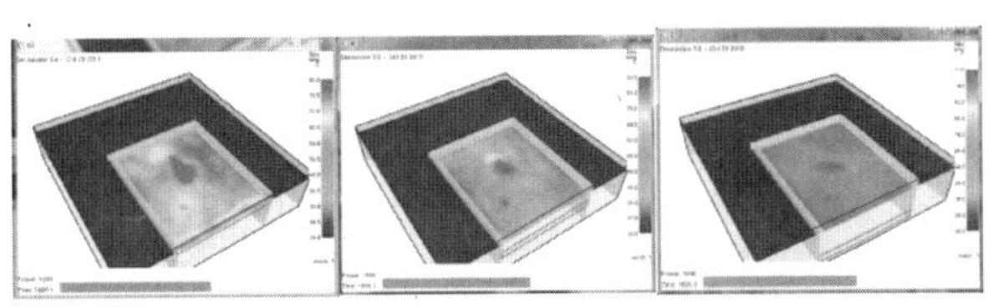

图 8.4.18　z=10.0m 横断面烟气温度对比
(左至右：火灾场景 A、B、C)

通过对火灾场景 A、B、C 横断面烟气温度的统计（表 8.4.5、图 8.4.16、表 8.4.6、图 8.4.17)，分析如下：

侧窗的拔风作用对近地面处（近火源处）的温度提升有帮助作用。表现为火灾场景 B 和 C 在 $z=2.0$m 的温度高于火灾场景 A，且侧窗越高，拔风作用对近地面处的温度影响越大。

位于高处的侧窗对上层烟气的温度提升有抑制作用。表现为火灾场景 A 由于缺少上部开窗，使热量不断在高区累积不能排出，二层和三层处的温度分别达到 105 ℃和 110℃，明显高于在二、三层有侧窗的火灾场景 B 和 C。

侧窗越高拔风效果越明显，中庭内烟气的流动范围越大，各点各层处的温度越均匀，变化幅度越小。表现为火灾场景 A、B、C 的温度变化幅度分别为 65℃、42℃和 30℃。

① 纵断面烟气温度对比（表 8.4.7、图 8.4.19）

$t=1800$s，$z=10.0$m 各火灾场景纵断面烟气温度 表 8.4.7

	上层温度(℃)	下层温度(℃)	分层高度(距地面)(m)
火灾场景 A	110	25	1
火灾场景 B	100	55	4
火灾场景 C	90	65	7

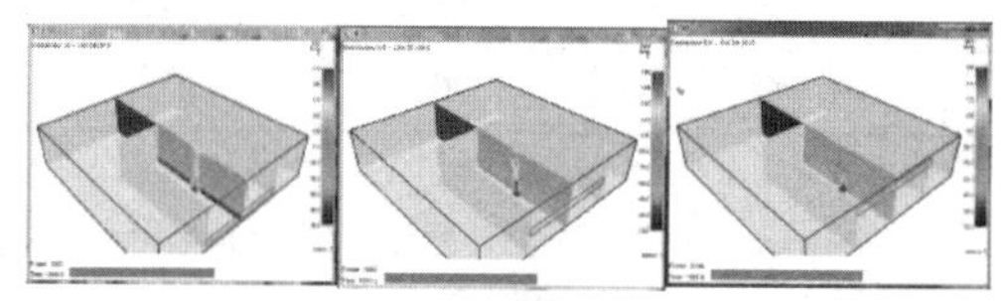

图 8.4.19 $z=10.0$m 各火灾场景纵断面烟气温度

$t=1800$s，$Y=25.0$m，$z=2.0$m 各火灾场景纵断面能见度对比 表 8.4.8

	火灾场景 A		火灾场景 B		火灾场景 C	
	最大值(m)	最小值(m)	最大值(m)	最小值(m)	最大值(m)	最小值(m)
$z=2.0$m	18	16	24	21	19	18

② 能见度云图

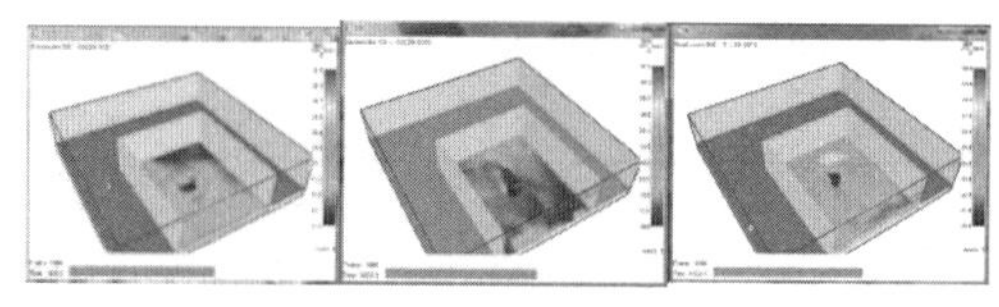

图 8.4.20 $z=2.0$m 横断面能见度对比

（左至右：火灾场景 A、B、C）

$t=1800$s，$z=6.0$m 各火灾场景各横断面能见度 表 8.4.9

	火灾场景 A		火灾场景 B		火灾场景 C	
	最大值(m)	最小值(m)	最大值(m)	最小值(m)	最大值(m)	最小值(m)
$z=6.0$m	10	9	16	14	17	15

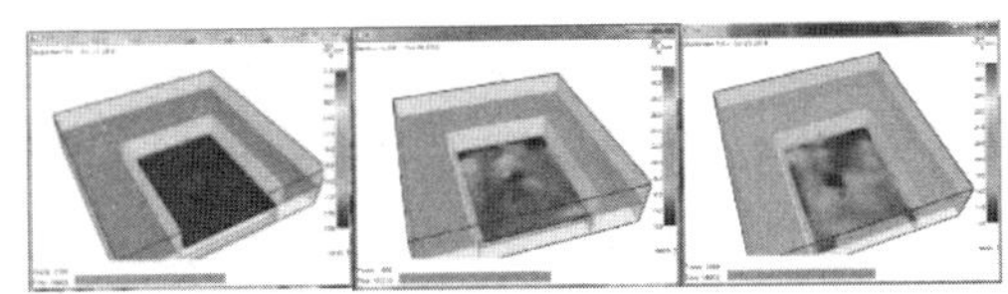

图 8.4.21 z=6.0m 横断面能见度对比
(左至右：火灾场景 A、B、C)

t=1800s，z=10m 各火灾场景各横断面能见度 **表 8.4.10**

	火灾场景 A		火灾场景 B		火灾场景 C	
	最大值(m)	最小值(m)	最大值(m)	最小值(m)	最大值(m)	最小值(m)
z=10.0m	6	5.5	12	11.5	15	11

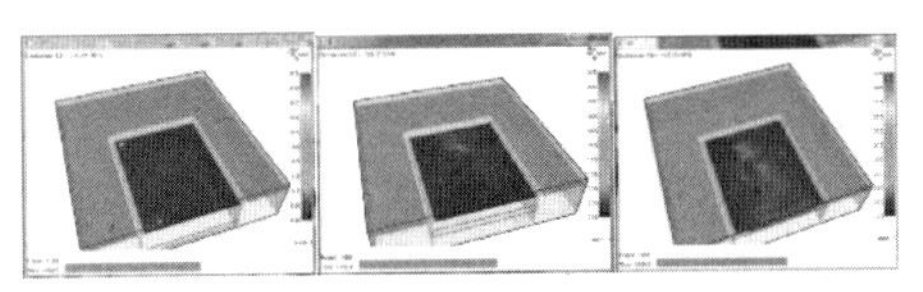

图 8.4.22 z=10.0m 横断面能见度对比
(左至右：火灾场景 A、B、C)

通过对火灾场景 A、B、C 横断面能见度的统计，分析如下：

侧窗越高拔风效果越明显，使得烟气流动和排出加剧，各层的能见度越明显。

仅低区开窗的中庭在垂直方向的能见度衰减极为明显。

③ 气流速度云图与排烟效率曲线图

t=1800s，各火灾场景侧窗中心线横断面气流速度 **表 8.4.11**

	最小值(m/s)	最大值(m/s)	中心位置值(m/s)
火灾场景 A/z=2.0m	0.3	0.4	1.0
火灾场景 B/z=6.0m	0.4	0.75	1.5
火灾场景 C/z=10.0m	0.5	1.2	2.0

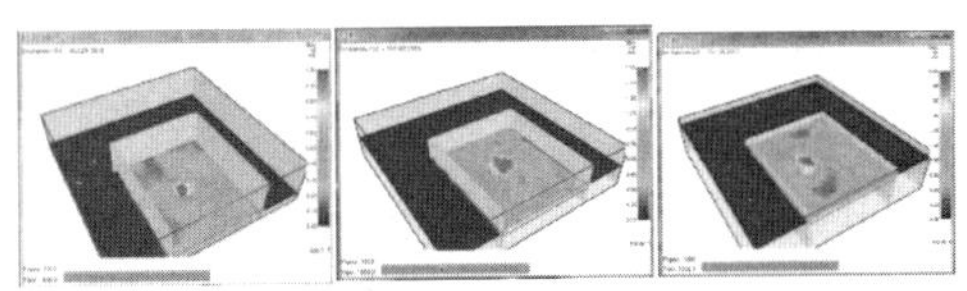

图 8.4.23 侧窗中心线横断面气流速度对比
(左至右：火灾场景 A、B、C)

t=1800s 时中庭纵断面气流速度统计 **表 8.4.12**

	火源周边气流速度(m/s)	火源上方气流速度(m/s)	形状描述
火灾场景 A	0.3～0.4	2～3	笔直
火灾场景 B	0.75	2～3	内凹弧度
火灾场景 C	0.8～1	2～3	倒日形

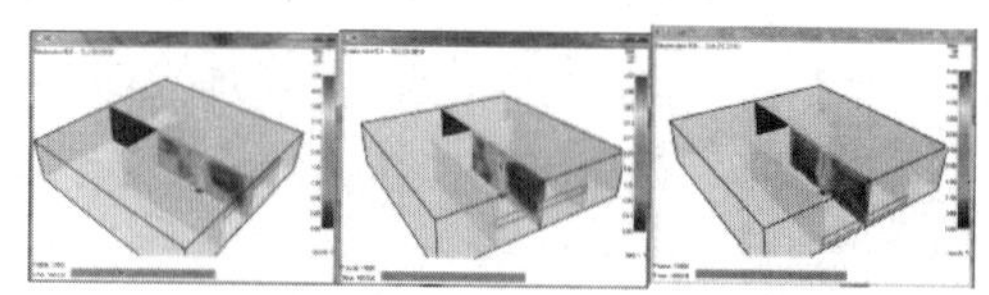

图 8.4.24　中庭纵断面气流速度对比
（左至右：火灾场景 A、B、C）

t=400s 后侧窗排烟效率统计　　表 8.4.13

	火灾场景 A	火灾场景 B	火灾场景 C
排烟效率(m^3/s)	3	4.5	4.5

通过对火灾场景 A、B、C 侧窗中心线横断面气流速度、中庭纵断面气流速度以及侧窗排烟效率的统计，分析如下：

侧窗中心线横断面气流速度随断面高度的增加而加大（表 8.4.12)。

随着侧窗高度的增加和拔风效应的增强，对火源周边气流速度的影响加大；但对于火源正上方气流速度的影响不大（表 8.4.13)。

侧窗越高，洞口的排烟效率越高（图 8.4.25)。

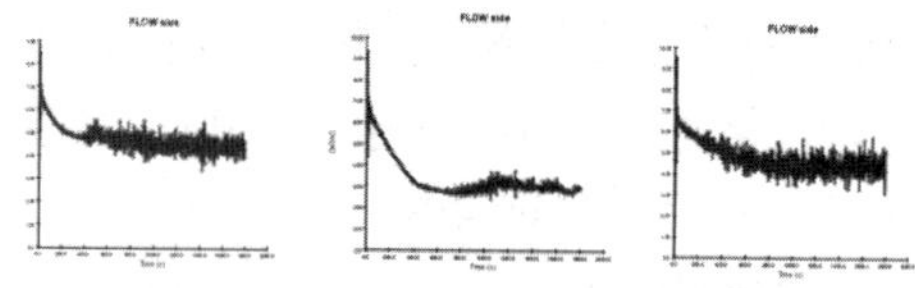

图 8.4.25　侧窗排烟效率对比
（左至右：火灾场景 A、B、C）

3）结论与建议

① 对于不具备机械排烟条件的中庭，应确保唯一的排烟方式——自然通风的有效通风口面积和在火灾发生时能够及时开启。

② 侧窗高度的不同直接影响中庭火场的温度，若在建筑设计中采用回廊式中庭并使之成为疏散通道，则应注重在高区设计侧窗，使得上升的烟气迅速排出，避免高区温度过高。

③ 拔风效应是中庭火灾的双刃剑，随着侧窗高度的增加能增加中庭各层的能见度、降低中高区温度、形成良好的排烟效果，但不足之处在于提升了近地面处的温度。所以，对于无回廊疏散走道、在火灾情况下防火卷帘全部降落的中庭空间，减少高区侧窗的设计可降低近地面区的温度，有利于人员疏散。

④ 建议在建筑设计环节即运用性能化防火设计的研究方法，对中庭形状、体量，通风口大小、位置等进行具体的模拟分析，以优化中庭乃至整个建筑设计案。

8.4.2　交通核竖向贯通空间的防火优化设计

1. 剪刀楼梯的防火优化设计

对于剪刀楼梯的使用，《建筑设计防火规范》GB 50016 只明确规定了塔式高层建筑设置两座独立疏散楼梯确有困难时，可设置剪刀楼梯作为两个安全疏散出口，也未对非塔式公共建筑是否允许使用剪刀楼梯做出明确规定，所以需对本工程中使用剪刀楼梯的可行性进行论证。对于剪刀楼梯和普通楼梯在本工程使用的优缺点，可以通过下面几个方面进行说明：

(1) 安全性

由于高层建筑火灾时疏散楼梯往往是建筑内人员疏散的唯一通道，同时建筑中的楼梯通常又串联整栋建筑的各个楼层，若火灾发生时疏散楼梯本身安全无法保证，那么不但楼梯间内的疏散人员的安全会受到火灾的威胁，还可能会出现楼梯间成为“烟囱”导致火灾在建筑垂直方向大面积蔓延的情况。规范中为避免上述情况发生对一类高层公共建筑中的楼梯间设置有几个方面的要求：

① 疏散楼梯应设置为防烟楼梯间；

② 楼梯间设置不小于 $6m^2$ 的楼梯间前室；

③ 要求前室门和楼梯间门均应为乙级防火门。

以上三项措施无论是普通楼梯还是剪刀楼梯均有条件满足，且本工程中剪刀楼梯的设计也均能满足上述要求，所以本工程中商业部分采用的剪刀楼梯在安全性方面可与普通楼梯间达到同等水平。

对于商业建筑中剪刀楼梯的设计，提出下列要求以保障剪刀楼梯作为疏散出口的安全性：

① 商业建筑中使用剪刀楼梯能够增加防火分区的疏散宽度，但由于两部楼梯叠合在同一个空间内，两个楼梯间开口通常较近，若设计不当则当火灾发生在楼梯附近时，可能造成剪刀楼梯的两个楼梯间均不能使用，由此要求剪刀楼梯的两个出口间距必须保证在5m 以上，且向不同方向开启。

② 为保障剪刀楼梯两个楼梯间的独立性，避免火灾烟气进入其中一个楼梯间导致剪刀楼梯的两个楼梯间均不能使用的情况发生，要求本工程中剪刀楼梯的两个楼梯间应分别设置前室，且前室面积均不应小于 $6m^2$。

③ 为保证剪刀楼梯的两个楼梯间能达到各自独立的要求，除满足上面两点要求之外，按照规范要求剪刀楼梯的两个楼梯间，若为一个防火分区使用，可共享前室且楼梯之间设置耐火极限不低于 1h 防火隔断；若为不同防火分区使用，则需分设前室且采用 3h 防火隔断，同时不同前室设置独立送风井。

(2) 可靠性

在相同的防火分区内均保证疏散宽度满足规范要求的情况下，采用剪刀楼梯作为人员疏散出口时由于一部剪刀楼梯的有效疏散宽度接近两部普通疏散楼梯，所以防火分区楼梯分布将更为集中，采用普通楼梯时由于需设置更多楼梯满足宽度，则楼梯的分布更为分散。而分区中安全出口分散设置有利于降低火灾对疏散出口的影响，从这个方面来看，普通楼梯的可靠性要优于剪刀楼梯。

从空间使用的集约性来讲，疏散出口集中设置时，更利于大型复杂建筑内的其他功能空间的规整布局；从建筑防火防灾性能来讲，疏散出口集中分散布置时，有利于降低火灾对疏散出口的影响。所以从以上这两个方面来看，普通楼梯与剪刀楼梯各具特点和优势。

对于剪刀楼梯防火的可靠性问题，可通过相应技术手段对其进行优化设计，以避免火灾发生在剪刀楼梯位置时可能出现的导致剪刀楼梯内两部楼梯均不能使用的情况：

① 商业复杂大型公建中使用剪刀楼梯能够增加防火分区的疏散宽度，但由于两部楼梯叠合在同一个空间内，两个楼梯间开口通常较近，若设计不当则当火灾发生在楼梯附近时，可能造成剪刀楼梯的两个楼梯间均不能使用，由此应要求剪刀楼梯的两个出口间距必须保证在5m以上，且向不同方向开启，避免火灾同时封堵剪刀楼梯的两个出口。

② 为保障剪刀楼梯两个楼梯间的独立性，避免火灾烟气进入其中一个楼梯间导致剪刀楼梯的两个楼梯间均不能使用的情况发生，应要求商业复杂大型公建中剪刀楼梯的两个楼梯间分别设置前室，保证剪刀楼梯中其中一部疏散楼梯受到火灾烟气影响时，另一部仍可安全使用，且前室面积均不应小于6m^2。

③ 为保证剪刀楼梯的两个楼梯间能达到各自独立的要求，除满足上述两点要求之外，按照规范要求剪刀楼梯的两个楼梯间，若为一个防火分区使用，可共享前室且楼梯之间设置耐火极限不低于1h防火隔断；若为不同防火分区使用，则需分设前室且采用3h防火隔断，同时不同前室设置独立送风井。

通过以上对使用剪刀楼梯在安全性、可靠性方面与使用普通楼梯的对比，若在设计过程中加强对剪刀楼梯的防火安全措施，剪刀楼梯在安全性上与普通楼梯可达到同等水平，所以在大型复杂建筑中使用剪刀楼梯作为人员疏散的安全出口的方式是可行且合理的。

2. 建筑楼核心筒性能化防火策略

疏散空间的防火设计师顺应火灾时人员群集流动的心理及行为特点的设计，人员在逃生时所表现出习惯性行为特征，在高层建筑这一建筑类型中显得格外突出。已有研究成果在综合分析国内外现代高层建筑的大量火灾事故案例及传统疏散体系优缺点的基础上，结合火灾时的人员心理及行为特点，提出“通过确保火灾时日常交通路线与设施的安全性，以达到日常交通路线设计与安全疏散合二为一的疏散空间防火设计思路”。这一思路将疏散楼梯、电梯、电梯厅以及周边的走道作为整体，利用防火墙（门）等防火分隔措施，并结合防、排烟设置，使其在火灾时能够保持一段时间的环境安全。其中，传统观念中火灾时可能成为危险区域的电梯及电梯厅、走道均称为可以短时间避难的安全区域，人员可依靠日常习惯的路线进行疏散。日常交通运作的核心空间、在火灾等紧急情况下有条件为人员提供临时避难区域或逃生缓冲空间，即构成建筑“安全核”疏散空间。

“安全核”疏散空间的防火设计能够保证空间内相当长一段时间的疏散安全性，同时人员可利用电梯快速疏散。这种设计策略与高层建筑中的人员火灾时心理及行为十分吻合，在一些高层建筑设计中得到应用。

本书对“安全核”疏散空间重要组成部分的防火设计要点进行了归纳，如表8.3.14所示。

"安全核"疏散空间重要组成部分的防火设计要点　　表 8.3.14

<table>
<tr><th>"安全核"组成部分</th><th>防火设计要点</th><th>防排烟设施</th><th>通信、照明设施</th></tr>
<tr><td>电梯</td><td>安全核内电梯为日常交通电梯，在平面紧凑或消防电梯使用率较低的情况下，可组合入"安全核"兼作交通电梯以提高使用率，即日常交通、灾时消防及疏散三重作用</td><td rowspan="4">应合理设置防排烟设施，确保"安全核"免遭火灾烟气蔓延，提供人员临时避难及逃生环境</td><td rowspan="4">通信照明设施的设置应便于组织引导人员疏散，提供合适的疏散环境，并使人员克服心理恐惧</td></tr>
<tr><td>电梯厅</td><td>因"安全核"兼具临时避难作用，应适当增大电梯厅面积</td></tr>
<tr><td>电梯厅前室</td><td>电梯厅前室为电梯厅前入户的过厅，以加强电梯厅与使用空间的防火隔断形成分隔带</td></tr>
<tr><td>疏散楼梯</td><td>若主疏散楼梯设在电梯厅内，疏散楼梯不宜与消防电梯共用一个前室，以免疏散人员和消防扑救人员的流线相互冲突</td></tr>
</table>

尽管实验数据及研究成果肯定了电梯在火灾等紧急情况下作为辅助疏散方式的可行性及优势，但由于我国目前对电梯紧急状况下的使用安全性及其设计仍没有相应的规范、条例进行指导，其技术、设施安全性、管理等方面的现有条件仍不完善。在已有的研究成果基础上，就确保火灾状况下电梯辅助疏散的可靠性及安全性，针对其自身安全隐患、烟气侵害及供电等问题，本书总结并归纳以下必要的防火设计及技术措施：

（1）电梯及其重要部件的防火安全设计

电梯轿厢应保证火灾时出现电梯故障情况下仍可满足应急照明、报警及通信设施的有效性，并通过厢内空调（风扇）及井道机械送风系统确保烟气无法侵入。电梯各层门应进行耐火隔热处理，确保比规范要求更高的防火安全性能。

（2）电梯厅前室的防火安全设计

电梯厅前室必须确保严密的防火分隔及防烟措施，确保相对安全的逃生环境及设备正常运作，杜绝烟气侵入，电梯厅前室应在设计上与疏散楼梯相邻。当使用电梯的人员在紧急情况迫降后，仍能尽快通过就近的楼梯逃生。

（3）电梯机房的防火安全设计

电梯机房通常设置在建筑物顶层，采用独立设置，且门、窗防火设计应符合安全要求。机房内应通过感应设备对环境进行监控，并与消防控制系统建筑关系，根据灾时环境进行电梯的联动控制。

（4）电梯井道的防火安全设计

电梯井道应采用耐火极限不低于 1h 的不燃体建造，并与其他竖向管井独立设置。通过正压送风系统使其压力高于外部后梯厅。防止其成为烟气扩散的途径，危险电梯内人员的生命安全。

（5）优化电梯的控制技术

健全的智能化消防控制盒电梯联动控制系统是电梯辅助疏散的基础，同时应对电梯设置两路电源（日常电源及应急电源），确保灾时控制系统不受火灾影响确保联动正常响应。火灾时，通过电梯相关各部位的感温、感烟对环境的探测，与消防控制系统建立联系，通过电梯联动控制优化调度疏散电梯，安全、高效地实现电梯辅助疏散过程。

8.4.3 设备竖井竖向贯通空间的防火优化设计

（1）独立设置的原则

大型复杂建筑内竖井众多，应各个单独设置并做好防火分隔，以防竖井之间互相蔓延烟火。

（2）竖向分区的原则

依据使用要求，各个竖井不可能自成防火分区，而要采用一定耐火极限的井壁将其与周围空间相隔离，开口部位设一定级别的防火门或其他防火保护措施，这些措施的目的是使得各个竖井与其他空间分隔开来，即竖井分区，是竖向防火分区的形式之一。

由于设备竖井在火灾发生时易成为助长火势蔓延扩大的薄弱环节，所以在设计中，对电梯井、管道井、电缆井、垃圾道等竖向管井的防火要求应十分明确，具体要求如下：

① 大型复杂建筑内的电缆井、管道井、电梯井、排烟井、垃圾道等竖向管井在分别单独设置的同时，也必须避免与可燃物较多房间、重要功能房间、吊顶等相连通。

② 电梯墙除了可以开设电梯门和通风透气空洞外，不应开设其他空洞，有个别高层建筑的电梯井，敷设与电梯无关的电缆，并在每层楼板处开设穿越电缆的空洞，极不安全，应极力避免。电梯井通风透气孔洞，要采取火灾时能自行关闭的不燃烧材料制成的门。平时可开启，火灾时能自动关闭，以防止火灾蔓延。

③ 现代大型复杂建筑内餐饮场所众多，每天产生大量垃圾，且垃圾管道内常常积存着可燃废物，容易起火。因此，在设计中，对垃圾道防火要认真处理好：宜避免布置在疏散楼板平台上，宜设置在外壁（墙）的安全地点，并应设有垃圾间，其面积为1.5～4m^2；垃圾管道内壁应光滑，没有突出物；排气口不应靠近可燃构件和可燃物，并应直接开向室外；垃圾斗及其盖板应用金属等不燃烧材料制作，垃圾斗的盖板应能自行关闭；且应做到经常性的垃圾清理，避免垃圾堆积造成火灾隐患。

④ 大型复杂建筑在日常的管理维护中，应经常性地对各个竖向设备管井内管线进行检修，并检查检修口的防火门的开闭情况。

8.5 超大水平开敞空间

8.5.1 建筑高层的性能化防火策略

（1）火灾场景设计

根据对大型复杂建筑塔楼标准层面积的调研得知，100～200m高度区间的建筑，标准层面积约为1450～1850m^2；200～300m高度区间的建筑，标准层面积约为1789～2256m^2。

故FDS模型的标准层选取200m左右高度区间的建筑进行模拟，将标准层设定为45.0m×45.0m的正方形平面，核心筒设定为23.0m×23.0m的正方形平面，则标准层总建筑面积为2025m^2，核心筒面积为529m^2，建筑区域面积为1496m^2（火灾场景C、D、E中含核心筒外疏散走道面积），均匀设置三个防烟分区，防烟分区之间设600mm高的挡烟垂幕。并且，为了对比评估不设环形疏散走道的开敞大空间和设置了环形疏散走道的空间，同时设计了未设置环形疏散走道的火灾场景A、B、C（图8.5.1），和设置了环形疏散走道的火灾场景D、E、F（图8.5.2）。

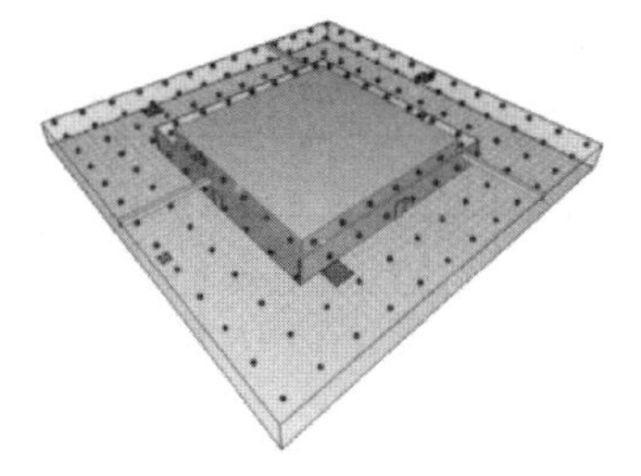

图 8.5.1 火灾场景 A、B、C 模型

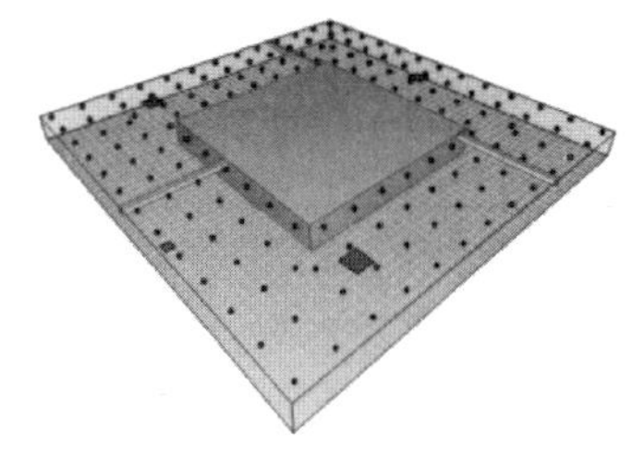

图 8.5.2 火灾场景 D、E、F 模型

由于建筑标准层的核心筒和疏散走道内可燃物数量少，发生火灾的概率小，火灾危险性低，因此设定火灾场景的火源位置取在火灾发生概率和火灾危险性大的建筑区内，同时考虑火灾发生在某个通往疏散走道的出口附近（火灾场景 C、D、E）。

① 火灾场景 A

火灾场景 A 设计参数 **表 8.5.1**

编号	描 述
1	网格大小：45m×45m×3m（3m 为净高）
2	核心筒大小：23m×23m×3m（3m 为净高）
3	燃烧面积 $1m^2$，HRRPUA=$1500W/m^2$，火灾规模 1.5MW①
4	建筑区域设 3 个机械排烟口，表面排气通道，指定体积通量=$16.7m^3/s$，排烟口于烟雾探测器（SD）报警后立即启动，无延迟
5	建筑区域每隔 3～3.6m 设快速反应喷头，尽端距墙距离不小于 1.8m，RTI=$50m^{1/2}s^{1/2}$，启动温度 68℃，设环境初始温度 25℃，喷头安装高度 3m

① 火灾规模的确定依据为上海市地方标准《建筑防排烟技术规程》DGJ 08-88-2006。

② 火灾场景 B

火灾场景 B 设计参数 **表 8.5.2**

编号	描 述
1	网格大小：45m×45m×3m（3m 为净高）
2	核心筒大小：23m×23m×3m（3m 为净高）
3	燃烧面积 $1m^2$，HRRPUA=$1500W/m^2$，火灾规模 1.5MW①
4	建筑区域的机械排烟失效
5	建筑区域每隔 3～3.6m 设快速反应喷头，尽端到墙距离不小于 1.8m，RTI=$50m^{1/2}s^{1/2}$，启动温度 68℃，设环境初始温度 25℃，喷头安装高度 3m

① 火灾规模的确定依据为上海市地方标准《建筑防排烟技术规程》DGJ 08-88-2006。

③ 火灾场景 C

火灾场景 C 设计参数 **表 8.5.3**

编号	描 述
1	网格大小：45m×45m×3m（3m 为净高）
2	核心筒大小：23m×23m×3m（3m 为净高）
3	燃烧面积 $1m^2$，HRRPUA=$6000W/m^2$，火灾规模 1.5MW①
4	建筑区域设 3 个机械排烟口，表面排气通道，指定体积通量=$16.7m^3/s$，排烟口于烟雾探测器（SD）报警后立即启动，无延迟
5	建筑区域的自动喷淋系统失效

① 火灾规模的确定依据为上海市地方标准《建筑防排烟技术规程》DGJ 08-88-2006。

④ 火灾场景 D

火灾场景 D 设计参数　　表 8.5.4

编号	描　述
1	网格大小：45m×45m×3m(3m 为净高)
2	核心筒大小：23m×23m×3m(3m 为净高)
3	核心筒外侧设 1.4m 宽疏散走道
4	建筑空间与疏散走道间设 4 个疏散出口(每个宽 1.5m)，控制方式为烟雾探测器(SD)报警后开启
5	燃烧面积 $1m^2$，HRRPUA=$1500W/m^2$，火灾规模 1.5MW①
6	建筑区域设 3 个机械排烟口，表面排气通道，指定体积通量=$16.7m^3/s$，排烟口于烟雾探测器(SD)报警后立即启动，无延迟
7	建筑区域每隔 3～3.6m 设快速反应喷头，尽端距墙距离不小于 1.8m，RTI=$50m^{1/2}s^{1/2}$，启动温度 68℃，设环境初始温度 25℃，喷头安装高度 3m
8	疏散走道区域设 2 个机械排烟口，表面排气通道，指定体积通量=$1.14m^3/s$，排烟口于疏散走道的烟雾探测器(SD)报警后立即启动，无延迟
9	疏散走道区域每隔 3～3.6m 设快速反应喷头，尽端距墙距离不小于 1.8m，RTI=$50m^{1/2}s^{1/2}$，启动温度 68℃，设环境初始温度 25℃，喷头安装高度 3m

① 火灾规模的确定依据为上海市地方标准《建筑防排烟技术规程》DGJ 08-88-2006。

⑤ 火灾场景 E

火灾场景 E 设计参数　　表 8.5.5

编号	描　述
1	网格大小：45m×45m×3m(3m 为净高)
2	核心筒大小：23m×23m×3m(3m 为净高)
3	核心筒外侧设 1.4m 宽疏散走道
4	建筑空间与疏散走道间设 4 个疏散出口(每个宽 1.5m)，控制方式为烟雾探测器(SD)报警后开启
5	燃烧面积 $1m^2$，HRRPUA=$1500W/m^2$，火灾规模 1.5MW①
6	建筑区域机械排烟系统失灵
7	建筑区域每隔 3～3.6m 设快速反应喷头，尽端到墙距离不小于 1.8m，RTI=$50m^{1/2}s^{1/2}$，启动温度 68℃，设环境初始温度 25℃，喷头安装高度 3m
8	走道区域机械排烟系统失灵
9	走道区域每隔 3～3.6m 设快速反应喷头，尽端距墙距离不小于 1.8m，RTI=$50m^{1/2}s^{1/2}$，启动温度 68℃，设环境初始温度 25℃，喷头安装高度 3m

① 火灾规模的确定依据为上海市地方标准《建筑防排烟技术规程》DGJ 08-88-2006。

⑥ 火灾场景 F

火灾场景 F 设计参数　　表 8.5.6

编号	描　述
1	网格大小：45m×45m×3m(3m 为净高)
2	核心筒大小：23m×23m×3m(3m 为净高)
3	核心筒外侧设 1.4m 宽疏散走道
4	建筑空间与疏散走道间设 4 个疏散出口(每个宽 1.5m)，控制方式为烟雾探测器(SD)报警后开启
5	燃烧面积 $1m^2$，HRRPUA=$6000W/m^2$，火灾规模 1.5MW①

续表

编号	描　述
6	建筑区域设3个机械排烟口，表面排气通道，指定体积通量$=16.7m^3/s$，排烟口于烟雾探测器(SD)报警后立即启动，无延迟
7	建筑区域自动喷水灭火系统失灵
8	疏散走道区域设2个机械排烟口，表面排气通道，指定体积通量$=1.14m^3/s$，排烟口于疏散走道的烟雾探测器(SD)报警后立即启动，无延迟
9	疏散走道区域自动喷水灭火系统失灵

① 火灾规模的确定依据为上海市地方标准《建筑防排烟技术规程》DGJ 08-88-2006。

(2) 运算结果对比（图8.5.3～图8.5.14）

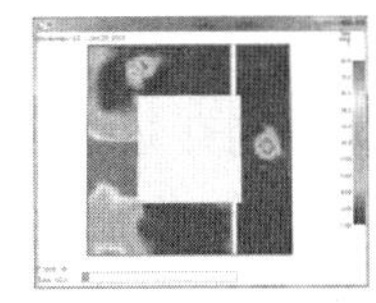

图8.5.3　火灾场景A温度云图，$t=82.8$s

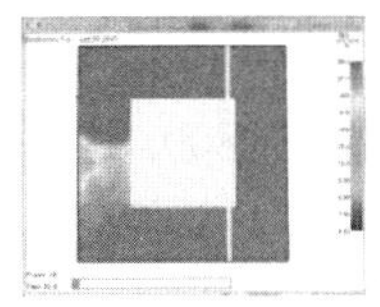

图8.5.4　火灾场景A能见度云图，$t=82.8$s

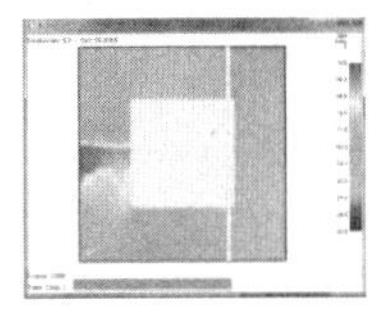

图8.5.5　火灾场景B温度云图，$t=1800$s

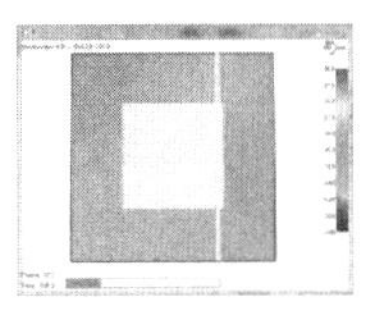

图8.5.6　火灾场景B能见度云图，$t=398$s

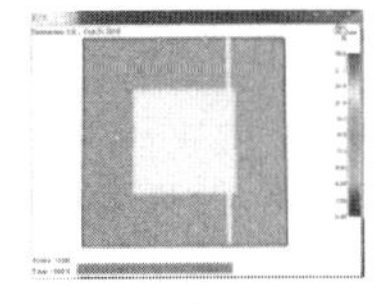

图8.5.7　火灾场景C温度云图，$t=1800$s

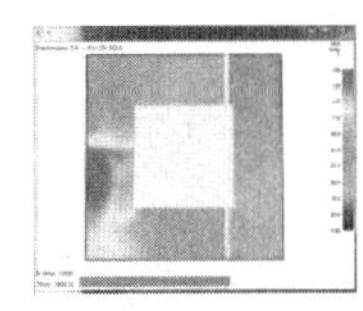

图8.5.8　火灾场景C能见度云图，$t=1800$s

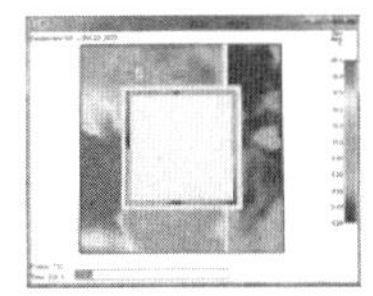

图8.5.9　火灾场景D温度云图，$t=201.6$s

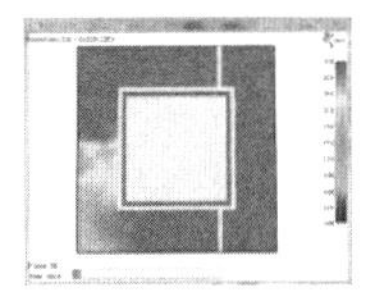

图8.5.10　火灾场景D能见度云图，$t=100.8$s

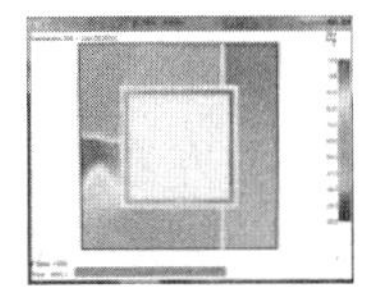

图8.5.11　火灾场景E温度云图，$t=1800$s

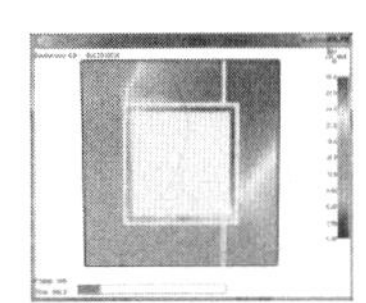

图8.5.12　火灾场景E能见度云图，$t=266.6$s

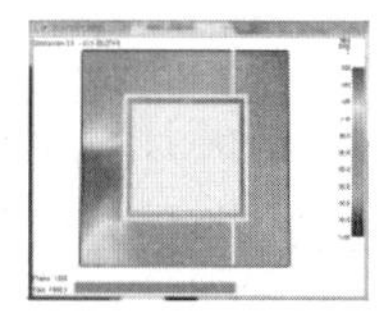

图 8.5.13　火灾场景 F 温度云图，t=1800s

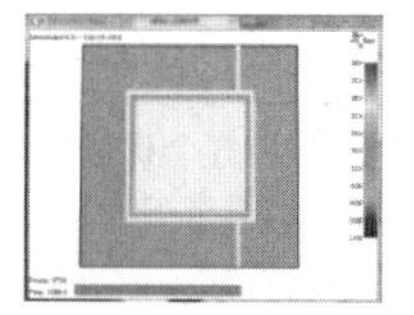

图 8.5.14　火灾场景 F 能见度云图，t=1800s

（3）运算结果分析

火灾场景 A 的火源在 230s 左右时被自动喷水灭火系统熄灭，且起火到熄灭的整个过程中温度未出现明显上升，能见度 28.8s 达到最低，火源周围 20m，其他区域 30m，温度始终未达到高温，可见在自动喷水灭火系统、机械排烟系统和自动报警系统全部正常工作的情况下，火情得到了最大程度的控制。

火灾场景 B 在 1800s 时火源周围温度达到 100℃以上，火源一侧开敞空间 1/3 范围内的温度达到 65℃左右，其他区域在 45℃以下。由于机械排烟系统失效，能见度在 398s 时开始出现的人员疏散安全极限，即火源所在的防烟分区的能见度下降到 10m 以下，600s 左右时火场内全部区域的能见度下降到 10m 以下，随后各个区域的能见度迅速下降至 0m。

火灾场景 C 在 1800s 时火源周围温度达到 155℃，火源一侧开敞空间 1/2 范围内的温度达到 90℃左右，其他区域在 45～50℃之间。能见度在 1800s 时火场周围达到 12～13m 之间，其他区域在 18m 以上。

火灾场景 D、E、F 相较火灾场景 A、B、C 在核心筒外侧设有疏散走道，且疏散走道与开敞空间之间采用不燃烧材料进行分隔。

火灾场景 D 的火源在 230s 左右时被自动喷水灭火系统熄灭，且起火到熄灭的整个过程中温度未出现明显上升，疏散走道与开敞空间的温度相差不大。能见度在绝大多数区域能达到 30m，局部 20m。可见在自动喷水灭火系统、机械排烟系统和自动报警系统全部正常工作的情况下，火情得到了最大程度的控制。

火灾场景 E 在 1800s 时火源周围温度达到 110℃以上，火源一侧开敞空间 1/3 范围内的温度达到 60℃左右，其他区域在 40℃左右。疏散走道温度除靠近火源一侧出口处的位置略有上升，达到 60℃，其他区域在 45℃以下。由于机械排烟系统失效，开敞空间的能见度在 267s 左右时开始出现人员疏散安全极限，即火源所在的防烟分区的能见度下降到 10m 以下，550s 左右时火场内全部区域的能见度下降到 10m 以下，随后各个区域的能见度迅速下降至 0m。

火灾场景 F 在 1800s 时火源周围温度达到 155℃，火源一侧开敞空间 1/2 范围内的温度达到 100℃左右，其他区域在 45℃以下。疏散走道温度除靠近火源一侧出口处的位置略有上升，达到 60℃，其他区域在 45℃以下。能见度在 1800s 时较均匀，保持在 15m 左右。

综上可见，在设置环形走道的情况下，环形疏散走道能够很好地阻隔热量，则即使开敞空间的温度达到 150℃以上时，环形疏散走道内的温度仅为 45℃左右，远小于火灾发生蔓延的温度，火灾不会通过热辐射的方式蔓延至环形疏散走道内，则环形疏散走道能大大提升开敞空间的人员疏散安全性。在不设置环形疏散走道的情况下，由于开敞空间面积更大，相应的蓄烟空间更大，因此在机械排烟系统失灵的状况下，其开敞空间的能见度较设置环形疏散走道时所达到人员疏散极限的时间更慢。

（4）结论与建议

除规范已规定的各项防火疏散安全措施外，还应在以下方面进行防火优化设计：

① 合理布置安全疏散路线

在紧急疏散时，人们逃生的路线一般是从“着火房间或部位→公共走道→疏散楼梯间→转向室外或其他安全处所（如避难层）”，疏散的原则是“一步比一步安全”，不产生“逆流”情况，这样的疏散路线即为安全疏散路线。

疏散路线应力求简捷，便于寻找和辨认，不致因受某种阻碍反向而行。由于发生火灾时，人们往往首先考虑熟悉并经常使用的电梯所组织的疏散流线，所以疏散楼梯应布置在靠近电梯间的位置，使经常使用的路线与火灾时紧急使用的路线有机地结合起来，有利于迅速而安全地疏散人员。疏散走道的布置应尽可能畅通、笔直，不应出现易使疏散速度下降、造成拥堵的S形或U形。

② 水平通道组织

“双向疏散原则”是疏散水平通道组织的关键，人们向一个方向疏散遇到烟火阻碍时将会掉头寻找另一条出路，因此，就必须保证水平面有两个以上的安全疏散口，它将贯穿在任何楼层平面设计中，一般水平通道组织即是围绕两个疏散口布置来进行，水平通道的形式一般均较直捷通顺、少转弯，或以不小于90°的直角转弯，在转弯处也尽可能安排垂直向逃生口，以保证人流疏散畅通，避免阻塞和混乱。

③“核”的分散与边缘化布置

随着时代的发展、技术的进步，人们对建筑需求的变化和设计侧重点的不同，以中央核心筒为主流的高层建筑“内核”空间构成模式开始受到了挑战。20世纪70年代前后出现的“双核”构成模式，双侧外核心筒的布局，有利于避难疏散。

④ 火灾区域限定

高层塔楼建筑标准层的核心筒内主要为电梯、电梯间、楼梯间、设备间和卫生间，这些区域可燃物少、无人长时间停留且使用实体墙分隔成了多个小空间，火灾危险性较小。建议核心筒部位，包括周边设置的设备间、储藏间等，采用防火墙及甲级防火门与相邻区域进行分隔，以将火灾限定在建筑区域内，同时也有助于防止火灾和烟气通过电梯井向其他层蔓延。除去核心筒后建筑区的建筑面积应小于2000m^2，以使火灾的可能过火面积与规范的要求相同。

⑤ 环形疏散走道

为使人员能够尽快撤离着火区并防止疏散路径及疏散楼梯的入口被火灾封堵，核心筒周边应设置宽度不小于1.40m的环形疏散走道，将核心筒与建筑区分隔开。为阻止火灾和烟气蔓延至疏散走道，走道的隔墙应砌至屋面板底部，隔墙可采用实体墙或防火玻璃，耐火极限不应低于1.00h。

8.5.2 避难层空间性能化防火策略

性能化设计方法的优势在于紧密结合建筑物自身的特质，从根本上提升建筑的消防安全性能，而为达到同等安全性能的设计方法和解决途径则是灵活多样的。基于这一理念，本书从4个方面总结对实际工程有参考价值的避难层空间设置及防火设计策略及方法。

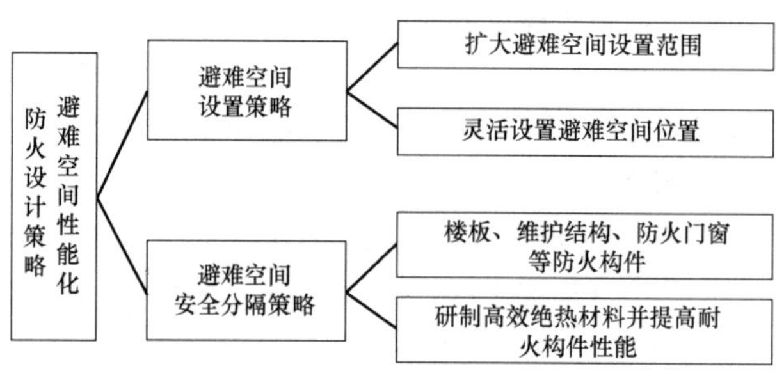

图 8.5.15 避难空间性能化防火设计策略

（1）扩大避难空间设置范围

除建筑高度超过 100m 的超高层建筑外，一类高层建筑（建筑高度超过 50m）或人员密集的重要高层公共建筑，均应结合建筑自身特性合理设置避难空间，发挥火灾时避难空间对于解决高层建筑火灾时人员逃生的作用，并重点考虑安全性和经济性综合影响，如合理设置避难空间就能较好地满足要求。

（2）灵活设计避难空间位置

临近地面的第一避难层（间）的设置层数应考虑以下两方面：

① 首个避难层位置应该适应该城市消防安全部分储备的消防登高设备高度；

② 首个避难层位置根据建筑层高确定，层高较低，则首个避难层层数可适当增加。

现行规范虽规定各避难层（间）的楼层不宜超过 15 层，但由国外一些高层建筑的避难层设置情况及相关研究的性能化验证结果可知，避难层间隔在 15～20 层之间均是可行的。

此外，由于建筑上部人员自疏散楼梯向下疏散，越接近底面必然汇集更多疏散人员，因此疏散楼梯拥挤而在低层避难空间内停留或等待营救。因此，实际工程中第一避难层（间）往往设置较大的有效避难面积，应在满足《建筑设计防火规范》GB 50016—2014 的基础上根据建筑使用人群的分布进行适当的调整。

（3）避难空间安全分隔策略

避难空间应严格确保其火灾时的安全性，以提供给临时避难人员生命安全保障。避难层（间）与相邻两楼层的分隔应为耐火极限不低于 2h 的楼板，并可依情况对吊顶采取隔热防护措施。四周围护结构应为不燃体并满足相应的耐火极限要求，其墙面、底面的装修材料均应为难燃、不燃材质，耐火极限应为 3～5h。

从实际火灾经验中可知，当避难层下部楼层发生较大火灾时，烟火在室内外环境的综合作用下可能会沿着建筑外墙引发竖向蔓延，封闭式避难层与开敞式避难层相比具有更高的安全性。因此，避难层应尽量采取封闭形式。若必须开窗，则应设置防火窗以及高度不低于 0.8m，耐火极限不低于 2h 的不燃体窗间墙。

当避难层与设备层共用同一标准层时，应与除避难空间外的其他区域通过防火墙、隔墙或走道进行分隔，并确保 2～3h 的耐火极限要求。同时，设备管道应与避难空间保持安全距离，设备间的开启门应面向走道而非避难空间。

国内外现阶段对于避难空间的防火分隔性能大多以耐火构建的安全标准来衡量，但火灾经验及实验数据显示以此设置的避难空间其环境仍无法达到实际人员可忍受的标准——医学上要求避难空间的热传递需控制在 $1kW/m^2$ 下才能保证人员不受“升温”侵扰。我国现已开展对高效绝热材料的研究，拟通过强度、重度、防火、抗冲击等多方面提升防火分隔构建的性能。

（4）避难空间消防及附属设施设置策略

封闭式避难空间应设置独立空调和排放烟系统，如正压送风机、排烟机、空调机组等，前两者不应紧邻布置。同时，应设火灾自动报警系统、自动喷淋系统、消防卷盘、消防广播、应急照明灯设施，并在避难空间入口处或其他重要部位设置易于辨别的标志及指示图，如印有"AREA OF REFUGE"、"避难层"等字样的避难区域通用符号，便于引导人员逃生。

8.6 狭长空间

（1）商业步行街计算验证对象

结合商业步行街商业设置形态及存在的消防问题，性能化设计拟把商业步行街中庭及回廊作为亚安全区。根据设计资料统计数据，本工程中首层、二层、三层中庭面积分别为5310m^2、3770m^{2}和3850m^2，而中庭两侧店铺面积最大不超过350m^2（面积按照解决方案部分提出的要求进行限制）。中庭两侧商铺主要的商业形态是旗舰店、小型餐饮、品牌服饰店铺等，店铺与亚安全区的连接方式比较单一，均是直接在防火隔断上开设门洞。在制定的步行街疏散策略中，商铺内疏散人员首先是由商铺疏散至亚安全区，然后由亚安全区内设置的疏散楼梯疏散至室外。

万达中的商业步行街设计为亚安全区，作为步行街两侧商铺发生火灾时人员疏散必须通过的区域，对于人员的安全疏散起到重要作用，它可以给疏散人员提供一个较长安全环境的疏散缓冲区。对亚安全区的评估论证主要从加强技术措施、管理措施以及模拟确定亚安全区受到火灾影响时的安全性几个角度进行。而确定亚安全区受火灾影响程度时，考察主要从两个方面进行：一方面由于亚安全区是解决中庭两侧防火单元人员疏散问题的主要方式，两侧商铺不可避免地需向亚安全区开设出口，一旦商铺发生火灾将有可能通过提供给人员疏散的门洞对亚安全区产生影响，所以需考察商铺发生火灾且商铺与亚安全区之间的开口被打开时，烟气对亚安全区的影响；另一方面即使亚安全区内设计和管理严格按照要求执行固定火灾荷载已得到极大的控制，但在日常经营中亚安全区内仍必然存在如垃圾桶等少量的火灾荷载物，虽然发生火灾的概率远远小于商业区域，但不能绝对排除发生火灾的可能性，所以需要对亚安全区本身发生火灾时的烟气蔓延情况进行预测和判断。

（2）步行商业街

由于步行街首层着火时，根据烟气蔓延特性，其将对楼上各层产生较大影响；较高楼层着火时，由于烟气沉降，将在最短的时间对上部人员产生较大影响。

在对亚安全区安全性进行验证时，需分别设置亚安全区内火灾和不同楼层商铺火灾两种形式的火灾场景，并根据两种火灾场景的结果来判断亚安全区的设计方案是否可行。

火灾场景A：首层A轴线12-16与A轴线Q-W之间商铺发生火灾，假设商铺内灭火系统与排烟系统失效，步行街内排烟系统正常启动。

火灾场景B：首层A轴线40-44与C轴线D-G之间商铺发生火灾，假设商铺内灭火系统与排烟系统失效，钢化玻璃在火灾发生2min后发生破裂，步行街内排烟系统正常启动。

火灾场景C：首层圆形中庭发生火灾，假设灭火系统与排烟系统正常启动。

火灾场景 D：首层圆形中庭发生火灾，假设灭火系统与排烟系统均失效。

火灾场景 E：首层圆形中庭发生火灾，假设灭火系统失效，排烟系统有效。

火灾场景 F：三层餐饮店发生火灾，假设灭火系统有效，排烟系统失效。

（3）疏散宽度验证计算对象

根据本工程防火分区的性能化设计方案，在满足地下每层防火分区设计疏散宽度达到规范要求 80%，地上每层防火分区设计疏散宽度达到规范要求 70%后，可在各防火分区之间开设出口作为防火分区辅助疏散出口，以提高防火分区内人员疏散效率。

进行分析的总原则是根据疏散宽度满足率以及防火分区面积大小，分别在地上以及地下选择多个防火分区进行考察。

（4）疏散宽度

疏散宽度验证的火灾场景设置如下：

火灾场景 H：地下一层防火分区 1-10 超市发生火灾，防火分区面积为 1767.82m^2，疏散宽度满足率为 0.78。假设灭火系统正常启动，排烟系统失效。

火灾场景 I：地上二层防火分区 2-2 百货发生火灾，防火分区面积 3550m^2，疏散宽度满足率为 0.7。假设灭火系统和排烟系统均正常启动。

（5）优化设计

① 向尾面开设疏散出口。

现代大型复杂建筑的造型设计往往多出现层数不一和退台处理，形成较多屋面空间。在内部空间的防火设计优化方面，可通过向屋面开设疏散出口再通过屋面其他楼梯疏散到安全区域的方法，实现人员的安全疏散。

② 增设室外疏散平台

增设室外疏散平台可减小疏散距离，有效增加疏散宽度。

③ 向相邻防火分区开设辅助安全出口

考虑到相邻两个防火分区同时着火的可能性较小，建议增设通向相邻防火分区或室内步行街公共区的甲级防火门，作为辅助安全出口，以保证每个防火分区的疏散距离和疏散宽度满足规范要求（各分区借用相邻防火分区疏散出口的宽度不应大于本分区按规范要求总疏散宽度的 30%）。

④ 解决首层走道和疏散楼梯间不能直通室外的问题

我国现行的国家规范已对首层疏散走道（扩大前室）及楼梯间直通室外（或有条件下的 15.0m 距离）的问题作出明确规定，在解决首层疏散走道不能直通室外的问题时，可借助性能化设计方法，把步行街及中庭部分作为亚安全区。当商业街所在区域作为亚安全区的设计方案可行时，商业部分的首层疏散走道及疏散楼梯无法直通室外的问题也可同时得到解决。

8.7 地下空间

8.7.1 地下活动空间防火优化设计

（1）平面简洁化设计

地下商业建筑的空间组织应遵循在统一中求变化的原则，不但从建筑艺术处理上看是需要的，与防灾要求也是一致的。应当使地下建筑平面规整、流线布置简捷，避免过多转折；内部空间应保持完整，减少不必要的变化和高低错落，使人容易熟悉所处环境，以免发生灾害后因迷路而加重恐慌感。

例如，在主要通道的交汇点上布置一些美化和休息设施，形成一处比较宽敞的空间，对防灾疏散是很有用的。

另外，随着地下建筑规模的不断扩大，可在大型复杂建筑的地下空间内增设直达室外的出入口，以同时满足建筑内人员疏散、提高可达性和地下空间的商业价值的目的。

（2）设置防火隔间

防火隔间的各规范条文对比表　　表 8.7.1

建筑设计防火规范	该防火隔间的墙为实体防火墙，在隔间的相邻区域分别设置火灾时能自行关闭的敞开式防火门
人民防空工程技术防火规范①	防火隔间与防火分区之间应设置常开式甲级防火门，并应在发生火灾时能自行关闭
	不同防火分区开设在防火隔间墙上的防火门最近边缘之间的水平距离不应小于 4m，该门不应计算在该防火分区安全出口的个数和总疏散宽度内
	防火隔间装修材料燃烧性能等级应为 A 级，且不得用于除人员通行外的其他用途
上海地标②	防火隔间应采用防火墙或火灾时能自行关闭的常开甲级防火门围护，相邻防火分区的甲级防火门之间最近水平距离不应小于 4m
	防火隔间短边不小于 4m，面积不小于 $45m^2$
	靠近防火隔间的两侧应分别有疏散楼梯间，其袋形距离不应大于 10m，隔间内应设置正压送风系统
	防火隔间应采用不燃化装修，不得作为其他任何功能使用
	每层商业建筑采用防火隔间的次数不应超过 2 次
江苏地标③	防火隔间内不应布置任何经营性商业设施
	防火隔间的墙应为实体防火墙，在隔间的相邻区域分别设置火灾时能自行关闭的常开式甲级防火门
	常开式甲级防火门洞口宽度不应大于 2.4m，防火隔间相邻区域间距不应小于 5m

①《人民防空工程设计防火规范》GB 50098—2009；
②《上海市公共建筑防火分隔消防设计若干规定（暂行）》（沪消〔2006〕439 号）；
③ 江苏省工程建设标准《商业建筑设计防火规范》DGJ 32/J67－2008。

① 控制防火隔间内的火灾荷载数量，避免布置过多的可燃物。

② 防火分区与防火隔间之间设置常开式甲级防火门，若出于日常使用的连通目的而非只供发生火灾时疏散人员用，不应计入防火分区安全出口的个数和总疏散宽度。

（3）设置防火带

在地下商业空间与居民区或重点防护单位相邻的条件下，在满足防火间距的基础上还应设防火带，在内种植绿化，阻止火势蔓延。在直通室外的出入口处必须留有足够的场地，一方面满足疏散人群的要求，另一方面满足消防停车和展开扑救的需要，其面积应根据建筑规模确定。

（4）平衡防火分区的疏散宽度

首先地下商业空间各防火分区独立设置的疏散出口宽度应尽量达到规范要求。当地下商业空间某些防火分区无法 100％满足规范要求的疏散宽度时，可对达标率在 80％及以上的防火分区进行疏散宽度的调整。

具体调整方式为平衡各防火分区的疏散宽度，使邻近防火分区疏散宽度尽可能多地满足规范要求，如各个防火分区的疏散宽度均达到80%甚至90%以上（经过调整设计确无法使疏散宽度达到80%以上的防火分区则需要通过性能化方式对现有设计安全性进行论证分析）；剩余不满足规范要求的疏散宽度可采用在防火分区之间开设辅助疏散出口的方式解决，但设置辅助疏散出口的前提是其位置必须设置防火墙，同时门洞位置采用甲级防火门进行分隔。

（5）利用开敞空间进行疏散

对于纯商业空间，如商业零售或超市主力店，可采用下沉式广场等室外开敞空间与地下建筑连通。

8.7.2 地下车库的性能化防火策略

目前，我国地下停车库建筑防火设计的主要依据有《汽车库、修车库、停车场设计防火规范》GB 50067—2014、《建筑设计防火规范》GB 50016—2014、《火灾自动报警系统设计规范》GB 50116—2013及《自动喷水灭火系统设计规范》GB 50084—2017等，但一些地下车库在按照现行规范进行设计时，存在许多“超规范”的现象，因此，在设计时要考虑如下一些因素。

（1）设计时要考虑人员疏散

《汽车库、修车库、停车场设计防火规范》GB 50067—2014中规定“汽车库、修车库的每个防火分区内，其人员安全出口不应少于两个”。然而，大多数地下车库却用了变通手法，即在每个防火分区有一个人员出入口的情况下，几个防火分区共享一个出入口，还有个别地下汽车库自身没有独立的人员疏散出口，完全依赖于地上建筑的疏散楼梯。这不符合规范要求，人为扩大了疏散距离，造成安全隐患。

（2）设计要有利于汽车疏散

大型地下车库大多停放小汽车，按照每辆车30m^{2}停放面积计算，一个车库停放100辆汽车，那么这个车库应该设两个汽车疏散出入口。如今，由于设置汽车疏散出入口影响地上绿化和设施布置，又不方便日常管理，因此很多建设单位采取的做法是：一个防火分区只设一个出入口，有的防火分区连一个出入口也不能保证。一旦发生火灾，随着疏散通道处卷帘门关闭，防火分区的汽车疏散出口将无法使用，部分汽车将无法从车库内疏散出来，造成安全隐患。

（3）设计时注意车库喷淋与消火栓管线问题

车库内使用的喷淋系统，以湿式和预作用式喷淋为主，由于考虑到工程造价，我国车库以湿式喷淋系统居多。由于室内消火栓管线在正常情况下是充水的，冬季应采取保温措施，因为一旦消火栓管线冻裂，将会造成大的财产损失。机械式停车泊位自2000年以来得到了快速发展，年平均增长率超过50%。按照规范要求，机械式停车库应在车位上方逐层设置喷淋。但现在一些车库因工期问题，部分车位并未设置，即便设置，其设置方式、位置也与规范要求不符。

（4）供电负荷等级的确定及线路敷设

根据《汽车库、修车库、停车场设计防火规范》GB 50067—2014，消防水泵、火灾自动报警、自动灭火、排烟设备、火灾应急照明、疏散指示标志等消防用电和机械停车设备，以及采用升降梯作车辆疏散出口的升降梯，用电负荷等级分别为Ⅰ类汽车库、机械停车设备以及采用升降梯作车辆疏散出口的升降梯用电应按一级负荷供电，Ⅱ、Ⅲ类汽车库和Ⅰ类修车库应按二级负荷供电。许多设计者在进行地下车库设计时，对于供电负荷等级和供电电源都有比较明确的认识，能够根据不同的负荷等级采用相应的供电电源保证其供电的可靠，但是并不十分清楚机械停车设备以及采用升降梯作车辆疏散出口的升降梯的用电性质，在设计时往往按普通电源对待，火灾时予以切断。一旦停电、断电，火灾时车辆将无法疏散，造成安全隐患，所以机械停车设备以及采用升降梯作车辆疏散出口的升降梯的供电应按消防负荷对待。

8.7.3 地下衔接空间的性能化防火设计

（1）完善标识系统

当地下商业空间与地下停车库位于同一层时，更应明确疏散指示标识，确保地下商业空间与地下停车库这两部分使用空间在人员疏散时的彼此独立性，疏散流线互不交叉，疏散出口互不借用（图 8.7.1）。

（2）设置疏散缓冲区

在日常使用和火灾疏散时严格区分地下商业空间与地下停车库空间，两者间设置缓冲区域，起到安全前室的作用，采用两道以上防火墙、防火卷帘、防火门等分隔措施（图 8.7.2）。

图 8.7.1 某大型复杂建筑地下空间指示标识

图 8.7.2 某大型复杂建筑地下一层车库与购物区间的过渡空间

8.8 超高层建筑性能化防火构造设计

8.8.1 密集空间的防火构造

高层建筑内部装修以“以防为主、防消结合”为原则，从材料的选用与新材料研发，装修方法，管理减速等角度提出防火设计策略。

（1）严格选取及控制装修材料的使用

高层建筑内部装修材料的选用应严格遵循规范要求，重要部位严格选用 A 级材料，尽量避免使用 B_1 级以下级别的装修材料，源头上控制建筑内可燃、易燃物质总量。现代高层建筑设计中若选用新型建筑材料，应对其燃烧性能进行模拟研究，确保其材料符合规定的性能要求。

（2）积极研发防火环保材料、采用防火阻燃材料

在探讨新型材料的基础上，应更加注重防火剂环保性能并重的装修材料的研发。同时，应加强开发和使用高效、无毒、无污染的新型阻燃剂和阻燃材料。这类材料具有防止燃烧起火的作用，起火后亦能一定程度上阻止火灾继续蔓延，这对于火灾中为人员争取更多尚未危及生命的逃生时间十分重要。因此，在防火设计中，应当依据建筑物内各类可燃物的具体使用状况，运用适当的阻燃技术，控制不同材料的着火特性。

（3）正确使用装修材料

装修材料在施工过程中若采取不同的安装及布置方式，能够形成不同的燃烧特性。在实际工程中，应根据能够控制火灾发展和蔓延的正确安装、布置方式进行内装修材料及组件的应用。如使用木材质龙骨及层板时必须进行双面防火处理，才能确保达到有效的防火安全性能。

（4）强化装修工程的审核延后及监督管理

实际工程的内装修项在开工前应当接受有关部门严格的安全审核；工程完成后，必须获取消防安全延后合格凭证。严格的验收、监督管理制度是工程后阶段完善建筑火灾安全性的保障。

8.8.2 竖向空间的防火构造

复杂大型公建中的高窄筒形空间失火时极易形成“烟囱效应”，是火势和烟气竖向蔓延的主要途径。因此，各种竖向井道和建筑幕墙与建筑主体之间的缝隙等处，都应该做好相应的防火封堵处理，以防止火势和烟气的竖向蔓延。

高窄筒形空间防火构造总结 **表 8.8.1**

<table>
<tr><th colspan="2"></th><th>位置</th><th>原因</th><th>方式</th><th>材料</th><th>备注</th></tr>
<tr><td colspan="2" rowspan="2">幕墙</td><td>与窗间墙/窗槛墙的缝隙</td><td rowspan="2">蹿火
卷火
蹿烟</td><td rowspan="3">防火材料
填塞密实</td><td rowspan="3">岩棉
矿棉
玻璃棉
硅酸铝棉</td><td>防火带高度≥800mm</td></tr>
<tr><td>与楼板端的缝隙</td><td>伸缩性、密封性、耐久性</td></tr>
<tr><td colspan="2" rowspan="3">设备竖井</td><td>与隔墙的缝隙</td><td rowspan="3">“烟囱效应”
蹿烟蹿火</td><td>稳定性、不开裂、不脱落</td></tr>
<tr><td>井筒内部</td><td>层间→防火材料封堵</td><td>不燃烧体，耐火极限不低于楼板</td><td rowspan="2">丙级防火门</td></tr>
<tr><td>井道孔洞处</td><td>井壁→保证耐火极限</td><td>不燃烧体，耐火极限≥1.0h</td></tr>
<tr><td rowspan="3">交通竖井</td><td>消防电梯</td><td>井筒内部</td><td rowspan="2">“烟囱效应”
拔烟拔火</td><td>前室、井筒防/挡水设施</td><td>不燃烧体井壁，耐火极限≥2.0h</td><td>甲级防火门</td></tr>
<tr><td>普通电梯</td><td>井筒内部</td><td>不敷设无关管道和线路</td><td>不燃烧体，耐火极限≥2.0h</td><td>单独设置而不与其他井道连通</td></tr>
<tr><td>楼梯间</td><td>楼梯间内</td><td>层间蔓延
影响疏散</td><td>墙体和疏散门
满足隔火要求</td><td>乙级防火门</td><td>不与地下室
共享楼梯间
或采取分隔措施</td></tr>
</table>

（1）设备竖井的防火构造

复杂大型公建中的垂直管道井、电缆井、排烟道、排气道等竖向管井都是烟火竖向蔓延的通道，因此需对相应该部位的防火设计提出具体的要求，一般从以下两个方面考虑：

① 井壁的耐火性。应该将这些井道分别独立设置；由于这些竖向井道往往设置于建筑的核心筒内，为保证复杂大型公建失火时，井道自身不至于成为威胁人员安全疏散的不利因素，必须保证井壁具备规范所规定的相应的耐火极限，甚至可以根据复杂大型公建的重要性和自身特点，适当提高井壁的耐火极限。

② 井筒的封堵构造。电缆井、管道井必须在每层的楼板处采取分隔措施，以防井筒成为拔火拔烟的通道；分隔物的耐火极限不应该低于楼板。排烟道和排气道因其功能的特殊性而不能封堵或分隔，因此更应该注重其井壁的耐火极限，使其具备可靠的耐火能力。各个井道与其他空间相连通的孔洞和空隙，都应该防止烟火的渗透，因此必须采用不燃烧材料填塞密实。

（2）交通竖井的防火构造

① 消防电梯

复杂大型公建的高度往往均超过了 32m，因此应该设置消防电梯；依据我国现行防火规范针对高层建筑的消防电梯设置所做出的规定，可以得出复杂大型公建的消防电梯的构造设计要求如下：

电梯井壁：消防电梯井壁是消防电梯的主要防火分隔构件，是保证消防电梯不受火灾侵害的重要条件；因此应该满足相应的耐火极限高于 2.00h 的要求和开设门窗洞口采用甲级防火门窗的要求。

防水保护：为保证消防电梯在灭火过程中正常运行，消防电梯井道内的供电设备应该进行防水保护，例如设置挡水设施和漫坡。这两种办法都可以有效地减少前室的积水和电梯井筒的灌水。

② 普通电梯

电梯是复杂大型公建重要的垂直交通工具，但是发生火灾时，电梯井却会成为拔烟拔火的通道，因此电梯在火灾发生时不得用作安全出口，并且电梯井应该杜绝与其他管井相连通、开设无关洞口、任意敷设无关管道和线路等情况的发生，以防烟火通过电梯井蔓延至其他竖井或房间而扩大灾情。

③ 楼梯间

复杂大型公建的楼梯间通常设置在核心筒内，是火灾时人员疏散的最主要通路，因此楼梯间的设计除了应该具备足够的数量、间距和宽度以外，还应该严格避免楼梯间内发生火灾或防止火灾通过楼梯间蔓延，一般从以下两个方面考虑：

楼梯间内设计要求：为了避免楼梯间内发生火灾，楼梯间内不应该设置或者敷设影响楼梯间有效疏散的功能空间、设备或管道。

防火分隔：为了防止火灾通过楼梯间蔓延，楼梯间的隔墙和乙级防火门应该分别具有不低于 2.00h 和 0.90h 的耐火极限，并且确保采用不燃烧材料制作。

（3）中庭空间的防火构造（表 8.8.2）

中庭共享空间防火构造总结 **表 8.8.2**

<table>
<tr><th colspan="2"></th><th>位置</th><th>原因</th><th>方式</th><th>材料</th><th>备注</th></tr>
<tr><td colspan="2" rowspan="5">中庭空间作为亚安全区</td><td rowspan="5">大中庭
商业内街</td><td rowspan="5">防火分区和防烟分区面积超大，无法满足排烟和疏散要求</td><td>中庭无固定火灾荷载</td><td>防火玻璃/钢化玻璃＋窗型喷头</td><td rowspan="5">采用玻璃顶盖的中庭亚安全区应该保证足够的天窗开启面积；首层独立式亚安全区严格设计机械排烟系统</td></tr>
<tr><td rowspan="2">阻止烟气进入中庭</td><td>防火卷帘</td></tr>
<tr><td>挡烟垂壁</td></tr>
<tr><td>近室外空间的排烟条件</td><td>具有一定坡度的可以开启天窗</td></tr>
<tr><td>安全出口
50～60m</td><td>独立疏散楼梯</td></tr>
<tr><td rowspan="4">防火卷帘</td><td>汽雾式钢质防火卷帘</td><td rowspan="3">中庭共享空间，可以用水喷淋的场所</td><td>无法用实体墙划分防火分区</td><td rowspan="3">钢质防火卷帘，水雾蒸发，吸热降温</td><td>橡胶软管过水；穿孔钢管渗水</td><td rowspan="2">独立设置消防水池和供水管；定期检修及养护橡胶软管和薄壁钢管</td></tr>
<tr><td>蒸发式汽雾防火卷帘</td><td rowspan="2">需大面积划分防火分区；防火分区面积超限</td><td>背火面侧穿孔钢管喷水</td></tr>
<tr><td>水雾式防火卷帘</td><td>背火面倒水雾喷头喷水</td><td>耗水量小；消除烟气；保护传动装置</td></tr>
<tr><td>双轨双帘无机复合防火卷帘</td><td>无水喷淋或不可以水喷淋的场所</td><td>安装高度、空间位置较小；防火分区面积超限</td><td>阻隔热量由受火面传至背火面，延缓帘面背火面升温</td><td>三层结构不燃材料帘面＋空气间层</td><td>无需水幕保护；保证帘面选材和空气间层厚度</td></tr>
<tr><td colspan="2" rowspan="3">挡烟垂壁</td><td rowspan="3">中庭共享空间回廊处</td><td rowspan="3">烟气经由中庭回廊向中庭蔓延</td><td>中庭回廊处设挡烟垂壁</td><td rowspan="3">需满足视线通透要求，防火玻璃</td><td rowspan="3">高度≥500m</td></tr>
<tr><td>增加挡烟垂壁高度</td></tr>
<tr><td>缩短排烟口与火源距离</td></tr>
</table>

8.8.3 水平超大空间的防火构造

复杂大型公共建筑的裙房部分平面尺度庞大，又因其内部使用功能和空间效果的需要而不易按照规范要求划分防火分区，是火势和烟气横向蔓延的主要途径。因此，针对超大尺度的空间，应该采用有效的防火分隔阻断火势和烟气横向蔓延的路径，并利用有效的火灾探测和报警系统、自动喷淋系统等主动防火系统对无法采用防火墙等构造手段的情况下对此类空间进行防火保护（表 8.8.3）。

（1）防火墙

① 防火墙的砌筑要求和耐火极限要求

防火墙应该从楼地面基层隔断至顶板底面基层，甚至是截断建筑屋顶的承重结构，并且在防火墙与楼板、屋面板、梁、柱等构件相连接的部位切实做好防火封堵措施，不得留有任何未经防火处理的缝隙。

防火墙需采用耐火极限不低于 3.00h 的不燃烧体制作，并且应考虑其高度与厚度的关系以及墙体内部的加固构造，使防火墙具有足够的稳固性与抗力，以保证防火墙能在火灾初期和扑救过程中形成有效的防火阻隔；为了保证结构整体的稳固和具备较强的抗火能力，与防火墙相连接的建筑框架也应当具有与防火墙相适应的耐火极限。

矮扁形大空间防火构造总结 **表 8.8.3**

<table>
<tr><th colspan="2"></th><th>位置</th><th>原因</th><th>方式</th><th>材料</th><th>备注</th></tr>
<tr><td colspan="2" rowspan="5">防火墙</td><td>与楼板/屋面板间的缝隙</td><td rowspan="2">密封不严
蹿烟蹿火</td><td>地面基层隔断至顶板地面基层</td><td rowspan="2">水泥砂浆防火封堵材料</td><td rowspan="2">输送可燃能源的管道严禁穿过防火墙</td></tr>
<tr><td>墙体穿管处</td><td>穿管处填塞密实</td></tr>
<tr><td>防火墙上的门窗洞口</td><td rowspan="2">烟火经由门窗洞口蔓延</td><td rowspan="2">保证洞口间距</td><td>甲级防火门窗</td><td rowspan="2">防火墙上的门窗耐火极限可以与墙相一致</td></tr>
<tr><td>防火墙两侧的门窗洞口</td><td>乙级防火门窗</td></tr>
<tr><td>墙体开裂</td><td>稳固性与抗力不足，失去隔火能力</td><td>耐火极限
墙体高厚比
内部加固</td><td>不燃烧体
耐火极限≥3.0h</td><td>与防火墙连接的框架的耐火极限与墙相适应</td></tr>
<tr><td colspan="2" rowspan="2">隔墙与楼板</td><td>隔墙与楼板间的缝隙</td><td rowspan="2">密封不严
蹿烟蹿火</td><td>地面基层隔断至顶板底面基层</td><td>隔墙耐火极限≥2.0h</td><td>隔墙不能只砌至吊顶底皮</td></tr>
<tr><td>墙体穿管处</td><td>穿管处填塞密实</td><td>楼板耐火极限≥1.5h</td><td>甲/乙级防火门窗</td></tr>
<tr><td rowspan="4">防火卷帘</td><td>汽雾式钢质防火卷帘</td><td rowspan="3">矮扁形大空间，可以用水喷淋的场所</td><td>无法用实体墙划分防火分区</td><td rowspan="3">钢质防火卷帘，水雾蒸发，吸热降温</td><td>橡胶软管过水；穿孔钢管渗水</td><td rowspan="2">独立设置消防水池和供水管；定期检修及养护橡胶软管和薄壁钢管</td></tr>
<tr><td>蒸发式汽雾防火卷帘</td><td rowspan="2">需大面积划分防火分区；防火分区面积超限</td><td>背火面侧穿孔钢管喷水</td></tr>
<tr><td>水雾式防火卷帘</td><td>背火面倒水雾喷头喷水</td><td>耗水量小；消除烟气；保护传动装置</td></tr>
<tr><td>双轨双帘无机复合防火卷帘</td><td>无水喷淋或不可以水喷淋的场所</td><td>安装高度、空间位置较小；防火分区面积超限</td><td>阻隔热量由受火面传至背火面，延缓帘面背火面升温</td><td>三层结构不燃材料帘面＋空气间层</td><td>无需水幕保护；保证帘面选材和空气层厚度</td></tr>
<tr><td colspan="2">挡烟垂壁</td><td>矮扁形大空间</td><td>烟气上升，沿建筑顶棚四散蔓延</td><td>缩短排烟口与火源距离</td><td>无机织物、金属板、无机复合板、防火玻璃等不燃烧体</td><td>每个防烟分区的建筑面积不超过 $500m^2$</td></tr>
</table>

② 防火墙两侧和防火墙上开设洞口的要求

根据相关资料的调查结果，2.00m 的水平距离能够起到一定的阻止火势蔓延的作用，而防火墙若设在建筑物的内转角处并且两侧开设有未采取防火措施的门窗洞口时，则不能防止火势蔓延。

而为了防止建筑物内发生火灾时产生的浓烟和火焰穿过门窗洞口蔓延扩散，保证防火墙自身的完整性和具备可靠的隔火性能，应尽可能地不在其上开设门窗洞口；若因为实际需要不得不在防火墙上开设门窗洞口时，应在条件可达的情况下，考虑使防火门窗的耐火极限与防火墙一致。

③ 防火墙穿管处的防火构造

防火墙应该尽可能地不穿过各类为建筑输送能源的管道；若因为实际需要或条件限制，不得不让某些管道穿过防火墙时，则为了确保防火墙本身和防火墙两侧空间的安全，这些穿管部位必须满足表 8.8.4 所列出的要求。

防火墙穿管处的防火构造要求　　表 8.8.4

<table>
<tr><th colspan="2">管道类型/材料</th><th>阻火要求</th></tr>
<tr><td colspan="2">输送可燃物</td><td>严禁穿过防火墙</td></tr>
<tr><td colspan="2">排烟道、排气道等</td><td>禁止设于防火墙内</td></tr>
<tr><td colspan="2">风管</td><td>加设防火阀</td></tr>
<tr><td colspan="2" rowspan="2">输送非可燃物</td><td>不燃材料封堵密实</td></tr>
<tr><td>不燃材料保温层</td></tr>
<tr><td rowspan="3">遇高温易变形或烧蚀的材料</td><td>膨胀变形</td><td>套管、不燃材料封堵密实</td></tr>
<tr><td>收缩变形</td><td>热膨胀型阻火圈</td></tr>
<tr><td>烧蚀</td><td>热膨胀型阻火圈</td></tr>
</table>

输送可燃物的管道若遇火灾破损，大量可燃物逸漏无疑会危及防火墙本身和防火墙两侧空间的安全；建筑内的排烟道、排气道等因为功能需要而不能采取封堵措施，火灾时较易成为拔火拔烟的通道，而令建筑面临严重的火灾危险，所以必须杜绝以上通道穿过防火墙或设置于防火墙内。风管穿越防火墙时必须加设防火阀，如图 8.8.1 所示。

输送非可燃物的普通管道穿过防火墙的防火构造如图 8.8.2、图 8.8.3 所示。当管道为遇高温或火焰易收缩变形或烧蚀的材料时，为避免烟火穿过防火墙，应采取措施使该类管道在受火后能被封闭，如设置热膨胀型阻火圈等。如图 8.8.4 所示。

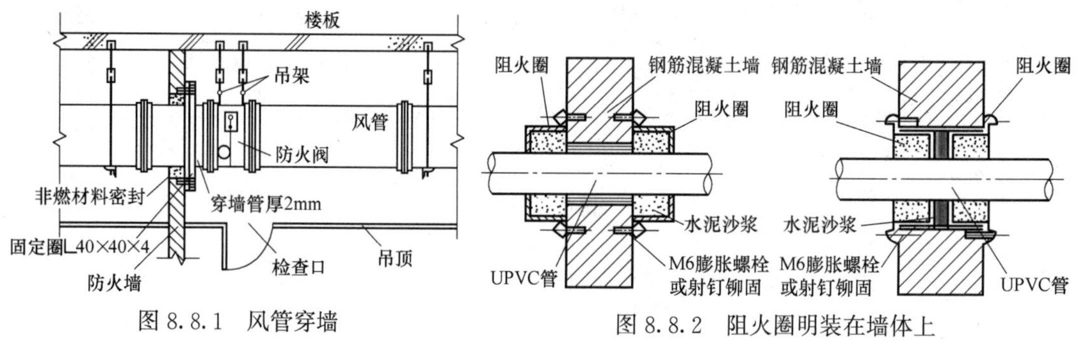

图 8.8.1　风管穿墙　　图 8.8.2　阻火圈明装在墙体上

（资料来源：靳玉芳，《图释建筑防火设计》）

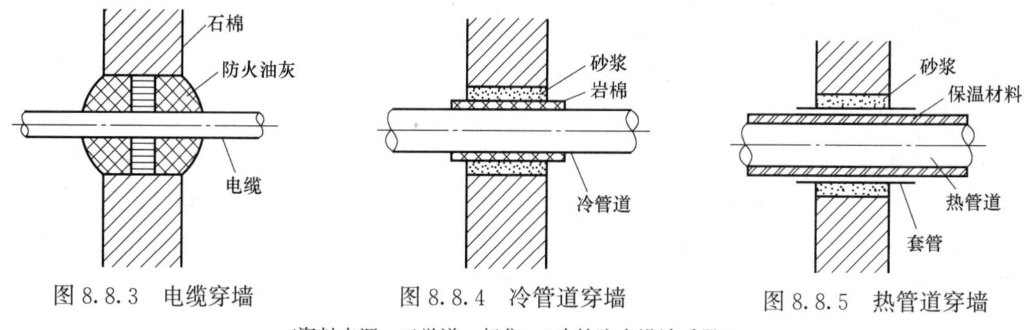

图 8.8.3　电缆穿墙　　图 8.8.4　冷管道穿墙　　图 8.8.5　热管道穿墙

（资料来源：王学谦，杨隽，《建筑防火设计手册》）

（2）防火卷帘

复杂大型公建中存在的矮扁形大空间和中庭共享空间，往往超过了防火分区最大允许建筑面积的规定。但是由于使用功能或是视线通透性的需要，这类空间无法按照规范规定采用实体防火墙或防火隔墙来划分防火分区，因此采用防火卷帘，将一个完整的大空间划分为若干个满足规范要求、保证防火安全的防火分区，是最常用的解决办法。

复杂大型公建性质重要，因此需要进行更为严格的防火设计。防火卷帘也应该采用耐火性能更佳、隔热性能更强、防烟性能更好的特级防火卷帘，例如汽雾式钢质防火卷帘、蒸发式汽雾防火卷帘、水雾式防火卷帘、双轨双帘无机复合防火卷帘等。这些特级防火卷帘在复杂大型公建实际工程中被广泛采用，是保证矮扁形大空间防火分隔设计顺利实施的物质条件。

① 水雾降温式钢制防火卷帘

水雾降温式钢制防火卷帘包括汽雾式钢质防火卷帘、蒸发式汽雾防火卷帘和水雾式防火卷帘。三者的工作机理大致相似，而构造组成略有不同。

前两者分别是帘片自带钻有小孔的薄壁钢管、帘片背火面单另设置钻孔钢管；而后者是在帘片背火面安装水雾喷头。

前两者都是在火灾发生时，借助钢管小孔渗水或射水至帘片表面，依靠水的汽化蒸发，吸收并带走帘片上的热量，对帘片进行降温保护，使其得以在规定的时间内有效地发挥自身的抗火、隔热作用；而后者是依靠独特的切向漩涡式喷头，将水雾化为直径仅为0.1mm的水雾，并且施以0.25～0.4MPa的压力，蒸发吸热的效果更为明显。

前两种防火卷帘都能够替代防火墙的保证隔火工作3.00h以上，但是各自也具有其构造上的缺陷。首先，两种防火卷帘的钻孔钢管的小孔孔径很小，极易因维护不当而致使堵塞，这种情况也会严重影响两种防火卷帘的降温、抗火效果；其次，汽雾式钢质防火卷帘的水是经由每节帘片两端的橡胶软管流入与之相连接的薄壁钢管，而橡胶软管易老化的特点，可能会减少帘片的过水量，而最终导致防火卷帘的隔火能力下降；蒸发式汽雾防火卷帘的钢管射水过程中会产生较多流失掉的水，是一种耗水量较大的选择。

而水雾式防火卷帘的工作机理虽与蒸发式汽雾防火卷帘相似，但是具有以下一些优点，可以为复杂大型公建中的矮扁形大空间提供既经济又有效的防火分隔。

隔热能力强。在要求达到的耐火极限3.00h内可以保证帘面背火面温度不超过100℃，有着良好的隔热能力，因而能够替代防火墙工作；

喷水强度小。其喷水强度仅为普通防火卷帘两侧自动喷淋系统喷水强度的1/8～1/10；

保护传动装置。水雾有效降低环境热量、消除烟气的同时，还能阻绝卷帘上方的电气传动装置被引燃，保证了水雾式防火卷帘的正常运行。

② 双轨双帘无机复合防火卷帘

该防火卷帘为双轨双帘结构，每幅帘面厚度为10～20mm，分为三层：受火面为防火耐火布，如英特莱防火耐火布、Nextel纤维布、碳纤维布等；背火面为防热辐射布或其他耐高温布，如无碱膨体玻纤布、预氧化纤维布、高硅氧布等；中间采用经过特殊处理的增强型硅酸铝耐火纤维毯作为隔热层。两幅帘面之间设有50～400mm厚的空气间层，可以有效地阻隔或减少热量由受火面传至背火面，以降低或延缓帘面背火面的温升。此种防火卷帘因选材不同而影响空气间层的厚度，但是都可以根据具体设计达到背火面温升不超过140℃的要求，因此可以免装喷淋设施。

就防火卷帘的主要功能阻隔或减少热量由受火面传至背火面，以降低或延缓帘面背火面的温升而言，无机复合防火卷帘优于钢质防火卷帘之处就在于前者既能防火又能隔热；此外，质轻、无锈、耐火、耐酸碱、不易老化或变形、无需喷淋设施保护等，也是无机复合防火卷帘得以替代钢质防火卷帘的有利条件。但需注意的是，在实际应用中，应保证选材合理及足够厚度的空气间层，才能有效地发挥其隔火隔热的功能。

综上所述，在采用防火卷帘作防火分隔体时，应该认真考虑分隔空间的宽度、高度及其在火灾情况下高温烟气对卷帘面、卷轴及电机的影响，如汽雾式钢质防火卷帘适用于大面积防火区域的场所，而双轨双帘无机复合防火卷帘适用于安装高度、空间位置较小的场所。采用多樘防火卷帘分隔一处开口时，如双轨双帘无机复合防火卷帘，应该考虑采取必要的控制措施，保证卷帘同时动作和同步下落。同时应该综合考虑防火卷帘的耗水量、使用场所是否可以在火灾时进行喷水保护、经济成本等因素，选用适宜的特级防火卷帘品类，以保证复杂大型公共建筑的消防安全。

（3）挡烟垂壁

当火灾在矮扁形大空间中发生时，由于空间的高度较小，可燃物燃烧产生的烟气上升至扁平的上层楼板或吊顶下只需要很短的时间，并且会沿着该空间的顶界面迅速地蔓延。“利用挡烟垂壁与排烟口组合控制烟气是目前建筑消防设计中防止烟气蔓延的最常见的手段，烟气的温度和烟气层的高度是评价烟气效果的两个重要参数”。研究结果表明：

挡烟垂壁的高度是其发挥控制烟气沿水平方向蔓延作用的重要因素之一，只有挡烟垂壁的高度大于烟气层的厚度，才能保证烟气不至于越过挡烟垂壁而扩散至其他防烟分区。增加挡烟垂壁高度，可以有效地降低挡烟垂壁后方烟气的温度、减缓火灾初期的烟气下降速度，并可以使火灾后期烟气层的稳定高度有所提高，从而为人员疏散和消防救援提供有利条件。

排烟口距离火源远近，是直接影响排烟效果的重要因素；距离越近，排烟效果越好；而排烟口会因其面上、面下、面侧的朝向区别对排烟效果有一定的影响，但是其影响力并不如排烟口与火源距离的影响显著。在单个防烟分区内的火灾发展后期，挡烟垂壁后方上层烟气的温度会随着排烟口与火源的距离减小而显著下降；烟气的下降速率也会随着排烟口与火源的距离减小而变缓。可见，排烟口距离火源越近，越利于减缓烟气升温和下降的速度。

挡烟部件是挡烟垂壁的重要组成部分之一。柔性挡烟垂壁的挡烟部件采用无机纤维织物。刚性挡烟垂壁的挡烟部件采用金属板时，板的厚度不应该小于 0.8mm；采用不燃无机复合板时，板的厚度不应该小于 10.0mm；采用玻璃材料时应该为防火玻璃。

8.8.4 狭长空间的防火构造

1. 玻璃幕墙性能化防火设计

某高档高层建筑写字楼采用双层玻璃幕墙围护结构。设计时，结合表皮造型需要间隔两层挑出楼板，并将每两层作为一个防火单元。各防火单元内，在双层幕墙层间设置了 0.8m 高，耐火极限不低于 1.0h 的窗间墙以防止火灾的层间蔓延。当某一防火单元下层发生火灾导致临近内幕墙破裂，高温烟气进入双层幕墙间隔空间，经挑檐改变气流方向后，上层内侧玻璃幕墙倘若先于外侧玻璃幕墙劈裂，则将产生火灾越过破损的内侧玻璃幕墙而向室内蔓延的危险。

为避免火灾时上述情况发生，防火设计在幕墙中设置了两种形式的挑檐及喷淋，外幕墙设置百叶，同时设有防火挡墙及喷头，通过性能化防火评价设计的可行性，并优化防火设计。

根据《建筑防排烟技术规程》DGJ 08—88—2006 给出了常见的各类场所火灾热释放速率的建议值，并经保守考虑，将拟设计火灾场景的火灾规模设为 6MW、12MW 及 20MW。模型中火灾热释放速率采取快速 t^2 火，幕墙破裂温度为 350℃。

针对需对比研究的内容，对火灾场景结果进行整理及对比分析。

(1) 挑檐设置对玻璃幕墙间烟气蔓延的影响分析

幕墙间不设防火挑檐的火灾场景设置及计算结果 **表 8.8.5**

场景代号	场景描述	火源位置	设定火灾	外幕墙破裂时刻	内幕墙破裂时刻
C4	6MW/无挑檐	近外幕墙凸侧处的	6MW 快速 t^2 火	未破裂	未破裂
C5	12MW/无挑檐		12MW 快速 t^2 火	未破裂	471.6
C6	20MW/无挑檐		20MW 快速 t^2 火	488.4	436.8

注：资料来源：中国建筑科学研究院建筑防火研究所。

火灾场景模拟结果分析可知：

水喷淋系统启动后，降低了双层幕墙间温度，将延期高温区集中于外幕墙附近，加密喷淋设置使内幕墙未破裂，加强了对内幕墙的保护作用。

内幕墙在加密喷淋保护作用下使温度基本低于 200℃（除瞬间高温外），不足以使玻璃幕墙破裂；

设喷淋后外玻璃破碎时间较 C6 未设喷淋场景延迟 100 余秒，则喷淋对外幕墙也起一定保护作用。

(2) 外幕墙设置高侧百叶对玻璃幕墙间烟气蔓延的影响分析

各工况的火灾规模均为 20MW，挑檐设置分为无挑檐与 0.5m 挑檐两种情况（表 8.8.6）。

设置百叶和未设百叶的场景结果对比分析 **表 8.8.6**

场景代号	外幕墙破裂时刻	内幕墙破裂时刻	场景代号	外幕墙破裂时刻	内幕墙破裂时刻
C23/无挑檐/无百叶/20MW	514.8s	357.6s	C6/无挑檐/有百叶/20MW	488.4s	436.8s
C24/有挑檐/无百叶/20MW	495.6s	493.2s	C12/有挑檐/有百叶/20MW	528s	528s

注：资料来源：中国建筑科学研究院建筑防火研究所。

火灾场景模拟结果分析可知：

外幕墙设置高侧百叶对内、外幕墙的破裂趋势不会有本质改变；

设置百叶可以起到一定的排烟作用，但因百叶面积小，效果轻微，可延缓玻璃破裂时间约 32～120s。

(3) 小结

由上述双层玻璃幕墙防火设计难点的性能化防火设计评估综合分析可知，防火挑檐及加密喷淋对内、外玻璃幕墙均能起到较好的保护作用，外玻璃幕墙设置高侧百叶对腔内排烟有一定作用，评估结果肯定了双层玻璃幕墙防火设计措施的可行性，并为后续防火设计的优化提供实验依据。

2. 双层玻璃幕墙性能化防火设计策略

（1）防火分隔策略

① 应设置防火挑檐

我国《建筑设计防火规范》GB 50016—2014 中将设置窗间墙及不燃烧体墙体作为阻碍幕墙火灾蔓延的关键措施，但越来越多的相关研究模拟结果表明，增加窗间墙高度并不能完全有效增强防火效果，而通过设置耐火极限不低于 1.0h 的防火挑檐的阻挡效果则更显著。防火挑檐能够对烟气纵向蔓延起一定的阻碍作用，并能引导烟气沿外幕墙上升，从而避免其直接作用于内幕墙一起破裂。

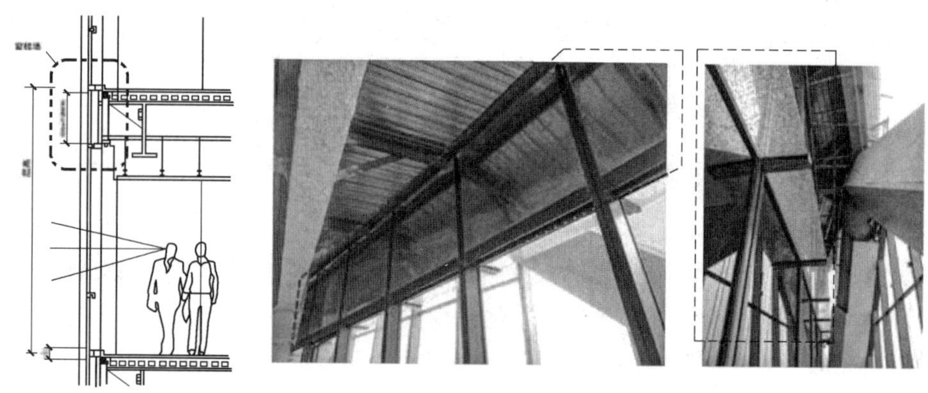

图 8.8.6　窗槛墙示意图、某高层写字楼双层玻璃幕墙窗槛墙设置、某高层写字楼双层幕墙挑檐设置

② 合理选用内、外玻璃类型

双层玻璃幕墙中，内幕墙采用的玻璃耐火性能宜高于外幕墙。目前，双层玻璃幕墙的内、外玻璃均主要采用单层玻璃；内幕墙为双层中空玻璃，外幕墙为单层玻璃。英国已有实验研究结果表明，双层玻璃的材质具有更强的耐热性，高于 600℃的温度才会致使其破裂，因此能够在火灾中抵挡较长时间高温侵害。可见，内幕墙选用双层玻璃则更具安全性。

③ 宜设置加密性喷淋设备

双层幕墙间的上层设置独立水喷淋系统，可降低上层内幕墙附近的温度。若喷头在内幕墙上的布水效果较均匀，则内幕墙可得到保护，防止火灾蔓延至上层房间内。性能化模拟结果显示，加密型喷淋比普通喷淋能起到更好的防火效果。

（2）排烟策略

除一些幕墙保持特定间距（大于 2m）或开敞形式的整体式玻璃幕墙外，其他双层玻璃幕墙设计均应通过机械排烟系统来进行灾时排烟。同时，结合建筑外幕墙方案设计，可根据幕墙形态设置智能化控制的外幕墙百叶，对幕墙间高温烟气的排烟排热能够起到一定作用。

（3）建筑内快速灭火策略

建筑内应设置快速响应喷头。发现火情后通过自动灭火系统，在火势未扩大并侵害内、外玻璃幕墙造成蔓延及发展前及时减小、扑灭火灾。可见，建筑空间内部的防火设计也应进行完善地考虑，才能最大程度实现双层玻璃幕墙的防火安全。

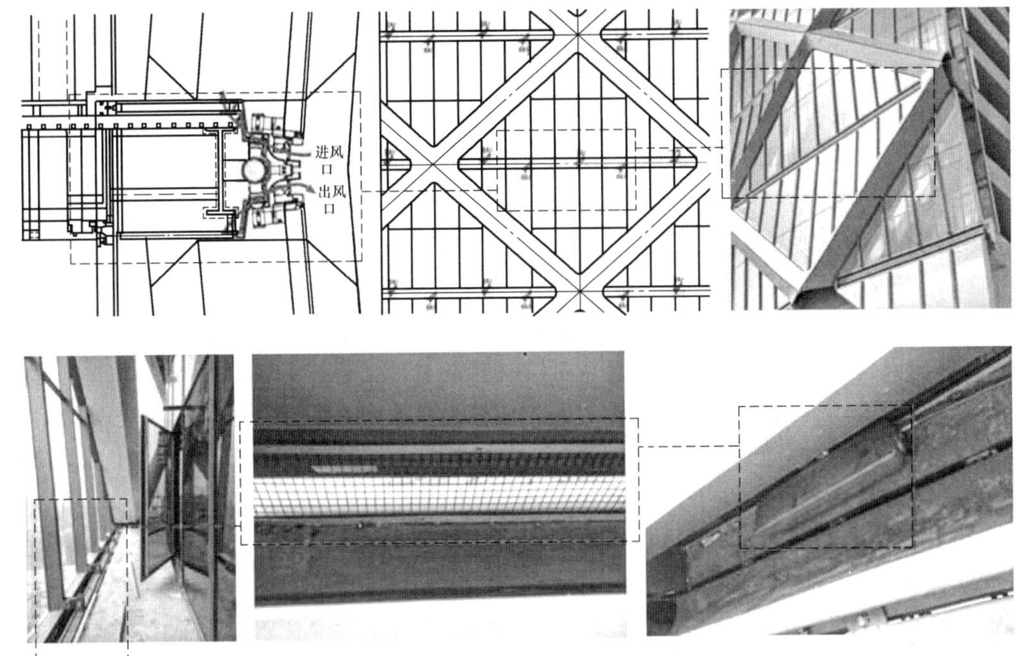

图 8.8.7 某高层办公建筑双层玻璃幕墙百叶通风口设置实景图及控制盒

3. 幕墙缝隙的防火构造

复杂大型公建立面设计采用玻璃幕墙、石材幕墙或金属幕墙的情况很多。若复杂大型公建发生火灾时，火源在幕墙附近，则火焰的高温高热会使幕墙破碎或变形。如果在防火设计和施工中不采取必要的构造措施，极易造成火势蔓延。火势沿幕墙蔓延的方式主要有蹿火、卷火、蹿烟三种方式；蔓延程度主要取决于幕墙材料及构造。合理选择熔点高、难燃烧的幕墙材料，以及完善封堵幕墙缝隙并保证施工质量，每个幕墙单元都不能跨越防火分区设置，是复杂大型公建幕墙防火设计的重点，也是阻止火焰或烟气沿幕墙与主体建筑之间的缝隙蔓延的关键。

玻璃幕墙防火设计一般从以下几方面考虑：

(1) 封堵位置

玻璃幕墙跟与之相衔接的建筑构件如建筑的楼板、隔墙、窗间墙和窗槛墙等之间的缝隙处，都是复杂大型公建火灾中极易造成蹿火和蹿烟的薄弱部位，因而也是必须进行防火封堵的重点部位。

(2) 封堵材料

复杂大型公建因其显而易见的防火必要性和重要性而应该采用岩棉、矿棉或玻璃棉、硅酸铝棉等不燃材料作为封堵幕墙与楼板、隔墙之间的缝隙，或是填充于幕墙与窗间墙、窗槛墙之间的缝隙可以选材料。

(3) 尺寸要求

封堵材料的填充厚度不应该小于 100mm，并且为了保证封堵效果，必须填充密实。若该建筑主体没有窗间墙或窗槛墙，仅仅进行幕墙和楼板端部的缝隙的封堵是不够的，还需要加设不燃烧实体裙墙或防火玻璃裙墙；虽然国家相关规范对此有着明确的规定，但是

800mm 的裙墙高度只是一个最低限值，未必能确实保证此部位不会在火灾中发生蹿烟、蹿火的情况；因此，在实际工程应用中仍然需要计算和采用合理的裙墙高度设计值，必要时可以借助相关试验加以验证和确定。

（4）性能目标

玻璃幕墙的防火封堵构造系统，在正常使用条件下应该具有伸缩变形能力、密封性和耐久性；在遇火状态下应该在规定的耐火时限内，不发生开裂或脱落，保持相对稳定性。

4. 幕墙形式与防火构造

（1）框架幕墙层间防火构造

在结构梁下设置一道防火带，以厚 1.5mm 并刷有防火漆的镀锌钢板承托厚度不小于 100mm 的防火岩棉或矿棉并密实填充，并且在镀锌钢板与结构和幕墙龙骨交接处施以防火密封胶。这道防火带可以在一定时间内起到防止蹿火和蹿烟的作用。另外在结构梁上部加设一道防烟带，一旦下部防火镀锌钢板被烧穿、防火岩棉开始脱落也可以阻止烟气向上蔓延。

（2）单元幕墙层间防火构造

保证防火带高度不小于 800mm，并且能够将玻璃幕墙的龙骨与建筑主体结构构件之间的连接件保护起来，使其不会受火烧危害而导致幕墙单元的脱落。

（3）钢结构建筑幕墙层间防火构造（表 8.8.7）

地下建筑空间防火构造总结 **表 8.8.7**

<table>
<tr><th></th><th>位置</th><th>原因</th><th>方式</th><th>措施</th><th>备注</th></tr>
<tr><td rowspan="3">地下亚安全区</td><td rowspan="3">作为商业功能使用的地下建筑空间</td><td rowspan="3">防火分区和防烟分区面积超大，无法满足排烟和疏散要求</td><td>无固定火灾荷载</td><td rowspan="2">防火玻璃/钢化玻璃+窗型喷头机械排烟系统；防火卷帘；排烟垂壁</td><td rowspan="3">严格设计机械排烟系统，机械加压逆风防烟方式</td></tr>
<tr><td>阻止烟气进入</td></tr>
<tr><td>安全出口问题 50～60m</td><td>独立疏散楼梯</td></tr>
<tr><td rowspan="3">机械排烟系统</td><td rowspan="3">无自然排烟条件的地下建筑空间</td><td rowspan="3">规模大，用作商业或车库等重要功能，火灾危险性大却无直接排烟条件</td><td>全面通风排烟方式</td><td rowspan="3">组成部件均采用不燃材料并且满足相应该设置要求</td><td rowspan="3">逆风口近高排烟口，保证良好的对流循环系统</td></tr>
<tr><td>正压逆风防烟方式</td></tr>
<tr><td>负压机械排烟方式</td></tr>
<tr><td rowspan="6">其他构造要求</td><td rowspan="2">地下室或半地下室与地上层共享楼梯间</td><td>地下层烟火蔓延至上面楼层</td><td rowspan="2">共享楼梯间首层，隔墙+防火门</td><td>隔墙耐火极限≥2.0h</td><td rowspan="2">楼梯间在首层能直通室外</td></tr>
<tr><td>地上层人员疏散时误入地下层</td><td>乙级防火门+明显标志</td></tr>
<tr><td>消防控制室</td><td>为人员疏散/消防扑救创造可靠条件</td><td rowspan="2">保证隔墙/楼板/防火门等分隔构件的耐火极限</td><td>隔墙耐火极限≥2.0h 楼板耐火极限≥1.5h</td><td rowspan="2">设于地下一层；消防室设直通室外的安全出口</td></tr>
<tr><td>重要设备室通风、空调机房等</td><td>为建筑运转提供可靠条件</td><td>乙级防火门</td></tr>
<tr><td rowspan="2">地下室内存放可燃物平均重量超过 30kg/m² 的房间</td><td rowspan="2">火灾荷载大，危险性大</td><td rowspan="2">保证隔墙/楼板/防火门等分隔构件的耐火极限</td><td>隔墙耐火极限≥2.0h</td><td rowspan="2">—</td></tr>
<tr><td>甲级防火门</td></tr>
</table>

钢结构建筑的构件外表面都会进行防火包覆处理，而幕墙龙骨与钢结构构件连接件也应该涂刷防火漆，并按照上述要求设置防火带和缝隙封堵构造。

（4）点式幕墙层间防火构造

点式幕墙的最大优势在于其视觉通透性。为了保证这一特性不被破坏，点式玻璃幕墙均应该采用防火玻璃作为层间防火与同层水平方向防火的分隔物，并按照上述要求设置防火带和缝隙封堵构造。

（5）幕墙跨越相邻房间的防火构造

每个幕墙单元都不能跨越防火分区而设置，但是实际工程中有时会出现幕墙跨越相邻房间的情况。此时幕墙的竖龙骨与房间隔墙之间，需要用两层 1.5mm 厚的、涂刷了防火漆的镀锌钢板进行空隙的分隔，并且在这两层镀锌钢板之间密实填充岩棉或矿棉，以防烟火经由此处的水平蔓延作用，危及相邻的房间。

8.8.5 地下建筑空间的防火构造

复杂大型公建几乎无一例外地包含有地下建筑空间。因其只有内部空间而无外部空间，不能应该用自然通风设计排出烟气，并且地下建筑空间内部的排风系统会在火灾发生时加速火势和烟气的蔓延。因此，地下建筑空间应该合理设计防排烟设施，保证火灾时尽快疏散充斥于该空间中的浓烟毒雾。

8.9 超高层建筑防火性能化设计实例

8.9.1 项目概述

该项目主要功能包括建筑和商业。主楼 38 层，建筑高度 176.40m，1 层为大堂，2、3 层为商业并在 3 层与裙楼商业连通，4 层与裙楼建筑连通；其余除 10 层和 15 层为避难层外，4～37 层均为建筑楼层，38 层为建筑俱乐部。主楼西北侧为裙楼部分，层数为 4～7 层，裙楼檐口高度北侧为 39.85m，南侧为 27.30m，1～3 层为商业，局部设有 3 层通高共享空间；4 层以上为建筑空间，在 5 层设置 1000m^2 的交易大厅。地下共 3 层，地下 1、2 层为单层停车库，地下 3 层为机械立体停车库。该项目属于一类高层建筑，耐火等级为一级。

8.9.2 火灾场景设定

根据该复杂大型公建内不同区域的用途以及火灾荷载情况，结合建筑内整个消防系统的实际设置状况和相关的火灾场景设定参数，确定合理的火灾场景设定。

（1）火灾危险性分析

本项目总高度达 176m，为超高层建筑，根据前述，该复杂大型公建的火灾危险性不言而明。

① 火灾荷载

该复杂大型公建存在消防设计难题的交易大厅和建筑塔楼标准层的火灾荷载为：交易大厅位于裙楼 5 层，内部可燃物主要是连续摆放的座椅以及电脑、建筑桌等。建筑区位于裙楼 7 层及塔楼 4～38 层，内部设有建筑室和会议室，主要可燃物为建筑家具及建筑用品。可燃物摆放连续，数量大。

本例采用火灾荷载密度作为判断该复杂大型公建的火灾危险程度的依据。表 8.9.1 给出了根据可燃物数量和热值计算及参考国外资料得出的建筑室和交易大厅的火灾荷载密度。

火灾荷载密度取值 **表 8.9.1**

场所	可燃物	火灾荷载(MJ/m^2)
建筑室	建筑家具、建筑用品、电气设备、装修材料等	560
交易大厅	座椅、电脑、建筑桌等	240

注：资料来源：天津市建筑设计院。

② 火源位置（表 8.9.2）

火源位置 **表 8.9.2**

火源位置		火灾原因	主要考虑因素
A	裙楼 5 层交易大厅	厅内座椅起火	防火门未关闭，烟气蔓延至休息区
			一疏散出口被堵不能使用
B	塔楼标准层建筑室	建筑家具起火 建筑用品起火	防火门未关闭，烟气蔓延至走道
			一疏散出口被堵不能使用

注：资料来源：天津市建筑设计院。

（2）火灾增长速率 α 分析

本例火灾热释放速率 Q_f 与火灾增长速率 α 和火灾燃烧时间 t 之间的关系满足式（8.9.1）：

$$Q_f = \alpha t^2 \tag{8.9.1}$$

根据美国标准技术研究院（NIST）曾进行的相关试验所得数据，以及交易大厅和建筑室的火灾荷载情况，取交易大厅的火灾增长系数 $\alpha = 0.0244\ kW/s^2$，建筑室的火灾增长系数 $\alpha = 0.04689 kW/s^2$。

（3）火灾热释放速率 Q_f 分析

火灾的增长速度与建筑内是否设有自动灭火系统有着很大的关系。该复杂大型公建各功能区均设有自动喷水灭火系统。自动喷水灭火系统的动作时间可以运用 DETACT-T^2 模型确定。

综上所述，该复杂大型公建内不同部位的火灾热释放速率分别为：

火源位置 A：裙楼 5 层交易大厅火灾，$Q = 0.0244t^2$，自动喷水系统有效时，在 300s 时达到的 $Q_{f(max)}$ 为 2.2MW；自动喷水系统失效时，按火灾发生 10min 后被消防队员的抢险救援工作所抑制，则在 600s 时达到的 $Q_{f(max)}$ 为 8.8MW。

火源位置 B：塔楼标准建筑层火灾，$Q = 0.04689t^2$，自动喷水系统有效时，在 146s 时达到的 $Q_{f(max)}$ 为 1.0MW；自动喷水系统失效时，在 600s 时达到的 $Q_{f(max)}$ 为 16.9MW。

（4）设定火灾场景选择

该复杂大型公共建筑基于前面的分析，秉承最不利的原则，选择了如表 8.9.3 所示的设定火灾场景进行计算分析。

设定火灾场景　　表 8.9.3

火灾场景	A11	A10	A01	B11	B10	B01
火源位置	裙楼5层交易大厅(A)			塔楼标准层(B)		
火灾增长系数(kW/s^2)	0.0244			0.04689		
机械排烟系统	有效	失效	有效	有效	失效	有效
自动喷水灭火系统	有效	有效	失效	有效	有效	失效
最大热释放速率(MW)	2.2	2.2	8.8	1.0	1.0	16.9

注：资料来源：天津市建筑设计院。

8.9.3 烟气流动模拟分析

（1）可用疏散时间及其主要影响参数

根据本建筑的实际情况和参考相关试验数据，分析影响人员安全疏散的主要因素，本例确定如表 8.9.4 所示定量判定标准。

人员疏散安全的性能判据　　表 8.9.4

参数	极限值	本案采用值
烟气层高度(m)	>1.7	建筑室、休息厅≥2 交易大厅≥3
烟气层温度(℃)	<600	≤180
距离地板2m/3m内的温度(℃)	<60	≤60
能见度(m)	>5	>10
CO浓度(ppm)	<500	≤300

注：资料来源：天津市建筑设计院。

（2）烟气流动模拟计算结果分析

根据远离火源A和火源B的各个安全出口邻近区域的各项参数的具体情况，确定人员的可用疏散时间。

设定火灾场景 A11：本场景为裙楼 5 层交易大厅内座椅发生火灾，对应火源位置 A。

设定火灾场景 A10：本场景为裙楼 5 层交易大厅内座椅发生火灾，对应火源位置 A。

设定火灾场景 A01：本场景为裙楼 5 层交易大厅内座椅发生火灾，对应火源位置 A。

设定火灾场景 B11：本场景为塔楼标准层内建筑桌椅发生火灾，对应火源位置 B。

设定火灾场景 B10：本场景为塔楼标准层内建筑桌椅发生火灾，对应火源位置 B。

设定火灾场景 B01：本场景为塔楼标准层内建筑桌椅发生火灾，对应火源位置 B。

（3）设定火灾场景结果分析

根据以上针对该复杂大型公建设定的火灾场景的模拟结果汇总可以看出：

① 自动喷淋系统和排烟系统是人员安全疏散的重要保障；当二者均有效时，人员的疏散时间较为充裕，可以基本保证人员的疏散安全；当其中之一失效时，人员的可用疏散时间将会大大减少，甚至存在不能及时疏散的危险。

② 裙楼 5 层交易大厅发生火灾后，即使通往休息厅的防火门失效，烟气蔓延至休息

厅也需要一定的时间，人员在休息厅内有较多的可用疏散时间，但应该严格控制休息厅的可燃物数量，保证休息厅的安全。

模拟结果汇总表 **表 8.9.5**

设定火灾场景	位置	温度到达危险值的时间(s)	能见度到达危险值的时间(s)	CO 浓度到达危险值的时间(s)	可用疏散时间(s)
A11	交易大厅	967	985	—	967
	休息厅	—	—	—	1200
A10	交易大厅	492	472	—	472
	休息厅	—	883	—	883
A01	交易大厅	436	451	—	436
	休息厅	878	670	—	670
B11	建筑区	—	—	—	1200
	走道	—	—	—	1200
B10	建筑区	—	469	—	469
	走道	—	1020	—	1020
B01	建筑区	297	312	—	297
	走道	—	625	—	625

注：1. “—”表示在 1200s 的模拟时段内未达到设定极限值。
2. 资料来源：天津市建筑设计院。

③ 塔楼标准建筑层发生火灾时，即使走道处的防火门失效，烟气蔓延至走道也需要一定的时间，人员在走道内有较多的可用疏散时间，因此在建筑标准层增加环形通道可以延长危险来临时间，增加安全性。

8.9.4 人员安全疏散分析

1. 疏散参数的确定

(1) 人员荷载

本建筑内的交易大厅人员与建筑人员数量按设计资料确定，会议人员数量参照建筑设计规范计算。具体的人员荷载见表 8.9.6。

人员荷载统计 **表 8.9.6**

建筑空间功能	空间用途	计算面积(m^2)	折算系数	人数
建筑区	高档建筑	按设计资料确定 $15m^2$/人		168
交易大厅	交易大厅	按设计资料确定		347
会议室	会议室	52	$0.8m^2$/人	65

注：1. 建筑区的人员数量按标准层确定。
2. 资料来源：天津市建筑设计院。

(2) 人员行走速度

该复杂大型公建各个功能区域的人员密度均小于 0.54 人/m^2，根据相关试验和研究结果，按表 8.9.7 中数值选取各场景内人员疏散速度。

人员疏散速度和形体特征 **表 8.9.7**

人员类型	步行速度(m/s)			形体尺寸（肩宽 m×背厚 m×身高 m）
	坡道和楼梯间		水平走廊、出入口	
	上行	下行		
成年男士	0.5	0.7	1.0	0.5×0.3×1.7
成年女士	0.43	0.6	0.85	0.45×0.28×1.6
儿童	0.33	0.46	0.66	0.3×0.25×1.3
老人	0.3	0.42	0.59	0.5×0.25×1.6

注：资料来源：天津市建筑设计院。

（3）疏散出口的有效宽度

疏散出口的设计宽度和实际可以被有效利用的宽度之间存在着一定的差值，即“有效宽度折减值”。本例各疏散出口的计算宽度及位置详见表 8.9.8，并将这些数据用作建立该复杂大型公建中的各个人员疏散模型的初始边界条件值。

疏散出口宽度 **表 8.9.8**

交易大厅			建筑标准层		
编号	设计宽度(m)	计算宽度(m)	编号	设计宽度(m)	计算宽度(m)
LT1	1.3	1.0	LT1	1.4	1.1
LT2	1.3	1.0	LT2	1.5	1.2
—	—	—	LT3	1.4	1.1

注：资料来源：天津市建筑设计院。

（4）疏散场景

该复杂大型公建设定的火灾场景，秉承最不利的原则，设置了如表 8.9.9 所示的疏散场景。

设定疏散场景汇总表 **表 8.9.9**

疏散场景	1	2	3
火灾位置	A	A	B
疏散对象	5 层防火分区二内的人员	5 层防火分区二内的人员，考虑两倍的交易大厅人员数量	27～29 层建筑标准层内的人员
疏散人数	393	740	894
疏散通道情况	交易大厅内临近火源位置的出口被封堵，不能用于人员疏散	交易大厅内临近火源位置的出口被封堵，不能用于人员疏散	临近火源位置通向环廊的出口被封堵，不能用于人员疏散

注：资料来源：天津市建筑设计院。

（5）疏散时间

根据本例实际情况，设报警时间 T_A=60s，人员响应时间 T_R=120s。疏散行走时间 T_M 则利用疏散模拟软件 PathFinder 加以确定。

2. 人员安全疏散判定

表 8.9.10 所示为各火灾场景下各区域人员能否安全疏散的汇总比较，不难看出，凡是可用疏散时间大于必需疏散时间的情况，人员可以安全疏散至室外安全区域；凡是可用

疏散时间小于必需疏散时间的情况，人员安全将受到威胁。

各疏散场景的必需疏散时间 T_{RSET} 表 8.9.10

疏散场景	疏散到达空间	报警时间 T_A(s)	响应该时间 T_R(s)	行走时间 T_M(s)	必需疏散时间 T_{REST}(s)
1	走廊	60	120	120	360
	楼梯间			120	375
2	走廊	60	120	230	525
	楼梯间			238	537
3	走廊	60	120	129	374
	楼梯间			308	642

注：1. 考虑 1.5 倍安全系数，$T_{REST}=T_A+T_R+1.5T_M$。
2. 资料来源：天津市建筑设计院。

根据表 8.9.11 可知，消防设施在火灾发生时能够有效启动，是最大限度地保证人员安全疏散的有力保障。而消防设施的失效，会直接导致人员无法在自身受到火灾危害之前安全撤离失火建筑物。因此，应该秉承防患于未然的原则，定期维护消防设备，以保证这些设备能够在复杂大型公建发生火灾时，为建筑物内的人员能够安全、及时地疏散，远离火灾危险，提供可靠保障和有利条件。

人员疏散安全性判定 表 8.9.11

火灾场景	对应疏散场景	灭火系统	排烟系统	疏散到达空间	可用疏散时间(s)	必需疏散时间(s)	安全性判定
A11	1	有效	有效	走廊	967	360	安全
				楼梯间	1200	375	安全
A10		有效	失效	走廊	472	360	安全
				楼梯间	883	375	安全
A01		失效	有效	走廊	436	360	安全
				楼梯间	670	375	安全
A11	2	有效	有效	走廊	967	525	安全
				楼梯间	1200	537	安全
A10		有效	失效	走廊	472	525	不安全
				楼梯间	883	537	安全
A01		失效	有效	走廊	436	525	不安全
				楼梯间	670	537	安全
B11	3	有效	有效	走廊	1200	374	安全
				楼梯间	1200	642	安全
B10		有效	失效	走廊	469	374	安全
				楼梯间	1020	642	安全
B01		失效	有效	走廊	297	374	不安全
				楼梯间	625	642	不安全

注：资料来源：天津市建筑设计院。

8.9.5 防火设计调整方案

(1) 交易大厅

开向连廊和走道的门改为乙级防火门。

交易大厅左侧消防电梯是消防队员进行有效的灭火救援工作的保障；与其合用前室的防烟楼梯间是人员及时疏散、撤离失火建筑的保障。因此，该合用前室应当改为采用实体墙分隔，并且耐火极限不低于 2.0h。

交易大厅右侧有 2 部疏散楼梯，其总疏散宽度为 3.0m，调整通向这两部疏散楼梯的走道宽度，使其不小于 3.0m。此外，其他房间开向该走道的门采用乙级防火门。

(2) 防火分区

核心筒：核心筒是塔楼失火时标准层内的人员及时疏散至室外空间的重要区域，因此必须确保塔楼核心筒不受火灾威胁。因此，应当采用防火墙和甲级防火门、防火卷帘将核心筒部位与其他区域分隔开。

环形走道：核心筒周围设置的一圈环形疏散走道，是塔楼失火时标准层内的人员及时疏散至建筑核心筒或避难层的重要保障。因此，应当采用耐火极限不低于 1.0h 的隔墙和乙级防火门，将该疏散走道与其他区域分隔开。隔墙的砌筑需满足本书前文要求。

在采取上述分隔措施后，将该建筑高层塔楼每层作为一个防火分区。

9

超高层建筑结构抗爆及防连续倒塌技术

9.1 概述

近几十年来，世界范围内恐怖爆炸事件频繁发生，恐怖分子经常对重要建筑实施汽车炸弹、背包炸弹等多种形式的人为爆炸袭击。恐怖爆炸事件一旦发生，不仅会造成爆源附近的人员伤亡，爆炸冲击波作用于建筑结构上，还会导致其发生局部破坏甚至连续倒塌，加剧人员伤亡和财产损失的灾害程度，甚至引发社会巨大恐慌。

随着世界经济、技术的不断发展，人们对城市居住、休闲、办公和商业等空间都提出了更高的要求。尤其我国城市建筑密集，人口集中，在城市功能提升与空间节约利用中，发展高层和超高层建筑已经成为我国城市建设的一种必然选择。据中国建筑学会建筑结构分会高层建筑委员会统计，截至 2008 年，我国境内 150m 以上的高层建筑超过 250 栋，且近些年来超高层建筑的建设呈现加速趋势，如 492m 高的上海环球金融中心已投入使用；正在建设中的上海中心塔顶高度达 632m、深圳平安金融中心高度达 648m，尚有多栋高度超过 500m 的超高层建筑处于设计中。

与此同时，尤其是 2001 年美国“9·11”事件世贸大厦受恐怖袭击倒塌之后，世界范围内对高层及超高层建筑的抗爆与防倒塌设计研究尤为重视。本章详细阐述了建筑结构尤其是超高层建筑结构抗爆及防连续倒塌设计的相关新技术，包括建筑结构抗爆设计基本原则、建筑结构抗爆概念设计方法、建筑结构连续倒塌分析与防倒塌技术措施等内容。

9.2 建筑结构抗爆设计基本原则

建筑结构抗爆设计的目的是通过有效的抗爆设计来防止爆炸荷载作用下建筑结构的倒塌，降低爆炸荷载下建筑结构构件的破坏，尽可能地减少恐怖爆炸事件引起的人员伤亡与财产损失。本节给出了建筑结构抗爆设计所需达到的性能目标，建筑结构的抗爆防护等级以及建筑结构抗爆设防标准等内容。

9.2.1 性能目标

依据爆炸荷载作用下建筑结构的损伤破坏机理与连续倒塌机制，以最大限度地保障人们的生命与财产安全为主要目标，结合我国国情，提出我国建筑结构抗爆设计的性能目标如下。

1. 防止结构的连续倒塌

连续倒塌是结构局部关键构件的破坏导致相邻构件失效继而引发更多构件破坏，最终导致结构整体倒塌或者产生与初始触因很不相称的大面积倒塌的连锁反应。爆炸荷载作用下，建筑结构尤其是高层建筑结构一旦发生连续倒塌事件，一方面，会造成严重的人员伤亡与财产损失，加剧恐怖爆炸造成的灾害程度；另一方面，巨大灾害会引发社会巨大恐慌，影响社会的和谐与稳定。因此，建筑结构尤其是高层建筑结构抗爆设计首要性能目标为防止结构的连续倒塌。为了实现上述目标，需要针对建筑结构尤其是高层建筑结构，在抗爆设防标准范围内，进行连续倒塌分析与防连续倒塌设计。

2. 限制结构构件的破坏

爆炸荷载作用下，建筑结构多发生结构构件层次的破坏，结构构件的破坏也是建筑结构连续倒塌的初始诱因，因此，建筑结构尤其是高层建筑结构抗爆设计第二性能目标为限制结构构件的破坏。限制结构构件的破坏主要通过对典型结构构件如梁、板、柱和墙等进行抗爆设计，并辅以相应的构造措施来实现。一般首先需要确定建筑结构的抗爆设防标准，确定作用在建筑结构构件上的爆炸荷载及其防护等级，进而对其进行爆炸荷载作用下的动力响应分析，通过评估相应的反应限值来达到抗爆设计的目的。

3. 爆炸飞行碎片防护

在爆炸事件中，碎片是造成人员伤亡和设备破坏的最主要原因之一。碎片根据其大小、速度、材料和来源等分为一级碎片和二级碎片。一级碎片通常来自爆炸物的外壳和玻璃等，体积小，发射速度大。二级碎片主要是结构围护构件材料如混凝土、玻璃和砖砌体等在爆炸冲击波的作用下产生的碎片，体积较大，速度相对于一级碎片较小，是造成室内人员伤亡与设备损坏的主要凶手。爆炸飞行碎片防护一般通过概念设计完成。首先应避免一级碎片在人员密集区产生，进一步通过对建筑结构尤其是高层建筑结构的围护构件进行抗爆设计，并采取相应的防护措施，避免二级飞行碎片的产生，从而保障建筑结构内部的人员与设备安全。

9.2.2 抗爆防护等级

在进行抗爆防护设计时，需要确定建筑结构应当满足的防护等级。抗爆防护等级是指建筑结构不同等级的抗爆防护要求。

建筑结构抗爆防护要求包括两个方面：①抗爆设防烈度；②抗爆设防烈度下的最低防护目标，即所能允许的破坏程度。

1. 建筑结构抗爆设防烈度

抗爆设防烈度是指建筑结构在现有的防护距离下应当抵御的爆炸规模，以 TNT 当量为度量。抗爆设防烈度将作为建筑结构的抗爆设防依据。

据统计，目前国际上恐怖分子惯用的恐怖爆炸袭击方式主要有：直接炸弹/药、汽车炸弹、人体炸弹、邮件/包炸弹和固定箱包炸弹，其爆炸方式和爆炸特点见表 9.2.1。

对 20 世纪 80 年代以来世界上发生的部分典型或有重大影响的以建筑结构为目标的（系列）爆炸恐怖事件进行统计分析，列出其爆炸袭击方式见表 9.2.2。

建筑物遭遇的爆炸袭击方式及特点　　表 9.2.1

爆炸类型	爆炸方式	爆炸特点
直接炸弹/药	直接将炸弹/药放置在建筑物内/外部	较常见，易于实施，炸药当量较高，破坏较大
汽车炸弹	停放或行进中的车辆炸弹爆炸	炸药量大，成功率高，破坏严重
人体炸弹	将炸弹绑在身上的自杀式爆炸	隐蔽性强，难以发现，随机性和不确定性高
邮件/包炸弹	用邮件/包裹把炸弹送入建筑物制造爆炸	破坏威力较小
固定箱包炸弹	将塑性炸药/TNT手工炸弹以箱子/包裹的形式放置在建筑物的内部或邻近建筑物的外部	突发性强，比较常见，一般小型的爆炸袭击采用

20世纪80年代以来爆炸袭击方式统计　　表 9.2.2

	直接炸弹/药	汽车炸弹	人体炸弹	邮件/包炸弹	固定箱包炸弹
20世纪80年代	3	6	0	1	1
20世纪90年代	2	9	2	1	1
21世纪	5	18	6	1	1
总数	10	33	8	3	3

由表9.2.2可知，在所有的恐怖爆炸袭击方式中，建筑结构最容易受到汽车炸弹袭击。与此同时，较之其他恐怖爆炸袭击方式，汽车炸弹炸药量大，成功率高，对建筑结构的破坏最为严重。因此，本研究主要通过对汽车炸弹规模的分析来研究恐怖主义爆炸袭击规模，从而确定抗爆设防烈度。

表9.2.3中列出了20世纪80年代以来全球范围部分重大恐怖爆炸袭击事件炸药量统计数据。

20世纪80年代以来部分爆炸TNT当量　　表 9.2.3

爆炸地点	袭击方式	TNT(kg)	爆炸地点	袭击方式	TNT(kg)
贝鲁特国际机场	汽车炸弹(卡车)	6000	美国俄克拉荷马城	汽车炸弹	454～680
			英国泰龙郡奥马集市	汽车炸弹	227
贝鲁特美国大使馆	汽车炸弹(货车)	1360	巴格达美英联军总部	汽车炸弹	500
			俄罗斯内务部	汽车炸弹	500
贝鲁特	汽车炸弹	200	车臣政府大楼	汽车炸弹	1000
美国世贸中心	汽车炸弹	227～680	巴格达运河饭店	汽车炸弹	680
英国伦敦金融城	汽车炸弹	998			

文献［100］TNT当量法估算提出常见的汽车炸弹规模（TNT当量，kg），见表9.2.4。

常见汽车炸弹规模　　表 9.2.4

序号	1	2	3	4	5
类别	基本乘用车型	交叉乘用车型	多功能乘用车型	小客车型	厢式货车型
规模(kg)	200	250	300	500	1000

FEMA426中建议：对于设计而言，根据装载车辆的大小和容量，可以认为：大型汽车炸弹通常载有10000bl（4536kg）或更多当量的TNT炸药，使用小型轿车、厢式货车的汽车炸弹的TNT当量为500～4000bl（227～1814kg），手提箱炸弹的TNT当量约为

50bl (27kg)，而钢管炸弹的 TNT 当量通常为 5bl (2.7kg)。

综合表 9.2.3、表 9.2.4 以及 FEMA 的研究成果，结合我国常见汽车种类，以及我国对常用炸药实行严格管制的国情，本书提出建筑结构抗爆设防烈度见表 9.2.5。

本书提出的抗爆设防烈度 **表 9.2.5**

设防烈度	1	2	3	4	5
TNT 当量(kg)	30	200	500	1000	4000

2. 建筑结构爆炸破坏等级

钱七虎等人根据建筑物的破坏程度将安全等级分为 6 级，见表 9.2.6。

安全等级 **表 9.2.6**

安全等级	建筑物的破坏程度
1	门窗玻璃完全无损
2	门窗玻璃有局部损坏
3	门窗玻璃完全破坏
4	门、窗框、隔板损坏；不坚固的干砌砖墙、铁皮烟囱被摧毁
5	轻型结构完全破坏；输电线铁塔倒塌；大树连根拔起
6	砖瓦结构的房屋被摧毁；钢结构建筑物严重破坏

D. E. Jarrett 与 F. P. Lees 提出了针对砖房的爆炸破坏等级，见表 9.2.7。

D. E. Jarrett 与 F. P. Lees 爆炸破坏等级 **表 9.2.7**

破坏等级	房屋破坏程度
A	无法居住，需要拆除
B	无法居住，不可修复，需要拆除；外部砖砌体 50%～75%被毁伤，结构不再安全
C_a	无法居住，不可迅速修复；屋顶部分或完全倒塌；1～2 面外墙破坏，承重隔墙完全破坏，需要更换
C_b	无法居住，但可迅速修复；屋顶和墙仅有轻微的结构破坏；门窗严重损坏
D	可以居住，但需修复以消除不方便之感；顶棚和贴砖损坏；超过 10%的窗户玻璃破碎

叶序双等人将建筑物在爆炸荷载冲击波作用下的破坏分为 6 个等级，见表 9.2.8。

叶序双爆炸破坏等级 **表 9.2.8**

破坏等级	等级名称	建筑物破坏情况
一	基本无破坏	玻璃偶尔开裂或震落
二	玻璃破坏	玻璃部分或全部破坏
三	轻度破坏	玻璃破坏，门窗部分破坏，砖墙出现小裂缝(5mm 以内)和稍有倾斜瓦屋面局部掀起
四	中等破坏	门窗大部分破坏，砖墙有较大裂缝(5～50mm)和倾斜(10～100mm)，钢混凝土屋盖裂缝，瓦屋面掀起，大部分破坏
五	严重破坏	门窗摧毁，砖墙严重开裂(50mm 以上)，斜裂缝很大甚至部分倒塌，钢筋混凝土屋盖严重开裂，瓦屋面塌下
六	坍塌	砖墙倒塌，钢筋混凝土屋盖塌下

FEMA427 中根据起爆距离划分了爆炸影响产生的损害和伤亡程度，见表 9.2.9。

FEMA427 中爆炸破坏等级　　表 9.2.9

起爆距离	预期的最严重建筑损害	有关伤亡
近距离	整体倒塌	冲击和破碎造成的致命
中距离	外墙失效，外部隔间楼板损坏	颅骨骨折，脑震荡
远距离	玻璃破碎，灯具掉落，碎片飞溅	飞溅玻璃割伤，被甩向物体或者物体撞击人员造成的擦伤

根据已有文献对建筑结构在爆炸荷载下的破坏程度及等级和 DOD、FEMA453 等规范中的建议，本书将建筑结构的爆炸破坏等级划分如表 9.2.10 所示。

提出的爆炸破坏等级　　表 9.2.10

破坏等级	破坏程度
1	完全损坏，倒塌
2	严重损坏，不可使用及修复，但不倒塌
3	中等损坏，不可继续使用，但可修复
4	轻微损坏，局部破坏，可继续使用
5	基本无损，极小破坏，几乎不影响使用

3. 建筑结构抗爆防护目标

基于建筑结构的爆炸破坏等级，结合我国国情，主要考虑：恐怖爆炸袭击引起的建筑结构倒塌是造成巨大人员伤亡和财产损失的最重要因素，所以爆炸防护的最低目标应当是保证结构不发生倒塌；另一方面，爆炸毕竟是偶然荷载，因此要求结构在爆炸中基本无损并几乎不影响使用，过于严格，也不够经济。因此，本书提出抗爆防护目标分三个层次，见表 9.2.11。

本书提出的抗爆防护目标　　表 9.2.11

防护目标	允许破坏程度
第 1 层次	严重损坏，不可继续使用，不可修复，但不倒塌
第 2 层次	中等损坏，不可继续使用，但可修复
第 3 层次	轻微损坏，局部破坏，可继续使用

4. 建筑结构抗爆防护等级

结合表 9.2.5 的抗爆设防烈度和表 9.2.11 的抗爆设防目标，根据我国的实际情况，本书提出建筑结构的抗爆防护等级，每一防护等级对应一个基本设防烈度，并要求建筑结构：

①在基本设防烈度的爆炸荷载作用下达到第 2 层次的防护目标；②在基本设防烈度升高 1 度的设防烈度下达到第 1 层次的设防目标；③在基本设防烈度降低 1 度的设防烈度下达到第 3 层次的设防目标。

同时，①建筑结构遭遇高烈度爆炸的概率较小，考虑到抗爆设计的经济性要求，可适当降低建筑结构在高抗爆设防烈度下的设防目标，故基本设防烈度为 5 度时，防护目标调整为第 1 层次；②建筑结构遭遇低烈度爆炸的概率较大，为确保爆炸荷载下人民群众的生命和财产安全，可适当提高建筑结构在低抗爆设防烈度下的设防目标，故基本设防烈度为 1 度时，设防目标调整为第 3 层次。

综合考虑以上原因，提出抗爆防护等级见表 9.2.12。

本书提出的抗爆防护等级　　表 9.2.12

抗爆防护等级	基本设防烈度	抗爆设防要求	
		设防烈度	防护目标
1 级	5 度	5 度	第 1 层次
		4 度	第 3 层次
2 级	4 度	5 度	第 1 层次
		4 度	第 2 层次
		3 度	第 3 层次
3 级	3 度	4 度	第 1 层次
		3 度	第 2 层次
		2 度	第 3 层次
4 级	2 度	3 度	第 1 层次
		2 度	第 2 层次
		1 度	第 3 层次
5 级	1 度	2 度	第 1 层次
		1 度	第 3 层次

9.2.3 抗爆设防标准

建筑结构的抗爆设防标准与建筑结构面临的爆炸风险和建筑结构的重要性等诸多因素有关，通过爆炸风险分析、结合建筑结构的重要性等级可确定建筑结构的抗爆设防标准。

1. 建筑结构爆炸风险分析

建筑结构的爆炸风险分析就是对建筑结构遭受爆炸荷载的概率和可能造成的后果进行分析。爆炸风险由抗爆重要性等级和爆炸易损性共同控制，其中抗爆重要性表示建筑结构遭受爆炸袭击的可能性大小，与建筑物的功能、所处的地理位置等因素相关；爆炸易损性表示遭受爆炸袭击后造成的后果的严重程度。

1）抗爆重要性等级

不同建筑结构在社会中的地位不一样，遭受爆炸袭击所造成的影响程度也不一样，因此遭遇恐怖分子爆炸袭击的可能性不同。可根据建筑结构核心功能在社会中的地位、高峰使用时人员的数量、对军事部署和国防战略的意义和遭受爆炸袭击所产生的社会恐慌、次生灾害等负面影响，把建筑结构抗爆重要性分为一、二、三、四这四个等级。下面给出各类建筑的抗爆重要性等级，见表 9.2.13。

典型建筑结构的抗爆重要性等级　　表 9.2.13

建筑物	描　述	等级
政府	党政机关办公楼等	一
标志性建筑	超高层、大跨、高耸等城市地标性建筑	一
商业	A 类：百货商店、超市、宾馆、菜市场及中小型商场、酒店等	二
	B 类：大型商场、会所和酒店	一

续表

建筑物	描　　述	等级
外交	外国驻华使领馆、国际组织驻华机构以及涉外人员寓所	一
交通	地铁、车站、机场等	一
文体	学校、图书馆、电影院、大型体育场馆等	二
医疗	医院	二
居住	城市居民区的住宅楼和公寓楼	四
工业	A类:生产易燃易爆或有毒有害化学品的工厂、核化工业设施和规模产值很大的工厂	二
	B类:一般的工业建筑	三

建筑结构的抗爆重要性等级为一、二、三级时为重要抗爆建筑结构，需要进行抗爆设计；若其抗爆重要性为四级，则不需要进行抗爆设计。

2）爆炸易损性

建筑结构的爆炸易损性，是指建筑结构遭遇爆炸袭击后造成后果的严重程度。影响建筑结构易损性的因素很多，主要考虑人口容量、有无危险材料、建筑结构的类型、可能造成的间接伤害和建筑机构的高度这五个因素。把每个因素的易损性程度分为 6 个等级，用 0、1、2、3、4、5 来衡量其易损性程度的大小，最后将所得的各因素的系数相加，即得到建筑的易损性系数。

（1）建筑结构人口容量

建筑在一般情况下的高峰期使用人数。人口容量等级值见表 9.2.14。

人口容量等级值　　　　**表 9.2.14**

人口容量	0	1～250	251～500	501～1000	1001～5000	>5000
等级值	0	1	2	3	4	5

（2）爆炸可能造成的间接伤害

可能造成指定半径范围内（500m）的间接伤亡数量，伤亡人数等级值见表 9.2.15。

伤亡人数等级值　　　　**表 9.2.15**

人口容量	0	101～500	501～1000	1001～3000	3001～5000	>5000
等级值	0	1	2	3	4	5

（3）建筑物的危险材料等级

建筑物内足以酿成灾难的危险材料的储量，危险材料等级值见表 9.2.16。

危险材料等级值　　　　**表 9.2.16**

危险材料储备程度	等级值
无生化及放射性材料	0
生化及放射性材料储量中等，绝对受到控制，并位于安全位置	1
生化及放射性材料储量中等，受到控制	2
生化及放射性材料储量大，有控制趋势，并保存在建筑内	3
生化及放射性材料储量大，有中度控制趋势	4
生化及放射性材料储量大，非内部人员也可接近	5

(4) 建筑物结构类型

建筑物在受到爆炸袭击时其结构类型对抗爆的影响程度，建筑结构类型等级值见表 9.2.17。

(5) 建筑物的高度

建筑物高度对爆炸袭击的影响程度，针对的是建筑物的总高，范围从地下空间结构到摩天大楼，建筑物高度等级值见表 9.2.18。

建筑结构类型等级值 表 9.2.17

建筑结构类型	等级值
地下空间结构	0
有特种抗爆手段的结构	1
钢筋混凝土结构	2
钢结构或砌体结构	3
轻型框架结构	4
木结构	5

建筑物高度等级值 表 9.2.18

建筑结构高度	等级值
地下空间结构	0
单层结构	1
5 层以下结构	2
5～11 层结构	3
12～29 层结构	4
高度在 30 层以上的摩天大楼	5

上述五个因素的易损性等级值范围为 0～25，根据这五个因素所求得的总易损性等级值，把建筑的易损性分为 5 个等级，见表 9.2.19。

建筑结构的易损性等级 表 9.2.19

易损性等级	极低	低	中	高	极高
等级值	0～5	6～10	11～15	16～20	21～25

3) 爆炸风险等级

建筑结构的爆炸风险等级由其抗爆重要性等级和爆炸易损性综合分析得到，可把其分为极高、高、中、低、极低 5 个等级。由于抗爆重要性为四级的建筑结构不考虑抗爆设计，因此不考虑其风险等级。具体分析方法见表 9.2.20。

建筑结构爆炸风险等级 表 9.2.20

风险等级	重要性一级	重要性二级	重要性三级
易损性极高	极高	极高	高
易损性高	极高	高	中
易损性中	高	中	低
易损性低	中	低	极低
易损性极低	低	极低	极低

2. 建筑结构抗爆设防标准

综合建筑结构的抗爆设防烈度和爆炸风险等级，建立如表 9.2.21 的抗爆设防标准。

抗爆防护等级 表 9.2.21

爆炸风险	极高	高	中	低	极低
防护等级	1	2	3	4	5

9.2.4 超高层建筑结构抗爆设防标准

确定超高层建筑结构抗爆设防标准的一般步骤为：

（1）抗爆重要性评估，确定其抗爆重要性等级；

（2）确定其爆炸易损性等级；

（3）确定其爆炸风险等级；

（4）确定其抗爆防护等级；

（5）得到其抗爆设防标准。

以天津117大厦为例，确定其抗爆设防标准步骤如下：

1）抗爆重要性评估

该建筑为城市地标性建筑，根据表9.2.13，确定其抗爆重要性等级为一级。

2）爆炸易损性等级

（1）建筑结构人口容量

假定建筑结构规模为最高聚集人数5000人，所以取 $W=4$。

（2）爆炸可能造成的间接伤害

因为建筑规模为最高聚集人数5000人，其可能造成间接伤害人数应当大于5000人，所以取 $P=5$。

（3）存在危险材料等级

建筑内不应存在化学类及放射性物品等危险材料，所以取 $S=0$。

（4）建筑结构类型

建筑结构由钢管混凝土柱、型钢混凝土梁等构件组成，所以取 $K=2$。

（5）建筑结构高度

结构最高处高度约597m，属于超高层建筑结构，所以 $R=5$。

故 $L=W+P+S+K+R=4+5+0+2+5=16$。

查表9.2.19知，其易损度等级为高。

3）爆炸风险等级评估

查表9.2.20知其爆炸风险等级为极高。

4）确定其抗爆防护等级

查表9.2.21知，其抗爆防护等级为1级。

5）抗爆设防标准

查表9.2.12可知，其抗爆设防标准为：

（1）基本烈度5度下的第一层次设防目标，即在防护距离外4000kgTNT当量炸药下，该建筑结构允许发生严重损坏，不可继续使用，不可修复的破坏，但不倒塌；

（2）4度下的第三层次目标，即在防护距离外1000kgTNT当量炸药下，该建筑结构只允许发生轻微损坏，局部破坏，可继续使用。

9.3 建筑结构抗爆概念设计

建筑结构的抗爆概念设计指的是根据建筑物在恐怖爆炸袭击时可能发生的情况、爆炸对建筑物的破坏效应和各类爆炸破坏效应对建筑物的作用特点和规律，利用爆炸防护的一些基本概念设计出合理的建筑方案，包括结构的选型、总体布置以及抗爆措施等。因此，建筑设计人员在建筑方案设计阶段，应当以建筑结构体系功能及其受力、变形特征等整体设计概念和爆炸防护概念为基础，以加强建筑抗爆承载力、防止建筑物倒塌和减小爆炸及次生破坏与杀伤作用为主导，整体构思结构总体方案，完成建筑所要求空间形式与功能的早期设计。

抗爆概念设计在建筑物的抗爆设计中占有很重要的地位和不可替代的作用，它是展现先进设计思想的关键，主要是在特定的建筑空间中用整体的概念来完成结构总体方案的设计，其重要性主要体现在以下几方面：

（1）爆炸现象本身存在着很多不可确定因素的影响，很难做到完全的定量分析。

（2）现行的结构抗爆设计理论和计算理论仍然存在很多缺陷和不可计算性，抗爆概念设计能够帮助结构设计师更加客观、真实地了解结构的抗爆性能。

（3）抗爆概念设计是比抗爆结构设计更有效的抗爆手段，能够以最低的经济成本达到最好的抗爆效果。

9.3.1 建筑结构抗爆概念设计

建筑结构的抗爆概念设计主要包括防护安全距离、结构整体性及冗余度、场地选择和外部空间设计、建筑物体形与结构总体布置、功能布局和设计分区等几个方面。

1. 防护安全距离

基于“爆炸产生的能量随距离的增加迅速衰减”这一事实，提高爆源和建筑物之间的防护安全距离是对建筑提供防护最有效的方式，相比之下，其他手段的有效性各不相同，费用较高且常常造成意外的后果。例如，当爆炸紧贴防爆墙发生时，防爆墙本身会成为碎片的来源。因此，在建筑结构抗爆设计中，最基本的设计理念是提供足够的防护安全距离。

防护距离并没有硬性的规定，它的大小取决于建筑和威胁的类型以及期望达到的防护等级。尽管对于一般的建筑来说无法保证足够的防护距离，但是尽量加大距离是成本效益最高的方案，同时也使将来升级建筑物以达到更高的防护水平成为可能。当然，也不能一味地增大防护距离。这是因为，虽然一般来说对建筑物进行加固改造的成本随着防护安全距离的增大而减小。但同时，增大安全距离意味着用以放置障碍物的所需土地更大，因此，需要更大的成本来满足某安全等级的要求。

2. 结构整体性及冗余度

1）结构整体性

建筑结构是由很多基本构件组成的一个复杂系统，根据系统科学的基本概念，一个复杂系统的功能主要取决于其整体性。这是因为作为系统子单元的各个要素一旦组成系统整体，就会形成新的性质和功能。换句话说，系统整体的性质和功能不能简单地视为各个要素的性质和功能相加。对于建筑结构来说，一方面，构件的功能依赖于结构整体，任何构件一旦离开结构整体，就不再具有它在结构系统中所能发挥的功能；另一方面，构件影响结构整体的功能，任何构件一旦离开结构整体，结构整体丧失的功能不等于该构件在结构系统中所发挥的功能，可能更大，也可能更小。

叶列平等人从系统科学的角度研究了建筑结构的抗倒塌能力和设计建议，认为“鲁棒性”、“整体稳定性”和“整体牢固性”是常用的从不同的角度对结构系统整体性的描述。整体牢固性是实现鲁棒性和整体稳定性的前提，而鲁棒性和整体稳定性都是对结构损伤的描述，只是分别从不同的角度，其中鲁棒性注重对损伤结果的描述，而整体稳定性则注重对损伤过程的描述。

结构的整体性分为有利的整体性和不利的整体性。有利的整体性表现在由于构件之间的相互帮助和组成的整体性能，提高了结构系统的整体抵抗荷载的能力。如果因为结构构件之间的互相依赖反而加剧了结构系统整体功能的损失，这样的整体性属于不利的整体性。

2）冗余度

（1）冗余度的定义

在英文中称为“redundancy”或“redundant”，其含义是：为防止整个系统失效而对原件的备份；多余静定结构所需的抵抗外力的多余构件。

在抗爆设计中，冗余度是反映系统的整体性的一个重要特性。可以将结构的冗余度理解为：在发生爆炸事件对结构造成局部损伤的条件下，结构体系所具有的不发生整体失效后果或者与局部损伤原因不成比例的破坏的能力大小。在可靠性理论中，称之为冗余系统，特征量是冗余度。

在爆炸荷载作用下，冗余度实际上反映了结构在极限状态下的构件受力替补性、稳定性和荷载重分布性。冗余度的设置使得结构不易由局部坍塌发展为整体的连续性倒塌，而整体的倒塌是爆炸作用下人员财产受到破坏的最主要来源。因此，提高结构的冗余度，将会降低结构的失效概率，提高结构体系的可靠性，对防止结构在爆炸作用下的整体倒塌以致严重破坏十分有效。

（2）冗余度的重要性

Fang 等人指出，从结构的生命周期的角度来说，结构安全包括两个层次：第一，结构应当能够在正常情况和初始状态下可靠地承载；第二，结构或者是结构的主要部分，应当在偶然情况和局部损坏情况下保持稳定以及避免不均衡的失效。

Fang 等人采用上述的两个安全层次对冗余度的重要性进行了研究，作者指出，冗余度的重要意义分为两个层次：第一层次为可靠性层次，冗余度（即可替代荷载路径的存在）提供了结构在无损状态下的安全储备；第二层次为鲁棒性层次，冗余度（即可替代荷载路径的发展）帮助减弱了结构在偶然情况下的敏感度/易损性。毫无疑问，冗余度是结构鲁棒性的关键因素，因为它通过可替代路径的方法提供了避免不可预知的破坏（例如连续倒塌）的可能性。

总的来说，研究表明，冗余度有助于提高结构在无损伤状态下的安全储备和减弱结构对偶然情况或局部损坏的敏感度，从而为防灾减灾的安全决策提供依据。

（3）冗余度的影响因素和提高冗余度的措施

Frangopol 等人对影响结构冗余度的因素进行了研究，指出结构的冗余度依赖于一系列因素，包括结构形式和轮廓、构件尺寸、材料性质、构件/连接性质（例如承载能力、变形和延性）、承受荷载和加载顺序。Frangopol 等人提出了在概念设计阶段影响建筑结构冗余度的主要因素，见表 9.3.1。

冗余度的主要影响因素　　表 9.3.1

因素	结构形式	材料性质	构件延性	结构连续性
相关程度	高度相关	高度相关	中等相关	中等相关

常用的实现结构冗余度的有效措施有：①确保竖向/横向的超静定承载系统；②采用延性材料和连接；③提供反向荷载/弯矩的抵抗能力，例如设置连续/对称的加固梁柱连接；④提供足够的结构构件约束；⑤合理地设置防震缝/沉降缝，提高结构连续性。

3. 场地选择和外部空间设计

建筑结构所处的场地与外部空间对其抗爆性能有很大的影响。

1）场地选择

在建筑结构的前期设计中，尽可能合理地选址是十分必要的。合理的场地选择可以极大地提升建筑结构的抗爆性能。场地选择通常应该考虑两方面因素：内部因素和外部因素。

内部因素包括场地中可用于防护地带的土地面积，以及场地是否适合于实施自然的或人工的防护爆炸和安全设计要素。

外部因素则是指周边区域的特点以及这些特点对建筑物及人员的影响，主要包括周围建筑环境关系与周围道路交通和人流。

（1）周围建筑环境关系

从建筑物遭遇恐怖爆炸袭击的风险角度来说，建筑物周围的环境不宜过于复杂，因为这样会使恐怖袭击分子容易隐蔽，危害建筑安全；但同时，如果周围环境过于单一，又会造成建筑物可见度提高，从而易损性增高。所以，综合地来说，建筑物与周围建筑环境的关系，既应当避免过于复杂，也要在整体上相融合，使恐怖分子进行爆炸袭击的难度增加，从而提高了建筑物的安全。

（2）周围道路交通与人流

重要建筑物在场地的规划布局上，应当着眼于对周围的道路交通与人流进行梳理，遵循以下原则：

① 重要建筑物应尽量避免选址在主干道附近；

② 应尽量避免大量复杂的人群在重要建筑物周围滞留、聚集；

③ 重要建筑物周围的道路交通应当简明、流畅，这样有利于在爆炸袭击发生后对人员进行及时抢救和安全疏散；

④ 进入建筑物的通道应当采取曲线设计，因为直线的道路设计将有利于汽车炸弹进行加速，从而越过障碍物接近或进入建筑物内部。

2）外部空间设计

建筑结构的外部空间设计十分重要，从爆炸防护的角度上说，建筑物四周的屏障（例如山、水或其他天然屏障等）越多，爆炸源（特别是车载的）接近或进入建筑物的道路越少，进行安全检查越方便，则对建筑物的爆炸防护越有利。

遗憾的是，城市中的重要建筑物大都位于街道或马路两旁，甚至有可能四面临街或被交通道路包围。这种情况对安全检查不利，也不好控制爆炸源（特别是汽车炸弹）接近或进入建筑物内。这时，建筑物的外部空间设计就应当考虑 4 点防护要求：构筑边界线、设置控制区及入口安检、设计障碍物和限制车辆停放。国外常采用的汽车炸弹破坏防护的建筑物外部空间及平面布置示意见图 9.3.1（a）。

（1）构筑边界线

构筑边界线的目的，在于设立隔离区保证爆炸源与目标建筑之间的最起码的防护距离。通常可以通过建筑外墙将外部环境与内部人员隔开。当选择建筑位置时，应考虑其与场地边界的相对位置，应使建筑区与边界围墙的距离最大，以在围墙内形成尽可能多的开放空间。当边界围墙受到限制，可以通过护柱、花坛和其他不能被车辆突破的障碍将边界线外推到人行道的边缘。为了进一步扩大边界线，则可以通过与职能部门协调，以限制或禁止在路边停车。

（2）设置控制区和入口安检

重要建筑物要提高自身安全性，达到适当的防护等级并保证建筑物与潜在威胁之间的防护距离，最直接、安全、有效的方法之一就是设立控制区。控制区通过设置的障碍物（如护柱、花坛、喷泉、围墙和栏栅）来确定建筑物与潜在威胁之间的防护距离。这些障碍用于抵挡恐怖主义的车辆攻击，但需注意的是，它们的布置不应影响紧急情况下消防车辆与急救车辆的进出。障碍物的选择应当基于车辆进出和停放的可行性考虑。适用于高风险建筑的一个有效设计原则是：建筑完全为控制区所包围，控制区的大小应当考虑风险等级、防护等级、建筑结构以及可用土地等因素。此外，只能设置一个进入控制区的入口控制站。

控制区可以分为禁区与非禁区，通常情况下，应当在入口控制站处加强安全检查，特别是要严格控制进入禁区的车辆的行车方向与行车速度。因此，要仔细规划建筑物防区内的入口和道路。禁区与非禁区的划分见图 9.3.1（b）。

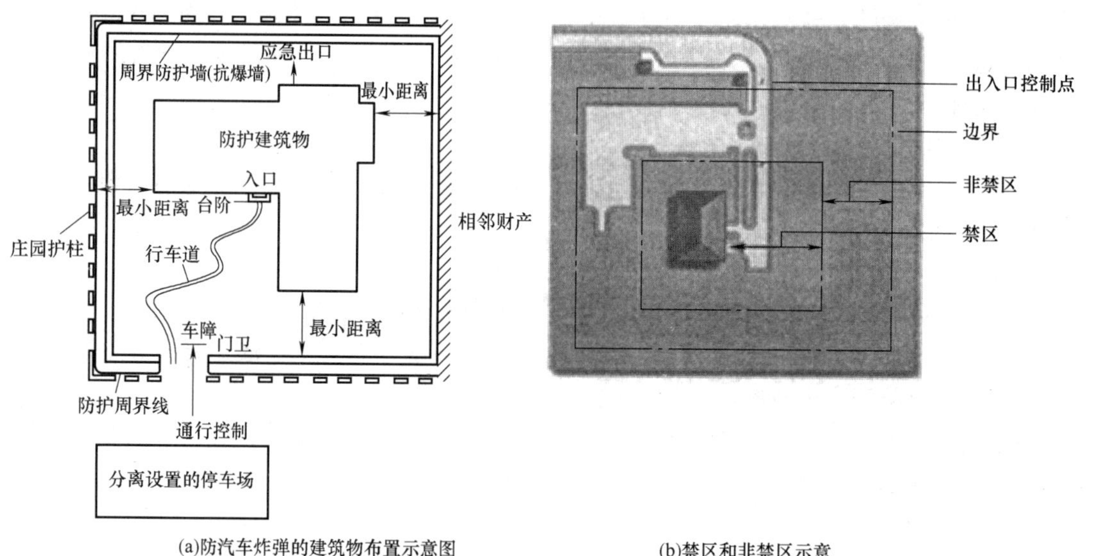

(a)防汽车炸弹的建筑物布置示意图

(b)禁区和非禁区示意

图 9.3.1　外部空间设计示意图

（3）障碍物的设计

障碍物通常分为两类：自然障碍物和人工障碍物。

自然障碍物主要是依靠场地的选择，利用河流、湖泊、排水沟、险峻地形、山脉、空地、植物和其他自然环境难以逾越的特点，阻止外部人员和汽车炸弹接近建筑物，从而起到一定的保护作用。

人工障碍物，则需要综合考虑建筑周围特定的环境特点、潜在的风险程度、防护等级和建筑物的结构类型等多种因素，设计建造栅栏、墙体护柱或钢筋混凝土障碍物，种植植物，设置喷泉等。

人工障碍物分为静态障碍物与活动障碍物两种。静态障碍物适用于保护边界或边缘，而活动障碍物适用于车道和进出控制点。

静态障碍物，又可以称为被动障碍物，常见的有固定防撞护柱、防撞混凝土矮墙、花坛、护堤等；活动障碍物，又可以称为主动障碍物，指可被撤出道路以允许通过的障碍物，常见的有可撤收式护柱、防撞梁、防撞门、可旋转式楔形障碍物、转板等。图 9.3.2 是典型的被动障碍物：防撞护柱和防撞矮墙。

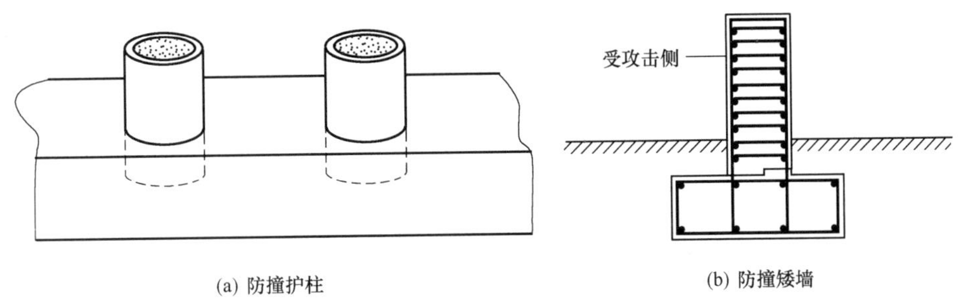

图 9.3.2　典型被动障碍物示意

另外，建筑物周围常常有景观的设计。这些地形、水景和植被等要素不仅用于营造引人入胜的建筑空间，同时也可以增强建筑的安全性。植被群落和地形可以在一定程度上起到障碍物的作用，屏蔽爆炸以及阻止爆炸源接近建筑物，当然，过于靠近建筑物的浓密植被可能会为爆炸车辆或人员提供藏匿点，也应当尽量避免。

(4) 限制车辆停放

① 对车辆停放的限制

对车辆停放的限制有助于使潜在威胁远离建筑。下列是推荐可以考虑的停车限制措施：限制未经许可的人员在建筑物的安全半径内停车；尽量避免在建筑的控制区或内部停车；如果需要在建筑控制区或内部停车，应当对其进行严格的安全检查和身份验证，例如只允许特定的对象在该区域停车；尽量限制车辆在人群密集处停放。

② 车辆停车场设计原则

对重要建筑物而言，停车场的安全设计应当遵循下列原则：停车场远离建筑物（特别是高风险建筑物）以减小潜在汽车炸弹的威胁；停车场应当位于建筑使用者的视线范围内，减轻汽车炸弹引起的破坏效应；如果条件允许，停车场应设计为单向交通，以利于监视潜在爆炸袭击者；停车场应置于对人员安全威胁最小的地方；楼梯和电梯间的设计应当在规范允许的方位内尽可能开放，理想的方案是楼梯和/或电梯等待区对外部和/或停车场完全开放，应鼓励让使用这些区域的人很容易被观察到（也易于向外观察）的设计；尽可能避免采用地下停车场或建筑内部停车场，如果受客观条件所限，必须采用地下停车场或车库时，则首先应当限制进入停车区的车辆，保证停车区的安全和照明，并且消除停车区内食欲隐蔽的死角，其次应配备电子监控系统，对出入口进行严格控制，同时要确保建筑物结构有较高的抗震等级；使用不会形成藏匿区域的景观，宜使植被远离停车库和停车位以利于对行人的观察；对于地面上的独立停车场，应最大限度地保持其能见度以监控进出和穿过场地的车辆。

③ 常见停车场设计的优缺点

目前停车场的设计主要分为三种：地面停车场、路边停车场和车库停车场，其各自的优缺点见表 9.3.2。

常见停车场的优缺点 **表 9.3.2**

类型	优　点	缺　点
地面	可以将机动车辆集中停放，使其远离建筑物，从一定程度上提高建筑物的安全性	需要占用大面积土地，在目前经济快速发展，土地面积日趋减少的情况下，经济效益较低
路边	使用方便	安全性不高，一旦发生汽车炸弹事件，容易造成道路混乱
车库	造价经济，使用方便，因此目前地下车库和地下停车场应用较为普遍	①一旦汽车炸弹发生爆炸，火灾是最主要的灾害，对地下建筑来说，火灾危害程度最大，而且是威胁人类生命安全的最主要因素； ②地下车库及地下停车场空间大且较为封闭，紧急情况发生时人员疏散时间长，会加重灾害程度； ③如有汽车炸弹在地下车库或地下停车场爆炸，会危及地面建筑

4. 建筑体形与结构总体布置

建筑体形是指建筑的平面和立面形状，结构总体布置是指结构构件的平面布置和竖向布置。原则上，从爆炸防护的角度讲，建筑应当采用规则有利的体形和结构总体布置，使建筑物利于抵抗外部爆炸产生的空气冲击波荷载。

从冲击波对建筑物的作用原理和结构体系的荷载响应及受力变形机理出发，大量的研究与归纳得出以下结论：

（1）对爆炸防护有利的结构平面布置：①简单、规则、对称；②长宽比不大，避免过于细长；③建筑物造型成凸状，因为可以避免凹角和悬挑部分对爆炸冲击波有聚集和放大作用；④最好近乎圆形，因为冲击波的入射角会迅速减小，从而降低爆炸冲击波压力。

（2）对爆炸防护有利的结构立面布置：①规则、均匀、从上到下外形不变或变化不大；②没有大外挑和内收；③建筑造型整体上呈凸状乃至圆形。

（3）对爆炸防护有利的结构构件竖向布置：沿高度布置连续、均匀，最好是自下而上，逐渐减小无突变。

图 9.3.3～图 9.3.5 分析和归纳出了几种建筑物体形与结构总体布置，它们从建筑物抗爆设计的角度来说是不合理的。

5. 功能布局和设计分区

根据使用功能要求对建筑物的室内进行设计时，应该根据风险的高低以及其他情况进行分区设计。

室内的区域应当分为高风险区和低风险区。高风险区通常包括门厅走廊、货运平台、邮包房、车库和零售商品区等。

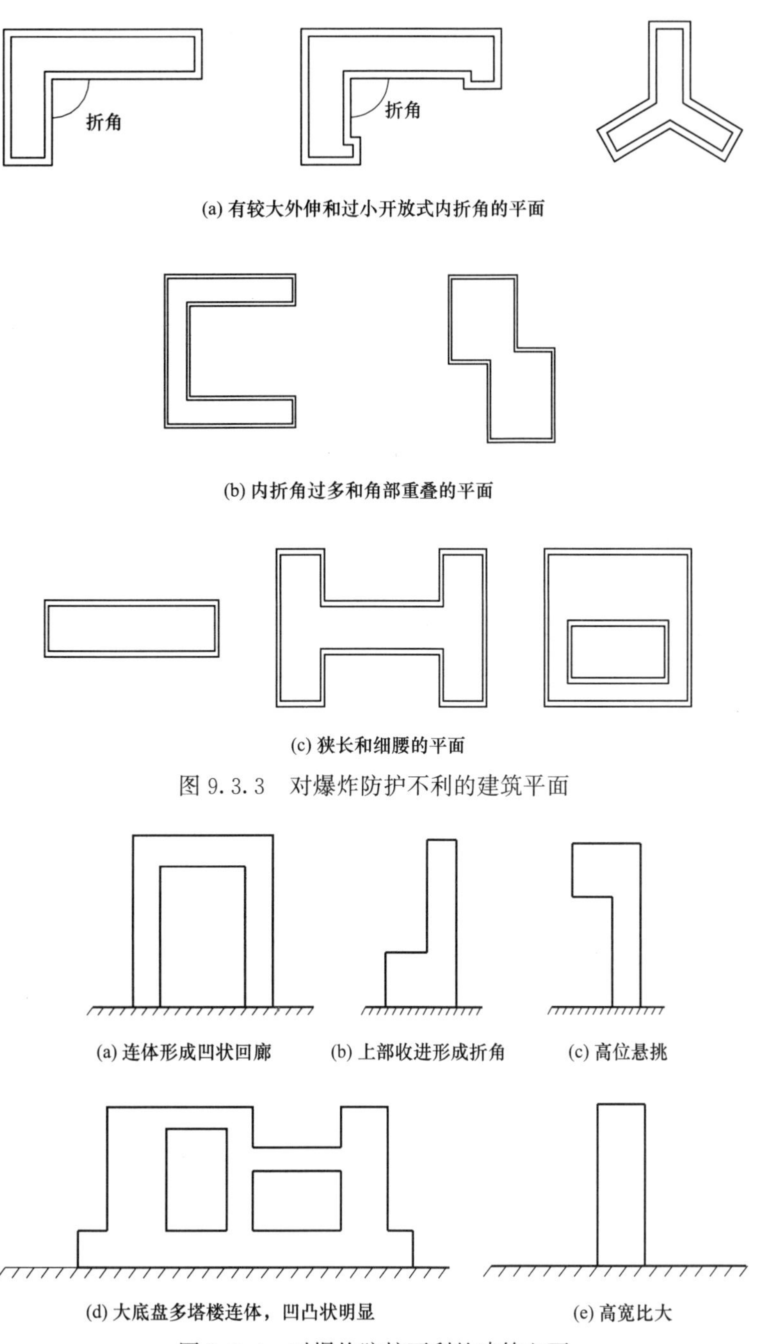

(a) 有较大外伸和过小开放式内折角的平面

(b) 内折角过多和角部重叠的平面

(c) 狭长和细腰的平面

图 9.3.3 对爆炸防护不利的建筑平面

(a) 连体形成凹状回廊 (b) 上部收进形成折角 (c) 高位悬挑

(d) 大底盘多塔楼连体，凹凸状明显 (e) 高宽比大

图 9.3.4 对爆炸防护不利的建筑立面

在建筑的功能布局方面，应当采取许多措施来减轻建筑物可能遭到的爆炸破坏。在这种防护中，建筑物内人员的生命安全应当作为最重要的资产来进行保护。概念设计上，主要从降低建筑物被破坏的程度和减少建筑灾难性倒塌的机会（至少在人员完全疏散前）来保护人员生命安全。

（1）将这些高风险区布置在主楼的外部或沿主楼的边缘布置，即与主体建筑较远，利于防护主体建筑由于高风险区发生的爆炸而导致的破坏乃至坍塌。

(2) 布置灾害应急设施和楼梯电梯等安全疏散通道时，应当远离高风险区，无法做到时，可以考虑设计防爆墙。

(3) 公共区域（如休息室、装卸区、收发室、车库和零售区）应与建筑中更加主要的区域隔离开来，这可以通过使用位于公共区和警戒区之间的楼梯井、电梯间、走廊和储藏区，设置内部“隔离线”或缓冲区来实现。

(4) 将人员、物资和业务分散在大的区域内，以限制破坏程度。

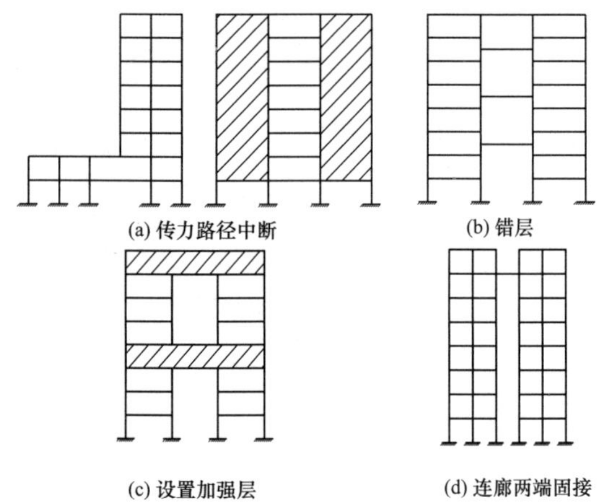

图 9.3.5 对爆炸防护不利的结构构件竖向布置

(5) 不要将高风险设施与低风险人员安排在一起，例如，收发室或服务中心不应与儿童保育室位于同一幢建筑内。

(6) 尽量远离高风险区布置关键的抗竖向荷载结构体系或构件布置。

(7) 关键设施应放在建筑物的内部深处，并远离来访者较多的区域。

(8) 玻璃窗的方向尽量垂直于建筑正面，以避免其暴露于爆炸和抛射物的正面冲击。

(9) 避免建筑结构部件（如支柱）暴露在外面。

(10) 注意非结构要素：在发生爆炸时，吊顶、灯架、百叶帘、管道系统、空调和其他设备可能会成为高速碎片。建议在设计时应尽可能简洁，以减少高速碎片带来的伤害。

9.3.2 抗爆构造措施

梁、柱、板和墙是组成各类结构体系的四种基本构件。这四类基本构件在爆炸荷载作用下的动力响应，从而影响结构整体的抗爆性能。此外，玻璃在爆炸中产生的碎片也是致使人员伤亡的重要因素，所以对梁、柱、板、墙和玻璃在概念设计中的构造措施，是抗爆研究的热点之一，有着重大的实际工程意义。

1. 梁柱

1) 破坏模式

研究表明，梁柱构件在爆炸荷载下的破坏模式和普遍规律见表 9.3.3。其中，冲量荷载的特点是超压峰值高、持续时间长，准静态荷载则超压峰值低、持续时间短，动力荷载介于二者之间。

从表 9.3.3 可知：梁柱构件在冲量荷载下易发生剪切破坏，在准静态荷载下易发生弯曲破坏。这是因为冲量荷载的作用时间很短、高频成分丰富、加载速率高，容易激发构件的剪切变形，构件的剪应力迅速增大，导致构件破坏时弯曲位移尚未来得及发展；而准静态荷载的峰值较小，从而剪应力也较小，弯曲变形有足够的时间发展。

2) 有效抗爆措施

梁柱构件的弯曲破坏和剪切破坏模式，决定了提高端部的抗剪能力和跨中的抗弯能力是提高其抗爆性能的重要设计理念。

提高钢筋混凝土梁柱构件抗爆性能的有效措施主要包括构件本身的措施和外部条件的措施两方面。

梁柱构件在爆炸荷载下的破坏模式及普遍规律　　　表 9.3.3

构件	荷载	破坏模式	备注
钢构件	冲量荷载	柱脚剪切破坏与柱翼缘局部屈曲破坏	
	动力荷载	柱脚剪切破坏	
	准静态荷载	弯曲破坏	
钢筋混凝土构件	冲量荷载	剪切破坏	钢筋的屈服、拉断以及受压区混凝土的压碎
	动力荷载	弯剪破坏	
	准静态荷载	弯曲破坏	支座处发生直剪破坏或剪跨区发生斜剪破坏

注：钢筋混凝土也有可能发生受压区混凝土的压碎破坏。

（1）构件本身措施

① 控制柱的轴压比。研究表明：钢筋混凝土柱的轴压比不宜大于0.5。低于0.5的轴压比对钢筋混凝土柱的抗爆性能有利；当轴压比大于0.5时，则容易导致其跨中部位因混凝土压碎而破坏。

② 提高混凝土强度。提高混凝土的强度等级，能够有效提高钢筋混凝土梁柱构件的抗爆能力，不过提高的程度随着强度等级增大而逐渐减小。

③ 合理选择截面尺寸。通过改变界面尺寸，提高梁柱构件截面的惯性矩，是降低构件在爆炸荷载下的动力响应的有效措施之一。但需要注意的是，在增大截面尺寸的同时也意味着工程造价的提高，因此合理选择截面尺寸时，需要综合考虑安全因素和经济因素。

④ 柱端箍筋加密。在结构抗爆设计中，特别是当钢筋混凝土柱易于遭受峰值超压较大的爆炸荷载作用时，对梁柱构件端部箍筋进行加密，从而减小箍筋间距。增大柱的配箍率是提高钢筋混凝土梁柱构件抗爆能力的有效方式。

⑤ 提高纵筋配筋率。研究表明，钢筋混凝土梁柱构件的抗爆性能随着纵筋配筋率的增大而提高，但超过一定值之后，提高幅度越来越小，反而可能会出现超筋的情况。为了避免少筋和超筋的情况，纵筋配筋率可在1.5%～2.5%之间取值。

⑥ 采用钢管混凝土柱。首先，外包钢管自身刚度较大、强度较高、延性好，能吸收大部分的能量；其次，钢管能够有效地阻止破坏时产生的高速混凝土碎块的飞溅，大幅减少人员的伤亡；最后，钢管内部的混凝土破坏时向四周膨胀，可以限制钢管发生屈曲，从而防止柱在爆炸荷载下发生脆性破坏。因此，采用钢管混凝土柱，可以很有效地提高其抗爆性能，并且套箍系数越大，抗爆性能越好。

（2）外部条件措施

① 选择合理约束。通过增加梁柱的各种约束，以获得更高的结构承载能力和更好的延性。特别对于柱，在设计中，尽可能采用顶部有约束的柱设计方案。研究表明，相对顶部简支和顶部固支的钢筋混凝土柱，顶部自由的柱横向位移和压力较大，导致其抗爆性能较差，而前两类柱的横向位移和压力几乎相同，其抗爆性能也相差不大。

② 降低柱顶集中荷载或者减小柱长度，这是提高钢柱在爆炸荷载作用下的承载能力的有效措施。

③ 保证梁构件与相邻构件可靠连接，以便相邻构件能达到其极限承载能力。

④ 允许楼板等连接的结构构件在爆炸荷载下的完全脱离，以达到卸载作用，减弱荷载的作用。

2. 板

钢筋混凝土板在爆炸荷载下的破坏模式与梁柱构件类似，取决于爆炸峰值压力的大小和爆炸持续时间的长短。在准静态荷载下，钢筋混凝土板主要发生边缘和中部的弯曲破坏；随着从准静态荷载向冲量荷载的转变，即爆炸峰值压力增大、作用持续时间减短，破坏模式逐渐转变为支座处的剪切破坏。而在接触爆炸或者近距离爆炸下，钢筋混凝土还有可能发生震塌破坏。

当钢筋混凝土板的破坏对建筑物造成十分严重的影响时，应当采取如下措施，提高楼板的抗爆性能，防止楼板在爆炸作用下过早破坏，丧失承载力，以致引起整体结构坍塌：①提高板支座处的抗剪能力；②提高板的延性，例如提供足够的上部和下部钢筋，从而提高对弯曲破坏的抵抗能力；③加强对楼板的约束，尽量采用连续板而不是简支板，这样使得楼板具有更高的强度和更显著的延性。

3. 墙

1）剪力墙

在爆炸荷载作用下，框架-剪力墙或纯剪力墙结构中的剪力墙表现出来的力学性态主要有弯曲响应和薄膜响应。有鉴于此，钢筋的连续性是影响剪力墙抗爆性能的至关重要的因素，也是防止剪力墙体系建筑物在爆炸作用下倒塌的主要对策和措施之一。具体的措施为：

（1）剪力墙的受力筋（水平与垂直分布筋及墙体两端的暗柱筋）应当延伸至顶板或底板的有约束的构件（包括上下的墙体）中；

（2）尽量通过机械或焊接使钢筋形成一个连续配筋体，最起码也要使钢筋连接有一个最小的搭接长度，以保证结构的内力能充分传递；

（3）控制垂直方向分布筋的配筋率，不能低于最低限值。

2）填充墙

填充墙通常应用于钢筋混凝土或钢框架内，起到围护结构和分割空间的作用。通常情况下，无筋填充墙平面内的抗压能力均较好，但是平面外受弯拉承载力却很差。再加上其脆性性质，在爆炸荷载下很容易发生弯拉破坏。因此，在高爆炸威胁情况下，结构必须采取适当措施，比如说对墙体进行加固等，从而既能保证填充墙有足够的爆炸承载能力，又能控制或减小其破坏后的碎片飞溅所造成的伤害。

4. 玻璃

玻璃在现代建筑中的使用越来越多，特别是在高层幕墙结构中，大量的玻璃幕墙得到应用。在爆炸荷载下，玻璃的破碎产生的碎片会对建筑物特别是建筑物内的人员造成严重的损伤乃至生命威胁，因此在建筑设计时对玻璃的抗爆设计具有重要的理论和工程使用价值。

1）玻璃的类型

退火玻璃，又叫浮法玻璃、平板玻璃，是商业建筑中使用最广泛的玻璃。退火玻璃的强度相对较低，在破碎时裂成尖锐、匕首形状的碎片，在爆炸冲击波作用下会产生高速碎片，飞入建筑内部造成人员伤亡和财产损失。

淬火玻璃，其强度通常为退火玻璃的 4～5 倍，破碎特征也优于退火玻璃：破碎时会最终裂成小的立方体碎渣，在通常的使用条件下呈现出相对安全的破坏模式。尽管如此，在发生爆炸时，爆炸超压会使得小的碎渣达到非常高的速度，足以造成严重伤害。

金属丝网加固的玻璃，由退火玻璃和内嵌的金属丝网组成，是一种常用的玻璃材料，其主要用途是作为耐火玻璃和抗击打玻璃。金属丝网加固玻璃的强度和破碎特征与退火玻璃相同，尽管网线会拦住一些碎片，被抛出的尖锐玻璃碎片和金属碎片还是相当可观，所以不适合作为防爆玻璃。

夹层玻璃，是由多层玻璃和玻璃板之间柔韧的夹层材料（通常为聚乙烯丁缩醛 PVB）组成的。相对于上述三种玻璃材料，夹层玻璃是比较适合抵御爆炸荷载的。这是因为通过夹层粘贴材料与玻璃材料性能的组合形成的部件具有很好的防爆能力，其机理为：夹层材料起着胶水的作用，将多层玻璃粘成一个整体，这样就形成了一定厚度的整块玻璃，从而更加坚固；同时，当玻璃层在爆炸荷载作用下破裂时，又起到了隔膜作用，大部分碎片会粘在 PVB 胶片上，这就减少了致人伤亡的高速碎片的产生。此外，还可以在玻璃的内侧增加装饰性的横木或格栅以增加安全性，这样当爆炸引发玻璃灾难性的破裂时，能够截留住更多的玻璃碎片。

2）玻璃防护系统

玻璃的抗爆设计，有两种设计思路：①增强玻璃自身的抗力和抗爆性能；②通过提高结构或构件的耗能能力来有效抵抗爆炸荷载作用。前者是尽可能地阻止玻璃的破碎和产生飞溅的碎片，后者则是允许玻璃破碎并产生一定的飞溅碎片，但是通过以下的一些措施，使其无法对建筑物内部的人员和财产造成大的伤害。当爆炸冲击波荷载较小，只采用第一种思路，可以获得较好的抗爆效果，但是随着爆炸冲击波荷载的增大，仅仅依靠玻璃本身的强度去承受冲击波荷载，是难以实现的。这时，就需要采用第二种设计思路，采用玻璃防护系统，主要包括防护膜、防爆窗帘和防爆缆索。

（1）防护膜

抗爆防护膜 ASF（Anti-Shatter Film），是研究机构开发出的一类聚酯贴膜，又称为窗户安全贴膜。防护膜由抗压力强力胶粘剂与高强度聚酯膜组成，将其粘在窗户内侧，可以在玻璃破裂时粘住碎片并降低碎片的速度，因此减少了碎片冲击进入建筑物内造成人员伤亡的风险。因为这种抗爆防护膜是直接用于窗户玻璃的表面，所以对新的窗户和已有的窗户都是适用的。

ASF 的施工工艺主要有四种：间隙粘贴（直接将防护膜贴于玻璃，无需任何锚固）、整面粘贴（需将玻璃卸下，然后将防护膜深入玻璃的固定槽）、湿膜粘贴（即防护膜用硅树脂球涂抹在框架的边缘，把薄膜和窗扇连接在一起）和机械连接（机械锚固措施，防护膜直接贴于玻璃，但是防护膜的四周采用机械锚固措施将其连接在窗框或主体结构上）。这四种工艺依上述排序，安全性能逐渐加强、施工工艺逐渐复杂。同夹层玻璃一样，可以通过在内侧增加装饰性的横木或格栅以增加安全性。

（2）防爆窗帘与防护缆索

抗爆防护膜在爆炸荷载较小的情况下可以有效地减少碎片的飞溅及危害。但是，当爆炸荷载较大的时候，抗爆防护膜的存在反而可能造成更加不利的效果：玻璃碎片和防护膜共同高速冲入建筑物内，造成更大的人员伤亡和财产损失。为了解决这个隐患，一方面，应当尽量保证比较好的锚固；另一方面，研究人员开发出了另一类防护体系，称为捕捉系统，分为防爆窗帘和防护缆索两种类型。

捕捉系统的作用机理是：在冲击波荷载下，防护膜将玻璃破碎后产生的碎片兜住。但是，由于爆炸冲击波荷载较大，碎片和防护膜发生整体脱离。此时，捕捉系统可以阻挡其高速飞入室内，从而保护室内人员安全和减小财产损失。

防爆窗帘并不能消除玻璃碎片进入建筑物内，但却可以有效地减小碎片飞入建筑物内的距离。当然，如果人员恰好处于非常靠近窗帘正后方的位置，仍然会受到爆炸碎片的危害；防护缆索系统则具有良好的弹性和显著的吸能能力，一直被认为可以有效地防止大质量和高速度物体飞入建筑物内，并被广泛应用。

3）玻璃的设计原则

在玻璃的概念设计中，主要的设计原则见表 9.3.4。

玻璃设计原则 **表 9.3.4**

玻璃设计原则	原　　因
尽量采用夹层玻璃替代普通玻璃	减少玻璃碎片飞溅
尽量减少正面窗户的数量和尺寸	进入建筑内部空间的爆炸气体与正面的开口数量成正比关系
不宜采用尺寸过大的玻璃	研究表明，玻璃尺寸的变化对爆炸荷载的响应灵敏，玻璃的面积越大，越快发生脆性破坏
确保玻璃边框的约束	研究表明，框边约束的退化将导致玻璃内力的急剧变化
考虑在玻璃上使用爆炸防护膜	减少碎片
考虑安装防爆窗帘或防护缆索	以阻止玻璃碎片进入建筑内部空间

注：如果可能，则将建筑正面的玻璃面积限制在正面总面积的 15%以内。

4）玻璃设防标准

美国总务管理局（GSA）和工业安全委员会（ISC）分别制定规范，均建议用试验方法确定玻璃的抗爆能力，并给出了用来判定的玻璃抗爆防护标准，见表 9.3.5。

玻璃抗爆防护标准 **表 9.3.5**

性能条件	防护等级	危害等级	窗户玻璃的响应
1	安全	无	玻璃不破碎，窗框无可见的破坏
2	非常高	无	玻璃破碎，但仍在窗框内，在窗台或地板上可以有少量的粉末或很小的碎片
3a	高	非常低	玻璃破碎，碎片进入室内且散落在地板上的距离不超过 1m
3b	高	低	玻璃破碎，碎片进入室内且散落在地板上的距离不超过 3m
4	中等	中等	玻璃破碎，碎片进入室内，散落在地板上且能够击中距窗小于 3m、距地板高度不超过 0.6m 的垂直靶板
5	低	高	玻璃破碎，窗户结构产生灾难性的破坏，碎片进入室内，能够击中距窗小于 3m、距地板高度大于 0.6m 的垂直靶板

位于 3a 和 3b 之间的情况相当于玻璃碎片对人员的“伤害阈值”，而 4 和 5 之间的情况相当于“致命阈值”。美国 GSA 导则中还给出了玻璃防护等级与 DOD 建筑防护等级之间的对应关系见表 9.3.6。

GSA 玻璃防护等级 **表 9.3.6**

GSA 玻璃性能条件	对应的 DOD 新建建筑防护等级	GSA 玻璃性能条件	对应的 DOD 新建建筑防护等级
1	高	3b/4	很低
2	中	5	低于反恐标准
3a	低		

9.3.3 超高层建筑结构抗爆概念设计要点

针对超高层建筑结构的特点，依据上述建筑结构抗爆概念设计方法，得出超高层建筑结构抗爆概念设计要点如下：

1）场地选择与建筑设计

通过场地优化与裙房的巧妙设计，尽可能使主体结构的外边界远离街道以及相邻建筑物；结合抗风设计，选择对建筑结构抗爆有利的建筑外形；通过建筑功能分区优化，将危险的功能区域（如酒店大堂、汽车可以接近的门厅）与主体结构分开。

2）结构优化设计

目前阶段，不建议在构件或结构层次上进行高层建筑结构抗爆设计，但有必要采用一些构造措施与概念设计方法，增强其抗爆性能。具体如下：

对称配筋；

钢筋搭接处远离高应力区；

与抗震设计相结合，采用延性节点设计；

应采用封闭式箍筋，建议采用螺旋箍筋。

3）确保有效的防护安全距离

通过建筑外部设计以及有效的安全检查，确保主体结构具有适当的防护安全距离。

（1）构筑边界线

可以通过护柱、花坛和绿植等构筑边界线。

（2）设置防撞安全护栏

在汽车有可能高速通过的地点，设置防撞安全护栏，控制突发状况。

（3）地下停车场与周边停车场功能合理划分

将主体结构下的停车场划为核心区，其余为非核心区。限制未经许可的人员在核心区停车，采用先进技术设备，对进入核心区的车辆进行安全监察；外来人员只能在非核心区停车。

（4）做好安全检查工作

通常情况下，应当在入口控制站处加强安全检查，特别是要严格控制进入核心区的车辆的行车方向与行车速度，以及加强对可疑人员的检查。

9.4 连续倒塌分析方法及防倒塌措施

连续倒塌是结构局部某个关键构件的破坏导致相邻构件失效继而引发更多构件破坏，最终导致结构整体倒塌或者产生与初始触因很不相称的大面积倒塌的连锁反应。由于爆炸冲击荷载具有传播迅速、峰值大、作用时间短以及具有负超压等特点，爆炸冲击荷载作用下结构的连续倒塌比其他原因引起的结构连续倒塌更为复杂，危害也更大。自 1995 年美国俄克拉荷马市的 Alfred P. Murrah 联邦政府办公大楼遭汽车爆炸袭击发生大面积连续倒塌和 2001 年 9 月 11 日纽约世贸中心双子楼遭恐怖袭击彻底倒塌以后，建筑结构在爆炸冲击荷载作用下的连续倒塌问题在世界范围内得到广泛关注。

防止结构的连续倒塌，是建筑结构尤其是高层建筑结构抗爆设计的首要目标。因此，必须通过连续倒塌分析，了解建筑结构的抗连续倒塌性能，揭示其可能的连续倒塌机制与模式，进而采取必要的措施，防止结构连续倒塌的发生。

9.4.1 超高层建筑结构抗连续倒塌性能初步分析

推荐采用替代传力路径分析方法对高层建筑结构进行抗连续倒塌性能初步分析。

替代传力路径分析方法是结构抗连续倒塌设计最常见的方法，各国规范都有采用，一般用于受偶然荷载较大或重要性等级高的建筑结构。此方法是把产生了初始失效的竖向承重构件移除，然后分析在原荷载作用下结构发生的内力重分布。构件删除是仅删除破坏的竖向构件，不影响与其相连构件的连接。

美国 GSA 导则和 UFC 规范中对替代传力路径分析方法进行了详细的规定，将替代传力路径分析方法分成了不同的层次，每一层次有各自不同的分析步骤，每一层次所得分析结果的可靠程度也不同。主要分为三个层次，即线性静力分析、非线性静力分析及非线性动力分析。

线性静力分析是基于小变形理论，材料均视为线弹性，其主要步骤如下：

（1）建立结构的有限元模型；

（2）移除结构上的关键构件；

（3）对结构施加导则所规定的恒载和活载；

（4）对结构在恒活载组合下的静力响应进行分析，如果结构没有新的构件破坏，则完成分析；如果有新的结构构件破坏，则移除该构件并将它所承受的荷载重新分配，然后重新对结构的响应进行线性静力分析；

（5）评估分析结果。由以上步骤可知，线性静力分析简单易用，但由于忽略了移除结构关键构件后的动力效应以及爆炸荷载作用下结构及材料的非线性特征，仅仅适用于对简单结构的分析。

非线性静力分析中既考虑材料的物理非线性，也考虑结构的几何非线性，主要步骤如下：

（1）建立结构的有限元模型；

（2）移除结构上的关键构件；

（3）从零开始，对结构逐级施加导则所规定的恒载和活载，直到最大值；

（4）如果在（3）的分析过程中结构没有新的构件破坏，则完成分析；如果有新的结构构件破坏，移除该构件并将它所承受的荷载重新分配，重复步骤（3）和（4），直至结构倒塌或达到静力平衡；

（5）评估分析结果。非线性静力分析方法的优点是同时考虑材料的物理非线性和结构的几何非线性，然而，由于它仍没有考虑移除关键构件后结构的动力效应，并不能得到准确的分析结果。

非线性动力分析则同时考虑结构和材料的非线性特征以及结构移除关键构件后的动力效应，具体分析步骤为：

(1) 建立结构的有限元模型；

(2) 在移除结构关键柱之前，对结构施加导则所规定的恒载和活载，并使结构达到静力平衡；

(3) 瞬间移除结构的关键构件；

(4) 在移除结构关键构件的同时，对结构进行动力分析，直至结构达到新的平衡状态或倒塌；

(5) 评估分析结果。在三个层次的替代传力路径法中，非线性动力分析的准确度最高。

美国 GSA 导则规定，线性分析法一般只用于 10 层及以下的建筑，10 层及以上的建筑需采用非线性分析方法。但是由于非线性分析法很复杂，并且对模型的假设很敏感，所以只有理论知识足够且工程经验丰富的专家才能使用，以免分析结果出现严重错误。根据是否考虑动力效应又可分为静力分析法和动力分析法。采用静力分析法时需考虑荷载的动力系数。GSA 导则给出静力分析时采用的荷载组合为 $2(D+0.25L)$，动力分析时采用 $(D+0.25L)$。美国 UFC 规范规定静力分析时采用的荷载组合为 $2[(0.9$ 或 $1.2)D+(0.5L$ 或 $0.2S)]+0.2W$，动力分析时采用 $(0.9$ 或 $1.2)D+(0.5L$ 或 $0.2S)+0.2W$。

我国《高层建筑混凝土结构技术规程》JGJ 3—2010 和《混凝土结构设计规范》GB 50010—2010 对拆除构件法有相关规定。由于线性静力法的理论更为成熟，但是由于线性分析方法的局限性，一般不建议在高层建筑结构中采用，爆炸下一般应采用非线性动力方法对其进行抗连续倒塌性能初步分析，分析结果需通过有经验的工程师和专家验证。

9.4.2 爆炸荷载下高层建筑结构连续倒塌分析高效方法

一旦高层建筑结构建筑与结构方案确定，应采用考虑爆炸荷载效应的连续倒塌分析高效方法对其抗连续倒塌性能进一步校核。鉴于高层建筑结构的复杂性，一般很难对其建立详细的三维有限元模型，为了提高分析结果的精度和效率，推荐采用多尺度建模方法进行爆炸荷载作用下高层建筑结构连续倒塌分析。

多尺度建模方法根据结构构件或节点的复杂程度和破坏过程中的非线性程度，选择适当尺度的分析模型，通过不同尺度模型之间的协同计算，达到计算精度和计算代价之间的均衡。

1) 多尺度模型的区域划分

爆炸荷载作用下，高层建筑结构首先表现为局部结构构件的破坏甚至失效；在此基础上，局部结构构件承载能力的降低导致原作用于其上的竖向荷载寻找新的传力路径，进而引起结构的整体响应，并可能导致结构的连续倒塌。基于上述特点，依据爆炸荷载作用下高层建筑结构不同部分承受荷载的不同以及非线性动态响应的特点，将高层建筑结构划分为 3 个区域，每个区域采用不同尺度的单元模型来模拟，它们分别是爆炸直接相关区、爆炸间接相关区和爆炸无关区。

（1）爆炸直接相关区

爆炸直接相关区为爆炸冲击波直接作用并造成破坏的区域。该区域结构构件直接承受爆炸荷载作用，应力波传播效应以及材料的应变率效应明显。为了准确模拟其复杂的非线性动态响应与破坏，必须采用实体单元或壳单元模拟，并考虑材料的应变率效应、应力强化与失效。

（2）爆炸间接相关区

爆炸间接相关区与爆炸直接相关区相连，为局部结构构件破坏或失效后，其上的竖向荷载寻找新的传力路径的过程中，可能引起非线性响应与破坏的区域。该区域承受动力荷载，但不存在应力波效应问题，应变率效应也不明显，采用梁单元纤维模型模拟，即可得到较为准确的分析结果。

（3）爆炸无关区

爆炸无关区为爆炸相关区以外的建筑结构区域，该区域不会发生破坏，受力处于弹性阶段。由于爆炸无关区的主要作用是为爆炸相关区提供合理的边界条件，因此采用普通梁单元模拟即可满足计算精度的要求。

（4）各区域间的界面连接

爆炸直接相关区与爆炸间接相关区界面处通过在实体单元模型截面生成节点刚性体来保证实体单元截面位移和转角与纤维梁单元的协调。爆炸间接相关与爆炸无关区界面处通过纤维梁单元与普通梁单元节点耦合来满足位移和转角协调条件。

2）多尺度模型区域范围的确定

多尺度模型 3 个区域的范围与爆炸荷载的大小和分布范围以及高层建筑结构本身的结构布置相关。需要拟采用迭代法来确定多尺度模型 3 个区域的范围，具体步骤如下：

（1）确定结构连续倒塌分析需考虑的炸药质量与位置。综合高层建筑结构的建筑布局、设计的安全防护措施等条件确定炸药的可能位置，并依据相关规范或业主要求确定结构连续倒塌分析需考虑的炸药质量。

（2）初步划分 3 个区域的范围。初步将距离炸药位置最近的首层 1 跨的柱、梁划分为爆炸直接相关区；将爆炸直接相关区上方直至顶层的柱、梁划分为爆炸间接相关区；将其他区域划分为爆炸无关区。

（3）优化 3 个区域的范围。将爆炸荷载施加到爆炸直接相关区的柱、梁等结构构件上，进行结构动力响应分析。依据分析结果，查看 3 个区域连接部分的响应，根据以下原则调整区域的划分：

① 查看爆炸直接相关区与爆炸间接相关区的连接区域，若连接处实体单元的塑性应变达到混凝土的失效塑性应变，则扩大直接相关区的范围；

② 查看爆炸相关区和爆炸无关区的连接区域，若连接处普通梁单元产生塑性变形，则扩大爆炸相关区的范围；

③ 如果爆炸直接相关区与爆炸间接相关区的连接处的实体单元均未失效，爆炸无关区构件均处于弹性受力阶段，则迭代停止。

（4）更新结构区域范围后，重复步骤（3）。

经过以上的迭代分析，可得到最终的多尺度模型区域范围划分。

3）爆炸荷载下建筑结构的连续倒塌分析

（1）依据建筑结构抗爆设防标准，确定应当考虑的作用建筑结构上的爆炸荷载的大小与位置；

（2）对建筑结构施加爆炸荷载，分析其抗连续倒塌性能；

（3）若结构抗连续倒塌性能满足要求，停止分析；若不满足要求，进一步进行连续倒塌机理与模式研究，并根据结果提出防连续倒塌措施。

9.4.3 防连续倒塌设计与技术措施

与建筑结构抗爆设计类似，建筑结构的防连续倒塌概念设计对提高建筑结构的抗连续倒塌性能起着重要的作用。防连续倒塌概念设计主要表现为在场地布置、结构布置和建筑布置等方面进行考虑，通过减少遭受偶然作用的可能性、增加结构备用路径，提高整体性、延性、冗余度和增强疏散通道的布置等方面减少结构连续倒塌的危害，具体内容如下。

1）减少偶然效应对结构的影响

在建筑结构的抗爆设计中，由于爆炸事件的不可预测性以及爆炸荷载的高强作用，要通过加强结构使其完全抵抗爆炸荷载的作用不经济且不切实际。而爆炸荷载的特点是随着爆炸点距离结构位置的增大而快速减少，因此通过场地布置使爆炸威胁尽量远离建筑以减少对建筑的影响是最有效的防止结构受爆炸荷载作用产生连续倒塌的方法。

2）采用超静定结构，增加结构的冗余度

结构的冗余度是结构的某关键构件产生局部失效后改变原来的传力路径，并通过剩余结构达到稳定平衡状态的特征。通过增加结构的冗余度提供足够的备用荷载路径是抗连续倒塌设计的基本要求。结构的冗余度取决于结构体系类型以及合理的结构布置。具有足够冗余度的结构可以在竖向承重构件破坏之后“跨越”失效部位，因而避免发生大面积的连续倒塌。结构冗余度和学者提出的结构“二次防御能力”概念相似。

3）加强结构构件和节点的连接构造，增强结构的整体性

加强结构构件和节点的连接是提高结构整体性最有效的方法，能够有效地提高结构的抗连续倒塌能力。对于框架结构，当竖向承重构件失效之后要使水平构件能够跨越破坏部位而不坍塌，则需梁与梁的连接和梁柱连接处具有较好的连续性，以保证梁具有足够的拉力承载竖向荷载。较强的连接构造可通过配置贯通水平和竖向构件的钢筋并与周边构件可靠锚固来实现，这样在竖向构件失效之后贯通钢筋可以形成悬链线机制将荷载传到相邻的竖向承载构件中。在竖向构件失效之后原来的受力方向可能会发生改变，如柱支座处原下部受压变为受拉，以免构件在这种情况下发生突然破坏，需保证构件具有一定的反向荷载承载力，可通过对称配置钢筋实现。

4）采用延性设计提高结构的延性

对于延性较好的结构，在局部破坏发生后，破坏部位上部的结构会进入塑性阶段而有助于消散能量，因此是减少结构发生连续破坏的重要措施。而且在局部构件不会发生过大破坏的情况下，结构上的荷载可通过塑性大变形传递到相邻构件上，从而完成荷载路径的转换，增强结构内力重分布的能力。建议采用延性较好的材料，采用延性设计来提高结构的塑性变形能力以增强结构的抗连续倒塌能力。需注意，延性设计时需对其他破坏形式进行计算，避免剪切破坏、锚固破坏以及节点先于构件破坏。

5）设置结构缝，控制连续倒塌范围

对结构进行抗连续倒塌设计时，控制由局部破坏引起的连续倒塌的范围是设计的最终目标。因此，可以设置结构缝，对结构进行分区。发生局部破坏后，可以将破坏控制在一个分区内，可以有效地防止倒塌蔓延到更大的范围。结构缝的布置可以和抗震缝、伸缩缝和沉降缝结合布置。宜在跨度大或易发生连续倒塌处设置结构缝。

6）增强疏散通道、避难空间的设计

建筑结构受到偶然爆炸袭击之后，保证人员安全是首要任务。如果在偶然爆炸袭击中破坏了疏散通道和避难空间，可能会导致失去最佳救援时机和安全撤离建筑的机会，从而增大事件造成的伤亡。因此需对疏散通道和避难空间进行专门设计，增强其强度和变形性能等，保证最佳疏散时机。

7）加强结构抗震设计

研究发现，高烈度地震区的结构通常具备较高的抗连续倒塌能力。主要是因为高烈度地震区的建筑结构抗震要求比较高，抗震构造设计的时候，“强柱弱梁”、“强剪弱弯”系数取值较大，因此结构具有较好的延性和抵抗脆性破坏的能力。综上所述，在进行结构抗连续倒塌设计时，可以参照抗震规范的相关规定，对其有一定的借鉴意义。

8）加强基础设计

基础设计是整个结构抗连续倒塌的关键，因为一旦基础失效会引起结构作为一个整体发生破坏。对重要建筑结构进行抗连续倒塌设计时需保证设计参数具有足够的可靠度。可通过以下方法来加强基础设计：加大基础埋深；增加基础高度；加大基础尺寸等。同时，为了防止由于荷载反向造成的基础突然破坏，需要在基础底面和顶面都配置足够的钢筋。

9.4.4 某高层建筑结构连续倒塌分析与防倒塌措施建议

以某高层钢筋混凝土框架-核心筒结构为例，对其在爆炸荷载下的连续倒塌进行分析。该结构共27层，1～3层层高为5.2m，4～27层层高为3.4m，总高97.2m。1～3层及4～27层平面图如图9.4.1所示。结构平面尺寸为31.2m×31.2m，x向柱距为6.7m和8.9m，y向柱距为7.8m。结构梁、柱和剪力墙均为钢筋混凝土构件，混凝土强度等级为C40，钢筋为HRB400。柱截面尺寸由底层的1.2m×1.2m逐渐过渡到顶层的0.8m×0.8m；主梁最

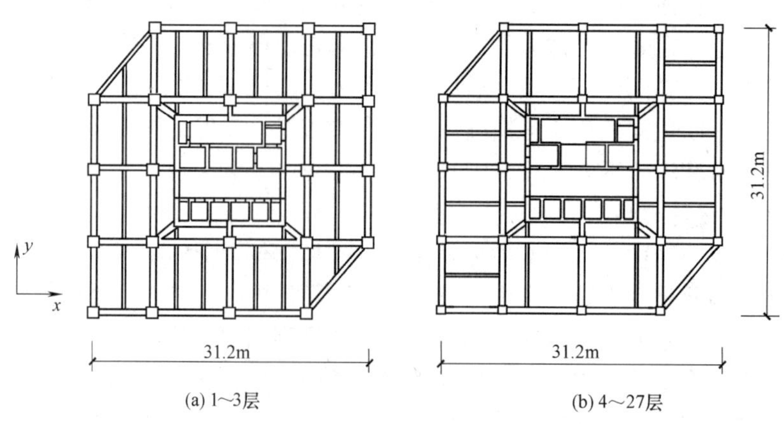

图9.4.1　高层结构平面示意图

大截面尺寸为 0.6m×0.75m，最小为 0.6m×0.6m；次梁截面尺寸为 0.25m×0.5m。角柱体积配筋率为 1.8%，边柱为 1.6%，其余柱为 1.5%；主梁体积配筋率为 2.0%，次梁为 1.5%。

1. 数值模型

采用 LS-DYNA 有限元软件，建立了上述高层钢筋混凝土结构的多尺度模型。

1）多尺度模型的 3 个区域

选择炸药 TNT 当量为 5000kg，置于角柱和中柱正前方，比例距离为 $0.5\mathrm{m/kg^{\frac{1}{3}}}$，对应的实际距离为 8.5m。经过迭代，炸药置于角柱正前方时合理的爆炸直接相关区为 2 跨 3 层，炸药置于中柱正前方时合理的爆炸直接相关区为 3 跨 3 层；爆炸间接相关区为爆炸直接相关区上方直至顶层的柱以及与这些柱相连的所有梁；其他区域为爆炸无关区。结构多尺度模型如图 9.4.2 所示。

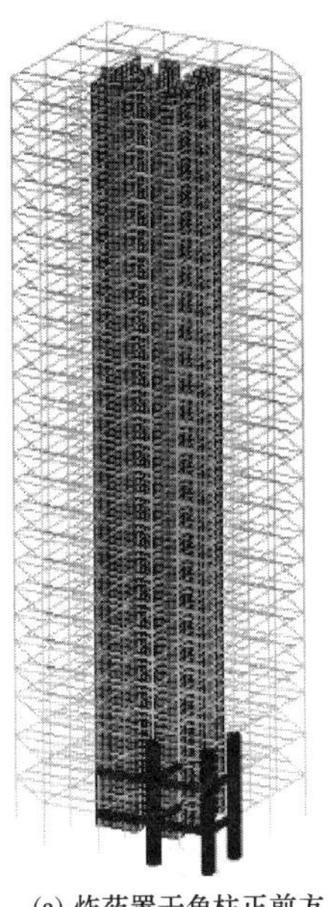

(a) 炸药置于角柱正前方

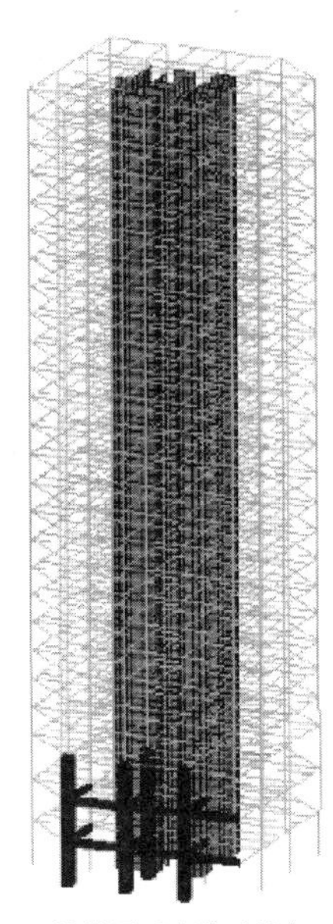

(b) 炸药置于中柱正前方

图 9.4.2　多尺度有限元模型

2）材料模型

在爆炸直接相关区采用 MAT_CONCRETE_DAMAGE_REL3（72 号 r3 材料）模拟混凝土，材料性能参数由程序关键字自行计算。采用 MAT_PLASTIC_KIINEMATIC（3 号材料）模拟钢筋，抗拉强度为 400MPa，弹性模量为 200GPa，泊松比为 0.3。使用 MAT_ADD_EROSION 关键字将混凝土材料的失效应变设为 0.15。将钢筋的失效塑性应变设为 0.15。爆炸作用下，材料的应变率可高达 $1000\mathrm{s}^{-1}$，材料强度会显著提高，因此在爆炸直接相关区考虑材料的应变率效应。应变率效应通常采用动力增大系数（*DIF*）来考虑，动力增大系数为材料在动力响应和静力响应下的强度之比。

混凝土强度的 *DIF* 采用 K&C 模型，钢筋强度的 *DIF* 采用 C&P 模型。

在爆炸间接相关区采用 MAT_PLASTICITY_COMPRESSION_TENTION 来模拟纤维梁单元。使用欧洲规范计算出准确的混凝土受压本构，将混凝土的失效塑性应变设置为 0.003，对应的应力约为 16MPa，将钢筋的失效塑性应变设置为 0.2，对应的应力为 480MPa。

在爆炸无关区采用 MAT_RC_BEAM（174 号材料）模拟普通梁单元，采用 MAT_RC_SHEAR_WALL（194 号材料）模拟剪力墙。

3）网格划分

网格尺寸效应分析表明：爆炸间接相关区的纤维模型对于网格尺寸效应较为敏感，应该选用较小的网格尺寸，梁的网格尺寸选用 0.25m，柱的网格尺寸选择 0.50m；爆炸无关区的梁、柱对于网格尺寸效应不敏感，因此梁的网格尺寸采用 0.50m，柱的网格尺寸采用 1.00m，剪力墙距离爆炸区域较远，采用 1.00m 的网格尺寸；爆炸直接相关区的实体单元网格尺寸采用 0.05m。

4）荷载

使用 LOAD_BLAST_ENHANCED 关键字将爆炸荷载施加到爆炸直接相关区的柱、梁构件表面，该关键字是一种基于 ConWep 用于空气中或表面接触爆炸荷载的算法，该算法无需建立复杂的炸药和空气模型，适用于近、中、远距离爆炸荷载下结构或构件的动力响应分析。

作用在结构上的恒载和活载均为 3.5kN/m^2，考虑到爆炸发生时结构活载满布的概率很小，因此只考虑 0.5 倍的活载。

2. 连续倒塌分析结果

基于建立的多尺度模型，对角柱柱 1 正前方 8.5m 处，5000kgTNT 当量爆炸情况下（比例距离为 0.5m/$kg^{1/3}$）该结构的连续倒塌进行了数值分析。分析时，首先在 0.5s 的时间内逐渐施加自重及恒、活载，并持续计算至 1.0s，使结构受力平衡，然后施加爆炸荷载进行计算。

图 9.4.3 给出了爆炸荷载作用后不同时刻结构的塑性应变云图，其中颜色越深，表示塑性应变越大。可以看出，破坏集中在柱 1 的一层柱底、二层柱头以及柱 2 的一层柱底。

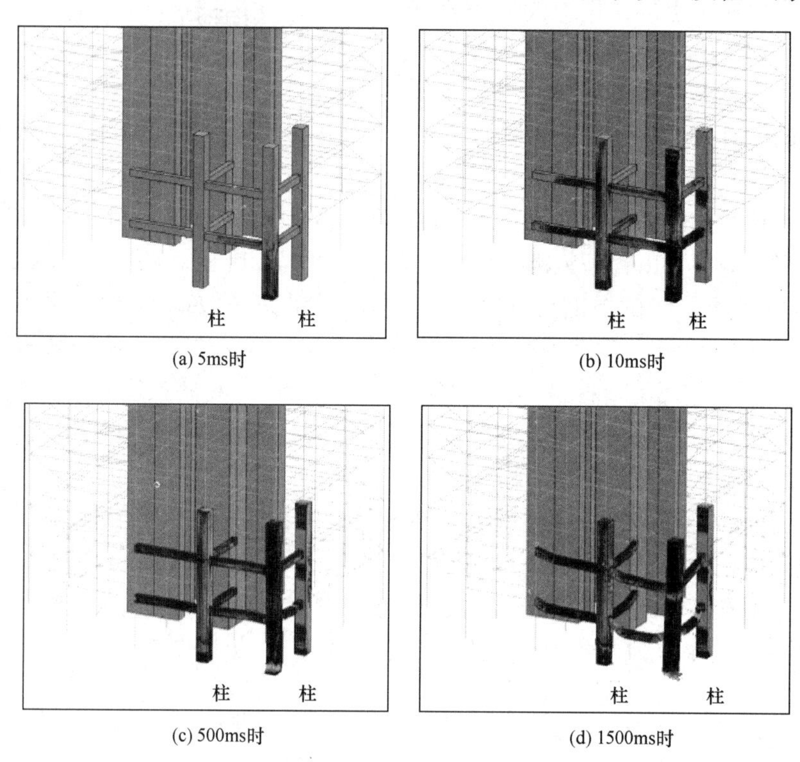

(a) 5ms时 (b) 10ms时

(c) 500ms时 (d) 1500ms时

图 9.4.3 结构塑性应变云图

图 9.4.4 为柱 1 一层柱头处的水平和竖向位移时程曲线。可以看出，在爆炸发生后 1.6s，柱 1 发生了较大的水平位移，约为 1.0m。此时，柱底剪切破坏严重，并在竖向荷载作用下产生竖向位移，约为 1.5m，结构角部发生了倒塌。

3. 防连续倒塌措施建议

爆炸作用下高层钢筋混凝土结构发生大范围倒塌时有 2 种倒塌模式，比例距离较小，

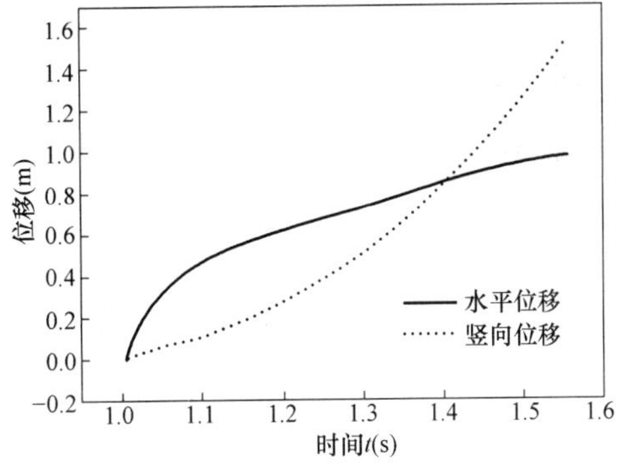

图 9.4.4 柱 1 水平和竖向位移时程曲线

结构倾向于发生单柱失效-双向联合倒塌模式，结构仅局部（1 根柱）发生严重破坏甚至失效，沿竖向和水平方向发生联合倒塌；比例距离增大至某一区间时，结构倾向于发生多柱失效-竖向倒塌模式，结构大范围（多根柱）失效，仅沿竖向发生倒塌。两种倒塌模式相比，单柱失效-双向联合倒塌模式由于梁的悬链效应，可以将倒塌限制在较小的范围内；而多柱失效-竖向倒塌模式一旦发生，破坏范围大，且很难通过加强局部构件避免该倒塌模式的发生，建议在高层建筑周围设置汽车隔离条带，以限制可能的汽车炸弹袭击下高层钢筋混凝土结构多柱失效-竖向倒塌模式的发生。

10

超高层建筑结构地基基础技术

10.1 综述

1. 超高层建筑最多的国家

近 20 年来，随着中国经济实力的高速增长，城市化进程加快，基建投资也急剧增多，超大规模、超高度的建筑如雨后春笋在各城市拔地而起。中国迅速超过美国，成为世界上超高层建筑最多的国家。2011 年 1 月，美国《新闻周刊》发表了如下的统计数字：世界总人口 68.96 亿；已建成 200m 以上的建筑 634 座。其中一些国家和地区的人口和超高层建筑的分布见表 10.1.1。

一些国家和地区的人口和超高层建筑的分布（2011 年 1 月）　　表 10.1.1

	中 国	印 度	中 东	美 国	欧 洲
人 口(亿)	13.4	12.2	0.07	3.1	7.4
占比(%)	19.5	17.8	0.1	4.5	10.7
200m 以上建筑(座)	212	2	49	162	24
占比(%)	33.4	0.3	7.7	25.6	3.8

不完全统计，截至 2014 年 8 月，包括已经立项、设计中、施工中和已经建成的超高层建筑，数量分布见表 10.1.2。其中，至少完成基础施工和已经建成的超高层建筑，数量分布见表 10.1.3。

立项、设计、施工中和建成的超高层建筑的分布（至 2014 年 8 月）　　表 10.1.2

高度(m)	全世界	中国
600m 以上	27	13
500m 以上	52	35
400m 以上	128	83
300m 以上	416	280

在建和建成的超高层建筑的分布（至 2014 年 8 月）　　表 10.1.3

高度(m)	全世界	中国
600m 以上	10	6
500m 以上	24	16
400m 以上	74	49
300m 以上	183	102

由表 10.1.2、表 10.1. 3 可见，在 300m、400m、500m、600m 以上的超高层建筑分布中，我国基本均超过全世界数量的一半。

2. 超高层建筑地基基础设计发展趋势

基础是房屋结构的重要组成部分，房屋所受的各种荷载都要经过基础传至地基，其起着“承上启下”的作用。对超高层住宅建筑来说，层数多、上部结构荷载很大且相对集中，致使其基础埋置深度大，通常采用的是筏形基础和桩基础等。超高层建筑基础的选型应根据上部结构情况、工程地质条件、抗震设防要求、施工条件、周围建筑物和环境条件等因素综合考虑确定。

常见的超高层建筑基础的类型包括筏形基础和桩基础等。筏形基础也称为片筏基础或筏式基础，是超高层建筑中常用的一种基础形式，适用于其地下部分用作商场、停车场、机房等大空间结构，基础具有整体刚度大，能有效地调整基底压力和不均匀沉降，并具有较好的防渗性能；同时，天然地基上的筏形基础以整个房屋下大面积的筏片与地基相接触，可使地基承载力随着基础埋深和宽度的增加而增大，使基础的沉降随着埋深的增加而减小，因此其具有减小基底压力和调整不均匀沉降的能力。

桩筏基础是由桩与筏形基础共同承受上部结构荷载的基础形式，上部结构荷载通过桩传递到桩侧和桩端土体。当桩间距一定的条件下，筏板下的土体也可承担一部分荷载，目前桩筏基础是超高层建筑中普遍采用的基础形式。

根据建筑物规模和功能特征以及由于地基问题可能造成建筑物破坏或影响正常使用的程度，超高层建筑地基基础设计等级为甲级。根据超高层建筑物长期荷载作用下地基变形对上部结构的影响程度，地基基础设计应符合下列规定：

（1）所有超高层建筑物的地基计算均应满足承载力计算的有关规定；

（2）超高层建筑物均应按地基变形设计；

（3）对经常受水平荷载作用的超高层建筑，尚应验算其稳定性；

（4）基坑工程应进行稳定性验算；

（5）当地下水埋藏较浅，建筑地下室或地下构筑物存在上浮问题时，尚应进行抗浮验算。

根据我国目前超高层建筑地基基础的发展情况分析与总结，超高层建筑基础设计要突破的两种倾向：一是增大筏板厚度，提高抗挠曲刚度，以图减小差异沉降量的做法；二是桩筏基础采取满布桩，以图减小沉降量从而降低差异沉降的做法。目前超高层建筑地基基础的发展方向大体可以归纳为以下几个方面：

（1）变刚度调平设计。应将筏形承台-桩-土视为共同作用体系，建立起复合桩筏基础（CPRF）设计理念；优化桩的布置，采取局部布桩、长短桩混布等模式。

（2）整体大面积筏板设计。超高层建筑为了满足对地下空间的利用，大都配有若干层地下室和地上裙房，主裙差异沉降问题突出，较好承载力天然地基上大面积筏板设计愈来愈流行。

（3）超高层建筑地基基础抗震设计与研究。

10.2 超高层建筑结构地基勘察要求

岩土工程勘察是指在综合考虑工程建设项目实际要求的基础上，运用工程地质学的理论和方法对工程拟建场地的环境特征、地质、岩土工程条件等级进行勘察、分析与评价，进而将勘察结果以勘察报告的形式提供给相关建筑企业的活动。岩土工程勘察的任务是按照不同勘察阶段的要求，正确反映场地的工程地质条件及岩土体性态的影响，并结合工程设计、施工条件以及地基处理等工程的具体要求，进行技术论证和评价，提交岩土工程问题及解决问题的决策性具体建议，并提出基础、边坡等工程的设计准则和岩土工程施工的指导性意见，为设计、施工提供依据，服务于工程建设的全过程。

10.2.1 超高层建筑岩土工程勘察要求

超高层建筑岩土工程勘察是工程实施过程中必不可少的一个重要环节，其质量的优劣直接影响着工程建设的施工进度、质量与安全。因此岩土工程勘察应有一些具体的要求，主要包括以下几个方面：

（1）岩土工程勘察前，应取得与勘察阶段相应的建筑和结构设计文件，包括超高层建筑及地下室的平面图、剖面图、地下室设计深度、荷载情况、可能采用的基础方案及支护结构形式等。

（2）查明建筑场地的地层结构、均匀性，尤其应查明基础下软弱地层和坚硬地层的分布，以及各层岩土的物理力学性质。

（3）在强震区应查明有无可液化地层，并对液化可能性做出评价，判明场地土类型和建筑场地类别，提供抗震设计有关参数。

（4）判明建筑场地内及其附近有无影响工程稳定性的不良地质现象，如判明全新活动断裂、地裂缝、岩溶（溶洞、溶沟、溶槽等）、滑坡和高陡边坡的稳定性；调查了解有无古河道、暗浜、暗塘、人工洞穴或其他人工地下设施；查明超高层建筑场地及其邻近地段内不良地质作用的类型、成因、分布范围、发展趋势和危害程度，提出治理方案建议。

（5）查明地下水类型、埋藏情况、渗透性、腐蚀性以及地下水位的季节性变化幅度，判断基坑开挖降低地下水的可能性和对已有相邻建筑的影响，提供降低地下水位的有关资料，必要时提出降水方案，当基础埋深低于地下水位时，应就地下水控制措施和对相邻建筑物的影响提出建议，并提供有关的技术参数。

（6）对超高层建筑物，应提供地基基础方案的评价和建议、变形计算所需的参数，预测超高层建筑物的变形特征；对适于采用桩基础的超高层建筑，应根据场地条件和施工条件，建议经济合理的桩基类型；选择合理的桩尖持力层，并详细查明持力层和软弱下卧层的分布；分层提出桩周摩擦力及持力层的桩端承载力，预估单桩承载力以及群桩视为实体基础时的承载力和沉降验算；对预制桩判断沉桩的可能性和对相邻建筑的影响，推荐合适的施工设备；对灌注桩应推荐合适的施工方法，提出施工中应注意的问题。

（7）对于超高层建筑必须进行沉降观测；对于基础埋深较大或距相邻建筑、管线较近时，应进行基坑回弹、基坑边坡变形或打（压）桩时周围地面隆起、振动影响的监测。

在进行超高层基础设计前，应通过岩土工程勘察查明场地工程地质条件和不良地质作用，并提供资料完整、评价正确、建议合理的岩土工程勘察报告。

10.2.2 地下水

在所有的岩土工程勘察中，地下水有着非常重要的地位，超高层建筑结构地基勘察中就尤为重要。只有科学、准确地弄清楚地下水的水文条件，提供有效的地质参数，才能对工程的建设及其周边可能出现的不良后果提出建设性的建议。根据超高层建筑的工程需要，应采用调查与现场勘察方法，查明地下水的性质和变化规律，提供水文地质参数；针对地基基础形式、基坑支护形式、施工方法等情况分析评价地下水对地基基础设计、施工和环境影响，预估可能产生的危害，提出预防和处理措施的建议。地下水对工程的作用和影响包括以下几个方面：

（1）对地基基础、地下结构应考虑在最不利组合情况下，地下水对结构的上浮作用；

（2）验算边坡稳定时，应考虑地下水及其动水压力对边坡稳定的不利影响；

（3）采取降水措施时在地下水位下降的影响范围内，应考虑地面沉降及其对工程的危害；

（4）当地下水位回升时，应考虑可能引起附加的浮托力；

（5）在湿陷性黄土地区应考虑地下水位上升对湿陷性的影响；

（6）在有水头压差的粉细砂、粉土地层中，应评价产生潜蚀、流砂、管涌的可能性；

（7）在地下水位下开挖基坑，应评价降水或截水措施的可行性及其对基坑稳定和周边环境的影响；

（8）当基坑底下存在高水头的承压含水层时，应评价坑底土层的隆起或产生突涌的可能性；

（9）对地下水位以下的工程结构，应评价地下水对混凝土或金属材料的腐蚀性。

地下水的勘察先通过调查方法掌握地下水的性质和规律，其调查内容包括地下水的类型、主要含水层及其渗透特性、历史最高与最低地下水位及近3～5年水位变化趋势和主要影响因素和区域性气象资料等。超高层建筑地下水勘察应在初步调查的基础上进行专门勘察，其内容包括以下几个方面：

（1）查明地下水类型、水位及其变化幅度；

（2）与工程相关的含水层相互之间的补给关系；

（3）测定地层渗透系数等水文地质参数；

（4）对缺乏常年地下水监测资料的地区，在初步勘察阶段应设置长期观测孔或孔隙水压力计；

（5）与工程结构有关的含水层，应采取有代表性水样进行水质分析。

超高层建筑一般均有较深的地下结构，在开挖基坑中采取降低地下水位的措施应满足下列要求：

（1）施工中地下水位应保持在基坑底面下0.5～1.5m；

（2）降水过程中应防止渗透水流的不良作用；

（3）深层承压水可能引起突涌时，应采取降低基坑下的承压水头的减压措施；

（4）应对可能影响的既有建（构）筑物、道路和地下管线等设施进行监测，必要时应采取防护措施。

10.2.3 岩土工程勘察

超高层建筑的岩土勘察方法与一般建筑的岩土勘察方法基本相同，但是在具体勘探及试验的水平上要求得更高，如钻孔的深度、土层压缩模量的荷载范围等均比一般建筑要严格。只有熟练掌握各种勘察方法，根据实际场地情况及建筑的特点，合理地选取有效的勘察方法，才能对岩土条件做出正确评价。根据工程地质测绘和调查、勘探及取样和岩土工程试验，对场地工程地质条件进行定性或定量分析评价，编制满足不同阶段所需的成果报告文件。

（1）工程地质测绘与调查

所谓工程地质测绘与调查，就是指对拟建场地及其邻近地段的工程地质条件等的具体情况进行详细的调查研究。利用工程地质理论和技术方法，详细地观察与描述与工程建设相关的地表、地质现象，还要按照一定的比例把地貌、地层岩性、构造、不良地质作用等的界线及泉、井、不良地质作用等的位置填绘在地形底图上，最后再将其绘制成工程的地质图件，并依其对地下地质情况进行推测，分析评价拟建场地的稳定性及适宜性等，作为场地选择、勘探、试验等工作的依据。采用这一方法，能够在较短的时间内了解和掌握拟建地区的实际工程地质条件，而且不需复杂的设备，成本投入低。该方法主要用于项目选址或者是初步设计阶段的岩土工程勘察。在实际工作中，如果遇到地质条件较为复杂、地质地貌变化较多的场地，通常情况下都要进行工程地质测绘。相反，如果地形相对较为平坦且场地狭小，则可采用调查的方法代替工程地质测绘。工程地质测绘与调查设计内容较为广泛，包括地形地貌、地质构造、地层岩性、不良地质作用及水文地质条件等各个方面。为了提高工程测绘与调查质量，必须要积极采取各种有效的技术措施，进而为工程建设的提供更为准确的依据。工程地质测绘与调查是一种最经济、最有效的工程勘察方法，切实保证测绘质量具有重要的指导意义。对于超高层建筑的勘察，更是尤为重要。

（2）勘探与取样

勘探、取样都是岩土工程勘察经常采用的一种重要的工作方法。勘探就是通过采用某种方法来揭示地下岩土体的岩性特征及其空间分布和变化特征等的活动。而取样则是对各种试验所需的样品进行鉴定，进而更好地了解工程地质特性。勘探主要包括物探、钻探、坑探、触探四种方法，在实际勘察工作中，应结合勘察的目的以及岩土的特性灵活选用勘探方法。相比较而言，物探较为轻便，经济性较强。在实际勘探过程中，采用这一方法能够及时有效地了解和掌握难以推断的地质情况，该方法通常与测绘工作相互配合使用。除此之外，还能够辅助钻探和坑探工作。钻探能够可靠地了解工程的地下地质情况。在超高层建筑勘察中，钻探法应用最为广泛。钻探即利用专门的钻探机具钻入岩土层中，揭示地下岩土体的岩性特征、空间分布与变化等。在进行岩土工程地质钻探作业中，应对钻进地层的岩性进行鉴别并明确其埋藏的深度与厚度，采取符合质量要求的岩土和地下水试样，并且还要进行原位测试；此外，还要查明钻进深度范围内地下水的赋存与埋藏分布特征。钻探方法多种多样，在实际工作中，要根据实际情况灵活运用。坑探这种方法便于直接观察，有利于采取原状岩土试样和进行现场原位测试，广泛应用于不良地质作用岩土工程勘察中。触探包括动力触探和静力触探。它主要是利用特制探头，用动力或静力将其打入或压入土层中，根据所受阻力的大小测得土体的各种物理力学性质指标。取样主要是为了通过对样块进行室内土工试验，进而测定岩土的各项物理力学性质指标。《岩土工程勘察规范》GB 50021—2001 等相关条文对不同场地不同土层的取样数量都有具体的规定，从而有效保证试验的准确性，取样还要尽可能避开分层交界处、钻进回次的底部等部位进行。

（3）岩土工程试验

岩土工程试验能够有效地获取岩土的各种物理力学性质指标及其他工程特性指标，在实际试验中，必须要采取有效的试验或测试技术方法。它是岩土工程勘察的一个重要部分，试验结果的准确性与否直接影响着岩土工程的定量评价与工程设计，因此，必须要给予足够的重视。岩土工程试验主要包括现场原位测试及室内试验两部分内容。在实际工程勘察中，对于无黏性沉积土等特殊样品，难以获取不受扰动的原状试样，在这种情况下，我们要通过原位测试法来获取此类样品的强度、密实度以及压缩性评价等。原位测试方法应根据岩土条件，设计对参数的要求，地区经验和测试方法的适用性等因素选用。室内试验的具体方法、内容繁多，主要包括土的物理性质和力学性质试验、土的动力性质和化学性质试验、水质分析试验及岩石试验等。

10.2.4 岩土勘察评价

超高层建筑岩土工程评价应结合自身特点和主要岩土工程问题进行，做到真实准确、数据无误、结论有据、建议合理、便于使用，并应因地制宜，重点突出，有明确的工程针对性。工程需要时，可根据任务要求，进行有关的专门岩土工程勘察与评价，并提交专题咨询报告。超高层岩土工程评价应包括场地稳定性评价、天然地基评价、桩基评价、复合地基评价、高低层建筑差异沉降评价、地下室抗浮评价和基坑工程评价等中的若干项内容，具体阐述如下：

（1）评价各种不良地质作用对工程本身的影响。场地地震效应的分析与评价应符合现行国家标准《建筑抗震设计规范》GB 50011 的有关规定；建筑边坡稳定性的分析与评价应符合现行国家标准《建筑边坡工程技术规范》GB 50330 的有关规定。

（2）对地基岩土层的空间分布规律、均匀性、强度和变形状态及与工程有关的主要地层特性进行定性和定量评价。岩土参数的分析和选用应符合现行国家标准《建筑地基基础设计规范》GB 50007 和《岩土工程勘察规范》GB 50021 的有关规定。

（3）评价地下水的腐蚀性及对深基坑、边坡等的不良影响。必要时应分析地下水对成桩工艺及复合地基施工的影响。

（4）评价天然地基方案应对地基持力层及下卧层进行分析，提出地基承载力和沉降计算的参数，必要时应结合工程条件对地基变形进行分析。

（5）评价桩基方案应提出桩型、桩端持力层的建议，提供桩基承载力和桩基沉降计算的参数，必要时应进行不同情况下桩基承载力和桩基沉降量的分析。

（6）评价复合地基方案应根据高层建筑特征及场地条件建议一种或几种复合地基加固方案，并分析确定加固深度或桩端持力层。

（7）评价高层建筑基坑工程应根据基坑的规模及场地条件，提出基坑工程安全等级和支护方案的建议，宜对基坑各侧壁的地质模型和地下水控制方案提出建议。

（8）岩土勘察评价应根据可能采用的地基基础方案、基坑支护方案及场地的工程地质、水文地质环境条件，对地基基础及基坑支护等施工中设计参数检测、现场检验、监测工作提出建议。

10.3 超高层建筑地基基础设计

由于超高层建筑形高体重，基础不但要承受很大的垂直荷载，还要承受很大的水平荷载作用下产生的倾覆力矩及剪力。因此超高层建筑对地基及基础的要求较高：

（1）要求有承载力较大、压缩性较小的地基；

（2）有刚度大而变形小的基础；

（3）防止倾覆和滑移，保证建筑物整体稳定；

（4）地基基础的设计使用年限不应小于建筑结构的设计使用年限。

超高层建筑地基基础设计时，所采用的荷载效应最不利组合与相应的抗力限值应按下列规定：

（1）按地基承载力确定基础底面积及埋深时，传至基础或承台底面上的荷载效应应按正常使用极限状态下荷载效应的标准组合，相应的抗力应采用地基承载力特征值。

（2）计算地基变形时，传至基础底面上的荷载效应应按正常使用极限状态下荷载效应的准永久组合，不应计入风荷载和地震作用，相应的限值应为地基变形允许值。

（3）计算地基稳定时，荷载效应应按承载能力极限状态下荷载效应的基本组合，但其分项系数均为1.0。

（4）在确定基础高度、计算基础内力、确定配筋和验算材料强度时，上部结构传来的作用效应和相应的基底反力，应按承载能力极限状态下作用的基本组合，采用相应的分项系数。

（5）基础设计安全等级、结构设计使用年限、结构重要性系数应按有关规范的规定采用，但结构重要性系数 γ_0 不应小于1.0。

对于超高层建筑地基，饱和砂土和饱和粉土的液化判别和地基处理，应结合《建筑抗震设计规范》GB 50011—2010进行确定，对于超高层建筑地基抗液化措施应进行专门研究。

10.3.1 抗震性能

地震波是从地层深处传到地表，通过基础传到上部结构，上部结构从静止状态转入运动状态后产生惯性力，然后又影响基础和地基。通过唐山地震震害调查可知，岩石地基上地基基础的抗震性能较好，其又因风化程度不同而有不同的反应，风化程度较强的地基抗震性能相对较差。对于一般承载力较大的土，在发震断裂附近地区对建筑物影响较大，在陡坡和河岸附近，往往由于地震滑坡对地基基础造成损害。软弱地基在地震作用下，会使地基土剪应力增加，地基中会有塑性区进一步扩大，造成局部强度破坏，从而造成建筑物突然下沉。这种现象尤其对沉降尚未稳定的新建建筑物或是在地基承载力选用较大时，表现尤为明显。单独柱基础，由于基础间缺乏联系，在软弱地基或液化地基上抗震性能较差。虽然在地震作用下，软弱地基往往会产生巨大的突然下沉，但如果采用整体性较好的筏形基础，则对结构本身破坏的影响较小，能够调整基底压力，有效地减轻建筑物的差异沉降。天津塘沽一航局四处的26栋宿舍楼，采用整体式筏形基础，震后虽然产生不同程度的倾斜，甚至倾斜最大达到30.62‰，但建筑物本身并无明显破坏。筏形基础抗震性能良好，但在软弱地基上都有不同程度的下沉，因此设计时应该注意，上部结构自重尽量避免偏心，这样一来可以减少倾斜，对结构抗震有利，同时筏形基础的刚度比箱形基础小得多，应用房屋的整体刚度调整地基变形的不均匀性。由于不同基础形式将产生不同的地震反应，故在同一建筑物中，采用两种或多种基础形式，往往造成不应有的破坏。

从宏观调查可以看出，地震影响过程应将上部结构和地基基础共同考虑，地基土不同，对上部结构的振动影响也不同，破坏的程度也有区别。在山区建筑时，挖填方的影响不可忽视，必须考虑地震时滑动的可能性，挖方部分要注意坡体的稳定性，填土需要注意填土质量，如填方一侧为坡面，填土坡体的稳定将成为设计的主要问题。

从破坏性质和工程对策角度，地震对基础的破坏作用可分为两种类型：场地、地基的破坏作用和地基振动作用。场地和地基的破坏作用一般是指造成建筑破坏是由于场地和地基稳定性引起的。场地和地基的破坏作用大致有地面破裂、滑坡、坍塌等，这种破坏作用一般是通过场地选择和地基处理来减轻地震灾害的。地基振动作用是指由于强烈地面运动引起基础振动而产生的破坏作用，减轻它所产生的地震灾害的主要途径是合理地进行抗震、减震设计和采取减震措施。当超高层建筑基础采用抗震性能化设计时，应根据其抗震设防类别、设防烈度、场地条件、结构类型、不规则性、建筑使用功能和附属设施功能的要求等，对选定的抗震性能目标提出技术和经济可行性进行综合分析和论证。超高层建筑地基基础抗震设计应以预防为主，应尽量选择较好的场地和合理的地基基础形式，加大基础埋深等。

10.3.2 地基计算

建筑物因地基问题引起的破坏主要有两种：一是由于建筑物荷载过大，超过了持力层所能承受的能力，而使地基产生剪切滑动破坏；二是由于荷载作用产生的压缩变形，引起基础过大的沉降量或沉降差，使上部结构倾斜、开裂毁坏。因此，在确定地基承载力时，除应保证地基强度和稳定性，还应满足建筑物的沉降量和不均匀沉降相关指标限值要求，其影响因素包括地基土的特性、外荷载、基础的形式、埋深以及地下水等。

1. 地基基础的承载力

确定地基承载力的方法有经验查表法、原位测试法和理论公式计算法，可结合相关规范和土质条件等综合确定。

1）基础底面的压力，应符合下式要求：

（1）当轴心荷载作用时

$$p_k \leqslant f_a \tag{10.3.1}$$

式中，p_k 为相应于荷载效应标准组合时，基础底面处的平均压力值；f_a 为修正后的地基承载力特征值。

（2）当偏心荷载作用时，除符合式（10.3.1）要求外，尚应符合下式要求：

$$p_{kmax} \leqslant 1.2 f_a \tag{10.3.2}$$

式中，p_{kmax} 为相应于荷载效应标准组合时，基础底面边缘的最大压力值。

2）基础底面的压力，可按下列公式确定：

（1）当轴心荷载作用时

$$p_k = \frac{F_k + G_k}{A} \tag{10.3.3}$$

式中，F_k 为相应于荷载效应标准组合时，上部结构传至基础顶面的竖向力值；G_k 为基础自重和基础上的土重；A 为基础底面面积。

（2）当偏心荷载作用时

$$p_{kmax}=\frac{F_k+G_k}{A}+\frac{M_k}{W} \tag{10.3.4}$$

$$p_{kmin}=\frac{F_k+G_k}{A}-\frac{M_k}{W} \tag{10.3.5}$$

式中，M_k 为相应于荷载效应标准组合时，作用于基础底面的力矩值；W 为基础底面的抵抗矩；p_{kmax}、p_{kmin} 为相应于荷载效应标准组合时，基础底面边缘的最大和最小压力值。

3）当基础宽度大于 3m 或埋置深度大于 0.5m 时，从载荷试验或其他原位测试、经验值等方法确定的地基承载力特征值，尚应按下式修正：

$$f_a=f_{ak}+\eta_b\gamma(b-3)+\eta_d\gamma_m(d-0.5) \tag{10.3.6}$$

式中，f_a 为修正后的地基承载力特征值；f_{ak} 为地基承载力特征值；η_b、η_d 为基础宽度和埋深的地基承载力修正系数，按基底下土的类别查表 10.3.1 取值；γ 为基础底面以下土的重度，地下水位以下取浮重度；b 为基础底面宽度（m），当基宽小于 3m 按 3m 取值，大于 6m 按 6m 取值；γ_m 为基础底面以上土的加权平均重度，地下水位以下取浮重度；d 为基础埋置深度（m），一般自室外地面标高算起。在填方整平地区，可自填土地面标高算起，但填土在上部结构施工后完成时，应从天然地面标高算起。对于地下室，如采用箱形基础或筏形基础时，基础埋置深度自室外地面标高算起。

承载力修正系数 **表 10.3.1**

土的类别		η_b	η_d
淤泥和淤泥质土		0	1.0
人工填土 e 或 I_L 大于等于 0.85 的黏性土		0	1.0
红黏土	含水比 $\alpha_w>0.8$	0	1.2
	含水比 $\alpha_w\leqslant0.8$	0.15	1.4
大面积压实填土	压实系数大于 0.95、黏粒含量 $\rho_c\geqslant10\%$ 的粉土	0	1.5
	最大干密度大于 $2.1t/m^3$ 的级配砂石	0	2.0
粉土	黏粒含量 $\rho_c\geqslant10\%$ 的粉土	0.3	1.5
	黏粒含量 $\rho_c<10\%$ 的粉土	0.5	2.0
e 及 I_L 均小于 0.85 的黏性土		0.3	1.6
粉砂、细砂（不包括很湿与饱和时的稍密状态）		2.0	3.0
中砂、粗砂、砾砂和碎石土		3.0	4.4

注：1. 强风化和全风化的岩石，可参照所风化成的相应土类取值，其他状态下的岩石不修正；
2. 地基承载力特征值按本规范附录 D 深层平板载荷试验确定时 η_d 取 0。

4）当地基受力层范围内有软弱下卧层时，应按下式验算：

$$p_z+p_{cz}\leqslant f_{az} \tag{10.3.7}$$

式中，p_z 为相应于荷载效应标准组合时，软弱下卧层顶面处的附加压力值；p_{cz} 为软弱下卧层顶面处土的自重压力值；f_{az} 为软弱下卧层顶面处经深度修正后地基承载力特征值。对条形基础和矩形基础，式（10.3.7）中的 p_z 值可按下列公式简化计算：

条形基础

$$p_z=\frac{b(p_k-p_c)}{b+2z\tan\theta} \tag{10.3.8}$$

矩形基础

$$p_z=\frac{lb(p_k-p_c)}{(b+2z\tan\theta)(l+2z\tan\theta)} \tag{10.3.9}$$

式中，b 为矩形基础或条形基础底边的宽度；l 为矩形基础底边的长度；p_c 为基础底面处土的自重压力值；z 为基础底面至软弱下卧层顶面的距离；θ 为地基压力扩散线与垂直线的夹角，可按表 10.3.2 采用。

地基压力扩散角 θ **表 10.3.2**

E_{s1}/E_{s2}	z/b	
	0.25	0.50
3	6°	23°
5	10°	25°
10	20°	30°

注：1. E_{s1} 为上层土压缩模量；E_{s2} 为下层土压缩模量；
2. $z/b<0.25$ 时，取 $\theta=0°$，必要时宜由试验确定；$z/b>0.50$ 时，θ 值不变。

5）对于抗震设防的超高层建筑，筏形与箱形基础底面压力除应符合上述要求外，尚应按下列公式验算地基抗震承载力：

$$f_{aE}=\zeta_a f_a \tag{10.3.10}$$

$$p_E\leqslant f_{aE} \tag{10.3.11}$$

$$p_{Emax}\leqslant 1.2f_{aE} \tag{10.3.12}$$

式中，p_E 为相应于地震作用效应标准组合时，基础底面的平均压力值；p_{Emax} 为相应于地震作用效应标准组合时，基础底面边缘的最大压力值；f_{aE} 为调整后的地基抗震承载力；ζ_a 为地基抗震承载力调整系数，按表 10.3.3 确定。

地基抗震承载力调整系数 ζ_a **表 10.3.3**

岩土名称和性状	ζ_a
岩石，密实的碎石土，密实的砾、粗、中砂，$f_{ak}\geqslant$300kPa 的黏性土和粉土	1.5
中密、稍密的碎石土，中密和稍密的砾、粗、中砂，密实和中密的细、粉砂，150kPa$\leqslant f_{ak}<$300kPa 的黏性土和粉土	1.3
稍密的细、粉砂，100kPa$\leqslant f_{ak}<$150kPa 的黏性土和粉土，新近沉积的黏性土和粉土	1.1
淤泥，淤泥质土，松散的砂，填土	1.0

注：f_{ak} 为地基承载力的特征值。

在地震作用下，对于高宽比大于 4 的超高层建筑，基础底面不宜出现零应力区；对于其他超高层建筑，当基础底面边缘出现零应力时，零应力区的面积不应超过基础底面面积的 15%。

2. 地基基础的变形

(1) 超高层建筑地基变形计算值，不应大于超高层建筑物的地基变形允许值。超高层建筑物的地基变形允许值应按地区经验确定，当无地区经验时应符合现行国家标准《建筑地基基础设计规范》GB 50007—2011 的规定，对规范未明确的建筑物，其地基变形允许值应根据上部结构对地基变形的适应能力和使用上的要求确定。

当采用土的压缩模量计算超高层建筑基础的最终沉降量 s 时，应符合下列公式规定：

$$s=s_1+s_2 \tag{10.3.13}$$

$$s_1=\psi'\sum_{i=1}^{m}\frac{p_c}{E'_{si}}(z_i\overline{\alpha_i}-z_{i-1}\overline{\alpha_{i-1}}) \tag{10.3.14}$$

$$s_2=\psi_s\sum_{i=1}^{n}\frac{p_0}{E_{si}}(z_i\overline{\alpha_i}-z_{i-1}\overline{\alpha_{i-1}}) \tag{10.3.15}$$

式中，s 为最终沉降量；s_1 为基坑底面以下地基土回弹再压缩引起的沉降量；s_2 为由基底压力引起的沉降量；ψ'为考虑回弹影响的沉降计算经验系数，无经验时取 $\psi'=1$；ψ_s 为沉降计算经验系数，按地区经验采用；当缺乏地区经验时，可按现行国家标准《建筑地基基础设计规范》GB 50007—2011 的有关规定采用；p_c 为基础底面处地基土的自重压力，计算时地下水位以下部分取土的浮重度；p_0 为准永久组合下的基础底面处的附加压力；E'_{si}、E_{si} 为基础底面下第 i 层土的回弹再压缩模量和压缩模量；m 为基础底面以下回弹影响深度范围内所划分的地基土层数；n 为沉降计算深度范围内所划分的地基土层数；z_i、z_{i-1} 为基础底面至第 i 层、第 $i-1$ 层底面的距离；$\overline{\alpha_i}$、$\overline{\alpha_{i-1}}$ 为基础底面计算点至第 i 层、第 $i-1$ 层底面范围内平均附加应力系数。

（2）当采用土的变形模量计算超高层建筑基础的最终沉降量 s 时，应符合下式规定：

$$s=p_k b\eta\sum_{i=1}^{n}\frac{\delta_i-\delta_{i-1}}{E_{oi}} \tag{10.3.16}$$

式中，p_k 为长期效应组合下的基础底面处的平均压力标准值；b 为基础底面宽度；δ_i、δ_{i-1} 为与基础长宽比 L/b 及基础底面至第 i 层土和第 $i-1$ 层土底面的距离深度 z 有关的无因次系数，可按地基基础设计规范的平均压力系数表进行确定；E_{oi} 为基础底面下第 i 层土的变形模量，通过试验或按地区经验确定；η 为沉降计算修正系数，可按表 10.3.4 确定。

修正系数 η　　　　表 10.3.4

$m=\frac{2z_n}{b}$	$0<m\leqslant0.5$	$0.5<m\leqslant1$	$1<m\leqslant2$	$2<m\leqslant3$	$3<m\leqslant5$	$5<m\leqslant\infty$
η	1.0	0.95	0.90	0.80	0.75	0.70

按公式（10.3.16）沉降计算深度 z_n 宜符合下式规定：

$$z_n=(z_m+\xi b)\beta \tag{10.3.17}$$

式中，z_m 为与基础长宽比有关的经验值，可按表 10.3.5 确定；ξ 为折减系数，可按表 10.3.5 确定；β 为调整系数，可按表 10.3.6 确定。

z_m 值和折减系数 ξ　　　　表 10.3.5

L/b	≤1	2	3	4	≥5
z_m	11.6	12.4	12.5	12.7	13.2
ξ	0.42	0.49	0.53	0.60	1.00

调整系数 β　　　　表 10.3.6

土类	碎石	砂土	粉土	黏性土	软土
β	0.30	0.50	0.60	0.75	1.00

（3）考虑深基础开挖的再压缩变形计算

当需要考虑基坑回弹时，应首先确定基底压力相当于基底标高处地基土自重压力的结构层数，对小于该楼层的结构进行沉降计算分析时地基刚度应采用地基土的回弹再压缩模量。对于超出该层数的结构进行计算时，地基刚度应采用地基土的压缩模量，地基土的压缩模量应与基底附加压力和土的自重压力之和的水平相适应。对于已有的回弹再压缩计算的研究成果，地基土的再压缩变形量大于回弹变形量。通过对不同土性土样固结回弹试验中的回弹再压缩过程进行分析，得出不同土性土样再压缩变形增大比例如表 10.3.7 所示。

不同土性土样再压缩变形增大比例统计表　　**表 10.3.7**

土性土样	粉质黏土	黏土	砂土	淤泥及淤泥质土
再压缩变形增大比例	19.96%	25.01%	18.7%	37.44%

超高层建筑由于基础埋置较深，地基的回弹再压缩变形往往在总沉降中占重要地位，因此再压缩变形是沉降计算的重点，下面对回弹再压缩变形已有的研究成果进行介绍。回弹再压缩变形量计算可采用再加荷的压力小于卸荷土的自重压力段内再压缩变形线性分布的假定计算：

$$s'_c=\begin{cases} r'_0 s_c \dfrac{p}{p_c R'_0} & p<R'_0 p_c \\ s_c\left[r'_0+\dfrac{r'_{R'=1.0}-r'_0}{1-R'_0}\left(\dfrac{p}{p_c}-R'_0\right)\right] & R'_0 p_c \leqslant p \leqslant p_c \end{cases} \tag{10.3.18}$$

式中，s'_c为地基土回弹再压缩变形量（mm）；s_c 为地基的回弹变形量（mm）；r'_0为临界再压缩比率，相应于再压缩比率与再加荷比关系曲线上两段线性交点对应的再压缩比率，由土的固结回弹再压缩试验确定；R'_0为临界再加荷比，相应在再压缩比率与再加荷比关系曲线上两段线性交点对应的再加荷比，由土的固结回弹再压缩试验确定；$r'_{R'=1.0}$为对应于再加荷比 $R'=1.0$ 时的再压缩比率，由土的固结回弹再压缩试验确定，其值等于回弹再压缩变形增大系数；p 为再加荷过程中的荷载压力（kPa）；p_c 为基坑底面以上土的自重压力（kPa），地下水位以下应扣除浮力。

通过已有的研究成果可知，土样卸荷回弹过程中，当卸荷比 $R<0.4$ 时，已完成的回弹变形不到总回弹变形量的 10%；当卸荷比增大至 0.8 时，已完成的回弹变形仅约占总回弹变形量的 40%；而当卸荷比介于 0.8～1.0 之间时，发生的回弹量约占总回弹变形量的 60%。土样再压缩过程中，当再加荷量为卸荷量的 20%时，土样再压缩变形量已接近回弹变形量的 40%～60%；当再加荷量为卸荷量 40%时，土样再压缩变形量为回弹变形量的 70%左右；当再加荷量为卸荷量的 60%时，土样产生的再压缩变形量接近回弹变形量的 90%，工程应用时，回弹变形计算的深度可取值为土层的临界卸荷比深度。

（4）对于多幢建筑下的同一大面积整体筏形基础，可根据每幢建筑物及其影响范围按上部结构、基础与地基共同作用的方法分别进行沉降计算，并可按变形叠加原理计算整体筏形基础的沉降。

3. 稳定性计算

超高层建筑在承受地震作用、风荷载或其他水平荷载时，筏形基础的抗滑移稳定性（图 10.3.1）应符合下列公式的要求：

$$F_1=\min\{SA,f_hP_v\} \tag{10.3.19}$$

$$F_2=f_hE_0b \tag{10.3.20}$$

$$KQ\leqslant F_1+F_2+(E_p-E_a)l \tag{10.3.21}$$

式中，F_1为基底摩擦力合力，取按式（10.3.19）计算所得的小值；F_2为平行于剪力方向的侧壁摩擦力合力；A为基底面积；b为平行于剪力方向的基础边长之和；S为地基土的抗剪强度，按不同土质条件结合试验数据进行确定；P_v为作用于基础底面的竖向永久总荷载，在稳定的地下水位以下的部分，应扣除水的浮力；f_h为土与混凝土之间摩擦系数，可根据试验或经验取值，也可参考国家现行标准《建筑地基基础设计规范》GB 50007—2011 中关于挡土墙设计时按墙面平滑与填土摩擦的情况取值；E_0为平行于剪力方向的地下结构侧面单位长度上静止土压力的合力；E_a、E_p为垂直于剪力方向的地下结构外墙面单位长度上主动土压力合力、被动土压力合力；l为垂直于剪力方向的基础边长；Q为作用在筏形基础顶面的风荷载、水平地震作用或其他水平荷载。风荷载、地震作用分别按国家现行标准《建筑结构荷载规范》GB 50009—2012、《建筑抗震设计规范》GB 50011—2010 确定，其他水平荷载按实际发生的情况确定；K为安全系数，取 1.3。

超高层建筑在承受地震作用、风荷载或其他水平荷载或偏心竖向荷载时，筏形基础的抗倾覆稳定性（图 10.3.2）应符合下列公式的要求：

$$KM_c\leqslant M_r \tag{10.3.22}$$

式中，M_r为抗倾覆力矩；M_c为倾覆力矩；K为抗倾覆稳定性安全系数，取 1.5。

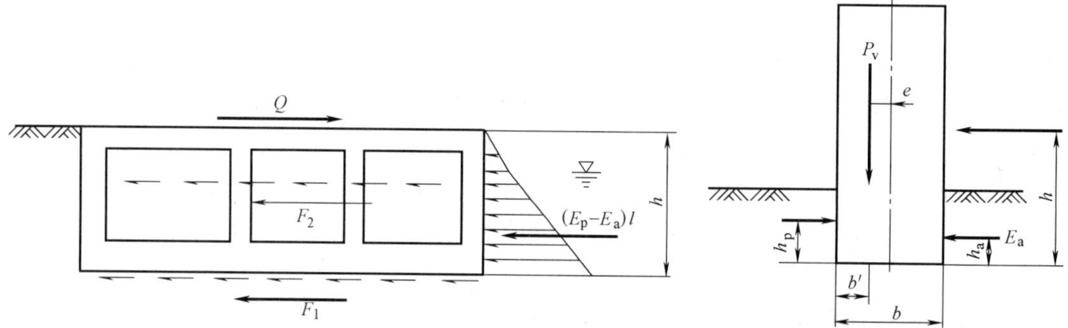

图 10.3.1 抗滑移稳定性验算示意图　　图 10.3.2 抗倾覆稳定性计算示意图

当建筑物的地下室的一部分或全部在地下水位以下时，应进行抗浮稳定性验算。抗浮稳定性验算应符合下式要求：

$$F'_k+G_k\geqslant K_f\cdot F_f \tag{10.3.23}$$

式中，F'_k为上部结构传至基础顶面的竖向永久荷载（kN）；G_k为基础自重和基础上的土重之和（kN）；F_f为水浮力（kN），在建筑物使用阶段按与设计使用年限相应的最高水位计算；在施工阶段，按经分析地质状况、施工季节、施工方法、施工荷载等因素后确定的水位计算；K_f为抗浮稳定安全系数，可根据工程重要性和确定水位时统计数据的完整性取 1.0～1.1。

当地基存在软弱土层或地基土质不均匀时，应采用极限平衡理论的圆弧滑动面法验算地基整体滑动稳定性。其最危险的滑动面上诸力对滑动中心所产生的抗滑力矩与滑动力矩应符合下式规定：

$$KM_S \leqslant M_R \tag{10.3.24}$$

式中，M_R 为抗滑力矩；M_S 为滑动力矩；K 为整体滑动稳定性安全系数，取 1.2。

10.3.3 超高层建筑基础筏形基础设计

当建筑物上部荷载较大而地基承载能力又比较弱时，用简单的独立基础或条形基础已不能适应地基变形的需要，这时常将墙或柱下基础连成一片，使整个建筑物的荷载承受在一块整板上，这种满堂式的板式基础称筏形基础。筏形基础由于其底面积大，故可减小基底压强，并能更有效地增强基础的整体性，调整不均匀沉降，同时可很好地利用地下空间，现在在超高层建筑中大量应用。

1. 一般要求

筏形基础的平面尺寸，应根据上部结构底层平面、地下室平面及荷载分布等因素，经验算地基承载力、沉降量后确定。筏形基础地下室施工完毕后，应及时进行基坑回填。回填土的质量影响着基础的埋置作用，如果不能保证填土和地下室外墙之间的有效接触，将降低基础的侧向刚度和转动刚度，以及土对基础的约束作用。填土应按设计要求选料，回填时应先清除基坑内的杂物，在相对的两侧或四周同时回填并分层夯实，回填土的压实系数不应小于 0.94。

采用筏形基础的地下室，当地下一层的结构侧向刚度大于或等于与其相连的上部结构楼层侧向刚度的 1.5 倍，且地下室墙的距离符合表 10.3.8 的要求时，地下一层结构顶板可作为上部结构的嵌固部位（图 10.3.3 a、b）。

地下室墙的间距 d **表 10.3.8**

非抗震设计	抗震设防烈度		
	6 度,7 度	8 度	9 度
$d\leqslant 60$m	$d\leqslant 50$m	$d\leqslant 40$m	$D\leqslant 30$m

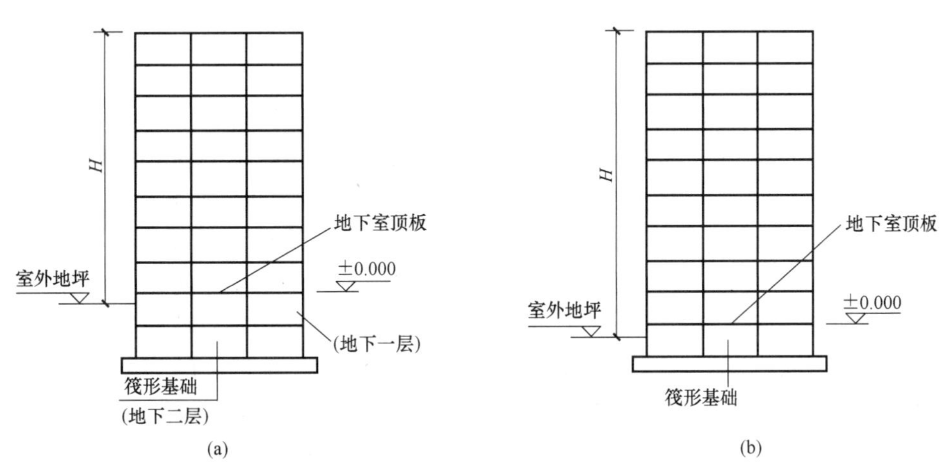

图 10.3.3 采用筏形时上部结构的嵌固部位

当地下一层结构顶板作为上部结构的嵌固部位时，应能保证将上部结构的地震作用或水平力传递到地下室抗侧力构件中，沿地下室外墙和内墙边缘的板面不应有大洞口；地下一层结构顶板应采用梁板式楼盖，板厚不应小于 180mm，其混凝土强度等级不宜小于

C30；楼面应采用双层双向配筋，且每层每个方向的配筋率不宜小于0.25%。

基础混凝土应符合耐久性要求；筏形基础的混凝土强度等级不应低于C30。当采用防水混凝土时，防水混凝土的抗渗等级应按表10.3.9选用。对重要建筑，宜采用自防水并设置架空排水层。

防水混凝土抗渗等级　　　　表10.3.9

埋置深度 d(m)	设计抗渗等级	埋置深度 d(m)	设计抗渗等级
$d<10$	P6	$20<d\leqslant30$	P10
$10<d\leqslant20$	P8	$30<d\leqslant40$	P12

2. 筏形基础一般设计

筏形基础分平板式和梁板式两种类型，其选型应根据地基土质、上部结构体系、柱距、荷载大小以及施工等条件确定。超高层建筑的核心筒竖向刚度大，荷载集中，需要基础具有足够的刚度和承载能力将核心筒的荷载扩散至地基。与梁板式筏形基础相比，平板式筏形基础具有抗冲切及抗剪切能力强的特点，且构造简单、施工便捷，经大量工程实践和部分工程事故分析，平板式筏形基础具有更好的适应性。

1）平板式筏形基础厚度的确定

(1) 平板式筏形基础的板厚应符合冲切承载力的要求。筏板的最小厚度不应小于500mm。计算时应计入作用在冲切临界截面重心上的不平衡弯矩所产生的附加剪力。对角柱和边柱进行冲切计算时，其冲切力应分别乘以1.2和1.1的增大系数。距柱边 $h_0/2$ 处冲切临界截面的最大剪应力 τ_{max} 应符合下列公式的规定：

$$\tau_{max}=\frac{F_l}{u_m h_o}+a_s\frac{M_{unb}c_{AB}}{I_s} \tag{10.3.25}$$

$$\tau_{max}\leqslant0.7(0.4+1.2/\beta_s)\beta_{hp}f_t \tag{10.3.26}$$

$$a_s=1-\frac{1}{1+\frac{2}{3}\sqrt{\left(\frac{c_1}{c_2}\right)}} \tag{10.3.27}$$

式中，F_l 为相应于荷载效应基本组合时的冲切力，对内柱取轴力设计值与筏板冲切破坏锥体内的基底反力设计值之差；对边柱和角柱，取轴力设计值与筏板冲切临界截面范围内的基底反力设计值之差；计算基底反力值时应扣除底板及其上土的自重；u_m 为距柱边缘不小于 $h_0/2$ 处的冲切临界截面的最小周长，按《高层建筑筏形与箱形基础技术规范》JGJ 6—2011附录D计算；h_0 为筏板的有效高度；M_{unb} 为作用在冲切临界截面重心上的不平衡弯矩；c_{AB} 为沿弯矩作用方向，冲切临界截面重心至冲切临界截面最大剪应力点的距离，按《高层建筑筏形与箱形基础技术规范》JGJ 6—2011确定；I_s 为冲切临界截面对其重心的极惯性矩，按《高层建筑筏形与箱形基础技术规范》JGJ 6—2011计算；β_s 为柱截面长边与短边的比值：当 $\beta_s<2$ 时，β_s 取2；当 $\beta_s>4$ 时，β_s 取4；β_{hp} 为受冲切承载力截面高度影响系数：当 $h\leqslant800$mm时，取 $\beta_{hp}=1.0$；当 $h\geqslant2000$mm时，取 $\beta_{hp}=0.9$，其间按线性内插法取值；f_t 为混凝土轴心抗拉强度设计值，按现行国家标准《混凝土结构设计规范》GB 50010—2010规定取值；c_1 为与弯矩作用方向一致的冲切临界截面的边长，按《高层建筑筏形与箱形基础技术规范》JGJ 6—2011附录D计算；c_2 为垂直于 c_1

的冲切临界截面的边长，按《高层建筑筏形与箱形基础技术规范》JGJ 6—2011 附录 D 计算；α_s 为不平衡弯矩通过冲切临界截面上的偏心剪力传递的分配系数。

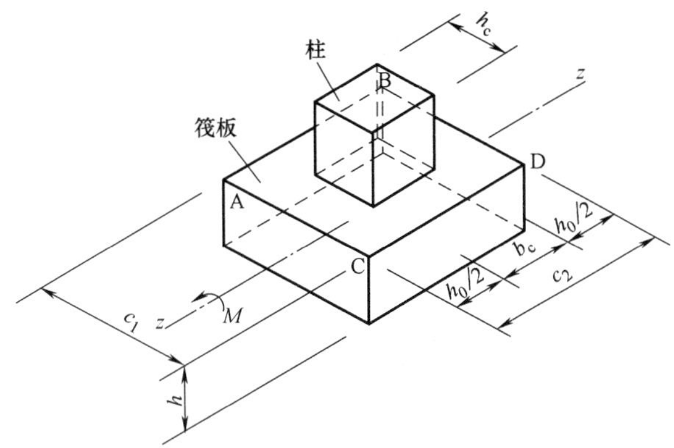

图 10.3.4　内柱冲切临界截面示意图

当柱荷载较大，等厚度筏板的受冲切承载力不能满足要求时，可在筏板上面增设柱墩，或在筏板下局部增加板厚，或采用抗冲切钢筋等提高受冲切承载能力。

(2) 平板式筏形基础在内筒下受冲切承载力应符合下式规定：

$$\frac{F_1}{u_m h_0} \leqslant 0.7\beta_{hp} f_t/\eta \tag{10.3.28}$$

式中，F_1 为相应于荷载效应基本组合时的内筒所承受的轴力设计值与内筒下筏板冲切破坏锥体内的基底反力设计值之差。当采用简化计算方法时，内筒的荷载可扩散至内筒四周 $2.5h_0$，此范围内基底反力按直线分布。计算基底反力值时应扣除底板及其上土的自重。u_m 为距内筒外表面 $h_0/2$ 处冲切临界截面的周长(图 10.3.5)；h_0 为距内筒外表面 $h_0/2$ 处筏板的截面有效高度。η 为内筒冲切临界截面周长影响系数，取 1.25。

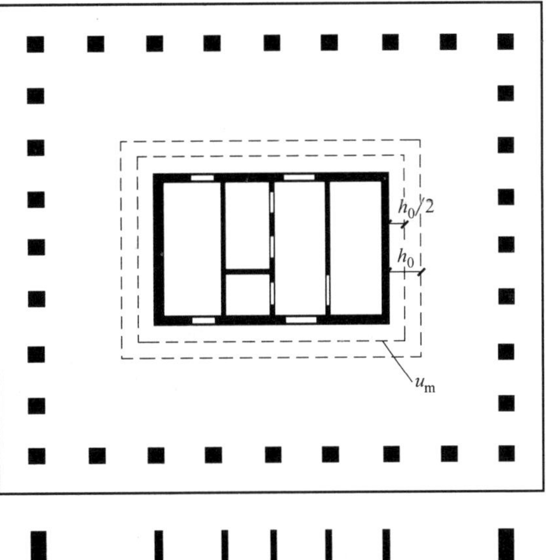

图 10.3.5　筏板受内筒冲切的临界截面位置

当需要考虑内筒根部弯矩的影响时，距内筒外表面 $h_0/2$ 处冲切临界截面的最大剪应力可按《高层建筑筏形与箱形基础技术规范》JGJ 6—2011 式(6.2.2-1) 计算，此时最大剪应力应符合下式规定：

$$\tau_{max} \leqslant 0.7\beta_{hp} f_t/\eta \tag{10.3.29}$$

(3) 平板式筏形基础除符合受冲切承载力的规定外，尚应按下式验算距内筒和柱边缘 h_0 处截面的受剪承载力：

$$V_s \leqslant 0.7\beta_{hs} f_t b_w h_0 \tag{10.3.30}$$

$$\beta_{hs}=\left(\frac{800}{h_0}\right)^{1/4} \tag{10.3.31}$$

式中，V_s 为荷载效应基本组合下，距内筒或柱边缘 h_0 处，由基底反力平均值产生的筏板单位宽度剪力设计值。计算基底反力值时应扣除底板及其上土的自重；β_{hs} 为受剪切承载力截面高度影响系数，当 $h_0<800\text{mm}$ 时，取 $h_0=800\text{mm}$；当 $h_0>2000\text{mm}$ 时，取 $h_0=2000\text{mm}$；b_w 为筏板计算截面单位宽度；h_0 为距内筒或柱边缘 h_0 处筏板的截面有效高度。

当筏板变厚度时，尚应验算变厚度处筏板的受剪承载力。

设计人应根据工程的具体情况采用符合实际的计算模型或根据实测确定的地基反力来验算距核心筒 h_0 处的筏板受剪承载力。当边柱与核心筒之间的距离较大时，式(10.3.30)中的 V_s 即作用在图10.3.6中核心筒两侧紧邻跨的跨中分线之间范围内，阴影面积上的地基平均净反力设计值与边柱轴力设计值之差除以 b（图10.3.6）。当主楼核心筒外侧有两排以上框架柱或边柱与核心筒之间的距离较小，设计人应根据工程具体情况慎重确定筏板受剪承载力验算单元的计算宽度。

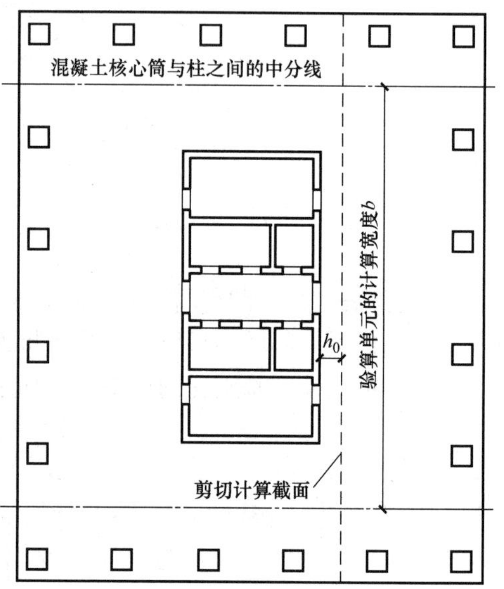

图10.3.6　框架-核心筒下筏板受剪承载力计算截面位置和计算单元宽度

2）构造要求和内力计算

(1) 筏形基础地下室的外墙厚度不应小于250mm，内墙厚度不宜小于200mm。墙体内应设置双面钢筋，钢筋配置量除满足承载力要求外，竖向和水平钢筋的直径均不应小于10mm，间距不应大于200mm。当筏板的厚度大于2000mm时，宜在板厚中间部位设置直径不小于12mm、间距不大于300mm的双向钢筋。

(2) 中国建筑科学研究院有限公司地基所黄熙龄和郭天强在他们的框架柱-筏基础模型试验报告中指出，在均匀地基上，上部结构刚度较好，荷载分布较均匀，筏板厚度满足冲切承载力要求，且筏板的厚跨比不小于1/6时，可不考虑筏板的整体弯曲，只按局部弯曲计算，地基反力可按直线分布。试验是在粉质黏土和碎石土两种不同类型的土层上进行的，筏基平面尺寸为3220mm×2200mm，厚度为150mm（图10.3.7），其上为三榀单层框架（图10.3.8）。试验结果表明，土质无论是粉质黏土还是碎石土，沉降都相当均匀(图10.3.9)，筏板的整体挠曲约为万分之三，整体挠曲相似于箱形基础。基础内力的分布规律，按整体分析法（考虑上部结构作用）与倒梁法是一致的，且倒梁板法计算出来的弯矩值还略大于整体分析法（图10.3.10）。在比较均匀的地基上，上部结构刚度较好，荷载分布较均匀，且基础梁的截面高度大于或等于1/6柱距时，地基反力可按直线分布考虑。其中规定基础梁高度大于或等于 1/6 的柱距的条件是根据柱距 l 与文克勒地基模型中的弹性特征系数 λ 的乘积 $\lambda l \leqslant 1.75$ 作了分析。当高跨比大于或等于 1/6 时，对一般柱距及中等压缩性的地基都可考虑地基反力为直线分布。当不满足上述条件时，宜按弹性地基梁法计算内力，分析时采用的地基模型应结合地区经验进行选择。

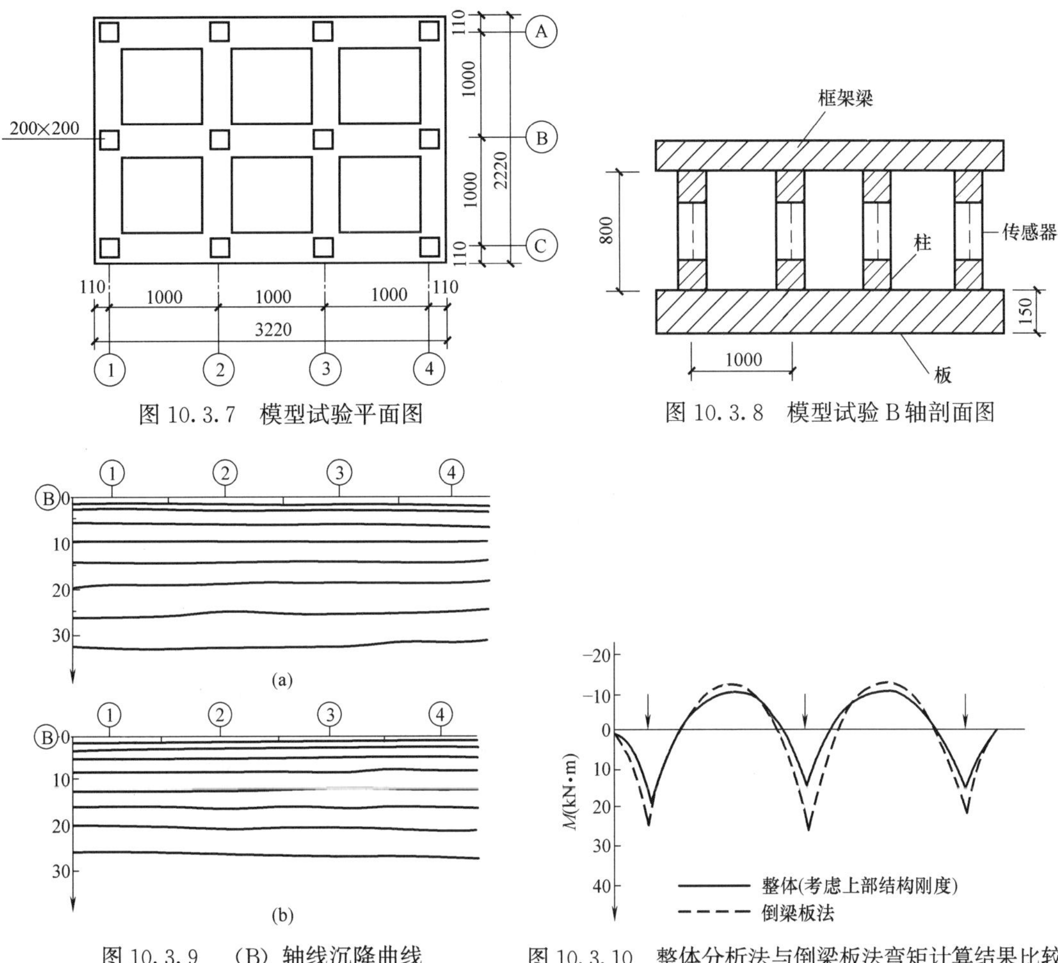

图 10.3.7　模型试验平面图

图 10.3.8　模型试验 B 轴剖面图

图 10.3.9　(B) 轴线沉降曲线

图 10.3.10　整体分析法与倒梁板法弯矩计算结果比较

计算筏形基础的内力时，基底反力可按直线分布，并扣除底板自重及其上填土的重量。当不符合上述要求时，筏基内力可按弹性地基梁板等理论进行分析。计算分析时应根据土层情况和地区经验选用地基模型和参数。

（3）有抗震设防要求时，对无地下室且抗震等级为一、二、三级的框架结构，计算筏形或箱形基础时尚应将柱根截面组合的弯矩设计值分别乘以 1.5、1.25 和 1.15 的增大系数。

（4）按基底反力直线分布计算的平板式筏基，可按柱下板带和跨中板带分别进行内力分析，并应符合下列要求：

① 柱下板带中在柱宽及其两侧各 0.5 倍板厚且不大于 1/4 板跨的有效宽度范围内，其钢筋配置量不应小于柱下板带钢筋的一半，且应能承受部分不平衡弯矩 $\alpha_m M_{unb}$，M_{unb} 为作用在冲切临界截面重心上的部分不平衡弯矩，α_m 可按下式计算：

$$\alpha_m = 1 - \alpha_s \tag{10.3.32}$$

式中，α_{m} 为不平衡弯矩通过弯曲传递的分配系数；α_{s} 按公式（10.3.27）计算。

② 考虑到整体弯曲的影响，筏板的柱下板带和跨中板带的底部钢筋应有 1/3 贯通全跨，顶部钢筋应按实际配筋全部连通，上下贯通钢筋的配筋率均不应小于 0.15%。

③ 有抗震设防要求，平板式筏基的顶面作为上部结构的嵌固端，计算柱下板带受弯、受剪承载力时，柱根内力应考虑地震作用的不利组合及相应的增大系数。

3. 超高层建筑大底盘基础的研究与设计

超高层建筑常常附有层数不多，用作门厅、商店、餐厅等的裙房，裙房一般柱距较大，比较空旷，高层部分与裙房两者之间上部刚度和荷载相差悬殊，基础附加压力差别极大，导致基础沉降量不同，理应设置沉降缝将二者基础分开，以避免差异沉降对上部结构的影响。实际上，高层部分与裙房之间基础是否需要断开，应根据地基土质、基础形式、建筑平面体形等情况区别对待。当采用天然地基，预估主楼与裙房基础的差异沉降量较大时，应在主楼与裙房之间设置沉降缝或后浇带将二者断开，使彼此可以自由沉降。当高层部分和裙房基础差异沉降量较小，主楼与裙房之间的基础及上部结构可以连成整体，不需设置沉降缝。从房屋的建筑使用功能及防水要求考虑，亦不希望设置沉降缝。实测表明，当主楼地基下沉时，由于土的剪切传递，主楼以外的地基也随之下沉，其影响范围随土质而异，即地基沉降曲线在主楼与裙房的连接处是连续的，不会发生突变的差异沉降。

当超高层建筑主楼与裙房之间不设置沉降缝时，为了减小差异沉降引起的结构内力，可采用施工后浇带的措施。施工后浇带设置在裙房一侧，宽度不应小于 800mm，其位置宜设在距主楼边的第二跨内。在施工期间，后浇带混凝土先不浇筑，这样主楼与裙房可以自由沉降，到施工后期，沉降基本稳定后再浇筑混凝土连为整体。后浇带混凝土通常待主楼结构施工完毕后浇筑，后浇带浇筑用的混凝土，宜采用浇筑水泥或硫酸铝盐等早强、快硬、无收缩的水泥；同时，基础底板及地下室外墙在施工后浇带处要做好防水处理。

不论是用沉降缝还是沉降后浇带处理不均匀沉降问题，都有各自的弊端，不设沉降缝可以解决双墙、双柱及基础防水问题；沉降后浇带取消后，可以大大缩短降水时间和施工周期，使建筑物提前投入使用，取得较好的经济效益；可以减少基础施工难度，有利于提高基础施工质量。如果地基的天然地质条件较好的话，地基绝对沉降量很小，那么差异沉降也不会大，所产生的结构内力也较小，有时可以不设沉降缝或后浇带。同时，基础的差异沉降与上部结构、基础的刚度有关，采用大底盘基础可以有效地扩散高层建筑主楼的荷载，可减少主裙楼差异沉降。下面对大底盘研究成果进行介绍。

1）模型试验研究

（1）矩形塔楼分析

在目前的结构设计中，一般不计算建筑物在施工和使用过程中产生的地基变形所引起的结构附加应力。实际上，上部结构与地基基础在荷载作用下产生变形的过程是作为一个整体，其各个部分相互影响，相互制约。适当增加基础刚度可以调整不均匀沉降，并减小上部结构中的附加应力。因此，在同一整体大面积基础上建有多栋高层和低层建筑，应该按照上部结构、基础和地基的共同作用，做沉降和差异沉降计算分析，进行整体设计。力求在规范允许的范围内，达到设计既经济又合理的目的。这类分析方法是把上部结构、基础与地基三者作为一个共同工作的整体来研究的计算方法。它最基本的假定为上部结构与基础、基础与地基连接界面处变形是协调的。整个系统是满足静力平衡条件的。为了弄清它们之间的沉降影响规律，中国建筑科学研究院有限公司黄熙龄和宫剑飞等通过大型室内模型试验对并列双塔楼之间的相互影响进行了试验研究，图 10.3.11 为试验模型示意图，不同加载条件下基础沉降和基底反力曲线如图 10.3.12 所示。

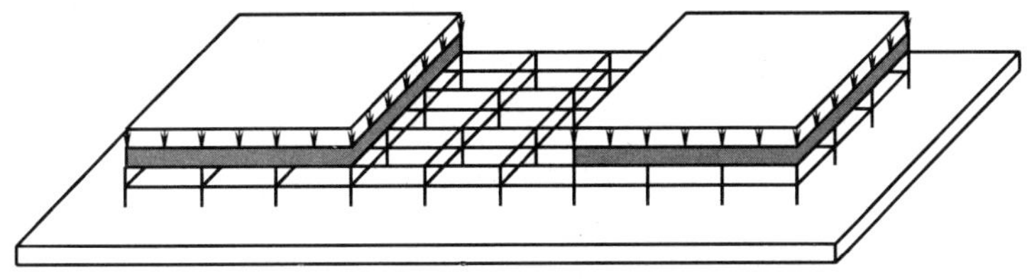

图 10.3.11 并列双塔楼试验模型

通过模型试验可知，大型地下框架厚筏基础的变形与高层建筑的布置、荷载的大小有关。筏板变形具有以高层建筑为变形中心的不规则变形特征，高层建筑间的相互影响与加载历程有关，高层建筑本身的变形仍具有刚性结构的特征，框架-筏板结构具有扩散高层建筑荷载的作用，各塔楼独立作用下产生的变形效应以各个塔楼下面一定范围内的区域为沉降中心，各自沿径向向外围衰减，并在其影响的范围内相互叠加。

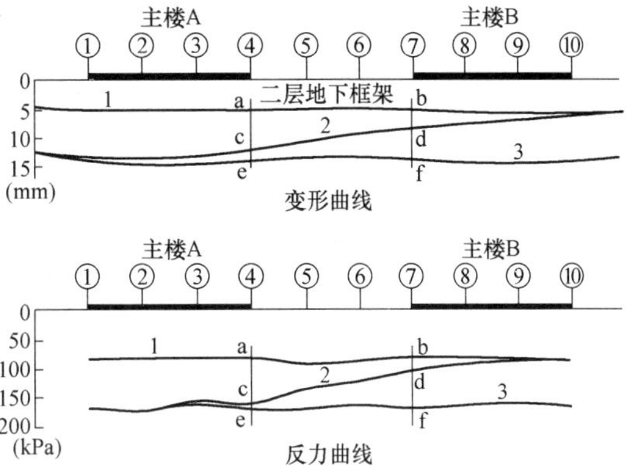

图 10.3.12 双塔楼不同加载路径反力、变形曲线

(2) L 形塔楼分析

黄熙龄和朱红波对 2 层地下室的 L 形高层建筑框筒厚筏基底反力和基础沉降分布规律进行了研究，图 10.3.13 为 L 形高层建筑下大底盘框架厚筏基础模型示意图，图 10.3.14 为 L 形塔楼模型试验各级荷载下的基础沉降和基底反力。

通过试验分析可知，L 形高层建筑下整体大面积筏形基础的地基反力分布特征为：以 L 形主楼拐角位置为反力中心向四周扩散，主楼荷载通过周边裙房向外扩散的能力有限，地基反力在 L 形高层建筑直角边与高层拐角部位两翼边端连线所形成的包括高层建筑本身及部分裙房所构成的三角形区域之外 1～2 跨裙房的筏板区域衰减较快；筏板变形特征为：整体为不规则柔性板，其变形以 L 形主楼拐角附近位置为沉降中心向四周衰减，筏板变形平滑而连续，高层下筏板为半刚性特征；不同加载路径的试验表明，L 形高层建筑下大底盘框架厚筏基础的反力和沉降特点符合叠加原理特征。

2) 大底盘框架厚筏基础与地基共同作用计算方法

下面主要对带大底盘的高层建筑基础整体设计情况的理论做一介绍。

(1) 子结构法应用

子结构分析法是通过把内节点凝聚后，在边界节点上以凝聚后的等效边界刚度矩阵和等效荷载列向量代替，使得在结构求解时，方程的阶数要比原结构少很多。带大底盘高层建筑与一般高层建筑的区别，主要在于结构立面变化，因此，对其进行子结构分析时必须考虑到这个区别。这里将主体的上部结构称为主楼子结构，扩大后的上部结构称为地下室子结构，具体如图 10.3.15 所示。

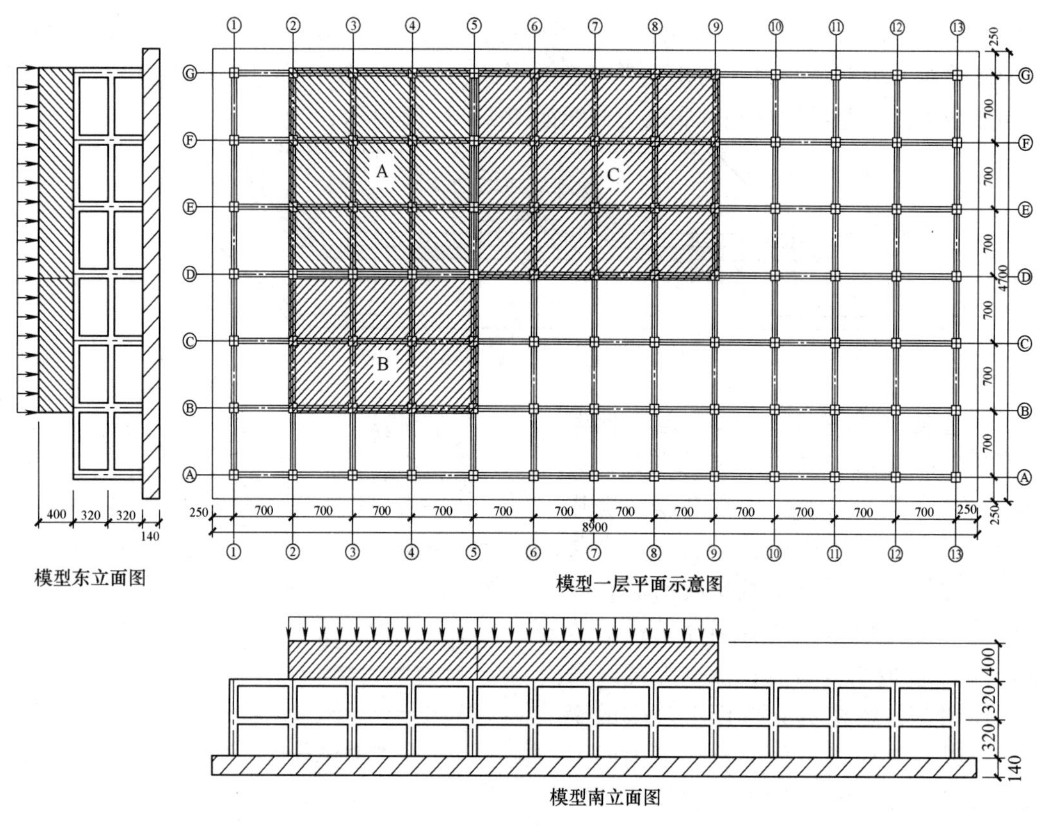

图 10.3.13　L 形高层建筑模型试验示意图

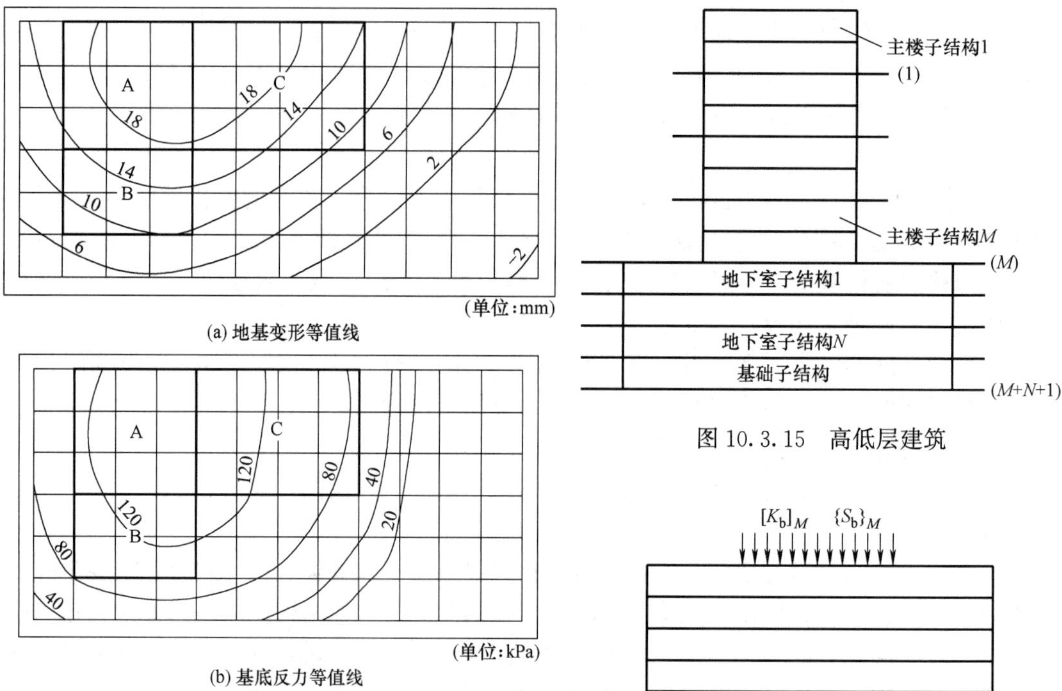

图 10.3.14　L 形高层建筑筏板变形和反力等值线图

图 10.3.15　高低层建筑

图 10.3.16　主楼子结构向裙房子结构的凝聚

首先将建筑物分成$M+N+1$个子结构，其中主楼子结构共有M个，地下室子结构有N个，第$M+N+1$个为基础子结构与地基的接触界面为（$M+N+1$）界面，主楼子结构和地下室子结构的交界面为（M）界面。上部结构刚度及荷载向基础的凝聚分为两个阶段：

第一阶段为主楼子结构的主楼刚度、荷载向地下室子结构顶面凝聚，从主楼子结构1开始，直到（M）界面，形成在地下室子结构顶面（M）界面上的等效边界刚度矩阵$[K_b]_M$，等效边界荷载向量$\{S_b\}_M$，如图10.3.16所示。根据子结构理论，$[K_b]_M$和$\{S_b\}_M$对（M）界面以下结构的作用与该边界以上主楼对该界面以下结构的作用效果是完全等价的。

第二阶段考虑了（M）界面以下的高层和低层的刚度和荷载向基础顶面凝聚。由于第$M+1$个子结构为高层和低层合成子结构，其结构平面已扩大，故地下室子结构也相应扩大。在凝聚过程中使主楼子结构的全部节点与地下室子结构的部分节点重合。通过节点的对应关系，就可将主楼子结构的$[K_b]_M$和$\{S_b\}_N$逐步凝聚到界面（$M+N$）的等效边界刚度矩阵$[K_b]_{M+N}$和$\{S_b\}_{M+N}$，通过与基础子结构和地基耦合，可建立带大底盘的高层建筑与地基基础共同作用的基本方程。

（2）大底盘框架厚筏基础与地基共同作用分析方程

设基础的刚度矩阵为$[K_F]$，荷载向量为$\{Q\}$，基础位移向量为$\{U\}$，地基的刚度为$[K_S]$，且只对基础节点提供竖向支撑，这样根据静力平衡条件、竖向位移连续条件和节点的对应关系，就可建立方程：

$$\{[K_b]_{M+N}+K_F+K_S\}\{U\}=\{Q\}+\{S_b\}_{M+N} \tag{10.3.33}$$

求解此方程组，可得到考虑上部结构刚度后的基础子结构的节点位移和节点力。基础底面节点位移与节点力即为基底反力和基础沉降。基础顶面边界节点位移与节点力，即为上部结构柱端的支座位移与支座反力。如果将其自下而上向上部结构的子结构回代，即可得到上部结构各节点的位移与反力。由此可见，每次计算仅涉及一个子结构，方程组的阶数远比原来整个结构少，相应地计算机容量要求大大减少。通过刚度矩阵凝聚，最后归结为地基上基础梁或板（已考虑上部结构效应）的计算问题。

通过上面的分析可以看出，若把上部结构等价为一定刚度，叠加在基础上，然后用叠加后的总刚度与地基进行共同作用分析，求出基底反力分布曲线，此曲线就是考虑上部结构、基础和地基共同作用后的反力分布曲线。考虑上部结构、基础和地基的共同作用，分析结构的挠曲和内力是可能的。但真正的基底反力分布受地基和基础的变形协调所制约，地基表面的变形则取决于全部地基荷载和土的性质。

3）大底盘框架厚筏基础研究成果

大底盘技术是将高层建筑基底下荷载控制在土体欠补偿状态，或基底附加压力控制在很小的状态，充分利用回弹再压缩段变形小的特点及裙房基础筏板有限扩散高层荷载的原理进行变形控制设计，解决大面积筏板沉降量和差异沉降问题，进而取消沉降缝或沉降后浇带，实现筏板基础整体设计。中国建筑科学研究院有限公司黄熙龄、袁勋、宫剑飞、朱红波等通过大比例室内模型试验及实际工程的原位沉降观测，得到以下结论：

（1）大型地下框架厚筏基础的变形与高层建筑的布置、荷载的大小有关。筏板变形具有以高层建筑为变形中心的不规则变形特征，高层建筑间的相互影响与加载历程有关。高层建筑本身的变形仍具有刚性结构的特征，框架-筏板结构具有扩散高层建筑荷载的作用，扩散范围与相邻裙房地下室的层数、间距以及筏板的厚度有关。

(2) 各塔楼独立作用下产生的变形效应以各个塔楼下面一定范围内的区域为沉降中心，各自沿径向向外围衰减，并在其共同的影响范围内相互叠加。地基反力分布规律与此相同。

(3) 对平面呈 L 形的高层建筑下的大面积整体筏形基础，筏板在满足厚跨比不小于 1/6 的条件下，裂缝发生在与高层建筑相邻的裙房第一跨和第二跨交接处的柱旁，因此其后浇带宜设在与主楼相邻裙房的第二跨内（图 10.3.17）。

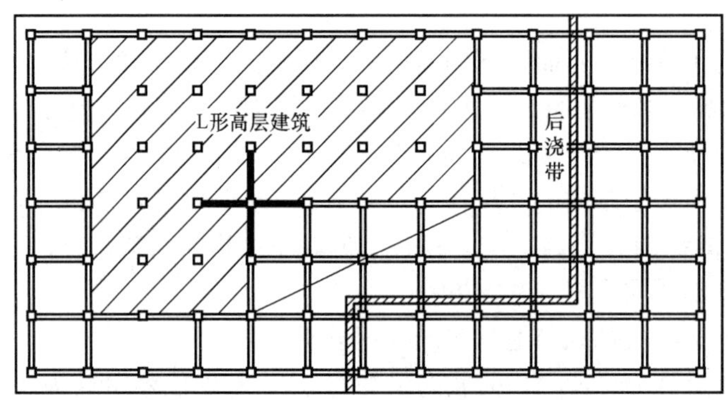

图 10.3.17　高低层建筑子结构法

基于上述试验结果，在同一大面积整体筏形基础上有多幢高层和低层建筑时，可以高层建筑为单元将筏基划分为若干块按弹性理论进行计算沉降，并考虑各单元的相互影响，当各单元间交界处的变形协调时，便可将计算的沉降值进行叠加。超高层建筑基础不但应满足强度要求，而且应有足够的刚度，方可保证上部结构的安全。

大底盘技术的设计包括以下几个方面：

(1) 根据场地地质情况、建筑类型等初步确定基础类型；

(2) 结合大底盘课题的科研成果，按主裙楼一体考虑上部结构、基础地基的共同作用进行计算，并根据工程实践对计算结果进行修正；

(3) 如果计算出的基础沉降、倾斜、挠曲不能满足规范要求，则根据情况确定是否对地基进行处理（如采用复合地基、桩基），是否调整基础类型及设计参数；

(4) 按共同左右计算结果，计算基础反力，内力，并进行配筋设计。

10.3.4　工程实例：北京 LG 大厦

北京 LG 大厦位于北京市主干道长安街建国门外，总面积为 151345m^2，地下 4 层，地上由两幢相距 56m，高度为 141m 的 31 层塔楼和中间 6 层裙房组成，是集办公和商业为一体的综合性建筑，其效果图如图 10.3.18 所示。塔楼标准层平面近似椭圆，长轴方向为 44.2m，短轴方向为 41.56m，开间最大尺寸为 9m，采用框架-核心筒结构，核心筒至边缘框架柱最大距离为 14.75m，基础埋深 24m，平面布置图如图 10.3.19 所示。结构地面以上东、西塔楼与中间裙房之间各设防震缝一道。抗震设防烈度为 8 度，场地类别为Ⅱ类。

本工程的基础平面尺寸东西方向为158.70m，南北方向为60.40m，主体建筑外围东、西两端以及北侧纯地下室采用框架结构。地下室为四层，埋深24.6m，不设沉降缝。整个建筑物基础采用大底盘变厚度平板式筏形基础，其中塔楼的核心筒处筏板厚2.8m，塔楼其他部位及其周边的纯地下室筏板厚2.5m，裙房及其北侧纯地下室部分筏板厚1.2m，筏板的厚度由混凝土的受冲切以及受剪切承载力控制。地基基础设计等级为甲级。由于荷载分布极不均匀，为了减少高低层之间的差异沉降，控制厚筏基础混凝土施工期间水化热的影响，在两栋塔楼与中间裙房之间（轴F2与G1、轴N1与P2之间）设置了后浇带，后浇带一侧与塔楼连接的裙房基础底板厚度与塔楼基础底板厚度相同，筏板钢筋在后浇带内是连续不断的，原定待塔楼结构封顶后再用微膨胀混凝土封闭，具体分区见图10.3.20。

图10.3.18 北京LG大厦效果图

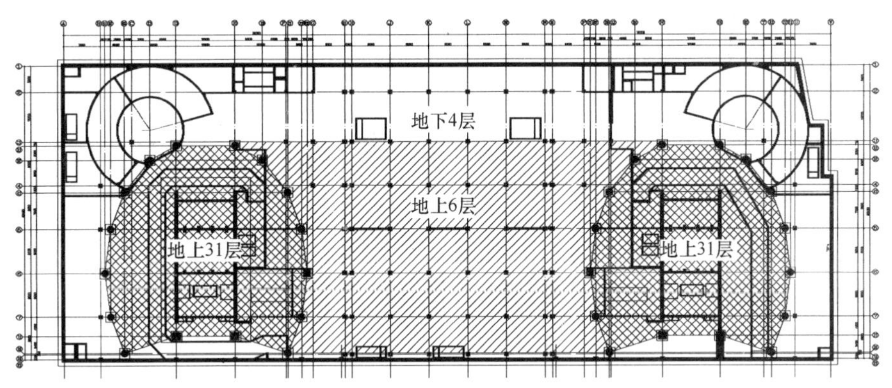

图10.3.19 北京LG大厦平面示意图

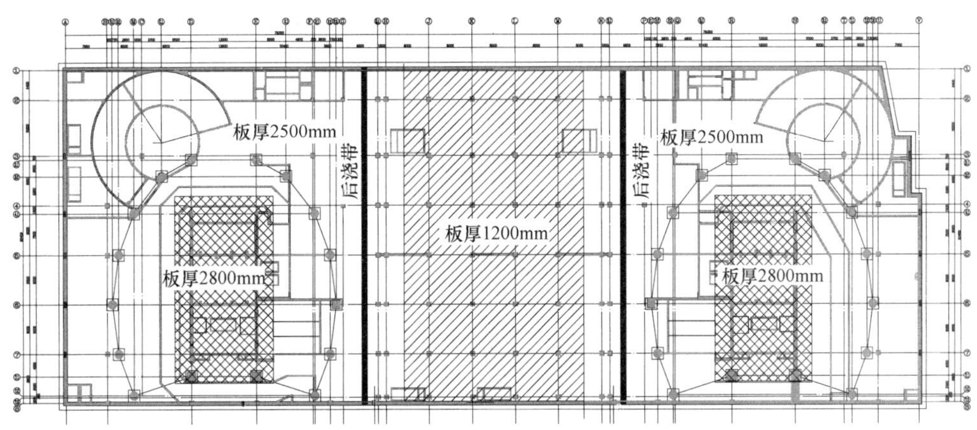

图10.3.20 后浇带及基础底板厚度分区图

本工程基础持力层，除中部裙房及纯地下室局部为细砂，中砂⑤$_1$层（厚约 0.15m）和东、西塔楼的核心筒部位以砂卵石为主的⑦大层（基底以下厚度为 6.22～6.92m）外，其余部位基底以下持力层均为第四纪沉积的粉质黏土，黏质粉土⑥层，黏质粉土，砂质粉土⑥$_1$ 层。该大层在中部裙房基底以下厚约 1.52～2.89m，其他部位基底以下厚约 0.22～1.57m。在⑥大层以下，为中密至密实的第四纪沉积的砂卵石、圆砾与黏性土、粉土的交互沉积层，地质剖面如图 10.3.21 所示。

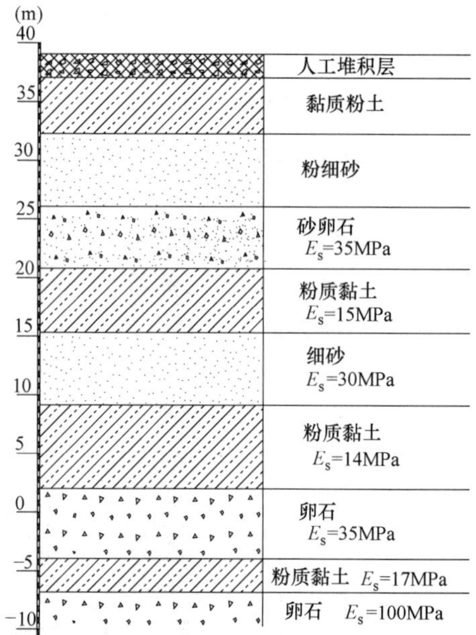

图 10.3.21 场地地质剖面

本工程基础底板设置两道后浇带，后浇带位置距主楼基础底板边端一跨，保证主楼下仍然为一个扩大的底盘结构，如图 10.3.20 所示。为研究筏板调整不均匀沉降的能力，现取西侧塔楼进行分析。后浇带的设置将西侧塔楼分割成一个大底盘基础上的单塔楼体系，其中塔楼东侧挑出 6m（一跨），西侧挑出 8.5m（一跨），北侧挑出 15m（两跨）。核心筒边缘距东、西、北侧地下室远端的距离分别为 19m（二跨）、23m（三跨）、24m（三跨）。根据现场的施工情况，西侧塔楼施工过程中加荷方式参见表 10.3.10。图 10.3.22 为不同加荷阶段 E 轴线的沉降曲线图。

建筑加载方式汇总表 **表 10.3.10**

	加荷方式 1	加荷方式 2	加荷方式 3
地下室	−4 层→0 层	0 层	0 层
主楼外钢框架	−4 层→0 层	0 层	0 层→31 层
核心筒	−4 层→19 层	19 层→23 层	23 层→31 层

根据沉降观测资料，E 轴线和⑥轴线的沉降曲线如图 10.3.22 所示。

从沉降曲线看出，当地下室及主楼外钢框架施工至 0 层，核心筒施工至地上 19 层时（曲线 1），从 E 轴线沉降曲线看，筏板的变形平缓、连续，核心筒边缘与 24m 外板的沉降差只有 7.5mm，整个筏板的挠度为 0.14‰。当地下室及主楼外钢框架施工至 0 层，核心筒施工至地上 23 层时（曲线 2），核心筒边缘与 24m 外板的沉降差只有 10.3mm，整个筏板的挠度为 0.17‰。在地下室及主楼外钢框架荷载不变的情况下，主楼荷载由 19 层增加至 23 层时，地下室边缘板的变形也在同步增加，其沉降增量为核心筒边缘沉降增量的 50%，表明主楼荷载通过筏板传递到了地下室的远端（24m），但衰减较为明显。当主楼封顶时（曲线 3），E 轴线处板的挠度为 0.25‰，整个筏板的变形平缓、连续。主楼边缘板的沉降与 15m 外地下室板边缘的沉降差不超过 1cm。在地下室荷载不变的情况下，随着主楼荷载的增加，地下室边缘板的变形也在同步增加，表明主楼荷载通过筏板传递到了地下室的远端（15m）。上述情况说明，厚筏扩散主楼荷载的距离可以达到 24m（三跨），

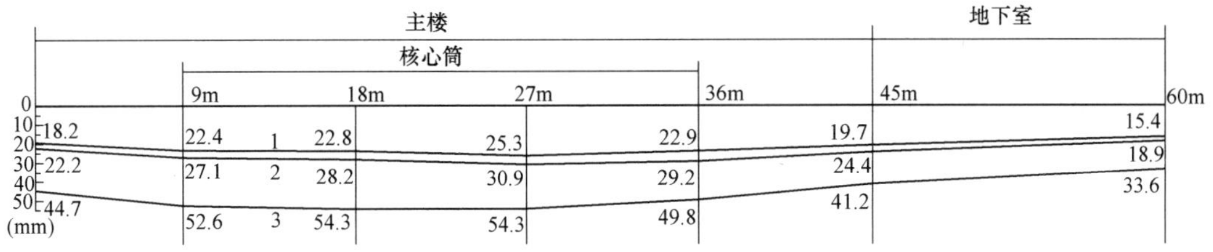

主楼
地下室
核心筒
0
9m
18m
27m
36m
45m
60m
10
20
30
40
50
(mm)
18.2
22.2
44.7
22.4
27.1
52.6
1
2
3
22.8
28.2
54.3
25.3
30.9
54.3
22.9
29.2
49.8
19.7
24.4
41.2
15.4
18.9
33.6

E轴线沉降曲线

主楼
核心筒
0m
裙房
8m
23m
35m
49m
裙房
58m
10
20
30
40
50
60
S(mm)
13.5
16.3
31.9
21.1
23.8
44.2
1
2
3
23.8
29.0
53.5
22.8
28.2
54.3
19.1
23.9
47.3
12.0
15.9
37.7

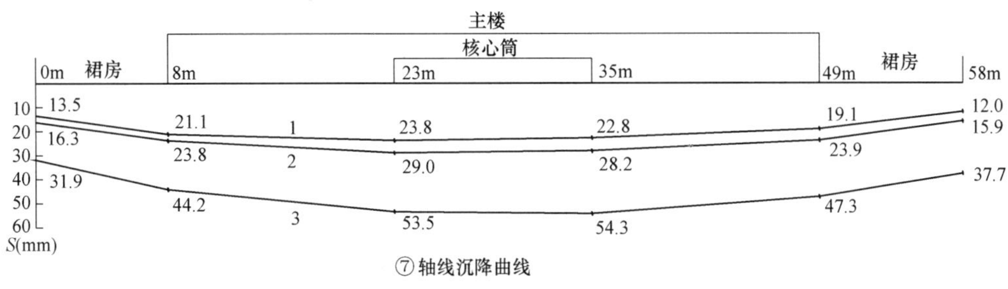

⑦轴线沉降曲线

图 10.3.22　各轴沉降曲线分布图

实测结果与模型试验反映的荷载扩散规律基本一致。

本工程设计时原定待结构封顶后再进行浇筑施工缝处的混凝土。实际施工中，观察到西塔核心筒施工至23层、裙房施工到地下二层结构顶板时，塔楼与相邻裙房柱之间的沉降差仅8mm，差异沉降约为0.9‰，小于预期的结果。因此，在西塔楼核心筒施工至23层时，决定从筏板基础开始往上陆续浇筑后浇带混凝土。沉降观察结果表明，整个工程沉降稳定时，塔楼与相邻裙房柱最大沉降差为11.8mm，差异沉降约为1.25‰。因此，大底盘结构在一定条件下可满足超高层建筑基础设计的要求。

10.4　桩筏基础

10.4.1　超高层建筑桩基础的设计原则

1. 设计总则

桩基设计的根本目的就是在上部建（构）筑物使用年限内满足其对承载力、变形和耐久性的要求。桩基设计原则是为达到上述目的所作的一些具体规定和设计指导思想，分为总则和细则。桩基设计总则包括以下几点：

（1）所有桩基础必须进行承载力计算，并满足承载力要求；

（2）桩基础按变形控制原则进行设计，应考虑桩基变形对结构安全和建筑正常使用的影响，满足相应的要求；

（3）桩基设计应综合考虑工程地质与水文条件、建筑物规模、体型与功能特征、上部结构形式、荷载特点及分布、桩基变形对结构的影响、周边环境条件、当地经验、经济、环保等因素进行设计。

桩基设计细则主要包括桩基设计等级的划分、承载能力极限状态设计、正常使用极限状态设计、桩的选型原则、布桩原则、特殊条件下桩基设计原则等几方面。

2. 承载能力极限状态设计

1）承载力极限状态的设计表达式

承载能力极限状态是指桩基达到最大承载能力、整体失稳或发生不适于继续承载的变形。在具体设计中以单桩极限承载力 Q_{uk} 和综合安全系数 K 为桩基设计的基本参数，采用式（10.4.1）或式（10.4.2）表达：

$$S_k \leqslant R(Q_{uk}, K) \tag{10.4.1}$$

$$S_k \leqslant R(q_{sik}, q_{pk}, a_k, k) \tag{10.4.2}$$

式中，S_k 为上部结构荷载效应标准组合的作用效应；R（Q_{uk}，K）为桩基础的抗力表达式；K 为综合安全系数，取 2；q_{sik} 为极限侧阻力；q_{pk} 为极限端阻力；a_k 为桩的几何参数。

在桩身强度设计中，采用式（10.4.3）极限状态表达式：

$$r_0 S \leqslant R(f_c, f_s, a_k, \psi_c) \tag{10.4.3}$$

式中，S 为上部结构荷载效应基本组合的作用效应；r_0 为结构重要性系数，对于安全等级为一级或设计使用年限为 100 年及以上的结构，不应小于 1.1，其余除临时性建筑外，不应小于 1.0，在抗震设计中不考虑结构重要性系数；R（f_c，f_s，a_k，ψ_c）为桩身材料强度承载力表达式；f_c，f_s 为桩身的混凝土、钢筋强度设计值；a_k 为桩的几何参数；ψ_c 为成桩工艺系数，主要考虑不同成桩工艺对桩身材料强度的影响。对于混凝土预制桩、预应力混凝土管桩 $\psi_c=0.85$，主要考虑成桩后桩身常出现裂缝；对于干作业非挤土灌注桩（含机钻、挖、冲孔桩、人工挖孔桩）$\psi_c=0.90$；对于泥浆护壁和套管护壁非挤土灌注桩、部分挤土灌注桩、挤土灌注桩 $\psi_c=0.7\sim0.8$；软土地区挤土灌注桩 $\psi_c=0.6$。对于泥浆护壁非挤土灌注桩应视地层土质取 ψ_c 值，对于易塌孔的流塑状软土松散粉土粉砂，ψ_c 宜取 0.7。

2）承载能力极限状态设计的具体内容

承载能力极限状态设计包括承载能力计算和稳定性验算两方面。

（1）桩的承载力计算及和上部荷载的对应关系

桩基的承载力计算包括竖向承载力和水平承载力，应根据桩基的使用功能和受力特征分别进行计算。桩承载力根据土的参数、土层分布、桩的几何尺寸进行计算。计算结果用桩的极限承载力标准值 Q_{uk} 和特征值 R_a 来表述。确定基础桩数时，传至承台底面的荷载效应 S_k 上部结构荷载效应的标准组合，相应的抗力 R 应采用基桩或复合基桩承载力特征值。

（2）桩身承载力和承台计算

桩身承载力计算包括以下几部分内容：

① 上部结构荷载作用下，计算桩身材料强度满足设计要求；

② 对于可能出现受压失稳的情况，如高承台基桩、桩侧为可液化土、土的不排水抗剪强度小于 10kPa 土层中的细长桩，应按《混凝土结构设计规范》GB 50010—2010 进行桩身压屈验算；

③ 对于混凝土预制桩应按施工阶段吊装、运输和锤击作用分别进行桩身承载力验算；

④ 对于钢管桩应进行局部压屈验算。

承台计算包括承台截面高度、内力、配筋计算。

在确定承台高度、桩身截面、计算承台内力、确定配筋时，上部结构传来的荷载效应和相应的桩顶反力，应按承载能力极限状态下的荷载效应基本组合。

（3）桩端平面下软弱下卧层承载力验算

以下两种情况同时存在时，应进行桩端平面下软弱下卧层承载力验算：

① 桩距不超过 $6d$ 的群桩基础；

② 当桩端平面以下存在低于桩端持力层承载力 1/3 的软弱下卧层时。

进行软弱下卧层承载力验算时，软弱下卧层承载力只进行深度修正，且深度修正系数取 1，其对应的荷载效应为标准组合。

（4）位于坡地、岸边的桩基应进行整体稳定性验算

对位于坡地、岸边的桩基应进行整体稳定性验算，其荷载效应采用标准组合。

（5）抗浮、抗拔桩基抗拔承载力计算

对于抗浮、抗拔桩基，应进行基桩和群桩的抗拔承载力计算。抗拔承载力对应的荷载效应为水浮力减去上部结构永久荷载标准组合，可变荷载不参与上部结构荷载组合。

（6）对于抗震设防区的桩基应按《建筑抗震设计规范》GB 50011—2010 的规定进行抗震承载力验算。

3. 正常使用极限状态设计

1）正常使用极限状态设计定义及内容

正常使用极限状态设计是指桩基达到建筑物正常使用所规定的变形限值或达到耐久性要求的某项限值。包括桩基变形、桩身裂缝、承台裂缝、桩基耐久性等几方面。

2）桩基变形内容及具体变形控制指标

桩基变形计算主要是沉降计算，当建筑物在荷载作用下产生过大的沉降、沉降差或倾斜时，影响正常的生产和生活秩序，降低建筑物使用年限，甚至危及人们的生命安全。桩基变形可用下列指标表示：

（1）沉降量，指桩基础不同位置的沉降值。

（2）沉降差，相邻点沉降量差值与对应距离的比值。

（3）整体倾斜，建筑物桩基础倾斜方向两端点的沉降差与其距离之比值。

（4）局部倾斜。

3）超高层建筑桩基础应进行变形计算

（1）对于剪力墙结构，变形控制指标主要是总沉降量和整体倾斜。

（2）对于框筒结构、框架-剪力墙结构，变形控制指标主要是外柱和内部混凝土墙之间的差异沉降。

（3）对于主裙楼连体结构，变形控制指标主要是主裙楼之间的差异沉降和主楼的整体倾斜，特别注意裙楼对主楼倾斜的影响。

4）有关耐久性的设计原则

有关桩基耐久性的设计遵循以下原则：

（1）桩基结构的耐久性应根据设计使用年限、现行国家标准《混凝土结构设计规范》GB 50010—2010 的环境类别规定及水、土对钢、混凝土腐蚀性的评价进行设计。

（2）二类和三类环境中，设计使用年限为 50 年的桩基结构混凝土应符合表 10.4.1 的规定。

二类和三类环境桩基结构混凝土耐久性的基本要求 **表 10.4.1**

环境类别		最大水灰比	最小水泥用量 (kg/m^3)	最低混凝土强度等级	最大氯离子含量 (%)	最小水泥用量 (kg/m^3)
二	a	0.60	250	C25	0.3	3
	b	0.55	275	C30	0.2	3
三		0.50	300	C30	0.1	3

注：1. 氯离子含量系指其与水泥用量的百分率；
2. 预应力构件混凝土中最大氯离子含量为 0.06%，最小水泥用量为 300kg/m^3；最低强度等级应按表中规定提高两个等级；
3. 当混凝土中加入活性掺合料或能提高耐久性的外加剂时，可适当降低最小水泥用量；
4. 当使用非碱活性骨料时，对混凝土中碱含量不作限制；
5. 当有可靠工程经验时，表 10.4.1-1 中最低混凝土强度等级可降低一个等级。

(3) 桩身裂缝控制等级及最大裂缝宽度控制应根据环境类别和水、土介质腐蚀性等级按表 10.4.2 规定选用。

桩身的裂缝控制等级及最大裂缝宽度限值 **表 10.4.2**

环境类别		普通钢筋混凝土桩		预应力混凝土桩	
		裂缝控制等级	w_{lim}(mm)	裂缝控制等级	w_{lim}(mm)
二	a	三	0.2(0.3)	二	0
	b	三	0.2	二	0
三		三	0.2	一	0

注：1. 水、土为强、中腐蚀时，抗拔裂缝控制等级应提高一级；
2. 二 a 类环境中，位于稳定地下水位以下的基桩，其最大裂缝宽度限值可采用括弧中的数值。

(4) 四类、五类环境桩基结构耐久性设计可按国家现行标准《港口工程混凝土结构设计规范》JTJ 276 和《工业建筑防腐蚀设计规范》GB 50046 等相关标准执行。

(5) 对三、四、五类环境桩基结构，受力钢筋宜采用环氧树脂涂层带肋钢筋。

4. 基桩选型原则

1) 桩型的划分

桩型一般根据其直径 d 大小、承载力性状、成桩施工工艺对桩周土的影响三方面进行划分。

(1) 按直径大小划分

按直径大小划分为小直径桩（$d \leqslant 250$mm）、中等直径桩（$250mm < d < 800mm$）、大直径桩（$d \geqslant 800$mm）三类。

(2) 按承载力性状划分

按承载力性状，分为摩擦型桩和端承型桩。摩擦型桩分为摩擦桩和端承摩擦桩，端承型桩分为端承桩和摩擦端承桩。

(3) 按成桩施工工艺对桩周土的影响划分

按成桩施工工艺对桩周土的影响分为三类：

① 非挤土桩：干作业法钻（挖）孔灌注桩、泥浆护壁法钻（挖）孔灌注桩、套管护壁法钻（挖）孔灌注桩；

② 挤土桩：打入（静压）预制桩、闭口预应力混凝土管桩和闭口钢管桩；

③ 部分挤土桩：长螺旋压灌灌注桩、冲孔灌注桩、钻孔挤扩灌注桩、预钻孔打入（静压）预制桩、打入（静压）式敞口钢管、敞口预应力混凝土管桩。

2）基桩选型应考虑的主要因素

桩基选型时，应考虑以下因素：

（1）建筑结构类型；

（2）荷载性质；

（3）桩的使用功能；

（4）地质条件；

（5）施工条件（施工设备、施工环境、施工经验、制桩材料供应、施工对周围环境的影响）；

（6）当地的经验；

（7）综合经济因素。

5. 基桩的布置原则

1）布桩总的原则

布桩总的原则包括以下几点：

（1）宜使桩基础承载力合力点与竖向永久荷载合力作用点重合，并使基桩受水平力和力矩较大方向有较大截面模量；

（2）上部荷载在桩基础传力路径最短，以达到尽可能减小基础内力的目的；

（3）按变刚度调平设计，以减小差异沉降；

（4）主裙楼连体时，弱化裙楼布桩。

2）不同结构体系的布桩原则

（1）框筒结构

对于框筒结构超高层建筑桩基，应按荷载分布考虑相互影响，将桩相对集中布置于核心筒、剪力墙及柱下，采用适当增加桩长、后注浆等措施。相对弱化核心筒外围桩基刚度，并宜对后者按复合桩基设计。

（2）主裙楼连体建筑

对于主裙楼连体建筑，当高层主体采用桩基时，裙房的地基或桩基刚度宜相对弱化，可采用疏桩或短桩基础。

3）合理桩间距的确定

（1）合理桩间距考虑的因素

合理桩距应考虑以下几方面的因素：

① 最小桩距适应成桩工艺特点，对于挤土桩要重视减小或消除挤土效应的不利影响，在饱和黏性土和中密以上的土层中，控制其最小桩距尤为重要；另一方面对于松散、稍密的非黏性土可利用成桩挤土效应提高群桩承载力。

② 考虑桩距与群桩效应的关系，要避免因桩距过小而明显降低群桩承载力，这点对于黏性土侧阻力较为敏感，对于端承桩则不受此限制。桩距设计不合理可能招致工程事故，如对挤土桩，因桩距过小可引起断桩、缩颈、上涌等事故频发。

（2）基桩中心距的规定

桩的中心距宜符合表 10.4.3 的规定。对于大面积桩群，尤其是挤土桩，桩的最小中心距宜按表列值适当加大。

桩的最小中心距 **表 10.4.3**

土类与成桩工艺		排数不少于3排且桩数不少于9根的摩擦型桩桩基	其他情况
非挤土灌注桩		3.0d	3.0d
部分挤土桩		3.5d	3.0d
挤土灌注桩	非饱和土	4.0d	3.5d
	饱和软土	4.5d	4.0d
扩底钻孔、挖孔桩		2D 或 D+2.0m（当 D>2m）	1.5 D 或 D+1.5m（当 D>2m）
沉管夯扩桩、钻孔挤扩桩	非饱和土	2.2D 且 4.0d	2.0D 且 3.5d
	饱和软土	2.5D 且 4.5d	2.2D 且 4.0d

注：1. d 为圆桩直径或方桩边长；D 为扩大端设计直径。
2. 当纵横向桩距不等时，其最小桩中心距应满足“其他情况”一栏的规定。
3. 当为端承桩时，非挤土灌注桩的“其他情况”一栏可减小至 2.5d。

6. 抗浮桩基宜按下列原则设计

1）抗浮桩基的应用条件

近年来由于超高层建筑地下空间的大规模开发，地下建（构）筑物的抗浮是普遍问题，如常见的裙房和地下车库等。

2）抗浮桩基设计原则

对于抗浮桩基，应根据场地勘察报告关于环境类别，水、土腐蚀性，建筑物地下结构防渗要求等具体情况按以下原则设计：

（1）应根据建筑具体特点综合确定抗浮设计方案；当主裙楼连体而裙楼存在抗浮问题时，在确定抗浮方案时应考虑变形协调问题；

（2）考虑地下水位变化的影响，一些地区现状地下水位低，但考虑抗浮设防水位高；

（3）应根据环境条件对钢筋的腐蚀、钢筋种类对腐蚀的敏感性和荷载作用时间等因素确定抗浮桩的裂缝控制等级；

（4）对于严格要求不出现裂缝的一级裂缝控制等级，需设置预应力筋；

（5）一般要求不出现裂缝的二级裂缝控制等级，可采用提高混凝土强度等级、控制基桩抗拔承载力取值，或采用预应力等措施，但配筋率应满足抗拔力要求；

（6）限制裂缝宽度不超过 0.2mm 的三级裂缝控制等级，应进行桩身裂缝宽度计算，确定混凝土强度等级、配筋率、是否采用预应力等；

（7）抗浮承载力要求较高时，可采用扩底、桩侧后注浆等技术措施；

（8）抗浮桩的布置应考虑结构形式、基础底板形式和厚度、柱距、荷载传递等进行优化布置，减小基础底板内力；

（9）对于抗浮桩承载力应进行单桩和群桩抗拔承载力计算。

10.4.2 超高层建筑桩-筏基础设计关键问题研究

1. 超高层建筑桩-筏基础设计要点

超高层建筑桩-筏基础埋深一般较大，在初步设计概念上，埋深一般取结构高度 1/18，如图 10.4.1 所示。对于高度超过 500m 以上的建筑，则埋深应尽量增大。基础埋深另一方面也受到建筑与业主对地下室层数用途要求，因此，结构工程师应在超高层项目的方案前期规划与设计中，结合地质勘察报告对地下室层数、层高以及基础底板所在土层情况对基础埋深综合研究后确定。基础埋深为超高层建筑基础设计中重要指标，对基础受力、侧向嵌固均有重要影响，应高度重视。

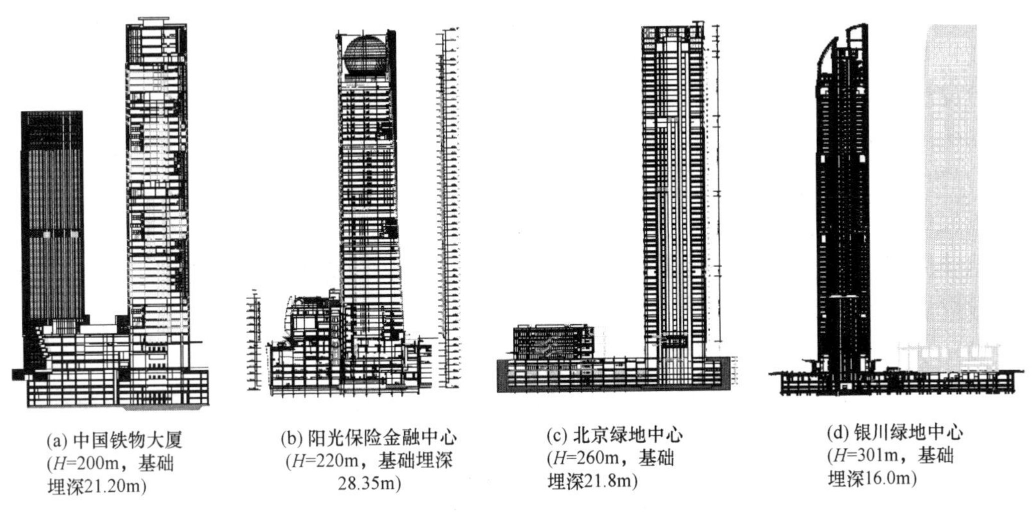

(a) 中国铁物大厦（H=200m，基础埋深21.20m）
(b) 阳光保险金融中心（H=220m，基础埋深28.35m）
(c) 北京绿地中心（H=260m，基础埋深21.8m）
(d) 银川绿地中心（H=301m，基础埋深16.0m）

图 10.4.1　超高层建筑工程举例

由于超高层桩-筏基础技术要点以及受影响的因素较多，在地质条件符合建设条件的前提下，具体需要注意：

1）桩型与桩长

（1）由于超高层建筑自重大，桩基一般采用大直径桩，需要注意的是选用大直径桩应结合场地工程地质条件等因素确定成桩工艺。

（2）由荷载效应标准组合下作用于承台顶面的竖向力、桩基承台和承台上土自重标准值（对稳定的地下水位以下部分应扣除水的浮力），可定量预估单桩的承载力特征值 R_a。

（3）由预估的单桩承载力特征值反推桩径及配筋。

（4）根据桩基承载力特征值和地质孔点资料，便可确定桩长。由于超高层建筑桩基一般较长，基本为摩擦端承桩，桩端持力层应尽量选取压缩模量较大的土层，例如细砂、中砂、卵石或岩层等。

2）桩的布置

应先以标准组合下的柱底反力确定，单桩的抗力应采用基桩承载力特征值 R_a。对于超高层建筑桩筏基础桩顶反力，角柱下柱底反力大于边柱，且起控制作用的为风荷载。角柱下桩数也多于边柱。

3）上部结构刚度影响

考虑上部结构对基础受力、变形的影响，可以影响荷载传至筏板的力分布，对降低差异变形、减小筏板厚度均有帮助。应进行地基-基础-结构共同作用分析。

4）沉降控制与沉降分析

超高层建筑的沉降最大值位于核心筒处，整个筏板变形呈现“锅底”状变形，为降低过大变形，需控制绝对沉降变形总量和相对变形量，后者也称为差异变形。沉降的计算方法有：集中力 Mindlin 方法、考虑桩径影响效应的 Mindlin 方法、Mindlin 解均化应力分层总和法、等效作用分层总和法、实体深基础法、有限元计算的基床系数法等。

（1）绝对沉降

绝对沉降量的产生是因核心筒所承担自重较大，主要由核心筒下桩-土共同承受。在验算桩顶反力时，可不考虑土的作用，即上部荷载完全由桩基承担。

（2）差异（相对）沉降量是由于筏板下基础不同的刚度和不同的上部荷载来产生的。降低差异沉降除直接增加基础刚度外，还可采用变刚度调平，强化沉降值较大处的基础刚度，弱化沉降值较小处的基础刚度，使得整个筏板整体下沉并控制沉降总量的一种方法。

5）附加作用效应

附加作用效应为超高层建筑桩-筏基础设计时所特有的，其一是由于水平荷载（风荷载和地震作用）引起的外围桩顶受力增大；其二为不均匀沉降，局部桩基受到的下拉荷载，导致承载力和相对竖向变形无法满足规范要求。

（1）水平荷载引起的附加效应

部分工程表明，如表 10.4.4 所示，对于超高层建筑而言，基础反力受水平荷载影响较大，尤其结构外围桩顶反力可能存在不利状况。

桩顶反力标准值 **表 10.4.4**

项目名称及所在地	恒载＋活载（kN）	风荷载（kN）	塔楼桩基区域筏板面积（m^2）	桩数(根)/桩长(m)	标准组合下桩顶反力（kN）
银川绿地中心，银川（H＝301m）	3554573＋1079196	178741	2500	240/45	13436＜1.2R_a＝15000 其中风荷载、地震作用引起桩顶反力为 2511(18%)，3299(25%)
北京绿地中心，北京（H＝260m）	2396053＋590127	87358	2463	242/30	10334＜1.2R_a 其中风荷载、地震作用引起桩顶反力为 1711(17%)，2174(21%)
阳光保险金融中心，北京（H＝220m）	2311319＋ 636243	76081	2489	198/42	10232＜1.2R_a＝13200 其中风荷载、地震作用引起桩顶反力为 834(8.2%)，1355(14%)
中国铁物大厦，北京（H＝200m）	1792059＋654878	45103	5935	30.4/29.5	10022＜R_a＝14000 其中风荷载、地震作用引起桩顶反力为 378(3.8%)，785(7.8%)

（2）差异沉降引起的附加效应

由差异沉降引起的附加效应主要指绝对沉降量较小的竖向构件受到附近绝对沉降量较大的竖向构件下拉荷载的影响，造成桩身或地基承载力不满足要求。此处需采取特殊的构造措施或基础布置方案来解决。解决措施是改变基础刚度，变刚度调平，有如下三种措施：

① 变刚度调平

以减小差异沉降和承台内力为目标的变刚度调平设计，宜结合具体条件按下列规定实施：

a. 对于主裙楼连体建筑，当高层主体采用桩基时，裙房（含纯地下室）的地基或桩基刚度宜相对弱化，可采用天然地基、复合地基、疏桩或短桩基础。

b. 对于框架-核心筒结构高层建筑桩基，应强化核心筒区域桩基刚度（如适当增加桩长、桩径、桩数、采用后注浆等措施），相对弱化核心筒外围桩基刚度（采用复合桩基，视地层条件减小桩长）。

c. 对于框架-核心筒结构高层建筑天然地基承载力满足要求的情况下，宜于核心筒区域局部设置增强刚度、减小沉降的摩擦型桩。

d. 对于大体量筒仓、储罐的摩擦型桩基，宜按内强外弱的原则布桩。

e. 对上述按变刚度调平设计的桩基，宜进行上部结构—承台—桩—土共同工作分析。

② 设置后浇带

采用后浇带直接分割竖向荷载的传力途径，待主体结构与裙房差异沉降满足相关规范限值要求时封闭。

③ 设置桩顶协调变形构造措施

在桩顶设置构造措施，允许桩顶与筏板之间存在相对变形。通过此相对协调变形，达到变刚度调平的目的。

6）抗浮设计

当裙房部位结构物的自身重量（包括顶板覆土）不能抵抗地下水浮力时，结构物产生上浮，导致结构物变相超标或损坏。结构抗浮包括两部分内容：其一是地下水浮力作用下的整体与局部抗浮稳定计算的问题，也就是结构抗漂浮的稳定性计算；其二是结构构件（筏板、防水板、地下室外墙等）在水压力作用下的强度计算（截面尺寸与配筋）。

7）筏板厚度弯矩及配筋

超高层建筑桩筏基础中筏板厚度由抗剪强度确定，然后再考虑在建筑物作用下的抗弯强度。核心筒下筏板弯矩最大，弯矩图呈“碗状”分布。随着建筑高度增加，筏板厚度不仅仅由抗弯控制，而且还兼顾协调外围框架柱和内核心筒的差异变形。具体详见表10.4.5。

部分超高层建筑桩筏基础信息统计 **表 10.4.5**

工程项目		高度（m）	筏板厚度（m）	桩径（m）	混凝土强度等级	筏板弯矩峰值（kN·m/m）	
					筏板	理论计算值	有限元
1	中国尊	528	6.5	1.2/1.1	C40	—	—
2	迪拜哈里法塔	828	3.7	1.5	C50	—	—
3	上海中心	632	6.0	1.0	C40	—	—
4	上海环球金融中心	492	4.5	1.0	C40	—	—
5	金茂大厦	420.5	4.0	1.0	C40	—	—

续表

工程项目		高度（m）	筏板厚度（m）	桩径（m）	混凝土强度等级	筏板弯矩峰值（kN·m/m）	
					筏板	理论计算值	有限元
6	银川绿地中心	301	4.0	1.0	C40	15615.07	17800
7	北京绿地中心	260	3.2	1.0	C40	6180.62	7482
8	阳光保险金融中心	220	2.8	1.0	C40	5956.96	8350
9	中国铁物大厦	200	3.0	1.0	C40	3069.44	6326

注："—"表示未统计到相关数据，且考虑上部结构刚度、不计水浮力。

对于筏板的配筋计算，可由相对弯曲反算弯矩，进而可以求得配筋。筏板相对弯曲为：

$$\theta_r=\frac{\Delta w_r}{L_R} \tag{10.4.4}$$

式中，Δw_r 为基础差异沉降，可通过实测或计算得到；L_R 为基础长度。

筏板整体弯矩为：

$$M=8\theta_r D\left(\frac{1}{L}+\frac{\nu}{B}\right) \tag{10.4.5}$$

$$D=\frac{Et^3}{12(1-\nu^2)} \tag{10.4.6}$$

式中，L、B 分别为基础长度和宽度；D 为等效弯曲刚度；E、ν 为筏板材料的弹性模量和泊松比；t 为筏板厚度。

8）后注浆灌注桩的设计

超高层建筑后注浆灌注桩的单桩极限承载力，应通过静载试验确定。在符合《建筑桩基技术规范》JGJ 94—2008 第 6.7 节后注浆技术实施规定的条件下，其后注浆单桩极限承载力标准值可按下式计算：

$$Q_{uk}=Q_{sk}+Q_{gsk}+Q_{gpk}=u\sum q_{sjk}l_j+u\sum\beta_{si}q_{sik}l_{gi}+\beta_p q_{pk}A_p \tag{10.4.7}$$

式中，Q_{sk} 为后注浆非竖向增强段的总极限侧阻力标准值；Q_{gsk} 为后注浆竖向增强段的总极限侧阻力标准值；Q_{gpk} 为后注浆总极限端阻力标准值；u 为桩身周长；l_j 为后注浆非竖向增强段第 j 层土厚度；l_{gi} 为后注浆竖向增强段内第 i 层土厚度：对于泥浆护壁成孔灌注桩，当为单一桩端后注浆时，竖向增强段为桩端以上 12m；当为桩端、桩侧复式注浆时，竖向增强段为桩端以上 12m 及各桩侧注浆断面以上 12m，重叠部分应扣除；对于干作业灌注桩，竖向增强段为桩端以上、桩侧注浆断面上下各 6m；q_{sik}、q_{sjk}、q_{pk} 分别为后注浆增强段第 i 土层初始极限侧阻力标准值、非竖向增强段第 j 土层初始极限侧阻力标准值、初始极限端阻力标准值；应根据《建筑桩基技术规范》JGJ 94—2008 第 5.3.5 条确定；β_{si}、β_p 分别为后注浆侧阻力、端阻力增强系数，无当地经验时，可按《建筑桩基技术规范》JGJ 94—2008 表 5.3.10 取值。对于桩径大于 800mm 的桩，应根据《建筑桩基技术规范》JGJ 94—2008 表 5.3.6-2 进行侧阻和端阻尺寸效应修正。

后注浆钢导管注浆后可等效替代纵向主筋。

2. 工程实例：Mindlin 解均化应力分层总和法应用与验证

1）三种沉降计算法设定案例比较

群桩基础沉降计算的实体深基础法（建筑地基基础设计规范法）和等效作用分层总和法（建筑桩基技术规范法）均给出了各自沉降计算经验修正系数，其修正沉降计算值实际上便是实测沉降统计值。因此通过以上两种方法和 Mindlin 解均化应力分层总和法对设定的桩基案例进行沉降计算比较，有助于对三种方法的评价。

（1）计算案例条件

群桩几何参数：钻孔灌注桩，桩径 $d=0.8$m；三种长径比（$l/d=20$、50、80），相同距径比（$s_a/d=3$），相同排列与桩数（$n=10\times10$）；基础埋深 $D=10$m。

物理参数：地下水位为地面以下 1.0m；土天然重度 $\gamma_0=19.0\text{kN/m}^3$，桩端以下土压缩模量 $E_s=40$MPa。

$l/d=20$ 群桩，单桩承载力特征值 $R_{ak}=1955$kN，极限侧阻力 $q_{su}=70$kPa，极限端阻力 $q_{pu}=1400$kPa；端阻比 $\alpha=0.2$，均布侧阻比 $\beta=0.5$；附加荷载 $F_c=145324$kN。

$l/d=50$ 群桩，单桩承载力特征值 $R_{ak}=3850$kN，极限侧阻力 $q_{su}=70$kPa，极限端阻力 $q_{pu}=1400$kPa；端阻比 $\alpha=0.1$，均布侧阻比 $\beta=0.5$；附加荷载 $F_c=334824$kN。

$l/d=80$ 群桩，单桩承载力特征值 $R_{ak}=5170$kN，极限侧阻力 $q_{su}=60$kPa，极限端阻力 $q_{pu}=1400$kPa；端阻比 $\alpha=0.05$，均布侧阻比 $\beta=0.5$；附加荷载 $F_c=466824$kN。

（2）三种沉降计算法的附加应力和压缩层厚度

① Boussinesq 解实体深基础分层总和法

实体深基底面的附加应力 $p_0=$[承台底附加荷载－深基外表面极限侧阻力/2]/深基底面积。

桩端平面中心轴线各点附加应力，由《建筑桩基技术规范》JGJ 94—2008 附录 D 查表确定 Boussinesq 解附加应力系数 α，得 $\sigma_z=\alpha p_0$。

压缩层厚度按附加应力与土自重应力比确定，即 $\sigma_z=0.2\sigma_c$（σ_c 为土的有效自重应力）。

② 等效作用分层总和法

附加应力计算方法与上述实体基础法基本相同，不同点是实体深基底面附加压力直接取承台底面附加压力，不扣除实体深基外表面侧阻力。为统一评价附加应力对沉降计算结果的影响，将等效系数 ψ_e 乘以 σ_z，给出 $\psi_e\sigma_z$（ψ_e 按 JGJ 94—2008 中第 5.5.9 条和附录 E 确定）值。

压缩层厚度 z_n 按附加应力 σ_z 与土自重应力比为 20%确定，即 $\sigma_z=0.2\sigma_c$。

③ Mindlin 解均化应力分层总和法

附加应力计算方法与上述两种方法假定群桩为实体深基不同，而是按长径比 l/d、桩距 s_a/d、排列与桩数查表确定端阻、均布侧阻、正三角形分布侧阻的均化应力系数 $\bar{k}_p$、$\bar{k}_{sr}$、$\bar{k}_{st}$ 后，按实际 q_p、q_{sr}、$\bar{q}_{st}$、α、β 确定附加应力，即 $\sigma_z=q_p\cdot\bar{k}_p+q_{sr}\cdot\bar{k}_{sr}+q_{st}\cdot\bar{k}_{st}$。

（3）三种沉降计算法的比较

① 附加应力图形的差异

由图 10.4.2 看出，前两种计算法的附加应力图形与浅基础相似。Mindlin 解均化应力法的附加应力则表现为长筒喇叭形，这是由于桩端以下 $2d$ 贯入变形附加应力加大所致。

② 长径比的影响

图 10.4.2 表明，实体深基法的附加应力值随长径比（l/d）增加而显著增大。这是由于 Boussinesq 解附加应力仅与附加荷载大小有关，而长径比越大，附加荷载越大，导致附加应力越大。而 Mindlin 解则反映桩长范围侧阻应力的扩散效应，因而其附加应力随长径比增大而增长缓慢。

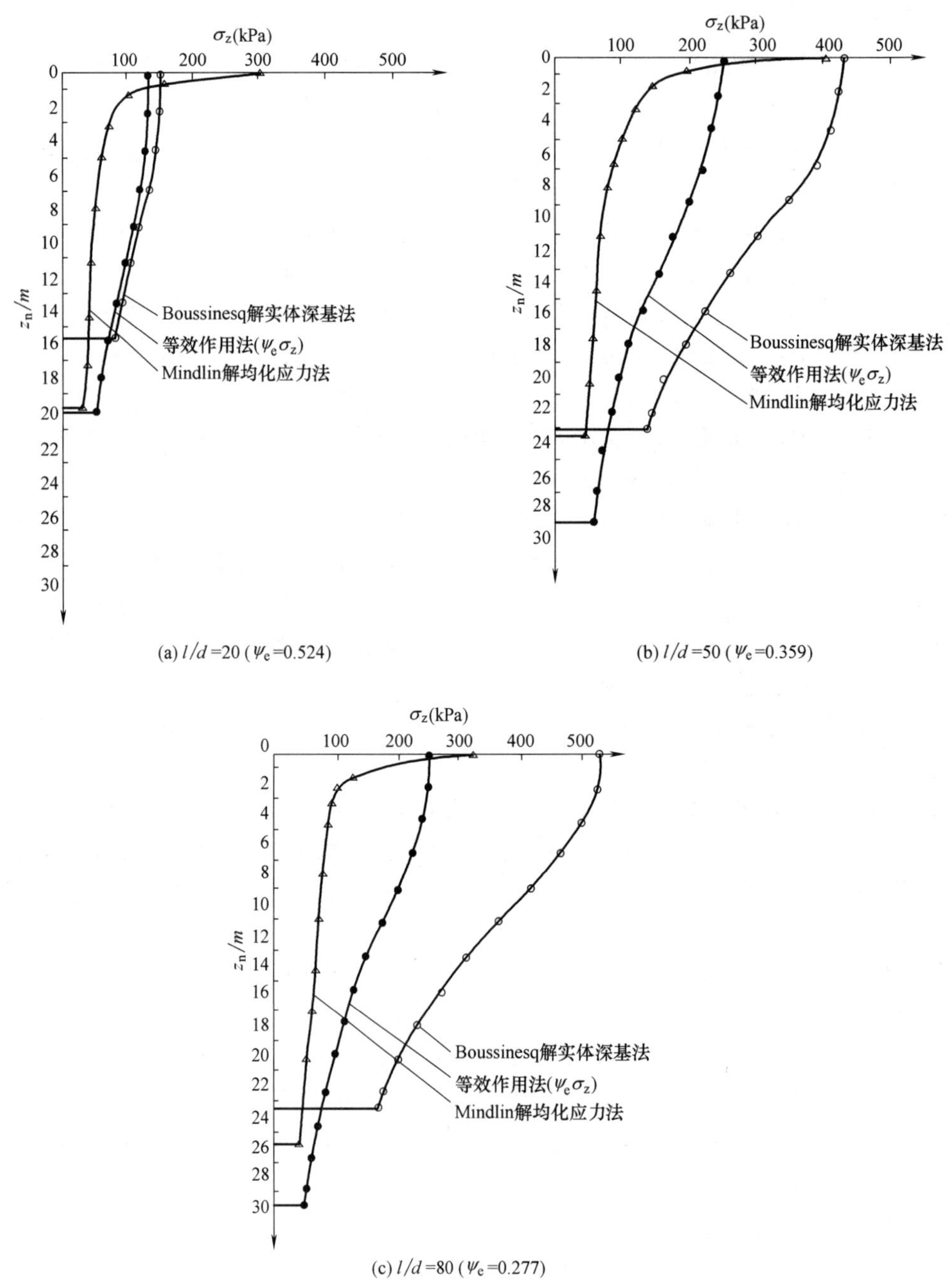

图 10.4.2　群桩附加应力沿深度变化

③ 关于压缩层厚度

由图 10.4.2 看出，Boussinesq 解实体深基法按传统的附加应力与自重应力比法确定的压缩层下限处对应的附加应力 σ_z 为 80～170kPa，这显然不具备真实性。Mindlin 解均化应力法，由于附加应力 σ_z 较小，若按应力比法确定压缩层厚度将导致压缩层厚度过小。

④ 沉降计算值

由表 10.4.6 看出，实体深基法未经修正的沉降计算值 s' 显著偏大，且随桩长径比增加偏大幅度增加，采用同一经验系数进行修正又导致长径比较小，桩基沉降值 s 偏小。均化应力法沉降计算值不经修正，与经修正的实体深基法和等效作用法修正沉降值接近。

设定案例三种沉降计算法最终沉降计算值 s(mm)　　表 10.4.6

长径比	实体深基础法		等效作用法		Mindlin 解均化应力法	
l/d	s'	$s=\psi_{ps}s'$	s'	$s=\psi s'$	s'	$s=s'+s_e$
20	47.9	14.4	48.6	22.8	24.0	24.0
50	162.8	48.8	106.7	50.1	45.5	55.3
80	201.4	60.4	121.3	57.0	50.6	60.8

注：1. 表中 ψ_{ps} 为 Boussinesq 实体深基法桩基沉降计算经验系数，按《建筑地基基础设计规范》GB 50007—2001 确定 $\psi_{ps}=0.35$；等效作用法沉降计算经验系数按《建筑桩基技术规范》JGJ 94—2008 确定，$\psi=0.47$。

2. s_e 为桩身压缩沉降，仅计算 $l/d\geqslant30$ 的基桩。

2）Mindlin 解均化应力沉降计算法工程实测验证

（1）工程概况

北京财源国际中心，为地上 36 层、地下 7 层框架-核心筒结构，主体高度 156m，主体平面尺寸为 53.00m×78.00m。主体与纯地下室裙房连成一体，建造期间主裙设沉降后浇带，基础埋深 26m。场地土层与基桩柱状图如图 10.4.3 所示。基础形式主体为桩筏，裙房为天然地基筏板。按变刚度调平原则布桩，核心筒基桩为 $\phi1000$，桩长 $l=25$m，外框架柱基桩为 $\phi1000$，桩长 $l=15$m，均采用桩端桩侧后注浆灌注桩。经单桩静载试验确定单桩承载力特征值，并综合附近银泰、中央电视台总部大楼、国贸三期、中国尊等工程的试验结果确定端阻比、侧阻分布模式等参数。

核心筒桩：$R_a=9500$kN，端阻比 $\alpha=0.05$，均布侧阻比 $\beta=0.5$；外框架柱桩：$R_a=7000$kN，$\alpha=0.3$，$\beta=0.60$。压缩模量当量值 $E_s=35$MPa。承台形式，核心筒为平板式，板厚 $h_1=2200$mm；外框架柱为梁板式，梁截面 $b_b\times h_b=2000$mm×2200mm，板厚 $h_2=1600$mm。平面布置图如图 10.4.4 所示。

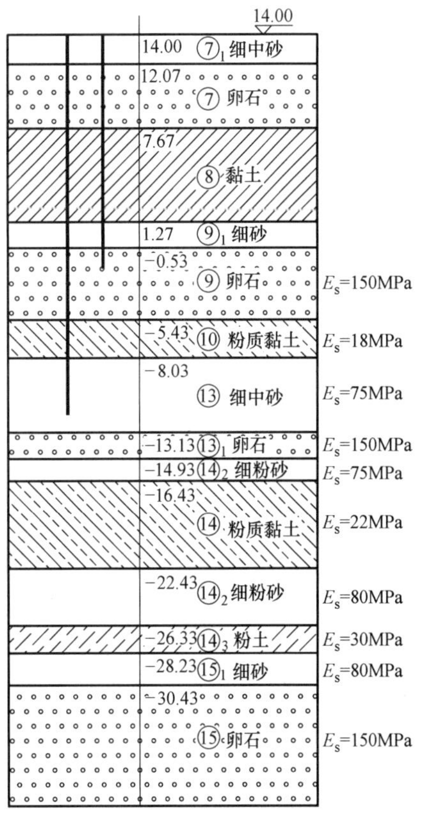

图 10.4.3　地层与基桩柱状图

（2）沉降计算值与实测比较

现将核心筒计算与实测中点最大沉降（竣工时）列于表 10.4.7（Mindlin 解均化应力分层总和法计算步骤见秋仁东博士论文“竖向荷载下桩身压缩和桩基沉降变形研究”）。按《建筑桩基技术规范》JGJ 94 规定，后注浆灌注桩基础沉降计算应考虑后注浆减沉效应乘以 0.7（砂、砾、卵石）～0.8（黏性土、粉土）折减系数，沉降计算经验系数按相应规范取值，实体深基法按《建筑地基基础设计规范》GB 50007—2011，$\psi_{ps}=0.35$，等效作用法按《建筑桩基技术规范》JGJ 94—2008，$\psi=0.5$，Mindlin 解均化应力方法，$\psi=1.0$；预估最终沉降 $s_{\infty}=(1+0.25)s=46.6$mm。

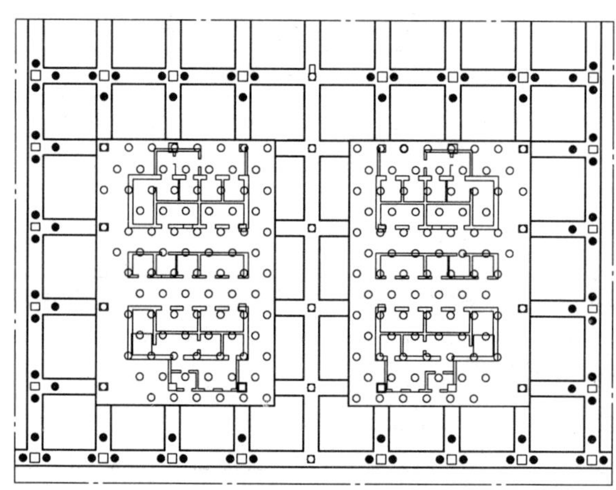

图 10.4.4　桩基础及承台布置图

财源国际核心筒桩基沉降计算与实测结果　　**表 10.4.7**

计算方法	计算 s'(mm)	后注浆减沉系数	沉降计算经验系数	s(mm)
Boussinesq 解实体深基计算法	209.1	0.7	$\psi_{ps}=0.3$	43.9
等效作用计算法	127.8	0.7	$\psi=0.5$	44.7
Mindlin 解均化应力计算法	66.8	0.7	$\psi=1.0$	46.8
实测沉降(竣工时)				37.3
预估最终沉降 $s_{\infty}=(1+0.25)s$				46.6

10.4.3　桩基础的抗震性能与设计方法

1. 桩基础的震害调查

1976 年唐山地震震害表明，桩基建筑与其他基础形式的建筑物相比，前者震害明显较后者为轻；同时，桩基础自身的震害也较浅埋的独立基础、条基为轻。但是我国和其他多地震国家特别是 1995 年日本阪神地震震害调查分析表明，桩基的震害仍然不少。桩基震害主要与地表土质密切关联，此外，上部结构形式、荷载特点、桩基抗震设计的合理性也是重要的影响因素。就土质而言，可按非液化土和液化土两类对桩基震害的影响进行归纳和分析。

1）非液化土中桩基的震害

（1）软土中桩基的震陷

设置于深厚软土中且桩端未进入良好持力层的基桩，地震时因软土触变导致桩侧阻力降低，桩端发生刺入式破坏，桩基发生突陷。如 1975 年，墨西哥城地震时一座 16 层高的桩基大厦产生 3～4m 的震陷。该建筑基桩打入火山灰沉积软土层，土的压缩性和含水量极高，桩侧、桩端持力层土性相近，从而在地震作用下引起外部荷载增加、基桩抗力降低的双重不利因素下发生突陷。

天津新港地区望海楼住宅小区，上部为 3～4 层，筏形基础设置于软土地基上，唐山地震中发生 10～50cm 的震陷。主要是由于该住宅区场地软土地基容许承载力为 30～40kPa，而实际采用 57kPa 进行设计，使用期间即形成地基土较大的塑性区，震前沉降达 25～85cm，倾斜最大达 19.8%。地震时在静荷载与地震共同作用下，引起塑性区进一步开展，土体震陷严重。

(2) 软硬土层交界面处基桩的破坏

基桩置于分层土体中，当相邻土层刚度相差较大时，土层水平位移差导致软硬土层界面处桩身弯矩与剪力加大，使得基桩破坏。

唐山地震中，采煤井多在 8～10m 处开裂。经调查，在该地区地面下 8～11m 间有一层粉质黏土层，其上、下均为砂层，据华北勘察院资料，砂的波速实测为 330～525m/s，粉质黏土的波速实测为 245～293m/s，二者相差较大，地震下土层对井筒产生反复作用，由于土层振动特性差异致使井筒局部开裂。

如图 10.4.5 所示，为日本新潟地震后开挖调查的基桩破坏之一。该承台埋深 1.7m，桩长约 11m，桩侧上部土层以松散细砂为主，下部以稍密细砂为主，桩端持力层为中密细砂，在距承台下 2.5～3.5m 左右夹杂一层稍密细砂，距承台下 7～10m 左右夹着一层松散细砂。在这些触探 N 值突变的地方，基桩发生了弯剪破坏。

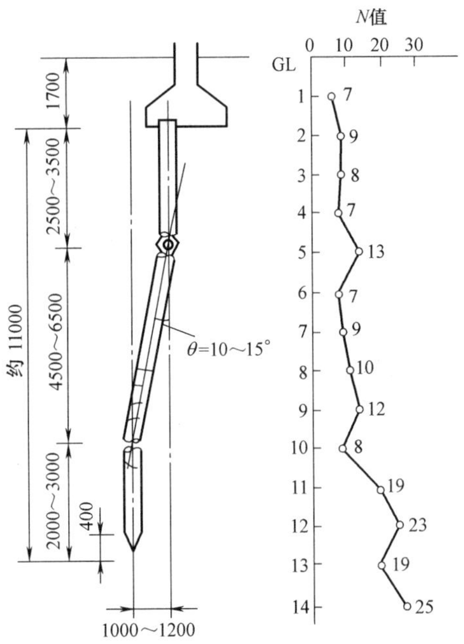

图 10.4.5 桩身在软硬土层界面处破坏

根据基桩在分层土体中地震响应的有限元分析，在土层水平刚度突变处，桩身弯、剪应力加大，因此这些部位应加强箍筋和纵筋的配置。日本阪神地震后集中对施工中的基桩震害进行调查。结果发现，未施工承台的基桩桩身也有震害，如图 10.4.6 所示，可见桩身的裂缝是由于土层位移所致，与上部结构惯性力无关。

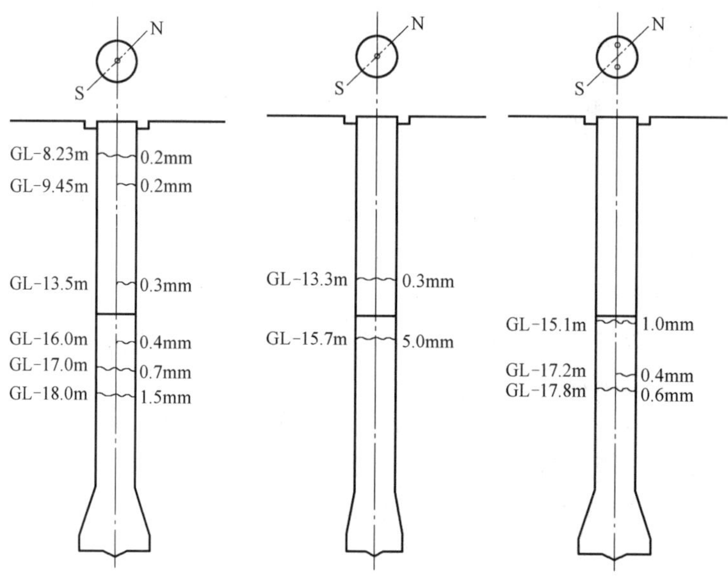

图 10.4.6　尚未施工承台的桩身破坏

（3）桩顶破坏

桩与承台连接一般为桩顶嵌入承台深度 5～10cm，主筋锚入承台 35 倍钢筋直径，这种连接呈非理想嵌固特征。在水平地震作用下，桩顶承受水平剪力和固端弯矩，弯剪应力集中，首先形成塑性铰。对于荷载大、重心高、埋深较浅的桩基，桩顶受循环作用的压、拔、弯、剪应力，导致桩顶混凝土压碎、钢筋压曲、钢筋拉脱、剪损等破坏，如图 10.4.7～图 10.4.9 所示。

图 10.4.7　灌注桩桩顶破坏图

图 10.4.8　非液化土中预制管桩桩顶破坏的形态

（4）承台震害

1995 年日本阪神地震之前，世界各国对承台的震害调查资料相当缺乏，人们对承台在地震下的工作性状也了解甚少。阪神地震后对承台震害做了专门调查和研究，下面介绍两例。

实例 1：柱下多桩承台的震害

该工程为住宅楼，钢-混凝土组合结构，无地下室，PC 桩基础，桩长不明，桩径 600mm，承台埋深 2.25m，地上 11 层，1987 年竣工。本次调查其中的 A、B 两栋。

图 10.4.9 预制管桩桩顶破坏

图 10.4.10 为场地土层柱状图，桩全长进入卵石层。

图 10.4.11 为 A、B 两栋住宅的基础平面图，为柱下独立桩基承台，并全长设置连系梁。

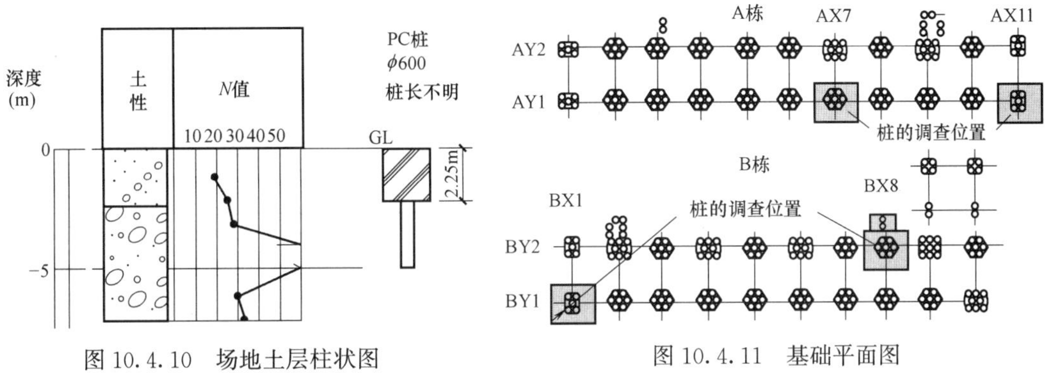

图 10.4.10 场地土层柱状图

图 10.4.11 基础平面图

图 10.4.12 为开挖调查、整理后的承台破坏详图。连系梁跨高比较小，从承台端部往

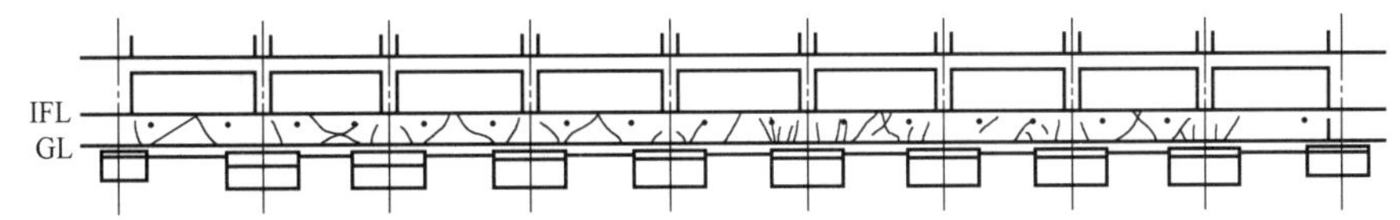

(a) B冻BY1轴承台拉梁破坏详图

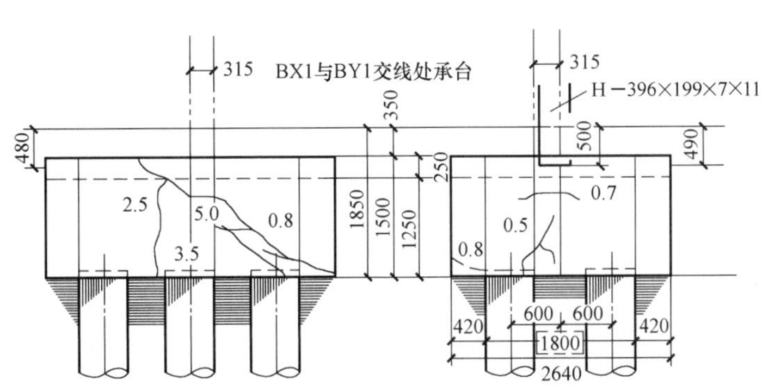

(b) BX1与BY1轴相交处承台破坏详图

图 10.4.12 承台破坏详图

上产生斜裂缝，呈典型的剪切破坏特征；承台从桩顶往上产生斜裂缝，呈剪切破坏特征。

实例 2：单柱单桩承台与连梁的震害

该工程为住宅楼，钢筋混凝土框架结构，无地下室，钢筋混凝土灌注桩基础，桩长不明，桩径 1200～1400mm，承台埋深 2.2m，地上 8 层，1979 年竣工。基础平面如图 10.4.13（a）所示，一柱一桩，全长设置连系梁。图 10.4.14 为基础破坏调查结果，连系梁端部产生由下往上的竖向裂缝，呈弯曲破坏特征；承台表面混凝土剥落。

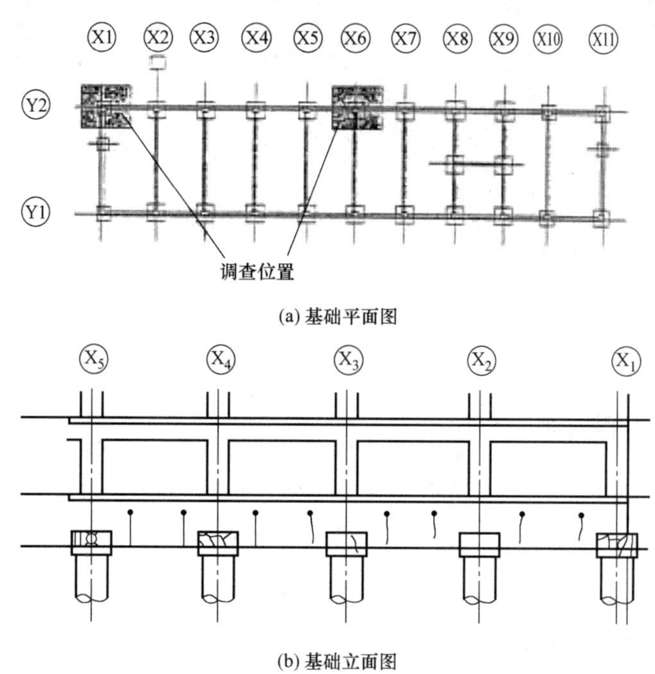

(a) 基础平面图

(b) 基础立面图

图 10.4.13　基础破坏示意图

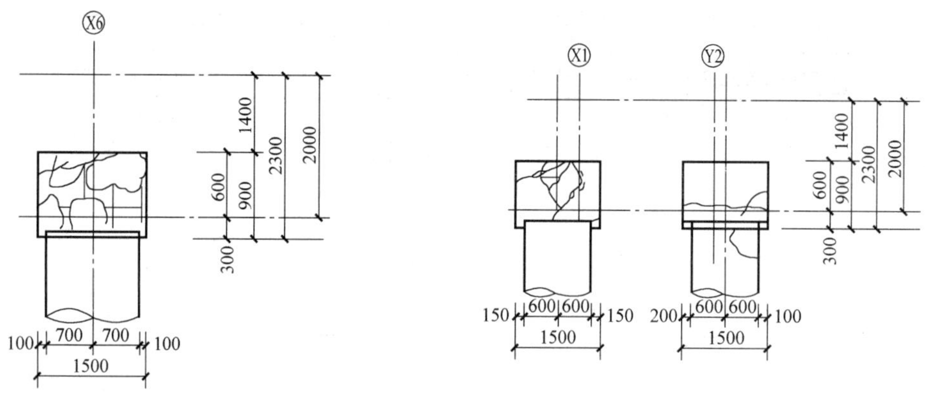

图 10.4.14　基础破坏详图

（5）边坡整体失稳

强地震作用往往会使平时稳定的土质边坡或岸边产生整体滑动，导致建筑物或交通设施产生严重破坏。唐山地震后调查发现，位于 11 度区的唐山市陡河胜利桥附近，河流两岸产生大面积滑坡。在这里，西河岸的破坏甚于东河岸。桥台由于受滑坡体推力和水平惯性力，出现大幅水平位移和倾斜，导致桥梁塌落，如图 10.4.15 所示。

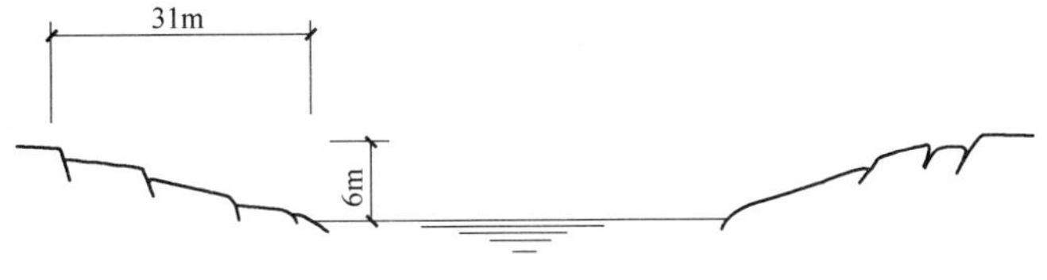

(a) 胜利桥附近河岸滑块断面示意

(b) 胜利桥附近河岸滑坡平面示意

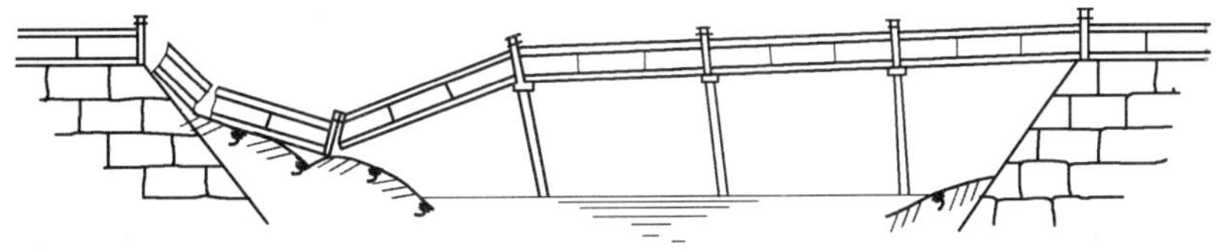

(c) 胜利桥破坏情况示意

(d) 胜利桥桩柱折断实况

图 10.4.15　边坡整体失稳导致胜利桥破坏

2）液化土中桩基的震害（群房\附楼）

（1）液化、液化侧扩和流滑机理

松散、中密状态的饱和砂土、粉土，地震时土颗粒处于运动状态，有增密趋势，导致孔隙水压力陡然增大，粒间有效应力消失，土体抗剪强度趋于零，进入液化状态。

基于特定地质生成条件，冲积土层常形成倾向于海、河方向的倾斜度，当土体液化时受到液化层和上覆土层自重在倾斜方向的分力以及地震作用而产生滑动。当液化层下界面倾斜度大于2°且小于5°的情况下，液化层及其上覆土层都可能发生朝向海、河方向的滑动，这种现象称为液化侧向扩展。液化侧扩使土体发生水平位移、形成多道地面裂缝和阶梯形错动，导致结构物受损，岸边坡地产生滑坡，桥台倾斜移位等，其危害程度远甚于平地地基土液化失效。

流滑是指液化层下界面倾斜度大于5°的情况下液化引起的土体滑动，其发生机理与液化侧扩相同，不过由于土体自重在倾斜方向的滑移分力更大，波及范围更远，破坏力更强。1920年宁夏海原大地震（M8.5级）出现的震惊中外的石碑塬黄土滑坡就是流滑所致。

（2）液化而无侧扩情况下的桩基震害

① 基桩桩端悬置于液化土层中或桩端嵌入稳定土层中深度不够

日本新潟地震，采用短桩基础的多层公寓楼，因地基土液化而整体倾覆失稳，房屋倾斜达50°（图10.4.16）。

② 液化后喷水冒砂、桩基沉降、倾斜

震后数小时至1～2天后，带有超静水孔压的液化土冲破覆盖层，形成喷水冒砂现象，潜存于液化土中的能量释放后，土颗粒开始沉淀，出现土体再固结，对基桩产生负摩阻力形成下拉荷载，桩基由低承台演变为高承台，桩基的竖向承载力和水平承载力均大幅降低，桩基础出现整体下沉（图10.4.17）。

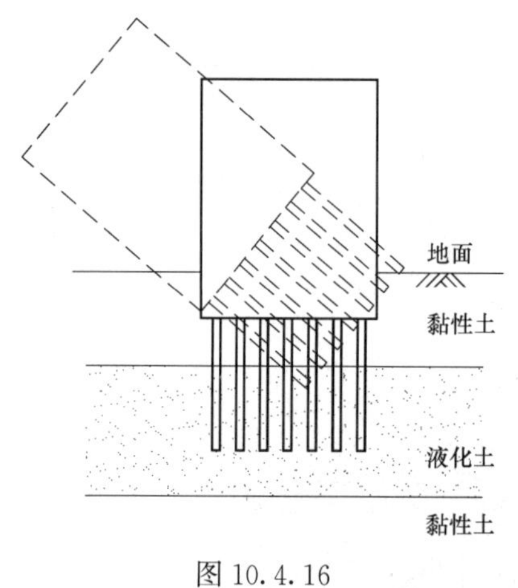

图10.4.16

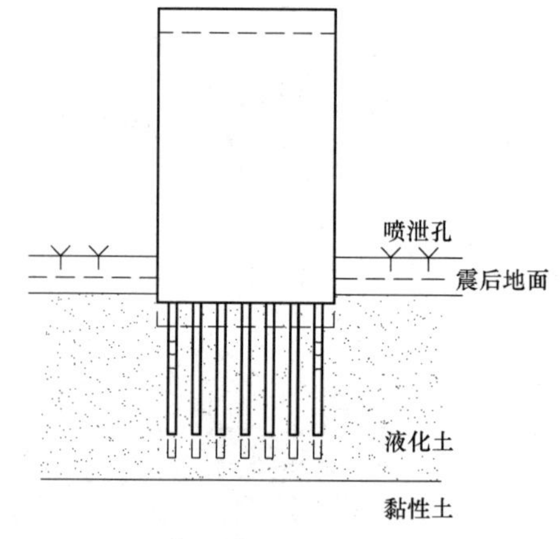

图10.4.17

③ 同一桩基中悬置于液化土中的短桩失效引发偏沉导致长桩折断

图10.4.18所示天津散装糖库柱下独立4桩承台，一侧桩长为18m，另一侧桩长为9m、12m，液化土层深度下界为15m。液化后，导致悬置于液化土层中的9m、12m桩承载力失效而偏沉，进入稳定土层的18m长桩负荷加大且承受偏心弯矩而折断。由此可见，桩端进入液化土层以下稳定土层足够深度是必要的，更应避免同一桩基础下部分桩悬置于液化土层中而另一部分置于稳定土层中。

④ 液化土层中桩基的地面单侧堆载

图10.4.19所示天津钢厂柱基地面单侧堆载，导致液化土产生侧向推挤而致桩身折断。

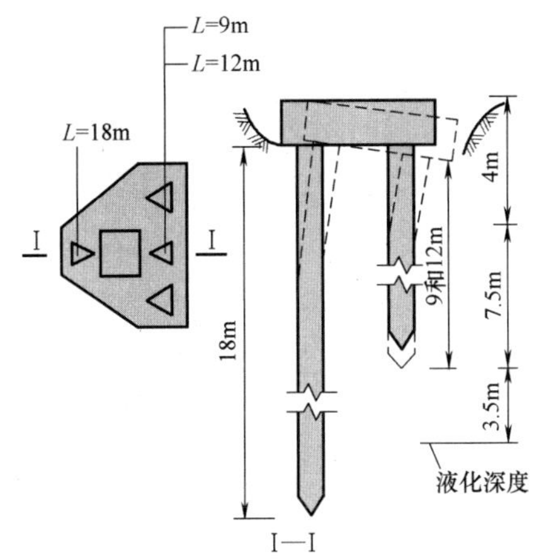

图 10.4.18 部分基桩悬置于液化土中

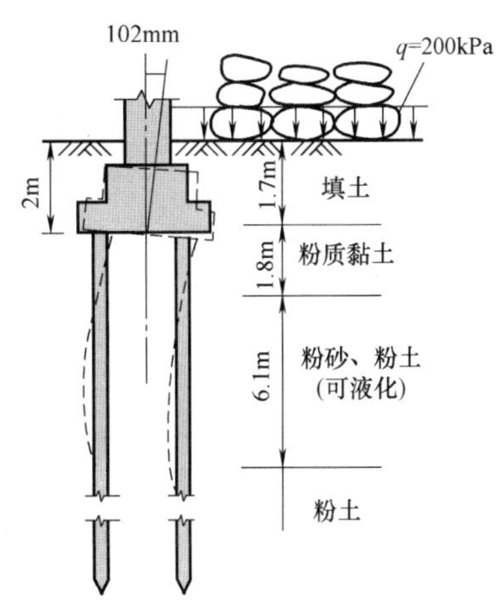

图 10.4.19 桩基单侧堆载

⑤ 液化而无侧向扩展地基土中的基桩，由于侧向土体约束削弱，主要靠桩身抵抗地震作用，导致桩顶弯矩、剪力、压力增大，桩顶破坏严重，如图 10.4.20 所示。

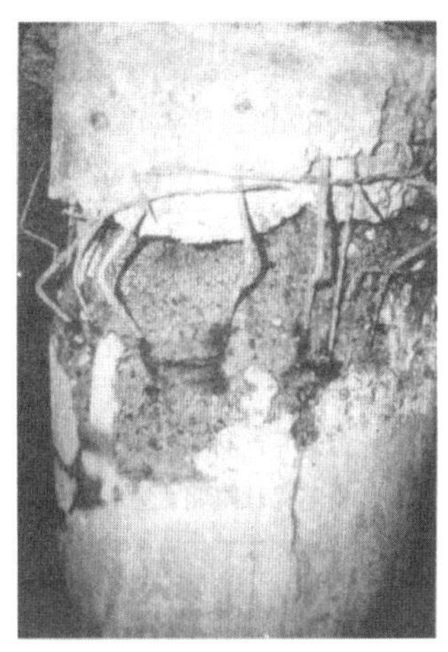

(a) PC桩纵筋压屈

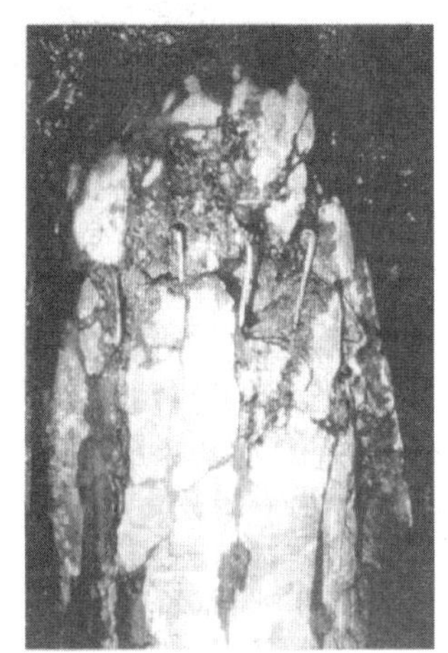

(b) PHC桩头压碎

图 10.4.20 液化而无侧向扩展的基桩桩顶破坏

(3) 液化侧扩地基上桩基的震害

液化且有侧向扩展时，不仅导致桩基竖向承载力削弱，基桩还要承受侧扩液化层的侧向推力和惯性力作用，所受水平推力十分突出，在桩顶与承台连接处、液化土与非液化土界面，桩的剪力、弯矩高度集中，震害非常严重，其特征表现为桩顶与承台或者桩身上下断裂且产生明显错位（图 10.4.21）；此外，位于岸边坡地的桩基发生整体失稳的可能性更大。

① 桩身、桩顶的破坏

图 10.4.22 为某建筑物因液化土侧向扩展的破坏实例。该场地一侧临海，液化侧扩推力朝临海一侧。在岸壁附近的液化土含水量较离岸较远的液化土含水量高，超孔隙水压力较大，从而形成液化侧向推力梯度。靠近岸壁的基桩率先严重破坏，形成塑性铰。

图 10.4.23 为阪神地震中素混凝土桩在桩头的破坏情况。由于地基土液化发生侧向扩

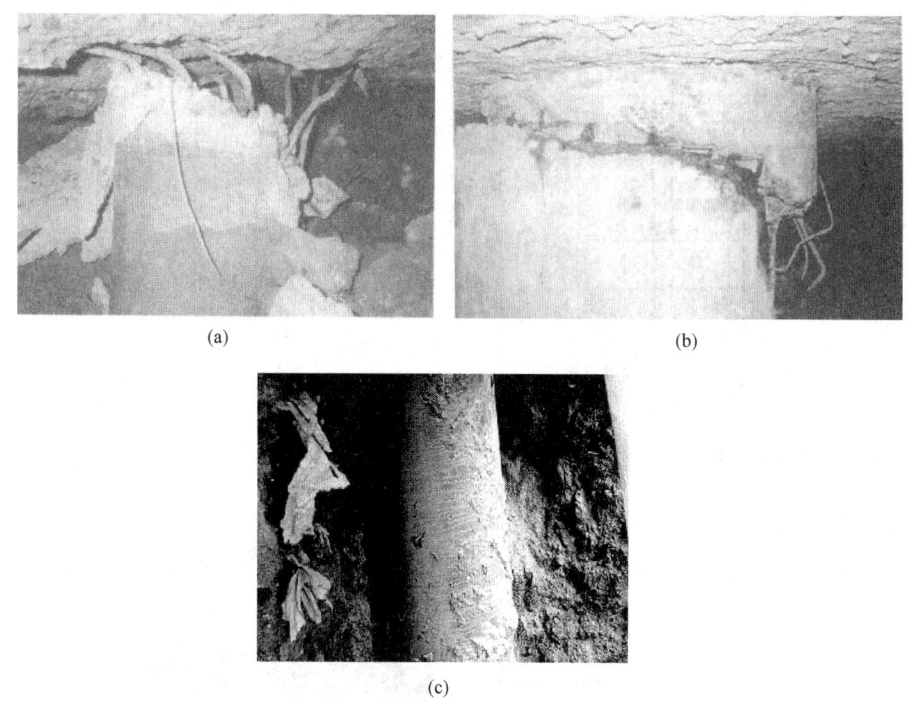
图 10.4.21　液化侧扩地基上桩基局部震害

展，使桩头发生直剪破坏。可见采用无筋素混凝土作为地基土的竖向增强体，在地震设防区能否保证安全，应做进一步分析。

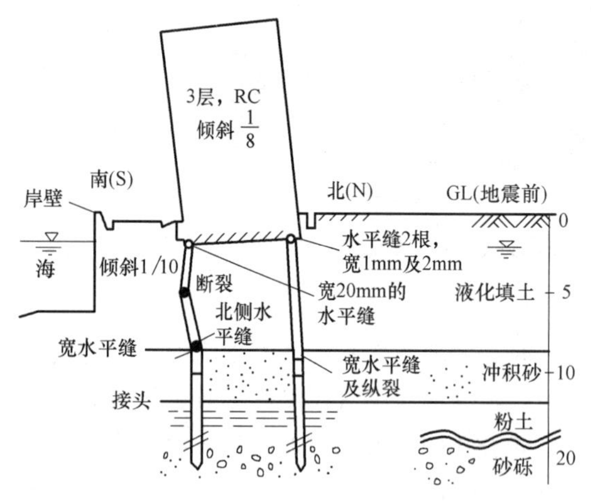

图 10.4.22　液化侧扩地基上桩基整体震害图

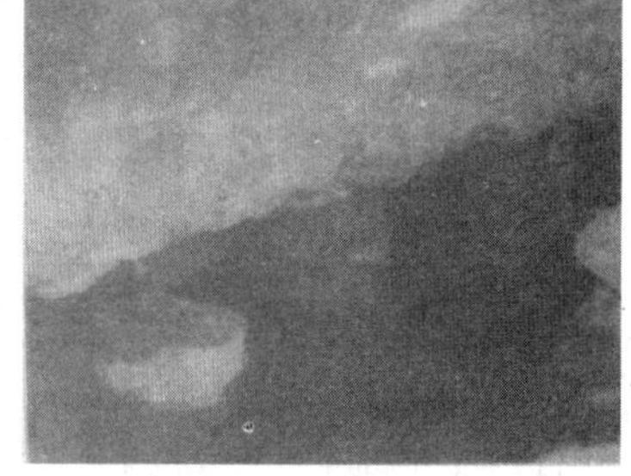
图 10.4.23　素混凝土桩桩头剪断

② 液化侧扩区在建桩基（仅施工基桩和部分承台）基桩的震害

1976 年唐山地震时，天津新港海洋石油研究所轮机车单层排架厂房正处于施工阶段，基桩和大部分承台已完工，上部结构尚未开始施工，桩顶竖向荷载仅为承台自重。厂区位于新港航道南侧临海的新吹含砂填土之上，吹填土厚度约为 2m，以下依次为夹粉砂黏土、淤泥质黏土、夹粉砂粉质黏土、粉土、粉砂。地震后地表发生向东北方向海边的液化侧向扩展，裂缝密布，特别是北面临海一侧，地面裂缝宽度一般为10cm，最宽达20～30cm，喷水冒砂严重。承台向东向北（东北方向临海）方向发生位移，向东位移最大1.3m，向北位移均超过0.5m，承台向东北倾斜高差一般大于10cm，最大21cm。2桩承台位移和倾斜明显大于4桩承台。基桩为50cm×50cm预制方桩和$d=68$cm的灌注桩，桩长均为26.5m，预制桩主筋为$4\phi22+4\phi25$；灌注桩主筋为$8\phi16$。

震后选择有代表性的桩基进行开挖检查，开挖深度为4m。检查发现基桩震害有如下三个特征（详见图10.4.24）：

a. 与北侧海岸相邻的E、F轴线的基桩裂缝开展较严重，从桩顶至开挖深度4m范围桩身均有裂缝，混凝土受压碎落，钢筋外露，桩身严重破坏。

b. 裂缝分布密度和宽度，桩顶1m以内大于桩身下部。裂缝均呈环形，以受弯为主。

c. 离海岸较远的D、E轴线基桩（图10.4.24e）裂缝数量相对较少，裂缝宽度也相对较小。

本工程基桩的震害是在无上部结构荷载（仅有承台自重）条件下发生的，也就是完全由液化侧向扩展对基桩的水平推力和地层水平地震作用所致。

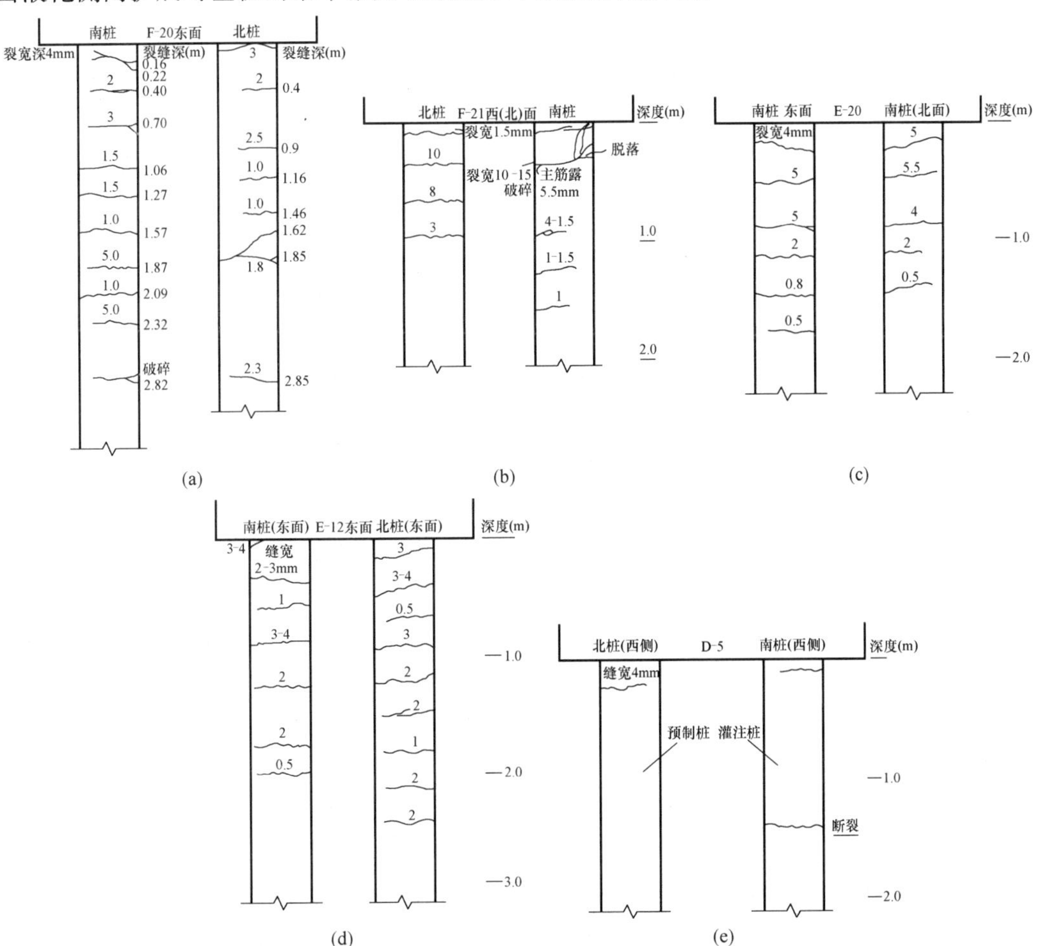

图10.4.24 天津新港海洋石油研究所轮机车间在建桩基因液化扩展破坏

2. 超高层建筑桩筏基础的抗震性能化设计

1）桩基础抗震性能化设计目标

（1）桩基础作为重要竖向构件，在多遇地震工况下桩身应不损坏，单桩竖向荷载和水平荷载应小于单桩竖向承载力特征值（抗震）和水平承载力特征值（抗震）；

桩基础作为重要竖向构件，在设防地震工况下，桩身不损坏，单桩所受竖向荷载和水平荷载可以略超单桩竖向承载力特征值（抗震）和水平承载力特征值（抗震）；

桩基础作为重要竖向构件，在罕遇地震工况下，桩身轻微损坏，单桩竖向荷载和水平荷载不得超过单桩竖向极限承载力标准值和水平极限承载力。

（2）桩身内力计算复核：根据《高层建筑混凝土结构技术规程》JGJ 3—2010 第 3.11.1 条规定：工程桩基础抗震性能目标为 B 级，见表 10.4.8 和表 10.4.9，即多遇地震工况下，桩基础按第 1 结构抗震性能水准复核验算；设防地震工况下，桩基础按第 2 结构抗震性能水准复核验算；罕遇地震工况下，桩基础按第 3 结构抗震性能水准复核验算。

结构抗震性能目标 **表 10.4.8**

性能目标 / 性能水准 / 地震水准	A	B	C	D
多遇地震	1	1	1	1
设防烈度地震	1	2	3	4
预估罕遇地震	2	3	4	5

各性能水准结构预期的震后性能状况 **表 10.4.9**

结构抗震性能水准	宏观损坏程度	损坏部位			继续使用的可能性
		关键构件	普通竖向构件	耗能构件	
1	完好、无损坏	无损坏	无损坏	无损坏	不需修理即可继续使用
2	基本完好、轻微损坏	无损坏	无损坏	轻微损坏	稍加修理即可继续使用
3	轻度损坏	轻微损坏	轻微损坏	轻度损坏、部分比较严重损坏	一般修理后可继续使用
4	中度损坏	轻度损坏	部分构件中度损坏	中度损坏、部分比较严重损坏	修复或加固后可继续使用
5	比较严重损坏	中度损坏	部分构件比较严重损坏	比较严重损坏	需排险大修

2）桩基础抗震设计方法

（1）非液化土中低承台桩基的抗震验算，应符合下列规定：

① 单桩的竖向和水平向抗震承载力特征值，可均比非抗震设计时提高 25%。

② 当承台周围的回填土夯实至干密度不小于现行国家标准《建筑地基基础设计规范》GB 50007 对填土的要求时，可由承台正面填土与桩共同承担水平地震作用；但不应计入承台底面与地基土间的摩擦力。

(2) 存在液化土层的低承台桩基抗震验算，应符合下列规定：

① 承台埋深较浅时，不宜计入承台周围土的抗力或刚性地坪对水平地震作用的分担作用。

② 当桩承台底面上、下分别有厚度不小于 1.5m、1.0m 的非液化土层或非软弱土层时，可按下列两种情况进行桩的抗震验算，并按不利情况设计：

a. 桩承受全部地震作用，桩承载力按《建筑抗震设计规范》GB 50011—2011 中第 4.4.2 条取用，液化土的桩周摩阻力及桩水平抗力均应乘以表中的折减系数，见表 10.4.10。

土层液化影响折减系数 **表 10.4.10**

实际标贯击数/临界标贯击数	深度 d_s(m)	折减系数
≤0.6	$d_s \leqslant 10$	0
	$10 < d_s \leqslant 20$	1/3
>0.6～0.8	$d_s \leqslant 10$	1/3
	$10 < d_s \leqslant 20$	2/3
>0.8～1.0	$d_s \leqslant 10$	2/3
	$10 < d_s \leqslant 20$	1

b. 地震作用按水平地震影响系数最大值的 10%采用，桩承载力仍按《建筑抗震设计规范》GB 50011—2011 中第 4.4.2 条 1 款取用，但应扣除液化土层的全部摩阻力及桩承台下 2m 深度范围内非液化土的桩周摩阻力。

③ 打入式预制桩及其他挤土桩，当平均桩距为 2.5～4 倍桩径且桩数不少于 5×5 时，可计入打桩对土的加密作用及桩身对液化土变形限制的有利影响。当打桩后桩间土的标准贯入锤击数值达到不液化的要求时，单桩承载力可不折减，但对桩尖持力层作强度校核时，桩群外侧的应力扩散角应取为零。打桩后桩间土的标准贯入锤击数宜由试验确定，也可按下式计算：

$$N_1 = N_p + 100\rho(1 - e^{-0.3N_p}) \qquad (10.4.8)$$

式中，N_1 为打桩后的标准贯入击数；ρ 为打入式预制桩的面积置换率；N_p 为打桩前的标准贯入锤击数。

(3) 处于液化土中的桩基承台周围，宜用密实干土填筑夯实，若用砂土或粉土则应使土层的标准贯入锤击数不小于《建筑抗震设计规范》GB 50011—2011 中第 4.3.4 条规定的液化判别标准贯入锤击数临界值。

(4) 液化土和震陷软土中桩的配筋范围，应自桩顶至液化深度以下符合全部消除液化沉陷所要求的深度，其纵向钢筋应与桩顶部相同，箍筋应加粗和加密。

(5) 在有液化侧向扩展的地段，桩基除应满足本节中的其他规定外，尚应考虑土流动时的侧向作用力，且承受侧向推力的面积应按边桩外缘间的宽度计算。

11

超高层建筑施工装备

11.1 超高泵送混凝土施工装备

伴随着我国城市化进程加速，超高层建设日益迫切。随着超高层建筑的发展，泵送混凝土施工技术近年来也相继取得了较大的进展。泵送混凝土由于采用机械化和多种高性能技术手段，不仅施工性能得到提高，而且还可以有效降低劳动强度和环境污染，是现代混凝土施工技术的重要突破，其应用水平和规模已成为衡量一个地区经济、技术水平高低的重要标志之一。在著名的金茂大厦工程中，一次泵送到 382m 这一世界性高度，显示了我国在高程泵送技术方面达到了很高的水平，而主体结构高度达 463m 的台北国际金融中心的建成以及上海环球金融中心 492m 高度的超高层泵送混凝土纪录的诞生表明现代泵送混凝土技术又跃上了一个新的台阶。超高泵送混凝土技术的提升，能更好地为超高层建设服务，减小劳动强度，提高施工效率，降低建造过程对环境的不良影响，为超高层建筑的绿色建造提供技术支撑。

11.1.1 超高泵送混凝土材料选型及性能设计

1. 混凝土材料选型

1）水泥

水泥是最主要原材料之一，宜选用与减水剂、泵送剂适应性好的高性能水泥，并对水泥的技术指标进行限制：

（1）水泥的标准稠度用水量；

（2）水泥的细度（比表面积）；

（3）水泥中铝酸三钙 C_3A 矿物组分含量；

（4）28d 水泥抗压强度。

水泥用量应考虑混凝土强度与可泵性。在强度满足设计要求的前提下，减少水泥用量可降低混凝土的黏性，减小泵送阻力，提高混凝土的流动性。但水泥用量不宜过低，否则导致混凝土泌水离析。

2）粗骨料

超高泵送混凝土粗骨料宜选择压碎值指标极小、针片状极少、含泥量极小、无泥块含量、级配良好的 5～20mm 的石子。根据不同泵送高度需求，调整 5～10mm 和 10～

20mm 级配的粗骨料配比。对于泵送高度为 200～400m，主要调整粗集料中 5～10mm 与 10～20mm 的比例，掺合料比例进行适当的调整，同时调整外加剂配方，使之适应于超高层泵送施工。对于泵送高度为 400～600m，进一步提高 5～20mm 粗骨料中 5～10mm 比例，调整混凝土的胶凝材料总量和掺合料比例，同时再调整外加剂配方。对于泵送高度达 600m 及以上，主要调整 5～20mm 粗骨料为 5～16mm，调整混凝土的胶凝材料总量和掺合料品种与比例，同时调整外加剂配方。混凝土超高泵送作业要求骨料最大粒径与管径之比宜小于 1∶5。超高泵送过程中，管道内压力大，易出现离析。粗骨料粒径越大，越容易出现堵管现象。

3）外加剂

外加剂的选择要依据超高泵送混凝土配合比要求，使用减水率高、保坍性好、包裹性好的外加剂。选用外加剂配制的混凝土新拌浆体达到饱满程度，流动性、黏聚性及保水性良好，4h 内无任何泌水或离析的现象。掺用外加剂的前提为保证不同配合比的混凝土可同时在高温下顺利进行超高泵送并保持基本性能的目的。外加剂的选择、使用要严格依照相关标准规范进行操作，避免因为外加剂的问题导致混凝土质量不达标。

2. 混凝土材料配合比设计

超高泵送混凝土配合比的设计不仅要满足强度、耐久性等设计要求，还要考虑到施工可泵性、经济合理性，以及满足不同强度等级、不同泵送高度超高泵送的要求。

超高泵送混凝土流动扩展度性能参数设计要符合不同泵送高度超高泵送的要求。考虑到混凝土在高压泵送过程中会产生高温及泵送坍损现象，在确保混凝土水胶比及实体强度不变的前提下，对不同泵送高度混凝土流动扩展度进行调整。泵送高度在 300m 以下混凝土的扩展度要求为 600±50mm，泵送高度在 400m 则调整至 650±50mm，高度在 500m 时为 700±50mm。高度达到 600m 时，则将混凝土的扩展度调整为 750±50mm。对混凝土扩展度的调整同时也要保证混凝土有较好的和易性和保坍效果，以利于泵送施工的顺利进行。

混凝土超高泵送施工前，要对混凝土可泵性进行分析。采用流变仪检测出厂前的超高泵送混凝土黏性、剪切应力和屈服应力。在大量的试验检测结果基础上，建立基于混凝土流变学参数的混凝土可泵性区间控制方法。采用混凝土塑性黏度和屈服剪切应力等直接参数量化表征混凝土的可泵性，为不同强度等级、不同泵送高度超高泵送混凝土可泵性的控制提供理论依据。

11.1.2 混凝土泵送设备选型及泵管布设

1. 混凝土泵送设备选择

混凝土泵机可以分为固定式泵机、拖式泵机和车载式泵机三种。其中，固定式泵机主要由电动机驱动，且适合在工程量大、移动空间较小的场合施工。混凝土超高泵送选用混凝土固定式泵机。混凝土泵送设备选择还要考虑混凝土出口压力和整机功率，出口压力是泵送速度和高度的保证，而整机功率是泵送量的保证。设备最大泵送能力应有一定的储备，以保证输送顺利、避免堵管。

混凝土泵管包括直管、锥形管和弯管、软管等。管径的选择要考虑骨料最大粒径、混凝土输出量、工作性以及输送距离。混凝土泵管管径越小，混凝土在泵送过程中所受到阻力、压力就会越大；管径越大，泵管的抗暴能力就越差。超高压泵管采用“O”形密封圈结构，泵管采用活动法兰螺栓进行紧固连接，承载压力在50MPa以上。在泵的出口端和2楼安装截止阀，阻止垂直管道内混凝土回流，便于设备保养、维修与水洗。

2. 混凝土输送泵、泵管布置

在泵送管道布置前，要设计合理的管道布置基础、管道线路走向等。一般情况下，可适当增加弯曲管道，降低垂直管道在全部管道中的占比。当泵送高度超200m时，可在高空布置弯曲管道来抵消混凝土自身重量产生的反压力差。同时为解决混凝土泵送过程中管路的振动问题，在管路沿线要使用专用的U形固定器来进行安装。混凝土输送泵、泵管布置可根据泵送高度制定方案。混凝土固定泵布置数量应根据混凝土浇筑数量确定，通常情况会采用2台混凝土固定泵，另外配备1台备用泵；在混凝土数量较大时，也可采用3台混凝土固定泵，另外配备1台备用泵。图11.1.1所示为3路泵管平面布置方式。

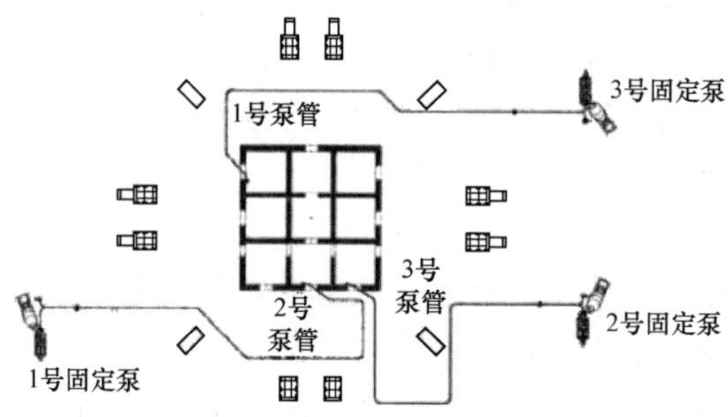

图11.1.1 路泵管工程应用布置示意

11.1.3 混凝土泵送施工工艺

1. 混凝土泵送施工准备

(1) 检查输送泵就位是否保持水平、牢固性；泵管布置、加料方式是否合理；加料能力能否保证正常。

(2) 检查水源，接好冷却器管。

(3) 检查液压油箱油位是否到位。不足增加时，注意防止水及其他液体或脏物混入。

(4) 往润滑脂泵和油杯内加满润滑脂。

(5) 检查发动机的机油油位、冷却液液面是否到位，其他零部件是否正常。做好发动机的例行保养工作。

(6) 发动机启动后，检查发动机机油压力、电压、转速等是否正常；观察发动机的柴滤、机滤是否发生漏油现象；检查各润滑点润滑脂供应情况。

(7) 空载试运转输送泵，检查液压系统中主泵压力、搅拌压力、换向压力等参数是否正常；正泵、反泵时各部件动作是否正常；搅拌装置正反转是否正常；检查所有液压部件和液压油管有无发生漏油现象；检查各工作机构是否有异响。

(8) 冬季使用输送泵时，应选用合适的发动机防冻液及低凝点柴油，空载运转输送泵一段时间，直到液压油的温度升至20℃以上，方能投料泵送。

(9) 检查泵管管路中的截止阀油路情况及插板的离合动作是否正常。

2. 混凝土泵送施工控制

（1）混凝土泵送开始或停止阶段，均应与前端混凝土出口处的操作人员取得联系。

（2）泵送混凝土前，依次先泵送水、纯水泥浆、砂浆以润滑管道。在砂浆即将泵送完毕时，开始泵送符合要求的混凝土。

（3）泵送混凝土的扩展度变化范围应控制在9%以内；长距离、超高泵送混凝土扩展度要求控制在：高流态混凝土（550±50～650±50）mm、自密实混凝土（700±50～800±50）mm；检查泵送混凝土的和易性（即可泵性）是否达到要求；检查泵送混凝土是否发生离析。

（4）泵送混凝土出现扩展度偏差太大、和易性差、离析现象应立即停止泵送，并通知项目部对泵送混凝土进行适当调整。如果料斗内的混凝土发生分离现象时，要暂停泵送，待搅拌均匀后再泵送；如果骨料分离严重，料斗内灰浆明显不足时，应停止泵送，迅速放空料斗内的混凝土，然后倒入满足泵送要求的混凝土。

（5）任何情况下，严禁在料斗内加水搅拌混凝土进行泵送。

（6）作业暂停时应插好管路中的截止阀插板，以防止垂直管路中的混凝土倒流。

（7）垂直向上泵送中断后再次泵送，要先进行反泵，使输送管中的混凝土流动后再进行正常的泵送工作。

（8）混凝土输送过程中，要经常检查发动机机油压力、电压、转速等是否正常；检查液压系统中主泵压力、搅拌压力、换向压力是否正常；观察所有液压部件和液压油管是否发生漏油现象；各工作机构是否有异响；小水箱内的水质是否浑浊。

3. 混凝土泵送施工保证措施

1）混凝土泵送性和施工性保证措施

（1）高强度混凝土的有效泵送时间规定如表11.1.1所示。高强度混凝土的泵送扩展度的流动性指标规定：混凝土入泵前的扩展度不得小于600mm。

高强度等级混凝土有效泵送时间　　表11.1.1

混凝土制备时的环境温度(℃)	有效泵送时间(h) (从发料开始到泵送完毕最长时间)
≥35	≤2.5
大于30且小于35	≤3.0
≤30	≤3.5

（2）低强度混凝土的有效泵送时间规定如表11.1.2所示。低强度混凝土的泵送扩展度的流动性指标规定：混凝土入泵前的扩展度不得小于400mm。

低强度等级混凝土有效泵送时间　　表11.1.2

混凝土制备时的环境温度(℃)	有效泵送时间(h) (从发料开始到泵送完毕最长时间)
≥35	≤2.5
<35	≤3.0

2）混凝土拌车装载量

混凝土开始泵送施工时，第1车混凝土需装到15m^3，以便一次性将混凝土从泵管中泵送贯通到位。施工节奏较快情况下，搅拌站每辆搅拌车的装载量按照正常状态装载运输，等到该结构部位临近收头和加方环节时，每一辆搅拌车的混凝土装载量不宜超过10m^3。

3）混凝土施工信息管理措施

为了实时掌握搅拌车的运输信息，有效地管控混凝土发料，并配合泵送施工节奏，混凝土材料公司应负责在施工现场安装“车辆GPS软件”并进行调试，满足每次混凝土浇筑跟踪所需。

4）混凝土拌站组织协调工作

为了保持不同强度等级的混凝土发料速度与施工现场混凝土泵送节奏相匹配，搅拌站调度服务员须与施工现场管理人员做好沟通，并对发料节奏（如每小时的发料量，每小时发料状态采取匀速状态发料还是一次性集中发料状态）进行控制。搅拌站内部的值班长需利用GPS不定时地查看现场的泵送和路上的车辆情况，若需调整发料速度，则必须与搅拌站在现场的调度服务员沟通和确认。

5）混凝土施工配合比的微调工作

不同强度等级混凝土的出厂状态需根据环境温度、混凝土原材料情况、工程现场混凝土入泵时流动性和施工工况等情况做好及时有效的调整，使混凝土到现场入泵时的状态符合超高泵送施工和设计要求。

4. 混凝土泵送施工应急措施

1）混凝土离析现象处理

当混凝土扩展度损失较快、达不到可泵送性、出现离析现象时，需立即调换刚到混凝土，确保后续混凝土在控制范围内。

2）泵车发生故障时的混凝土应急处理

在泵车发生故障情况下，立即暂停泵送，暂停时间不得超过混凝土控制范围内的时间（40～60min）。放出泵管内混凝土，洗泵。待泵车完全修好后继续施工。

3）发生泵管爆裂时的应急处理

（1）在外围楼层施工时，采取边打边接的方法，确保泵管内混凝土在控制范围时间内。

（2）核心筒水平管及布料机泵管发生泵管爆裂，则将布料机竖直且尽可能用水冲洗。混凝土应继续按硬管的方式进行浇筑。

（3）此时整修泵管并发2m^{3}砂浆，将砂浆打至施工面出来后，泵车回泵，将泵管内砂浆回至竖向管以下15m左右，在竖向管内加水0.2m^3（用常规水龙头放水），加满后接上端口水平管，继续浇筑。

4）发生泵管堵塞时的应急处理

（1）开启泵车边的截止阀，排出泵车料斗内混凝土，并清除料斗内混凝土积块，确保泵车料斗内干净。

（2）同时拆除泵车第1节弯头，完毕后接上弯头，关闭放料泵送（在控制范围内的混凝土），时间不得超过30min。

（3）上述措施如失败，则立即开启第 1 道截止阀，拆除第 1 节弯头，放出管内混凝土。如竖向管内混凝土未放尽，则开启第 2 道截止阀，拆除竖管与水平管处泵管，放出竖向管内混凝土。

11.2 超高层施工模架装备

11.2.1 模架装备概述

随着城市化进程的推进，城市空间日趋紧张，导致超高层建筑纷纷涌现，如上海中心大厦（632m）、广州塔（610m）、上海环球金融中心（492m）、天津高银 117 大厦（597m）等。这些高层、超高层建筑普遍具有工程体量大，基础埋置深，施工场地狭小，工期紧张、高空作业及不确定因素多等特点，为确保施工质量和施工进度满足要求，选择合适的模架装备技术是重中之重。到目前为止，超高层核心筒施工装备的发展主要经历了滑模、爬模、顶模等多个阶段，在不同的历史时期发挥了其重要的作用。

1. 滑模体系

液压滑升模板工程技术（简称滑模）主要用于标准截面（尤其是等截面建筑物、构筑物）的施工过程中，是一种通过现浇混凝土结构连续成型的装备技术。滑模体系诞生于 20 世纪初，并于 20 世纪早期在国外得到了较大程度的发展。

滑模体系的施工原理如下所述：

（1）将模板系统、操作平台系统、液压系统等拼装成液压滑升模板装置；并将该装置吊装在已完工的混凝土剪力墙上，形成滑模体系；

（2）绑扎模板内钢筋，并浇筑混凝土。浇筑过程中，需要注意模板与混凝土之间的粘结力，避免由于粘结力过大导致模板滑升困难；

（3）浇筑完成后，爬模体系可沿着预留在结构内的轨道，以液压千斤顶为动力向上滑升，直至达到预定的建设高度为止。

滑模体系的缺陷主要在于：

（1）模板体系适应能力较差，仅能适用于规则截面，对于不规则的超高层建筑施工难度较大，甚至无法正常采用。

（2）滑模体系在混凝土凝固前必须要移动模板，因此需要确保不间断连续施工，工作量大且受天气影响，导致施工质量难以有效控制。

2. 爬模体系

液压自动爬升模板工程技术是一种结合了大模板、液压电气自动控制系统优点的新型模架技术，其施工原理与传统爬模装置的施工原理基本相似，都是通过构件之间的相对运动来实现爬模装置整体爬升的。

爬模由下架、上架、附墙挂座、导轨、液压油缸系统、模板等组成，其施工原理如下所述：

（1）根据已有剪力墙墙体情况，布置机位，在每个机位位置设置液压顶升千斤顶，将架体通过附墙挂件与预埋在墙上的爬锥连接固定，形成爬模体系；

（2）模板就位（合模），绑扎钢筋，并浇筑混凝土；

（3）待混凝土强度达标后，后移模板；

（4）提升爬模体系的导轨，导轨提升就位后，固定导轨；

（5）沿导轨提升支架体系，再进行合模，进行（2）操作。

爬模体系的主要缺陷在于：

（1）爬模体系的模板能够有一定的合模空间，故能够适用于较薄的墙厚变化，但在墙体突变时较难适用；

（2）爬模体系的机位较多，整体性较差，承载力较低，安全性低，这些问题限制了爬模体系在超高层施工中的应用。

3. 顶模体系

顶模系统采用大吨位、长行程的液压油缸作为顶升动力，可以在保证钢平台系统的承载力的同时，减少支撑点数量，顶模系统的支撑点数量一般为 3～4 个，配合控制系统，可以实现各支撑点的精确同步顶升。

顶模体系为整体提升式，在体系下部进行支撑，顶起位置为钢平台梁，其整体性、安全性均较优，且结构施工质量、施工进度均能得到有效保证。其施工原理是通过顶升系统将吊挂在整体钢平台下的模板系统和操作脚手架系统反复顶升，达到顶模整体逐层上升。顶升系统与支承系统刚性连接，并坐落于核心筒剪力墙上，不存在坠落风险；钢平台系统下弦吊挂模板与脚手架系统，上部平台可用作材料堆场以及施工人员作业场地。

1）内筒外架支撑式钢平台脚手模板体系

内筒外架支撑式钢平台脚手模板体系是通过内筒和外架的承载力切换实现模板体系的自动爬升的，其组成包括钢平台、脚手架、支撑、动力和大模板 5 大系统。其中，钢平台位于核心筒施工作业面的顶部，作为施工人员的操作平台及钢筋、施工设备的堆放场所；脚手架系统包括外挂脚手架及内部脚手架，其中内部脚手架中的若干部分布置有顶升油缸和支撑牛腿，用于实现顶模体系的自动顶升。

2）钢柱支撑式钢平台脚手模板体系

该模式包括埋设在混凝土结构中的钢柱，沿整个混凝土结构设置的整体钢平台，整体钢平台搁置在钢柱上，在钢柱上设有提升机装置，提升机装置位于整体钢平台上方，通过提升杆与整体钢平台连接，整体钢平台的下部设有脚手架，沿整个混凝土结构两侧分别设有大模板，两侧的大模板之间通过对拉螺栓连接后固定在混凝土结构上，钢柱为型钢和钢板组成的格构钢柱或为型钢钢柱，钢柱上焊接支撑牛腿，作为整体钢平台或提升机装置的支撑点，在钢平台上设置自动翻转支撑装置及在提升机支架上设置提升机支架的支撑装置，支撑在钢柱的支撑牛腿上。

11.2.2 钢平台模板体系设计方法

整体钢平台体系共分为若干个筒架单元，其中一部分支撑式筒架具有动力系统，钢平台整体随着动力系统的同步顶升而逐层爬升。支撑式筒架均具有钢平台、脚手架、支撑、动力和大模板五大系统。

1. 钢平台系统

钢平台由纵横向结构梁、悬挑梁、连系梁、平台板、围护外围栏等构成。钢平台的主要受力钢梁及连梁均采用等截面热轧 H 型钢制作。连系梁与两侧受力梁采用螺栓连接的方式，以便吊装墙体内预埋钢结构件时的多次拆除、安装。在钢平台上覆盖钢板作为操作平台，平台钢板由花纹钢板及角钢焊接组成。未铺设平台板的区域用格栅板覆盖，在施工需要时可将该格栅板翻起，以便施工。在钢平台外缘周边设置有侧向钢网板作挡板，以防止人、物等高空坠落。

2. 脚手架系统

1）悬挂脚手架

悬挂脚手架由吊架、上部走道板、底部走道板、底部防坠闸板、侧向围栏 5 部分组成。悬挂脚手架系统的吊架立杆用螺栓连接固定于钢平台的钢梁底部，随钢平台同步爬升。在外挂脚手架下端每一面墙体方向设置防倾滚轮，以保证钢平台体系爬升时的侧向稳定性。

为解决结构墙体厚度收分问题，针对悬挂脚手架的吊架与钢平台钢梁的连接节点专门进行设计，实现整体悬挂脚手架的整体移动：在悬挂脚手架的吊架顶部设置了滚轮，在钢平台底部设置移动导轨，并在外挂脚手顶部安装滑移油缸，一端固定于钢平台的钢梁上，使滑轮能够在导轨钢梁上进行移动，从而带动脚手架体系能侧向移动。

2）内部脚手架

内部脚手架由安装在核心筒内的筒架组成，边部筒架安装设置有顶升油缸及支撑牛腿，具有自爬升功能。每个边筒架分为内构架及外构架两部分，外构架从顶部钢平台梁底到最底层钢梁，内构架即为动力系统和内构架支撑系统所在层，通过液压缸筒与筒架下部刚性圈梁层连接。

3. 支撑系统

1）内筒外架支撑式

支撑系统是整体钢平台体系传递荷载、实现爬升的承重系统，由外构架支撑系统和内构架支撑系统两部分组成。其中，内构架支撑系统位于边筒架底部上方，由内架牛腿制动装置、承重钢梁组成，作为顶升油缸的底部支承。外构架支撑位于边筒架的最底层，由外架牛腿制动装置、承重钢梁组成。

支撑牛腿除要求有足够的承载能力以外，还需在钢平台体系的爬升过程中可靠地完成伸缩，以达到使内外架交替支承钢平台的目的。

2）钢柱支撑式

钢柱作为整体自升钢平台脚手架模板系统的支撑构件，其形式可以是由型钢、钢板组成的格构钢柱或型钢钢柱，钢柱上开孔插入杆式承重销或在钢柱上焊接支撑牛腿，作为整体钢平台或提升机装置的支撑点。

4. 动力系统

动力系统由集中控制系统、若干台液压泵站和液压油缸组成，其中每台液压泵站带动 4～5 个液压顶升油缸。液压油缸是整体钢平台体系的顶升动力设备，固定端在内构架层的底部，液压油缸的活塞杆头部均设计有万向球头，以减少油缸的侧向力，有效地保护了油缸，提高了整个系统的安全性和可靠性。平台的动力系统采用 PLC 控制系统来实现同步控制。由 PLC 控制系统进行测量、传输、设定、控制，实现系统各部分的协调动作，保证油缸顶升的同步性。

5. 大模板系统

大模板系统为钢框木模，由木面板、竖肋和横向围檩三部分组成。模板边缘接缝处采用角钢收头，对拉螺杆为 ϕ16mm 高强度螺杆，间距不大于 105cm。在核心筒墙面不同部位设置有收分模板，当核心筒墙体发生收分时，将收分模板进行置换，来满足墙体收分的要求。

11.2.3 钢平台模板体系自升工艺流程

钢平台脚手模板体系自升工艺流程分为内筒外架支撑式及钢柱支撑式两种情况进行阐述。

1. 内筒外架支撑式

内筒外架支撑式自升相关的构件包括外构架牛腿、内构架牛腿以及顶升动力装备（液压油缸、泵站等），其自升特点为在施工工况下，外构架牛腿作为搁置钢平台的承重构件，钢平台、脚手架的荷载由筒架传递到外构架支撑，再由安装在外构架支撑上的支撑牛腿传递到核心筒混凝土墙体上。爬升工况下，内构架牛腿作为钢平台的承重结构，将顶升油缸传递来的所有荷载通过内构架牛腿传递到核心筒，带动外构架爬升。通过内外构架牛腿的相互交替受力，完成整个钢平台体系的工况转换。

其自升工艺流程表述如下：

（1）依次安装大模板系统、外构架支撑系统及底层支撑钢柱；再吊装内构架支撑系统，安装液压油缸和支撑牛腿；最后吊装钢平台单元，形成体系整体。内构架支撑系统安装在已完成的混凝土墙体上。

（2）大模板体系就位，绑扎钢筋并浇筑混凝土。

（3）混凝土达到预定强度后，利用小油缸回缩将外构架支撑牛腿退出墙面一定距离，进入爬升阶段。

（4）以核心筒墙体上的内构架支撑系统为支撑，启动液压油缸，顶升整体钢平台一定高度，大模板随钢平台同步爬升，到位后顶升小油缸将外构架支撑搁置在核心筒上，进行受力转换。

（5）液压油缸回提，带动内构架同步爬升一定高度，利用小油缸的顶升完成内构架系统在核心筒上的支撑，进行内外构架的受力转换。

（6）反复进行第（4）及（5）步的受力转换，至预定高度处时，进入第（7）阶段。

（7）大模板安装定位，紧固对拉螺栓，绑扎钢筋并浇筑混凝土。

2. 钢柱支撑式

钢柱支撑式自升相关的构件包括钢柱、提升机装置、提升杆等。其原理是通过提升机装置和钢平台在钢柱上的受力切换实现提升的。

其自升工艺流程表述如下：

（1）在先浇捣的混凝土结构的两侧设置用于浇筑混凝土的大模板，在混凝土结构中均匀埋设多根钢柱，沿整个混凝土结构安装整体钢平台，在各根钢柱上安装提升机装置，并将提升机装置和整体钢平台用提升杆连接，在整体钢平台下部相应的位置安装悬挂脚手架；

（2）向上顶升提升机装置，将提升机装置搁置在钢柱上；

（3）用提升机装置提升整体钢平台，并将整体钢平台搁置在钢柱上；

（4）绑扎钢筋，利用固定在整体钢平台上的葫芦提升大模板到相应的位置，并在两侧大模板之间绑扎钢筋和浇筑混凝土结构。

钢柱支撑式与内筒外架支撑式自升方式的关键区别在于：前者是通过提升机装置固定在钢柱上，并通过提升机上提钢平台达到自升的效果，其动力系统位于钢平台上部，本质是提升方式；后者是通过液压油缸伸长回缩的特性，不断切换内外构架的高度和支撑位置，其动力系统位于钢平台下部，本质上是顶升方式。

11.2.4 钢平台模板体系安全控制技术

1. 爬升关键指标监控

钢平台脚手模板体系爬升过程中的关键指标是液压油缸压力或提升杆的拉力，以及液压油缸行程或提升杆的行程，即控制指标包括动力装置的受力和变形数据。

一般地，可在提升杆内部或者液压油缸内部设置传感器，将传感器信号以有线方式传输到控制室计算机系统，通过人机控制界面实现对整体自升钢平台系统的实时安全监控。

2. 全过程安全监控

全过程安全监控的目标是通过采集和分析钢平台脚手模板体系使用过程中的内力、变形、环境数据，实时掌握钢平台脚手模板体系的空中安全状态，预警时采取相应的安全补救措施，确保钢平台脚手模板体系安全可控。

1）监控原则

针对钢平台体系设计/计算的关键问题，并基于钢平台典型工况数值模拟结果，重点监控决定整体模架体系安全性的关键构件和关键节点，如钢平台梁、钢柱、牛腿支座等。

选择测点时，可根据具体的施工过程（施工步骤），对各钢平台体系进行全施工过程（多状态下）的有限元仿真分析，重点关注使用过程中输出响应（应力或变形）较大的构件（节点）或输出响应变化较大的构件（节点）。这样可以宏观地把握整个钢平台体系在施工过程中的实际受力情况，且能对可能出现的危险情况做出预警，从而保证体系正常、安全运行。

2）环境监测

钢平台模架自振频率较低，结构阻尼较小，导致其对风荷载作用的敏感性也愈加明显，属于风敏感结构，因此研究钢平台模架的风致响应对于优化钢平台设计或计算具有重要意义。

钢平台模架监测风荷载一般从两个方面进行：风速风向监测和风压监测。其中，风速风向监测用于了解该地区一定时间内的实际风荷载情况，根据风荷载情况对钢平台模架安全进行评估；风压监测可以获得钢平台外围网及内筒架的实际风场分布情况，对于钢平台模架装备的抗风设计有重要意义。

考虑到钢平台上设备较多，如布料机/施工电梯/钢筋堆放/钢柱等，风速风向监测应尽量考虑上述设备对风场的影响，因此，每个钢平台应至少配置两台风速风向传感器，布置在钢平台的两个对角位置。

风压监测仅选取钢平台一面护网监测即可，应分为两层，判断平台外侧护网对风场的削弱作用。

3）内力监测

内力监测通常采用应变传感器，布置位置应包括受力较大的钢平台梁、柱以及导轨柱、牛腿等。

为避免应力集中的影响，应变传感器宜布置在结构构件的特定位置，如梁的 1/2 位置，柱的中下部沿轴线布置等；具体应根据有限元计算结果进行分析。

应力监测结果为两次工况的相对值，将该相对值与有限元计算结果的相对值进行对比，进行钢平台内力状态的判断标准。

4）变形监测

变形监测应涵盖钢平台空中姿态及变形规律，重点对钢平台的变形（竖向及两个侧向）、液压油缸的侧向变形以及导轨钢柱的侧向变形进行监测。

竖向变形可采用精度较高的静力水准仪进行，一般静力水准仪布点应能覆盖钢平台所有筒体结构，宜每个筒体布置 1 个，形成测量通路。静力水准仪的采样频率较低，常规约为 10min/次，且采样频率随着测量通路长度的延长呈现降低趋势，因此，建议测量通路长度不超过 100m，在超过位置处，可通过设置中转点方式加以优化。

水平变形可采用精度较高的倾斜仪进行，要求倾斜仪精度在 0.001°～0.005°之间，采样频率达到 1Hz 左右。由于钢平台常规振动对倾斜仪精度带来的不利影响，采集数据需经过算法过滤振动项后，再作为钢平台安全管控的标准。

绝对高度监测可采用 GPS 设备进行，目前 GPS 设备的 RTK 动态精度普遍能够达到水平向 8mm，竖向 15mm 左右，静态解算精度分别可达到水平向 3mm 和竖向 5mm，可满足钢平台绝对高度监测的需求。GPS 设备的移动站可与静力水准仪的基准点位置放置为一体，从而可得到钢平台各点位的绝对高程。

11.3 垂直运输机械设备

11.3.1 塔式起重机

1. 塔式起重机选型与配置

1）塔式起重机选型影响因素

超高层建筑结构类型对塔式起重机选型影响显著。在现浇钢筋混凝土结构的超高层建筑施工中，建筑材料单件重量小，对塔式起重机的工作性能要求低。而且主要建筑材料混凝土可以采用混凝土泵输送，塔式起重机运输工作量比较少，因此塔式起重机配置（性能和数量）都可以保持在较低的水平。但是在钢结构超高层建筑施工中，钢结构构件重量大，有的甚至重达百吨，对塔式起重机的工作性能要求高。而且主要建筑材料钢材（钢筋和钢构件）只能采用塔式起重机运输，塔式起重机的运输工作量大，因此塔式起重机配置（性能和数量）必须保持较高水平。

塔式起重机进行吊装作业是一项风险比较大的活动，要严格控制塔式起重机的活动范围，避免塔式起重机作业事故引起周围人员和财产的重大损失，因此作业环境对塔式起重机的选型影响显著。作业环境比较宽松时，可以选用成本比较低，但是环境影响比较大的小车变幅塔式起重机。作业环境比较严格时，必须选用成本比较高，但是环境影响比较小的动臂变幅塔式起重机，以便塔式起重机的作业范围始终控制在施工现场内。

2）塔式起重机选型

塔式起重机选型是一项技术经济要求很高的工作，必须遵循技术可行、经济合理的原则。塔式起重机选型必须首先保证技术可行，选型过程中应重点从起重幅度、起升高度、起重量、起重力矩、起重效率和环境影响等方面进行评价，以确保塔式起重机能够满足超高层建筑施工能力、效率和作业安全要求。在技术可行的基础上，进行经济可行性分析，兼顾投入与产出，力争效益最大化。

塔式起重机选型牵涉面广，结构设计和施工方案对超高层建筑塔式起重机的选型都有显著影响，应注意通过优化结构设计和施工方案达到优化塔式起重机选型的目的。在塔式起重机选型过程中，应从塔式起重机布置、构件分段和吊装工艺等方面优化施工方案。塔式起重机的布置应有利于充分发挥机械性能，在实现全面覆盖的同时，应尽可能设位于大型构件附近。构件分段则要与社会经济发展水平相适应，正确处理好塔式起重机配置与现场作业量的关系，实现综合效益最大化。在超高层建筑中大型构件多为节点，因此为了降低塔式起重机配置，应探索节点分块制作、多次吊装、高空焊接成型的可能。由于超高层建筑中大型构件分布极不均衡，重量特别大的构件总是少数，对这些数量不多，但重量特别大的构件吊装应优化吊装工艺。许多特大型构件多位于超高层建筑地面附近，吊装时就应当充分利用地面作业条件好的优势，辅以大型履带式起重机进行拼、吊装。重型桁架和高位塔尖则可以探索采用整体提升工艺进行安装。塔式起重机应尽可能按照大多数构件的重量进行选型配置，以充分发挥其机械性能。

3）塔式起重机配置

塔式起重机型号确定以后，就要根据建筑高度、工程规模、结构类型和工期要求确定塔式起重机配置数量。在施工阶段，土建、钢结构、幕墙、安装等工程的需求是必须考虑的重要因素，同时应兼顾其他工种的垂直运输的需要。在满足吊装的同时，分析相关工程的垂直运输量，从整个工程的角度确定塔式起重机数量。确定塔式起重机配置的方法有工程经验法和定量分析法两种。工程经验法就是通过比照类似工程经验确定塔式起重机配置数量，是一种近似方法，准确性相对比较低，但是计算工作量小，因此多在投标方案和施工大纲编制阶段采用。定量分析法则是以进度控制为目标，通过深入分析塔式起重机吊装工作量和吊装能力来确定塔式起重机配置数量。该方法非常成熟，准确性高，但计算工作量大，因此多在施工组织设计编制阶段采用。

塔式起重机选型配置还需注意以下几个要点：①塔式起重机满足钢结构吊重需求，吊次分析满足钢构和土建施工进度需求；②塔式起重机的布置位置及材料堆场的关系；③塔式起重机的容绳量满足建筑高度需求；④群塔布置满足的安全距离要求；⑤塔式起重机基础的设计、塔式起重机爬升规划、塔式起重机拆除措施等。

2. 塔式起重机布置与安装

1）塔式起重机布置

塔式起重机布置应当结合主要结构的安装方法、塔式起重机的支承（附）形式、安装与拆除的便利等因素做统筹考虑，以充分发挥机械性能，实现吊装区域有效覆盖，保证作业安全可靠。

塔式起重机作业性能的最大特点是作业幅度越小，起重量越大，从经济性角度出发，应根据多数重要构件的结构位置确定塔式起重机的最小起重性能，对于最重的构件，可考虑将其分段或采取其他非常规手段予以安装。塔式起重机布置必须从有利于大型构件吊装的角度出发，将塔式起重机尽量布置在距离大型构件较近的位置，应确保超高层建筑的全部吊装施工作业面处于其覆盖面和供应面内。一方面要保证塔式起重机起重幅度和起升高度能够全面覆盖构件吊装区域，另一方面要保证塔式起重机起重量能够满足构件吊装需要。

塔式起重机自重大，对结构的影响强烈，因此必须布置在核心筒、剪力墙和巨型柱等结构刚度和强度比较大的部位，以确保塔式起重机的使用安全。塔式起重机安装和拆除又是一项投入大、风险高的工作，因此超高层建筑施工中应尽可能避免塔式起重机多次移位和装拆，在超高层建筑整个高度方向，塔式起重机的布置都以不影响结构形成整体为宜，确保塔式起重机能够随超高层建筑施工不断向上延伸而无障碍爬升。从结构安装的角度考虑，塔式起重机应居于地面堆放构件的位置与将构件安装至设计位置的中间，即塔式起重机应距离上述两处半径相等的位置才能最大限度地发挥塔式起重机的起重性能。从安装与拆除的角度考虑，尤其是考虑拆除的难度，重点应解决塔式起重机最长的部件——巴杆和其重量最大的回转台的拆除。随着高度的增加，建筑物的平面也逐步缩小，依据同理，拆塔机械距支承在核心筒上的吊装用塔式起重机的最大半径与将被拆最重部件吊至地面半径相等的位置才是最佳位置。塔式起重机的位置布置应依据此两原则合理安排，匀称布置。

2）塔式起重机安装

在塔式起重机安装中，安装方式的选择是关键，塔式起重机安装方式有固定式、轨道运行式、附着自升式和内爬自升式 4 种。其中，固定式和轨道运行式适用于超高层建筑施工时，需要大幅增加整体提升钢平台承载能力，从经济性角度考虑应用较少；附着自升式和内爬自升式则更适应超高层建筑施工需要，在超高层建筑施工中较为常用。

塔式起重机安装、使用和拆除是一项风险极高的工作，因此塔式起重机安装方式比选应把控制安全风险作为首要因素。一般情况下应尽可能选择作业风险比较低的附着自升式架设方式，只有当超高层建筑高度特别高、施工场地非常紧张、塔式起重机起重能力很大的情况下，才选择内爬自升式架设方式。附着自升式和内爬自升式也各有优缺点，分别适应不同的工程特点和作业环境。

附着自升式是塔身固定在地面基础上，塔式起重机附着在建筑结构上自动升高的架设方式。附着自升式架设方式具有以下优点：①使用安全性高。安装、拆除作业相对简单、升高作业机械化程度高、风险小，安全有保障。②施工影响小。塔式起重机布置在超高层建筑外部，对施工影响小，因此可以保留使用比较长的时间，极大地方便了机电安装和建筑装饰材料的垂直运输。③结构影响小。塔式起重机自重由塔身直接传递至基础，对建筑结构的作用比较小，建筑结构的加固工作量也相对较小。附着自升式架设方式具有以下缺点：①材料消耗大。塔式起重机依靠塔身传递自重，塔身消耗随工作高度而增加，因此超高层建筑特别高时，附着自升式架设方式的经济性显著下降。②设备性能没有充分发挥。采用附着自升式架设方式，塔式起重机只能偏位布置，其工作性能难以充分发挥。③环境影响大。因塔式起重机安装在建筑结构外，也需要较多场地。

内爬自升式是塔式起重机沿着建筑结构井道内部自动爬升的架设方式。塔式起重机爬升井道一般为建筑主体结构核心筒内的电梯井。近年来为了提高塔式起重机布置的灵活性，较多地采用悬挂于核心筒剪力墙上人工井道作为大型塔式起重机的爬升通道，如上海金茂大厦、环球金融中心和广州新电视塔都采用了悬挑井道的内爬自升式架设方式。内爬自升式架设方式具有以下优点：①材料消耗小。塔式起重机通过内爬与结构同步升高，不需要大量的塔身。②设备性能得到充分发挥。采用内爬自升式架设方式，塔式起重机距重型构件距离小，塔式起重机有效覆盖范围广，其工作性能可以充分发挥。③环境影响小。塔式起重机安装在建筑内部，不需要占用额外场地。内爬自升式架设方式具有以下缺点：①使用安全风险比较大。安装、拆除作业相对复杂、高空作业多，升高作业风险比较大。②施工影响大。塔式起重机布置在建筑内部，在施工后期，将会影响结构和屋面施工，因此必须提前拆除，但又给后期机电安装和建筑装饰材料的垂直运输带来很大影响。③结构影响大。塔式起重机所有荷载都作用在结构上，对结构的作用和影响显著，必须在深入分析结构受力的基础上采取针对性措施。

11.3.2 施工电梯

1. 施工电梯选型与配置

施工电梯是超高层建筑施工垂直运输体系的重要组成部分，在施工人员上下、中小型建筑材料、机电安装材料和施工机具的运输中发挥了重要作用，特别是在塔式起重机拆除以后作用更加突出，大量的机电安装材料、装修材料和施工人员都要依靠施工电梯进行运输。

目前超高层建筑施工电梯的选型与配置还缺乏定量的方法，多依据工程经验进行。影响超高层建筑施工电梯选型的因素主要有工程规模和建筑高度。施工电梯配置类型主要受超高层建筑高度决定，一般超高层建筑施工多选用双笼、中速施工电梯。当建筑高度超过200m时则应优先选用双笼、重型、高速施工电梯。施工电梯配置数量主要受超高层建筑规模决定，同时也受建筑高度影响。一台双笼、重型、高速施工电梯（载重量为2t或2.4t，或乘员27～30人）服务建筑面积在10万m^2左右。一般情况下施工电梯服务面积随建筑高度增加而下降。

施工电梯选型还需考虑以下几个要点：(1) 施工电梯运力分析需满足人员上下班高峰期运人需求，材料运输能力满足施工进度需求；(2) 施工电梯布置位置尽量对后期施工影响最小；(3) 施工电梯分段管理，划分停靠楼层，提高效率；(4) 选择高速电梯，电梯的电机性能直接影响电梯的性能，选择有实力的生产厂家；(5) 施工电梯梯笼尺寸及运载重量可以综合考虑满足运输幕墙板块及机电设备的需求；(6) 楼层过高，电压降对施工电梯的影响，电缆线防卷问题。

历经60多年发展，世界上施工电梯技术越来越成熟，产业集中度越来越高，国外施工电梯的著名生产厂家主要有瑞典ALIMAK、芬兰SCANCLIMBER、德国STEINWEG和捷克PEGA。我国施工电梯经过40多年的发展，基本赶上了国际先进水平，上海的“宝达”和广州的“京龙”都是业内颇具影响的品牌，产品性能与国外先进水平基本相当。世界主要超高层建筑施工电梯工作性能和我国部分著名超高层建筑施工电梯配置简况如表11.3.1、表11.3.2所示。

世界主要超高层建筑施工电梯工作性能　表 11.3.1

制造商	产品型号	额定载质量(kg)	最大起升高度(m)	起升速度(m/min)
瑞士 ALIMAK	ALIMAK SCANDO SUPER	3200	400	100
捷克 PEGA	PEGA 3240 TD VFC SUPER HS	3170	400	100
芬兰 SCANCLIMBER	SC2032	2000	300	36
德国 STEINWEG	SUPERLIFT MX 2024	2000	200	40
中国宝达	SCD320/320V	3200	520	102
中国京龙	SCD320/320G	3200	450	96

我国部分著名超高层建筑施工电梯配置简况　表 11.3.2

工程名称	建筑高度	建筑规模(m^2)	施工电梯配置
上海金茂大厦	88 层(420.5m)	202955	2 台 4 笼 Alimak Scando Super+1 台 2 笼接力
上海环球金融中心	101 层(492m)	317000	3 台 6 笼宝达 SCD300/300(SCD200/200)+1 台 2 笼接力
上海中心大厦	127 层(632m)	410139	11 台 20 笼 SC200/200G
台北 101 大楼	101 层(508m)	198347	3 台 6 笼 Alimak Scando Super
深圳平安金融中心	118 层(592m)	377525	6 台 12 笼京龙 SC200/200G
中国尊	88 层(527m)	341760	4 台 8 笼 Alimak Scando Super
广州塔	610m	114054	4 台 8 笼+2 台 4 笼+1 台 2 笼 Pega P3240 接力

2. 施工电梯布置

超高层建筑多采用核心筒先行的阶梯状流水施工方式。为满足不同高度施工需要，施工电梯一般需在建筑内外布置。建筑内部施工电梯布置在核心筒内外，主要解决核心筒结构施工人员上下，运输工作量不大，但是可以减轻工人劳动强度，提高工效。建筑外部施工电梯集中布置在建筑立面比较规则或场地开阔处，以尽量减少对幕墙工程和室内装饰工程施工的影响。

超高层施工电梯布置一般原则如下：(1) 施工电梯满足内、外筒运输要求，一般内、外筒同时布置；(2) 施工电梯布置尽量减少对后续工序的影响；(3) 施工电梯布置应考虑总平面布置影响；(4) 施工电梯布置应考虑结构形式；(5) 施工电梯布置应考虑基础的承载力；(6) 核心筒内施工电梯布置应考虑与其他大型设备之间的相互影响；(7) 施工电梯布置应考虑人员疏散要求；(8) 布置于结构楼板（内筒或外筒）处的施工电梯，必须选择次要结构部位以及容易预留施工缝的部位；(9) 核心筒高区施工电梯应尽量避开高区直达正式电梯的井道，由于该正式电梯安装调试周期较长。

对于工程量较大的工程施工，以下两方面需详细考虑：

1) 直达核心筒钢平台操作面施工电梯的布置

施工电梯直达核心筒钢平台操作面是钢平台发展的重大创新，它大大缩短了工人到达钢平台操作面的时间，也有利于小型材料及垃圾的清理运输。其利用装有独立驱动装置的可移动附墙架，解决了钢平台爬升过程中施工电梯附墙难题。因其布置与钢平台下挂脚手架有交集，在布置时需与钢平台统筹考虑，避开下挂脚手架并保证可移动附墙架安装及施工电梯安全运行空间。

2）临时电梯与永久电梯的转换

施工过程中，临时电梯布置在永久电梯的井道内，为确保整改工程的进度，特别是永久电梯的安装进度，必须在适当的时间内拆除临时电梯，移交井道以便永久电梯施工。临时电梯与永久电梯的转换主要考虑以下几个方面：①永久电梯何时安装；②施工电梯如何接力完成垂直运输；③施工电梯和永久电梯之间如何转换。在施工总体部署时需将永久电梯的安装纳入总进度计划的管理范围，在总进度计划中充分考虑电梯的安装绝对工期及应满足的前期条件（譬如井道移交前，井道内是否有临时电梯、电缆、泵管等需要拆除，楼板是否需要结构补缺等）。

如上海中心大厦主楼核心筒内共布置 20 台施工电梯，其中 11 台为人货两用电梯，9 台为利用永久电梯进行施工的施工电梯，根据其使用性能将 20 台施工电梯分为 3 类：A 类，用于在主楼结构施工中人员的输送往返；此类电梯采用高速、双笼人货两用施工电梯，停靠层数较少，一般只停靠结构施工区域。B 类，用于幕墙、结构、装饰、机电安装等施工中人员及材料的运输往返；此类电梯采用中、高速；单、双笼相互结合的人货两用施工电梯，停靠层数较多。C 类，利用本工程中的部分永久电梯作为施工电梯投入使用的电梯。

11.4 工程案例

11.4.1 工程概况

上海北外滩白玉兰广场（图 11.4.1）位于黄浦江畔，为沿黄浦江的地标性建筑及浦西最具标志性的第一高楼，集大体量商业、办公、酒店等功能于一身。白玉兰广场总用地面积 5.6 万 m^2，总建筑面积 42 万 m^2，其中地上建筑面积 26 万 m^2，地下建筑面积 16 万 m^2。

图 11.4.1 上海北外滩白玉兰广场全景图

包括一座66层高320m的办公塔楼，并于顶部设置了上海最高的直升机停机坪；一座39层高172m的酒店塔楼和一座2层57m高的展馆建筑连接着3层高的裙楼，地下室共4层。项目是一幢框架-核心筒-刚臂结构体系的超高层建筑，与已建成的轨道交通12号线共墙。结构抗侧力体系由内部钢筋混凝土核心筒、钢梁和型钢混凝土柱组成的外围抗弯框架、连接核心筒与外围框架的伸臂钢桁架及带状钢桁架三部分组成。

11.4.2 施工方案

1. 超高泵送混凝土施工

为加快办公楼施工速度，本项目办公楼混凝土浇筑采用高强混凝土超高泵送施工技术（图11.4.2），该施工技术最高可泵送120MPa强度混凝土，垂直泵送高度可达650m，满足311m混凝土一泵到顶施工要求，实现办公楼混凝土工程高效施工。项目混凝土浇筑采用2台HBT90CH-2135D型混凝土固定泵，该固定泵理论混凝土输送量在24MPa压力下为90m^3/h，在48MPa压力下为50m^3/h，并可以实现高低压自动切换，无需停机、无需拆管、无泄漏，仅操作一个控制按钮就可完成。泵机摆放于方便搅拌车进退位置，减少换车时间，提高效率，同时考虑周边环境以减少噪声对外界的影响，泵机搭建隔声降噪棚，配置排风系统。根据泵送高度和泵送能力，本项目混凝土输送管采用直径为5寸的超高压输送管，输送管壁厚分别为7mm和4mm。为了平衡垂直管道混凝土产生的反压，输送管道设置了一段长度不小于垂直管的1/4的水平管。每根标准3m输送管、90°弯管在距连接处0.5m用两个输送管固定装置牢固固定（在水泥墩中或地面预埋高强度钢板，输送管固定装置焊接于钢板上），防止管道因振动而松脱，其他较短的输送管采用一个输送管固定装置牢固固定。为了阻止垂直管道内混凝土回流，便于设备保养、维修与水洗，在泵的出口端水平管和垂直爬升管1楼处各安装一套液压截止阀。

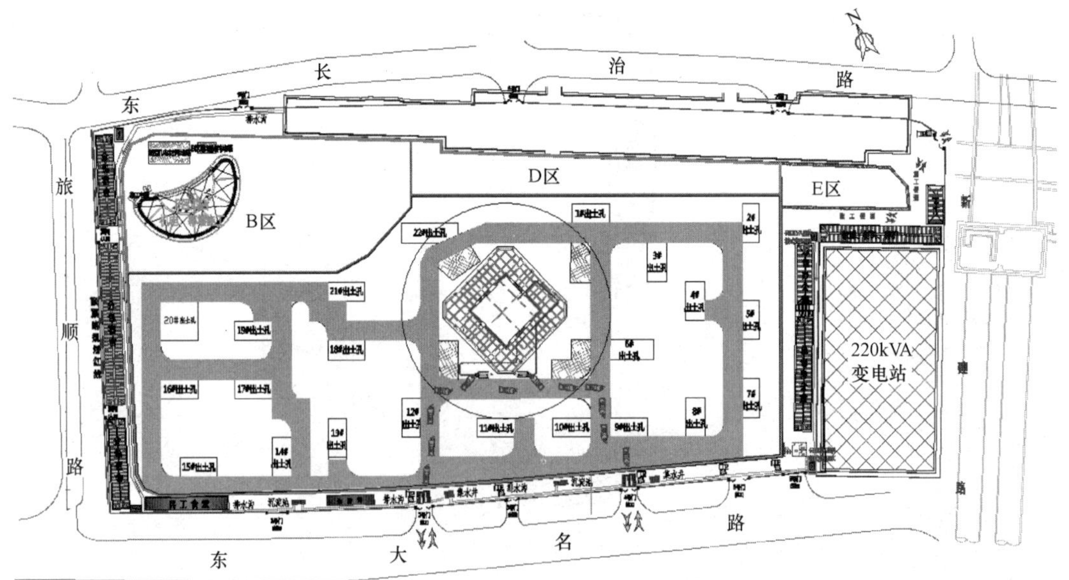

图11.4.2 高强混凝土超高泵送首层布置图

2. 超高层施工模架装备

超高层建筑、超高耸构筑物工程的结构建造，模架装备选择是关键，选择合理与否将直接影响工程的安全、工期和质量。本项目在工程实践中突破传统工艺，研究开发了新型钢柱筒架交替支撑整体爬升钢平台模架装备以及工艺体系（图 11.4.3），其工作原理为：钢柱筒架交替支撑式液压爬升整体钢平台模架装备施工时，利用动力系统与支撑系统相互依托与相对爬升来提升钢平台。正常工作状态下钢平台模架体系结构支撑在核心筒剪力墙上，工人以其作为操作平台绑扎钢筋、浇筑核心筒混凝土；提升状态下钢平台模架体系在动力系统的带动下以稳定的反力结构为支点向上爬升。其传力途径为：外挂脚手架系统将荷载传递给钢平台系统；正常状态下钢平台系统将荷载传递给筒架支撑，筒架支撑通过伸缩牛腿将荷载传递给核心筒；提升状态下，爬升导轨立柱作为支撑系统，钢平台系统将荷载通过液压动力装置传递给支撑立柱，支撑立柱再将荷载传递给核心筒。其具有以下特点：模板系统集钢筋模板操作平台、材料设备堆放场地于一体，能够满足施工全过程各工序的施工需要；可为施工提供全封闭作业环境，实现高层建筑安全立体施工，消除高空施工安全隐患；具备堆放大量材料和设备的承载能力，节省高空运输时间，加快建筑材料周转速度；电液伺服控制系统实现装备自动化运行，核心筒每施工一层，整体钢平台系统爬升一次，减少劳动力投入；双作用小步距爬升系统实现筒架支撑钢平台的同步爬升，解决了爬升过程中侧向稳定难题；能适应不同的复杂结构体系，并满足结构体型变化要求，通过整体自升，缩短施工工期，保证高空安全；导轨立柱采用工具式钢柱，可以重复周转使用，最大限度地节约工程材料。

图 11.4.3　钢柱筒架交替支撑整体爬升钢平台模架系统

3. 施工垂直运输

根据办公塔楼高 320m，外立面呈橄榄形变化，小屋面为 21m×21m 正方形，运输能力以及拆除塔式起重机时外立面装饰幕墙已施工等工况要求，在核心筒斜对角布置了 2 台 STL720 型动臂内爬式塔式起重机。在拆卸时分别布置 1 台 ZSL270 屋面吊及 1 台 ZSL120 屋面吊，采用“中拆大、小拆中、小自拆”的方式进行拆卸。对于施工电梯的布置，由于办公塔楼核心筒采用整体钢平台先行施工以及整体工程量较大，于核心筒内、外围楼板各布置两台施工升降机作为垂直运输机械，并在外围楼板位置设置两个卸料钢平台作为材料运输过程中临时堆放场地。为满足施工作业人员直达钢平台的需要，核心筒井道内布设了一台双笼施工升降机。同时，在核心筒其他井道水平结构补缺至超高结构 32 层时，利用上翻梁作为基础增设一台可到达钢平台的施工电梯，拆除原有直达钢平台施工电梯，以保证水平结构可以提前进行补缺，对后续的结构及精装饰施工提早提供条件。施工作业人员通过外围施工电梯和新增设的施工电梯即可实现上下钢平台的需要。施工电梯转换技术有效缩短了核心筒水平结构补缺对工程总工期的影响（图 11.4.4）。

图 11.4.4 核心筒施工升降防护平台示意图

12

超高层建筑绿色虚拟仿真建造技术

12.1 基坑工程绿色虚拟仿真建造技术

随着地下空间开发向着大和深的方向不断发展，基坑开挖深度已达到40多米，基坑底板已进入第一承压含水层，承压含水层对基坑开挖施工的安全威胁越来越大，降低承压含水层地下水的难度也越来越大。而目前的地面沉降计算与预测模型，大多基于弹性或准弹性形变理论建立，对地面沉降的预测精度较差，并且不能同时计算、预测某一个或某几个地层的变形。

日益增多的地下工程建于城市建筑群密集区或不得不穿越建筑群底部相邻地段（地下交通枢纽工程尤其如此），对地层变形与地面沉降的控制标准越来越严格，对地层变形与地面沉降的预测精度的要求也越来越高，目前的理论计算与预测手段已不能满足要求。因此，建立反映土、水耦合作用特征的非线性地层水平位移与地面沉降模型，求得非线性地层水平位移与地面沉降模型的理论解，形成可视化预测预警模型，从而对承压水减压降水对地面沉降及周边环境的影响进行有效模拟预测非常必要。

采用有限元法，可对减压降水引起的水位降深及其对周边环境影响同时进行预测，其基本流程如图12.1.1所示。

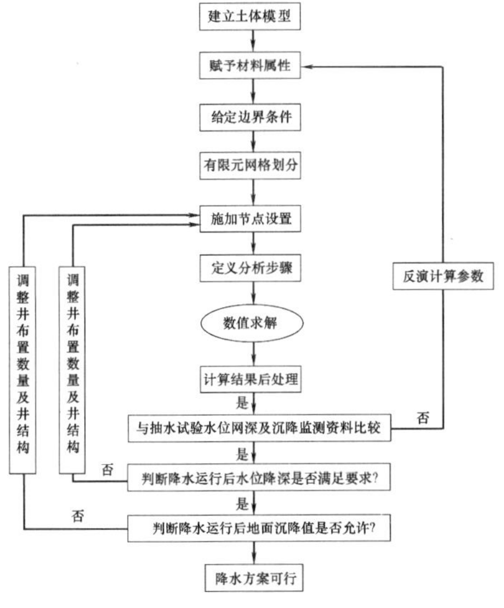

图12.1.1 确定降水方案基本流程

目前，工程中大多采用 ABAQUS、ZSOIL. PC V2013x64 等有限元软件，建立反映土、水耦合作用特征的非线性地层水平位移与地面沉降模型，求得非线性地层水平位移与地面沉降模型的理论解，形成可视化预测预警模型，从而对承压水减压降水对地面沉降及周边环境的影响进行有效模拟预测（图 12.1.2、图 12.1.3）。

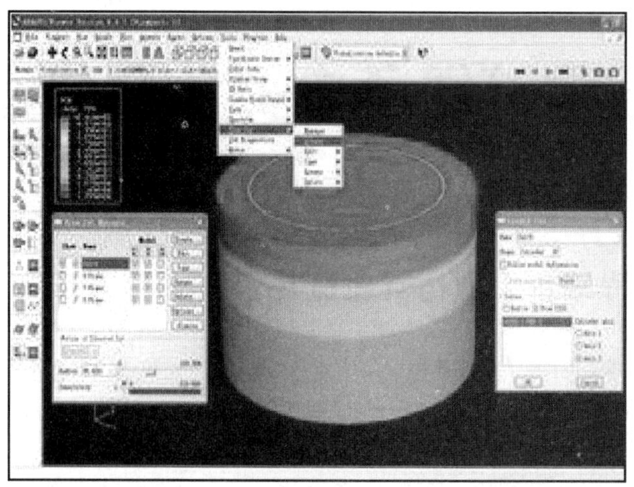

图 12.1.2　圆柱体剖面云状图可视化

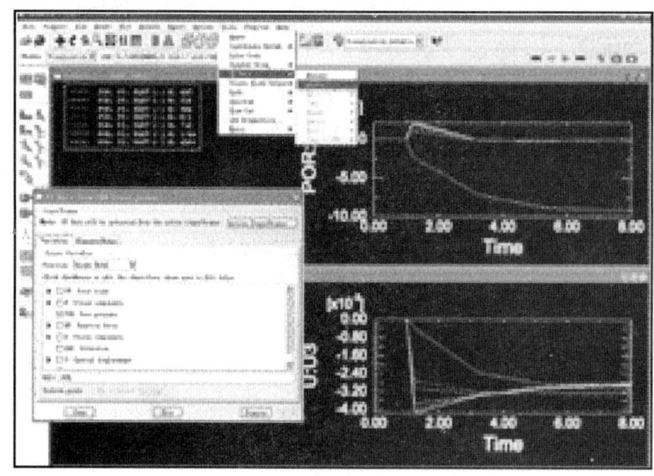

图 12.1.3　任意点水位降深或位移历时曲线

12.2　混凝土工程虚拟仿真建造技术

12.2.1　大体积混凝土温度场有限元仿真

混凝土工程中，控制大体积混凝土的裂缝是重点环节，而控制的关键点就是要在施工前预测混凝土的温度场。混凝土的温度场可根据热传导原理、借助有限元理论、采用有限元软件进行分析预测。

1）热传导原理

（1）热传导方程

三维热传导方程可以表示为：

$$\frac{\partial T}{\partial t}=a\left(\frac{\partial^2 T}{\partial x^2}+\frac{\partial^2 T}{\partial y^2}+\frac{\partial^2 T}{\partial z^2}\right)+\frac{\partial \theta}{\partial t} \tag{12.2.1}$$

（2）边值条件

初始条件为在初始瞬时物体内部的温度分布规律。在初始瞬时，温度场是坐标 $T(x,y,z)$ 的已知函数 $T_0(x,y,z)$，即当 $\tau=0$ 时

$$T(x,y,z,0)=T_0(x,y,z) \tag{12.2.2}$$

大体积混凝土热传导方程有四类边界条件，在采用有限元模拟大体积混凝土施工期温度场时一般采用第一类或第三类边界条件。

2）混凝土热学性能

大体积混凝土温度场仿真分析中，混凝土既作为发热体（水泥及掺合料与水水化过程中放热），又作为热的传导体。混凝土的热学性能直接影响温度场仿真计算的结果。

3）温度参数

在没有任何热损耗的情况下，水泥和水化合后产生的反应热，全部转化为温升后的最大温差，按下式计算：

$$\theta_{\max}=\frac{Q_0(W+kF)}{c\rho} \tag{12.2.3}$$

12.2.2 不同施工方法对温度场及温度应力的影响

在大体积混凝土浇筑中一般采用两种方法：分层分块，一次性整体浇筑。不同的施工方法对温度场及温度应力的影响情况不同。下面从这两个方面比较。

假定一块大体积混凝土，强度等级为 C30，尺寸 50m×30m×4m，入模温度 20℃，环境温度 25℃，绝热温升 38℃，混凝土收缩当量温差为 5℃。采用两种施工方法进行浇筑：一次性浇筑混凝土 4m 厚、50m 长；分层浇筑，每层混凝土厚度 2m，长度 50m。基础几何尺寸如图 12.2.1 所示，模型材料、边界条件如表 12.2.1 所示。

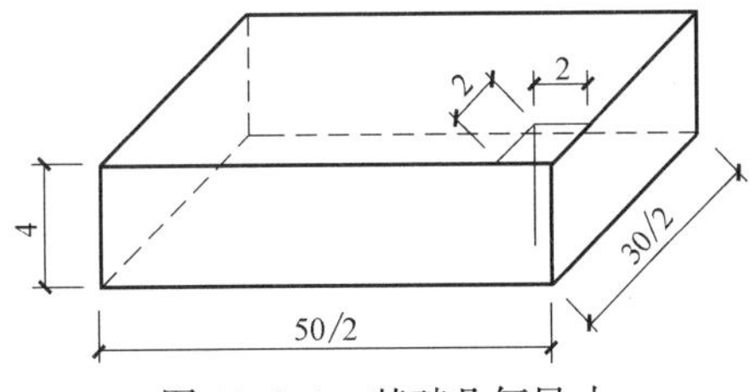

图 12.2.1　基础几何尺寸

材料特征与边界条件　　表 12.2.1

材料特征	导热系数 λ[kJ/(m·h·℃)]	10.0
	重度 γ(kN/m³)	24.0
边界条件	绝热温升(℃)	38
	初始温度(℃)	20.0

续表

边界条件	环境温度(℃)	15.0
	顶面对流系数[kJ/(m^2·h·℃)]	15.0
	侧面对流系数[kJ/(m^2·h·℃)]	10.0
	底面对流系数[kJ/(m^2·h·℃)]	4.0

1）对温度场的影响

采用有限元软件建模分析温度场。建立模型的1/4，网格密度为1m×1m×0.5m，两次浇筑间隔时间为10d。

有限元模拟结果表明，一次浇筑时，混凝土内部核心区域的峰值高于分层浇筑混凝土核心区域的峰值；在分层面附近，二者的温度场差别较大，顶层及底层温度时程差别并不大。

2）对应力的影响

计算结果表明，上层混凝土受到下层混凝土的强约束，应力远大于一次性整体浇筑的混凝土。

综上分析，分层浇筑尽管温度峰值要低于一次浇筑，但其上层混凝土受下层混凝土的强约束应力较大，裂缝控制难度反而比一次浇筑大（图12.2.2、图12.2.3）。

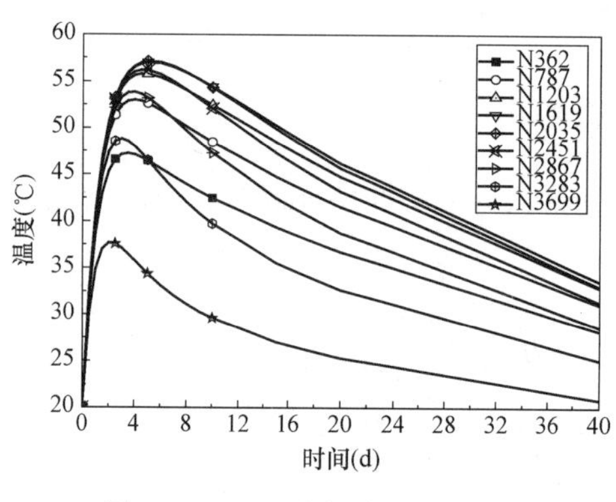

图12.2.2　一次性浇筑温度时程

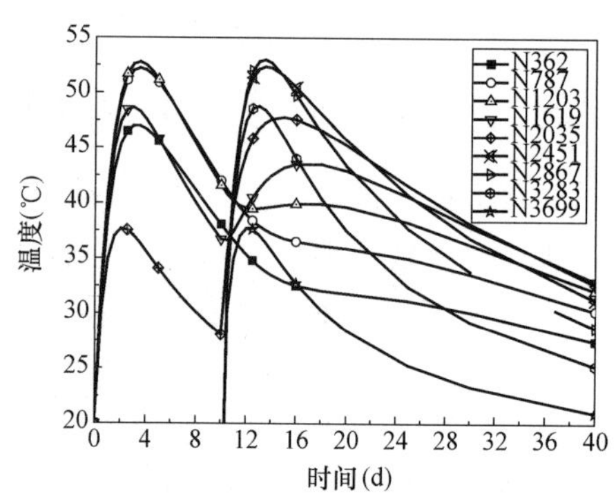

图12.2.3　分层浇筑温度时程

12.3　钢结构工程虚拟仿真建造技术

12.3.1　钢结构安装模拟

钢结构工程的施工主要考虑经济性和安全性两大要素。同时结构建造过程中的安装方法还会受到其他条件的制约，例如：地形、气候、设备运输条件、施工周期的限制等。所以在施工方案制定阶段，需要借助施工全过程数字化模拟技术对多个施工方案进行分析比较，最终确定合理经济、安全可控的最优施工方案，操作流程如图12.3.1所示；在工程实施阶段，需要借助施工全过程数字化模拟技术对工程实施的动态调整进行可行性分析，确保施工过程安全可控。

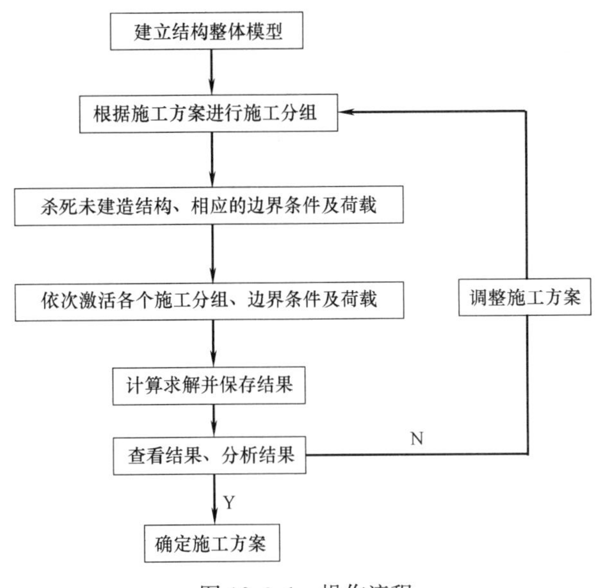

图 12.3.1 操作流程

1）虚拟仿真模拟

大型空间钢结构的施工分析属于慢速时变结构力学的研究范畴，其施工过程中都具有时变性，结构都是一个从无到有、从局部到整体的过程。其施工时变性主要表现形式为几何形态、边界条件、刚度、荷载。

虚拟仿真施工模拟技术大都采用单元“生死”法，其基本思想为：基于有限单元法的非线性分析理论，在结构分析过程中通过修改单元的刚度矩阵、质量矩阵和荷载列阵等参数，来达到单元意义上的“活”与“死”，以模拟分析中构件的增加和删除。

利用单元“生死”技术可以一次性建立起一个完整结构的有限元分析模型，然后把所有单元“杀死”，再按照施工步骤逐步“激活”，从而模拟整个结构施工过程中内力和变形发展的情况，主要采用“正装迭代法”进行分析。大型通用有限元软件，如 ANSYS、SAP2000、ABAQUS 等能够对由各种不同单元组成的结构形式进行准确的混合运算，这样就建立了一个强大的运算平台，可以很方便地用于施工全过程数字化模拟分析。

2）虚拟仿真模拟“二次开发”

对刚度变化比较敏感或变形要求较高的大型空间钢结构（空间悬挑结构、带柔性拉索的空间结构），施工模拟除需考虑常规的分段加载影响外，还必须考虑结构在施工加载过程中的几何非线性和 P-Δ 效应。另外，此类结构施工过程中每一步构件的定位和加工尺寸的确定，都与施工方案密不可分，所以只有对这类结构的施工全过程进行动态跟踪分析，才能保证最终的位形及受力满足设计要求。

虚拟仿真施工模拟需要反复的迭代运算，且每一次迭代结束后，结构模型的形状均需要根据迭代计算结果进行同步修正，直到最终确定结构的施工初始位形。以大型通用有限元程序 ANSYS 为例，该软件具有坐标更新和二次开发功能，能够方便地对迭代过程中的模型进行修正，可实现此类大型空间钢结构的虚拟仿真模拟。在结构施工模拟的变形迭代过程中，考虑了几何非线性的影响，同时精确考虑了施工过程中不同施工步结构变形及其累积效应的影响，直接在后一施工步中叠加上一施工步结构或构件产生的变形，以此变形修正上一步结构的坐标以得到下一施工步结构的新坐标。计算流程如图 12.3.2 所示。

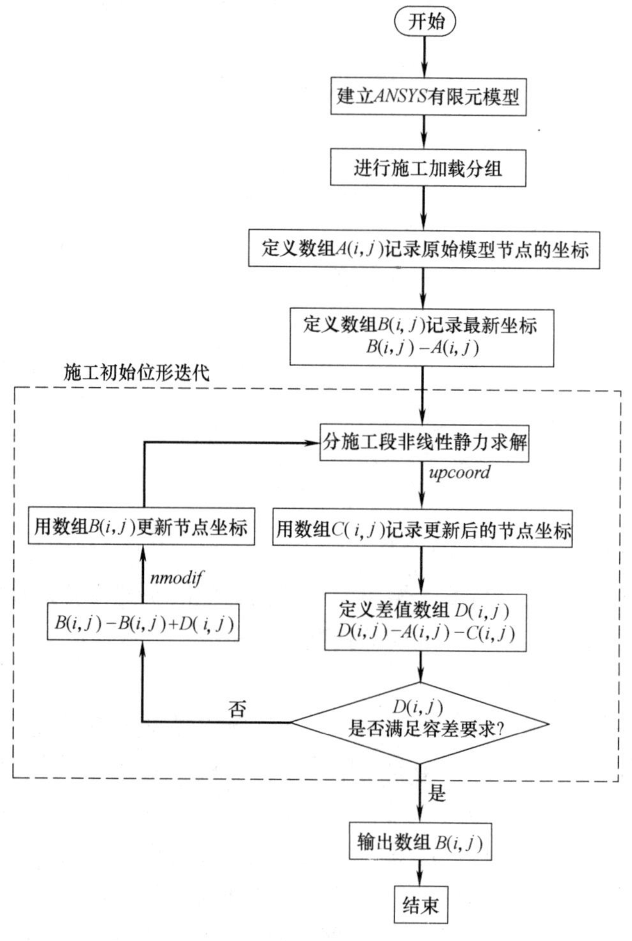

图 12.3.2 “二次开发”计算流程

12.3.2 幕墙安装模拟技术

在钢结构幕墙一体化深化技术研究中，建立基于施工图的各专业设计 BIM 模型，前期主要是钢结构幕墙及屋面模型，通过合模发现和解决各专业施工图纸，尤其是结构与幕墙及屋面之间存在的“硬碰撞”和“软碰撞”问题，并形成正确的设计 BIM 模型。在钢结构幕墙工程中，存在众多“硬碰撞”和“软碰撞”区域，通过对钢结构构件的坐标进行重新定位和节点构造进行重新调整，并考虑合理的施工误差，将钢结构与幕墙的尺寸和节点进行合理匹配，确保钢结构幕墙系统的正确性。

在深化图设计阶段，以设计 BIM 模型为基础，进行钢结构、幕墙等专业一体化深化设计工作，同时协调结构、机电管线及装饰之间的空间定位及界面关系。并通过 BIM 深化设计的建模和合模，再次校核上述问题，形成准确的深化设计模型，指导或自动生成深化设计图纸，弥补设计图纸深度不足，提高深化设计效率。

12.4 模架装备虚拟仿真建造技术

整体模架体系模拟技术的研究是以有限元理论为基础，通过对模架装备的工作环境、受力状态、边界约束条件等实际情况的简化来建立相应的物理方程和平衡方程，采用大型有限元分析软件对这些方程进行求解，来模拟模架装备的实际工作状态，最后通过对模架装备体系进行实时监测来检验计算分析的合理性。

12.4.1 整体模型和力学性能模拟

使用有限元软件对整体模架体系进行了整体建模数值模拟，计算项目包括整体模架体系架体的应力、变形及支座反力，图 12.4.1 为整体模架三维有限元模型。

依据平台结构体系设计思路，在保证平台系统具有一定的变形协调能力以及满足承载力要求的思路上，设计平台整体传力体系为：由柱子与其间连梁刚接形成类似格构柱，柱子两端与顶层及底层钢大梁刚接，组成平台系统的主要抗侧向弯矩构件。正常施工过程中，通过底部平台钢牛腿支撑整个平台，爬升过程中，由与顶平台固定的导轨支撑整个平台，牛腿架空，实现受力体系转化后完成提升作业。提升过程完成后，牛腿撑牢，导轨架空。

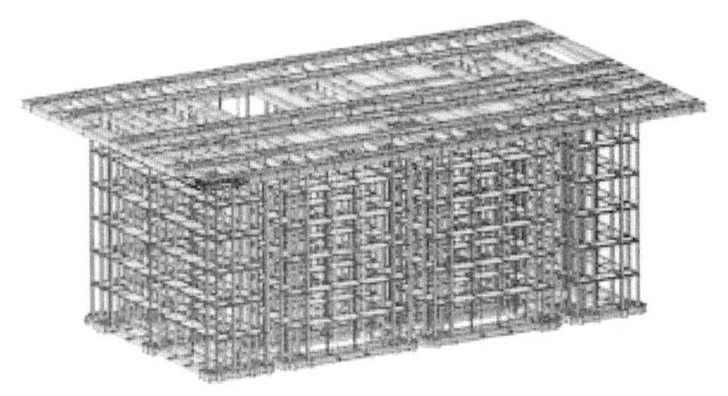

图 12.4.1 整体模架三维有限元模型

12.4.2 施工工况模拟

通过整体模架工况分析、荷载分析（包括提升模板施工状态、绑扎钢筋施工状态、爬升状态、侧向钢丝网围护阻风系数、风荷载体形系数选取）、荷载效应组合、整体模架结构受力分析（钢平台模板提升工作状态、钢平台绑扎钢筋工作状态、钢平台提升状态）研究，对整体模架进行施工工况模拟，以确保模架装备施工安全性。

12.4.3 自动化出图

整体模架体系自动化出图是借助于世界通用的钢结构详图设计软件 Xsteel 来实现的。首先通过 Xsteel 软件创建三维模型，软件会根据用户的要求自动生成钢结构详图和各种报表，如螺栓报表、构件表面积报表、构件报表、材料报表等。其中，螺栓报表可以统计出整个模型中不同长度、等级的螺栓总量；构件表面积报表可以估算油漆使用量；材料报表可以估算每种规格的钢材使用量。在 Xsteel 软件中，钢结构详图和报表均以模型为准，所以，在建立三维模型的过程中，很容易发现构件之间的连接有无错误，从而保证了钢结构详图深化设计中构件之间的正确性。

12.5 绿色虚拟仿真管理平台

为从根本上解决工程项目各阶段、各参与方之间的信息断层、信息孤岛问题，实现信息共享与充分利用，构建绿色建造过程中复杂的分包管理、物资管理、施工流程管理、人员管理、机械设备管理、任务管理等融合为一体的虚拟绿色建造仿真管理平台，是提高绿色建造的工作效率和管理水平的重要环节。

平台应具有虚拟建造各类模拟系统数据接口，能进行各种施工模拟和实时监测；绿色建造材料、设备、施工方案、工艺流程的信息库；项目协同管理信息系统等。目前，国内已开发的绿色虚拟仿真管理平台包括三维可视化项目协同管理平台、深基坑变形监控与预警平台、模块化整体钢平台集成仿真系统等（图 12.5.1～图 12.5.3）。

图 12.5.1　三维可视化项目协同管理平台

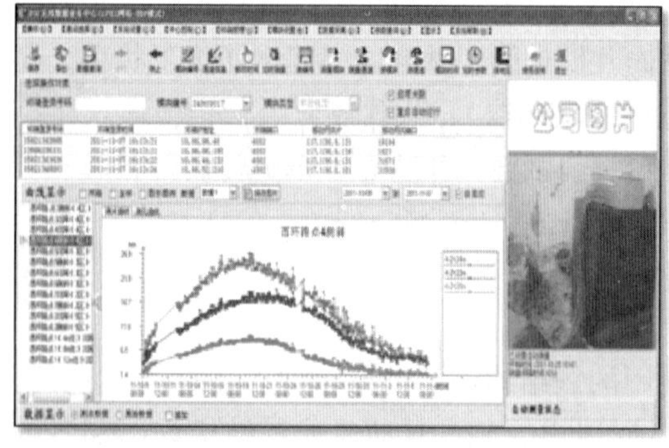

图 12.5.2　深基坑变形监控与预警平台

图 12.5.3　模块化整体钢平台集成仿真系统

12.6 工程案例

12.6.1 工程概况

上海迪士尼乐园位于上海国际旅游度假区内，乐园分为主题乐园区和辅助功能区（图 12.6.1），是中国内地第一个、亚洲第三个、世界第六个迪士尼主题公园。项目规划占地面积约 7km^2，首期建设的迪士尼乐园及配套区占地 3.9km^2，以 1.16km^2 的主题乐园和约 0.39km^2 的中心湖泊为核心。乐园拥有七大主题园区：米奇大街、奇想花园、探险岛、宝藏湾、明日世界、梦幻世界、玩具总动园。

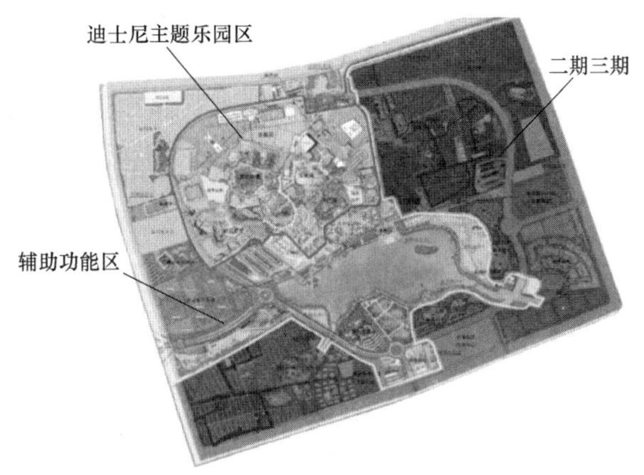

图 12.6.1 上海国际旅游度假区分区图

作为全球驰名的主体乐园品牌，主题乐园的建设上始终围绕“品质”这个核心要求，因此为了将高级的艺术精品打造出来，信息化技术的应用必不可少。园区规划科学、景观优美、功能齐全，成为绿色生态建筑和信息化建造技术结合应用的典范工程。

12.6.2 信息化项目管理

上海迪士尼主题乐园工程是一个信息化程度很高的工程，其采用了各种各样的项目管理平台，包括：综合项目管理平台、协同设计类平台以及诸多分项应用平台。在建造之初，工程项目建立了一套完整的信息化建造管理体系。在项目的建造过程中，业主单位组建了一支专业的管理团队，建立生产了项目 BIM 模型、管理平台搭建等信息化建造基础数据。基于 BIM 团队、深化设计部门并结合咨询机构等部门完成虚拟建造过程中的数字建造设计，形成基于现场施工的项目信息化管理数据流。最终，土建、装饰、安装等专业分包根据接收到的信息化数据并进行专业深化协调后，将可用数据传递到加工厂用于数字化加工，并指导现场施工及管理。

通过综合项目管理平台进行项目的整体把控，同时为了全面把控具体管理点，基于不同问题的重要程度，采用了不同的分项应用平台。项目重要数据资料存储于综合项目管理平台，具体问题管理数据存储在分项应用平台上。数字化技术能够有效提高工作效率，增加过程资料的可查性与可分析性。

12.6.3 一体化深化设计

对于迪士尼乐园这样一个高复杂性工程项目，具有多专业集成度高的特点，每个专业在进行深化设计过程中不仅要满足建筑和结构功能需求，还应满足相关专业的技术工艺要求，传统的工程深化设计方法已无法满足施工要求。

从项目整体出发，协调各专业之间的矛盾，在混凝土结构、钢结构、装饰装修、机电安装等分项工程中，采用 BIM 技术手段在前期解决施工过程中可能出现的问题，创新建立了“补充型”“纠正型”和“创造型”的深化设计模式，即由粗到精的补充型，由错到对的纠正型以及从无到有的创新型。项目结合制作工艺、安装技术等开展一体化深化设计技术（图 12.6.2），主要包括工程材料清单构造设计、节点深化设计、施工详图绘制等内容。通过推敲细节以及整合不同专业，实现了设计有二维变三维、由单专业向跨专业的双向转变。此外，项目部首次在国内采用了建造过程的“逆向设计”方法，由模型反向生产二维底图，完成初步施工图设计，大幅提高了施工出图效率与质量。

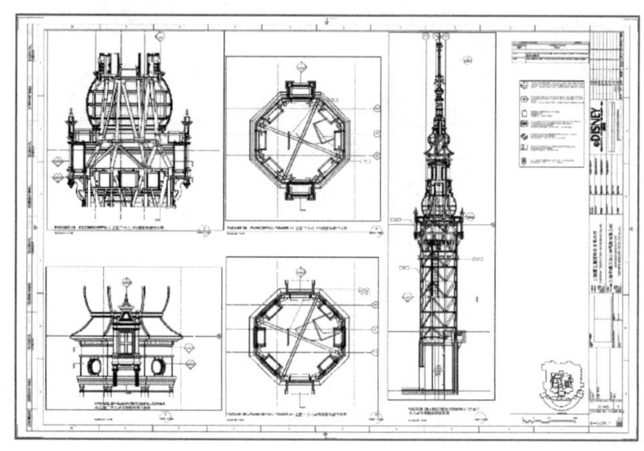

图 12.6.2 数字化深化设计图

12.6.4 信息化加工

信息化加工是依托于信息化模型或数字信息传递快捷的加工建筑物构件的方式。迪士尼项目单体众多，包含有诸多不规则假山塑石、多曲率墙面、多造型屋面等结构形式，以及建筑构配件与部品饰品形态各异，这些既是迪士尼项目的特点，也是其建造难点，采用传统加工制作工艺显然无法满足当前项目构件加工的需求。

因此，在数字信息与数据传递方面，格式、内容各异的项目约定了相关的构件进度格式要求、数据交互格式，并制定了差异化的信息化加工方法，以便让格式与内容各异的建筑信息能高效、协同地传递到信息化加工阶段；在混凝土模板工程加工方面，创新应用了信息化模板设计加工及排架信息化定位技术，基于模型的互通性，生成和输出各种模板的平面布置图与拼装详图，并利用三维可视化模型对支撑排架进行水平与标高的精确定位，大幅提高现场混凝土模板搭设效率；在钢结构信息化加工方面，针对诸多形态各异的钢构件，运用信息化排架技术、信息化下料技术、信息化部件加工技术以及信息化装配技术将钢结构深化模型信息快捷、实时传递于生产设备，很好地满足了项目钢结构高精度安装的工程要求；在机电安装工程信息化加工方面，基于 BIM 技术信息化加工安装工程中的风管、管道、装配式支吊架等构件，并应用物联网信息管理技术，通过对预制单元进行数字编码实现了安装构件的出厂、运输、现场验收、安装等环节的全过程跟踪与统计管理；在装饰装修工程信息化加工方面，针对大量立体饰面和平面图案，利用 CNC 数控技术以及 3D 打印技术将镂空、复杂形态、复杂几何造型的设计部件高效、高质量地加工完成。

12.6.5 信息化施工

在混凝土工程信息化建造过程中，在前期通过混凝土一体化深化设计，对混凝土结构防水节点、混凝土预留洞口、钢结构与混凝土结合处、预埋件精确定位等关键工序进行了深化设计，有效解决了体系复杂结构设计难题；在施工阶段，基于三维激光扫描技术，将扫描模型与设计模型对比，用以精确测量混凝土施工的偏差，偏差结构将为后续装饰装修、管线安装等工序的深化调整提供数据支持（图 12.6.3）。

图 12.6.3 现场混凝土施工

在钢结构工程信息化建造过程中，在前期通过 BIM 技术并结合制作工艺、安装技术对钢结构进行材料款清单统计、结构构件设计、节点深化设计、施工详图绘制等深化工作；在施工阶段，形成了高耸装饰塔信息化整体施工技术、高精度游艺设备钢结构数字化施工技术等专项技术，对结构施工各个关键环节进行实时监控，实现了钢结构的高效施工和实时可视化控制，有效解决了安装精度高、定位难等施工难题（图 12.6.4）。

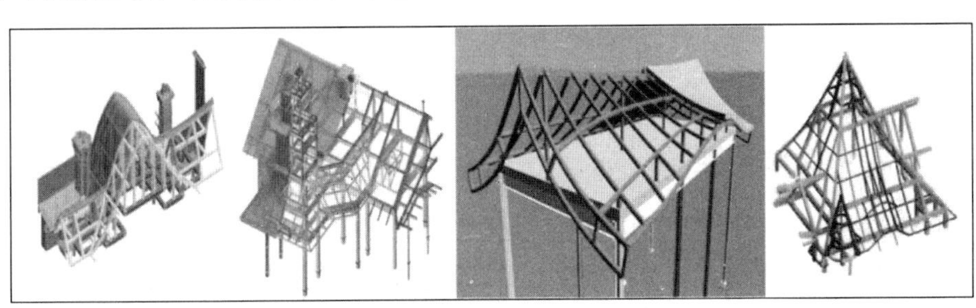

图 12.6.4 屋面钢结构仿真模拟图

在机电安装工程信息化建造过程中，在前期分别采用三维扫描技术、Civil 3D 与 Revit 软件相结合的深化技术以及多软件集成深化技术解决了机电安装地下管网设计复杂、预制化产品深化难度大的难题；在现场安装阶段采用全自动激光测量定位确保了安装作业精确定位；进行设备及管线装配在复杂环境下的施工技术模拟分析，确保实际施工的顺利进行；通过移动终端将轻量化的数据模型带入施工现场，使得施工管理更为直接、有效（图 12.6.5）。

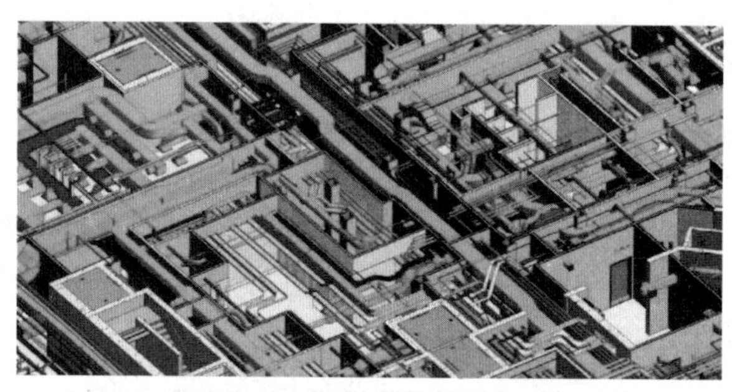

图 12.6.5　复杂机电管线模型图

在装饰装修工程信息化建造过程中，针对建筑内外立面造型丰富、进出关系复杂的难点，在深化设计节点采用手绘与建模相结合的方式，完成了装饰建筑构件从造型深化到构造深化的全过程；采用 3D 打印技术，利用信息化模型直接加工成型构件，解决了特殊复杂艺术构件生产加工难题；在装饰工程施工控制阶段，通过信息化方法控制地面工程施工中混凝土现场浇筑标高，通过三维设计模型模拟高耸塔的脚手架搭设与施工工序，采用三维扫描信息化方法对乐园主题抹灰造型、工艺技术进行资料存储，为后续项目提供了宝贵的借鉴（图 12.6.6）。

图 12.6.6　塑石假山施工工艺

12.6.6　信息化交付运维

迪士尼乐园项目是一个全过程采用信息化建造技术的工程。项目从设计、加工、施工直至竣工验收阶段，过程中产生的各类信息均通过信息化手段被全部保留下来，并最终形成完整的数据库。在项目竣工验收时，除了传统的工程资料外，还将 BIM 模型连同相关过程数据信息以数据形式移交给迪士尼乐园项目业主方，以便业主方日后更加便捷地进行乐园日程使用和后期维护。

迪士尼乐园项目对于电子交付材料有严格的要求，必须达到事先制定的信息化交付标准，方能完成相关提交流程，其中竣工模型必须分为专业提交和整合提交，模型必须有附加模型说明和相关资料以确保模型准确可用。数据库的建立和数据资料的提交可在运维阶段快捷、有效地进行信息追溯，为项目运营提供高质量的数据资源保障。

13

超高层建筑健康监测技术

13.1 概述

超高层建筑一般属于重要的地标性建筑，建筑高度大、受力复杂，在设计、施工上均具有较大的创新性和挑战性。

一般情况下，宜对层数超过 40 层，高度超过 100m 的超高层建筑物进行健康监测。健康监测通常包含施工阶段监测和运营阶段监测，同时应采用理论分析与监测相结合的方式对超高层建筑进行性能评估。

超高层建筑的施工是一个多阶段的动态过程，随着施工过程的进行，特别是核心筒、外伸臂与外周巨型框架的施工并不同步的条件下，结构体系在不断地变化，构件在增添或删减，约束条件在转换，构件连接边界在变化；楼层逐渐加高，结构自重、施工荷载也在变化；前一个施工阶段的结构受力状态对后一阶段施工的结构的受力性能乃至最终结构成型后的工作状态都有着密切的关系，使得结构从施工伊始就表现出较强的与设计状态不同的受力特征。

另外，超高层建筑在运营期间，承受各类复杂环境条件的影响，风荷载、昼夜温差等因素对高层结构起着显著的影响。随着服役期的增长，由于温度应力、风振影响，许多关键部位及构件会产生一些损伤与老化，结构舒适度遭受考验，对结构的正常运营带来不利的影响；地震作用下，保证结构的安全性也是社会越来越关注的重点。

因此，需要根据结构受力特点以及外在因素影响建立专门的监测系统，在一些关键部位与构件设置应力、振动、位移等监测点，在结构的施工与运营过程中监测各类参数的变化情况，所有数据都将记录于数据库中，通过数据的有机串联即可对结构性能做出较为详细的描述。

一般，超高层建筑健康监测系统具有的功能包括：监控结构的整体和局部状态；即时了解结构施工过程中的结构性态，实现对项目过程的有效控制；对结构损伤位置和损伤程度做出诊断；评估结构的服役情况、可靠性、耐久性以及剩余寿命；发生台风、地震或爆炸等突发灾难事件或结构发生异常状态时，判断结构的安全等级，保证人员的生命与财产安全，并且在事后为结构的维护和管理决策提供依据；实测数据用于设计验证，为超高层建筑结构新技术研究提供重要参考。

超高层结构健康监测系统的设计需要遵循功能要求和效益-成本分析两大准则，并满足可靠性、耐久性和系统性的要求，在成本允许的基础上，尽量选择高可靠度和高耐久的仪器设备。

超高层建筑健康监测项目应包括：结构动力特性监测、结构变形监测、结构应力监测、环境荷载监测。施工阶段和运营阶段监测系统分别由五个部分组成：传感器系统、数据采集与传输系统、数据处理、结构性能评估系统以及灾害预警系统。对于两个时期内相同的监测项目做到监测数据的无缝连接，使施工期间的监测数据可以为运营期的监测数据服务，从而得到结构完整的变化趋势。应在结构施工到相应位置时埋设传感器并建立监测点，预留相应运营期的监测原件及设备，系统随施工阶段逐步建立，到工程竣工时完成所有传感器的预留并集成监测系统，图 13.1.1 超高层建筑健康监测主要流程。

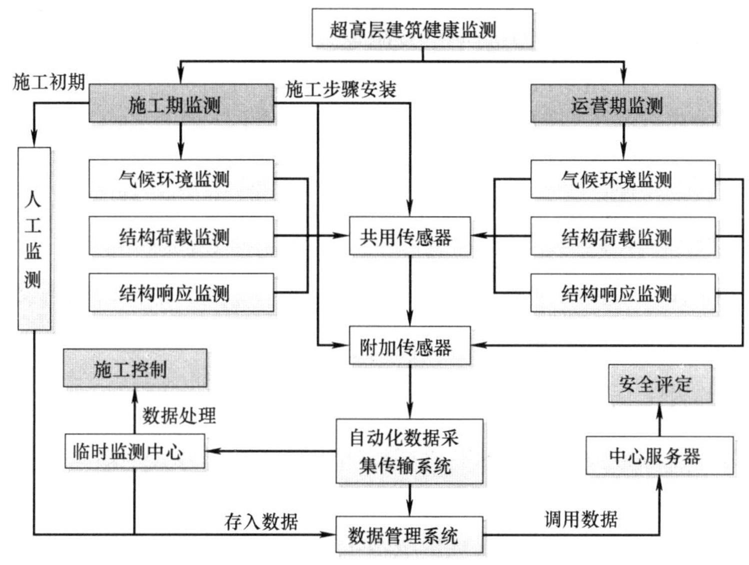

图 13.1.1　超高层建筑健康监测主要流程

13.2　监测内容

超高层建筑健康监测的内容主要包含结构的静力特性、动力特性以及环境荷载参数。静力特性包括应力应变、位移、倾角、沉降、标高等；动力特性包括加速度、频率等；环境荷载参数包括温度、风速、风压、地震等。

13.2.1　关键构件应力应变监测

应力应变监测主要针对超高层建筑的一些受力关键构件，通常包括：

（1）外围钢结构的主受力部位，主要包括一些典型层的巨型柱、柱与核心筒相连的主梁或桁架的主受力杆等；

（2）典型层的巨型柱与梁或桁架相连的应力复杂部位；

（3）典型层核心筒的角部暗柱、核心筒内埋钢板和混凝土的关键部位；

（4）巨型柱间的交叉斜撑；

（5）特殊楼层的主受力构件等。

13.2.2 关键部位位移监测

位移监测测点的布置原则为应尽量选择变形较大、反应敏感的部位布设。为体现结构整体竖向位移发展规律，沿竖向均匀布设测点；为反映框筒相对变形发展规律，依据对称原则，在外框架和核心筒处均匀布设测点，并在关键内外连系构件（如伸臂桁架）处增加测点。

13.2.3 加速度监测

结构动力特性是反映结构性态的一个重要、直接的性能指标。在关键楼层布置加速度仪不仅可以获得结构的自振周期、频率以及阻尼，而且可以实时记录结构在风荷载、地震作用下结构的反应。对于超高层建筑，可通过测量，取前几阶模态进行分析。加速度传感器数量及布置应能获取施工阶段和运营阶段不同结构状态下结构前几阶模态的周期、振型等。另外，加速度的监测结果将作为建筑舒适度分析的依据。

13.2.4 倾斜监测

为准确了解和控制结构的垂直度，监测单位对施工各阶段结构的倾斜度进行监测。在布设垂直度监测网络时，应保证基准点的稳定性，并选择代表性的结构倾斜度监测点。

13.2.5 标高监测

在施工阶段，监测单位对楼层标高进行监测，建议施工方采用适当的补偿技术修正建筑的楼面标高，使得最终的楼面标高与设计标高相一致。楼面标高补偿技术采用预测和监测相结合的方式进行。一方面，通过对楼层施工时的楼面标高的监测，获得当前楼面标高的实际值；另一方面，通过考虑材料时变效应的分析技术预测包括收缩徐变和基础沉降的长期变形量，并在施工阶段楼面标高预留一定比例的长期变形量作为标高补偿。

13.2.6 沉降监测

超高层结构基础部分对上部结构起着至关重要的作用，基础一旦发生过大或不均匀的沉降将会对整个结构的安全性产生巨大隐患。为了准确了解和控制塔楼的沉降，在施工与运营的各阶段对结构底层沉降进行监测，方法与标高监测方法一致。

13.2.7 温度监测

观测结构环境的温度变化，包括日温度变化和季节温度变化。沿建筑物立面高度每100m设置温度测量区，用以测量不同建筑高度的温度变化。在建筑物的不同立面上，分别设置温度测量点，用以测量不同日照情况下的温度变化。

13.2.8 风速风压监测

布置风速和风压监测传感器获得建筑各个关键部位不同方向的来流风速和风向数据。风荷载监测应与结构抗风性能分析相结合，以建立起有效的荷载-响应关系，实现强风灾害的预警，以及风荷载作用下结构的性态评估。

13.2.9 地震监测

通过设置强震仪进行地震作用监测，地震仪一般设置两台，一台置于基础筏板中央，另一台放置于建筑顶层。地震作用监测与结构的地震响应监测相结合，建立有效的荷载-响应关系，实现地震作用下结构的损伤分析及性态评估。

13.3 传统监测技术

13.3.1 应力应变传感器

1）电阻应变片

电阻应变片使用较为成熟。传统电阻应变片耐久性较差，适用于短期监测需求；经特殊工艺封装后的新型电阻应变片，在一定程度上克服了其耐久性差的问题，可用于相对长期的监测需求，并且满足监测的精度、量程及连续测量的需要。

2）振弦式应力应变传感器

振弦式应力应变传感器，工作原理为通过与结构协同变形，引起钢弦变化，输出相应的频率信号，信号经过多次滤波放大及分析操作，最终得到精确的应变信息。这类传感器精度、量程、耐久性等均满足高层建筑监测需求，是工程上应用较为成熟的应变监测传感器之一。

3）光纤光栅应变传感器

光纤光栅应变传感器，基于光信号测量，具有测量精度较高、不受电磁干扰、连续测量等优点。但布线复杂，维护成本高，施工阶段易受影响等使其应用存在一定的局限性。这类传感器在性能上可充分满足高层建筑监测需求，也是工程上应用较为成熟的应变监测传感器之一。

13.3.2 温度传感器

温度传感器可以分为铂电阻温度传感器、热电偶温度传感器、光纤光栅温度传感器等。其中，铂电阻温度传感器是利用导体或半导体阻值随温度变化的特性实现温度监测，适合中低温区域监测，可以进行自标定，无须补偿，且经过多次工程验证，各项指标均满足监测要求；热电偶温度传感器是利用热电效应实现温度监测，具有量测精度高、测量范围广的特点，但是其测量需要冷端温度补偿，且在低温区测量精度相对较差；光纤光栅温度传感器具有传热快、不受外力影响、保持分布式能力等优点。

13.3.3 加速度传感模块

加速度传感器可以分为压电式加速度传感器、压阻式加速度传感器、电容式加速度传感器以及伺服式加速度传感器等。

选择用于超高层建筑监测的加速度传感器时，要重点考虑有效频带和分辨率这两个指标。有效频带是指传感器能有效测试各种频率振动的频率范围。该频率范围的下限应低于被测结构的基本频率，而上限应高于希望测试的结构高阶模态频率。

分辨率是传感器通过放大器后所能感受的最小信号水平，可以认为是测试系统的最大噪声水平。传感器的分辨率可根据高层建筑在环境干扰下的脉动位移反应程度，按具体的信噪比要求确定。

13.3.4 风速风压传感器

风速风压传感器分为风速传感器和风压传感器。风速传感器通过单位时间内风杯的转动圈数来得到风速，从而研究风速对建筑结构物的影响，常用的风速传感器包括螺旋桨风速仪和三维超声风速仪等。风压传感器通过监测处的气压与大气压的差值来得到风对建筑结构物的压强，从而研究风压对建筑结构物的影响。

13.3.5 位移传感器

传统的位移传感器包括机械式百分表和千分表、张拉式位移传感器、电阻应变式位移传感器、滑动电阻式位移传感器和线性差动电感式位移传感器等，新型位移传感器有振弦式液位位移传感器等。振弦式液位位移传感器由连通管与基准参考液面相连，由竖向变形产生液面变化，引起钢弦变化，输出相应的频率信号，利用微控制器对高精度数字气压传感器进行操作，得到精确位移信息，具有高精度、宽量程的特性。

13.3.6 GPS位移监测系统

选择较为空旷的工地临时办公楼顶安装GPS参考站，待至结构竣工后，在裙楼顶上选择一个不动点布置GPS参考站，安装过程中：

(1) 天线墩所在位置附近不得有其他物品遮挡；

(2) 天线墩上的对中器需保证水平；

(3) 与电缆线相接触的材料表面需保证光滑，不得有毛刺，防止刮损电缆线，电缆线头需保证无损坏、通信正常，电缆接入口需进行密封保护；

(4) 天线墩钢管外筒需涂刷油漆，并在有螺母连接处涂抹黄油，防止渗水、生锈。

在结构施工过程中，GPS流动站随着施工的进展将临时布置在所需监测的楼层中，并根据施工进度移至并安装在下一个所需位移监测的楼层上；最后，随着结构主体施工完全结束，GPS流动站将永久地固定在塔冠层位移监测的位置上，用于监测结构运营阶段位移变形。

13.3.7 标高监测仪器

可以采用全站仪与水准仪配合工作的形式进行楼层的标高监测。全站仪是集水平角、垂直角、距离（斜距、平距）、高差测量功能于一体的测绘仪器系统。与光学经纬仪比较电子经纬仪将光学度盘换为光电扫描度盘，将人工光学测微读数代之以自动记录和显示读数，使测角操作简单化，且可避免读数误差的产生。水准仪是建立水平视线测定地面两点间高差的仪器，按结构分为微倾水准仪、自动安平水准仪、激光水准仪和数字水准仪。

13.4 无线传感监测技术

无线传感设备系统是一种新兴的传感技术，有着传统有线传感设备无法比拟的优点。传统有线传感技术有其抗干扰性、稳定性、精确性等优点，但其有线采集、布线困难的弊病同样明显。在测点较多的情况下，用于布线的成本有可能大大超过监测设备本身，同时复杂大量的布线对于结构的美观、日后的维护，故障的检修都存在着无法回避的问题。而无线传感设备因其安装方便、成本低廉、维护简单、性能可靠等优点，将逐渐取代传统的监测手段而成为主流，并逐渐应用于超高层建筑结构的健康监测与评估领域中。

13.4.1 无线传感器网络的特点

1）传感器节点位置较为固定

布置在结构各个位置的传感器节点用于这些位置的应力应变、变形、振动情况等参数的采集，不需要进行移动，一般将传感器节点固定于构件表面。因此，用于结构健康监测的传感器节点位置比较固定，形成的无线传感器网络结构也较为固定，即为静态拓扑结构，一般不会因为传感器节点位置出现很大改变进而使得网络拓扑结构产生变化。

2）同时性要求较高

在结构健康监测过程中，一般要求捕捉同一时刻整个结构中各个不同位置的响应情况，这就需要整个监测网络中的各传感器探测节点同时进行采集，因此不能由传感器探测节点按照各自的节拍自发采集，网络需要一个统一的同步的时间控制。

3）以物理位置为中心

结构健康监测获得的数据用于反映在各种环境下结构中所关注的部位的响应情况，必须清楚主机接收到的数据来自结构哪个物理位置的传感器探测节点，也即每个传感器探测节点采集到的数据必须与其布设在结构中的物理位置一一对应。

13.4.2 组网要求

1）稳定性

网络组建后应比较稳定，无需经常改变网络拓扑关系，但个别情况下能够进行调整和重组。当网络中某传感器节点无法同主机进行正常通信或者需要对测点位置进行调整时，可以对该节点重新组网，重新建立起与主机间的可用通信路径，这种局部调整不影响整个监测网络中其他部分的正常工作。

2）双向通信

传感器节点由主机统一指挥，节点同主机之间双向通信。测点由主机统一下达命令然后执行相应任务，以确保采集的同时性。在结构健康监测网络中，主机将命令通过无线传感网络传达至传感器节点，各节点再将采集到的数据通过无线传感网络回传给主机，即节点与主机之间实现双向通信机制。

3）地址唯一

每个传感器节点设有唯一的身份标识。布置在结构上的传感器节点通过各自的身份标识将采集到的数据与其物理位置一一对应，主机通过接收到的数据中的身份信息分辨数据来源。路由节点作为数据的中转站仅负责数据转发，不参与数据与物理位置的对应。

4）链状组网

超高层建筑一般采用链状组网方式，该组网方式适合用于高耸结构或平面尺寸狭长的结构监测，例如高塔、高度较大的高层或超高层房屋、长度方向尺寸很大的工业厂房等。链状组网即将全部测点划分为若干簇，处于同一覆盖范围内的测点组成一簇，每簇由一个路由节点作为簇头与测点组成一个星形子网络，负责向其覆盖的测点传达命令和回收测点采集到的数据。各个簇头路由节点组成一条多跳通信链，首簇头与主机（基站节点）单跳相连。各簇测点通过其簇头路由及路由链上的其他路由与主机（基站节点）进行多跳通信。整个网络为分层网络，自主机（基站节点）向下沿路由链形分成多个层，每簇为一层。

5）远程监测

无线传感系统的远程监测实现简单描述为：各类无线传感器测点相互之间形成智能网络，将采集到的数据通过接力点（路由节点），最终传输到基站节点，然后由基站节点经USB或串口传输给现场服务器；现场服务器通过3G无线网络接入Internet，任何终端设备通过连接到Internet实现与现场服务器的数据交换，对采集到的数据进行显示、分析和管理，如图13.4.1所示。

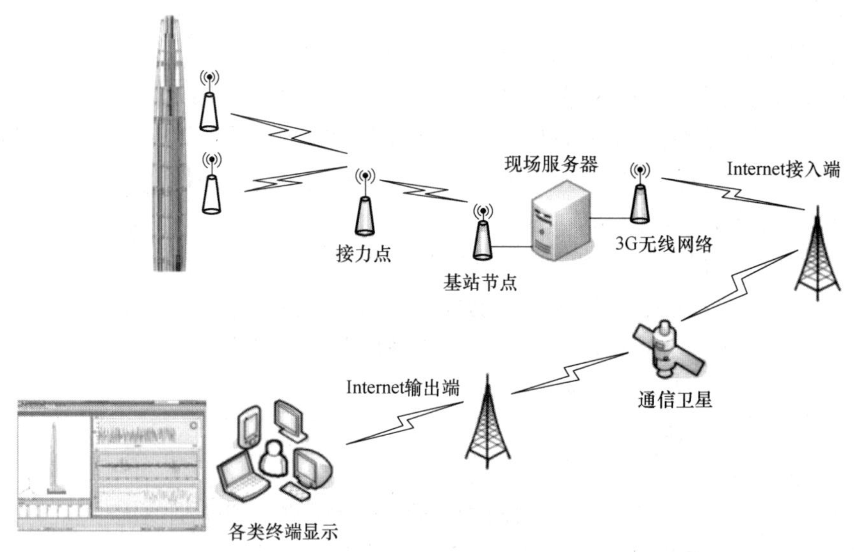

图13.4.1　无线传感系统远程监测示意图

13.5　监测测点布置原则

测点布置的主要原则如下：

（1）地震仪至少设置两台，一台置于基础筏板中央，另一台放置于建筑物顶层，都需要事先制作安装支架，稳定地将地震仪固定在安装支架上；

（2）风速仪在施工阶段设置在施工平台，结构封顶后风速仪安装在结构顶部；

（3）风压测点布设在幕墙表面，分别在底部、中部以及顶部三个以上楼层，均匀设置若干个测点；

(4) 结构振动加速度测点沿楼层高度选取不少于10个楼层，每楼层依据其所在位置分别设置3～5个测点；

(5) 结构倾斜度测点沿楼层高度选取不少于20个楼层，每楼层设置一个双向倾斜的测点；

(6) 结构位移测点依据倾角仪以及GPS两套系统确定；

(7) 建筑物表面温度测点布设在幕墙表面，沿楼层高度选取不少于5个楼层，每楼层设置10～15个测点；

(8) 构件应变测点须根据结构施工期与运营期的受力特性，基于荷载与自身的敏感度分析，进行测点优化，并主要设置在巨型柱柱脚、核心筒内埋钢板以及桁架系统等位置。

13.6 数据采集

13.6.1 数据采集与传输

数据采集与传输系统用来获取和存储结构监测的数据信息，提供数据处理的技术支持，更是结构性能评估和灾害预警的基础。影响超高层结构力学性能和状态评价的参数很多，如结构的变形、应力应变、加速度、温度等。因此，监测中需要采集不同的监测参数，而不同监测参数由于采集原理不同，采用不同的传感器软件系统，造成不同类型的监测数据格式不一致、数据集分散保存等问题。为了不影响数据分析和数据挖掘的使用与效率，采用数据预处理技术，将监测数据进行采集后集成到指定的数据库系统中。数据采集与传输系统包含数据采集、数据库存储、传输与数据仓库四个功能。

数据采集与分析工作具有很大的日常重复性，因此监测软件系统力求做到简单、易操作。具体流程如下：无线传感系统的监测数据的采集通过无线传感基站进行。基站设备经USB数据线连接至计算机，一台计算机可额外连接多个基站作为备份。安装在计算机系统中的专用监测软件即可控制基站进行信号的收发与转译，监测数据则以文件的形式储存于计算机中。其他系统的监测数据借由开发软件以兼容的格式写入数据库，便于数据处理系统的读取与操作。图13.6.1所示为主控计算机与基站例图，图13.6.2所示为数据文件

图13.6.1 主控计算机与基站参考图

的储存格式参考案例。

表

vchf测点17
vchf测点18
vchf测点19
vchf测点2
vchf测点20
vchf测点21
vchf测点22
vchf测点23
vchf测点24
vchf测点25
vchf测点26
vchf测点27
vchf测点28
vchf测点29
vchf测点3
vchf测点30
vchf测点31
vchf测点32
vchf测点33
vchf测点34

vchf测点22

时间	通道1	频率1	温度1	通道2	频率2	温度2	通道3	频率3	温度3	通道4	频率4	温度4
2012.06.20-	12.03	14.39	-35.14	27.28	1478.5	1438.7	1354.1	1463.4	24	24.25	24.25	24
2012.06.20-	12.95	6.84	-35.97	26.83	1478.7	1437	1353.9	1463.3	24	24.25	24.25	24
2012.06.20-	14.77	18.39	-41.83	26.83	1479.1	1439.6	1352.5	1463.3	24	24.25	24.25	24
2012.06.20-	16.6	12.17	-35.14	28.18	1479.5	1438.2	1354.1	1463.6	24	24.25	24.25	24
2012.06.20-	13.4	14.89	-35.14	26.88	1478.8	1438.8	1354.1	1463.3	24	24.5	24.25	24.25
2012.06.20-	12.49	18.89	-30.9	29.59	1478.6	1439.7	1355.1	1463.9	24	24.5	24.5	24.25
2012.06.20-	15.74	13.11	-30.48	29.14	1479.3	1438.4	1355.2	1463.8	24.25	24.5	24.5	24.25
2012.06.20-	14.82	18.49	-32.58	30.04	1479.1	1439.6	1354.7	1464	24.25	24.75	24.5	24.25
2012.06.20-	15.28	13.6	-37.6	30.04	1479.2	1438.5	1353.5	1464	24.25	24.75	24.5	24.25
2012.06.20-	16.19	13.6	-33	26.42	1479.4	1438.5	1354.6	1463.2	24.25	24.75	24.5	24.25
2012.06.20-	32.26	31.91	-23.9	48.16	1482.8	1442.5	1356.7	1467.9	26.75	27.25	26	26.5
2012.06.20-	31.8	35.92	-19.19	47.25	1482.7	1443.4	1357.8	1467.7	26.75	27.25	26.5	26.5
2012.06.20-	32.71	31.91	-25.89	48.16	1482.9	1442.5	1356.2	1467.9	26.75	27.25	26.5	26.5
2012.06.20-	33.68	39.04	-20.02	47.71	1483.1	1444.1	1357.6	1467.8	27	27.25	26.5	26.5
2012.06.20-	32.31	37.26	-26.31	47.71	1482.8	1443.7	1356.1	1467.8	27	27.25	26.5	26.5
2012.06.20-	33.22	35.03	-16.67	46.34	1483	1443.2	1358.4	1467.5	27	27.25	26.5	26.5
2012.06.20-	32.31	37.31	-12.05	49.52	1482.8	1443.7	1359.5	1468.2	27	27.5	26.5	26.5
2012.06.20-	35.51	34.63	-21.28	48.66	1483.5	1443.1	1357.3	1468	27	27.5	26.5	26.75
2012.06.20-	34.14	31.06	-16.2	48.66	1483.2	1442.3	1358.5	1468	27	27.5	26.75	26.75
2012.06.20-	32.76	32.85	-25.01	47.3	1482.9	1442.7	1356.4	1467.7	27	27.5	26.75	26.75
2012.06.20-	41.32	46.48	-23.13	53	1484.7	1445.7	1356.8	1468.9	28.5	28.75	27.75	28
2012.06.20-	44.07	42.07	-11.95	53.95	1485.3	1444.7	1359.5	1469.1	28.5	29	27	28.25
2012.06.20-	41.83	42.52	-14.22	56.22	1484.8	1444.8	1358.9	1469.6	28.75	29	28.25	28.25
2012.06.20-	43.71	43.91	-15.38	55.82	1485.2	1445.1	1358.6	1469.5	29	29.25	28.75	28.5

图 13.6.2　数据文件格式案例

在监测软件中，可设置定时监测任务，在无人值守的情况下，程序也会按预设时间自动执行数据采集任务。因此，在监测工作的日常执行过程中，可设定监测任务令监测系统自动工作。在需要对特定区域的测点进行即时数据采集时，亦可进行人工操作，在监测软件中对该区域内的测点直接进行数据采集。

在数据采集过程中，软件实时向数据文件中写入数据。监测数据随着监测周期的增长而积累，应定期对数据文件进行备份，保证监测数据的安全性。

13.6.2　数据信息管理

1）实测数据导入

自动化监测数据通过信息系统的接口模块自动录入和存储数据；半自动化监测系统的实时数据以及现场人工监测结果等采用人工输入和文件导入两种方式，将这些异构的海量数据集成到原始数据库中，并通过网络技术实现异地数据库的共享。

2）数据库管理

对工程档案、原始数据、整编数据、生成数据以及监测评估结果等进行管理，主要功能包括数据转换、误差识别、信息统计及初分析、文档管理、信息可视化、数据库备份机安全维护等。

3）三维图形仿真

包括超高层结构的模型显示、实体仿真、监测系统仪器布置及状态显示、结构所在地址周边环境状况的实景仿真及各种监测量如应力、应变等在三维模型上的可视化等。

4）仪器状态巡检

定期对评估模型中各指标项接口对应的监测进行状态巡检，通过连续密集测量形成对仪器有效性、稳定性及可靠性的定期巡检报告。

5）采集反馈控制

对自动化和半自动化采集的监测系统，经过对采集数据的初分析和资料实时检查，在出现采集数据异常的情况时，自动触发进行该测点仪器状态检查和补充数据的采集，若经系统分析确证为仪器故障，应进行故障报警通知监测人员及时修复。

13.6.3 数据成活率保证

1）传感器富余量的设置

为避免出现传感器损坏而导致数据中断的现象发生，在重要部位的各项传感器设置均具备一定的富余量。万一出现某传感器失效的情况，备用传感器即可参与工作，保证数据的连续与完整。

2）数据采集富余量的设置

在数据采集方面，同样在完成既定方案中数据采集频率与数量要求的前提下，对数据采集量进行一定程度的富余采集。有效防止某项数据失效的情况下采集数据无法连续的情况发生。

3）各分项监测数据的相互印证与对比

为保证各项监测数据的准确性与真实性，在控制系统软件中增设相关联数据对比印证模块，若出现某项数据异常的情况，则可应用此模块对于该异常数据相关联的数据统一进行对比与印证，得到数据是否真实的结论，并以此结论对结构健康状态进行准确评估与分析。

13.7 数据分析

13.7.1 数据分类

超高层建筑结构的复杂性决定了其监测评估信息具有种类多、数量大、来源广泛和影响因素多等特点。根据目前的结构监测和安全评估发展水平，从信息的来源来看，判断和评估结构工作性能和服役状态的信息主要分为以下三类：

1）基本工程信息

基本工程信息包括工程基本信息、结构基本参数、环境信息、监测系统配置信息等。

工程基本信息应包含工程名称、地理位置、建筑规模、建筑功能、建造时期等相关工程背景介绍，同时还应该包括工程建设单位、设计单位、施工单位、监理单位、监测单位等相关资料。

结构基本参数应包括结构体系特点、结构设计荷载、结构在荷载下的响应等，是结构监测数据分析的基础。

监测系统配置信息则涵盖了工程采用的具体检测设备型号与数量、测点的布置情况、现场的监测系统构架等相关的文字描述和图片展示。

2）结构监测数据

结构监测数据主要是指通过传感器采集到的反映结构实际所受外界作用和响应的数据，主要包括应力应变、加速度、位移等结构参数和温度、风速风向、风压等环境参数。由于土木工程结构复杂、平面尺寸大，而健康监测又是一长期过程，所以实际日常监测信息具有数据量庞大、复杂多样和数据冗余等特性。

3）安全评价信息

安全评价信息是作为评估结构性能的重要参考依据，主要包括结构理论设计分析的各种计算结果，用于结构损伤识别的理论评价指标，以及根据监测系统得到的数据信息对其进行分析处理后的信息，从现有状态出发预测结构发展趋势的相关信息。这些信息综合起来对结构全寿命周期预测与经济性评估具有一定的指导性意义。

13.7.2 数据清理

1）不完整数据清理

假设在分析监测数据时，发现有个别记录的某一属性值缺失，即为不完整数据。不完整数据的产生有以下几个原因：①数据信息采集时的遗漏；②监测设备失灵导致的相关数据缺失；③数据信息在传输甄别的过程被误认为是不必要的而被删除；④与同类数据不一致而被删除；⑤忽略历史修改。

不完整数据的处理方法很多，最直接的办法就是将其删除，这种方法在遗漏数据较少，或不重要的情况下可以采用。当需要对遗漏值进行填充时，可以采用数据系列的平均值、邻近某时段测得平均值或邻近类似测点平均值等最有可能的数据进行填充。

2）异常数据清理

结构监测中，会由于外界环境干扰原因产生明显不符合结构受力状态的监测值，属于异常数据，这些信息对于数据挖掘可视化没有意义，需要剔除。

3）噪声数据清理

结构监测中得到的数据，往往是结构状态的真实值和各种各样的干扰或误差噪声等成分叠加在一起的结果，造成测量变量的随机错误或偏差。

应用较多的清噪方法是对数据进行平滑处理。平滑技术有分箱、聚类、回归和概念分层等。分箱是通过考察数据点周围的值来平滑数据，常见的分箱方法有五点二次平滑公式、五点三次平滑公式和七点二次平滑公式等。

13.7.3 数据集成

结构监测数据主要是根据监测任务计划，由监测软件按一定采集频率，自动测量并记录、传输并保存到监测中心主机的。大型结构监测系统由于测点数目多，采集周期长，因此产生了规模很大的监测数据。同时，由于传感器种类多，实际采集到的监测信息可能由多个相对独立的监测数据采集系统以多个文件或多个数据库的形式存储，所以合理设计数据库将分散的数据进行合并，是数据集成过程。数据集成并不是简单的复制，还需要统一数据的矛盾之处，解决数据冗余和重复的问题。

数据集成就是将来自多个不同的数据源（如：数据库、文本文件等）数据整合到一个数据文件中。描述同一个参数的属性在不同数据源可能会有不同的变量名称和类型，将其整合到一个数据库中，常常会引起数据不一致和信息冗余。命名不一致也经常造成同一属性值的数据内容不一致。大量数据的重复和冗余不但会明显降低数据挖掘的效率，同时也会影响数据挖掘的进程和质量。因此进行数据清理后，在数据集成中还必须减少和清除数据的重复和冗余。

数据转换则是指规格化数据。在对监测数据进行数据挖掘时，经常需要用到规范化后的信息数据，如使用基于对象距离的神经网络数据挖掘算法。规格化是指数据统一缩至指定的范围内。数据转换也可以添加新的属性，也就是利用当前存在的一个或多个属性生成另外一个有意义的属性。

图 13.7.1 为监测数据处理过程：

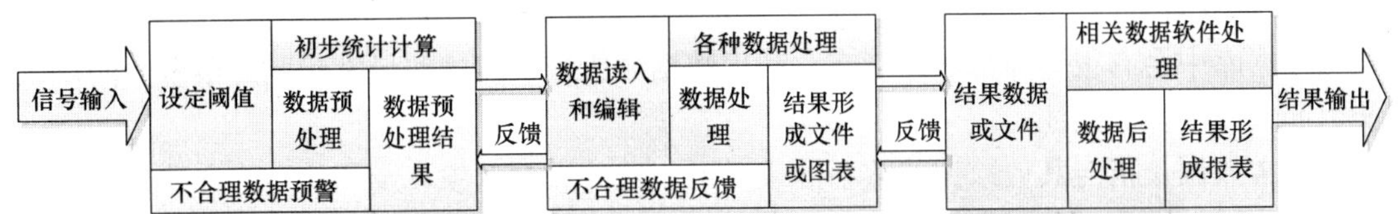

图 13.7.1　监测数据处理过程

13.7.4　数据挖掘

结构监测信息的数据挖掘是指在利用数据仓库技术集成大量的监测数据基础上，根据数据挖掘技术和结构性能理论评价方法，从中发现特定的有意义的数据关联、模式和趋势的过程。通过数据挖掘从大量监测数据中提取出来的信息是很有价值的，这些隐藏在数据中的信息如影响结构性能状态评价的参数相关性、发展趋势等，能让使用者更好地理解结构监测数据的特点和结构的特性，并作出合理的分析决策。

数据挖掘主要有以下几种技术：分类模式、聚类模式、孤立点分析、关联规则、时间序列分析和可视化方法等。

1）分类模式

分类的概念是在已有数据集的基础上学会一个分类函数或构造出一个分类模型，即我们通常所说的分类器。该函数或模型能够把数据集中的数据记录映射到给定类别中的某一个，从而可以应用于数据预测。

信息分类将信息或数据有序地聚合在一起，有助于人们对事物的全面和深入了解。目前，分类的主要算法有：决策树方法、贝叶斯分类、神经网络分类和其他分类方法。

分类方法较多，可以通过预测准确度、计算复杂度和模式简洁度三个方面的指标来评判方法的好坏。

2）聚类模式

聚类是指将物理和抽象对象按类似的对象集合分组并组成多个子集合的过程。聚类是一般同时操作多个数据项。分类是基于某种标量对数据项进行分类，是有指导的学习过程，而聚类则是无指导的学习过程。

可以根据属性特点将集中的数据划分成一系列有意义的子集，即类。同一类别数据之间的距离较小，而不同类别数据之间的距离偏大。通过聚类得到宏观概念，提高人们对现实的认识。

聚类算法大体可以划分为以下几类：基于模型的方法、划分方法、层次方法、基于密度的方法和基于网格的方法。

3）关联规则

关联规则分析就是从大量的数据中发现项集之间有趣的关联、相关关系或因果结构以及项集的频繁模式。数据关联是数据项集中存在和可发现的重要知识。如果几个变量之间的取值呈现出某种规律性，则称之为关联。例如，某两个或多个变量之间频繁出现某个特定的取值，就可以认为这个特定取值的组合是该项集数据的一个关联规则。

关联规则可以分为单维布尔关联规则、多层关联规则挖掘和基于约束的关联挖掘算法等。

4）孤立点分析

数据库中会有很多异常数据存在，利用数据分析来发现这些异常状况是很重要的，以便引起人们更多的关注。

异常数据是指与其他数据非常不同或者不一致的数据对象，及那些不符合数据模型或一般规律性的数据对象。大量的数据挖掘方法都试图减少或消除异常数据的挖掘结果的影响。然而这样做也会导致丢失一些关键信息，因为异常数据可能是具有特定意义的数据。监测和分析异常数据是有意义的数据挖掘任务，这一过程就称为孤立点分析。

5）时间序列分析

时间序列分析用来分析具有时间序列特征的数据集。时序数据集是按时间顺序排列组成的某一观测变量的数值序列数据集，时序分析呈现研究对象随时间变化而改变的变动过程，并从中分析和挖掘对象的变化特征、趋势和发展规律。它是结构系统中某一变量在其他多种因素作用影响下的综合结果。它研究的实质是：通过分析处理预测对象本身的时序数据，获得对象随时间演变的特点与规律，进而推测对象的发展趋势。由于结构监测的数据大都具有时间序列属性，可以利用时序分析来辅助该领域的研究人员来分析结构参数变化趋势。

图 13.7.2 为数据挖掘技术分类。

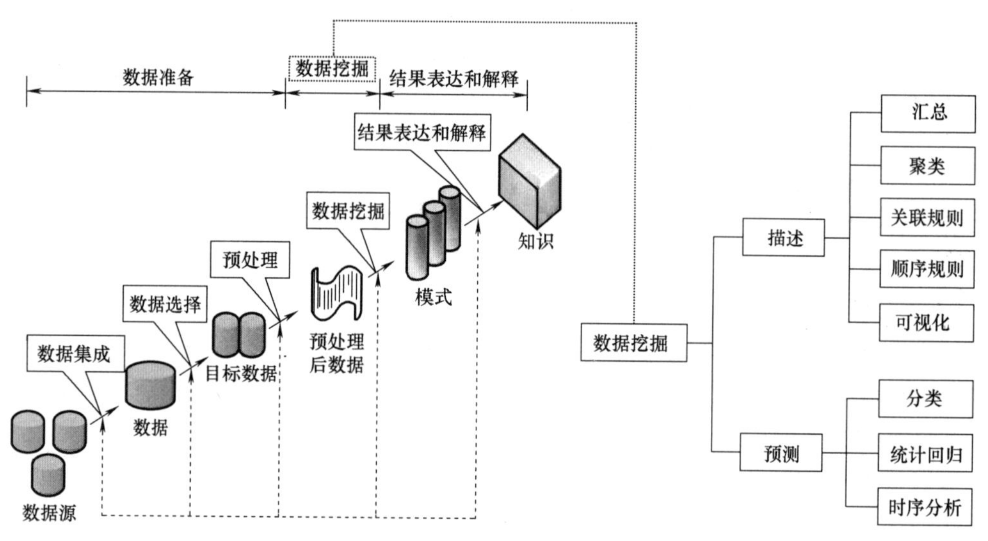

图 13.7.2　数据挖掘技术分类

13.8　性能评估

13.8.1　结构性能评估系统

结构健康评估系统的功能是根据超高层结构实时监测获得的信息，科学、准确、客观地评价超高层结构的安全性、耐久性和正常使用性能，为超高层的维护与管理提供决策依据，必要时还发出预警以保证人员的生命财产安全。

性能评估系统可以分为损伤识别系统和安全评定系统。损伤识别方法可以分为：动力指纹分析法、模型修正法与系统识别法、神经网络法、遗传算法、小波变换法等。安全评定方法有层次分析法、模糊理论以及专家系统等。

通常根据实测最大应力占设计强度的百分比、实测变形占允许变形的百分比、实测风速占设计风速的百分比、实测温差占设计温差的百分比等多种指标，并与有限元分析计算的理论结果进行比较，给出单一项目的评估分数，并以多层次、多指标模糊综合法给出综合安全等级。

图 13.8.1 为结构风效应特性分析流程图。

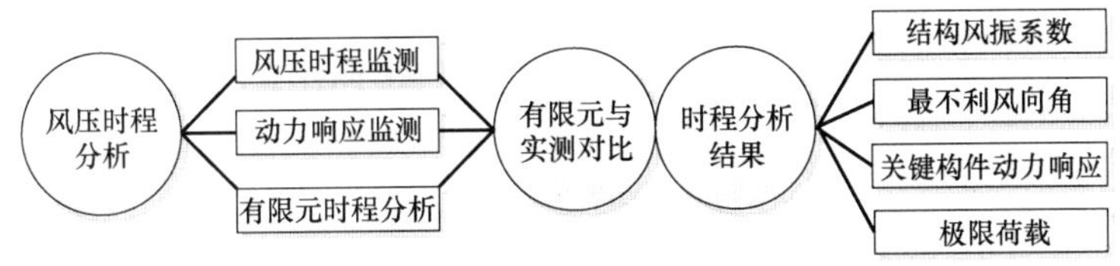

图 13.8.1　结构风效应特性分析流程图

13.8.2　结构健康指标

结构健康指标分为四级，分别为非常安全、安全、较大负荷、不安全、危险。比如超高层结构在一般使用情况下，结构构件应力和应变值均比较小，此时结构健康情况等级为非常安全或安全，而在一些极端天气条件下，例如地震以及强风下，结构承受的荷载较大，此时结构关键构件应力值和位移必然比平时大很多，系统经过传感器采集的数据计算，给出的健康等级为较大负荷。极端情况下，系统会给出危险的等级评估。

针对此超高层结构的结构健康安全等级的评判标准如下：

(1) 非常安全：无残余侧移；结构基本保持原有强度与刚度；结构构件以及非结构构件基本不损坏；结构保持稳定性。

(2) 安全：无残余侧移；结构基本保持原有强度与刚度；次要结构构件以及非结构构件轻微破坏；结构保持稳定性。

(3) 较大负荷：无残余侧移；结构基本保持原有强度与刚度；结构构件以及非结构构件遭受一定损伤，处于可维修范围内；结构保持稳定性。

(4) 不安全：所有楼层都有剩余强度和刚度；主要承重构件保持原有强度；墙体不发生平面外失稳；有残余侧移；结构基本稳定。

(5) 危险：几乎没有剩余强度和刚度；主要承重构件损伤严重但未倒塌；有大的残余位移；建筑即将倒塌。

图 13.8.2 为结构健康数据库组织图。

13.8.3　结构舒适度评估

建筑结构存在着固有振动频率，在环境激励、荷载等外界作用下，已经建成的结构必

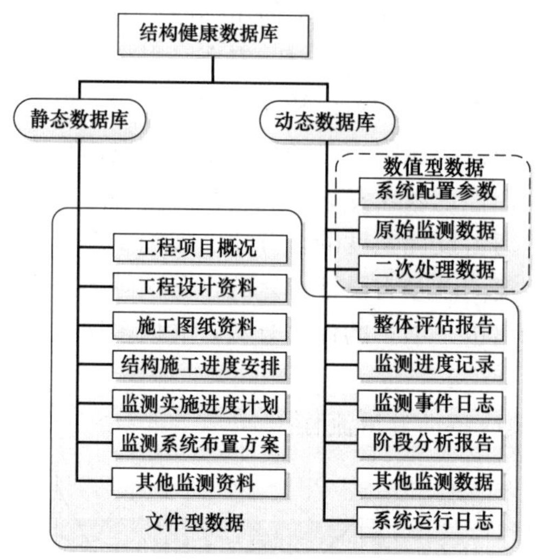

图 13.8.2　结构健康数据库组织图

定会产生不同频率、不同幅度的振动。这种现象对超高层建筑更加明显，因为超高层建筑往往受风荷载控制，风振效应尤为明显，其振动会对人的身体以及心理产生一定不利的影响。

对建筑物内的居住者或使用者舒适感而言的振动效应分析，称为舒适度评价（表 13.8.1）。主要的方法包括规范标准建议的方法（即 1/3 倍频带评价法与总加权值法）、基于烦恼率模型的评价方法及其他基于数字信号处理的变换方法如小波包变换方法等。目前最常用的是国际标准 ISO 2631 中给定的两种方法，推荐采用总加权值法进行舒适度评价计算。

不同振动程度下的感觉描述　　表 13.8.1

加速度值范围(m/s^2)	描述	加速度值范围(m/s^2)	描述
<0.315	感觉不到不舒适	0.8～1.6	不舒适
0.315～0.63	有点不舒适	1.25～2.5	非常不舒适
0.5～1	相当不舒适	>2	极不舒适

13.9　预警机制

13.9.1　预警分析

结构监测过程中预警分析是指利用传感器和计算机，在结构的某些关键部位安装传感设备，测量结构的各种物理指标，如加速度、速度、位移、应力、应变等，将所测得的实时数据传至分析中枢，从时空维、时间维、空间维、预警层次类型、监测参数对象等多层面多角度分析推断出结构当前的实时工作状态性能，如图 13.9.1 所示。同时，根据监测结构的历史健康档案，在一定程度上预测出结构安全储备和结构的发展趋势。当结构的安全储备不足或结构的某些物理量发生不正常的变化，超过系统设定的阈值时，系统发出警告，指导采取一系列响应的应急修复措施来保证结构的安全性和稳定性，最大限度地减少人员伤亡与财产损失。

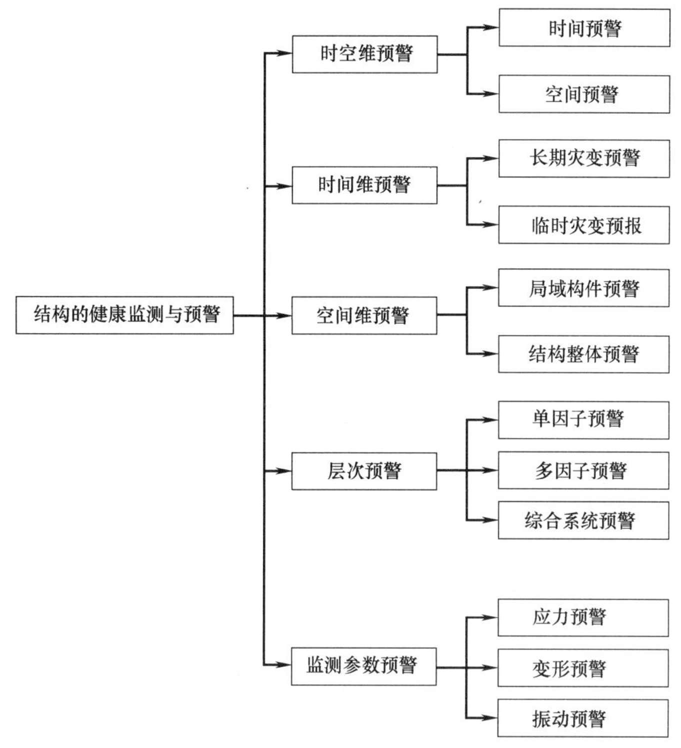

图 13.9.1　多层次多角度预警分析

13.9.2　预警机制建立

预警系统具体包括监测系统、预警指标系统、预警警级判断系统、预警分析系统、报警系统。通过对警源的分析和确定，建立起预警系统的指标系统；然后，通过制定监测方案，采用先进的监测仪器来获取这些指标在结构实际工作过程中各种指标的变化情况，通过预警机制的逻辑判断分析和预警境界的比较，来判断结构在当前情况下结构所处的安全警级，在某些特定条件下一旦结构处于超出安全工作状态的范围，发出警报并且指导采取一定的应急修复措施来保护结构的安全，如图 13.9.2 所示。同时，长程的监测数据都会记录在结构的健康历史档案中，可以随时调出查看先前的变化情况，从长期预警的角度掌握整个结构的变化情况。

采用三级安全预警机制，预警信号分为绿色、黄色和红色三个等级。绿色表示超高层结构各项指标变化平稳，结构整体工作状态正常，无需采取措施；黄色表示超高层结构部分指标发生较大变化，结构整体工作状态处于不稳定状态，需要采取人员疏散等措施；红色表示结构部分指标超过正常使用范围，需要取消结构内部一切活动，停止结构运营状态，如图 13.9.3 所示。

13.9.3　预警参数设置

预警的目的是当监测到的数据高于预警值上限或低于预警值下限时系统给予报警。因

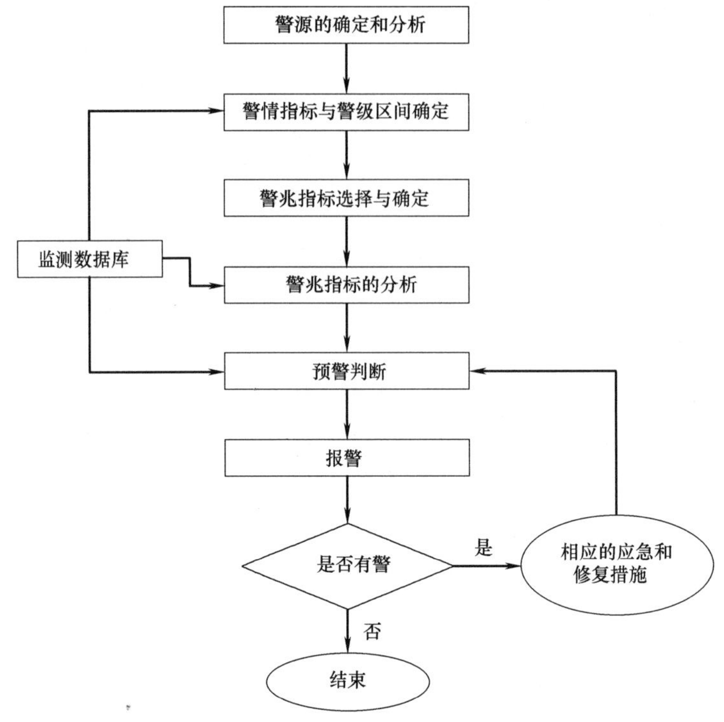

图 13.9.2　预警系统示意图

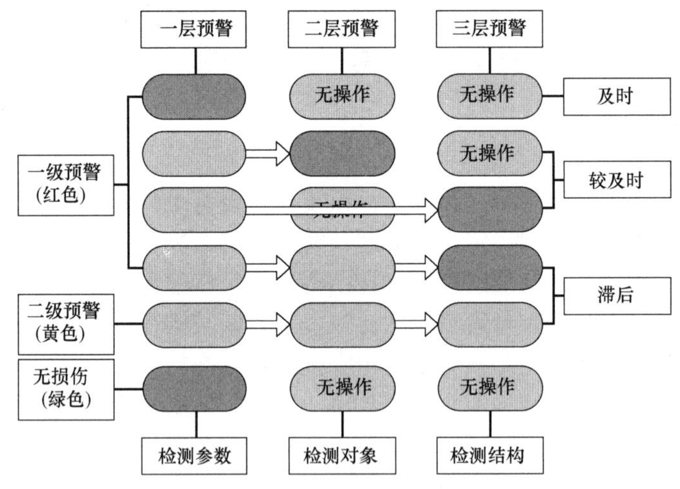

图 13.9.3　分层分级预警机制

此在采集数据可靠的前提下，能否给出准确、有效的预警很大程度上取决于预警参数设置的合理程度，因此要获得高效的预警性能必须对预警参数的设置加以研究。

超高层结构灾害预警包括施工阶段预警和运营阶段预警，而每个预警部分又可以细分为环境荷载预警和结构响应预警两大部分（图 13.9.4）。

13.9.4　环境荷载预警参数分析

环境荷载的监测，实际是一种结构外部激励的监测，无法直接得到结构自身的健康状

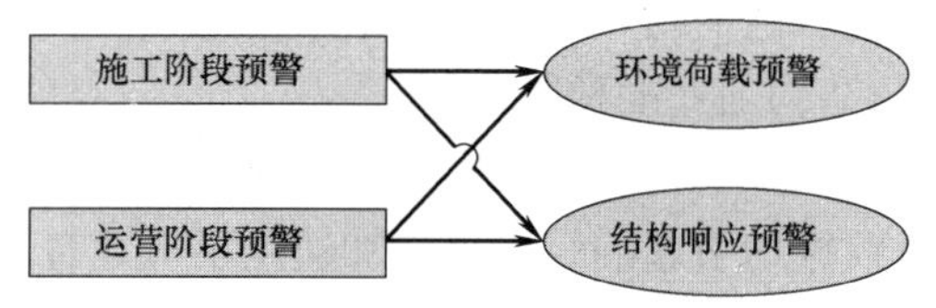

图 13.9.4 预警阶段与预警内容

况，为准确获得结构安全信息，只能将监测数据作为荷载条件进行模型修正计算，而由于计算效率的限制，实时性难以满足。

根据设计原则，当正常结构所承受的外部荷载处在设计荷载以下时即可认为结构是安全的，因此环境荷载的灾害预警，可以通过监测结果与结构设计荷载的比较实现，当环境荷载大于设计荷载时，认为结构处于危险状态。根据设计规范和当地环境荷载记录资料来设置预警参数，既满足实时性，又合理地实现了预警功能。

1）风荷载预警参数设置

根据日常风压实测的结果，如果确定结构的评估标准，可以得到结构的极限风速以及预警风速，当遭遇强台风或者是雷暴风的情况，可以从气象部门获得风速风向的预报，并进行风灾提前预估；当实际风速超过结构极限风速或结构的风致响应达到一定限值，可以反馈给系统并发出警报，应用强风灾害预案，组织建筑内部人员进行撤离疏散等工作。

风荷载预警参数的设置以极限风速为设置依据，当实测风速大于百年一遇风速时，系统直接报警。

2）温度荷载预警参数设置

温度荷载预警参数设置以设计极限温度为依据，结构所处环境温度在设计温度范围内即可认为温度荷载作用下结构是安全的，所以将该温度范围的最高温度作为预警上限，最低温度作为预警下限。

13.9.5 结构响应预警参数分析

响应是结构本身对外部荷载作用的反应，响应预警参数的设置考虑结构的材料强度和使用功能。结构响应预警主要包括构件应力预警、结构变形预警、由地震灾害引起的结构加速度预警和由强风灾害引起的结构加速度预警。

1）构件应力预警

对于构件应力预警参数的设置主要从材料强度和结构安全角度来考虑，通过在关键点布置的应变传感器可以直接监测到构件应力。当实测构件应力大于构件材料的设计强度时，系统进行预警。

2）结构变形预警

对于结构变形预警参数的设置，主要从整体工作精度要求和结构构件安全性进行综合考虑。主要分为施工阶段构件变形预警、垂直度预警、沉降预警和运营阶段结构顶部水平向位移预警，每一部分根据规范具体要求设置预警阈值。

3）由地震灾害引起的结构加速度预警

结合地震作用监测与结构地震响应监测，建立有效的作用-结构响应关系，进行地震灾害的预警。由多遇地震引起的超高层加速度极值超过人体舒适度范围后给出黄色预警信号；由罕遇地震引起的结构加速度剧烈变化时，给出红色预警信号。

4）由强风灾害引起的结构加速度预警

超高层建筑往往受风荷载控制，风振效应尤为明显，其振动会对人的身体以及心理产生一定不利的影响。由风致振动引起的结构顶层加速度不应超过人体舒适度感知范围，超过这一范围时应给出黄色预警信号。

13.9.6 辅助决策功能

预警评估结果将作为制定减灾与应急措施的科学依据，系统通过网络技术实现监测评估积累的健康历史档案信息的远程管理和查询；当结构出现警情时对可能出现的警情信息，可通过各种形式发布，在遇到疑难问题预警分析无法得到正确结论的情况下，通过辅助决策功能设置的专家会诊服务等功能辅助系统使用者作出决策。

13.10 工程应用案例

13.10.1 工程概况

杭州中国人寿大厦紧临市民中心，地处钱江新城CBD核心区块，是由中国人寿总公司投资建设的浙江省重点建设工程项目，也是目前钱江新城公建面积最大的建设项目之一。中国人寿大厦总投资55.99亿元，占地54亩，总建筑面积42.834万m^2，建筑高度190m，由商务主楼、商务办公副楼和培训中心3幢塔楼构成，其中商务主楼42层、商务副楼39层、培训楼32层。

本次进行健康监测的对象为42层商务主楼，其结构体系为框架-核心筒结构，外部框架采用方钢管混凝土结构，内外结构之间的连接采用纯钢结构，楼面板结构采用钢筋桁架楼承板。该超高层结构的主要特点在于竖向承重结构随高度发生变化，底部方钢管混凝土立柱形成五边形框架，至结构中部时演变为正方形框架，至结构顶部时又变化为五边形框架。外框架平面的变化由底部西南角立柱斜向上外扩与中上部西北角立柱斜向上内缩形成（图13.10.1）。

图13.10.1 工程现场施工照片

竖向承重体系的变化增加了超高层结构的施工难度，同时内外结构之间的竖向变形差异也变得难以计算，因此有必要对该超高层的应力应变以及变形进行监测，一方面通过对关键部位的应力应变监测掌握工程现场的施工情况，为安全施工提供保障；另一方面，通过对整体结构的变形监测来修正超高层计算模型，提高理论计算的准确性。由于该超高层结构竖向承重体系的变化，随施工过程的进行，结构动力特性的变化规律难以掌握，对该超高层进行施工过程的振动监测也十分必要。

而在超高层结构运营期间，经常受到超常荷载的作用，比如台风、地震等，结构可能产生内部损伤或者退化，影响正常使用，因此有必要建立超高层结构正常运营期间健康监测系统，依据监测结果给出结构的安全性评定。

13.10.2 监测内容

(1) 对中国人寿大厦商务主楼施工期间的受力、变形以及振动进行监测，综合利用多项结构性能指标，对施工期间的超高层结构进行安全评估。施工期间结构监测内容主要包括：

① 对外框架钢结构关键部位的应力应变进行监测，掌握结构的应力应变变化状态，分析结构应力与荷载及使用状态的相关性；

② 对结构的竖向变形进行监测，掌握超高层结构内外变形的差异，为施工期间钢梁的安全提供参考；

③ 对外框架钢结构和混凝土核心筒进行加速度监测，掌握施工期间结构动力特性的变化。

(2) 建立超高层结构正常运营期间的健康档案，为建筑的日常运行与维护提供可靠依据。在日常监测中产生的海量数据，以及对这些数据进行特定处理后得出的扩展数据，将搭建起一个庞大的结构监测数据库，通过对数据库的数据进行分类管理，并建立强大的查询机制，建立起结构监测档案。

13.10.3 监测设备与技术

采用目前土木工程监测领域先进的无线传感新技术，同时结合高层结构自身特性，定制针对性更强的专业安全评估及预警系统。采用的传感设备包括无线应力应变传感器，无线加速度传感器以及 GPS 接收机。

(1) 无线应力应变传感模块（图 13.10.2）

① 功能：应变，温度；

② 稳定、长期，低电压（3.3V）；

③ 采样频率相对较低（1Hz）。

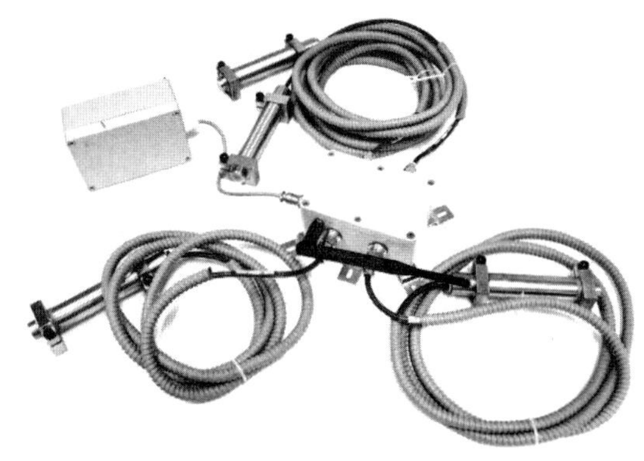

图 13.10.2 无线振弦式应力应变传感器（温度传感器）

（2）无线加速度传感器（图 13.10.3、图 13.10.4）

加速度传感器采用 991B 型振动传感器，属于高精度超低频传感器，具有四个档位，其中 1 号档位为加速度，2 号档位为小速度，可以通过一次积分得到位移，具体参数如下：

① 灵敏度：$0.3V \cdot s^2/m$；

② 频响范围：0.125～80Hz；

③ 分辨率：$5 \times 10^{-6} m/s^2$。

图 13.10.3　拾振器

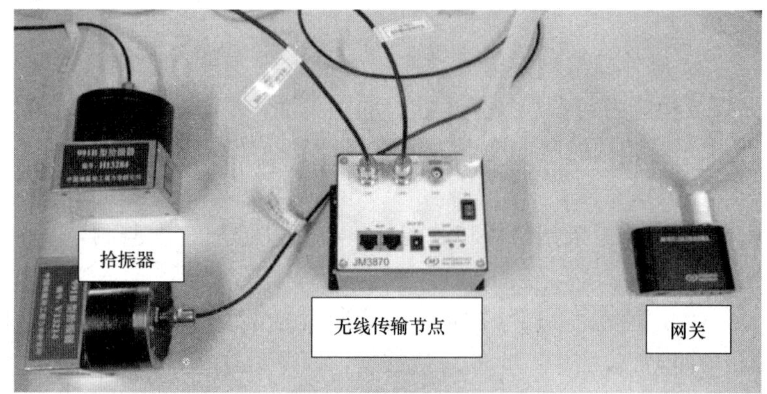

图 13.10.4　无线加速度传感器组网

（3）GPS 接收机

采用 GPS 全球定位系统来观测超高层结构的变形量。在结构关键部位建立 GPS 接收机基座，与结构周围空旷地带 GPS 测点组成闭合环路，采用 GPS 静态采集模式，分阶段采集结构关键部位三维空间坐标，掌握结构沉降随时间变化过程（图 13.10.5）。

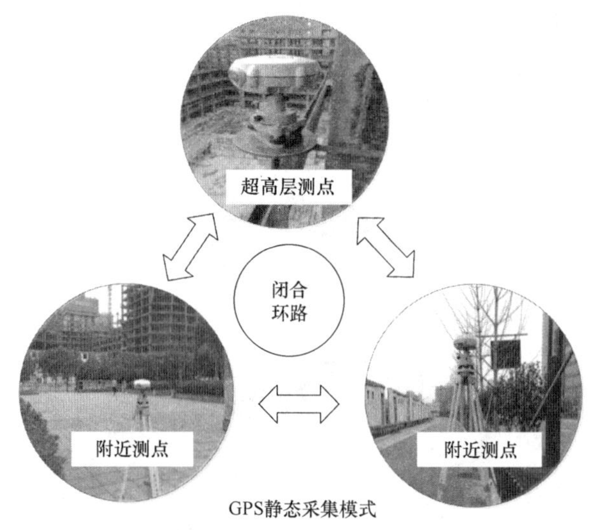

图 13.10.5　结构变形采集方式

本工程案例的现场无线组网及远程监控模式如 13.4.1 节介绍，远程监控及多终端输出给监控人员的异地远程监控提供了方便。

13.10.4 数据分析与评估

监测主要针对超高层结构外框架方钢管混凝土柱、核心筒结构进行。监测参数主要包括应力-应变、振动加速度、位移等，共布置测点约 100 个。

测点布置表　　表 13.10.1

层数	应力-应变传感器	加速度传感器	变形测点
5	0	4	0
7	34	0	3
21	14	4	3
35	14	4	3
顶层	0	4	3
总计	62	20	12
监测部位	外框架立柱	核心筒	外框架立柱
测点标记符号	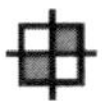		

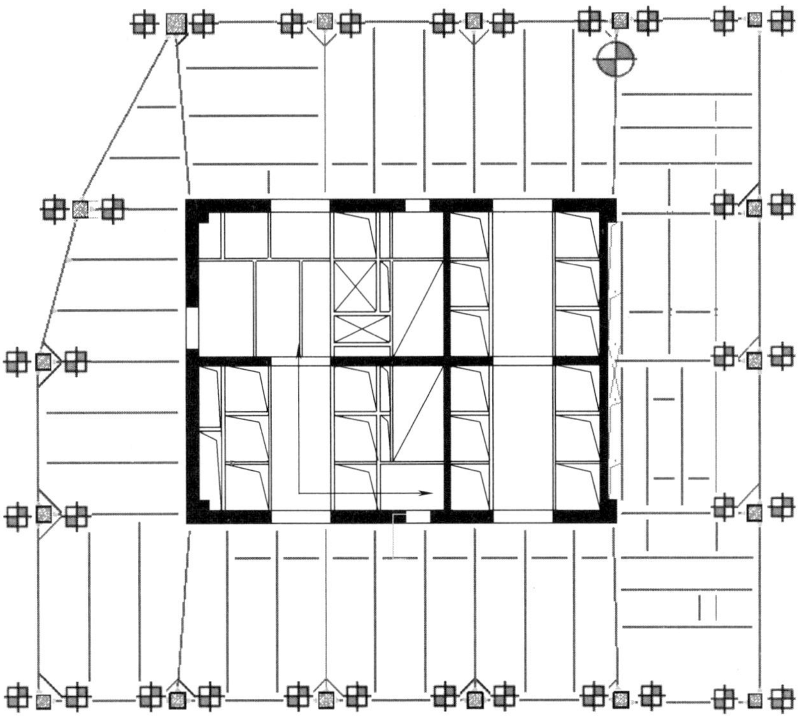

图 13.10.6　层平面布置

图 13.10.7　各类传感器现场安装照片

14

超高层建筑幕墙技术

14.1 概述

目前我国已成为世界超高层建筑发展的中心，在世界十大已建成的超高层建筑中有 6 座在我国（包括港台地区），同时，从超高层建筑的数量上看，我国也处于世界之最，如图 14.1.1 所示。国家的“十二五”规划确立了我国要全面推进城市化，并进入快速发展的时期，截至 2015 年，我国的城市化率已达到 53%左右。城市化的增长速率可以达到每年百分之一的速度。我们一边搞城市化，一边面对匮乏的建设土地资源，城市发展呈现集群化、区域化紧凑型城市成为未来城市化的重要特色。城市集群的成长，势必带来超高层群落的成长，所以，发展超高层建筑仍是未来城市建筑发展的一个重要趋势。

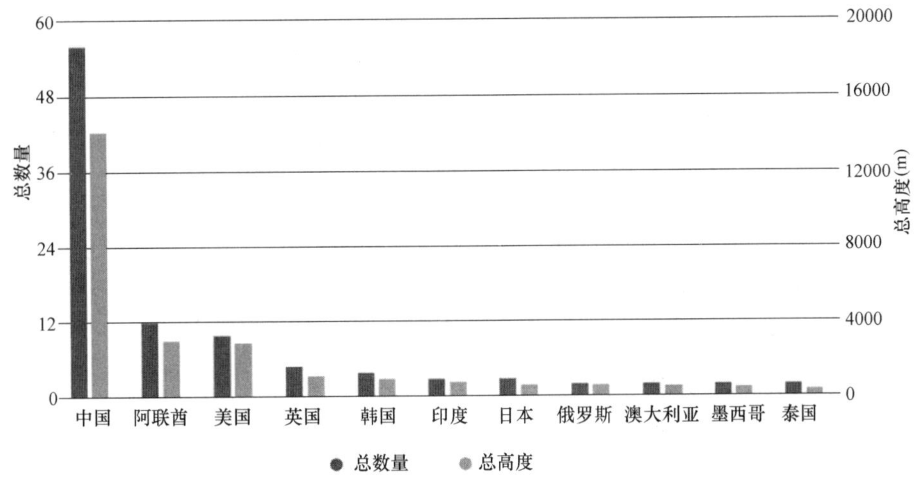

图 14.1.1 世界各国 2020 年完成的 200m 以上的超高层建筑统计

建筑幕墙因其装饰效果好、形式变化多样，被广泛应用于超高层建筑物的外墙。幕墙在国外自 20 世纪 20 年代起经历了较长的发展历程，而在我国仅用了 20 多年的时间就已迅速发展到较高的水平。超高层项目的幕墙工程在整个项目开发成本中所占的比例不容忽视，且幕墙设计与施工质量对项目整体建筑效果和使用效果都影响很大，因此对于超高层建筑幕墙设计与成本控制研究，具有重要的现实意义和应用价值。

世界上第一个由玻璃幕墙进行标准化设计的大型的建筑，是于 1851 年英国世界博览会（万国工业博览会）上由花匠约瑟夫·帕克斯顿设计的举世瞩目的巨大温室——水晶宫，如图 14.1.2 所示，它是工业革命的一个重要象征建筑。虽然其最初想法来源于温室，但是并不妨碍水晶宫作为世界上第一个利用钢铁、玻璃的高强强度与耐久力的大型建筑物，开创了近代功能主义建筑的先河。

在兴建高层建筑的初始时期，为了使得建筑的自重减小、高度升高，外围护结构的材料选择慢慢进入了建筑师的视线当中。第一个利用玻璃幕墙的高层建筑是 1917 年建于美国旧金山的哈里德大厦，当时对于玻璃幕墙的利用较为简单，并没有对于玻璃幕墙进行标准化和系统化的设计。玻璃幕墙在高层建筑中的广泛应用，始于第二次世界大战之后。现代化玻璃幕墙早期的成功范例，是 20 世纪 50 年代兴建的纽约利华大厦和联合国大厦，如图 14.1.3 所示。此后，建筑幕墙，特别是玻璃幕墙被越来越广泛地应用到建筑设计之中。

图 14.1.2　伦敦水晶宫

图 14.1.3　纽约利华大厦

20 世纪 60 年代之后，幕墙行业开启了对于单元板块批量化生产的新纪元。幕墙系统在超高层建筑建设中的应用尤为引人瞩目，例如 1972 年建成的美国芝加哥西尔斯大厦，如图 14.1.4 所示，共 110 层，建筑高度 442m，采用黑色铝板和镀膜玻璃幕墙作为外围护结构，一度是 20 世纪世界最高的建筑；还有位于波士顿的由著名华裔建筑师贝聿铭设计的汉考克大厦，如图 14.1.5 所示，共 100 层，建筑高度 344m，采用了明框玻璃幕墙使得整个建筑只能看到幕墙镜面玻璃的蓝色及框架的灰色，阳光和城市景观在整个建筑上层层

图 14.1.4　芝加哥西尔斯大厦

图 14.1.5　波士顿汉考克大厦

折射，妙曼无比，因此该建筑也被美国建筑师协会授予了全国优秀设计奖。

国外建筑幕墙经历了一个世纪的发展，技术已经非常成熟，并且在采用了新技术、新结构、新工艺的基础上更加智能化，尤其是在高层建筑中，幕墙更是占据维护结构的主要发展方向。

我国建筑幕墙从 1978 年开始起步。1984 年北京长城饭店作为第一个采用玻璃幕墙的工程而诞生，如图 14.1.6 所示。此时，中国的幕墙技术比较落后，缺乏有效的技术体系，这导致在我国最初建设高层建筑的时候并没有同时引进幕墙技术。

改革开放后，我国幕墙技术不断地发展，由最初的单纯引进国外技术，逐步转化为自主创新。至今，我国的幕墙产量已经可以维持在每年 8000 万 m^2 以上的水平。我国的幕墙工程技术团队也已经可以进行各种高难度的幕墙设计和施工。我国兴建的大型幕墙建筑如鸟巢、水立方、国贸大厦等，设计施工均由国内工程技术人员完成，不仅如此，很多外国大型项目，比如有欧洲第一高楼之称的俄罗斯联邦大厦和德国法兰克福机场的幕墙工程等，也是由国内相关技术人员完成的，如图 14.1.7 所示。这些都充分说明了我国建筑行业的幕墙领域已经达到世界先进水平。

图 14.1.6 北京长城饭店

图 14.1.7 俄罗斯联邦大厦

在我国城市化进程如火如荼的时代背景下，众多省市争相建造超高层地标式建筑，建筑幕墙的应用前景一片光明。在超高层建筑快速发展的时期，建筑幕墙的系统设计、施工质量和造价控制更应得到足够的重视。

14.2 超高层建筑幕墙设计时需考虑的技术特殊性

超高层建筑幕墙在设计时，应考虑因超高层建筑特点带来的一些技术特殊性。

14.2.1 超高层建筑结构设计时对减轻自重的技术要求

超高层建筑高度大，与普通建筑相比，其主体结构和地基承受的重力、主体结构承受的地震作用通常较大。设计超高层建筑主体结构和地基时，宜尽可能减少幕墙重量，应减小主体结构的地震作用和降低对基础设计的要求。

14.2.2 超高层建筑结构地震作用的特殊性

超高层建筑发展迅速，与一般结构相比，超高层结构有两个比较明显的特性：①结构较柔，自振周期较长；②结构的鞭梢效应明显。这些对超高层建筑幕墙设计会带来一定的影响。

14.2.3 超高层建筑风荷载的特殊性

超高层建筑幕墙设计与常规建筑幕墙设计相比，风荷载的特殊性在于：

（1）超高层建筑通常均位于城市中，其地面粗糙度类别通常属于“大城市中心”（D类），少部分属于“城市”（C类）。

（2）风压高度系数与阵风系数的乘积呈现随高度增大而增大的趋势，基本风压随建筑高度增加而不断加大，见图 14.2.1。

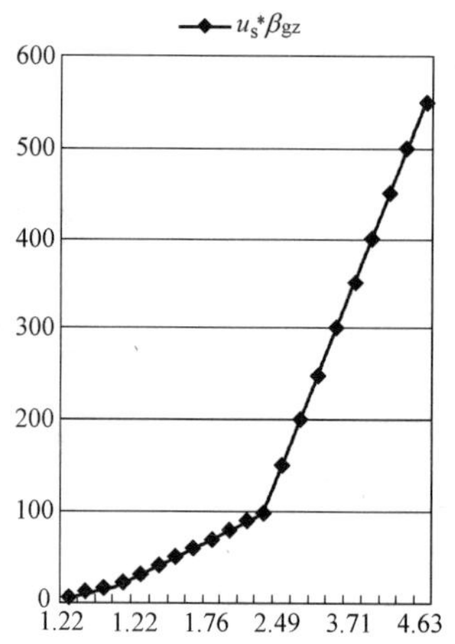

图 14.2.1 D类粗糙度时，（风压高度系数和阵风系数乘积）与建筑高度的对应关系

（3）《玻璃幕墙工程技术规范》JGJ 102—2003 中亦规定，200m 以上的玻璃幕墙宜进行风洞试验。

14.2.4 超高层建筑施工技术特点

超高层建筑施工有如下特点：

（1）施工周期长，工期紧；

（2）高处作业多，垂直运输量大；

（3）平行流水、立体交叉作业多，机械化程度高。因此，超高层建筑幕墙设计时，应考虑起重运输行程长、作业面小的技术特点，尽量减少起吊次数，建议采用单元式板块的安装方案。

14.2.5 钢化玻璃自爆在超高层建筑中的风险及成本

超高层建筑高空落下的 8mm 厚度钢化玻璃碎片击中物体产生的平均作用力相当于直径 12mm 的冰雹，因此钢化玻璃自爆的碎片坠落时仍可能伤及人员和财物，可能造成如下经济损失：

（1）新换玻璃面板的材料费用和更换玻璃的人工费用；

（2）引起社会恐慌，带来社会舆论压力；

（3）引起建筑内房主和租户的不便，影响销售或出租。

14.2.6 超高层建筑主体结构变形的特殊性

1）超高层建筑累计压缩变形大

与一般的多高层建筑相比，超高层建筑结构在重力作用下，其竖向压缩变形有两个特点：①累计压缩变形值较大；②受混凝土徐变和收缩影响，变形值会明显增大。因此，超高层建筑幕墙设计时，需分析竖向压缩变形对幕墙设计的影响程度。

2）风荷载或多遇地震作用下层间位移值较大

《高层建筑混凝土结构技术规程》JGJ 3—2010 规定：高层建筑层间位移角按表 14.2.1 控制（详见表 1.2），可见超高层建筑主体结构位移值比普通高层层间位移值要大。

超高层建筑结构楼层层间位移角限值　　表 14.2.1

结构体系	框架-剪力墙、框架核心筒、板柱-剪力墙	筒中筒、剪力墙
高度不大于 150m 时	1/800	1/1000
高度不小于 250m 时	1/500	1/500
高度在 150～250m 之间时	插值处理	插值处理

14.2.7 超高层建筑遭受雷击的特殊性

超高层建筑幕墙设计与常规建筑幕墙设计相比，防雷设计的特殊性在于：

（1）超高层建筑物内的计算机等电子设备较多，而这些设备灵敏度高、耐压低，受雷电电磁脉冲影响大，雷击将对其产生不同程度的影响；

（2）超高层建筑还存在的某些特殊结构，如停机坪等；

（3）超高层建筑的形式各异，防雷设计规范并未涉及全部情况，应根据实际情况做特殊保护处理。

14.3 幕墙系统和材料的选择和确定

14.3.1 面板材料

超高层玻璃幕墙面板具有轻质、高强、透明、耐久、致密不透水的特性，可减少地震作用、满足室内采光和视觉感受以及防风防雨的功能需求。

超高层建筑面板材料宜大量使用玻璃幕墙。

此外，为实现建筑立面效果，超高层建筑幕墙除玻璃外，还常常局部采用铝板（或其他金属面板）进行装饰。

建筑师有特定要求时，可在一定高度范围内，采用石材幕墙或人造板幕墙。

14.3.2 幕墙系统

（1）由于超高层建筑的施工特点，超高层建筑玻璃幕墙宜选用单元式幕墙；当幕墙工程造价有严格限制，工期要求较松时，也可采用构件式幕墙。

（2）单元式幕墙设计宜符合下列规定：

① 单元式幕墙宜每层设一个单元段，标准层区域也可2～3个标准层设一个单元体；层高大时，可增设立柱后，将一个层高范围，设为2个单元体。

② 同一建筑上，建筑立面效果允许时，宜采用尽量多的标准单元板块。

③ 为实现建筑造型而设置的一些复杂部位宜在一个单元体内部解决，单元体之间相邻接缝边宜简单。

④ 单元式系统应考虑安装完成后，适当考虑单元体维护和更换的方便性。

⑤ 单元体幕墙与主体结构连接部位应能实现三向调节。

⑥ 单元体幕墙板块在设计的时候宜考虑抗震防滑脱机构。

（3）单元式玻璃幕墙宜设有三道密封线——尘密线、水密线、气密线；单元体更换时，不宜破坏等压腔。

（4）单元式玻璃幕墙应根据建筑的外轮廓造型和物理性能要求，从横滑型和横锁型两种做法选择。折线型幕墙宜用横锁型，防水性能要求高时宜用横滑型。

（5）单元体幕墙与主体结构之间的连接部位宜设置于单元体的上端；单元式幕墙与主体结构之间的连接件应具有三维可调节性，三个方向的调整量均不应小于20mm。

（6）超高层建筑采用石材幕墙时，应注意如下几点：①宜进行专家论证；②石材背面加贴纤维布；③石材采用背栓连接方式；④石材厚度不小于30mm；⑤采用花岗岩石材；⑥花岗石面板的弯曲强度标准值 f_{rk} 不应小于 $10.0N/mm^2$；⑦石材单块面积不宜大于 $1.5m^2$；⑧每批进场石材均须做抗弯强度检验；每块石板均进行外观检查。

14.3.3 其他幕墙材料

单元体玻璃面板与框架之间的粘结材料：宜采用硅酮结构胶连接，以提高其平面内的稳定性。

保温材料：常采用憎水型岩棉，防火性能为A级。

防火材料：常采用岩棉、防火玻璃、防火板。

结构胶与密封材料：常采用硅酮结构密封胶、耐候胶、三元乙丙橡胶、硅橡胶、氯丁橡胶。

金属连接件及紧固件：常采用不锈钢或铝合金材料。

支承构件：立柱、横梁常采用铝型材。跨度大，承载力和刚度采用铝型材设计难以满足时，可采用钢材制作，外表喷涂处理。

综上所述，目前超高层建筑绝大部分采用单元式玻璃幕墙，因此，本书主要围绕单元式玻璃幕墙设计展开。

14.4 荷载作用及组合

14.4.1 风荷载

(1) 超高层建筑幕墙设计时，宜采用风洞试验和《建筑结构荷载规范》GB 50009—2012 计算结果综合分析后确定其风荷载取值。

(2) 超高层建筑幕墙设计时，为提高经济性，可对幕墙风荷载分区确定，分区设计的部分参考原则：

① 区分角部和大面；

② 高度方向分区设计不宜多，要综合权衡多因素：风压分布情况、层高、加工、安装、模具费、出材率、互换性、厚度不同时的视觉效果差异性、玻璃面板平整度；

③ 100～300m 建筑，有时沿高度荷载可不分区。

(3) 同楼层范围内，风荷载进行分区处理，为实现面板厚度和支承龙骨尺寸保持不变，可适当减少风荷载较大的角部区域的水平分格尺寸。

(4) 风荷载需考虑建筑物内部的内风压。

14.4.2 地震作用

《玻璃幕墙工程技术规范》JGJ 102—2003 规定，垂直于玻璃幕墙平面上分布水平地震作用标准值，可按下式计算：

$$q_{Ek}=\beta_E\alpha_{max}G_k/A \tag{14.4.1}$$

$$\beta_E=\gamma\eta\xi_1\xi_2 \tag{14.4.2}$$

式中，β_E 为动力放大系数，取 5.0；α_{max} 为水平地震影响系数最大值；G_k 为玻璃幕墙构件的重力荷载标准值；A 为玻璃幕墙平面面积；γ 为非结构构件功能系数，取 1.4；η 为非结构构件类别系数，取 0.9；ξ_1 为构件状态系数，取 2.0；ξ_2 为位置系数。但超高层建筑幕墙由于结构自振周期长、地震作用下顶部鞭梢效应明显的技术特点，需对加速度放大系数和非结构构件状态系数进行调整，调整取值见表 14.4.1。

超高层建筑幕墙动力放大系数建议取值 **表 14.4.1**

相对高度	《玻璃幕墙工程技术规范》JGJ 102—2003			建议调整后的动力放大系数		
	位置系数 ξ_2	状态系数 ξ_1	动力放大系数 β_E	位置系数 ξ_2	状态系数 ξ_1	动力放大系数 β_E
0.80H 以下	2.0	2.0	5.0	2.5	1.1	3.43,取 3.5
0.80H～0.90H	2.0	2.0	5.0	—	—	插值处理
0.90H 以上	2.0	2.0	5.0	8.0	1.1	11.0

注：超高层建筑结构顶部有明显削弱时，建议通过振动台试验或时程分析确定动力放大系数，或对表中 0.9H 以上的动力放大系数值适当放大后取用。

14.4.3 温度作用

幕墙设计中，温度作用的影响多数情况可以通过构造措施解决，如对支承结构（横梁、立柱）沿纵向设置滑动连接构造、对框架式幕墙玻璃面板与支承框之间预留足够的缝隙宽度。例如对边长为 3000mm 的玻璃面板，在 80℃的年温差下，其膨胀量为：

$$\Delta b=1.0\times10^{-5}\times80\times3000=2.4(\text{mm}) \tag{14.4.3}$$

而玻璃与边框的两侧空隙量之和一般不小于 10mm。由此可知，挤压温度应力的计算往往无实际意义。

对于采用螺栓连接的普通横梁和立柱，沿纵向通常可有一定的变形量，可以释放温度作用变形下的约束应力，因此超高层单元式幕墙一般可不特别进行温度作用的计算，通过构造措施予以解决。

14.4.4 主体结构位移对幕墙设计的影响

超高层建筑幕墙设计时，主体结构位移对幕墙设计的影响主要在于：①重力荷载下，考虑混凝土收缩徐变后，主体结构层间竖向压缩变形差对幕墙设计的影响；②地震和风荷载作用下，主体结构层间水平位移对单元式幕墙的影响。

1）主体结构层间竖向压缩变形差对幕墙设计的影响

单元式幕墙通常仅跨越一个层高，不同单元体幕墙上下端相邻处均设有接缝。因此，主体结构压缩变形对幕墙的影响，应仅需考虑层间的竖向压缩变形差。为了避免不同层高的影响因素，我们将层间竖向压缩变形差除以层高后得出主体结构的每延米的压缩变形差。

经计算分析后发现：对于不同高度的超高层建筑，由重力荷载、混凝土收缩、徐变等因素影响引起的结构层间竖向压缩变形差（换算为每延米后）的差异性不大，通常该竖向压缩变形差位于 0.7～0.9mm/m。

2）主体结构层间水平位移对单元式幕墙的影响

现行幕墙规范仅仅规定幕墙的变形能力大于主体结构弹性层间位移角的 3 倍，在大震情况下，超高层建筑幕墙即使具备该变形能力也存在安全隐患，有必要对其变形能力的规定进行加强，高度不小于 250m 超高层建筑结构幕墙层间位移角建议值详见表 14.4.2。

高度不小于 250m 超高层建筑结构幕墙层间位移角建议值　　表 14.4.2

结构体系	罕遇地震			设防地震			多遇地震		
	0～0.1	0.1～0.2	0.2～1.0	0～0.1	0.1～0.2	0.2～1.0	0～0.1	0.1～0.2	0.2～1.0
框架	1/75	插值	1/50	1/245	插值	1/165	1/750	插值	1/500
框架-剪力墙、框架-核心筒、板柱-剪力墙	1/150	插值	1/100	1/245	插值	1/165	1/750	插值	1/500
筒中筒、剪力墙	1/180	插值	1/120	1/245	插值	1/165	1/750	插值	1/500
除框架结构外的转换层	1/180	插值	1/120	1/245	插值	1/165	1/750	插值	1/500

14.4.5 荷载组合

为了保持与国家标准和欧洲规范的一致性，超高层建筑幕墙设计时，承载力设计中的地震作用效应组合形式为：

$$S=\gamma_G S_{Gk}+1.0\times1.3S_{Ek}+0.2\times1.4S_{wk} \quad (14.4.4)$$

14.5 超高层建筑幕墙玻璃面板设计及选用

14.5.1 玻璃面板选用形式

超高层建筑幕墙宜选用中空玻璃，常采用单中空层组合玻璃形式；性能要求较高时，也可采用双中空层组合玻璃形式。

内片或外片可采用单片玻璃，常见形式有：普通钢化玻璃、超白钢化玻璃、经均质处理的钢化玻璃。

内片或外片也可采用夹胶玻璃，夹胶玻璃的单片组成玻璃常见形式有：半钢化玻璃、超白钢化或半钢化玻璃、均质处理过的钢化玻璃、普通浮法玻璃等。

14.5.2 玻璃面板自爆风险防范

钢化玻璃内部存在硫化镍颗粒或其他杂质颗粒，因为这些颗粒体积与玻璃材质体积变化存在差异性，容易导致局部集中应力产生，引发玻璃自爆。为降低超高层建筑钢化玻璃自爆风险，可选用如下措施：

（1）玻璃原片宜选用超白玻璃，也可选用均质处理玻璃。

（2）为避免钢化玻璃自爆脱落现象，可在幕墙外片选用夹层玻璃，此时玻璃可采用钢化玻璃、半钢化玻璃或普通平板玻璃。

（3）减少钢化玻璃面板尺寸，可降低钢化玻璃的自爆率。

（4）控制钢化玻璃边部质量，板边细磨，孔边精磨。

（5）建筑幕墙下方地面宜设置绿化带或隔离区，入口上方设置雨篷。

14.5.3 玻璃面板全生命周期设计选用建议

（1）玻璃面板选用时，宜从建筑幕墙全生命周期的角度考虑。

（2）玻璃材料成本应考虑施工阶段的首次材料及安装费用、玻璃自爆后的更换成本、玻璃自爆脱落造成损失的赔偿成本、房屋租售价格降低的成本。

（3）当兼顾经济性和安全性时，超高层建筑玻璃幕墙面板宜选用中空超白钢化玻璃。

（4）对自爆脱落控制要求更严时，可选用内片普通钢化＋外片半钢化夹胶或内片普通钢化＋外片普通钢化夹胶的面板选用方案，该方案全生命周期成本会比中空超白钢化玻璃方案贵约20％～30％。

（5）内片超白钢化＋外片超白钢化夹胶的玻璃选用方案的全周期成本最高，但由于其建筑效果良好、安全性最高，可在高端定位建筑中加以选用。

14.5.4 曲面造型时的玻璃面板处理建议

曲面造型幕墙，玻璃面板应采取如下思路：

（1）先对全楼幕墙面板的尺寸和翘曲度进行分析，并适当归类。

（2）综合面板尺寸、翘曲程度和翘曲值的大小，采取不同的处理思路：

① 建筑效果允许的情况下，优先将曲面建筑造型划分为四点共面的若干个折面组成，采用矩形或梯形平板玻璃实现建筑效果；

② 当建筑造型不能采用四点共面的梯形或矩形玻璃实现，且面板翘曲度值相对较小，可采用对平面玻璃施加外力，通过强迫位移方式使玻璃面板形成曲面效果；

③ 建筑造型不能采用四点共面的梯形或矩形玻璃实现，且建筑造型允许时，可采用三角形玻璃板块模拟曲面效果；

④ 翘曲度较大或建筑效果要求较高时，可采用单曲玻璃模拟曲面效果；

⑤ 按建筑造型采用双曲玻璃模拟实现的方法极少采用，这是由于加工难度大、成材率低、工程造价极高、材料加工工期长、破损后备件加工困难等原因。

（3）翘曲度相对较小，采用平面梯形或矩形玻璃采用强迫位移方式实现曲面效果时，应对玻璃面板和其支承结构进行有限元数值模拟分析，并控制玻璃面板因强迫位移产生的内应力值（例如，不超过材料设计应力的15%）；支承构件设计时，同样需叠加因强迫位移产生的内应力。必要时，尚应进行试验验证。

14.5.5 玻璃面板尺寸

（1）超高层建筑玻璃幕墙常见立面分格宽度可取1.3～1.5m。

（2）超高层建筑单元体玻璃幕墙层高范围内高度方向通常有如下划分方法：①一个层高范围内仅设一块玻璃面板；②一个层高范围内设两块面板，其中一个设与层间防火封堵对应高度范围；③在②的基础上，将②中下部玻璃面板再剖分为多块面板。

（3）钢化玻璃面板的允许面积按表14.5.1控制。

钢化玻璃允许面积 **表14.5.1**

公称厚度(mm)	允许面积(m^2)
4、5	≤2
6	≤3
8	≤4
10	≤5
12	≤6
15、19	供需双方确定

注：采用10mm厚度以上超白浮法玻璃优等品生产的钢化玻璃，其面积可适当加大，具体尺寸由供需双方确定。

14.5.6 SGP夹胶玻璃的应用及设计方法

夹层玻璃中新型夹胶材料SGP膜（离子性中间膜）由美国杜邦公司开发，具有高强度、高剪变模量、良好的边部稳定性（可外露使用而无须封边）、破损后夹层玻璃残余刚度相对较大、无色透明、不易变色，通透性极佳等优点。当项目建筑定位和性能要求高（耐久性、安全性、视觉通透性）、工程造价压力大，可选用SGP中间膜夹层玻璃。

夹层玻璃的应力和挠度可按考虑几何非线性的有限元方法计算或通过试验确定，也可按下列规定计算：

（1）利用等效厚度计算夹层玻璃的应力和挠度时，荷载均应取夹层玻璃承受的全部风荷载；

（2）夹层玻璃夹胶层两侧单片玻璃的应力可按《玻璃幕墙工程技术规范》JGJ 102—2003 中单片玻璃的规定进行计算，各自的等效厚度 $t_{1e,\sigma}$、$t_{2e,\sigma}$ 可按下列公式计算：

$$t_{1e,\sigma}=\sqrt{\frac{t_{e,w}^3}{t_1+2\Gamma t_{s,2}}} \tag{14.5.1}$$

$$t_{2e,\sigma}=\sqrt{\frac{t_{e,w}^3}{t_2+2\Gamma t_{s,1}}} \tag{14.5.2}$$

$$I_s=t_1t_{s,2}^2+t_2t_{s,1}^2 \tag{14.5.3}$$

$$t_{s,1}=\frac{t_st_1}{t_1+t_2} \tag{14.5.4}$$

$$t_{s,2}=\frac{t_st_2}{t_1+t_2} \tag{14.5.5}$$

$$t_s=0.5(t_1+t_2)+t_v \tag{14.5.6}$$

$$\Gamma=\frac{1}{1+9.6\dfrac{EI_st_v}{Gt_s^2L^2}} \tag{14.5.7}$$

（3）夹层玻璃的挠度可按《玻璃幕墙工程技术规范》JGJ 102—2003 单片玻璃的挠度公式进行计算，但在计算玻璃刚度 D 时，应采用等效厚度 $t_{e,w}$。$t_{e,w}$ 可按下式计算，且 $t_{e,w}$ 值不宜大于玻璃厚度之和：

$$t_{e,w}=\sqrt[3]{t_1^3+t_2^3+12\Gamma I_s} \tag{14.5.8}$$

式中，Γ 为夹层玻璃中间层胶片的剪力传递系数；G 为与温度、持荷时间相关的胶片的剪切模量（N/mm^2）；t_1、t_2、t_v 为双片玻璃夹层玻璃中第 1 片、第 2 片和中间层胶片的厚度（mm）；L 为夹层玻璃的短边长度（mm）；E 为玻璃的弹性模量（N/mm^2）。

14.6 超高层单元式玻璃幕墙支承结构设计要点

14.6.1 支承结构截面形式

1）立柱截面

单元体幕墙的立柱可选用闭腔型型材、开腔型型材，见图 14.6.1。

闭腔型材也可采用单闭腔或多闭腔设计。多闭腔型材通常应用于受力荷载大、截面尺寸限制较严、外观平整度要求高、扭转变形限制严的情况下，见图 14.6.2、图 14.6.3。

当要求外观尺寸相同时，可在此基础上进行不同腔体的扩展，如某幕墙施工单位提出的简化型、普通型、壁厚加强型、闭腔加强型等多种方案思路，见图 14.6.4。

为提高开腔型型材的刚度，避免发生杆件整体或局部失稳，可在开腔型型材内部沿其长度方向，间隔设置一道拉结条或连接缀条，见图 14.6.5。

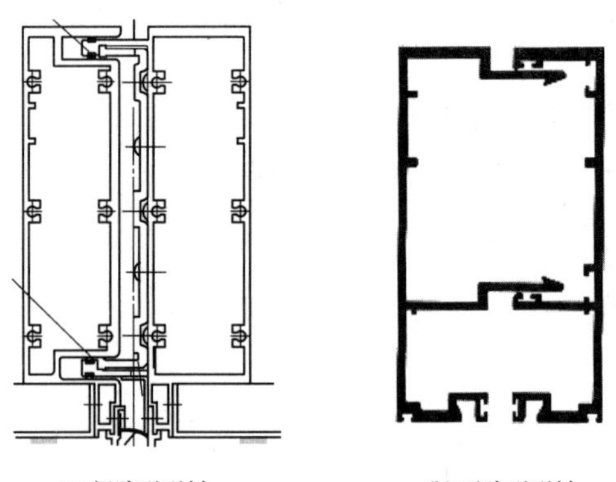

(a) 闭腔型型材　　(b) 开腔型型材

图 14.6.1　单元体幕墙支承构件

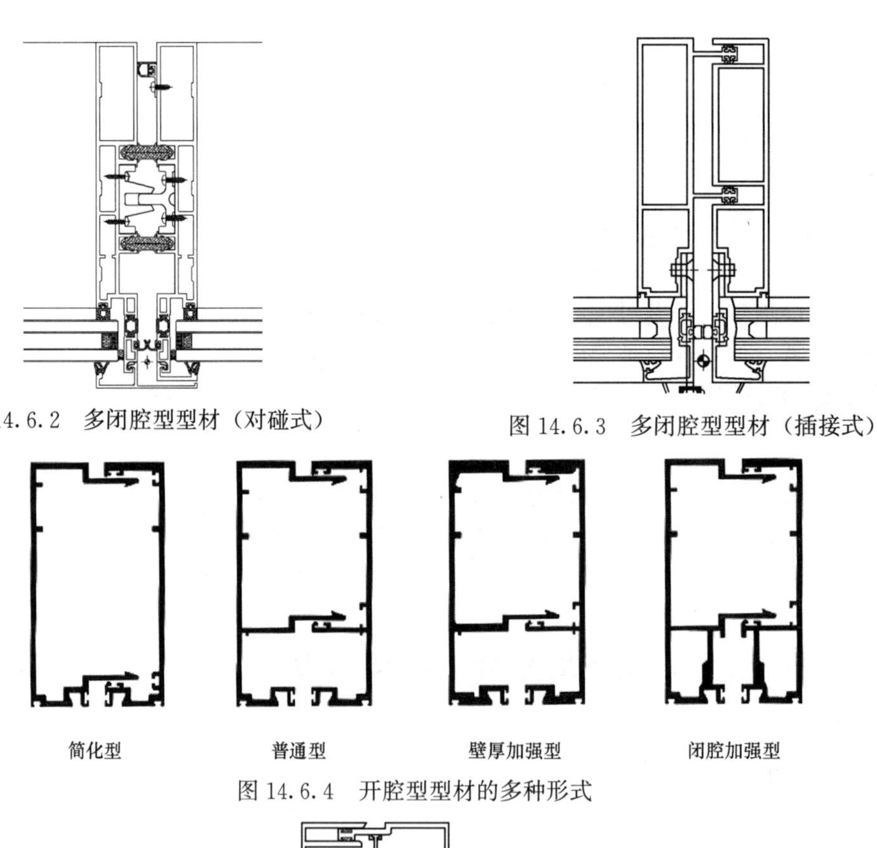

图 14.6.2　多闭腔型型材（对碰式）

图 14.6.3　多闭腔型型材（插接式）

图 14.6.4　开腔型型材的多种形式

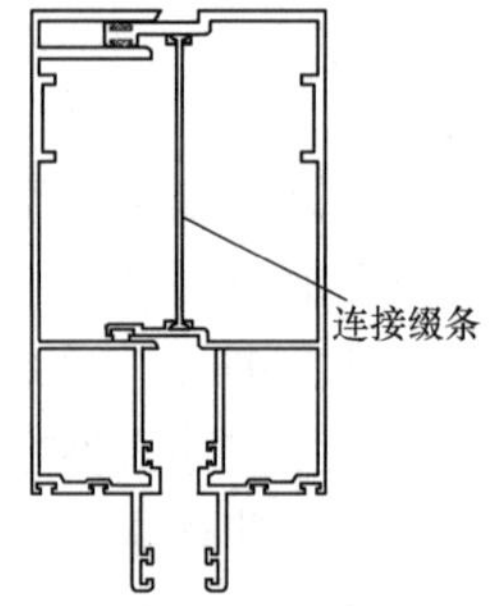

图 14.6.5　型材开腔部位可设置连接缀条，提高其稳定性

2）横梁截面

单元体幕墙的横梁可选用开腔与闭腔组合型型材、闭腔型型材，见图 14.6.6、图 14.6.7。

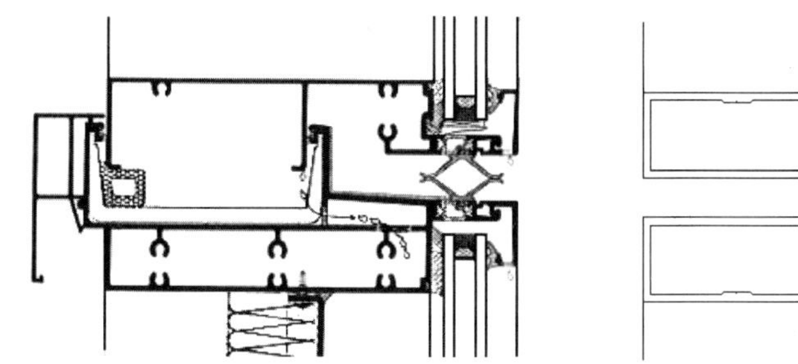

图 14.6.6 开腔与闭腔组合型型材（插接式）

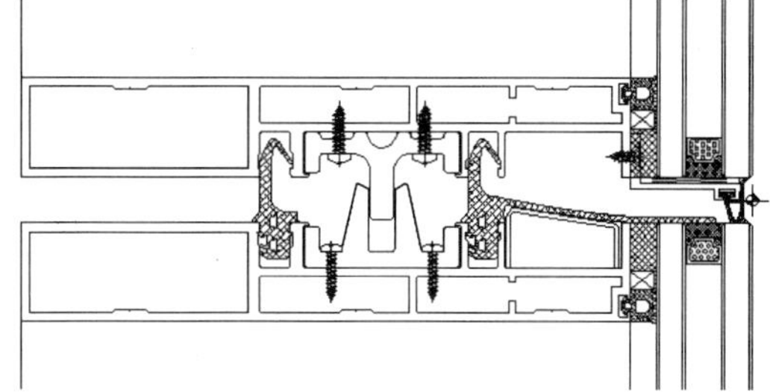

图 14.6.7 闭腔型型材（对碰式）

单元体幕墙支承结构，可根据不同的跨度和受力、物理性能等情况，设计单元体的横梁和立柱。

14.6.2 支承结构承载力计算

（1）横梁截面受弯承载力和受剪承载力应符合现行国家标准《钢结构设计标准》GB 50017、《冷弯薄壁型钢结构技术规范》GB 50018 和《铝合金结构设计规范》GB 50429 的有关规定。

（2）承受轴力和弯矩作用的立柱，其承载力应符合下式要求：

$$\frac{N}{A_{\mathrm{n}}}+\frac{M}{\gamma W_{\mathrm{n}}}\leqslant f \tag{14.6.1}$$

（3）承受轴压力和弯矩作用的立柱，其在弯矩作用方向的稳定性应符合下列公式的规定：

$$\frac{N}{\varphi A}+\frac{M}{\gamma W(1-\eta_1 N/N_{\mathrm{E}})}\leqslant f \tag{14.6.2}$$

$$N_{\mathrm{E}}=\frac{\pi^2 EA}{\beta\lambda^2} \tag{14.6.3}$$

式中，N、M 为立柱的轴力设计值（N）、弯矩设计值（N·mm）；A_{n}、A 为立柱的净截面面积、毛截面面积（mm^2）；W_{n} 为立柱在弯矩作用方向的净截面模量（mm^3）；γ 为截面塑性系数，冷弯薄壁型钢和铝型材可取 1.0，热轧钢型材可取 1.05；f 为材料强度设计值，即 f_{a} 或 f_{s}（$\mathrm{N/mm^2}$）。N_{E} 为临界轴压力（N）；φ 为弯矩作用平面内的轴心受压稳定系数；W 为在弯矩作用方向上较大受压边的毛截面模量（mm^3）；β 为参数，钢构件取 1.1，铝合金构件取 1.2；η_1 为参数，钢构件取 0.8，T6 状态铝合金构件取 0.75，其他状态铝合金构件取 0.9；λ 为长细比。

（4）开腔型立柱应验算立柱中翼缘的稳定性。

14.6.3 支承结构的挠度控制

横梁或立柱挠度 d_{f} 应符合下列规定：

（1）不同跨度的横梁和立柱应符合下列公式的规定：

当度不大于 4500mm 时　　　　　　　　　　$d_f \leqslant l/180$

当跨度大于 4500mm 且不大于 7000mm 时　　$d_f \leqslant l/250+7$

当跨度大于 7000mm 时　　　　　　　　　$d_f \leqslant l/200$

式中，d_f 为挠度（mm）；l 为计算跨度（mm），悬臂构件可取挑出长度的 2 倍。

（2）横梁和立柱跨度大于 7000mm 时宜采用钢型材。

（3）在重力荷载作用下横梁挠度不应大于计算跨度的 1/250。

（4）面板在横梁上偏置使横梁产生较大的扭矩时，应进行横梁抗扭承载力和变形计算，并应采取相应的构造措施。

（5）横梁设计时，应考虑上悬式开启扇传递来的荷载。

14.6.4　单元体幕墙的插接缝设计

（1）单元部位之间应有一定的搭接长度，立柱的搭接长度应不小于 10mm，且能协调温度及地震作用下的位移；顶、底横梁的搭接长度应不小于 15mm，且能协调温度及地震作用下的位移。

（2）单元板块宽度大于 3m 时的左右立柱搭接长度、单元板块高度大于 5m 时的顶底横梁的搭接长度，可按公式（14.6.4）计算，但应不小于本条规定的最小值（尺寸示意见图 14.6.8）。

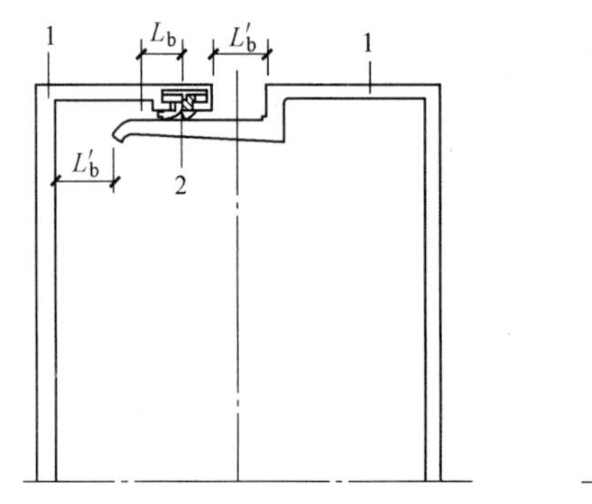

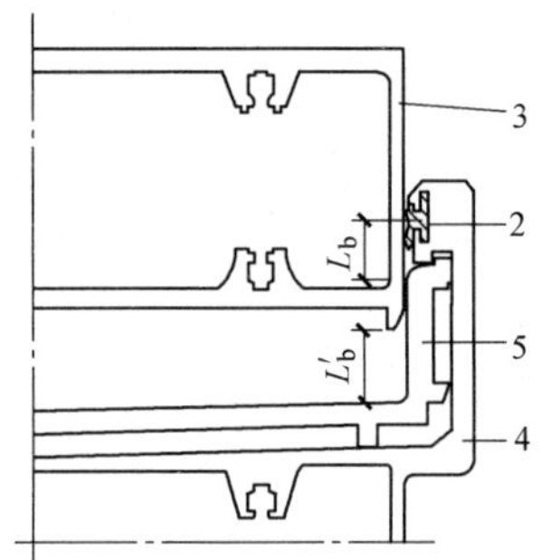

图 14.6.8　尺寸示意图

1—立柱；2—密封胶条；3—底横梁；4—顶横梁；

5—铝合金过桥型材（搭接长度 L_b 为密封条中心至导插构造端点的距离，L'_b为有效间隙）

$$L_b \geqslant \alpha b \Delta t + d_c + d_E \tag{14.6.4}$$

式中，L_b 为搭接长度（mm）；α 为立柱或横梁的线膨胀系数（1/K）；b 为计算方向立柱或横梁的长度（mm）；Δt 为幕墙的年温度变化（K）；d_c 为施工偏差（mm），可取 2mm；d_E 为考虑地震作用等其他因素影响的预留量（mm），可取 2mm。

（3）对插构件间的有效间隙 L'_b应大于 L_b。

（4）立柱之间 L'_b应考虑超高层建筑主体结构的层间压缩量，该压缩量可由主体结构通过施工过程模拟分析计算确定。当无计算结果时，按 0.9mm/m×单元体幕墙立柱长度确定。

（5）单元体采用上端点吊挂受力时，立柱 L'_b尚应考虑立柱受竖向拉力荷载引起的长度变化。

（6）当主体结构梁的跨度较大时，横梁 L'_b应考虑幕墙安装后结构梁的后续变形。

14.6.5 单元式隐框玻璃幕墙

单元式隐框幕墙在国外超高层建筑幕墙中得到了广泛应用，其与单元式明框幕墙的不同主要在于：依靠硅酮结构胶传递玻璃面板风荷载和利用硅酮结构胶作为玻璃面板重力荷载承受的两道防线之一。

14.6.6 硅酮结构胶厚度设计

隐框幕墙硅酮结构密封胶的粘结厚度应符合式（14.6.5）的要求。

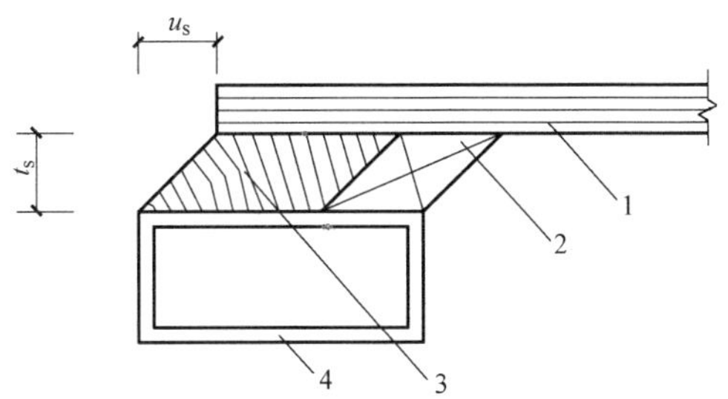

图 14.6.9 结构硅酮密封胶变形示意

1—玻璃面板；2—双面胶条；3—结构硅酮密封胶；4—铝合金框

$$t_s \geqslant \frac{u_s}{3\delta} \tag{14.6.5}$$

$$u_s = \eta[\theta]h_g \tag{14.6.6}$$

式中，t_s 为硅酮结构密封胶的粘接厚度（mm）；u_s 为幕墙玻璃面板相对于铝合金框的位移（mm），即硅酮结构密封胶沿厚度方向产生的剪切位移；η 为单元体幕墙，位移折减系数，横锁型可取 0.4；横滑型可取 0.25；$[\theta]$ 为风荷载或多遇烈度地震标准值作用下主体结构的楼层弹性层间位移角限值（rad）；h_g 为玻璃面板高度（mm）；δ 为硅酮结构密封胶拉伸粘接性能试验中受拉应力为 0.14N/mm^2 时的伸长率。

14.6.7 既有隐框幕墙结构胶检测及设计复核

隐框幕墙中硅酮结构胶的使用年限通常认为仅 10～20 年，当临近硅酮结构胶使用年限时，隐框幕墙的安全性也会引起更多的关注。因此，超高层建筑采用隐框幕墙方案时，应在使用年限达到硅酮结构胶的使用年限（如 10 年）时，增加硅酮结构胶的检测和设计复核。

（1）硅酮结构胶材料性能检测时，检测批中的最小抽样数量可取 15 个。一个玻璃板块上最多可形成 3 个样本，宜取 5 块玻璃面板作为最小取样数量。

（2）应检测隐框玻璃幕墙硅酮结构胶的拉伸强度，并依据拉伸应力-应变曲线推算受拉应力为 0.14N/mm^2 时的伸长率 δ。此外，宜检测邵氏硬度、剥离粘结破坏形式和胶体粘结破坏面积比例。

（3）硅酮结构胶的材料强度标准值也可由下式确定：

$$f_k = \overline{f} - k \cdot s \tag{14.6.7}$$

式中，f_k 为材料强度标准值；$\overline{f}$ 为受检试件材料强度实测值的平均值；s 为受检试件材料强度实测值的标准差；k 为系数，按表 14.6.1 确定；C 为置信水平，对硅酮结构胶，可取 $C=0.75$。

系数 k 取值　　表 14.6.1

试件数	5	6	7	8	9	10	12	15
系数 k	2.46	2.34	2.25	2.19	2.14	2.1	2.05	1.99

（4）硅酮结构密封胶短期荷载作用下的抗拉和抗剪强度设计值均宜取抗拉强度标准实测值的 1/3，且不应大于 0.2MPa；永久荷载作用下的抗拉和抗剪强度设计值均宜取抗拉强度标准实测值的 1/60，且不应大于 0.01MPa。

（5）依据检测结果确定 0.14N/mm^2 时的伸长率 δ 时，宜取测试结果的平均值。

（6）取硅酮结构胶实测结果进行设计复核，检验其安全性。

14.7　超高层建筑幕墙设计

14.7.1　水密、气密性构造设计

（1）单元体玻璃幕墙应设置尘密线、水密线、气密线。

（2）合理设计型材端面及型材插接位置，水密线与气密线宜分离，保证等压腔发挥作用。

（3）断面设计时应考虑在竖向（或横向）构件上设置传递荷载与作用的专用构造，避免气密线和水密线胶条参与传力，保证气密线完整。

（4）单元幕墙的水密线应形成闭合。对接型单元幕墙的气密线胶条横竖应在板块四角周圈形成闭合。在结构上必须防止十字接口处存在漏水的通道。

（5）单元幕墙的气密线应形成闭合。在接缝处采用胶条搭接方式或异形胶条挤压原理实现密封，在结构上必须防止十字接口处存在漏气的通道。

（6）胶条设计时，应合理确定胶条的材质、延伸率、压缩量、断面形式和硬度。

（7）断面上尽可能避免在制作过程中开工艺孔，气密线的腔壁上禁止开工艺孔，无法避免时应采用耐候密封胶密封，保证气密性能。

（8）幕墙板块的型材断面种类应尽可能少，同时应尽可能减少零件的组合量，以便减少板块组装所形成的接缝。

14.7.2　热工设计

（1）幕墙热工设计包含以下内容：幕墙框传热系数计算，单一朝向透明幕墙传热系数计算，非透明幕墙传热系数计算，单幅幕墙遮阳系数计算，幕墙可见光透射比计算，结露性能评价。

（2）建筑幕墙节能设计应从三种途径考虑：①减少热传导，措施如：采用中空玻璃、真空玻璃，采用断桥铝型材，中空玻璃采用暖边技术、非透明幕墙保温；②减少热对流和热辐射，如：双层 Low-E 玻璃、双层幕墙、型材空腔内部填充隔热膨胀材料、隔热条的位置应尽量与中空玻璃的空气层保持在一条水平线；③减少能量输入，采用遮阳技术。遮

阳技术可分为外遮阳、内遮阳、中间遮阳；其中外遮阳可分为：水平式遮阳、垂直式遮阳、综合式遮阳、挡板式遮阳。

（3）北方区域冬季日照时间较短，气候寒冷，应避免室内热量散失，所以应重点考虑玻璃的传热系数；南方地区夏季日照时间长，气候炎热，应避免太阳光能量长时间照射，提高室内温度，所以应重点考虑玻璃的遮阳系数。

14.7.3 隔声

幕墙隔声是要求幕墙将室外的噪声，部分反射回去，部分吸收掉，只有一少部分透过幕墙进入室内，透过量越小，隔声性能就越高。

幕墙隔声性能主要取决于材料及幕墙构造。玻璃幕墙的隔声主要取决于开启扇的密封性和玻璃板块的种类：①尽可能提高玻璃幕墙的密封性；②优先选择中空夹胶玻璃，其次是中空玻璃，单片玻璃隔声性能最差。

14.7.4 光学性能

（1）应采用反射比不大于 0.30 的玻璃幕墙。

（2）对有采光功能要求的玻璃幕墙，其透光折减系数一般不应低于 0.20。

（3）在 T 形路口正对直线路段处不应设置玻璃幕墙；在十字路口或多路交叉口不宜设置玻璃幕墙。

（4）玻璃幕墙出现畸变时，应进行畸变检验。

14.7.5 开启扇

（1）开启扇面积不宜大于 1.5m^2，开启角度不应大于 30°，开启距离不应大于 300mm。

（2）开启扇形式通常为上悬式开启（消防排烟窗除外），严禁采用平开窗和推拉窗。上悬开启扇通常采用两种连接形式：①采用摩擦型铰链（即通常所说的四连杆或五连杆）作为开启扇承重构件，配以限位风撑实现上悬式开启；②采用挂钩式铝型材，铝型材作为开启扇承重构件，配以限位风撑实现上悬式开启。

（3）摩擦型铰链作为开启扇承重构件时，宜采取措施防止开启扇脱落：①铰链承重与开启扇重量匹配；②铰链与铝型材之间不应采用不锈钢自攻钉，宜选用不锈钢拉铆钉连接，拉铆钉长度根据《五金手册》中抽芯铆钉长度确定；③开启框、扇铝型材应满足局部承压要求，可在铰链连接处铝型材腔里加钢衬板。

（4）挂钩式开启扇，挂钩应有足够入槽深度，应设置金属限位装置，挂钩宜与横梁作为一个整体型材，不宜将挂钩用螺钉固定在横梁上。

（5）宜在开启窗顶部设置一条压缩型的挡水密封胶条，可避免大量雨水直接接触到开启窗的外层密封胶条，提高开启窗的水密性。

（6）当可利用通风器实现自然通风，使得房间的室外空气换气量达到一定要求时，超高层建筑幕墙 100m 高度以上可不设置开启扇。

14.7.6 防坠物

（1）玻璃幕墙的下方宜设置绿化或水池等安全隔离带，紧靠幕墙不应布置停车位和可能吸引行人停留的商业设施。

（2）主要出入口上方应设置雨篷、挑檐等，雨篷宜采用金属雨篷。

14.7.7 擦窗装置

（1）擦窗机设置在幕墙内部时，应考虑进出路径的实现方法。擦窗机收回后，单元板块关闭应保证功能有效。

（2）擦窗机活动范围宜能涵盖建筑幕墙所有面板和装饰条。

（3）根据建筑造型、造价、当地气候情况，从下列擦窗机中选用合适的形式：①立柱回转式擦窗机；②附墙式擦窗机；③伸缩臂轨形式擦窗机；④桁架式擦窗机；⑤插杆式擦窗机；⑥悬挂轨道式擦窗机；⑦组合式擦窗机。

14.7.8 外立面灯光

（1）照明所有的线路、所有的发光源宜在单元体室内侧解决。

（2）应考虑航空警示。

（3）照明设计应引入节能理念，合理选择灯具及配电方案，不应过多追求亮度。

14.7.9 防火

（1）建筑幕墙应在每层楼板外沿设有耐火极限不低于1h、高度不低于1.2m的不燃烧实体墙或防火玻璃墙；当室内设置自动喷水灭火系统时，该部分墙体的高度不应小于0.8m。

（2）幕墙与主体结构之间的防火封堵设计应符合下列规定：

① 防火封堵构造应具备承受自重的能力、适应缝隙变形的能力和耐久性；

② 在火灾状态下，防火封堵构造应在规定的耐火极限内不发生开裂或脱落且保持防烟功能；

③ 防火封堵构造的填充料及其防护面层材料，应采用符合耐火极限要求的不燃烧材料；

④ 防火封堵材料可采用防火岩棉或防火玻璃。采用岩棉作为封堵材料时，岩棉或矿棉厚度不应小于100mm。

（3）玻璃幕墙与楼板外沿窗槛墙或防火裙墙之间采用承托板支承岩棉进行防火封堵时，应采用厚度不小于1.5mm的镀锌钢板或其他防火板材作为承托板，承托板之间以及承托板与幕墙结构、窗槛墙或防火裙墙之间的缝隙应填充防火密封材料。

（4）玻璃幕墙与楼板外沿窗槛墙或防火裙墙之间防火封堵缝隙宽度不大于200mm时，水平防火封堵也可采用岩棉上覆防火密封漆的构造做法。岩棉纤维压缩量应能适应缝隙的变形要求；防火密封漆应满足耐火极限、耐久性、粘结性及变形能力要求，且应涂刷均匀、密实，应与周边相连部位可靠连接。

（5）消防登高立面不宜采用大面积的玻璃幕墙。

（6）100m以下的楼层应设置救援口，救援口可采用单层钢化玻璃，救援口的设置应符合现行国家标准《建筑设计防火规范》GB 50016的规定。

（7）高层建筑中形成室内通高中庭时，连层内庭应采取防火措施，防火措施可从下列方案选择：①利用朝向内庭的建筑墙作为防火墙，墙体不燃，墙体上采用防火门窗；②内庭采用防火幕墙封闭；③设置防火卷帘。

（8）相邻两层单元板块吊装完毕，层间的防火封堵宜尽快完成。

14.7.10 防雷

（1）幕墙建筑的防雷系统设计由幕墙设计与主体设计共同完成。除第一类防雷建筑物外，采用金属框架支承的幕墙宜利用其金属本体作为接闪器，并应与主体结构的防雷体系可靠连接。

（2）幕墙高度超过 200m 或幕墙构造复杂、有特殊要求时，宜在设计初期进行雷击风险评估。

（3）超高层建筑幕墙的防雷设计应考虑直击雷和侧击雷防护设计。

（4）超高层建筑可以将防雷网格在高度上分区考虑，根据规范要求，越高的地方防雷网格越密集。较低层可以采用每 3 层设均压环，较高层可采用每层设均压环。

（5）有隔热构造的幕墙型材应对其内外侧金属材料采用金属导体连接，每一单元板块的连接不少于一处，宜采用等电位金属材料连接成良好的电气通路。如可采用 40mm 宽、2mm 厚铝单板连接内外型材，每根单元框不少于两处。

（6）对幕墙横、竖两方向单元板块之间接缝连接处，应采用等电位金属材料跨接形成良好的电气通路。可采用 40mm 宽、2mm 厚铝单板连接接缝跨接两端的龙骨。

（7）均压环所在层的单元板块需通过铝角码连接所有横竖框（铝角码截面积不宜小于 $30mm^2$），确保整个单元板块形成一个电器通路。

（8）横梁每 3 层连接一道，立柱每 10m 连接一道，交叉点与主体均压环连接。

（9）幕墙选用的防雷连接材料截面积应符合表 14.7.1 的规定；建筑防雷接地电阻值应符合表 14.7.2 的规定。

防雷连接材料截面积要求 **表 14.7.1**

防雷连接材料	截面积(mm^2)≥
铜质材料	16
铝质材料	25
钢质材料	50
不锈钢材料	50

建筑防雷接地电阻要求 **表 14.7.2**

接地方式	电阻值(Ω)≤
公用接地	1.0
独立接地每根引下线的冲击电阻	10.0

14.8 超高层建筑幕墙结构设计实例

以昆明市某超高层建筑塔楼单元式幕墙为例，介绍单元式幕墙的结构设计方法。

14.8.1　项目概况

工程名称：某超高层建筑塔楼幕墙工程；
基本风压：w_0=0.30kN/m^2；
地面粗糙度类型：C类；
抗震设防烈度：8度（0.20g）；
建筑高度：316m；
层数：地上67层；
设计使用年限：50年；
建筑耐火等级：一级；
结构类型：钢管混凝土柱钢梁框架；
主要幕墙形式：明框单元式玻璃幕墙。

14.8.2　计算说明及简图

塔楼水平分格为1500mm，标准层层高H=4600mm。标准大样如图14.8.1所示。

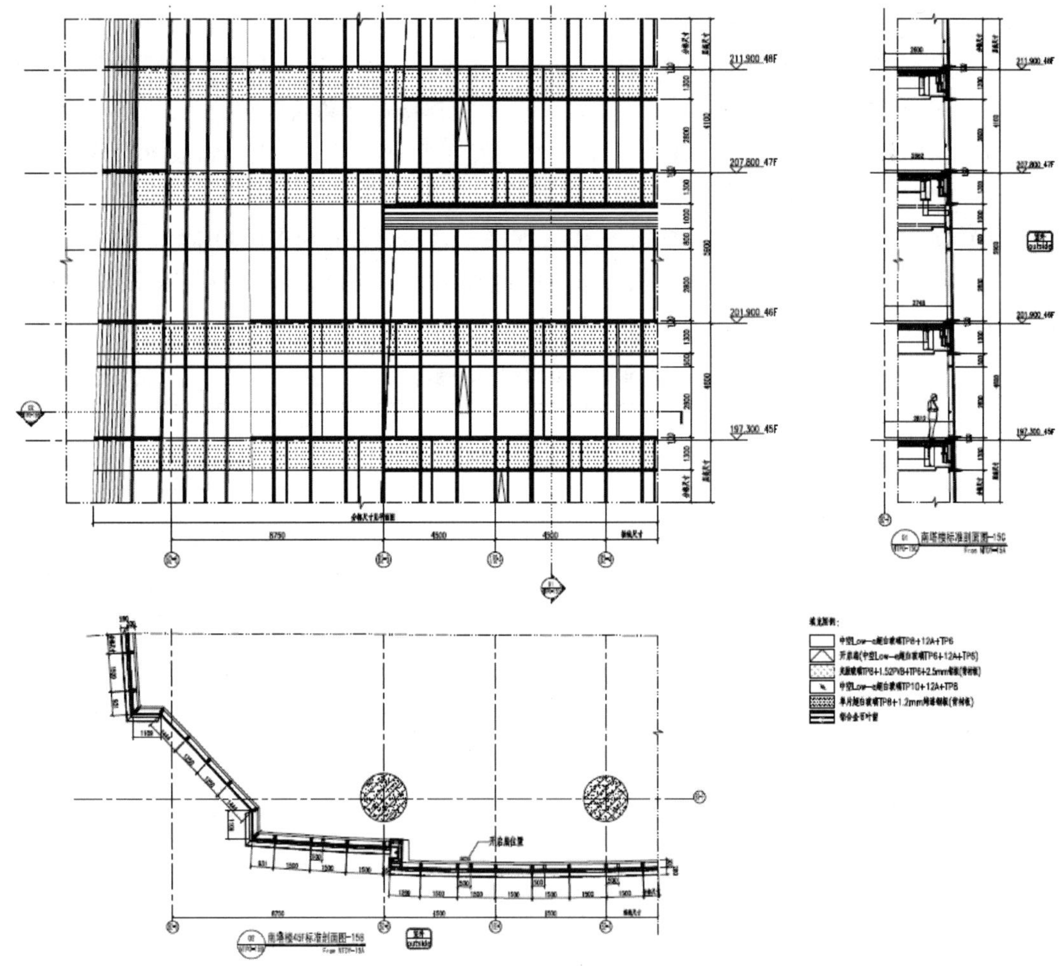

图14.8.1　幕墙标准大样图

14.8.3 荷载计算

1. 风荷载计算

1）基本风压：$w_0=0.30\text{kN/m}^2$（50 年一遇）；

2）地面粗糙度类型：C 类；

3）计算高度：300m；

4）体型系数：按侧面边角处取，$\mu_{sl}=-1.4$，考虑封闭建筑的内压，体型系数增大 0.2；

5）$w_k=\beta_{gz}\mu_{sl}\mu_z\omega_0=1.54\times(-1.4-0.2)\times2.43\times0.3=-1.80\text{kN/m}^2$；

6）本工程风洞试验报告中提供的风荷载标准值为 $w_k=-2.3\text{kN/m}^2$；

因此，在幕墙结构设计时，最终取风荷载标准值 $w_k=\pm2.3\text{kN/m}^2$。

2. 地震作用计算

按《玻璃幕墙工程技术规范》JGJ 102—2003 之公式（5.3.4）及《建筑抗震设计规范》GB 50011—2010 计算。

工程所在地抗震设防烈度：8 度

设计基本地震加速度：$0.20g$

水平地震影响系数最大值：$\alpha_{max}=0.16$

动力放大系数：$\beta_E=5.0$

幕墙自重标准值：$Q_{Gk}=0.5\text{kN/m}^2$

垂直幕墙平面分布的水平地震作用标准值计算：

$$
\begin{aligned}
Q_{Ek}&=\beta_E\times\alpha_{max}\times Q_{Gk}\\
&=5.0\times0.16\times0.5\\
&=0.4\text{kN/m}^2
\end{aligned}
$$

3. 荷载组合计算

由于本项目的幕墙设计是在 2013 年完成的，因此作为实例展示时，仍采用《玻璃幕墙工程技术规范》JGJ 102—2003 中的分项系数，而未采用现行国家标准《建筑结构可靠性设计统一标准》GB 50068—2018 中的分项系数规定。

水平荷载设计值组合（风和地震作用）：

$$
\begin{aligned}
S_{y1}&=(\gamma_W\times\psi_W\times QW_{ky1})-(\gamma_E\times\psi_E\times QE_{ky})\\
&=[1.4\times1.0\times(-2.3)]-(1.3\times0.5\times0.4)\\
&=-3.48\text{kN/m}^2
\end{aligned}
$$

竖向荷载设计值组合（自重荷载）：

$$
\begin{aligned}
S_{z1}&=(\gamma_G\times\psi_G\times QG_{kz})\\
&=(1.2\times1.0\times0.5)\\
&=0.6\text{kN/m}^2
\end{aligned}
$$

14.8.4 玻璃面板设计计算

单元幕墙玻璃面板大面采用 TP8＋12A＋TP8 中空 Low-E 超白玻璃，最大分格尺寸为 1500mm×2800mm。

1）中空玻璃内外片玻璃荷载计算

外片玻璃组合设计值：

$$S_o = (\gamma_W \times \psi_W \times QW_{kz1}) - (\gamma_E \times \psi_E \times QE_{kz0})$$
$$= [1.4 \times 1.0 \times (-1.265)] - (1.3 \times 0.5 \times 0.2)$$
$$= -1.901 \text{kN/m}^2$$

内片玻璃组合设计值：

$$S_i = (\gamma_W \times \psi_W \times QW_{kz1}) - (\gamma_E \times \psi_E \times QE_{kz0})$$
$$= [1.4 \times 1.0 \times (-1.15)] - (1.3 \times 0.5 \times 0.2)$$
$$= -1.74 \text{kN/m}^2$$

2）中空玻璃内外片玻璃强度计算

（1）外片玻璃的强度折减系数

θ：参数

t：外片玻璃厚度，取 $t=8$mm

$$\theta = \frac{S_o a^4}{Et^4} = \frac{1.91 \times 10^{-3} \times 1500^4}{0.72 \times 10^5 \times 8^4} = 32.8$$

η：折减系数，取 $\eta=0.8688$，查《玻璃幕墙工程技术规范》JGJ 102—2003 表 6.1.2-2 得

（2）外片玻璃强度校核

m：弯矩系数，取 $m=0.09538$

由 $a/b=1500/2800=0.535$，查《玻璃幕墙工程技术规范》JGJ 102—2003 表 6.1.2-1 得

σ：外片玻璃产生的最大应力

$$\sigma = \frac{6mq_1a^2}{t^2}\eta$$
$$= \frac{6 \times 0.09538 \times 1.901 \times 10^{-3} \times 1500^2}{8^2} \times 0.8688$$
$$= 33 \text{N/mm}^2 < f_g = 84.0 \text{N/mm}^2$$

外片玻璃面板强度符合规范要求，内片玻璃强度也满足要求。

3）中空玻璃挠度计算

（1）玻璃刚度计算

按《玻璃幕墙工程技术规范》JGJ 102—2003 第 6.1.5 条

$$t = 0.95\sqrt[3]{t_1^3 + t_2^3} = 0.95 \times \sqrt[3]{8^3 + 8^3} = 9.575 \text{mm}$$

$$D = \frac{Et^3}{12(1-v^2)} = \frac{0.72 \times 10^5 \times 9.575^3}{12(1-0.2^2)} = 5.49 \times 10^6 \text{N} \cdot \text{mm}$$

t：中空玻璃的两片玻璃的等效厚度

t_1、t_2：外片和内片玻璃的厚度

D：玻璃刚度

(2) 玻璃的挠度折减系数

θ：参数

t：玻璃厚度，取 $t=9.575$mm

$$\theta=\frac{W_K a^4}{Et^4}=\frac{2.3\times10^{-3}\times1500^4}{0.72\times10^5\times9.575^4}=19.2$$

η：折减系数，取 $\eta=0.92$

由 $\theta=23.2$，查《玻璃幕墙工程技术规范》JGJ 102—2003 表 6.1.2-2 得

(3) 玻璃挠度校核

μ：挠度系数，取 $\mu=0.009619$

由 $\frac{a}{b}=\frac{1500}{2800}=0.535$，查《玻璃幕墙工程技术规范》JGJ 102—2003 表 6.1.3 得

d_f：玻璃产生的最大挠度

$$d_f=\mu\frac{W_{外K}a^4}{D}\eta=0.009619\times\frac{2.3\times10^{-3}\times1500^4}{5.49\times10^6}\times0.92=18.8\text{mm}$$

$$d_f=18.8\text{mm}<d_{f,\lim}=\frac{a}{60}=\frac{1500}{60}=25.0\text{mm}$$

因此，玻璃面板的强度和挠度均满足规范要求。

14.8.5 支承龙骨设计计算

1. 单元体凹凸横梁计算

1) 计算说明

横梁的计算长度 $B=1500$mm，可简化为简支梁计算模型，横梁受力如图 14.8.2 所示。

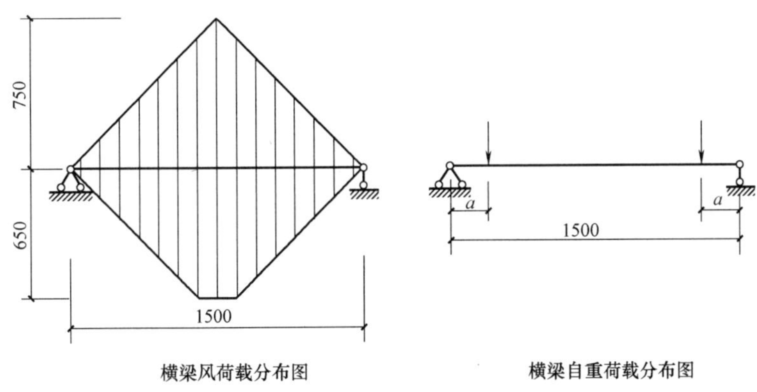

图 14.8.2 横梁荷载分布简图

2) 荷载计算

(1) 横梁承受的竖直方向面荷载，由 TP8+12A+TP8mm 钢化中空玻璃自重产生

标准值 $G_{AK}=0.55\text{kN/m}^2$

设计值 $G_G=0.66\text{kN/m}^2$

(2) 横梁承受的水平方向面荷载

标准值　$W_K=2.3\text{kN/m}^2$

设计值　$q=3.48\text{kN/m}^2$

(3) 横梁承受的竖直方向集中荷载

玻璃自重的集中力

标准值　$P_{GK1}=G_{AK1}\cdot B_1\cdot H_1=0.55\times1.50\times2.8/2=1.05\text{kN}$

设计值　$P_{G1}=G_{G1}\cdot B_1\cdot H_1=0.66\times1.50\times2.8/2=1.26\text{kN}$

(4) 横梁承受的水平方向线荷载

横梁上部三角形荷载计算

标准值　$W_{K线1}=W_K\cdot h_1=2.3\times0.75=1.725\text{kN/m}$

设计值　$q_{线1}=q\cdot h_1=3.48\times0.75=2.61\text{kN/m}$

横梁下部梯形荷载计算

标准值　$W_{K线2}=W_K\cdot h_2=2.3\times0.65=1.495\text{kN/m}$

设计值　$q_{线2}=q\cdot h_2=3.48\times0.65=2.26\text{kN/m}$

(5) 横梁承受自重产生的最大弯矩、剪力

弯矩 $M_x=P_a=1.05\times0.2=0.21\text{kN}\cdot\text{m}$

剪力 $V_x=1.26\text{kN}$

(6) 横梁承受的风荷载最大弯矩

$$M=\frac{q_{线1}B^2}{12}+\frac{q_{线2}B^2}{24}\left[3-4\left(\frac{a}{B}\right)^2\right]=0.965\text{kN}\cdot\text{m}$$

(7) 横梁承受的风荷载最大剪力

$$V_Y=\frac{q_{线1}B}{4}+\frac{q_{线2}B}{2}\left(1-\frac{a}{B}\right)=1.94\text{kN}$$

3) 横梁截面参数

横梁采用 6063-T5 型材，型材截面及几何参数如图 14.8.3 所示。经计算，凹横梁水平刚度分配系数 0.6，凸横梁水平刚度分配系数 0.4。

4) 横梁抗弯强度校核

自重方向产生的弯矩由上横梁承受：

$M_x=0.21\text{kN}\cdot\text{m}$

Y 方向产生的弯矩：

$M_{y-1}=0.6\text{kN}\cdot\text{m}$

$M_{y-2}=0.4\text{kN}\cdot\text{m}$

凹梁强度校核：

$$\sigma_1=\frac{M_x}{\gamma W_{x1}}+\frac{M_{y-1}}{\gamma W_{y1}}$$

$$=\frac{0.21\times10^6}{1.05\times19153}+\frac{0.6\times10^6}{1.05\times77817}$$

$$=17.8\text{N/mm}^2<f_a=85.5\text{N/mm}^2$$

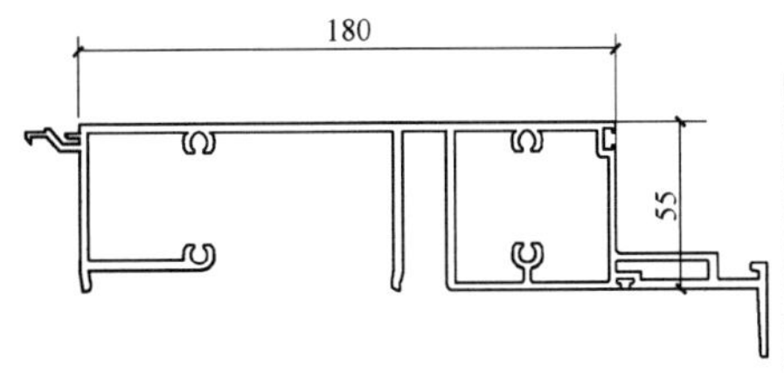

截面几何参数表

A	1917.6061	I_p	11106997.8571
I_x	951589.0241	I_y	10155408.8330
i_x	22.2764	i_y	72.7728
W_x(上)	34207.3369	W_y(左)	77817.2896
W_x(下)	19153.6742	W_y(右)	86066.7888
绕X轴面积矩	19981.4187	绕Y轴面积矩	59496.8476
形心离左边缘距离	130.5032	形心离右边缘距离	117.9945
形心离上边缘距离	27.8183	形心离下边缘距离	49.6818
主矩 I_1	762073.376	主矩1方向	(0.990, -0141)
主矩 I_2	10344924.481	主矩2方向	(0.141, 0.990)

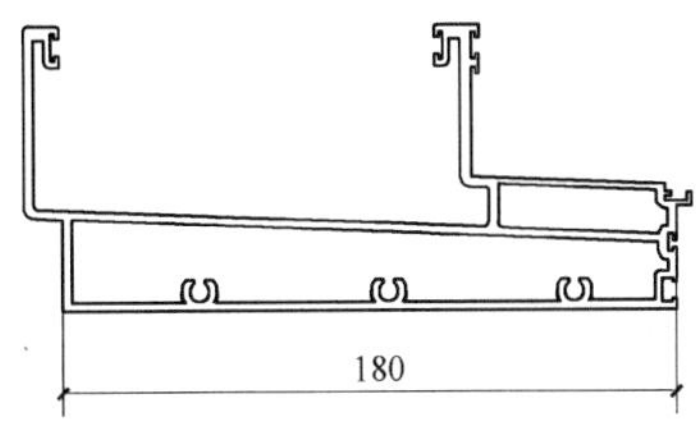

截面几何参数表

A	1766.8977	I_p	7799324.7346
I_x	1008788.1379	I_y	6790536.5967
i_x	23.8943	i_y	61.9935
W_x(上)	18171.4380	W_y(左)	68739.2991
W_x(下)	38089.0970	W_y(右)	69852.0221
绕X轴面积矩	16399.1451	绕Y轴面积矩	48153.5615
形心离左边缘距离	98.7868	形心离右边缘距离	97.2132
形心离上边缘距离	55.5150	形心离下边缘距离	26.4850
主矩 I_1	969091.054	主矩1方向	(0.997, -0.082)
主矩 I_2	6830233.681	主矩2方向	(0.082, 0.997)

图 14.8.3 凹凸横梁型材截面及几何参数

凸梁强度校核：

$$\sigma_2=\frac{M_{y-2}}{\gamma W_{y2}}=\frac{0.4\times10^6}{1.05\times68739}=5.5\text{MPa}<f_a=85.5\text{N/mm}^2$$

横梁强度均满足要求。

5）横梁挠度校核

校核依据：$d_f\leqslant d_{f,\lim}=\dfrac{B}{180}$

按《玻璃幕墙工程技术规范》JGJ 102—2003 第 6.2.7 条

（1）竖直方向的挠度计算

$d_{f,x}$：竖直方向的挠度

$$d_{f,x}=\frac{P_{GK}aL^2}{24EI_x}(3-4a^2/L^2)$$

$$=1.0\text{mm}<d_{f,\lim}=3.0\text{mm}$$

（2）水平方向的挠度计算

$d_{f,y}$：水平方向梯形荷载产生的挠度

$$d_{f,y}=\frac{W_{K线1}B^4}{120EI_y}+\frac{W_{K线1}B^4}{240EI_y}\left[\frac{25}{8}-5\times\left(\frac{a}{l}\right)^2+2\times\left(\frac{a}{l}\right)^4\right]$$

$$=1.09\text{mm}$$

$$d_{f,y}=1.09\text{mm}<d_{f,\lim}=\frac{B}{180}=\frac{1500}{180}=8.33\text{mm}$$

横梁刚度符合规范要求。

2. 单元体中横梁计算

1）计算说明

横梁的计算长度 $B=1500$mm，可简化为简支梁计算模型，横梁受力如图 14.8.4 所示。

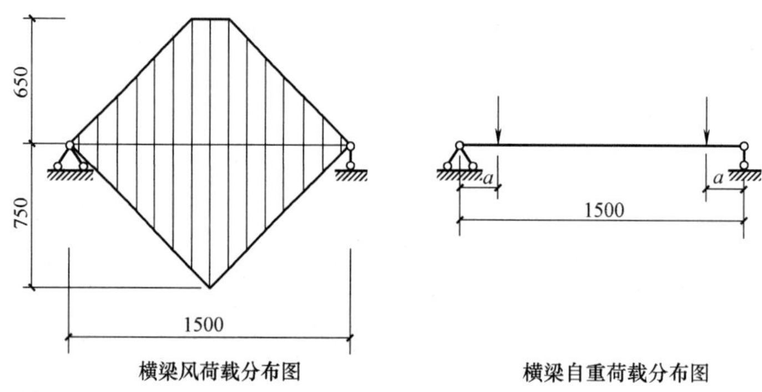

图 14.8.4 横梁荷载分布简图

2）荷载计算

(1) 横梁承受的竖直方向面荷载 TP8+12A+TP8mm 钢化中空玻璃

标准值 $G_{AK}=0.55\text{kN/m}^2$

设计值 $G_G=0.66\text{kN/m}^2$

(2) 横梁承受的水平方向面荷载

标准值 $W_K=2.3\text{kN/m}^2$

设计值 $q=3.48\text{kN/m}^2$

(3) 横梁承受的竖直方向集中荷载

玻璃自重的集中力

标准值 $P_{GK1}=G_{AK1}\cdot B_1\cdot H_1=0.55\times1.50\times2.8/2=0.49\text{kN}$

设计值 $P_{G1}=G_{G1}\cdot B_1\cdot H_1=0.66\times1.50\times2.8/2=0.585\text{kN}$

(4) 横梁承受的水平方向线荷载

横梁上部梯形荷载计算

标准值 $W_{K线2}=W_K\cdot h_2=2.3\times0.65=1.495\text{kN/m}$

设计值 $q_{线2}=q\cdot h_2=3.48\times0.65=2.26\text{kN/m}$

横梁下部三角形荷载计算

标准值 $W_{K线1}=W_K\cdot h_1=2.3\times0.75=1.725\text{kN/m}$

设计值 $q_{线1}=q\cdot h_1=3.48\times0.75=2.61\text{kN/m}$

(5) 梁承受自重产生的最大弯矩、剪力

弯矩 $M_x=P_a=0.585\times0.3=0.18\text{kN}\cdot\text{m}$

剪力 $V_x=0.585\text{kN}$

(6) 横梁承受的风荷载最大弯矩

$$M=\frac{q_{线1}B^2}{12}+\frac{q_{线2}B^2}{24}\left[3-4\left(\frac{a}{B}\right)^2\right]=0.965\text{kN}\cdot\text{m}$$

(7) 横梁承受的风荷载最大剪力

$$V_Y=\frac{q_{线1}B}{4}+\frac{q_{线2}B}{2}\left(1-\frac{a}{B}\right)=1.94\text{kN}$$

3) 横梁截面参数

横梁采用 6063-T5 型材，中横梁型材截面及几何参数如图 14.8.5 所示。

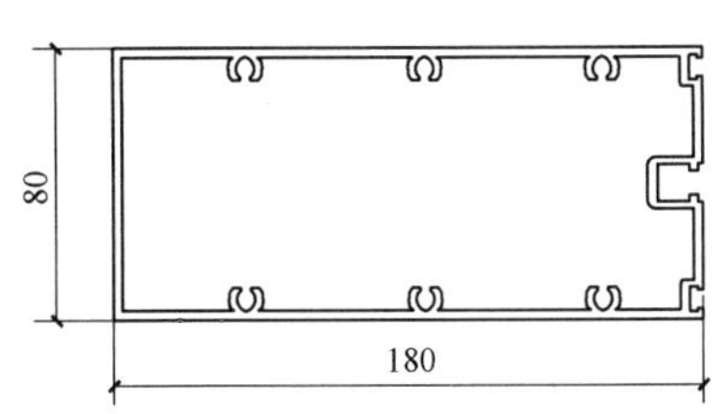

截面几何参数表

A	1609.9579	I_p	8241440.9105
I_x	1820194.1059	I_y	6421246.8047
i_x	33.6242	i_y	63.1542
W_x(上)	45504.8855	W_y(左)	67163.8413
W_x(下)	45504.8198	W_y(右)	76086.2461
绕X轴面积矩	25456.5352	绕Y轴面积矩	45034.5743
形心离左边缘距离	95.6057	形心离右边缘距离	84.3943
形心离上边缘距离	40.0000	形心离下边缘距离	40.0000
主矩I_1	1820194.106	主矩1方向	(1.000，0.000)
主矩I_2	6421246.805	主矩2方向	(0.000，1.000)

图 14.8.5 中横梁型材截面及几何参数

4) 横梁抗弯强度校核

自重方向产生的弯矩由上横梁承受：

$M_x=0.21\text{kN}\cdot\text{m}$

Y 方向产生的弯矩：

$M_y=0.965\text{kN}\cdot\text{m}$

横梁强度校核：

$$\sigma_1=\frac{M_x}{\gamma W_x}+\frac{M_y}{\gamma W_y}$$

$$=\frac{0.21\times10^6}{1.05\times45504}+\frac{0.965\times10^6}{1.05\times67163}$$

$$=18\text{N/mm}^2<f_a=85.5\text{N/mm}^2$$

横梁强度满足要求。

5) 横梁挠度校核

校核依据：$d_f\leqslant d_{f,\lim}=\dfrac{B}{180}$

按《玻璃幕墙工程技术规范》JGJ 102—2003 第 6.2.7 条

(1) 竖直方向的挠度计算

$d_{f,x}$：竖直方向的挠度

$$d_{f,x}=\frac{P_{GK}aL^2}{24EI_x}(3-4a^2/L^2)$$

$$=0.53\text{mm}<d_{f,\lim}=3.0\text{mm}$$

(2) 水平方向的挠度计算

$d_{f,y}$：水平方向梯形荷载产生的挠度

$$d_{f,y}=\frac{W_{K线1}B^4}{120EI_y}+\frac{W_{K线1}B^4}{240EI_y}\left[\frac{25}{8}-5\times\left(\frac{a}{l}\right)^2+2\times\left(\frac{a}{l}\right)^4\right]$$

$$=0.311\text{mm}$$

$d_{f,y}=0.311\text{mm}<d_{f,\lim}=\frac{B}{180}=\frac{1500}{180}=8.33\text{mm}$。

横梁刚度符合规范要求。

3. 单元体凹凸立柱计算（层高 $H=4600$mm）

1）计算说明

单元体凹凸立柱选用（6063A-T6）铝型材，立柱采用简支梁力学模型，如图 14.8.6 所示，跨度 $H=4.6$m，横向计算分格宽度 $B=1500$mm。

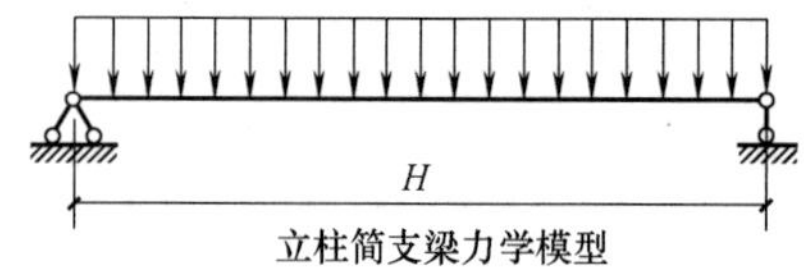

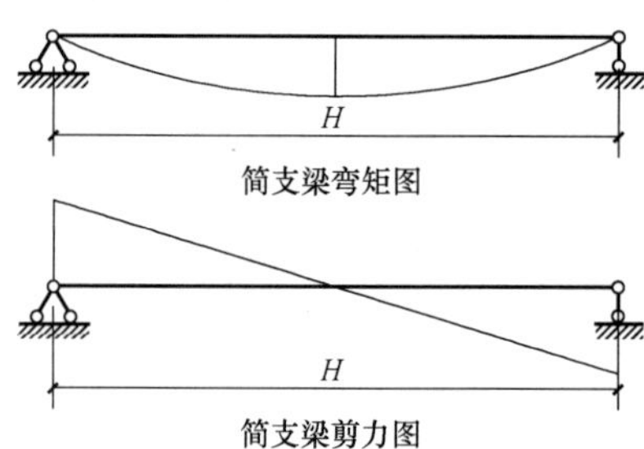

图 14.8.6 立柱计算模型

2）荷载计算

(1) 立柱所受自重面荷载：

标准值 $G_{Gk}=0.55\text{kN/m}^2$

设计值 $G_G=0.66\text{kN/m}^2$

(2) 立柱承受的水平方向面荷载

风荷载标准值 $W_k=2.3\text{kN/m}^2$

水平荷载组合设计值 $q=3.48\text{kN/m}^2$

(3) 受力最不利处立柱承受的偏心拉力设计值

$N=G_G\cdot H\cdot B=0.66\times4.6\times1.5=4.55\text{kN}$

(4) 立柱承受的水平线荷载

标准值 $W_{k线}=W_k\cdot B=2.3\times1.5=3.45\text{kN/m}$

设计值 $q_{线}=q\cdot B=3.48\times1.5=5.22\text{kN/m}$

风荷载作用下的弯矩和剪力

弯矩 M =13.8kN·m

剪力 V=12.26kN

3）立柱截面特性

铝立柱强度设计值：f_a=140N/mm^2

铝合金弹性模量：E=0.7×10^5 N/mm^2

单元体凹凸立柱型材截面及几何参数如图 14.8.7 所示。

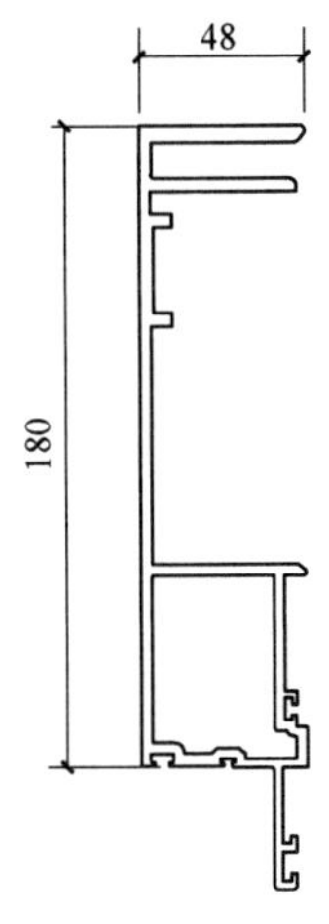

截面几何参数表

A	1550.8218	I_p	7916665.4342
I_x	7476642.2833	I_y	440023.1509
i_x	69.4340	i_y	16.8444
W_x(上)	76439.6027	W_y(左)	23522.0954
W_x(下)	64349.0289	W_y(右)	15280.8656
绕X轴面积矩	49076.3102	绕Y轴面积矩	12079.5312
形心离左边缘距离	18.7068	形心离右边缘距离	28.7957
形心离上边缘距离	97.8111	形心离下边缘距离	116.1889
主矩 I_1	7517373.057	主矩1方向	(0.997，0.076)
主矩 I_2	399292.378	主矩2方向	(−0.076，0.997)

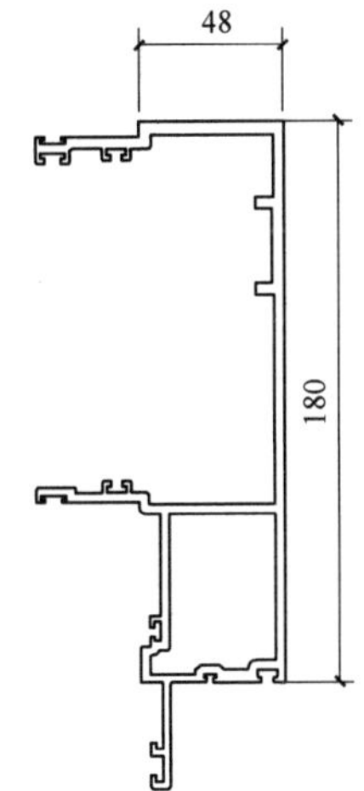

截面几何参数表

A	1719.4414	I_p	8981827.2430
I_x	7988154.5438	I_y	993672.6992
i_x	68.1600	i_y	24.0396
W_x(上)	81917.8131	W_y(左)	17845.3757
W_x(下)	68576.2418	W_y(右)	37052.9523
绕X轴面积矩	52516.2381	绕Y轴面积矩	18321.4076
形心离左边缘距离	55.6824	形心离右边缘距离	26.8176
形心离上边缘距离	97.5143	形心离下边缘距离	116.4857
主矩 I_1	7988198.262	主矩1方向	(1.000，0.003)
主矩 I_2	993628.981	主矩2方向	(−0.003，1.000)

图 14.8.7 凹凸立柱型材截面及几何参数

4）立柱抗弯强度校核

按《玻璃幕墙工程技术规范》JGJ 102—2003 第 6.3.7 条

凸立柱水平刚度分配系数为 0.52；凹立柱水平刚度分配系数为 0.48

水平向：$M_{max,y1}=0.52\times M_{max,y}=0.52\times 13.8=7.176$kN·m

$M_{max,y2}=0.48\times M_{max,y}=0.48\times 13.8=6.624$kN·m

凸型材强度校核：

$$\sigma_1=\frac{N}{2A_1}+\frac{M_{max,y1}}{\gamma W_{x1}}=\frac{4.55\times10^3}{2\times1719}+\frac{7176000}{1.05\times68576}$$

$$=100N/mm^2<f_a=140N/mm^2$$

凹型材强度校核：

$$\sigma_2=\frac{N}{2A_2}+\frac{M_{max,y2}}{\gamma W_{x2}}=\frac{4.55\times10^3}{2\times1550}+\frac{6624000}{1.05\times64349}$$

$$=99.5N/mm^2<f_a=140N/mm^2$$

凸型材、凹型材强度均满足要求。

5）立柱挠度校核

按《玻璃幕墙工程技术规范》JGJ 102—2003 第 6.3.10 条

$$\mu=\frac{5ql^4}{384E\ (I_1+I_2)}=18.5mm<d_{f,lim}=\frac{H}{180}=\frac{4600}{180}=25.6mm$$

立柱刚度符合规范要求。

参考文献

[1] 徐培福，王翠坤，肖从真. 中国高层建筑结构发展与展望 [J]. 建筑结构，2009，39 (9)：28-32.

[2] 王翠坤，田春雨，肖从真. 高层建筑中钢-混凝土混合结构的研究及应用进展 [J]. 建筑结构，2011，41 (11)：28-33.

[3] 汪大绥，包联进. 我国超高层建筑结构发展与展望 [J]. 建筑结构，2019，49 (19)：11-24.

[4] 周建龙，包联进，钱鹏超. 高层结构设计的经济性及相关问题的研究 [J]. 工程力学 2015，32 (9)：9-15.

[5] 徐培福，傅学怡，王翠坤，肖从真. 复杂高层建筑结构设计 [M]. 北京：中国建筑工业出版社，2005.

[6] 徐培福，戴国莹. 超限高层建筑结构基于性能抗震设计的研究 [J]. 土木工程学报，2005，38 (1)：1-10.

[7] 张相庭. 结构风压与风振计算 [M]. 上海：同济大学出版社，1985.

[8] 全涌. 超高层建筑横风向风荷载及响应研究 [M]. 上海：同济大学，2002.

[9] Kasperski M，et al. The L. R. C. (load-response-correlation)-method a general method of estimating unfavorable wind load distributions for linear and nonlinear structures behaviour [J]. Journal of Wind Engineering and Industrial Aerodynamics，1992，43 (1-3)：1753-1763.

[10] 傅继阳，谢壮宁，李秋胜，等. 大跨屋盖结构考虑模态耦合的等效静力风荷载 [J]. 力学学报，2007，39 (6)：781-787.

[11] 谢壮宁，方小丹，倪振华，等. 超高层建筑的等效静风荷载-扩展荷载响应相关方法 [J]. 振动工程学报，2008，21 (4)：398-403.

[12] 陈凯，符龙彪，钱基宏，等. 风振响应计算的新方法——广义坐标合成法 [J]. 振动与冲击，2012，31 (3)：172-178.

[13] Clough R W，et al. Dynamics of structures [M]. 2nd edition. New York：McGraw-Hill，Inc.，1993.

[14] 邹垚，梁枢果，彭德喜，等. 考虑二阶振型的矩形高层建筑横风向风振响应简化计算 [J]. 建筑结构学报，2011，32 (4)：39-45.

[15] Wilson E L，et al. A replacement for the SRSS method in seismic analysis [J]. Earthquake Engineering & Structural Dynamics，1981，9 (2)：187-192.

[16] 卜国雄，谭平，张颖，等. 大型超高层建筑的随机风振响应分析 [J]. 哈尔滨工业大学学报，2010，42 (2)：175-179.

[17] 黄东梅，朱乐东，丁泉顺，等. 超高层建筑等效静力风荷载的反演法 [J]. 工程力学，2012，29 (1)：99-105.

[18] ASCE Manuals and Reports on Engineering Practice No. 67 Wind tunnel studies of buildings and structures [C]. ASCE，1999.

[19] (日) 风洞实验指南研究委员会. 建筑风洞实验指南 (2008 年版) [M]. 孙瑛，等译. 北京：中国建筑工业出版社. 2011.

[20] (日) 日本建筑学会. 建筑风荷载流体计算指南 (2005 年版) [M]. 孙瑛，等译. 北京：中国建筑工业出版社. 2010.

[21] BS 6399-2：1997 Loading for buildings：Part2：Code of practice for wind loads [S]. BSI，2002.

[22] ASCE/SEI 7-10 Minimum design loads for buildings and other structures [S]. ASCE，2010.

[23] ASCE/SEI 49-12 Wind tunnel testing for building and other structures [S]. ASCE，2012.

[24] 金新阳，陈凯，唐意，等. 建筑风工程研究与应用的新进展 [J]. 建筑结构，2011，41 (11)：111-117.

[25] 严亚林，唐意，金新阳. 超高层建筑横风向风振响应计算的响应谱法 [J]. 土木工程学报，2015，48 (S1)：82-87.

[26] 严亚林，唐意，金新阳. 气动外形对高层建筑风荷载的影响研究 [J]. 建筑结构学报. 2014，35 (4)：297-303.

[27] 韩林海. 钢管混凝土结构——理论与实践 [M]. 2 版 . 北京：科学出版社，2007.

[28] Armer G S T，Moore D B. Full-scale testing on complete multi-storey structures [J]. Structural Engineer，1994，72：30-51.

[29] 韩林海，宋天诣. 钢—混凝土组合结构抗火设计原理 [M]. 北京：科学出版社，2012.

[30] 韩林海，宋天诣，谭清华. 钢-混凝土组合结构抗火设计原理研究 [J]. 工程力学，2011，28.

[31] Eurocode 4. EN 1994-1-2：2005. Design of composite steel and concrete structures Part 1-2：General rules-structural fire design. European Committee for Standardization，Brussels.

[32] Eurocode 4. EN 1994-1-1：2005. Design of composite steel and concrete structures Part 1-1：General rules and rules for buildings. Brussels，CEN.

[33] 李国强，韩林海，楼国彪，等. 钢结构及钢-混凝土组合结构抗火设计 [M]. 北京：中国建筑工业出版社，2006.

[34] 韩林海. 建筑钢-混凝土组合结构抗火设计指南 [R]. 2012.

[35] 宋天诣. 火灾后钢-混凝土组合框架梁-柱节点的力学性能研究 [D]. 北京：清华大学，2010.

[36] 过镇海，时旭东. 钢筋混凝土的高温性能及其计算 [M]. 北京：清华大学出版社，2003.

[37] Yang H，Han L H，Wang Y C. Effects of heating and loading histories on post-fire cooling behaviour of concrete-filled steel tubular columns [J]. Journal of Constructional Steel Research，2008，64 (5)：556-570.

[38] Song T Y，Han L H，Yu H X. Concrete filled steel tube stub columns under combined temperature and loading [J]. Journal of Constructional Steel Research，2010，66 (3)：369-384.

[39] 郑永乾. 型钢混凝土构件及梁柱连接节点耐火性能研究 [D]. 福州：福州大学，2007.

[40] Tan Q H，Han L H and Yu H X. Fire Performance of concrete filled steel tubular (CFST) column to RC beam joints [J]. Fire Safety Journal，2012，51：68-84.

[41] 杨金铎. 建筑防灾与减灾 [M]. 北京：中国建材工业出版社，2006.

[42] 李亚峰，马学文，张恒. 建筑消防技术与设计 [M]. 北京：化学工业出版社，2005.

[43] 李引擎，建筑性能化防火设计 [M]. 北京：化学工业出版社，2005.

[44] 本书编委会 . 北京奥运工程性能化防火设计与消防安全管理 [M]. 北京：中国建筑工业出版社，2009.

[45] 韩冬青，冯金龙. 城市建筑一体化设计 [M]. 北京，中国建筑工业出版社，2009.

[46] 霍然，袁宏永. 性能化建筑防火分析与设计 [M]. 安徽：安徽科学技术出版社，2003.

[47] 范为澄. 火灾风险评估方法学 [M]. 北京：科学出版社，2004.

[48] 郭树林，王仲镰. 高层民用建筑防火设计与审核细节一百 [M]. 化学工业出版社，2009.

[49] 曾坚，等. 现代商业建筑的规划与设计 [M]. 天津：天津大学出版社，2002.

[50] 郭铁男，傅智敏，黄金印. 火灾科学与消防工程学发展现状及学科体系架构 [C]. 科学与消防工程国际学术会议论文集，2003.

[51] 胡隆华，霍然，王浩波，等. 某机场航站楼进出港通道的防排烟性能化分析 [C]. 火灾科学与消防工程国际学术会议论文集，2003.

[52] 陈云海，李思成. 火灾场景在建筑性能化防火设计中的作用分析 [C]. 火灾科学与消防工程国际学术会议论文集，2003.

[53] 王冰. 大型购物中心式商业综合体性能化防火设计研究 [D]. 天津：天津大学，2012.

[54] 张彤彤. 基于数字信息技术的中庭类建筑空间的性能化防火设计研究 [D]. 天津：天津大学，2012.

[55] 聂孙亮. 商业综合体业态及设计 [D]. 天津：天津大学，2012.

[56] 王烨. 大型商业综合体建筑火灾安全策略与方法研究 [D]. 天津：天津大学，2011.

[57] 吴德雯. 公共建筑中庭景观空间的景观设计研究 [D]. 天津：天津大学，2011.

[58] 唐巍，等. 基于 buildingEXODUS 模拟评估高校宿舍疏散安全 [J]. 安全，2011，32 (1)：8-11.

[59] 陈兴，吕淑然. 基于 PyroSim 的复杂矿井火灾烟气智能控制研究 [J]. 数字技术与应用，2012 (10)：9-10.

[60] 胡克旭，高皖扬. 商场火灾危害性浅析 [J]. 四川建筑科学研究，2007 (4)：78-80.

[61] 姜波. 大型商场火灾危害性及灭火对策 [J]. 科技传播，2011 (17)：21.

[62] 张健. 试论性能化设计在消防领域中的应用——谈大型商业区消防车道设置的性能化设计 [J]. 内蒙古科技与经济，2010 (16)：74-75.

[63] 沈一洲，朱国庆. 安全疏散中人群拥挤踩踏现象的理论和模拟分析 [J]. 工业安全与环保，2012，38 (6)：41-43.

[64] 李亚清，张善竹，马玲芝. 性能化防火设计方法及其展望 [J]. 消防技术与产品信息，2012 (4)：45-48.

[65] 程冰梅，戴丰秋. 大型综合商场安全疏散设计探讨 [J]. 消防科学与技术，2012，31 (8)：805-807.

[66] 戴彦. 城市综合体设计的多维度思考——重庆市朝天门城市综合体学生设计竞赛方案评析 [J]. 新建筑，2010 (4)：85-88.

[67] 李蕾. 城市综合体布局设计体系研究——以大华・七宝镇 51 号地块城市综合体设计为例 [J]. 建筑学报，2010 (S2)：139-143.

[68] 范维澄，等. 建筑火灾综合模拟评估在大空间建筑火灾中的初步应用 [J]. 中国科学技术大学学报，1995，25 (4)：479-485.

[69] 唐启明，唐长馥. 建筑火灾温度场及火灾损伤研究 [J]. 四川工业学院学报，1992，11 (3)：279-287.

[70] 姜仕有. 论公众聚集场所消防安全现状，疏散逃生自救及防范措施 [J]. 科学之友，2011 (23)：134-135.

[71] 张军，阮传生. 大型商业建筑疏散问题的探究 [J]. 皖西学院学报，2011 (2)：101-103.

[72] 廖文群，汤卫华. CFAST6.0 在某电影放映厅火灾危险性分析中的应用 [J]. 安防科技，2006 (10)：30-32.

[73] 陆松，等，安全通道在商业建筑疏散设计中的应用研究 [J]. 消防科学与技术，2009，28 (7)：486-491.

[74] 刘静. 关于超大型商业综合体安全疏散情况的探讨 [J]. 武警学院学报，2012，28 (6)：50-52.

[75] 梁锐. 高层建筑火灾时疏散行为及设计思路 [J]. 消防科学与技术，2001 (3)：27-28.

[76] 陈锋，王洪备，陈秉安. 高层住宅建筑消防安全现状及管理对策探讨 [J]. 武警学院学报，2012，28 (8)：55-57.

[77] 吴和俊，等. 超高层建筑商业裙楼性能化设计 [J]. 消防科学与技术，2012，31 (4)：367-369.

[78] 毛凤君. 已有建筑物防火安全评估分级标准及方法研究 [J]. 辽宁建材，2005 (5)：50-53.

[79] 王在东，张杰明. 性能化防火设计方法在我国的应用实践 [J]. 消防技术与产品信息，2012 (8)：

112-114.

[80] 祝佳琰，张和平．一种模拟疏散流程的疏散时间计算方法［J］．中国工程科学，2006，8（8）：13-76.

[81] YANG，et al. Computational methods and engineering applications of static/ dynamic aeroelasticity based on CFD/CSD coupling solution［J］．中国科学：技术科学英文版，2012，55（9）：2943-2461.

[82] 李俊梅，等．CFD 模拟课程在建环专业本科生中的教学实践［J］．高等建筑教育，2012，21（3）：101-103.

[83] 乐增，金润国，毛龙．FDS＋Evac 软件在火灾逃生中的应用［J］．工业安全与环保，2009，35（10）：33-34.

[84] 金润国，毛龙，乐增．FDS 与 Pathfinder 在建筑火灾与人员疏散中的应用［J］．工业安全与环保，2009，35（8）：44-45.

[85] 周榕，李树声，顾阳．FDS 软件在大空间火灾风险评估中的应用［J］．哈尔滨工程大学学报，2009，30（5）：508-512.

[86] 郭玉荣，郭磊，肖岩．基于元胞自动机理论的紧急人员疏散模拟［J］．湖南大学学报（自然科学版），2011，38（11）：25-29.

[87] 王珉，等．基于改进边界条件的元胞自动机模型研究［J］．材料导报，2011，25（22）：133－135.

[88] 涂宗豫．超凡体验——IMAX 商业巨幕影厅设计探析［J］．建筑技艺，2010（11）：218-225.

[89] 杨淑江，倪天晓，张新．大型商业室内步行街性能化消防设计［J］．消防科学与技术，2012，31（4）：370-374.

[90] 吴康华．建筑给排水自动喷淋灭火系统功能调试及其作用分析［J］．建材与装饰，2012（7）.

[91] 陆卓谟，秦文虎．火灾中基于个体行为的人群疏散仿真［J］．东南大学学报（自然科学版），2011（6）：176-177.

[92] 田玉敏．火灾中人员反应时间的分布对疏散时间影响的研究［J］．消防科学与技术，2005，24（5）：532-536.

[93] 黎林明．公众聚集场所消防安全现状及对策［J］．西南科技大学学报（哲学社会科学版），2004，21（1）：35-37.

[94] 隋向南．某大型商业建筑中庭性能化设计［J］．消防科学与技术，2012，31（4）：377-379.

[95] 陈南，吴迪，徐晓楠．某大型综合性高层建筑安全疏散性能化评析［J］．消防科学与技术，2012，31（4）：362-363.

[96] 胡联合．当代世界恐怖主义与对策［M］．北京：东方出版社，2001.

[97] 孔德森，张伟伟，孟庆辉，门燕青．TNT 当量法估算地铁恐怖爆炸中的炸药当量［J］．地下空间与工程学报，2010，6（1）：197-200.

[98] 孔新立，金丰年，蒋美蓉．恐怖爆炸袭击方式及规模分析［J］．爆破，2007，24（3）：88-92.

[99] FEMA. Reference manual to mitigate potential terrorist attacks against buildings（FEMA426）. U. S.：Federal Emergency Management Agency，2003.

[100] 钱七虎．反爆炸恐怖袭击安全对策［M］．北京：科学出版社，2005.

[101] D E Jarrett. Derivation of the British Explosives Safety Distances［J］. Annals of the New York Academy of Sciences，1968，152（1）：18-35.

[102] F P Lees. Loss prevention in the process industries［M］. Amsterdam：Elsevier，1996.

[103] 叶序双．爆炸作用基础［D］．南京：中国人民解放军理工大学工程兵工程学院，2001.

[104] FEMA. Primer for design of commercial building to mitigate terrorist attacks（FEMA 427）. U. S.：Federal Emergency Management Agency，2003.

[105] UFC 3-340-02. Structures to resist the effects of accidental explosions. Washington, D. C.: U. S. Army Corps of Engineering, 2008.

[106] FEMA. Safe rooms and shelters (FEMA453). U. S.: Federal Emergency Management Agency, 2006.

[107] 叶列平，曲哲，陆新征，等. 建筑结构的抗倒塌能力——汶川地震建筑震害的教训 [J]. 建筑结构学报，2008，29 (4)：42-50.

[108] Zhao-Xin Fang, Hui-Qiang Lia. Robustness of engineering structures and its role in risk mitigation [J]. Civil Engineering and Environmental Systems, 2009, 26 (3): 223-230.

[109] Z X FANG, H T FAN. Redundancy of structural systems in the context of structural safety [J]. Procedia Engineering, 2011, 14: 2172-2178.

[110] Frangopol, Curley P. Effects of damage and redundancy on structural reliability [J]. Journal of Structural Engineering, 1987, 113 (7): 1533-1549.

[111] 田志敏，张想柏，杜修力. 防恐怖爆炸重要建筑物的概念设计 [J]. 土木工程学报，2007，40 (1)：34-41.

[112] 张秀华，张春巍，段忠东. 爆炸荷载作用下钢框架柱冲击响应与破坏模式的数值模拟 [J]. 沈阳建筑大学学报，2009，25 (4)：656-662.

[113] 师燕超. 爆炸荷载作用下钢筋混凝土结构的动态响应行为与损伤破坏机理 [D]. 天津：天津大学，2009.

[114] 董义领. 爆炸荷载作用下钢筋混凝土柱的动力响应分析 [D]. 上海：同济大学，2008.

[115] 都浩. 城市环境中建筑爆炸荷载模拟及钢筋混凝土构件抗爆性能分析 [D]. 天津：天津大学，2009.

[116] 师燕超，李忠献. 爆炸荷载作用下钢筋混凝土柱的动力响应与破坏模式 [J]. 建筑结构学报，2008，29 (4)：112-117.

[117] 王秀丽. 建筑结构在爆炸荷载下的破坏模式综述 [J]. 安徽建筑工业学院学报（自然科学版），2009，17 (1)：1-5.

[118] 吴振涛. 钢筋混凝土承重柱在爆炸冲击荷载作用下的动力分析 [D]. 长沙：中南大学，2011.

[119] 李忠献，刘志侠，丁阳. 爆炸荷载作用下钢结构的动力响应与破坏模式 [J]. 建筑结构学报，2008，29 (4)：106-111.

[120] 顾渭建，冯丽. 建筑物防止突发爆炸袭击的对策 [C]. 第十一届全国结构工程学术会议论文集，2002.

[121] 阎石，张亮，王丹. 钢筋混凝土板在爆炸荷载作用下的破坏模式分析 [J]. 沈阳建筑大学学报（自然科学版），2005，21 (3)：177-180.

[122] 吕卫东. 爆炸荷载作用下混凝土砌块墙力学性能研究 [D]. 西安：长安大学，2011.

[123] 吕卫东，黄华，甘露，刘伯权. 玻璃幕墙抗爆防护设计研究 [J]. 钢结构，2011，26 (12)：20-24.

[124] 颜卫亨，李峰. 玻璃幕墙结构的抗爆分析 [C]. 庆祝刘锡良教授八十华诞暨第八届全国现代结构工程学术研讨会论文集. 天津大学：全国现代结构工程学术研讨会学术委员会，2008.

[125] U. S. General Services Administration (GSA). Standard Test Method for Glazing and Windows Systems Subject to Dynamic Overpressure Loading. GSA-TS01-2003, GSA, US, 2003.

[126] U. S. Industrial Security Commission (ISC). Security Design Criteria for New Federal Office Buildings and Major Modernization Projects. Committee to Review the Security Design Criteria of the Interagency Security Committee, National Research Council, ISC, US, 2004.

[127] GSA. Progressive collapse analysis and design guidelines for new federal office buildings and major

modernization projects. Washington, D. C.: Office of Chief Architect, 2003.

[128] UFC 4-023-03. Design of Structures to Resist Progressive Collapse. Washington, DC, Department of Defense, 2005.

[129] LS-DYNA. Keyword user's manual. Livermore, California. Livermore Software Technology Corporation, 2006.

[130] Malvar L J, Ross C A. Review of strain rate effects for concrete intension [J]. ACI Materials Journal, 1999, 96 (5): 614-616.

[131] Zhao-Dong Xu, Ke-Yi Wu. Damage detection for space truss structures based on strain mode under ambient excitation [J]. Journal of Engineering Mechanics, 2012, 138 (10): 1215-1223.

[132] T H Yi, H N Li, X D Zhang, Sensor placement on Canton Tower for health monitoring using asynchronous-climb monkey algorithm [J]. Smart Materials and Structures, 2012, 21 (12): 1-12.

[133] A. J Cardini. Long-term Structural Health Monitoring of a Multi-girder Steel Composite Bridge Using Strain Data [J]. Structural Health Monitoring, 2009, 8 (1): 47-58.

[134] 欧进萍. 重大工程结构智能传感网络与健康监测系统的研究与应用 [J]. 中国科学基金, 2005 (1): 8-12.

[135] Jinping Ou. Structural health monitoring in mainland China: review and future trends [J]. Structural Health Monitoring, 2010, 9 (3): 219-231.

[136] 李宏男, 高东伟, 伊廷华. 土木工程结构健康监测系统的研究状况与进展 [J]. 力学进展, 2008, 38 (2): 151-166.

[137] 李枝军, 李爱群, 韩晓林. 润扬大桥悬索桥动力特性分析与实测变异性研究 [J]. 土木工程学报, 2010, 43 (4): 92-98.

[138] X G Hua. Structural damage detection of cable-stayed bridges using changes in cable forces and model updating [J]. Journal of Structural Engineering, 2009, 135 (9): 1093-1106.

[139] 瞿伟廉, 陈超, 汪菁. 深圳市民中心屋顶网架结构支撑钢牛腿瞬时应力场的识别 [J]. 地震工程与工程振动, 2002, 22 (4): 41-46.

[140] 沈雁彬. 基于动力特性的空间网格结构状态评估方法及检测系统研究 [D]. 浙江: 浙江大学, 2007.

[141] Yanbin Shen, Pengcheng Yang, Yaozhi Luo, et al. Development of a multitype wireless sensor network for the large-scale structure of the National Stadium in China [J]. International Journal of Distributed Sensor Networks, 2013, 9 (12): 1-10.

[142] Yaozhi Luo, Pengcheng Yang, Yanbin Shen, et al. Development of a dynamic sensing system for civil revolving structures and its field tests in a large revolving auditorium [J]. Smart structures and systems, 2014, 13 (6): 993-1014.

[143] Papadopoulos M, et al. Sensor Placement Methodologies for Dynamic Testing [J]. AIAA Journal, 1998, 36: 256-263.

[144] D C Kammer. Sensor placement for on-orbit modal identification and correlation of large space structures [J]. Journal of Guidance, Control and Dynamics. 1991, 14 (2): 251-259.

[145] Guyan R J. Reduction of Stiffness and Mass Matrices [J]. AIAA Journal, 1965, 3 (2): 251-259.

[146] J O' callahan. A Procedure for an Improved Reduced System (IRS) Model [C]. Proceeding of the 7th International Modal Analysis Conference. Union College Press, Schenectady, 1989.

[147] D Zhang, et al. Succession-Level Approximate Reducing Technique for structural Dynamic Model

[C]. Proceeding of the 13th International Modal Analysis Conference. Union College Press, Schenectady, 1995.

[148] Kim H B, Park Y S. Sensor placement guide for structural joint stiffness model improvement [J]. Mechanical Systems & Signal Processing, 1997, 11 (5): 651-672.

[149] Rao S S, Pan Tzong-shii. Optimal placement of actuators in actively controlled structures using genetic algorithm [J]. AIAA Journal, 1991, 29 (6): 942-943.

[150] Yao L, Sethares A, Kammer D C. Sensor placement for on-orbit modal identification with a genetic algorithm [J]. AIAA Journal, 1993, 31 (10): 1922-1928.

[151] 李戈，秦权，董聪. 用遗传算法选择悬索桥监测系统中传感器的最优布点 [J]. 工程力学，2000，17 (01)：25.

[152] 黄维平，刘娟，李华军. 基于遗传算法的传感器优化配置 [J]. 工程力学，2005，22 (1)：113-117.

[153] 崔飞，袁万成，等. 传感器优化布设在桥梁健康监测中的应用 [J]. 同济大学学报，1999，27 (2)：40-44.

[154] 范斌. 网格结构健康监测关键技术研究 [D]. 安徽：合肥工业大学，2012.

[155] 周雨斌. 网架结构健康监测中传感器优化布置研究 [D]. 杭州：浙江大学，2008.

[156] Straser E G, Kiremidjian A S. A modular visual approach to damage monitoring for civil structures [C]. Proceeding of SPIE, Smart Structures and Materials, 1996.

[157] Jerome P Lynch, Kenneth J Loh. A summary review of wireless sensors and sensor networks for structural health monitoring [J]. The Shock and Vibration Digest, 2006, 38: 91-128.

[158] Cho S, Yun C B, Lynch J P, et al. Smart wireless sensor technology for structural health monitoring of civil structures [J]. International Journal of Steel Structures, 2008, 8: 267-275.

[159] Yan Yu, Jinping Ou. Development of a kind of multi-variable wireless sensor for structural health monitoring in civil engineering [J]. Smart Structures and Materials, 2005, 5765: 158-166.

[160] Luo Yaozhi, Shen Yanbin, Wang Bin, et al. Development of a wireless sensor system potentially applied to large-span spatial structures [C]. Proceeding of The 4th China-Japan-US Symposium on Structural Control and Monitoring, Hangzhou, 2006.

[161] Park J H, Kim J T , Hong D S, et al. Autonomous smart sensor nodes for global and local damage detection of prestressed concrete bridges based on accelerations and impedance measurements [J]. Smart Structures & Systems, 2010, 6 (5/6): 711-730.

[162] Kim J T, Park J H , Hong D S, et al. Hybrid acceleration-impedance sensor nodes on Imote2-platform for damage monitoring in steel girder connections [J]. Smart Structures & Systems, 2011, 7 (5): 393-416.

[163] Zhi-Cong Chen, Sara Casciati, Lucia Faravelli. In-situ validation of a wireless data acquisition system by monitoring a pedestrian bridge [J]. Advances in Structural Engineering, 2015, 18 (1): 97-106.

[164] Y Lei, Y L Tang, J X Wang, et al. Intelligent monitoring of multistory buildings under unknown earthquake excitation by a wireless sensor network [J]. International Journal of Distributed Sensor Networks, 2012, 12: 504-510.

[165] Lee H M , Kim J M , Sho K , et al. A wireless vibrating wire sensor node for continuous structural health monitoring [J]. Smart Materials and Structures, 2010, 19 (5): 055044.

[166] Park H, Lee H, Choi S, et al. A Practical Monitoring System for the Structural Safety of Mega-Trusses Using Wireless Vibrating Wire Strain Gauges [J]. Sensors, 2013, 13 (12):

17346-17361.

[167] 喻言，李宏伟，欧进萍. 结构监测的无线加速度传感器设计与制作 [J]. 传感技术学报，2004，17 (3)：463-466.

[168] 喻言，欧进萍. 无线加速度传感器的 MEMS 芯片 ADXL202 应用设计与集成 [J]. 仪表技术与传感器，2005 (08)：44-45.

[169] Y Q Ni，Y Xia，W Y Liao，et al. Technology innovation in developing the structural health monitoring system for Guangzhou New TV Tower [J]. Structural Control and Health Monitoring，2009，16 (1)：73-98.

[170] Kurata M，Kim J，Lynch J P，et al. Internet-enabled wireless structural monitoring systems：development and permanent deployment at the New Carquinez Suspension Bridge [J]. Journal of Structural Engineering，2013，139 (10)：1688-1702.

[171] 毛旭. 基于物联网技术的地质灾害监测预警解决方案 [J]. 物联网技术，2013，3 (4)：9-10.

[172] 朱仕村，张宇峰，张立涛，等. 面向长大桥梁结构健康监测物联网的云计算 [J]. 现代交通技术，2011，8 (1)：24-27.

[173] 陈国兴. 岩土地震工程学 [M]. 北京：科学出版社，2007.

[174] 闫明礼，张东刚. CFG 桩复合地基技术与工程实践 [M]. 北京：中国建筑工业出版社，1999.

[175] 刘惠珊，乔太平. 可液化土中桩基设计计算方法的探讨 [J]. 工业建筑，1983 (4)：19-24.

[176] 刘金砺. 桩基础设计与计算 [M]. 北京：中国建筑工业出版社，1990.

[177] 刘金砺，高文生，邱明兵. 建筑桩基技术规范应用手册 [M]. 北京：中国建筑工业出版社，2010.

[178] 刘金砺，迟铃泉. 桩土变形计算模型和变刚度调平设计 [J]. 岩土工程学报，2000，22 (2)：151-157.

[179] 赵锡宏，等. 上海高层建筑桩筏与桩箱基础设计理论 [M]. 上海：同济大学出版社，1989.

[180] 朱向荣，方鹏飞，黄洪勉. 深厚软基超长桩工程性状试验研究 [J]. 岩土工程学报，2003，25 (1)：76-79.

[181] 阳吉宝，钟正雄. 超长桩的荷载传递机理 [J]. 岩土工程学报，1998，20 (6)：111-115.

[182] 阳吉宝. 超长桩荷载传递机理与桩箱（筏）基础优化设计研究 [D]. 上海：同济大学，1996.

[183] 池跃君. 大直径超长灌注桩承载性状的试验研究 [J]. 工业建筑，2000，30 (8)：26-29.

[184] 费鸿庆，王燕. 黄土地基中超长钻孔灌注桩工程性状研究 [J]. 岩土工程学报，2000，22. (5)：576-580.

[185] 刘金砺. 桩和桩基础若干机理与理论问题//桩基工程技术进展 [J]. 北京：中国建筑工业出版社，2009.

[186] 刘金砺. 桩基研究与应用若干进展浅析 [J]. 岩土工程界，2000 (2)：10-14.

[187] 刘金砺. 我国建筑基础工程技术的现状和发展述评 [J]. 建筑技术，1997 (7)：466-468.

[188] 刘金砺. 建设行业岩土工程五十年 [J]. 建筑科学，2000，16 (2)：1-4.

[189] 刘金砺. 竖向荷载下的群桩效应和群桩基础概念设计若干问题 [J]. 土木工程学报，2004，37 (1)：78-83.

[190] 张雁，李华. 软土地基超长灌注桩承载力试验研究 [C]. 第七届全国土力学及基础工程学术会议论文集. 北京：中国建筑工业出版社，1994.

[191] 吴鹏. 超大群桩基础竖向承载性能及设计理论研究 [D]. 南京：东南大学，2006.

[192] 马晔. 超长钻孔灌注桩桩基承载性能研究 [D]. 武汉：武汉理工大学，2008.

[193] 方鹏飞. 超长桩承载性状研究 [D]. 杭州：浙江大学，2003.

[194] 辛公锋. 大直径超长桩侧阻软化试验与理论研究 [D]. 杭州：浙江大学，2006.

［195］ 张忠苗．基于桩顶与桩端沉降的钻孔的钻孔桩受力性状研究［J］．岩土工程学报，1997，19（4）：88-93.

［196］ 张忠苗．软土地基超长嵌岩桩的受力性状．岩土工程学报，2001，23（5）：552-556.

［197］ 张忠苗，辛公锋，夏唐代．深厚软土非嵌岩超长桩的受力性状试验研究［J］．土木工程学报，2004，37（4）：64-69.

［198］ 郑刚，顾晓鲁．软土地区超长灌注桩承载性状的讨论．高层建筑桩基工程技术［M］．北京：中国建筑工业出版社，1998.

［199］ 桩基工程手册编写委员会．桩基工程手册［M］．北京：中国建筑工业出版社，1995.

［200］ 史佩栋．桩基工程手册［M］．北京：人民交通出版社，2008.

［201］ 邹东峰，钟东波，徐寒．CCTV新址主楼Φ1200mm钻孔灌注桩承载特性研究//桩基工程技术进展［M］．北京：知识产权出版社，2005.

［202］ 秋仁东，孙铁斌，石玉成．不同场地条件下长桩的承载性状研究［J］．岩土工程技术，2010，24（3）：114-118.

［203］ 秋仁东，刘金砺，高文生，等．长群桩基础沉降性状的大比例尺模型试验研究［J］．土木工程学报，2015，48（3）：85-95.

［204］ 刘金砺，邱明兵，秋仁东，等．Mindlin解均化应力分层总和法计算群桩基础沉降［J］．土木工程学报，2014，47（5）118-127.

［205］ 刘金砺，秋仁东，邱明兵，等．不同条件下桩侧阻力端阻力性状及侧阻力分布概化与应用［J］．岩土工程学报，2014，36（11）：1953-1970.

［206］ 中国建筑装饰协会幕墙工程委员会．全国部分城市既有幕墙安全性能抽样调查报告［R］，2006.

［207］ ASTM Committee. C 1392-00 Standard Guide for Evaluating Failure of Structural Sealant Glazing. Pennsylvania，2009.

［208］ 刘小根，包亦望．基于固有频率变化的框支承玻璃幕墙安全评估［J］．沈阳大学学报，2011，33.

［209］ 刘小根．玻璃幕墙安全性能评估及其面板失效检测技术［D］．北京：中国建筑材料科学研究总院，2010.